에듀윌과 함께 시작하면,
당신도 합격할 수 있습니다!

대학 졸업 후 취업을 위해 바쁜 시간을 쪼개며
소방설비기사 자격시험을 준비하는 취준생

비전공자이지만 소방 분야로 진로를 정하고
소방설비기사에 도전하는 수험생

낮에는 현장에서 일하면서도 더 나은 미래를 위해
소방설비기사 교재를 펼치는 주경야독 직장인

누구나 합격할 수 있습니다.
시작하겠다는 '다짐' 하나면 충분합니다.

마지막 페이지를 덮으면,

에듀윌과 함께
소방설비기사 합격이 시작됩니다.

eduwill

꿈을 실현하는 에듀윌
Real 합격 스토리

4개월 만에 소방 쌍기사 취득, 에듀윌의 전문 교수진 덕분

우연한 계기로 소방 분야에 관심을 갖게 돼서 소방 쌍기사를 취득했습니다. 커뮤니티와 SNS에서 추천 받은 에듀윌에서 공부를 시작했습니다. 에듀윌의 가장 큰 장점은 교수진이라고 생각합니다. 강의에서 다뤄지는 내용, 상세한 이야기들이 다른 인터넷 강의와는 분명한 차이가 있다고 생각했습니다.

이○웅 소방 쌍기사 4개월 초단기 동차합격

에듀윌이라 가능했던 5개월 단기 합격

약 5개월 만에 소방설비기사 전기분야 자격증을 취득했습니다. 소방설비기사를 준비해야겠다는 생각과 동시에 에듀윌이 생각났고, 그래서 별다른 고민 없이 선택했습니다. 에듀윌에서 진행한 모의고사를 진짜 시험이라고 생각하고 준비했습니다. 모의고사를 통해 저의 실력을 확인하고 부족한 과목은 좀 더 신경 써서 공부했습니다.

김○균 5개월 단기 동차합격

나를 합격으로 이끌어 준 에듀윌 소방설비기사

제2의 인생을 준비하는 시점에서 소방설비기사 자격을 취득하고 재취업에 성공했습니다. 유튜브에서 에듀윌 샘플 강의를 몇 개 찾아보고 모두 들어보니 만족도가 컸습니다. 실제로 등록하고 강의를 들었는데, 에듀윌의 시간관리 시스템 덕분에 지치지 않고 꾸준히 공부할 수 있었습니다.

이○환 소방설비기사 취득 후 재취업 성공

다음 합격의 주인공은 당신입니다!

더 많은 합격 비법

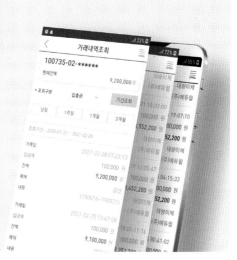

모든 시작에는
두려움과 서투름이
따르기 마련이에요.

당신이 나약해서가 아니에요.

4주 합격 플래너

DAY 1	DAY 2	DAY 3	DAY 4	DAY 5	DAY 6	DAY 7
소방기초용어 무료특강	소방기초용어 무료특강	2025년 CBT 복원문제	2024년 CBT 복원문제	2023년 CBT 복원문제	2022년 기출문제	2021년 기출문제
완료 ☐	완료 ☐	완료 ☐	완료 ☐	완료 ☐	완료 ☐	완료 ☐
DAY 8	DAY 9	DAY 10	DAY 11	DAY 12	DAY 13	DAY 14
2020년 기출문제	2019년 기출문제	2018년 기출문제	틀린문제 복습	2025년 CBT 복원문제	2024년 CBT 복원문제	2023년 CBT 복원문제
완료 ☐	완료 ☐	완료 ☐	완료 ☐	완료 ☐	완료 ☐	완료 ☐
DAY 15	DAY 16	DAY 17	DAY 18	DAY 19	DAY 20	DAY 21
2022년 기출문제	2021년 기출문제	2020년 기출문제	2019년 기출문제	2018년 기출문제	틀린문제 복습	2025~2024년 CBT 복원문제
완료 ☐	완료 ☐	완료 ☐	완료 ☐	완료 ☐	완료 ☐	완료 ☐
DAY 22	DAY 23	DAY 24	DAY 25	DAY 26	DAY 27	DAY 28
2023~2022년 CBT 복원문제	2021~2020년 기출문제	2019~2018년 기출문제	틀린문제 복습	CBT 모의고사 1회	CBT 모의고사 2회	CBT 모의고사 3회
완료 ☐	완료 ☐	완료 ☐	완료 ☐	완료 ☐	완료 ☐	완료 ☐

에듀윌 소방설비기사

전기 기출문제집 [필기]
최신 4개년 기출문제
(2025~2022)

소방설비기사 자격증이란?

☑ 시험 일정

구분	원서접수	시험일	합격자 발표일
1회	2025.01.13. ~2025.01.16	2025.02.07. ~2025.03.04	2025.03.12
2회	2025.04.14. ~2025.04.17	2025.05.10. ~2025.05.30	2025.06.11
3회	2025.07.21. ~2025.07.24	2025.08.09. ~2025.09.01	2025.09.10

※ 정확한 응시일정은 한국산업인력공단(Q–Net) 참고
※ 2026년 시험 일정도 비슷할 것으로 예상됩니다.

☑ 진행방법

시험과목	· 소방원론, 소방전기일반, 소방관계법규, 소방전기시설의 구조 및 원리 · 과목 당 20문항
검정방법	· 객관식, 4지택일, CBT 방식 · 문항당 1분씩 총 120분
합격기준	· 100점을 만점으로 전과목 평균 60점 이상인 경우 · 1과목이라도 40점 미만이면 과락으로 불합격

☑ 응시자격

① 소방학, 건축설비공학, 기계설비학, 가스냉동학, 공조냉동학 관련학과의 대학졸업자 또는 졸업예정자

② 산업기사 등급 이상의 자격을 취득한 후 응시하려는 종목이 속하는 동일 및 유사 직무분야에서 1년 이상 실무에 종사한 사람

※ 정확한 응시자격은 한국산업인력공단(Q–Net) 참고

☑ 수행직무

소방시설공사 또는 정비업체 등에서 소방시설공사를 **시공, 관리**

소방시설공사 또는 정비업체 등에서 소방시설공사의 설계도면을 **작성**

소방시설의 점검 · 정비와 화기의 사용 및 취급 등 소방안전 관리에 대한 **감독**

소방 계획에 의한 소화, 통보 및 피난 등의 훈련을 실시하는 소방안전관리자의 **직무 수행**

산업구조의 대형화 및 다양화로 소방대상물(건축물 · 시설물)이 고층 · 심층화되고, 고압가스나 위험물을 이용한 에너지 소비량의 증가 등으로 재해발생 위험요소가 많아지면서 소방과 관련한 인력수요가 늘고 있다. 소방설비 관련 주요 업무 중 하나인 화재관련 건수와 그로 인한 재산피해액도 당연히 증가할 수 밖에 없어 소방관련 인력에 대한 수요는 앞으로도 증가할 것으로 전망된다. 또한, 소방설비기사 자격증 취득 이후 일정 경력을 쌓으면 소방시설관리사, 소방기술사와 같은 고소득 전문직 자격증 시험의 응시요건을 갖출 수 있다.

☑ 응시현황

구분	소방설비기사 전기분야			소방설비기사 기계분야		
	응시	합격	합격률(%)	응시	합격	합격률(%)
2024	30,163	14,028	46.5	20,888	9,662	46.3
2023	32,202	15,919	49.4	23,350	10,669	45.7
2022	26,517	11,902	44.9	17,523	8,206	46.8
2021	27,083	12,483	46.1	17,736	9,048	51.0
2020	21,749	11,711	53.8	14,623	7,546	51.6

왜 에듀윌 교재일까요?

1 | 2권 분권으로 편리한 학습

최신 기출 순서에 따라서 1권(최신 4개년 기출)과 2권(플러스 4개년 기출)으로 분권하였습니다. 이제는 필요한 책만 간편하게 휴대하세요.

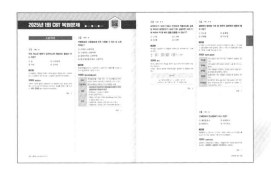

2 | 가독성을 높인 시원한 내용 구성

시원한 느낌을 위해 큰 글씨와 여유 있는 여백으로 가독성을 높였습니다. 더 이상 눈살 찌푸리며 학습하지 마세요.

3 | 초시생을 위한 소방기초용어 특강

소방설비기사 시험에 처음 응시하는 수험생을 위해 현직 소방설비기사 강사의 상세한 기초용어 강의를 제공합니다.

> 강의 수강경로

에듀윌 도서몰(book.eduwill.net) → 동영상강의실 → '소방설비기사' 검색

> 소방기초용어집(PDF) 학습자료 제공

에듀윌 도서몰(book.eduwill.net) → 도서자료실 → 부가학습자료 → '소방설비기사' 검색

4 | 저자와 1:1 질문답변으로 빈틈없는 마무리

소방설비기사를 학습하면서 모르는 문제나 궁금한 사항은 저자에게 직접 1:1 문의하세요.

1 : 1 문의경로

에듀윌 도서몰(book.eduwill.net) →
문의하기 → 교재(내용,출간)

5 | CBT 실전모의고사 3회 제공

실제 시험과 유사한 환경에서 시험에 자주 출제되는 문제들로 구성된 모의고사를 풀어보세요.

CBT 실전모의고사 빠른 입장

PC 버전

- 1회 | https://eduwill.kr/d1vf
- 2회 | https://eduwill.kr/71vf
- 3회 | https://eduwill.kr/n1vf

모바일 버전

 1회 ▶ 2회 ▶ 3회

정말 4주만에 합격이 가능할까요?

STEP 1 ・ 합격하기에 충분한 최신 8개년 기출복원문제

2025년 1회 CBT 복원문제

소방원론

01 빈출도 ★

표면연소에 해당하는 물질이 아닌 것은?

① 숯
② 나프탈렌
③ 목탄
④ 금속분

해설

나프탈렌을 가열하면 고체의 가연성 물질이 열분해 없이 기화하여 증기가 발생하고 연소하므로 나프탈렌은 증발연소에 해당한다.

관련개념 표면연소

고체의 가연성 물질이 열분해하거나 증발하지 않고 물질의 표면에서 산소와 급격히 반응하여 연소하는 형태를 말한다. 숯, 코크스, 목탄, 금속분 등이 표면연소에 해당한다.

정답 | ②

02 빈출도 ★

저팽창포와 고팽창포에 모두 사용할 수 있는 포 소화약제는?

① 단백포 소화약제
② 수성막포 소화약제
③ 불화단백포 소화약제
④ 합성계면활성제포 소화약제

해설

합성계면활성제포는 저발포에서 고발포까지 팽창비를 조정할 수 있어 광범위하게 사용할 수 있다.

관련개념 합성계면활성제포

성분	계면활성제를 기제로 하여 기포 안정제를 첨가하여 제조한 것으로 고발포용과 저발포용 2가지가 있다.
적용 화재	일반화재(A급 화재) 및 유류화재(B급 화재)
장점	• 저발포에서 고발포까지 팽창비를 조정할 수 있어 광범위하게 사용할 수 있다. • 단백포보다 소화속도가 빠르다. • 수명이 반영구적이다.
단점	• 내열성·내유성이 약하여 윤화(Ring Fire) 현상이 일어날 염려가 있다. • 고팽창포로 사용하는 경우 방사거리가 짧다. • 저팽창포로 사용하는 경우 유류화재에 불리하다.

정답 | ④

❶ 최신 8개년 기출문제 및 CBT 복원문제를 빠짐없이 직접 복원하여 수록하였습니다.

❷ 매 회 자동채점이 가능한 QR코드를 제공하므로 정답을 입력하면 스스로 채점이 되고, 성적분석 기능을 활용할 수 있도록 하였습니다.

❸ 문제 유형별로 빈출도(★~★★★)를 표기하여 학습자의 필요에 따라 효율적인 학습이 가능하도록 하였습니다.

"체계적인 8개년 3회독 학습 시스템"

STEP 2 해설로도 충분한 이론학습

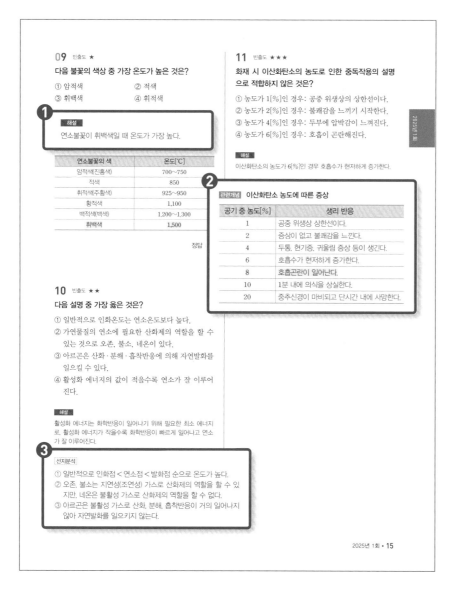

09 빈출도 ★

다음 불꽃의 색상 중 가장 온도가 높은 것은?

① 암적색　　　　② 적색
③ 휘백색　　　　④ 휘적색

❶

해설

연소불꽃이 휘백색일 때 온도가 가장 높다.

연소불꽃의 색	온도[℃]
암적색(진홍색)	700~750
적색	850
휘적색(주황색)	925~950
황적색	1,100
백적색(백색)	1,200~1,300
휘백색	1,500

정답

10 빈출도 ★★

다음 설명 중 가장 옳은 것은?

① 일반적으로 인화온도는 연소온도보다 높다.
② 가연물질의 연소에 필요한 산화제의 역할을 할 수 있는 것으로 오존, 불소, 네온이 있다.
③ 아르곤은 산화·분해·흡착반응에 의해 자연발화를 일으킬 수 있다.
④ 활성화 에너지의 값이 적을수록 연소가 잘 이루어진다.

해설

활성화 에너지는 화학반응이 일어나기 위해 필요한 최소 에너지로, 활성화 에너지가 작을수록 화학반응이 빠르게 일어나고 연소가 잘 이루어진다.

❸

선지분석

① 일반적으로 인화점 < 연소점 < 발화점 순으로 온도가 높다.
② 오존, 불소는 지연성(조연성) 가스로 산화제의 역할을 할 수 있지만, 네온은 불활성 가스로 산화제의 역할을 할 수 없다.
③ 아르곤은 불활성 가스로 산화, 분해, 흡착반응이 거의 일어나지 않아 자연발화를 일으키지 않는다.

11 빈출도 ★★★

화재 시 이산화탄소의 농도로 인한 중독작용의 설명으로 적합하지 않은 것은?

① 농도가 1[%]인 경우: 공중 위생상의 상한선이다.
② 농도가 2[%]인 경우: 불쾌감을 느끼기 시작한다.
③ 농도가 4[%]인 경우: 두부에 압박감이 느껴진다.
④ 농도가 6[%]인 경우: 호흡이 곤란해진다.

해설

이산화탄소의 농도가 6[%]인 경우 호흡수가 현저하게 증가한다.

❷

관련개념 이산화탄소 농도에 따른 증상

공기 중 농도[%]	생리 반응
1	공중 위생상 상한선이다.
2	증상이 없고 불쾌감을 느낀다.
4	두통, 현기증, 귀울림 증상 등이 생긴다.
6	호흡수가 현저하게 증가한다.
8	호흡곤란이 일어난다.
10	1분 내에 의식을 상실한다.
20	중추신경이 마비되고 단시간 내에 사망한다.

❶ 초보자도 손쉽게 이해할 수 있도록 상세한 해설을 제공하였습니다.

❷ 문제와 관련되는 이론을 관련개념으로 제공하여 문제 풀이와 함께 이론을 학습할 수 있도록 하였습니다.

❸ 정답이 아닌 선지도 선지분석을 통해 정답이 아닌 이유를 이해할 수 있도록 설명하였습니다.

"초보자도 쉽게 이해 가능한 퍼펙트 해설"

차례

최신 4개년 기출문제

플러스 4개년 기출문제

"2025년 3회차 CBT 복원문제는 9월 중 제공됩니다."

※ 상세경로: 에듀윌 도서몰(book.eduwill.net) → 도서 자료실 → 부가학습자료 → [소방설비기사 기출문제집] 검색 → PDF 다운로드

2025년 1회 CBT 복원문제

■ 1회독 ■ 2회독 ■ 3회독

소방원론

01 빈출도 ★

주된 연소의 형태가 표면연소에 해당하는 물질이 아닌 것은?

① 숯 ② 나프탈렌
③ 목탄 ④ 금속분

해설

나프탈렌을 가열하면 고체의 가연성 물질이 열분해 없이 기화하여 증기가 발생하고 연소하므로 나프탈렌은 증발연소에 해당한다.

관련개념 표면연소

고체의 가연성 물질이 열분해하거나 증발하지 않고 물질의 표면에서 산소와 급격히 반응하여 연소하는 형태를 말한다. 숯, 코크스, 목탄, 금속분 등이 표면연소에 해당한다.

정답 | ②

02 빈출도 ★

저팽창포와 고팽창포에 모두 사용할 수 있는 포 소화약제는?

① 단백포 소화약제
② 수성막포 소화약제
③ 불화단백포 소화약제
④ 합성계면활성제포 소화약제

해설

합성계면활성제포는 저발포에서 고발포까지 팽창비를 조정할 수 있어 광범위하게 사용할 수 있다.

관련개념 합성계면활성제포

성분	계면활성제를 기제로 하여 기포 안정제를 첨가하여 제조한 것으로 고발포용과 저발포용 2가지가 있다.
적응 화재	일반화재(A급 화재) 및 유류화재(B급 화재)
장점	• 저발포에서 고발포까지 팽창비를 조정할 수 있어 광범위하게 사용할 수 있다. • 단백포보다 소화속도가 빠르다. • 수명이 반영구적이다.
단점	• 내열성·내유성이 약하여 윤화(Ring Fire) 현상이 일어날 염려가 있다. • 고팽창포로 사용하는 경우 방사거리가 짧다. • 저팽창포로 사용하는 경우 유류화재에 불리하다.

정답 | ④

03 빈출도 ★★

표면온도가 $300[\degree C]$에서 안전하게 작동하도록 설계된 히터의 표면온도가 $360[\degree C]$로 상승하면 $300[\degree C]$에 비하여 약 몇 배의 열을 방출할 수 있는가?

① 1.1배

② 1.5배

③ 2.0배

④ 2.5배

해설

복사열은 절대온도의 4제곱에 비례하므로, 복사에너지는 1.5배 증가한다.

$$\frac{q_2}{q_1} = \frac{\sigma T_2^{\ 4}}{\sigma T_1^{\ 4}} = \frac{(273+360)^4}{(273+300)^4} = \left(\frac{633}{573}\right)^4 \fallingdotseq 1.489$$

관련개념 복사

복사는 열에너지가 매질을 통하지 않고 전자기파의 형태로 전달되는 현상이다.

슈테판−볼츠만 법칙에 의해 복사열은 절대온도의 4제곱에 비례한다.

$$Q \propto \sigma T^4$$

Q: 열전달량$[W/m^2]$, σ: 슈테판−볼츠만
상수$(5.67 \times 10^{-8})[W/m^2 \cdot K^4]$, T: 절대온도$[K]$

정답 | ②

04 빈출도 ★★

점화원의 형태별 구분 중 화학적 점화원의 종류로 틀린 것은?

① 연소열

② 용해열

③ 분해열

④ 아크열

해설

아크열은 전기적 점화원의 종류로 전기설비의 회로나 기구 등에서 접촉 불량에 의해 발생하는 열이다. 작은 전기불꽃으로도 충분히 가연성 가스를 착화시킬 수 있다.

관련개념 화학적 점화원

연소열	어떤 물질이 완전 연소되는 과정에서 발생되는 열이다.
용해열	어떤 물질이 용액 속에서 완전히 녹을 때 나타나는 열이다.
분해열	어떤 화합물이 상온에서 안정한 상태의 성분 원소로 분해될 때 발생하는 열이다.
생성열	발열반응에 의해 화합물이 생성될 때 발생하는 열이다.
자연발화	외부로부터 열의 공급 없이 어떤 물질이 내부 반응열의 축적만으로 온도가 상승하여 공기 중에서 스스로 발화하는 것이다.

정답 | ④

05 빈출도 ★

고체연료의 연소형태가 아닌 것은?

① 예혼합연소

② 분해연소

③ 증발연소

④ 자기연소

해설

예혼합연소는 연소하기 전 미리 가연성 기체와 공기의 혼합기를 만들어 연소하는 형태로 기체의 연소에 해당한다.

관련개념 고체의 연소

상온에서 고체상태로 존재하는 가연물의 연소 형태로 일반적으로 표면연소, 분해연소, 증발연소, 자기연소로 구분한다.

정답 | ①

06 빈출도 ★★

다음 화학 반응식 중 잘못된 것은?

① $CaC_2 + 2H_2O \rightarrow Ca(OH)_2 + C2H_2$

② $4P + 6H_2O \rightarrow 4SO_2 + 3O_2$

③ $2Na_2O_2 + 2H_2O \rightarrow 4NaOH + O_2$

④ $2Na + 2H_2O \rightarrow 2NaOH + H_2$

해설

화학반응식이 옳은지 판단할 때에는 반응물과 생성물을 구성하는 원자의 수가 일치하는지 확인하여야 한다.
일반적으로 인(P)은 물(H_2O)과 거의 반응하지 않는다.

정답 | ②

07 빈출도 ★★★

B급 화재에 해당하지 않는 것은?

① 목탄의 연소

② 등유의 연소

③ 아마인유의 연소

④ 알코올류의 연소

해설

목탄에 의한 화재는 A급 화재(일반화재)에 해당한다.

관련개념 **B급 화재(유류화재)**

대상물	• 상온에서 액체상태인 유류 등 가연성 액체 • 주로 제4류 위험물(인화성 액체)
화재 성상	• 연소 후 재를 남기지 않으며, 연기는 주로 검정색 • 연소열이 크고, 인화성이 좋아 일반화재보다 위험
발생 원인	• 유류 표면으로부터 발생된 증기가 공기와 혼합되어 연소범위 내에 있는 상태에서 점화원(열 또는 화기)에 접촉되었을 때 • 유류를 취급 또는 사용하는 기기·기구 등 조작 시 부주의로 인해 흘러나온 유류에 점화원이 접촉되었을 때
소화 방법	• 포 또는 가스계 소화약제의 질식효과를 이용한 소화 • 수계 소화약제 이용 시 연소면이 확대되므로 사용 불가
표시색	황색

정답 | ①

08 빈출도 ★★★

건물 내에서 화재가 발생하여 실내온도가 20[℃]에서 600[℃]까지 상승했다면 온도 상승만으로 건물 내의 공기 부피는 처음의 약 몇 배 정도 팽창하는가? (단, 화재로 인한 압력의 변화는 없다고 가정한다.)

① 3

② 9

③ 15

④ 30

해설

압력과 기체의 양이 일정한 이상기체이므로 샤를의 법칙을 적용할 수 있다.

$$\frac{V_1}{T_1} = C = \frac{V_2}{T_2}$$

상태1의 부피가 V_1, 절대온도가 $(273+20)[K]$이고, 상태2의 절대온도가 $(273+600)[K]$이므로 상태2의 부피는

$$V_1 = \frac{V_1}{T_1} \times T_2 = \frac{V_1}{(273+20)[K]} \times (273+600)[K]$$

$$\fallingdotseq 2.98 V_1$$

관련개념 **샤를의 법칙**

압력과 기체의 양이 일정할 때 부피와 절대온도는 비례 관계에 있다.

$$\frac{V}{T} = C$$

V: 부피, T: 절대온도[K], C: 상수

정답 | ①

09 빈출도 ★

다음 불꽃의 색상 중 가장 온도가 높은 것은?

① 암적색 ② 적색
③ 휘백색 ④ 휘적색

해설

연소불꽃이 휘백색일 때 온도가 가장 높다.

관련개념 불꽃의 온도와 색

연소불꽃의 색	온도[℃]
암적색(진홍색)	700~750
적색	850
휘적색(주황색)	925~950
황적색	1,100
백적색(백색)	1,200~1,300
휘백색	1,500

정답 | ③

10 빈출도 ★★

다음 설명 중 가장 옳은 것은?

① 일반적으로 인화온도는 연소온도보다 높다.
② 가연물질의 연소에 필요한 산화제의 역할을 할 수 있는 것으로 오존, 불소, 네온이 있다.
③ 아르곤은 산화·분해·흡착반응에 의해 자연발화를 일으킬 수 있다.
④ 활성화 에너지의 값이 적을수록 연소가 잘 이루어진다.

해설

활성화 에너지는 화학반응이 일어나기 위해 필요한 최소 에너지로, 활성화 에너지가 작을수록 화학반응이 빠르게 일어나고 연소가 잘 이루어진다.

선지분석

① 일반적으로 인화점 < 연소점 < 발화점 순으로 온도가 높다.
② 오존, 불소는 지연성(조연성) 가스로 산화제의 역할을 할 수 있지만, 네온은 불활성 가스로 산화제의 역할을 할 수 없다.
③ 아르곤은 불활성 가스로 산화, 분해, 흡착반응이 거의 일어나지 않아 자연발화를 일으키지 않는다.

정답 | ④

11 빈출도 ★★★

화재 시 이산화탄소의 농도로 인한 중독작용의 설명으로 적합하지 않은 것은?

① 농도가 1[%]인 경우: 공중 위생상의 상한선이다.
② 농도가 2[%]인 경우: 불쾌감을 느끼기 시작한다.
③ 농도가 4[%]인 경우: 두부에 압박감이 느껴진다.
④ 농도가 6[%]인 경우: 호흡이 곤란해진다.

해설

이산화탄소의 농도가 6[%]인 경우 호흡수가 현저하게 증가한다.

관련개념 이산화탄소 농도에 따른 증상

공기 중 농도[%]	생리 반응
1	공중 위생상 상한선이다.
2	증상이 없고 불쾌감을 느낀다.
4	두통, 현기증, 귀울림 증상 등이 생긴다.
6	호흡수가 현저하게 증가한다.
8	호흡곤란이 일어난다.
10	1분 내에 의식을 상실한다.
20	중추신경이 마비되고 단시간 내에 사망한다.

정답 | ④

12 빈출도 ★★

다음 중 인화점이 가장 낮은 물질은?

① 에탄올
② 벤젠
③ 이황화탄소
④ 톨루엔

해설

선지 중 이황화탄소의 인화점이 가장 낮다.

관련개념 물질의 발화점과 인화점

물질	발화점[°C]	인화점[°C]
프로필렌	497	−107
산화프로필렌	449	−37
가솔린	300	−43
이황화탄소	100	−30
아세톤	538	−18
메틸알코올	385	11
에틸알코올	423	13
벤젠	498	−11
톨루엔	480	4.4
등유	210	43~72
경유	200	50~70
적린	260	−
황린	30	20

정답 | ③

13 빈출도 ★★★

1기압, 0[°C]의 어느 밀폐된 공간 1[m³] 내에 Halon 1301 약제가 0.32[kg] 방사되었다. 이때 Halon 1301의 농도는 약 몇 [vol%]인가? (단, 원자량은 C=12, F=19, Br=81, Cl=35.5이다.)

① 4.8[%]
② 5.5[%]
③ 8[%]
④ 10[%]

해설

할론 1301 0.32[kg]이 밀폐된 공간 1[m³]에서 차지하는 부피를 할론 1301의 농도라고 하며, 이상기체 상태방정식을 활용하여 할론 1301의 질량[kg]을 부피[m³]로 변환해 준다.

이상기체의 상태방정식은 다음과 같다.

$$PV = \frac{m}{M}RT$$

P: 압력[atm], V: 부피[m³],
m: 질량[kg], M: 분자량[kg/kmol],
R: 기체상수(0.08206)[atm·m³/kmol·K],
T: 절대온도[K]

할론 1301은 탄소(C) 원자 1개, 불소(F) 원자 3개, 브롬(Br) 원자 1개로 구성된다.
탄소(C), 불소(F), 브롬(Br)의 원자량은 각각 12, 19, 81로 할론 1301의 분자량은 다음과 같다.
12+(19×3)+81=150

주어진 조건을 공식에 대입하면 0.32[kg]에 해당하는 할론 1301의 부피는 다음과 같다.

$1 \times V = \frac{0.32}{150} \times 0.08206 \times (273+0)$

$V \fallingdotseq 0.0478[m^3]$

공간 1[m³] 중 할론 1301의 농도는
$\frac{0.0478[m^3]}{1[m^3]} = 4.78[\%]$

정답 | ①

14 빈출도 ★

화재에 대한 건축물의 손실정도에 따른 화재형태를 설명한 것으로 옳지 않은 것은?

① 부분소화재란 전소화재, 반소화재에 해당하지 않는 것을 말한다.
② 반소화재란 건축물에 화재가 발생하여 건축물의 30[%] 이상 70[%] 미만이 소실된 상태를 말한다.
③ 전소화재란 건축물에 화재가 발생하여 건축물의 70[%] 이상이 소실된 상태를 말한다.
④ 훈소화재란 건축물에 화재가 발생하여 건축물의 10[%] 이하가 소실된 상태를 말한다.

해설

훈소화재란 불꽃 없이 가연성 물질의 내부에서 연소가 일어나는 화재를 말한다.

관련개념 소실 정도에 따른 분류

전소화재	건물의 70[%] 이상이 소실되었거나 그 미만인 경우라도 잔존 부분의 보수 및 재사용이 불가능한 것을 말한다.
반소화재	건물의 30[%] 이상 70[%] 미만이 소실된 것을 말한다.
부분소화재	전소·반소화재에 해당하지 않는 것. 즉, 건물의 30[%] 미만이 소실된 것을 말한다.

정답 | ④

15 빈출도 ★

화재 시 불티가 바람에 날리거나 상승하는 열기류에 휩쓸려 멀리 있는 가연물에 착화되는 현상은?

① 비화   ② 전도
③ 대류   ④ 복사

해설

비화는 불씨가 날아가 다른 건축물에 옮겨붙는 것을 말한다.

선지분석

② 전도: 서로 접촉한 물체 사이에서 분자들의 충돌에 의해 온도가 높은 물체에서 낮은 물체로 에너지가 이동하는 현상이다.
③ 대류: 액체나 기체 등에서 유체 내부의 분자 이동에 의해 온도가 높은 곳에서 낮은 곳으로 에너지가 이동하는 현상이다.
④ 복사: 열에너지가 매질을 통하지 않고 전자기파의 형태로 전달되는 현상이다.

정답 | ①

16 빈출도 ★★

다음 중 연쇄반응과 관련 있는 소화방법은?

① 질식소화   ② 제거소화
③ 냉각소화   ④ 부촉매소화

해설

부촉매소화(억제소화)는 연소의 요소 중 연쇄적 산화반응을 약화시켜 연소의 지속을 불가능하게 하는 방법이다.
가연물질 내 함유되어 있는 수소·산소로부터 생성되는 수소기($H\cdot$)·수산기($\cdot OH$)를 화학적으로 제거된 부촉매제(분말 소화약제, 할론가스 등)와 반응하게 하여 더 이상 연소생성물인 이산화탄소·수증기 등의 생성을 억제시킨다.

선지분석

① 질식소화: 연소하고 있는 가연물의 표면을 덮어서 연소에 필요한 산소의 공급을 차단시켜 소화하는 것을 말한다.
② 제거소화: 연소의 요소를 구성하는 가연물질을 안전한 장소나 점화원이 없는 장소로 신속하게 이동시켜서 소화하는 방법이다.
③ 냉각소화: 연소 중인 가연물질의 온도를 인화점 이하로 냉각시켜 소화하는 것을 말한다.

정답 | ④

17 빈출도 ★★★

아세틸렌 가스의 연소범위[vol%]에 가장 가까운 것은?

① 9.8~28.4　　　② 2.5~81
③ 4.0~75　　　　④ 2.1~9.5

해설

아세틸렌 가스의 연소범위는 2.5~81[vol%]이다.

관련개념 주요 가연성 가스의 연소범위와 위험도

가연성 가스	하한계 [vol%]	상한계 [vol%]	위험도
아세틸렌(C₂H₂)	2.5	81	31.4
수소(H₂)	4	75	17.8
일산화탄소(CO)	12.5	74	4.9
에테르(C₂H₅OC₂H₅)	1.9	48	24.3
이황화탄소(CS₂)	1.2	44	35.7
에틸렌(C₂H₄)	2.7	36	12.3
암모니아(NH₃)	15	28	0.9
메테인(CH₄)	5	15	2
에테인(C₂H₆)	3	12.4	3.1
프로페인(C₃H₈)	2.1	9.5	3.5
뷰테인(C₄H₁₀)	1.8	8.4	3.7

정답 | ②

18 빈출도 ★★

가연성 액체에 점화원을 가져가서 인화한 후에 점화원을 제거하여도 가연물이 계속 연소되는 최저 온도를 무엇이라고 하는가?

① 인화점　　　② 폭발온도
③ 연소점　　　④ 발화점

해설

점화원을 제거해도 지속적으로 연소가 진행되는 최저 온도를 연소점이라고 한다.

정답 | ③

19. 빈출도 ★★

비수용성 유류의 화재 시 물로 소화할 수 없는 이유는?

① 인화점이 변하기 때문
② 발화점이 변하기 때문
③ 연소면이 확대되기 때문
④ 수용성으로 변화여 인화점이 상승하기 때문

해설

제4류 위험물(인화성 액체)인 유류는 액체 표면에서 증발연소를 한다. 이때 주수소화를 하게 되면 물보다 가벼운 가연물이 물 위를 떠다니며 계속해서 연소반응이 일어나게 되고 화재면이 확대될 수 있다.

정답 | ③

20 빈출도 ★★

0[℃], 1[atm] 상태에서 프로페인 1[mol]이 완전 연소하는 데 필요한 산소는 몇 [mol]인가?

① 1　　　② 5
③ 3　　　④ 2

해설

프로페인의 연소반응식은 다음과 같다.
$$C_3H_8 + 5O_2 \rightarrow 3CO_2 + 4H_2O$$
프로페인 1[mol]이 완전 연소하는 데 필요한 산소의 양은 5[mol]이다.

정답 | ②

21. 빈출도 ★★

정현파 전압의 평균값과 최댓값과의 관계식 중 옳은 것은?

① $V_{av} = 0.637V_m$
② $V_{av} = 0.707V_m$
③ $V_{av} = 0.840V_m$
④ $V_{av} = 0.956V_m$

해설

정현파 전압의 평균값

$V_{av} = \dfrac{2}{\pi} \times$ 전압의 최댓값 $= \dfrac{2}{\pi}V_m = 0.637V_m$

(단, V_m: 정현파 전압의 최댓값[V])

정답 | ①

22. 빈출도 ★★★

논리식 $X = \overline{A \cdot B}$와 같은 것은?

① $X = \overline{A} + \overline{B}$
② $X = A + B$
③ $X = \overline{A} \cdot \overline{B}$
④ $X = A \cdot B$

해설

드 므로간의 정리를 적용하면 $X = \overline{A} + \overline{B}$이다.

관련개념 드 모르간의 정리

㉠ $\overline{A+B} = \overline{A} \cdot \overline{B}$
㉡ $\overline{A \cdot B} = \overline{A} + \overline{B}$

정답 | ①

23. 빈출도 ★★

저항이 R, 유도 리액턴스가 X_L, 용량 리액턴스가 X_C인 $R-L-C$ 직렬회로에서의 $\dot{Z}$와 Z값으로 옳은 것은?

① $\dot{Z} = R + j(X_L - X_C)$, $Z = \sqrt{R^2 + (X_L - X_C)^2}$
② $\dot{Z} = R + j(X_L + X_C)$, $Z = \sqrt{R^2 + (X_L + X_C)^2}$
③ $\dot{Z} = R + j(X_C - X_L)$, $Z = \sqrt{R^2 + (X_C - X_L)^2}$
④ $\dot{Z} = R + j(X_C + X_L)$, $Z = \sqrt{R^2 + (X_C + X_L)^2}$

해설

- RLC 직렬회로에서 임피던스
$\dot{Z} = R + j(X_L - X_C)[\Omega]$
- 임피던스의 크기
$Z = |\dot{Z}| = \sqrt{R^2 + (X_L - X_C)^2}[\Omega]$

정답 | ①

24. 빈출도 ★

2전력계법을 이용한 평형 3상회로의 전력이 각각 500[kW] 및 1,100[kW]로 측정되었을 때, 피상전력[kVA]과 부하의 역률[%]은 각각 약 얼마인가?

① 1,807.9[kVA], 88.5[%]
② 1,907.9[kVA], 83.9[%]
③ 2,007.9[kVA], 79.7[%]
④ 2,107.9[kVA], 75.9[%]

해설

• 피상전력

$$P_a = 2\sqrt{P_1^2 + P_2^2 - P_1 P_2}$$
$$= 2\sqrt{500^2 + 1,100^2 - 500 \times 1,100}$$
$$= 2 \times 953.94 = 1,907.88[\text{kVA}]$$

• 역률 $\cos\theta = \dfrac{P}{P_a} = \dfrac{500 + 1,100}{1,907.88} = 0.8386 = 83.86[\%]$

관련개념 2전력계법

하나의 전력계에서 측정값을 $P_1[\text{W}]$이라 하고, 다른 하나의 전력계에서의 측정값을 $P_2[\text{W}]$라고 하면

㉠ 유효(소비)전력 $P = P_1 + P_2[\text{W}]$
㉡ 무효전력 $P_r = \sqrt{3}(P_1 - P_2)[\text{Var}]$
㉢ 피상전력 $P_a = \sqrt{P^2 + P_r^2} = 2\sqrt{P_1^2 + P_2^2 - P_1 P_2}[\text{VA}]$
㉣ 역률 $\cos\theta = \dfrac{P}{P_a} = \dfrac{P_1 + P_2}{\sqrt{P_1^2 + P_2^2 - P_1 P_2}}$

정답 | ②

25. 빈출도 ★

다음 중 추치 제어에 포함되지 않는 것은?

① 프로그램 제어
② 정치 제어
③ 비율 제어
④ 추종 제어

해설

정치 제어는 목푯값이 시간에 따라 변하지 않고 일정한 제어로 추치 제어에 포함되지 않는다. 추치 제어에는 추종 제어, 프로그램 제어, 비율 제어가 포함된다.

관련개념 자동 제어의 분류

기준	제어
제어량	프로세스 제어
	서보 제어
	자동조정 제어
목푯값	정치 제어
	추치 제어(추종 제어, 프로그램 제어, 비율 제어)
제어 동작	불연속 제어
	연속 제어

정답 | ②

26. 빈출도 ★★★

유도전동기의 회전자 속도가 1,000[rpm]이고, 동기속도는 1,500[rpm]일 때, 슬립은 몇 [%]인가?

① 11.1
② 19.4
③ 22.2
④ 33.3

해설

$$s = \frac{N_s - N}{N_s} = \frac{1,500 - 1,000}{1,500} = \frac{500}{1,500} = 33.33[\%]$$

관련개념 동기속도와 슬립

$$s = \frac{N_s - N}{N_s}, \ N_s = \frac{N}{1 - s}$$

정답 | ④

27. 빈출도 ★

공기 중에서 3×10^{-4}[Wb]와 5×10^{-3}[Wb]의 두 극 사이에 작용하는 힘이 13[N]이었다. 두 극 사이의 거리는 약 몇 [cm]인가?

① 4.3   ② 8.5

③ 13   ④ 17

해설

두 극 사이에 작용하는 힘

$F = \dfrac{m_1 m_2}{4\pi\mu r^2} = \dfrac{1}{4\pi\mu} \times \dfrac{m_1 m_2}{r^2}$

$\quad = 6.33 \times 10^4 \times \dfrac{3 \times 10^{-4} \times 5 \times 10^{-3}}{r^2} = 13[\mathrm{N}]$

$\rightarrow r^2 = \dfrac{6.33 \times 10^{-4} \times 3 \times 10^{-4} \times 5 \times 10^{-3}}{13}$

$\quad = 7.3 \times 10^{-3}$

따라서 두 극 사이의 거리

$r = \sqrt{7.3 \times 10^{-3}} = 0.085[\mathrm{m}] = 8.5[\mathrm{cm}]$

관련개념 자극의 세기

· 두 자극 사이에 작용하는 자기력

$F = \dfrac{m_1 m_2}{4\pi\mu r^2}[\mathrm{N}]$

· 진공 중에서의 투자율

$\mu_0 = 4\pi \times 10^{-7}[\mathrm{HN}]$

$\rightarrow \dfrac{1}{4\pi\mu_0} = 6.33 \times 10^4$

정답 ②

28. 빈출도 ★★★

실리콘 제어 정류 소자인 SCR의 특징을 잘못 나타낸 것은?

① 열의 발생이 적고 과전압에 강하다.
② PNPN 구조를 하고 있다.
③ 특성곡선에 부저항이 있다.
④ 게이트 전류에 의하여 방전 개시 전압을 제어할 수 있다.

해설

SCR은 열의 발생이 적지만 과전압에 비교적 약하다.

선지분석

② SCR은 PNPN의 4층 구조의 3단자 반도체 소자이다.
③ OFF 상태의 저항이 매우 높고, 특성 곡선에는 부저항 부분이 있다.
④ 게이트 전류를 바꿈으로서 출력 전압(방전 개시 전압)을 조정할 수 있다.

정답 ①

29. 빈출도 ★★★

최대 눈금이 50[V], 내부 저항이 100[Ω]인 직류 전압계에 1.2[kΩ]의 배율기를 접속하여 측정할 수 있는 전압의 최대 측정치는 몇 [V]인가?

① 500   ② 550

③ 600   ④ 650

해설

배율기 배율 $m = \dfrac{V_0}{V} = 1 + \dfrac{R_m}{R}$ 이므로

$V_0 = V\left(1 + \dfrac{R_m}{R_v}\right) = 50\left(1 + \dfrac{1.2 \times 10^3}{100}\right)$

$\quad = 650[\mathrm{V}]$

정답 ④

30. 빈출도 ★★

다음 기호가 의미하는 것은 무엇인가?

① 전력계   ② 전압계
③ 전류계   ④ 주파수계

해설

구분	전력계	전압계	전류계	주파수계
기호	Ⓦ	Ⓥ	Ⓐ	Ⓕ

정답 | ④

---

31. 빈출도 ★★

그림은 비상시에 대비한 예비전원의 공급회로이다. 직류 전압을 일정하게 유지하기 위하여 콘덴서를 설치한다면 그 위치로 적당한 것은?

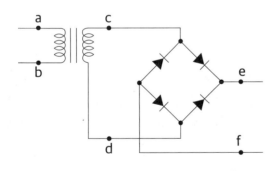

① a와 b사이   ② c와 d사이
③ e와 f사이   ④ a와 c사이

해설

콘덴서는 정류된 맥동 전압을 평활하게 하기 위해 DC 출력에 병렬로 연결해야 한다.
e는 정류된 DC의 (+)단자이고, f는 (−)단자이므로 e와 f사이에 콘덴서를 설치해야 한다.

정답 | ③

---

32. 빈출도 ★★

한 상의 임피던스가 $Z = 4 + j3[\Omega]$인 △결선 부하에 대칭 3상 선간전압 $\dfrac{200}{\sqrt{3}}[V]$를 가할 때 이 부하로 흐르는 선전류[A]의 크기는?

① $\dfrac{40}{\sqrt{3}}$ ② $\dfrac{40}{3}$
③ 40 ④ $40\sqrt{3}$

해설

한 상의 임피던스 $Z = R + jX = 4 + j3[\Omega]$
$= \sqrt{4^3 + 3^3} = 5[\Omega]$
△결선의 상전압은 선간전압과 같으므로 한 상에 흐르는 전류

$$I_P = \frac{V_P}{Z} = \frac{\frac{200}{\sqrt{3}}}{5} = \frac{40}{\sqrt{3}}[A]$$

선전류 I_l는 상 전류 I_P의 $\sqrt{3}$배이므로
$$I_l = \sqrt{3}\,I_P = \sqrt{3} \times \frac{40}{\sqrt{3}} = 40[A]$$

정답 | ③

---

33. 빈출도 ★★★

$8[\Omega]$의 저항과 $6[\Omega]$의 용량성 리액턴스가 있는 직렬 회로에 전압 $V = 28 - j4[V]$의 전압을 가하였을 때 회로에 흐르는 전류는 몇 [A]인가?

① $3.5 - j0.5$ ② $2.8 - j0.4$
③ $1.24 - j0.68$ ④ $2.48 + j1.36$

해설

용량성 리액턴스 $X_C = 6[\Omega]$이므로
$Z = R + jX = R - jX_C = 8 - j6[\Omega]$
전류 $I = \dfrac{V}{Z} = \dfrac{28 - j4}{8 - j6} = \dfrac{(28 - j4)(8 + j6)}{(8 - j6)(8 + j6)}$
$\qquad = \dfrac{248 + j136}{100} = 2.48 + j1.36[A]$

정답 | ④

34. 빈출도 ★★★

제어기기 및 전자회로에서 반도체 소자별 용도에 대한 설명 중 틀린 것은?

① 서미스터: 온도 보상용으로 사용
② 사이리스터: 전기 신호를 빛으로 변환
③ 제너 다이오드: 정전압 소자(전원 전압을 일정하게 유지)
④ 바리스터: 계전기 점검에서 발생하는 불꽃 소거에 사용

해설

사이리스터는 전력용 반도체 소자의 일종으로 SCR, TRIAC, DIAC, GTO, SSS, IGBT 등이 있다. 전기 신호를 빛으로 변환하는 소자는 발광다이오드(LED)이다.

정답 ②

35. 빈출도 ★★

다음 그림과 같은 회로에서 전달함수로 옳은 것은?

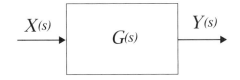

① $X(s) + Y(s)$
② $X(s)Y(s)$
③ $Y(s)/X(s)$
④ $X(s) + Y(s)$

해설

전달함수 $G(s) = \dfrac{출력}{입력} = \dfrac{Y(s)}{X(s)}$

정답 ③

36. 빈출도 ★★

MOSFET(금속−산화물 반도체 전계효과 트랜지스터)의 특성으로 틀린 것은?

① 2차 항복이 없다.
② 집적도가 낮다.
③ 소전력으로 작동한다.
④ 큰 입력저항으로 게이트 전류가 거의 흐르지 않는다.

해설

MOSFET은 소전력으로도 작동하며 직접도가 높다.

관련개념 MOSFET의 특징

㉠ 2차 항복이 없다.
㉡ 소전력으로도 작동한다.
㉢ 집적도가 높다.
㉣ 열적으로 안정되어 열폭주 현상을 보이지 않는다.
㉤ 금속 산화물 절연체가 게이트를 분리하여 입력저항이 높으며, 게이트 전류가 거의 흐르지 않는다.

정답 ②

37. 빈출도 ★

어떤 전지의 부하로 6[Ω]을 사용하니 3[A]의 전류가 흐르고, 이 부하에 직렬로 4[Ω]을 연결했더니 2[A]가 흘렀다. 이 전지의 기전력은 몇 [V]인가?

① 8
② 16
③ 24
④ 32

해설

- 외부 저항이 6[Ω]인 경우
  $E = I(r+6) = 3(r+6) = 3r + 18 [V]$
- 외부 저항이 10[Ω]인 경우
  $E = I'(r+10) = 2(r+10) = 2r + 20 [V]$

기전력 $E[V]$는 동일하므로
$3r + 18 = 2r + 20 \rightarrow$ 내부저항 $r = 2[Ω]$
따라서 기전력 $E = 3r + 18 = 3 \times 2 + 18 = 24[V]$

정답 ③

38. 빈출도 ★★

지멘스(siemens)는 무엇의 단위인가?

① 비저항   ② 도전율
③ 컨덕턴스   ④ 자속

해설

지멘스[S]는 모우[℧] 또는 옴의 역수[Ω^{-1}]와 같은 의미이며 컨덕턴스의 단위이다.

선지분석

① 비저항의 단위: [$\Omega \cdot m$] 또는 [$\Omega \cdot mm/m^2$]
② 도전율의 단위: [$℧/m$] 또는 [S/m]
④ 자속의 단위: [Wb]

정답 | ③

39. 빈출도 ★

A급 싱글 전력증폭기에 관한 설명으로 옳지 않은 것은?

① 바이어스점은 부하선이 거의 가운데인 중앙점에 취한다.
② 회로의 구성이 매우 복잡하다.
③ 출력용의 트랜지스터가 1개이다.
④ 찌그러짐이 적다.

해설

A급 싱글 전력증폭기는 가장 단순한 구성이다.

선지분석

① 부하선 위의 한 점이 트랜지스터 동작점(바이어스 점)으로 A급 싱글 전력증폭기는 DC 바이어스를 부하선 중앙에 둔다.
③ A급 싱글 전력 증폭기는 하나의 트랜지스터만 사용한다.
④ 도통각이 360°이므로 전류가 연속적으로 공급되어 왜곡율이 가장 낮아 찌그러짐이 적다.

정답 | ②

40. 빈출도 ★★★

3상 농형 유도전동기의 기동방식으로 옳은 것은?

① 분상 기동형   ② 콘덴서 기동형
③ 기동보상기법   ④ 셰이딩 코일형

해설

3상 농형 유도 전동기의 기동법은 전전압 기동법(직입 기동법), Y−△기동법, 기동 보상기법, 리액터 기동법, 콘드로퍼 기동법이 있다.

선지분석

① 분상 기동형: 단상 유도 전동기의 기동 방식이다. 기동 토크가 작고, 부피가 큰 단점 때문에 일반적으로 200[W] 이하의 단상 유도 전동기에 제한되어 사용된다.
② 단상 기동형: 단상 유도 전동기의 기동 방식이다. 구조가 간단하고 역률이 좋기 때문에 큰 기동 토크를 요구하지 않고 속도를 조정할 필요가 있는 선풍기나 세탁기 등에 사용된다.
④ 셰이딩 코일형: 단상 유도 전동기의 기동 방식이다. 셰이딩 코일이 없는 부분의 자속이 먼저 최대치에 도달하므로 자속은 셰이딩 코일이 없는 부분에서 있는 부분으로 이동하게 되어 회전 자계를 형성하고 기동 토크를 발생한다.

정답 | ③

소방관계법규

41 빈출도 ★

소방시설공사업법령상 소방시설공사 완공검사를 위한 현장 확인 대상 특정소방대상물의 범위가 아닌 것은?

① 위락시설
② 판매시설
③ 운동시설
④ 창고시설

해설

위락시설은 소방시설공사 완공검사를 위한 현장 확인 대상 특정소방대상물이 아니다.

관련개념 완공검사를 위한 현장 확인 대상 특정소방대상물

㉠ 문화 및 집회시설, 종교시설, 판매시설
㉡ 노유자시설, 수련시설, 운동시설
㉢ 숙박시설, 창고시설, 지하상가 및 다중이용업소
㉣ 스프링클러설비등
㉤ 물분무등소화설비(호스릴방식의 소화설비 제외)
㉥ 연면적 10,000[m²] 이상이거나 11층 이상인 특정소방대상물 (아파트 제외)
㉦ 가연성 가스를 제조·저장 또는 취급하는 시설 중 지상에 노출된 가연성 가스탱크의 저장용량 합계가 1,000[t] 이상인 시설

정답 | ①

42 빈출도 ★★★

화재안전조사 결과에 따른 조치명령으로 손실을 입어 손실을 보상하는 경우 그 손실을 입은 자는 누구와 손실보상을 협의하여야 하는가?

① 소방서장
② 시·도지사
③ 소방본부장
④ 행정안전부장관

해설

소방청장 또는 시·도지사는 화재안전조사 결과에 따른 조치명령으로 손실을 입은 자가 있는 경우에는 대통령령으로 정하는 바에 따라 보상해야 한다.

정답 | ②

43 빈출도 ★★★

화재의 예방 및 안전관리에 관한 법률상 화재예방강화지구의 지정권자는?

① 소방서장
② 시·도지사
③ 소방본부장
④ 행정안전부장관

해설

시·도지사는 화재예방강화지구의 지정권자이다.

정답 | ②

44 빈출도 ★★

소방시설 설치 및 관리에 관한 법령상 건축허가 등의 동의대상물의 범위기준 중 틀린 것은?

① 건축 등을 하려는 학교시설: 연면적 200[m²] 이상
② 노유자시설: 연면적 200[m²] 이상
③ 정신의료기관(입원실이 없는 정신건강의학과 의원 제외): 연면적 300[m²] 이상
④ 장애인 의료재활시설: 연면적 300[m²] 이상

해설

건축 등을 하려는 학교시설의 건축허가 동의기준은 **연면적 100[m²]** 이상이다.

관련개념 동의대상물의 범위

㉠ 연면적 400[m²] 이상 건축물이나 시설
㉡ 다음 표에서 제시된 기준 연면적 이상의 건축물이나 시설

구분	기준
학교시설	100[m²] 이상
– 노유자시설 – 수련시설	200[m²] 이상
– 정신의료기관 – 장애인 의료재활시설	300[m²] 이상

㉢ 지하층, 무창층이 있는 건축물로서 바닥면적이 150[m²](공연장 100[m²]) 이상인 층이 있는 것
㉣ 차고, 주차장 또는 주차용도로 사용되는 시설
 – 차고·주차장으로 사용되는 바닥면적이 200[m²] 이상인 층이 있는 건축물이나 주차시설
 – 승강기 등 기계장치에 의한 주차시설로서 자동차 20대 이상을 주차할 수 있는 시설
㉤ 층수가 6층 이상인 건축물
㉥ 항공기격납고, 관망탑, 항공관제탑, 방송용 송수신탑
㉦ 특정소방대상물 중 위험물 저장 및 처리시설, 지하구

정답 | ①

45 빈출도 ★

소방시설공사업법령상 소방시설업자가 소방시설공사 등을 맡긴 특정소방대상물의 관계인에게 지체 없이 그 사실을 알려야 하는 경우가 아닌 것은?

① 소방시설업자의 지위를 승계한 경우
② 소방시설업의 등록취소처분 또는 영업정지처분을 받은 경우
③ 휴업하거나 폐업한 경우
④ 소방시설업의 주소지가 변경된 경우

해설

소방시설업의 주소지가 변경된 경우는 관계인에게 지체 없이 그 사실을 알려야 하는 경우가 아니다.

관련개념 소방시설공사 등을 맡긴 특정소방대상물의 관계인에게 지체 없이 그 사실을 알려야 하는 경우

㉠ 소방시설업자의 지위를 승계한 경우
㉡ 소방시설업의 등록취소처분 또는 영업정지처분을 받은 경우
㉢ 휴업하거나 폐업한 경우

정답 | ④

46 빈출도 ★

소방시설 설치 및 관리에 관한 법령상 시·도지사가 소방시설 등의 자체점검을 하지 아니한 관리업자에게 영업정지를 명할 수 있으나, 이로 인해 국민에게 불편을 줄 때에는 영업정지처분을 갈음하여 과징금 처분을 한다. 과징금의 기준은?

① 1,000만 원 이하
② 2,000만 원 이하
③ 3,000만 원 이하
④ 5,000만 원 이하

해설

시·도지사가 영업정지를 명하는 경우로서 그 영업정지가 이용자에게 불편을 주거나 그 밖에 공익을 해칠 우려가 있을 때에는 영업정지처분을 갈음하여 **3,000만 원** 이하의 과징금을 부과할 수 있다.

정답 | ③

47 빈출도 ★

소방시설공사업의 명칭·상호를 변경하고자 하는 경우 민원인이 반드시 제출하여야 하는 서류는?

① 소방시설업 등록증 및 등록수첩
② 법인등기부등본 및 소방기술인력 연명부
③ 소방기술인력의 자격증 및 자격수첩
④ 사업자등록증 및 소방기술인력의 자격증

해설

소방시설공사업의 명칭·상호를 변경하고자 하는 경우 민원인은 **소방시설업 등록증 및 등록수첩**을 제출하여야 한다.

관련개념 **등록사항의 변경신고**

㉠ 상호(명칭) 또는 영업소 소재지가 변경된 경우
　－ 소방시설업 등록증 및 등록수첩
㉡ 대표자가 변경된 경우
　－ 소방시설업 등록증 및 등록수첩
　－ 변경된 대표자의 성명, 주민등록번호 및 주소지 등의 인적사항이 적힌 서류
㉢ 기술인력이 변경된 경우
　－ 소방시설업 등록수첩
　－ 기술인력 증빙서류

정답 | ①

48 빈출도 ★★★

화재의 예방 및 안전관리에 관한 법률상 보일러 등의 위치·구조 및 관리와 화재예방을 위하여 불의 사용에 있어서 지켜야 하는 사항 중 보일러에 경유·등유 등 액체연료를 사용하는 경우에 연료탱크는 보일러 본체로부터 수평거리 최소 몇 [m] 이상의 간격을 두어 설치해야 하는가?

① 0.5
② 0.6
③ 1
④ 2

해설

연료탱크는 보일러 본체로부터 수평거리 1[m] 이상의 간격을 두어 설치해야 한다.

정답 | ③

49 빈출도 ★★

위험물안전관리법령상 제조소 또는 일반취급소에서 취급하는 제4류 위험물의 최대 수량의 합이 지정수량의 480,000배 이상인 사업소의 자체소방대에 두는 화학소방자동차 및 인원기준으로 다음 (　) 안에 알맞은 것은?

화학소방자동차	자체소방대원의 수
(㉠)	(㉡)

① ㉠: 1대, ㉡: 5인　② ㉠: 2대, ㉡: 10인
③ ㉠: 3대, ㉡: 15인　④ ㉠: 4대, ㉡: 20인

해설

제4류 위험물의 최대수량의 합이 지정수량의 48만배 이상인 사업소의 자체소방대에 두는 화학소방자동차 수는 4대, 자체소방대원의 수는 20인이다.

관련개념 자체소방대에 두는 화학소방자동차 및 인원

사업소의 구분		화학 소방 자동차	자체 소방 대원의 수
제조소 또는 일반취급소 (제4류 위험물 취급)	지정수량의 3,000배 이상 120,000배 미만	1대	5인
	지정수량의 120,000배 이상 240,000배 미만	2대	10인
	지정수량의 240,000배 이상 480,000배 미만	3대	15인
	지정수량의 480,000배 이상	4대	20인
옥외탱크저장소 (제4류 위험물 저장)	지정수량의 500,000배 이상	2대	10인

정답 | ④

50 빈출도 ★★

소방기본법령상 시장지역에서 화재로 오인할 만한 우려가 있는 불을 피우거나 연막소독을 하려는 자가 신고를 하지 아니하여 소방자동차를 출동하게 한 자에 대한 과태료 부과·징수권자는?

① 국무총리
② 시·도지사
③ 행정안전부장관
④ 소방본부장 또는 소방서장

해설

화재로 오인할 만한 우려가 있는 불을 피우거나 연막소독을 하려는 자가 신고를 하지 아니하여 소방자동차를 출동하게 한 자에 대한 과태료는 관할 소방본부장 또는 소방서장이 부과·징수한다.

정답 | ④

51 빈출도 ★★

소방시설 설치 및 관리에 관한 법률상 특정소방대상물 중 오피스텔은 어느 시설에 해당하는가?

① 숙박시설　② 일반업무시설
③ 공동주택　④ 근린생활시설

해설

오피스텔은 업무시설 중 일반업무시설이다.

관련개념 특정소방대상물(업무시설)

㉠ 공공업무시설: 국가 또는 지방자치단체의 청사와 외국공관의 건축물로서 근린생활시설에 해당하지 않는 것
㉡ 일반업무시설: 금융업소, 사무소, 신문사, 오피스텔로서 근린생활시설에 해당하지 않는 것
㉢ 주민자치센터(동사무소), 경찰서, 지구대, 파출소, 소방서, 119안전센터, 우체국, 보건소, 공공도서관, 국민건강보험공단

정답 | ②

52 빈출도 ★★★

소방시설 설치 및 관리에 관한 법률상 소방시설등에 대하여 스스로 점검을 하지 아니하거나 관리업자등으로 하여금 정기적으로 점검하게 아니한 자에 대한 벌칙 기준으로 옳은 것은?

① 6개월 이하의 징역 또는 1,000만 원 이하의 벌금
② 1년 이하의 징역 또는 1,000만 원 이하의 벌금
③ 3년 이하의 징역 또는 1,500만 원 이하의 벌금
④ 3년 이하의 징역 또는 3,000만 원 이하의 벌금

해설

소방시설등에 대하여 자체점검을 하지 아니하거나 관리업자등으로 하여금 정기적으로 점검하게 하지 아니한 자는 **1년 이하의 징역 또는 1천만 원 이하의 벌금**에 처한다.

정답 | ②

53 빈출도 ★★

위험물안전관리법령상 제조소의 위치·구조 및 설비의 기준 중 위험물을 취급하는 건축물 그 밖의 시설의 주위에는 그 취급하는 위험물을 최대수량이 지정수량의 10배 이하인 경우 보유하여야 할 공지의 너비는 몇 [m] 이상이어야 하는가?

① 3   ② 5
③ 8   ④ 10

해설

취급하는 위험물의 최대수량이 지정수량의 10배 이하인 경우 공지의 너비는 3[m] 이상이어야 한다.

관련개념 제조소 보유공지의 너비

취급하는 위험물의 최대수량	공지의 너비
지정수량의 10배 이하	3[m] 이상
지정수량의 10배 초과	5[m] 이상

정답 | ①

54 빈출도 ★

제조소등의 완공검사 신청시기로서 틀린 것은?

① 지하탱크가 있는 제조소등의 경우에는 당해 지하탱크를 매설하기 전
② 이동탱크저장소의 경우에는 이동저장탱크를 완공하고 상치장소를 확보한 후
③ 이송취급소의 경우에는 이송배관 공사의 전체 또는 일부 완료 후
④ 배관을 지하에 설치하는 경우에는 소방서장이 지정하는 부분을 매몰하고 난 직후

해설

배관을 지하에 설치하는 경우에는 시·도지사, 소방서장 또는 기술원이 지정하는 부분을 매몰하기 직전 완공검사를 신청한다.

관련개념 완공검사의 신청시기

지하탱크가 있는 제조소등의 경우	당해 지하탱크를 매설하기 전
이동탱크저장소의 경우	이동저장탱크를 완공하고 상치장소를 확보한 후
이송취급소의 경우	이송배관 공사의 전체 또는 일부를 완료한 후
전체 공사가 완료된 후에는 완공검사를 실시하기 곤란한 경우	• 위험물설비 또는 배관의 설치가 완료되어 기밀시험 또는 내압시험을 실시하는 시기 • 배관을 지하에 설치하는 경우에는 시·도지사, 소방서장 또는 기술원이 지정하는 부분을 매몰하기 직전 • 기술원이 지정하는 부분의 비파괴시험을 실시하는 시기
그 외 제조소등의 경우	제조소등의 공사를 완료한 후

정답 | ④

55 빈출도 ★

소방시설공사업법령상 정의된 업종 중 소방시설업의 종류에 해당되지 않는 것은?

① 소방시설설계업
② 소방시설공사업
③ 소방시설정비업
④ 소방공사감리업

해설

소방시설정비업은 소방시설업의 종류가 아니다.

관련개념 소방시설업의 종류

㉠ 소방시설설계업
㉡ 소방시설공사업
㉢ 소방공사감리업
㉣ 방염처리업

정답 | ③

56 빈출도 ★★

위험물안전관리법령상 정기점검의 대상인 제조소등의 기준으로 틀린 것은?

① 지하탱크저장소
② 이동탱크저장소
③ 지정수량의 10배 이상의 위험물을 취급하는 제조소
④ 지정수량의 20배 이상의 위험물을 저장하는 옥외탱크저장소

해설

정기점검의 대상인 제조소는 지정수량의 200배 이상의 위험물을 저장하는 옥외탱크저장소이다.

관련개념 정기점검의 대상인 제조소

시설	취급 또는 저장량
제조소	지정수량의 10배 이상
옥외저장소	지정수량의 100배 이상
옥내저장소	지정수량의 150배 이상
옥외탱크저장소	지정수량의 200배 이상
암반탱크저장소	전체
이송취급소	전체
일반취급소	• 지정수량의 10배 이상 • 제4류 위험물(특수인화물 제외)만을 지정수량의 50배 이하로 취급하는 일반취급소(제1석유류·알코올류의 취급량이 지정수량의 10배 이하인 경우에 한함)로서 다음의 경우 제외 　- 보일러·버너 또는 이와 비슷한 것으로서 위험물을 소비하는 장치로 이루어진 일반취급소 　- 위험물을 용기에 옮겨 담거나 차량에 고정된 탱크에 주입하는 일반취급소
지하탱크저장소	전체
이동탱크저장소	전체
제조소, 주유취급소 또는 일반취급소	위험물을 취급하는 탱크로서 지하에 매설된 탱크가 있는 것

정답 | ④

57 빈출도 ★★★

소방시설 설치 및 관리에 관한 법률상 특정소방대상물의 수용인원 산정 방법으로 옳은 것은?

① 침대가 없는 숙박시설은 해당 특정소방대상물의 종사자의 수에 숙박시설의 바닥면적의 합계를 4.6[m²]로 나누어 얻은 수를 합한 수로 한다.

② 강의실로 쓰이는 특정소방대상물은 해당 용도로 사용하는 바닥면적의 합계를 4.6[m²]로 나누어 얻은 수로 한다.

③ 관람석이 없을 경우 강당, 문화 및 집회시설, 운동시설, 종교시설은 해당 용도로 사용하는 바닥면적의 합계를 4.6[m²]로 나누어 얻은 수로 한다.

④ 백화점은 해당 용도로 사용하는 바닥면적의 합계를 4.6[m²]로 나누어 얻은 수로 한다.

해설

관람석이 없을 경우 강당, 문화 및 집회시설, 운동시설, 종교시설은 해당 용도로 사용하는 바닥면적의 합계를 4.6[m²]로 나누어 얻은 수로 한다.

선지분석

① 침대가 없는 숙박시설은 해당 특정소방대상물의 종사자의 수에 숙박시설의 바닥면적의 합계를 3[m²]로 나누어 얻은 수를 합한 수로 한다.

② 강의실로 쓰이는 특정소방대상물은 해당 용도로 사용하는 바닥면적의 합계를 1.9[m²]로 나누어 얻은 수로 한다.

④ 백화점은 해당 용도로 사용하는 바닥면적의 합계를 3[m²]로 나누어 얻은 수로 한다.

관련개념 수용인원의 산정방법

구분		산정방법
숙박시설	침대가 있는 숙박시설	종사자 수 + 침대 수(2인용 침대는 2개)
	침대가 없는 숙박시설	종사자 수 + $\dfrac{\text{바닥면적의 합계}}{3[m^2]}$
강의실 · 교무실 · 상담실 · 실습실 · 휴게실 용도로 쓰이는 특정소방대상물		$\dfrac{\text{바닥면적의 합계}}{1.9[m^2]}$
강당, 문화 및 집회시설, 운동시설, 종교시설		$\dfrac{\text{바닥면적의 합계}}{4.6[m^2]}$
그 밖의 특정소방대상물		$\dfrac{\text{바닥면적의 합계}}{3[m^2]}$

* 계산 결과 소수점 이하의 수는 반올림한다.
* 복도(준불연재료 이상의 것), 화장실, 계단은 면적에서 제외한다.

정답 | ③

58 빈출도 ★

위험물안전관리법령상 정기검사를 받아야 하는 특정·준특정옥외탱크저장소의 관계인은 특정·준특정옥외탱크저장소의 설치허가에 따른 완공검사합격확인증을 발급받은 날부터 몇 년 이내에 정밀정기검사를 받아야 하는가?

① 9

② 10

③ 11

④ 12

해설

특정·준특정옥외탱크저장소의 설치허가에 따른 완공검사합격확인증을 발급받은 날부터 **12년** 이내에 정밀정기검사를 받아야 한다.

관련개념 특정·준특정옥외탱크저장소의 정기점검 기한

정밀정기 검사	특정·준특정옥외탱크저장소의 설치허가에 따른 완공검사합격확인증을 발급받은 날부터	12년
	최근의 정밀정기검사를 받은 날부터	11년
중간정기 검사	특정·준특정옥외탱크저장소의 설치허가에 따른 완공검사합격확인증을 발급받은 날부터	4년
	최근의 정밀정기검사 또는 중간정기검사를 받은 날부터	4년

정답 | ④

59 빈출도 ★★

피난시설, 방화구획 또는 방화시설을 폐쇄·훼손·변경 등의 행위를 3차 이상 위반한 경우에 대한 과태료 부과 기준으로 옳은 것은?

① 200만 원

② 300만 원

③ 500만 원

④ 1,000만 원

해설

피난시설, 방화구획 또는 방화시설을 폐쇄·훼손·변경 등의 행위를 3차 이상 위반한 경우 **300만 원**의 과태료를 부과한다.

관련개념 위반회차별 과태료 부과 기준

구분	1차	2차	3차 이상
피난시설, 방화구획 또는 방화시설의 폐쇄·훼손·변경 등의 행위를 한 자	100만 원	200만 원	300만 원

정답 | ②

60 빈출도 ★

위험물안전관리법령에 따른 위험물제조소의 옥외에 있는 위험물취급탱크 용량이 $100[m^3]$ 및 $180[m^3]$인 2개의 취급탱크 주위에 하나의 방유제를 설치하는 경우 방유제의 최소 용량은 몇 $[m^3]$이어야 하는가?

① 100

② 140

③ 180

④ 280

해설

최대 탱크용량의 50[%] 이상+나머지 탱크용량의 10[%] 이상
$=180 \times 0.5 + 100 \times 0.1$
$=90+10=100[m^3]$

관련개념 방유제 설치기준(제조소)

구분	방유제 용량
방유제 내 탱크 1기일 경우	탱크용량의 50[%] 이상
방유제 내 탱크가 2기 이상일 경우	최대 탱크용량의 50[%] 이상 + 나머지 탱크용량의 10[%] 이상

정답 | ①

61 빈출도 ★

비상방송설비를 설치하여야 하는 특정소방대상물의 기준으로 옳은 것은? (단, 위험물 저장 및 처리 시설 중 가스시설, 사람이 거주하지 않는 동물 및 식물 관련 시설, 지하가 중 터널, 축사 및 지하구는 제외한다.)

① 연면적 3,000[m²] 이상인 것
② 지하층의 층수가 3개 층 이상인 것
③ 지하층을 포함하는 층수가 11층 이상인 것
④ 50명 이상의 근로자가 작업하는 옥내 작업장

해설

지하층의 층수가 3개 층 이상인 것은 비상방송설비를 설치해야 한다.

관련개념 비상방송설비를 설치하여야 하는 특정소방대상물의 기준

㉠ 연면적 3,500[m²] 이상인 것은 모든 층
㉡ 층수가 11층 이상인 것은 모든 층
㉢ 지하층의 층수가 3층 이상인 것은 모든 층

정답 | ②

62 빈출도 ★★★

일반적으로 부착높이가 15[m] 이상 20[m] 미만에 부착하는 감지기에 속하지 않는 것은?

① 이온화식 1종 감지기
② 연기복합형 감지기
③ 불꽃 감지기
④ 차동식 분포형 감지기

해설

부착높이가 15[m] 이상 20[m] 미만인 경우 적응성이 있는 감지기는 이온화식 1종, 광전식(스포트형, 분리형, 공기흡입형) 1종, 연기복합형, 불꽃감지기이다.

관련개념 부착높이에 따른 감지기의 종류

부착높이	감지기의 종류	
4[m] 미만	• 차동식(스포트형, 분포형) • 보상식 스포트형 • 정온식(스포트형, 감지선형)	• 이온화식 또는 광전식(스포트형, 분리형, 공기흡입형) • 열복합형 • 연기복합형 • 열연기복합형 • 불꽃감지기
4[m] 이상 8[m] 미만	• 차동식(스포트형, 분포형) • 보상식 스포트형 • 정온식(스포트형, 감지선형) 특종 또는 1종 • 이온화식 1종 또는 2종	• 광전식(스포트형, 분리형, 공기흡입형) 1종 또는 2종 • 열복합형 • 연기복합형 • 열연기복합형 • 불꽃감지기
8[m] 이상 15[m] 미만	• 차동식 분포형 • 이온화식 1종 또는 2종	• 광전식(스포트형, 분리형, 공기흡입형) 1종 또는 2종 • 연기복합형 • 불꽃감지기
15[m] 이상 20[m] 미만	• 이온화식 1종 • 광전식(스포트형, 분리형, 공기흡입형) 1종	• 연기복합형 • 불꽃감지기
20[m] 이상	• 불꽃감지기	• 광전식(분리형, 공기흡입형) 중 아날로그 방식

정답 | ④

63 빈출도 ★

창고시설의 피난구유도등과 공동주택의 지하주차장 피난구유도등은 어떤 것으로 설치하여야 하는가?

① 대형, 대형
② 대형, 중형
③ 중형, 중형
④ 소형, 중형

해설

㉠ 창고시설에 설치해야 피난구유도등과 거실통로유도등은 **대형**으로 설치해야 한다.
㉡ 공동주택의 주차장으로 사용되는 부분은 **중형** 피난구유도등을 설치해야 한다.

정답 | ②

64 빈출도 ★

무선통신보조설비의 설치기준으로 틀린 것은?

① 누설동축케이블 또는 동축케이블의 임피던스는 50[Ω]으로 한다.
② 누설동축케이블 및 안테나는 고압의 전로로부터 0.5[m] 이상 떨어진 위치에 설치한다.
③ 누설동축케이블 및 안테나는 금속판 등에 따라 전파의 복사 또는 특성이 현저하게 저하되지 않는 위치에 설치한다.
④ 누설동축케이블의 끝부분에는 무반사 종단저항을 견고하게 설치한다.

해설

누설동축케이블 및 안테나는 **고압의 전로로부터 1.5[m] 이상** 떨어진 위치에 설치해야 한다.

정답 | ②

65 빈출도 ★

자동화재탐지설비 수신기의 구조기준 중 정격전압이 몇 [V]를 넘는 기구의 금속제외함에는 접지 단자를 설치하여야 하는가?

① 30
② 60
③ 100
④ 300

해설

정격전압이 60[V]를 넘는 기구의 금속제 외함에는 접지 단자를 설치하여야 한다.

정답 | ②

66 빈출도 ★★

자동화재속보설비의 설치기준으로 틀린 것은?

① 화재 시 자동으로 소방관서에 연락되는 설비여야 한다.
② 자동화재탐지설비와 연동되어야 한다.
③ 조작스위치는 바닥으로부터 0.8[m] 이상 1.5[m] 이하의 높이에 설치한다.
④ 관계인이 24시간 상주하고 있는 경우에는 설치하지 않을 수 있다.

해설

관계인이 24시간 상주하더라도 자동화재속보설비를 설치하여야 한다.

정답 | ④

67 빈출도 ★

비상방송설비의 설치기준으로 옳지 않은 것은?

① 음량조정기의 배선은 3선식으로 할 것
② 확성기 음성입력은 5[W] 이상일 것
③ 다른 전기회로에 따라 유도장애가 생기지 아니하도록 할 것
④ 조작스위치는 바닥으로부터 0.8[m] 이상 1.5[m] 이하의 높이에 설치할 것

해설

비상방송설비 확성기의 음성입력은 3[W](실내에 설치하는 것에 있어서는 1[W]) 이상으로 한다.

정답 │ ②

68 빈출도 ★★★

자동화재탐지설비 및 시각경보장치의 화재안전기술기준(NFTC 203)에 따른 배선의 설치기준이다. 다음 (   )에 들어갈 내용으로 옳은 것은?

> 자동화재탐지설비의 감지기 회로의 전로저항은 (㉠)[Ω] 이하가 되도록 하여야 하며, 수신기의 각 회로별 종단에 설치되는 감지기에 접속되는 배선의 전압은 감지기 정격전압의 (㉡)[%] 이상이어야 한다.

① ㉠ 50   ㉡ 85
② ㉠ 40   ㉡ 80
③ ㉠ 40   ㉡ 85
④ ㉠ 50   ㉡ 80

해설

자동화재탐지설비의 감지기 회로의 전로저항은 50[Ω] 이하가 되도록 해야 하며, 수신기의 각 회로별 종단에 설치되는 감지기에 접속되는 배선의 전압은 감지기 정격전압의 80[%] 이상이어야 한다.

정답 │ ④

69 빈출도 ★

가스누설경보기 가연성 가스 경보기의 탐지부는 가스연소기의 중심으로부터 직선거리 몇 [m] 이내에 1개 이상 설치하여야 하는가? (단, 공기보다 무거운 가스를 사용하는 경우 제외)

① 1
② 2
③ 4
④ 8

해설

가스누설경보기 가연성 가스 경보기의 탐지부는 가스연소기의 중심으로부터 직선거리 8[m](공기보다 무거운 가스를 사용하는 경우에는 4[m]) 이내에 1개 이상 설치해야 한다.

정답 │ ④

70 빈출도 ★★★

휴대용비상조명등을 설치하여야 하는 특정소방대상물에 해당하는 것은?

① 종합병원
② 숙박시설
③ 노유자시설
④ 집회장

해설

휴대용비상조명등을 설치해야 하는 특정소방대상물
㉠ 숙박시설
㉡ 수용인원 100명 이상의 영화상영관
㉢ 판매시설 중 대규모 점포
㉣ 철도 및 도시철도 시설 중 지하역사
㉤ 지하가 중 지하상가

정답 │ ②

71 빈출도 ★★

누전경보기의 화재안전기술기준(NFTC 205)에 따른 누전경보기의 설치기준으로 옳지 않은 것은?

① 경계전로의 정격전류가 60[A]를 초과하는 전로에 있어서는 1급 누전경보기를, 60[A] 이하의 전로에 있어서는 1급 또는 2급 누전경보기를 설치할 것

② 변류기는 특정소방대상물의 형태, 인입선의 시설바업 등에 따라 옥외 인입선의 제 1지점의 부하측 또는 제2종 접지선 측의 점검이 쉬운 위치에 설치할 것

③ 전원은 분전반으로부터 전용회로로 하고, 각 극에 개폐기 및 30[A] 이하의 과전류차단기(배선용 차단기에 있어서는 20[A] 이하의 것으로 각 극을 개폐할 수 있는 것)를 설치할 것

④ 변류기를 옥외의 전로에 설치하는 경우에는 옥외형으로 설치할 것

해설

전원은 분전반으로부터 전용회로로 하고, 각 극에 개폐기 및 15[A] 이하의 과전류차단기(배선용 차단기에 있어서는 20[A] 이하의 것으로 각 극을 개폐할 수 있는 것)를 설치해야 한다.

관련개념 과전류차단기의 규격

「한국전기설비규정」에서 과전류차단기는 16[A]를, 「누전경보기의 화재안전기술기준(NFTC 205)」에서 과전류차단기는 15[A] 규격을 사용한다. 소방설비기사 시험에서는 화재안전기술기준을 우선으로 적용하므로 15[A]를 사용한다.

정답 | ③

72 빈출도 ★

소방시설용 비상전원수전설비의 화재안전기술기준 (NFTC 602)에 따라 저압으로 수전하는 제1종 배전반 및 분전반의 외함 두께와 전면판(또는 문) 두께에 대한 설치기준으로 옳지 않은 것은?

① 외함의 내부는 외부의 열에 의해 영향을 받지 않도록 내열성 및 단열성이 있는 재료를 사용하여 단열할 것

② 전선의 인입구 및 입출구는 외함에 노출하여 설치할 수 있다.

③ 외함은 두께 1.2[mm](전면판 및 문은 1.3[mm]) 이상의 강판과 이와 동등 이상의 강도와 내화성능이 있는 것으로 제작할 것

④ 외함은 금속관 또는 금속제 가요전선관을 쉽게 접속할 수 있도록 하고, 당해 접속부분에는 단열조치를 할 것

해설

소방시설용 비상전원수전설비의 저압으로 수전하는 제1종 배전반 및 분전반의 외함은 두께 1.6[mm](전면판 및 문은 2.3[mm]) 이상의 강판으로 제작하여야 한다.

정답 | ③

73 빈출도 ★★★

자동화재속보설비의 속보기의 성능인증 및 제품검사의 기술기준에 따른 속보기의 기능에 대한 내용이다. 다음 (   ) 안에 들어갈 내용으로 옳은 것은?

> 속보기는 작동신호 또는 수동작동스위치에 의한 다이얼링 후 소방관서와 전화접속이 이루어지지 않는 경우에는 최초 다이얼링을 포함하여 (㉠)회 이상 반복적으로 접속을 위한 다이얼링이 이루어져야 한다. 이 경우 매 회 다이얼링 완료 후 호출은 (㉡)초 이상 지속되어야 한다.

① ㉠ 10회   ㉡ 30초
② ㉠ 15회   ㉡ 40초
③ ㉠ 20회   ㉡ 50초
④ ㉠ 25회   ㉡ 60초

해설

속보기는 작동신호(화재경보신호 포함) 또는 수동작동스위치에 의한 다이얼링 후 소방관서와 전화접속이 이루어지지 않는 경우에는 최초 다이얼링을 포함하여 **10회 이상** 반복적으로 접속을 위한 다이얼링이 이루어져야 한다. 이 경우 매 회 다이얼링 완료 후 호출은 **30초 이상** 지속되어야 한다.

정답 | ①

74 빈출도 ★

무선통신보조설비의 화재안전기술기준(NFTC 505)에 따른 증폭기 및 무선중계기의 설치기준으로 틀린 것은?

① 디지털 방식의 무전기를 사용하는 데 지장이 없도록 설치할 것
② 증폭기 후면에는 전원의 정상 여부를 표시할 수 있는 장치를 설치할 것
③ 증폭기 및 무선중계기를 설치하는 경우에는 적합성 평가를 받은 제품으로 설치하고 임의로 변경하지 않도록 할 것
④ 비상전원 용량은 무선통신보조설비를 유효하게 30분 이상 작동시킬 수 있는 것으로 할 것

해설

증폭기의 전면에는 주 회로 전원의 정상 여부를 표시할 수 있는 표시등 및 전압계를 설치해야 한다.

정답 | ②

75 빈출도 ★★

비상조명등의 화재안전기술기준(NFTC 304)에 따라 예비전원을 내장하지 않은 비상조명등의 비상전원 설치기준으로 틀린 것은?

① 점검에 편리하고 화재 및 침수 등의 재해로 인한 피해를 받을 우려가 없는 곳에 설치할 것
② 상용전원으로부터 전력의 공급이 중단된 때에는 자동으로 비상전원으로부터 전력을 공급받을 수 있도록 할 것
③ 비상전원의 설치장소는 다른 장소와 통합 구획할 것
④ 비상전원을 실내에 설치하는 때에는 그 실내에 비상조명등을 설치할 것

해설

비상전원의 설치장소는 다른 장소와 방화구획하여야 한다. 이 경우 그 장소에는 비상전원의 공급에 필요한 기구나 설비 외의 것을 두어서는 안 된다.

정답 | ③

76 빈출도 ★★★

감지기의 형식승인 및 제품검사의 기술기준에 따라 일국소의 주위온도가 일정한 온도 이상이 되는 경우에 작동하는 것으로서 외관이 전선으로 되어 있지 않는 감지기는 어떤 것인가?

① 공기흡입형
② 차동식 스포트형
③ 보상식 스포트형
④ 정온식 스포트형

해설

정온식 스포트형 감지기는 일국소의 주위온도가 일정한 온도 이상이 되는 경우에 작동하는 것으로서 외관이 전선으로 되어 있지 않는 감지기이다.

선지분석

① 공기흡입형: 감지기 내부에 장착된 공기흡입장치로 감지하고자 하는 위치의 공기를 흡입하고 흡입된 공기에 일정한 농도의 연기가 포함된 경우 작동하는 감지기
② 차동식 스포트형: 주위온도가 일정 상승률 이상이 되는 경우에 작동하는 것으로서 넓은 범위 내에서의 열효과의 누적에 의하여 작동하는 감지기
③ 보상식 스포트형: 차동식 스포트형과 정온식 스포트형의 성능을 겸한 감지기

정답 | ④

77 빈출도 ★

누전경보기의 형식승인 및 제품검사의 기술기준에 따라 누전경보기의 경보기구에 내장하는 음향장치의 고장표시장치용 음압은 몇 [dB] 이상이어야 하는가?

① 60[dB]
② 80[dB]
③ 100[dB]
④ 120[dB]

해설

사용전압에서의 음압은 무향실 내에서 정위치에 부착된 음향장치의 중심으로부터 1[m] 떨어진 지점에서 누전경보기는 70[dB] 이상이어야 한다. 다만, 고장표시장치용 등의 음압은 60[dB] 이상이어야 한다.

정답 | ①

78 빈출도 ★★

비상방송설비의 배선공사 종류 중 합성수지관 공사에 대한 설명으로 틀린 것은?

① 전선은 절연전선일 것
② 단면적 10[mm²] 이하의 것을 적용하지 않을 것
③ 중량물의 압력 또는 현저한 기계적 충격을 받을 우려가 없도록 시설할 것
④ 이중천장 내에는 불연시공을 하여야 하며, 전선관 시스템에서 불연시공은 금속제 공사, 특종 금속제 가요 전선관 공사가 해당될 것

해설

이중천장 내에는 합성수지관 공사를 시설할 수 없다. 이중천장 내에는 불연시공을 하여야 하며, 전선관시스템에서 불연시공은 금속관 공사, 2종 금속제가요전선관 공사가 해당된다.

관련개념 합성수지관공사 시설 조건

㉠ 전선은 절연전선(옥외용 비닐절연전선을 제외)일 것
㉡ 전선은 연선일 것. 다만, 다음의 것은 적용하지 않는다.
  – 짧고 가는 합성수지관에 넣은 것
  – 단면적 10[mm²](알루미늄선은 단면적 16[mm²]) 이하의 것
㉢ 전선은 합성수지관 안에서 접속점이 없도록 할 것
㉣ 중량물의 압력 또는 현저한 기계적 충격을 받을 우려가 없도록 시설할 것

정답 | ④

79 빈출도 ★★★

자동화재탐지설비 및 시각경보장치의 화재안전기술기준(NFTC 203)에 따른 연기감지기의 설치장소로 틀린 것은?

① 계단·경사로 및 에스컬레이터 경사로
② 천장 또는 반자의 높이가 15[m] 이상 20[m] 미만의 장소
③ 길이가 25[m]인 복도
④ 수련시설의 취침·숙박 등 이와 유사한 용도로 사용되는 거실

해설

30[m] 미만의 복도는 연기감지기 설치대상이 아니다.

관련개념 연기감지기의 설치장소

㉠ 계단·경사로 및 에스컬레이터 경사로
㉡ 복도(30[m] 미만 제외)
㉢ 엘리베이터 승강로(권상기실이 있는 경우 권상기실)·린넨슈트·파이프 피트 및 덕트 기타 이와 유사한 장소
㉣ 천장 또는 반자의 높이가 15[m] 이상 20[m] 미만의 장소
㉤ 다음의 어느 하나에 해당하는 특정소방대상물의 취침·숙박·입원 등 이와 유사한 용도로 사용되는 거실
 − 공동주택·오피스텔·숙박시설·노유자시설·수련시설
 − 교육연구시설 중 합숙소
 − 의료시설, 근린생활시설 중 입원실이 있는 의원·조산원
 − 교정 및 군사시설
 − 근린생활시설 중 고시원

정답 │ ③

80 빈출도 ★★

비상방송설비의 화재안전기술기준(NFTC 202)에 따른 비상방송설비 음향장치에 대한 설치기준으로 옳지 않은 것은?

① 엘리베이터 내부에는 별도의 음향장치를 설치할 수 없다.
② 음량조정기를 설치하는 경우 음량조정기의 배선은 3선식으로 한다.
③ 조작부는 기동장치의 작동과 연동하여 해당 기동장치가 작동한 층 또는 구역을 표시할 수 있는 것으로 한다.
④ 기동장치에 따른 화재신고를 수신한 후 필요한 음량으로 화재발생 상황 및 피난에 유효한 방송이 자동으로 개시될 때까지의 소요시간은 10초 이내로 한다.

해설

엘리베이터 내부에는 별도의 음향장치를 설치할 수 있다.

정답 │ ①

자동채점

소방원론

01 빈출도 ★★

다음 중 열전도율이 가장 작은 것은?

① 알루미늄
② 철재
③ 은
④ 암면(광물섬유)

해설

열전도율은 물질 내에서 열이 전달되는 정도를 나타내는 척도이다. 일반적으로 금속일수록 열전도율이 크며, 금속이 아닐수록 열전도율이 작다.

정답 | ④

02 빈출도 ★★

위험물안전관리법령상 제4류 위험물의 화재에 적응성이 있는 것은?

① 옥내소화전설비
② 옥외소화전설비
③ 봉상수소화기
④ 물분무소화설비

해설

제4류 위험물은 포, 분말, 이산화탄소, 할로겐화합물, 물분무 소화약제를 이용하여 질식소화한다.

관련개념 제4류 위험물(인화성 액체)

㉠ 상온에서 안정적인 액체 상태로 존재하며, 비전도성을 갖는다.
㉡ 물보다 가볍고 대부분 물에 녹지 않는 비수용성이다.
㉢ 인화성 증기를 발생시킨다.
㉣ 폭발하한계와 발화점이 낮은 편이지만, 약간의 자극으로 쉽게 폭발하지 않는다.
㉤ 대부분의 증기는 유기화합물이며, 공기보다 무겁다.

정답 | ④

03 빈출도 ★★

다음 중 할로겐족 원소가 아닌 것은?

① F
② Ar
③ Cl
④ I

해설

아르곤(Ar)은 주기율표상 18족 원소로 불활성(비활성) 기체이다.

선지분석

불소(F), 염소(Cl), 아이오딘(I)은 주기율표상 17족 원소로 할로겐족 원소이다.

정답 | ②

04 빈출도 ★★

방화구조에 대한 기준으로 틀린 것은?

① 철망모르타르로서 그 바름두께가 2[cm] 이상인 것
② 석고판 위에 시멘트모르타르를 바른 것으로서 그 두께의 합계가 2.5[cm] 이상인 것
③ 시멘트모르타르 위에 타일을 붙인 것으로서 그 두께의 합계가 2[cm] 이상인 것
④ 심벽에 흙으로 맞벽치기 한 것

해설

시멘트모르타르 위에 타일을 붙인 것으로서 그 두께의 합계가 2.5[cm] 이상이어야 방화구조에 해당한다.

관련개념 방화구조 기준

㉠ 철망모르타르로서 그 바름두께가 2[cm] 이상인 것
㉡ 석고판 위에 시멘트모르타르 또는 회반죽을 바른 것으로서 그 두께의 합계가 2.5[cm] 이상인 것
㉢ 시멘트모르타르 위에 타일을 붙인 것으로서 그 두께의 합계가 2.5[cm] 이상인 것
㉣ 심벽에 흙으로 맞벽치기한 것
㉤ 「산업표준화법」에 따른 한국산업표준에 따라 시험한 결과 방화 2급 이상에 해당하는 것

정답 | ③

05 빈출도 ★

나이트로셀룰로스에 대한 설명으로 잘못된 것은?

① 질화도가 낮을수록 위험도가 크다.
② 물을 첨가하여 습윤시켜 운반한다.
③ 화약의 원료로 쓰인다.
④ 고체이다.

해설

제5류 위험물인 나이트로화합물은 질화도가 높을수록 위험도도 크다.

선지분석

② 물에 녹지 않고 물과 반응하지 않으므로 물에 저장하여 운반한다.
③ 불안정하고 분해되기 쉬워 폭발이 쉽게 일어나므로 화약의 원료로 쓰인다.
④ 상온에서 고체이다.

관련개념 제5류 위험물의 특징

㉠ 가연성 물질로 상온에서 고체 또는 액체상태이다.
㉡ 불안정하고 분해되기 쉬우므로 폭발성이 강하고, 연소속도가 매우 빠르다.
㉢ 산소를 포함하고 있으므로 자기연소 또는 내부연소를 일으키기 쉽고, 연소 시 다량의 가스가 발생한다.
㉣ 산화반응에 의한 자연발화를 일으킨다.
㉤ 한 번 화재가 발생하면 소화가 어렵다.
㉥ 대부분 물에 잘 녹지 않으며 물과 반응하지 않는다.

정답 ①

06 빈출도 ★

HCFC BLEND A(상품명: NAFS−Ⅲ) 중 82[%]를 차지하고 있는 소화약제는?

① HCFC−123
② HCFC−22
③ HCFC−124
④ C10H16

해설

HCFC BLEND A는 HCFC−123 4.75[%], HCFC−22 82[%], HCFC−124 9.5[%], $C_{10}H_{16}$ 3.75[%]로 구성되어 있다.

관련개념 할로겐화합물 소화약제

소화약제	화학식
FC−3−1−10	C_4F_{10}
FK−5−1−12	$CF_3CF_2C(O)CF(CF_3)_2$
HCFC BLEND A	• HCFC−123($CHCl_2CF_3$): 4.75[%] • HCFC−22($CHClF_2$): 82[%] • HCFC−124($CHClFCF_3$): 9.5[%] • $C_{10}H_{16}$: 3.75[%]
HCFC−124	$CHClFCF_3$
HFC−125	CHF_2CF_3
HFC−227ea	CF_3CHFCF_3
HFC−23	CHF_3
HFC−236fa	$CF_3CH_2CF_3$
FIC−13I1	CF_3I

정답 ②

07 빈출도 ★

내화건축물의 피난층 이외의 층에서 거실의 각 부분으로부터 직통계단까지 보행거리는 몇 [m] 인가?

① 30
② 40
③ 50
④ 80

해설

거실의 각 부분으로부터 직통계단에 이르는 보행거리는 일반구조의 경우 30[m] 이하, 내화구조의 경우 50[m] 이하가 되어야 한다.

관련개념

건축법 시행령에 따르면 건축물의 피난층 외의 층에서 피난층 또는 지상으로 통하는 직통계단은 거실의 각 부분으로부터 계단에 이르는 보행거리가 30[m] 이하가 되도록 설치해야 한다. 다만, 건축물의 주요구조부가 내화구조 또는 불연재료로 된 건축물은 그 보행거리가 50[m] 이하가 되도록 설치할 수 있다.

정답 | ③

08 빈출도 ★★★

제1종 분말 소화약제의 색상으로 옳은 것은?

① 백색
② 담자색
③ 담홍색
④ 청색

해설

제1종 분말 소화약제의 색상은 백색이다.

관련개념 분말 소화약제

구분	주성분	색상	적응화재
제1종	탄산수소나트륨 $(NaHCO_3)$	백색	B급 화재 C급 화재
제2종	탄산수소칼륨 $(KHCO_3)$	담자색 (보라색)	B급 화재 C급 화재
제3종	제1인산암모늄 $(NH_4H_2PO_4)$	담홍색	A급 화재 B급 화재 C급 화재
제4종	탄산수소칼륨＋요소 $[KHCO_3＋CO(NH_2)_2]$	회색	B급 화재 C급 화재

정답 | ①

09 빈출도 ★★★

다음 중 불완전 연소 시 발생하는 가스로서 헤모글로빈에 의한 산소의 공급에 장애를 주는 것은?

① CO
② CO_2
③ HCN
④ HCl

해설

헤모글로빈과 결합하여 산소결핍 상태를 유발하는 물질은 일산화탄소(CO)이다.

관련개념 일산화탄소

㉠ 무색 · 무취 · 무미의 환원성이 강한 가스로 연탄의 연소가스, 자동차 배기가스, 담배 연기, 대형 산불 등에서 발생한다.
㉡ 혈액의 헤모글로빈과 결합력이 산소보다 210배로 매우 커 흡입하면 산소결핍 상태가 되어 질식 또는 사망에 이르게 한다.
㉢ 인체 허용농도는 50[ppm]이다.

정답 | ①

10 빈출도 ★★

0[℃], 1[atm] 상태에서 메테인 1[mol]을 완전 연소시키기 위해 필요한 산소의 [mol] 수는?

① 2
② 3
③ 4
④ 5

해설

메테인의 연소반응식은 다음과 같다.
$$CH_4＋2O_2 → CO_2＋2H_2O$$
메테인 1[mol]이 완전 연소하는 데 필요한 산소의 양은 2[mol]이다.

정답 | ①

11 빈출도 ★★

건축물에 설치하는 방화벽의 구조에 대한 기준 중 틀린 것은?

① 내화구조로서 홀로 설 수 있는 구조이어야 한다.

② 방화벽의 양쪽 끝은 지붕면으로부터 0.2[m] 이상 튀어 나오게 하여야 한다.

③ 방화벽의 위쪽 끝은 지붕면으로부터 0.5[m] 이상 튀어 나오게 하여야 한다.

④ 방화벽에 설치하는 출입문은 너비 및 높이가 각각 2.5[m] 이하인 60분 방화문을 설치하여야 한다.

해설

방화벽의 양쪽 끝은 지붕면으로부터 0.5[m] 이상 튀어 나오게 하여야 한다.

관련개념 **방화벽의 구조**

㉠ 내화구조로서 홀로 설 수 있는 구조일 것
㉡ 방화벽의 양쪽 끝과 위쪽 끝을 건축물의 외벽면 및 지붕면으로부터 0.5[m] 이상 튀어 나오게 할 것
㉢ 방화벽에 설치하는 출입문의 너비 및 높이는 각각 2.5[m] 이하로 하고, 해당 출입문에는 60분＋ 방화문 또는 60분 방화문을 설치할 것

정답 | ②

12 빈출도 ★

위험물안전관리법령상 과산화수소는 그 농도가 몇 중량퍼센트 이상인 위험물에 해당하는가?

① 1.49 　　　　　　② 30

③ 36 　　　　　　④ 60

해설

과산화수소는 그 농도가 36[wt%] 이상인 것에 한하여 위험물로 정의된다.

정답 | ③

13 빈출도 ★

할로겐 원소의 소화효과가 큰 순서대로 배열된 것은?

① I > Br > Cl > F

② Br > I > F > Cl

③ Cl > F > I > Br

④ F > Cl > Br > I

해설

할로겐 원소의 소화효과는 I > Br > Cl > F 순으로 작아진다.

정답 | ①

14 빈출도 ★★

물의 성질에 대한 설명으로 틀린 것은?

① 대기압 하에서 100[℃]의 물이 액체에서 수증기로 바뀌면 체적은 약 1,700배 정도 증가한다.

② 100[℃]의 액체 물 1[g]을 100[℃]의 수증기로 만드는 데 필요한 증발잠열은 약 539[cal/g]이다.

③ 20[℃]의 물 1[g]을 100[℃]까지 가열하는 데 100[cal]의 열이 필요하다.

④ 0[℃]의 얼음 1[g]이 0[℃]의 액체 물로 변하는 데 필요한 용융열은 약 80[cal/g]이다.

해설

물의 비열은 1[cal/g · ℃]로 물 1[g]을 20[℃]에서 100[℃]까지 가열하는 데 필요한 열은 다음과 같다.
$1[cal/g \cdot ℃] \times 1[g] \times (100-20)[℃] = 80[cal]$

정답 | ③

15 빈출도 ★★★

다음 중 가연성 물질에 해당하는 것은?

① 질소   ② 이산화탄소

③ 아황산가스   ④ 일산화탄소

선지분석

① 질소(N_2)는 반응성이 작아 연소하지 않는 불연성 기체이다.

② 이산화탄소(CO_2)는 탄화수소 화합물의 완전 연소 후 발생하는 불연성 기체이다.

③ 아황산가스(SO_2)는 황을 포함하고 있는 물질의 완전 연소 시 발생하는 불연성 기체이다. 이산화황이라고도 한다.

정답 | ④

16 빈출도 ★

건축물에 설치하는 자동방화셔터의 요건 중 옳지 않은 것은?

① 전동방식으로 개폐할 수 있을 것

② 열을 감지한 경우 완전 개방되는 구조로 할 것

③ 불꽃감지기 또는 연기감지기 중 하나와 열감지기를 설치할 것

④ 불꽃이나 연기를 감지한 경우 일부 폐쇄되는 구조일 것

해설

자동방화셔터는 열을 감지한 경우 완전 폐쇄되는 구조여야 한다.

관련개념 자동방화셔터의 설치기준

㉠ 피난이 가능한 60분+ 방화문 또는 60분 방화문으로부터 3[m] 이내에 별도로 설치할 것

㉡ 전동방식이나 수동방식으로 개폐할 수 있을 것

㉢ 불꽃감지기 또는 연기감지기 중 하나와 열감지기를 설치할 것

㉣ 불꽃이나 연기를 감지한 경우 일부 폐쇄되는 구조일 것

㉤ 열을 감지한 경우 완전 폐쇄되는 구조일 것

정답 | ②

17 빈출도 ★★★

CO_2 소화약제의 장점으로 가장 거리가 먼 것은?

① 전기적으로 비전도성이다.

② 한랭지에서도 사용이 가능하다.

③ 자체 압력으로도 방사가 가능하다.

④ 인체에 무해하고 GWP가 0이다.

해설

이산화탄소(CO_2) 소화약제는 인체를 질식시킬 수 있으며, 지구 온난화 지수(GWP)가 1이다.

관련개념 이산화탄소 소화약제

장점	• 전기의 부도체(비전도성, 불량도체)이다. • 화재를 소화할 때에는 피연소물질의 내부까지 침투한다. • 증거보존이 가능하며, 피연소물질에 피해를 주지 않는다. • 장기간 저장하여도 변질·부패 또는 분해를 일으키지 않는다. • 소화약제의 구입비가 저렴하고, 자체압력으로 방출이 가능하다.
단점	• 인체의 질식이 우려된다. • 소화시간이 다른 소화약제에 비하여 길다. • 저장용기에 충전하는 경우 고압을 필요로 한다. • 고압가스에 해당되므로 저장·취급 시 주의를 요한다. • 소화약제의 방출 시 소리가 요란하며, 동상의 위험이 있다.

지구 온난화 지수(GWP)

1[kg]의 온실가스가 흡수하는 태양 에너지량을 1[kg]의 이산화탄소가 흡수하는 태양 에너지량으로 나눈 값이다.

정답 | ④

18 빈출도 ★★

휘발유 화재 시 물을 사용하여 소화할 수 없는 이유로 가장 옳은 것은?

① 물과 반응하여 수소가스를 발생하기 때문이다.
② 수용성이므로 물에 녹아 폭발이 확대되기 때문이다.
③ 비수용성으로 비중이 물보다 작아 연소면이 확대되기 때문이다.
④ 인화점이 물보다 낮기 때문이다.

해설

제4류 위험물(인화성 액체)인 휘발유는 액체 표면에서 증발연소를 한다. 이때 주수소화를 하게 되면 물보다 가벼운 가연물이 물 위를 떠다니며 계속해서 연소반응이 일어나게 되고 화재면이 확대될 수 있다.

선지분석

① 휘발유는 물과 반응하지 않는다.
② 휘발유는 비수용성이다.
④ 물은 가연성 물질이 아니므로 인화점이 없다.

정답 ③

19 빈출도 ★★

연기의 감광계수[m⁻¹]에 대한 설명으로 옳은 것은?

① 0.5는 거의 앞이 보이지 않을 정도이다.
② 10은 화재 최성기 때의 농도이다.
③ 0.5는 가시거리가 20~30[m] 정도이다.
④ 10은 연기감지기가 작동하기 직전의 농도이다.

해설

감광계수 [m⁻¹]	가시거리 [m]	현상
0.1	20~30	연기감지기가 동작할 정도
0.3	5	건물 내부에 익숙한 사람이 피난할 때 지장을 받는 정도
0.5	3	어두움을 느낄 정도
1	1~2	거의 앞이 보이지 않을 정도
10	0.2~0.5	화재의 최성기에 해당, 유도등이 보이지 않을 정도
30	—	출화 시의 연기가 분출할 때의 농도

정답 ②

20 빈출도 ★★

다음 중 분진폭발을 일으키는 물질이 아닌 것은?

① 시멘트 분말　　② 마그네슘 분말
③ 석탄 분말　　　④ 알루미늄 분말

해설

시멘트는 불이 붙지 않는다. 따라서 소석회나 시멘트가루만으로는 분진 폭발이 발생하지 않는다.

정답 ①

21 빈출도 ★

발전기에서 유도기전력의 방향을 나타내는 법칙은?

① 페러데이의 전자유도법칙
② 플레밍의 오른손법칙
③ 암페어의 오른나사법칙
④ 플레밍의 왼손법칙

해설

플레밍의 오른손 법칙은 자계 내에서 도선이 움직일 때 유기되는 유도기전력의 방향(발전기의 전류 방향)을 결정하는 법칙이다.

선지분석

① 페러데이의 전자유도법칙: 유도기전력의 크기를 결정하는 법칙이다.
③ 암페어의 오른나사 법칙: 전류에 의해 만들어지는 자계의 방향을 결정하는 법칙이다.
④ 플레밍의 왼손 법칙: 전류와 자계 사이에 작용하는 힘의 방향을 결정하는 법칙이다.

정답 | ②

22 빈출도 ★

전류계의 오차율 ±2[%], 전압계의 오차율 ±1[%]인 계기로 저항을 측정하면 저항의 오차율은 몇 [%]인가?

① ±0.5[%]
② ±1[%]
③ ±3[%]
④ ±7[%]

해설

전압계 오차율 $\dfrac{\triangle V}{V} = \pm 1[\%]$

전류계 오차율 $\dfrac{\triangle I}{I} = \pm 2[\%]$

오차 전파식에 따라 $\dfrac{\triangle R}{R} \fallingdotseq \dfrac{\triangle V}{V} + \dfrac{\triangle I}{I}$ 이므로 저항의 오차율은 ±3[%]이다.

정답 | ③

23 빈출도 ★★★

다음 그림을 논리식으로 표현한 것은?

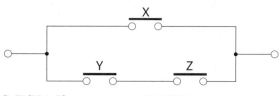

① X(Y+Z)
② XYZ
③ XY+ZY
④ (X+Y)(X+Z)

해설

Y(a접점)와 Z(a접점)가 직렬로 연결되어 있고 X(a접점)와 병렬로 연결되어 있으므로 출력 X+YZ이다.
위 논리식을 분배법칙으로 정리하면
X+YZ=(X+Y)(X+Z)

정답 | ④

24 빈출도 ★

$R-L-C$ 회전의 전압과 전류 파형의 위상차에 대한 설명으로 틀린 것은?

① $R-L$ 병렬 회로: 전압과 전류는 동상이다.
② $R-L$ 직렬 회로: 전압이 전류보다 θ만큼 앞선다.
③ $R-C$ 병렬 회로: 전류가 전압보다 θ만큼 앞선다.
④ $R-C$ 직렬 회로: 전류가 전압보다 θ만큼 앞선다.

해설

RL 병렬 회로에서 전압이 전류보다 θ만큼 앞선다. 전압과 전류가 동상인 경우는 R만의 회로일 경우이다.

관련개념

구분	RL직렬	RL병렬	RC직렬	RC병렬
위상차	$\dfrac{\omega L}{R}$	$\dfrac{R}{\omega L}$	$\dfrac{1}{\omega CR}$	ωCR
위상관계	지상	지상	진상	진상

정답 | ①

25 빈출도 ★★

다이오드를 여러 개 병렬로 접속하는 경우에 대한 설명으로 옳은 것은?

① 과전류로부터 보호할 수 있다.
② 과전압으로부터 보호할 수 있다.
③ 부하측의 맥동률을 감소시킬 수 있다.
④ 정류기의 역방향 전류를 감소시킬 수 있다.

해설

다이오드를 병렬로 연결하면 전류가 분배되므로 과전류로부터 회로를 보호할 수 있다.

관련개념 과전압 방지 대책

다이오드를 직렬 연결한다.

정답 | ①

26 빈출도 ★★

정현파 교류의 최댓값이 100[V]인 경우 평균값은 몇 [V]인가?

① 45.04 ② 50.64
③ 63.66 ④ 69.34

해설

정현파 전압의 평균값

$V_{av} = \dfrac{2}{\pi} \times$ 전압의 최댓값 $= \dfrac{2}{\pi} V_m = 0.637 V_m$

$= 0.637 \times 100 = 63.7[V]$

정답 | ③

27 빈출도 ★★

이상적인 트랜지스터의 α값은? (단, α는 베이스 접지 증폭기의 전류 증폭률이다.)

① 0 ② 1
③ 100 ④ ∞

해설

• 베이스 접지 전류 증폭 전수

$\alpha = \dfrac{I_C}{I_E} = \dfrac{I_C}{I_B + I_C}$

• 이상적인 경우 베이스 전류 $I_B = 0$이므로

$\alpha = \dfrac{I_C}{I_E} = \dfrac{I_C}{I_C} = 1$

관련개념 이미터 접지 전류 증폭률()

$\beta = \dfrac{I_C}{I_B} = \dfrac{I_C}{I_B - I_C}$

정답 | ②

28 빈출도 ★★★

논리식 A+AB를 간단히 하면?

① A ② A$\overline{\text{B}}$
③ $\overline{\text{A}}$B ④ A+B

해설

$A + AB = A \cdot 1 + AB$
$\qquad\quad = A(1+B)$
$\qquad\quad = A$

관련개념 불대수 연산 예

결합법칙	• A+(B+C)=(A+B)+C
	• A·(B·C)=(A·B)·C
분배법칙	• A·(B+C)=A·B+A·C
	• A+(B·C)=(A+B)·(A+C)
흡수법칙	• A+A·B=A
	• A+$\overline{\text{A}}$B=A+B
	• A·(A+B)=A

정답 | ①

29 빈출도 ★★

적분 시간이 2[sec]이고, 비례 감도가 2인 비례적분 동작을 하는 제어계에 동작신호 $X(t)=2t$를 주었을 때 이 제어 요소의 조작량은?

① t^2+8t　　　　　　② t^2+4t

③ t^2-8t　　　　　　④ t^2-4t

해설

비례적분동작식의 조작량

$$x_0(t)=K_p\left(X(t)+\frac{1}{T_I}\int_0^t X(\tau)d\tau\right)$$

$$=2\left(2t+\frac{1}{2}\int_0^t 2\tau d\tau\right)=2\left(2t+\frac{1}{2}t^2\right)=t^2+4t$$

정답 | ②

30 빈출도 ★★

그림에서 전압계의 지시값이 $100[\mathrm{V}]$이고 전류계의 지시값이 $5[\mathrm{A}]$일 때 부하전력은 몇 $[\mathrm{W}]$인가? (단, 전류계의 내부저항은 $0.4[\Omega]$이다.)

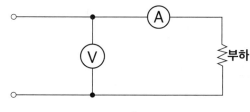

① 490　　　　　　② 500

③ 520　　　　　　④ 540

해설

- 전류계의 전압강하

  $V_A=I\times$내부저항$=0.4\times5=2[\Omega]$

- 부하에 걸리는 전압

  $V_L=V-V_A=100-2=98[\mathrm{V}]$

- 부하전력

  $P=V_L\times I=98\times5=490[\mathrm{W}]$

정답 | ①

31 빈출도 ★★

3상 유도전동기를 기동하기 위하여 권선을 Y결선하면 △결선하였을 때보다 토크는 어떻게 되는가?

① $\frac{1}{\sqrt{3}}$로 감소　　　　② $\frac{1}{3}$로 감소

③ 3배로 증가　　　　④ $\sqrt{3}$배로 증가

해설

Y결선 기동 시 △결선 기동 토크의 $\frac{1}{3}$배가 된다.

관련개념 Y−△ 기동법

㉠ 기동 전류는 $\frac{1}{3}$배로 감소

㉡ 기동 전압은 $\frac{1}{\sqrt{3}}$배로 감소

㉢ 기동 토크는 $\frac{1}{3}$배로 감소

정답 | ②

32 빈출도 ★★

자극에서 나오는 자하의 자기력선의 수를 자속이라고 한다. 이때 대등하다고 볼 수 있는 것은?

① 도전율　　　　　　② 기전력

③ 전류　　　　　　　④ 전기저항

해설

자기회로의 자속 $\phi[\mathrm{Wb}]$는 전기회로의 전류 $I[\mathrm{A}]$에 대응된다.

관련개념 전기회로와 자기회로의 대응

전기회로	자기회로
기전력 $E=IR[\mathrm{V}]$	기자력 $F=NI[\mathrm{AT}]$
전류 $I=\dfrac{V}{R}[\mathrm{A}]$	자속 $\phi=\dfrac{F}{R_m}[\mathrm{Wb}]$
전기저항 $R=\rho\dfrac{l}{A}[\Omega]$	자기저항 $R_m=\dfrac{l}{\mu A}[\mathrm{AT/Wb}]$
도전율 $\sigma=\dfrac{l}{\rho}[\mho/\mathrm{m}]$	투자율 $\mu[\mathrm{H/m}]$
전계의 세기 $E=\dfrac{V}{d}[\mathrm{V/m}]$	자계의 세기 $H=\dfrac{F}{l}[\mathrm{AT/m}]$
전속밀도(단위면적당 전하량) $D=\dfrac{Q}{A}[\mathrm{C/m^2}]$	자속밀도(단위면적당 자속) $B=\dfrac{\phi}{A}[\mathrm{Wb/m^2}]$

정답 | ③

33 빈출도 ★★

진동이 발생하는 장치의 진동을 억제시키는데 가장
효과적인 제어동작은?

① 온·오프 동작　　　② 미분 동작
③ 적분 동작　　　　④ 비례 동작

미분 동작은 조작량이 동작신호의 미분값에 비례하는 동작으로
진동이 억제되어 빨리 안정되고, 오차가 커지는 것을 사전에 방지
한다.

① 온·오프 동작: 제어량이 목푯값보다 작은지 큰지에 따라서 조
　작량으로 on 또는 off의 두 가지 값의 조절 신호를 발생한다.
③ 적분 동작: 적분값의 크기에 비례하여 조절신호를 만든다.
④ 비례 동작: 제어동작신호에 비례하는 조절신호를 만드는 제어
　동작이다.

정답 | ②

34 빈출도 ★

그림과 같은 시퀀스 제어회로에서 자기유지접점은?

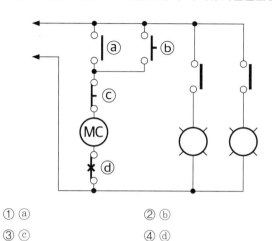

① ⓐ　　　　　　　　② ⓑ
③ ⓒ　　　　　　　　④ ⓓ

ⓐ의 접점이 있어야 ⓑ의 푸시버튼스위치를 누르고 떼더라도 릴
레이 MC가 계속 여자된다.

구분	접점	의미
ⓐ	푸시버튼스위치 a접점	릴레이 MC를 여자
ⓑ	릴레이 MC a접점	자기유지
ⓒ	푸시버튼스위치 b접점	릴레이 MC를 소자
ⓓ	열동계전기 b접점	열동계전기 작동 시 회로 초기화

정답 | ①

35 빈출도 ★★★

그림의 블록선도에서 $\dfrac{C(s)}{R(s)}$ 을 구하면?

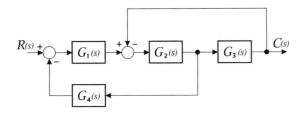

① $\dfrac{G_1(s)+G_2(s)}{1+G_1(s)G_2(s)+G_3(s)G_4(s)}$

② $\dfrac{G_1(s)+G_2(s)}{1+G_1(s)G_2(s)G_3(s)G_4(s)}$

③ $\dfrac{G_3(s)+G_4(s)}{1+G_1(s)G_2(s)G_3(s)G_4(s)}$

④ $\dfrac{G_1(s)G_2(s)G_3(s)}{1+G_2(s)G_3(s)+G_1(s)G_2(s)G_4(s)}$

해설

$$\frac{C(s)}{R(s)}=\frac{경로}{1-폐로}$$
$$=\frac{G_1(s)G_2(s)G_3(s)}{1+G_2(s)G_3(s)+G_1(s)G_2(s)G_4(s)}$$

경로: $G_1(s)G_2(s)G_3(s)$

폐로: ①$-G_2(s)G_3(s)$, ②$-G_1(s)G_2(s)G_4(s)$

관련개념 경로와 폐로

㉠ 경로: 입력에서부터 출력까지 가는 경로에 있는 소자들의 곱

㉡ 폐로: 출력 중 입력으로 돌아가는 경로에 있는 소자들의 곱

정답 | ④

36 빈출도 ★★

100[V], 100[W]의 전구와 100[V], 200[W]의 전구를 직렬로 접속하여 100[V]의 전압을 인가했을 때 두 전구의 밝기에 대한 설명으로 옳은 것은?

① 100[V], 200[W] 전구가 더 밝다.

② 100[V], 100[W] 전구가 더 밝다.

③ 인가 전압이 같으므로 밝기가 똑같다.

④ 직렬 접속이므로 수시로 변동한다.

해설

• 100[V], 100[W] 전구의 저항

$$R_1=\frac{V^2}{P}=\frac{100^2}{100}=100[\Omega]$$

• 100[V], 200[W] 전구의 저항

$$R_2=\frac{V^2}{P}=\frac{100^2}{200}=50[\Omega]$$

• 전구에서 소비되는 전력 $P=I^2R$이고 두 전구를 직렬로 연결하면 흐르는 전류는 같으므로 소비전력은 저항에 비례한다.$(P\propto R)$

따라서 100[V], 100[W] 전구의 저항이 크므로 소비전력도 높아져 더 밝아진다.

정답 | ②

37 빈출도 ★★★

최대 눈금이 200[mA], 내부 저항이 0.8[Ω]인 전류계가 있다. 8[mΩ]의 분류기를 사용하여 전류계의 측정범위를 넓히면 몇 [A]까지 측정할 수 있는가?

① 19.6   ② 20.2

③ 21.4   ④ 22.8

해설

분류기의 배율 $m=\dfrac{I_0}{I_A}=\dfrac{I_A+I_S}{I_A}=1+\dfrac{I_S}{I_A}=1+\dfrac{R_A}{R_S}$

$$=1+\frac{0.8}{8\times10^{-3}}=101$$

측정가능한 전류 $I_0=mI_A=101\times200\times10^{-3}=20.2[A]$

정답 | ②

38 빈출도 ★★

20[℃]의 물 2[L]를 64[℃]가 되도록 가열하기 위해 400[W]의 온수기를 20분간 사용하였을 때 이 온수기의 효율은 약 몇 [%]인가?

① 27 ② 59
③ 77 ④ 89

해설

- 물이 흡수한 열량
$$Q = mc \triangle T$$
$$= 2 \times 4.2 \times (64-20) = 369.6[kJ]$$
- 공급된 에너지
$$W = Pt = 400 \times 20 \times 60 = 400 \times 1,200$$
$$= 480,000[J] = 480[kJ]$$
- 효율
$$\eta = \frac{Q}{W} \times 100[\%] = \frac{369.6}{480} \times 100 = 77[\%]$$

※ 물 1[L] = 1[kg] → $m = 2[kg]$
※ 물의 비열 $c = 4.2[kJ/kg \cdot ℃]$

정답 ③

39 빈출도 ★

지름 1.2[m], 저항 7.6[Ω]의 동선에서 이 동선의 저항률을 0.0172[Ω·m]라고 하면 동선의 길이는 약 몇 [m]인가?

① 200 ② 300
③ 400 ④ 500

해설

동선의 단면적 $S = \frac{\pi d^2}{4} = \frac{\pi \times 1.2^2}{4} = 1.13[m^2]$

동선의 저항 $R = \rho \frac{l}{S}$에서

동선의 길이 $l = \frac{RS}{\rho} = \frac{7.6[\Omega] \times 1.13[m^2]}{0.0172[\Omega \cdot m]} = 499.3[m]$

정답 ④

40 빈출도 ★★★

직류 전압계의 내부저항이 500[Ω], 최대 눈금이 50[V]라면, 이 전압계에 3[kΩ]의 배율기를 접속하여 전압을 측정할 때 최대 측정치는 몇 [V]인가?

① 250 ② 300
③ 350 ④ 500

해설

배율기 배율 $m = \frac{V_0}{V} = 1 + \frac{R_m}{R_v}$이므로

$$V_0 = V\left(1 + \frac{R_m}{R_v}\right) = 50 \times \left(1 + \frac{3 \times 10^3}{500}\right)$$
$$= 350[V]$$

정답 ③

41 빈출도 ★★★

소방기본법령상 소방용수시설별 설치기준 중 틀린 것은?

① 급수탑 계폐밸브는 지상에서 1.5[m] 이상 1.7[m] 이하의 위치에 설치하도록 할 것
② 소화전은 상수도와 연결하여 지하식 또는 지상식의 구조로 하고, 소방용 호스와 연결하는 소화전의 연결금속구의 구경은 100[mm]로 할 것
③ 저수조 흡수관의 투입구가 사각형의 경우에는 한 변의 길이가 60[cm] 이상, 원형의 경우에는 지름이 60[cm] 이상일 것
④ 저수조는 지면으로부터의 낙차가 4.5[m] 이하일 것

해설

소화전은 상수도와 연결하여 지하식 또는 지상식의 구조로 하고, 소방용 호스와 연결하는 소화전의 연결금속구의 구경은 65[mm]로 해야 한다.

관련개념 소화전의 설치기준

㉠ 상수도와 연결하여 지하식 또는 지상식의 구조로 할 것
㉡ 연결금속구의 구경: 65[mm]

급수탑의 설치기준

㉠ 급수배관의 구경: 100[mm] 이상
㉡ 개폐밸브: 지상에서 1.5[m] 이상 1.7[m] 이하

저수조의 설치기준

㉠ 지면으로부터 낙차: 4.5[m] 이하
㉡ 흡수부분의 수심: 0.5[m] 이상
㉢ 흡수관의 투입구

사각형	한 변의 길이 60[cm] 이상
원형	지름 60[cm] 이상

정답 | ②

42 빈출도 ★

소방시설 설치 및 관리에 관한 법령상 주택의 소유자가 소방시설을 설치하여야 하는 대상이 아닌 것은?

① 아파트
② 연립주택
③ 다세대주택
④ 다가구주택

해설

아파트는 주택의 소유자가 소방시설을 설치하여야 하는 대상이 아니다.
단독주택과 공동주택(아파트, 기숙사 제외)의 소유자는 소화기 등의 소방시설을 설치하여야 한다.

관련개념 주택의 분류

단독주택	– 단독주택 – 다중주택 – 다가구주택
공동주택	– 아파트 – 연립주택 – 다세대주택 – 기숙사

정답 | ①

43 빈출도 ★★

소방기본법령상 시장지역에서 화재로 오인할 만한 우려가 있는 불을 피우거나 연막소독을 하려는 자가 신고를 하지 아니하여 소방자동차를 출동하게 한 자에 대한 과태료 부과·징수권자는?

① 국무총리
② 시·도지사
③ 행정안전부장관
④ 소방본부장 또는 소방서장

해설

화재로 오인할 만한 우려가 있는 불을 피우거나 연막소독을 하려는 자가 신고를 하지 아니하여 소방자동차를 출동하게 한 자에 대한 과태료는 관할 소방본부장 또는 소방서장이 부과·징수한다.

정답 | ④

44   빈출도 ★★

소방기본법령상 소방대장은 화재, 재난·재해 그 밖의 위급한 상황이 발생한 현장에 소방활동구역을 정하여 소방활동에 필요한 자로서 대통령령으로 정하는 사람 외에는 그 구역에의 출입을 제한할 수 있다. 다음 중 소방활동구역에 출입할 수 없는 사람은?

① 소방활동구역 안에 있는 소방대상물의 소유자·관리자 또는 점유자
② 전기·가스·수도·통신·교통의 업무에 종사하는 사람으로서 원활한 소방활동을 위하여 필요한 사람
③ 시·도지사가 소방활동을 위하여 출입을 허가한 사람
④ 의사·간호사 그 밖에 구조·구급업무에 종사하는 사람

해설

소방대장이 소방활동을 위하여 출입을 허가한 사람이 소방활동구역에 출입할 수 있다. 시·도지사는 출입을 허가할 권한이 없다.

관련개념 소방활동구역의 출입이 가능한 사람

㉠ 소방활동구역 안에 있는 소방대상물의 소유자·관리자 또는 점유자
㉡ 전기·가스·수도·통신·교통의 업무에 종사하는 사람으로서 원활한 소방활동을 위하여 필요한 사람
㉢ 의사·간호사 그 밖의 구조·구급업무에 종사하는 사람
㉣ 취재인력 등 보도업무에 종사하는 사람
㉤ 수사업무에 종사하는 사람
㉥ 그 밖에 소방대장이 소방활동을 위하여 출입을 허가한 사람

정답 ③

45   빈출도 ★

위험물안전관리법령상 유별을 달리하는 위험물을 혼재하여 저장할 수 있는 것으로 짝지어진 것은?

① 제1류－제2류   ② 제2류－제3류
③ 제3류－제4류   ④ 제5류－제6류

해설

제3류 위험물과 제4류 위험물은 혼재하여 저장이 가능하다.

관련개념 혼재하여 저장이 가능한 위험물

432: 제4류와 제3류, 제4류와 제2류 혼재 가능
542: 제5류와 제4류, 제5류와 제2류 혼재 가능
61: 제6류와 제1류 혼재 가능

정답 ③

46   빈출도 ★★

위험물안전관리법령에 따른 정기점검의 대상인 제조소등의 기준 중 틀린 것은?

① 암반탱크저장소
② 지하탱크저장소
③ 이동탱크저장소
④ 지정수량의 150배 이상의 위험물을 저장하는 옥외탱크저장소

해설

정기점검의 대상인 제조소는 지정수량의 200배 이상의 위험물을 저장하는 옥외탱크저장소이다.

관련개념 정기점검의 대상인 제조소

시설	취급 또는 저장량
제조소	지정수량의 10배 이상
옥외저장소	지정수량의 100배 이상
옥내저장소	지정수량의 150배 이상
옥외탱크저장소	지정수량의 200배 이상
암반탱크저장소	전체
이송취급소	전체
일반취급소	• 지정수량의 10배 이상 • 제4류 위험물(특수인화물 제외)만을 지정수량의 50배 이하로 취급하는 일반취급소(제1석유류·알코올류의 취급량이 지정수량의 10배 이하인 경우에 한함)로서 다음의 경우 제외 　－ 보일러·버너 또는 이와 비슷한 것으로서 위험물을 소비하는 장치로 이루어진 일반취급소 　－ 위험물을 용기에 옮겨 담거나 차량에 고정된 탱크에 주입하는 일반취급소
지하탱크저장소	전체
이동탱크저장소	전체
제조소, 주유취급소 또는 일반취급소	위험물을 취급하는 탱크로서 지하에 매설된 탱크가 있는 것

정답 ④

47 빈출도 ★★

화재의 예방 및 안전관리에 관한 법률상 화재안전조사 위원회의 위원에 해당하지 아니하는 사람은?

① 소방기술사
② 소방시설관리사
③ 소방 관련 분야의 석사 이상 학위를 취득한 사람
④ 소방 관련 법인 또는 단체에서 소방 관련 업무에 3년 이상 종사한 사람

해설

소방 관련 법인 또는 단체에서 소방 관련 업무에 5년 이상 종사한 사람이 화재안전조사위원회의 위원에 해당된다.

관련개념 **화재안전조사위원회의 위원**

㉠ 과장급 직위 이상의 소방공무원
㉡ 소방기술사
㉢ 소방시설관리사
㉣ 소방 관련 분야의 석사 이상 학위를 취득한 사람
㉤ 소방 관련 법인 또는 단체에서 소방 관련 업무에 5년 이상 종사한 사람
㉥ 소방공무원 교육훈련기관, 학교 또는 연구소에서 소방과 관련한 교육 또는 연구에 5년 이상 종사한 사람

정답 | ④

48 빈출도 ★★

소방시설공사업법령상 소방시설업의 감독을 위하여 필요할 때에 소방시설업자나 관계인에게 필요한 보고나 자료 제출을 명할 수 있는 사람이 아닌 것은?

① 시 · 도지사
② 119안전센터장
③ 소방서장
④ 소방본부장

해설

119안전센터장은 관계인에게 필요한 보고나 자료 제출을 명할 수 있는 사람이 아니다.

관련개념 **소방시설업의 감독을 위하여 필요할 때에는 소방시설업자나 관계인에게 필요한 보고나 자료 제출을 명할 수 있는 사람**

㉠ 시 · 도지사
㉡ 소방본부장
㉢ 소방서장

정답 | ②

49 빈출도 ★

위험물안전관리법령상 위험물취급소의 구분에 해당하지 않는 것은?

① 이송취급소
② 관리취급소
③ 판매취급소
④ 일반취급소

해설

관리취급소는 위험물취급소의 구분에 해당하지 않는다.

관련개념 **위험물취급소의 구분**

㉠ 주유취급소
㉡ 판매취급소
㉢ 이송취급소
㉣ 일반취급소

정답 | ②

50 빈출도 ★

다음 중 화재안전조사의 실시권자가 아닌 것은?

① 소방청장
② 소방대장
③ 소방본부장
④ 소방서장

해설

소방청장, 소방본부장 또는 소방서장은 화재안전조사를 할 수 있다.

정답 | ②

51 빈출도 ★★

소방본부장 또는 소방서장은 화재예방강화지구안의 관계인에 대하여 소방상 필요한 훈련 및 교육은 연 몇 회 이상 실시할 수 있는가?

① 1   ② 2
③ 3   ④ 4

해설

소방관서장은 화재예방강화지구 안의 관계인에 대하여 소방에 필요한 훈련 및 교육을 연 1회 이상 실시할 수 있다.

정답 | ①

52 빈출도 ★★

소방기본법상 소방업무의 응원에 대한 설명 중 틀린 것은?

① 소방본부장이나 소방서장은 소방활동을 할 때에 긴급한 경우에는 이웃한 소방본부장 또는 소방서장에게 소방업무의 응원을 요청할 수 있다.
② 소방업무의 응원 요청을 받은 소방본부장 또는 소방서장은 정당한 사유 없이 그 요청을 거절하여서는 아니 된다.
③ 소방업무의 응원을 위하여 파견된 소방대원은 응원을 요청한 소방본부장 또는 소방서장의 지휘에 따라야 한다.
④ 시·도지사는 소방업무의 응원을 요청하는 경우를 대비하여 출동 대상지역 및 규모와 필요한 경비의 부담 등에 관하여 필요한 사항을 대통령령으로 정하는 바에 따라 이웃하는 시·도지사와 협의하여 미리 규약으로 정하여야 한다.

해설

시·도지사는 소방업무의 응원을 요청하는 경우를 대비하여 출동 대상지역 및 규모와 필요한 경비의 부담 등에 관하여 필요한 사항을 행정안전부령으로 정하는 바에 따라 이웃하는 시·도지사와 협의하여 미리 규약으로 정하여야 한다.

정답 | ④

53 빈출도 ★★

화재의 예방 및 안전관리에 관한 법률에 따른 소방안전특별관리시설물의 안전관리에 대상 전통시장의 기준 중 다음 (   ) 안에 알맞은 것은?

> 전통시장으로서 대통령령으로 정하는 전통시장
> → 점포가 (   )개 이상인 전통시장

① 100   ② 300
③ 500   ④ 600

해설

대통령령으로 정하는 전통시장이란 점포가 500개 이상인 전통시장을 말한다.

정답 | ③

54 빈출도 ★★★

아파트로 층수가 20층인 특정소방대상물에서 스프링클러설비를 하여야 하는 층수는? (단, 아파트는 신축을 실시하는 경우이다.)

① 모든 층   ② 15층 이상
③ 11층 이상   ④ 6층 이상

해설

층수가 6층 이상인 특정소방대상물의 경우에는 모든 층에 스프링클러설비를 설치해야 한다.

정답 | ①

55 빈출도 ★★

소방기본법상 소방대장의 권한이 아닌 것은?

① 소방활동을 할 때에 긴급한 경우에는 이웃한 소방본부장 또는 소방서장에게 소방업무의 응원을 요청할 수 있다.
② 화재, 재난·재해, 그 밖의 위급한 상황이 발생한 현장에서 소방활동을 위하여 필요할 때에는 그 관할 구역에 사는 사람 또는 그 현장에 있는 사람으로 하여금 사람을 구출하는 일 또는 불을 끄거나 불이 번지지 아니하도록 하는 일을 하게 할 수 있다.
③ 사람을 구출하거나 불이 번지는 것을 막기 위하여 필요할 때에는 화재가 발생하거나 불이 번질 우려가 있는 소방대상물 및 토지를 일시적으로 사용하거나 그 사용의 제한 또는 소방활동에 필요한 처분을 할 수 있다.
④ 소방활동을 위하여 긴급하게 출동할 때에는 소방자동차의 통행과 소방활동에 방해가 되는 주차 또는 정차된 차량 및 물건 등을 제거하거나 이동시킬 수 있다.

해설

소방본부장이나 소방서장은 소방활동을 할 때에 긴급한 경우에는 이웃한 소방본부장 또는 소방서장에게 소방업무의 응원을 요청할 수 있다.
소방대장은 소방업무의 응원을 요청할 수 있는 권한이 없다.

관련개념 소방대장의 권한
㉠ 소방활동구역의 설정(출입 제한)
㉡ 소방활동 종사명령
㉢ 소방활동에 필요한 처분(강제처분)
㉣ 피난명령
㉤ 위험시설 등에 대한 긴급조치

정답 | ①

56 빈출도 ★★

소방기본법에서 정의하는 소방대의 조직구성원이 아닌 것은?

① 의무소방원
② 소방공무원
③ 의용소방대원
④ 공항소방대원

해설

소방대의 조직구성원
㉠ 소방공무원
㉡ 의무소방원
㉢ 의용소방대원

정답 | ④

57 빈출도 ★★★

화재안전조사 결과 소방대상물의 위치·구조·설비 또는 관리의 상황이 화재예방을 위하여 보완될 필요가 있거나 화재가 발생하면 인명 또는 재산의 피해가 클 것으로 예상되는 때에 관계인에게 그 소방대상물의 개수·이전·제거, 사용의 금지 또는 제한, 사용폐쇄, 공사의 정지 또는 중지, 그 밖의 필요한 조치를 명할 수 있는 자로 틀린 것은?

① 시·도지사
② 소방서장
③ 소방청장
④ 소방본부장

해설

시·도지사는 조치를 명할 수 있는 자(소방관서장)가 아니다.

관련개념 화재안전조사 결과에 따른 조치명령

소방관서장(소방청장, 소방본부장, 소방서장)은 화재안전조사 결과에 따른 소방대상물의 위치·구조·설비 또는 관리의 상황이 화재예방을 위하여 보완될 필요가 있거나 화재가 발생하면 인명 또는 재산의 피해가 클 것으로 예상되는 때에는 행정안전부령으로 정하는 바에 따라 관계인에게 그 소방대상물의 개수·이전·제거, 사용의 금지 또는 제한, 사용폐쇄, 공사의 정지 또는 중지, 그 밖에 필요한 조치를 명할 수 있다.

정답 | ①

58 빈출도 ★★

관계인이 예방규정을 정하여야 하는 옥외저장소는 지정수량의 몇 배 이상의 위험물을 저장하는 것을 말하는가?

① 10
② 100
③ 150
④ 200

해설

지정수량의 100배 이상의 위험물을 저장하는 옥외저장소는 관계인이 예방규정을 정해야 한다.

관련개념 관계인이 예방규정을 정해야 하는 제조소등

시설	저장 또는 취급량
제조소	지정수량의 10배 이상
옥외저장소	지정수량의 100배 이상
옥내저장소	지정수량의 150배 이상
옥외탱크저장소	지정수량의 200배 이상
암반탱크저장소	전체
이송취급소	전체
일반취급소	• 지정수량의 10배 이상 • 제4류 위험물(특수인화물 제외)만을 지정수량의 50배 이하로 취급하는 일반취급소(제1석유류·알코올류의 취급량이 지정수량의 10배 이하인 경우에 한함)로서 다음 경우 제외 − 보일러·버너 또는 이와 비슷한 것으로서 위험물을 소비하는 장치로 이루어진 일반취급소 − 위험물을 용기에 옮겨 담거나 차량에 고정된 탱크에 주입하는 일반취급소

정답 | ②

59 빈출도 ★★

화재의 예방 및 안전관리에 관한 법률상 옮긴 물건 등의 보관기간은 소방본부 또는 소방서의 인터넷 홈페이지에 공고하는 기간의 종료일 다음 날부터 며칠로 하는가?

① 3
② 4
③ 5
④ 7

해설

옮긴 물건 등의 보관기간은 공고기간의 종료일 다음 날부터 **7일** 까지로 한다.

관련개념 옮긴 물건 등의 공고일 및 보관기간

인터넷 홈페이지 공고일	14일
보관기관	7일

정답 | ④

60 빈출도 ★

위험물안전관리법상 청문을 실시하여 처분해야 하는 것은?

① 제조소등 설치허가의 취소
② 제조소등 영업정지 처분
③ 탱크시험자의 영업정지 처분
④ 과징금 부과 처분

해설

제조소등 설치허가의 취소를 하는 경우 청문을 실시하여 처분해야 한다.

관련개념

시·도지사, 소방본부장 또는 소방서장은 다음 어느 하나에 해당하는 처분을 하고자 하는 경우에는 청문(처분을 하기 전에 이해관계인의 의견을 직접 듣고 증거를 조사하는 절차)을 실시하여야 한다.
㉠ 제조소등 설치허가의 취소
㉡ 탱크시험자의 등록취소

정답 | ①

소방전기시설의 구조 및 원리

61 빈출도 ★

공기관식 차동식 분포형 감지기의 설치 시 검출부는 몇 도 이상 경사되지 아니하도록 부착하여야 하는가?

① $3°$
② $5°$
③ $10°$
④ $15°$

해설

공기관식 차동식 분포형 감지기의 검출부는 5° 이상 경사되지 않도록 부착해야 한다.

정답 | ②

62 빈출도 ★

아파트등의 경우 실내에 설치하는 확성기 음성입력은 몇 [W] 이상이어야 하는가?

① 1
② 2
③ 3
④ 5

해설

아파트등의 경우 실내에 설치하는 확성기 음성입력은 2[W] 이상 이어야 한다.

정답 | ②

63 빈출도 ★★

다음 중 비상콘센트설비의 전원회로의 설치기준에 대한 설명으로 옳지 않은 것은?

① 전원회로는 단상교류 220[V]인 것으로서, 그 공급용량은 1.5[VA] 이상인 것으로 하여야 한다.
② 전원회로는 각 층에 있어서 2 이상이 되도록 설치하여야 하나 설치하여야 할 층의 비상콘센트가 1개인 때에는 하나의 회로로 할 수 있다.
③ 전원회로는 주배전반에서 전용회로로 하여야 하나 다른 설비의 회로의 사고에 따른 영향을 받지 아니하도록 되어 있는 것에 있어서는 그렇지 않다.
④ 전원으로부터 각 층의 비상콘센트에 분기되는 경우에는 분기배선용 차단기를 보호함 안에 설치하여야 한다.

해설

비상콘센트설비의 전원회로는 단상교류 220[V]인 것으로서, 그 공급용량은 1.5[kVA] 이상인 것으로 해야 한다.

정답 | ①

64 빈출도 ★★★

비상방송설비의 구성 요소 중 전압전류의 진폭을 늘려 감도를 좋게 하고 미약한 음성전류를 커다란 음성전류로 변화시켜 소리를 크게 하는 장치는?

① 확성기
② 음량조절기
③ 증폭기
④ 변조기

해설

증폭기는 전압·전류의 진폭을 늘려 감도를 좋게 하고 미약한 음성 전류를 커다란 음성전류로 변화시켜 소리를 크게 하는 장치를 말한다.

선지분석

① 확성기: 소리를 크게 하여 멀리까지 전달될 수 있도록 하는 장치로써 일명 스피커를 말한다.
② 음량조절기: 가변저항을 이용하여 전류를 변화시켜 음량을 크게 하거나 작게 조절할 수 있는 장치를 말한다.
④ 변조기: 주파수 대역에 음성정보를 실어 보낼 수 있도록 신호형식을 바꾸는 장치를 말한다.

정답 | ③

65 빈출도 ★★

정온식 스포트형 감지기의 구조 및 작동원리에 대한 형식이 아닌 것은?

① 가용절연물을 이용한 방식
② 줄열을 이용한 방식
③ 바이메탈의 반전을 이용한 방식
④ 금속의 팽창계수 차를 이용한 방식

해설

줄열을 이용한 방식은 정온식 스포트형 감지기의 작동방식이 아니다.

관련개념 정온식 스포트형 감지기의 작동방식

㉠ 바이메탈식(금속의 선팽창계수 이용방식): 급격한 온도상승률에 의해 온도 상승 시 바이메탈의 활곡, 반전에 의한 접점동작을 화재로 검출한다.
㉡ 반도체식: 급격한 온도상승률에 의해 서미스터의 정온점 도달 시 저항 변화를 화재신호로 검출(차동식과의 구분을 위해 적색으로 도색)한다.
㉢ 가용절연물 또는 액체금속: 정온점에서 용융되는 특수 절연물이나 팽창되는 액체로 폐회로 접점을 형성, 화재신호로 검출한다.

정답 | ②

66 빈출도 ★★★

연기감지기를 설치하지 않아도 되는 장소는?

① 계단 및 경사로
② 엘리베이터 승강로
③ 파이프 피트 및 덕트
④ 20[m]인 복도

해설

30[m] 미만의 복도는 연기감지기 설치대상이 아니다.

관련개념 연기감지기의 설치장소

㉠ 계단·경사로 및 에스컬레이터 경사로
㉡ 복도(30[m] 미만 제외)
㉢ 엘리베이터 승강로(권상기실이 있는 경우 권상기실)·린넨슈트·파이프 피트 및 덕트 기타 이와 유사한 장소
㉣ 천장 또는 반자의 높이가 15[m] 이상 20[m] 미만의 장소
㉤ 다음의 어느 하나에 해당하는 특정소방대상물의 취침·숙박·입원 등 이와 유사한 용도로 사용되는 거실
  – 공동주택·오피스텔·숙박시설·노유자시설·수련시설
  – 교육연구시설 중 합숙소
  – 의료시설, 근린생활시설 중 입원실이 있는 의원·조산원
  – 교정 및 군사시설
  – 근린생활시설 중 고시원

정답 | ④

67 빈출도 ★★

피난구유도등을 설치하지 아니하는 경우의 기준으로 틀린 것은?

① 대각선의 길이가 15[m] 이내인 구획된 실의 출입구
② 거실 각 부분으로부터 하나의 출입구에 이르는 보행거리가 20[m] 이하이고 비상조명등과 유도표지가 설치된 거실의 출입구
③ 바닥면적이 1,000[m²] 미만인 층으로서 옥내로부터 직접 지상으로 통하는 출입구(외부의 식별이 용이한 경우에 한한다.)
④ 노유자시설·의료시설·장례식장의 경우 출입구가 3 이상 있는 거실로서 그 거실 각 부분으로부터 하나의 출입구에 이르는 보행거리가 30[m] 이하인 경우에는 주된 출입구 2개소 외의 출입구(유도표지가 부착된 출입구)

해설

출입구가 3개소 이상 있는 거실로서 그 거실 각 부분으로부터 하나의 출입구에 이르는 보행거리가 30[m] 이하인 경우에는 주된 출입구 2개소 외의 출입구(유도표지가 부착된 출입구를 말한다)에는 피난구유도등을 설치하지 않을 수 있다. 다만, 공연장·집회장·관람장·전시장·판매시설·운수시설·숙박시설·노유자시설·의료시설·장례식장의 경우에는 그렇지 않다.

관련개념 피난구유도등 설치제외 기준

㉠ 바닥면적이 1,000[m²] 미만인 층으로서 옥내로부터 직접 지상으로 통하는 출입구(외부의 식별이 용이한 경우에 한한다)
㉡ 대각선 길이가 15[m] 이내인 구획된 실의 출입구
㉢ 거실 각 부분으로부터 하나의 출입구에 이르는 보행거리가 20[m] 이하이고 비상조명등과 유도표지가 설치된 거실의 출입구
㉣ 출입구가 3개소 이상 있는 거실로서 그 거실 각 부분으로부터 하나의 출입구에 이르는 보행거리가 30m 이하인 경우에는 주된 출입구 2개소 외의 출입구(유도표지가 부착된 출입구를 말한다). 다만, 공연장·집회장·관람장·전시장·판매시설·운수시설·숙박시설·노유자시설·의료시설·장례식장의 경우에는 그렇지 않다.

정답 | ④

68 빈출도 ★★

비상벨 설비 또는 자동식 사이렌 설비 음향장치의 설치기준 중 다음 (   ) 안에 알맞은 것은?

> 음향장치는 정격전압의 (㉠   )[%] 전압에서 음향을 발할 수 있도록 해야 하며, 음량은 부착된 음향장치의 중심으로부터 (㉡   )[m] 떨어진 위치에서 (㉢   )[dB] 이상이 되는 것으로 해야 한다.

① ㉠ 150, ㉡ 3, ㉢ 90
② ㉠ 140, ㉡ 1, ㉢ 120
③ ㉠ 110, ㉡ 3, ㉢ 120
④ ㉠ 80, ㉡ 1, ㉢ 90

해설

음향장치는 정격전압의 80[%] 전압에서 음향을 발할 수 있도록 해야 하며, 음량은 부착된 음향장치의 중심으로부터 1[m] 떨어진 위치에서 90[dB] 이상이 되는 것으로 해야 한다.

정답 | ④

69 빈출도 ★

주요구조부가 내화구조가 아닌 소방대상물에 있어서 열전대식 차동식 분포형 감지기의 열전대부는 감지구역의 바닥면적 몇 [m²]마다 1개 이상으로 하여야 하는가?

① 18   ② 22
③ 50   ④ 72

해설

열전대식 차동식 분포형 감지기의 열전대부는 감지구역의 바닥면적 18[m²](주요구조부가 내화구조로 된 특정소방대상물에 있어서는 22[m²])마다 1개 이상으로 해야 한다.

정답 | ①

70 빈출도 ★★★

다음 중 부착높이가 4[m] 이상 8[m] 미만에 설치할 수 있는 감지기가 아닌 것은?

① 불꽃감지기
② 정온식 스포트형 2종
③ 연기복합형
④ 열연기복합형

해설

정온식 스포트형 2종 감지기는 해당 높이에 적응성이 없다.

관련개념 부착높이에 따른 감지기의 종류

부착높이	감지기의 종류	
4[m] 미만	• 차동식(스포트형, 분포형) • 보상식 스포트형 • 정온식(스포트형, 감지선형)	• 이온화식 또는 광전식(스포트형, 분리형, 공기흡입형) • 열복합형 • 연기복합형 • 열연기복합형 • 불꽃감지기
4[m] 이상 8[m] 미만	• 차동식(스포트형, 분포형) • 보상식 스포트형 • 정온식(스포트형, 감지선형) 특종 또는 1종 • 이온화식 1종 또는 2종	• 광전식(스포트형, 분리형, 공기흡입형) 1종 또는 2종 • 열복합형 • 연기복합형 • 열연기복합형 • 불꽃감지기
8[m] 이상 15[m] 미만	• 차동식 분포형 • 이온화식 1종 또는 2종	• 광전식(스포트형, 분리형, 공기흡입형) 1종 또는 2종 • 연기복합형 • 불꽃감지기
15[m] 이상 20[m] 미만	• 이온화식 1종 • 광전식(스포트형, 분리형, 공기흡입형) 1종	• 연기복합형 • 불꽃감지기
20[m] 이상	• 불꽃감지기	• 광전식(분리형, 공기흡입형) 중 아날로그 방식

정답 | ②

71 빈출도 ★★★

자동화재탐지설비 및 시각경보장치의 화재안전기술기준(NFTC 206)에 따른 발신기의 설치기준으로 옳지 않은 것은?

① 지하구의 경우에는 발신기를 설치하지 아니할 수 있다.
② 조작이 쉬운 장소에 설치하고, 스위치는 바닥으로부터 0.8[m] 이상 1.5[m] 이하의 높이에 설치할 것
③ 특정소방대상물의 층마다 설치하되, 해당 특정소방대상물의 각 부분으로부터 하나의 발신기까지의 수평거리가 25[m] 이하가 되도록 할 것. 다만, 복도 또는 별도로 구획된 실로서 보행거리가 40[m] 이상일 경우에는 추가로 설치하여야 한다.
④ 발신기의 위치를 표시하는 표시등은 함의 상부에 설치하되, 그 불빛은 부착면으로부터 10° 이상의 범위 안에서 부착지점으로부터 10[m] 이내의 어느 곳에서도 쉽게 식별할 수 있는 적색등으로 하여야 한다.

해설

발신기의 위치표시등은 함의 상부에 설치하되, 그 불빛은 부착면으로부터 15° 이상의 범위 안에서 부착지점으로부터 10[m] 이내의 어느 곳에서도 쉽게 식별할 수 있는 적색등으로 해야 한다.

정답 | ④

72 빈출도 ★★★

비상방송설비의 화재안전기술기준(NFTC 202)에 따라층수가 11층(공동주택의 경우에는 16층) 이상의 특정소방대상물에 경보를 발할 수 있는 기준으로 틀린 것은?

① 1층에서 발화한 때에는 발화층·그 직상 4개층 및 지하층에 경보를 발할 것
② 2층 이상의 층에서 발화한 때에는 발화층 및 그 직상 4개층에 경보를 발할 것
③ 지하층에서 발화한 때에는 발화층·그 직상층 및 기타의 지하층에 경보를 발할 것
④ 3층에서 발화한 때에는 발화층·그 직상 4개층 및 지하층에 경보를 발할 것

해설

3층에서 발화한 때에는 발화층 및 그 직상 4개층에 경보를 발해야 한다.(2층 이상 기준 적용)

관련개념 우선경보방식

층수가 11층(공동주택의 경우 16층) 이상의 특정소방대상물은 다음의 기준에 따라 경보를 발할 수 있도록 해야 한다.

■ 2층 화재	■ 1층 화재	■ 지하 1층 화재
11층	11층	11층
10층	10층	10층
9층	9층	9층
8층	8층	8층
7층	7층	7층
6층	6층	6층
5층	5층	5층
4층	4층	4층
3층	3층	3층
2층 🔥	2층	2층
1층	1층 🔥	1층
지하 1층	지하 1층	지하 1층 🔥
지하 2층	지하 2층	지하 2층
지하 3층	지하 3층	지하 3층
지하 4층	지하 4층	지하 4층
지하 5층	지하 5층	지하 5층

층수	경보층
2층 이상	발화층, 직상 4개층
1층	발화층, 직상 4개층, 지하층
지하층	발화층, 직상층, 기타 지하층

정답 | ④

73 빈출도 ★★★

비상방송설비의 화재안전기술기준(NFTC 202)에 따라 비상방송설비 개폐기의 표지로 옳은 것은?

① 개폐기에는 "비상방송전원용"이라고 표시한 표지를 할 것
② 개폐기에는 "비상방송상용전원용"이라고 표시한 표지를 할 것
③ 개폐기에는 "비상방송설비용"이라고 표시한 표지를 할 것
④ 개폐기에는 "비상방송비상용전원용"이라고 표시한 표지를 할 것

해설

개폐기에는 "비상방송설비용"이라고 표시한 표지를 해야 한다.

정답 | ③

74 빈출도 ★

자동화재탐지설비 및 시각경보장치의 화재안전기술기준(NFTC 203)에 따른 공기관식 차동식 분포형 감지기의 설치기준으로 틀린 것은?

① 검출부는 바닥으로부터 0.8[m] 이상 1.5[m] 이하의 위치에 설치할 것
② 공기관은 도중에서 분기하지 않도록 할 것
③ 하나의 검출부분에 접속하는 공기관의 길이는 50[m] 이하로 할 것
④ 공기관 상호 간의 거리는 6[m] 이하가 되도록 할 것

해설

하나의 검출부분에 접속하는 공기관의 길이는 100[m] 이하로 해야 한다.

정답 | ③

75 빈출도 ★★★

비상조명등의 화재안전기술기준(NFTC 304)에 따른 휴대용비상조명등의 설치기준 중 틀린 것은?

① 외함은 난연성능이 있을 것
② 어둠 속에서 위치를 확인할 수 있도록 할 것
③ 건전지 및 충전식 배터리의 용량은 20분 이상 유효하게 사용할 수 있는 것으로 할 것
④ 지하상가 및 지하역사에서는 보행거리 10[m] 이내마다 5개 이상 설치할 것

해설

지하상가 및 지하역사에서는 보행거리 25[m] 이내마다 3개 이상 설치해야 한다.

관련개념 휴대용비상조명등의 설치기준

장소	기준
지하상가, 지하역사	25[m] 이내마다 3개 이상
대규모점포, 영화상영관	50[m] 이내마다 3개 이상

정답 | ④

76 빈출도 ★

비상방송설비의 화재안전기술기준(NFTC 202)에 따른 용어의 정의에서 화재감지기, 발신기 등의 상태변화를 전송하는 장치를 말하는 것은?

① 확성기　　　　② 기동장치
③ 증폭기　　　　④ 음량조절기

해설

기동장치는 화재감지기, 발신기 등의 상태변화를 전송하는 장치를 말한다.

선지분석

① 확성기: 소리를 크게 하여 멀리까지 전달될 수 있도록 하는 장치로써 일명 스피커를 말한다.
③ 증폭기: 전압·전류의 진폭을 늘려 감도를 좋게 하고 미약한 음성전류를 커다란 음성전류로 변화시켜 소리를 크게 하는 장치를 말한다.
④ 음량조절기: 가변저항을 이용하여 전류를 변화시켜 음량을 크게 하거나 작게 조절할 수 있는 장치를 말한다.

정답 | ②

77 빈출도 ★★

유도등 및 유도표지의 화재안전기술기준(NFTC 303)에 따른 유도표지를 설치하지 않을 수 있는 곳으로 틀린 것은?

① 유도등이 적합하게 설치된 거실
② 유도등이 적합하게 설치된 통로
③ 유도등이 적합하게 설치된 계단
④ 유도등이 적합하게 설치된 복도

해설

유도등이 적합하게 설치된 출입구·복도·계단 및 통로의 경우 유도표지를 설치하지 않을 수 있다.

정답 | ①

78 빈출도 ★★

무선통신보조설비의 화재안전기술기준(NFTC 505)에 따른 옥외안테나의 설치기준으로 적절하지 않은 것은?

① 가까운 곳의 보기 쉬운 곳에 "무선통신주설비 안테나"라는 표시와 함께 통신가능 거리를 표시한 표지를 설치할 것
② 다른 용도로 사용되는 안테나로 인한 통신장애가 발생하지 않도록 설치할 것
③ 견고하게 파손의 우려가 없는 곳에 설치할 것
④ 수신기가 설치된 장소 등 사람이 상시 근무하는 장소에는 옥외안테나의 위치가 모두 표시된 옥외안테나 위치표시도를 비치할 것

해설

가까운 곳의 보기 쉬운 곳에 "무선통신보조설비 안테나"라는 표시와 함께 통신 가능거리를 표시한 표지를 설치해야 한다.

관련개념 옥외안테나 설치기준

㉠ 건축물, 지하가, 터널 또는 공동구의 출입구 및 출입구 인근에서 통신이 가능한 장소에 설치할 것
㉡ 다른 용도로 사용되는 안테나로 인한 통신장애가 발생하지 않도록 설치할 것
㉢ 옥외안테나는 견고하게 파손의 우려가 없는 곳에 설치하고 그 가까운 곳의 보기 쉬운 곳에 "무선통신보조설비 안테나"라는 표시와 함께 통신 가능거리를 표시한 표지를 설치할 것
㉣ 수신기가 설치된 장소 등 사람이 상시 근무하는 장소에는 옥외안테나의 위치가 모두 표시된 옥외안테나 위치표시도를 비치할 것

정답 | ①

79 빈출도 ★

누전경보기의 화재안전기술기준(NFTC 205)에 따른 누전경보기의 변류기를 설치하는 곳은?

① 옥외 인입선의 제1지점의 부하 측
② 옥외 인입선의 제2지점의 부하 측
③ 제1종 접지선 측의 점검이 쉬운 위치
④ 제3종 접지선 측의 점검이 쉬운 위치

해설

변류기는 특정소방대상물의 형태, 인입선의 시설방법 등에 따라 옥외 인입선의 제1지점의 부하 측 또는 제2종 접지선 측의 점검이 쉬운 위치에 설치해야 한다.

관련개념 종별 접지

「한국전기설비규정」에서 종별 접지방식을 더 이상 사용하지 않으나 「누전경보기의 화재안전기술기준(NFTC 205)」에서 종별 접지방식에 대한 내용이 나온다. 소방설비기사 시험에서는 화재안전기술기준을 우선으로 적용하므로 종별 접지에 대한 내용을 그대로 적용한다.

정답 | ①

80 빈출도 ★

경계 전류의 정격전류는 최대 몇 [A]를 초과할 때 1급 누전경보기를 설치해야 하는가?

① 30
② 60
③ 90
④ 120

해설

1급 누전경보기는 경계전로의 정격전류가 60[A]를 초과할 때 설치한다.

관련개념 경계전로의 정격전류에 따른 설치기준

경계전로의 정격전류	누전경보기
60[A] 초과	1급
60[A] 이하	1급 또는 2급

정답 | ②

에듀윌이
너를
지지할게
ENERGY

인생은 끊임없는 반복.
반복에 지치지 않는 자가 성취한다.

– 윤태호 「미생」 중

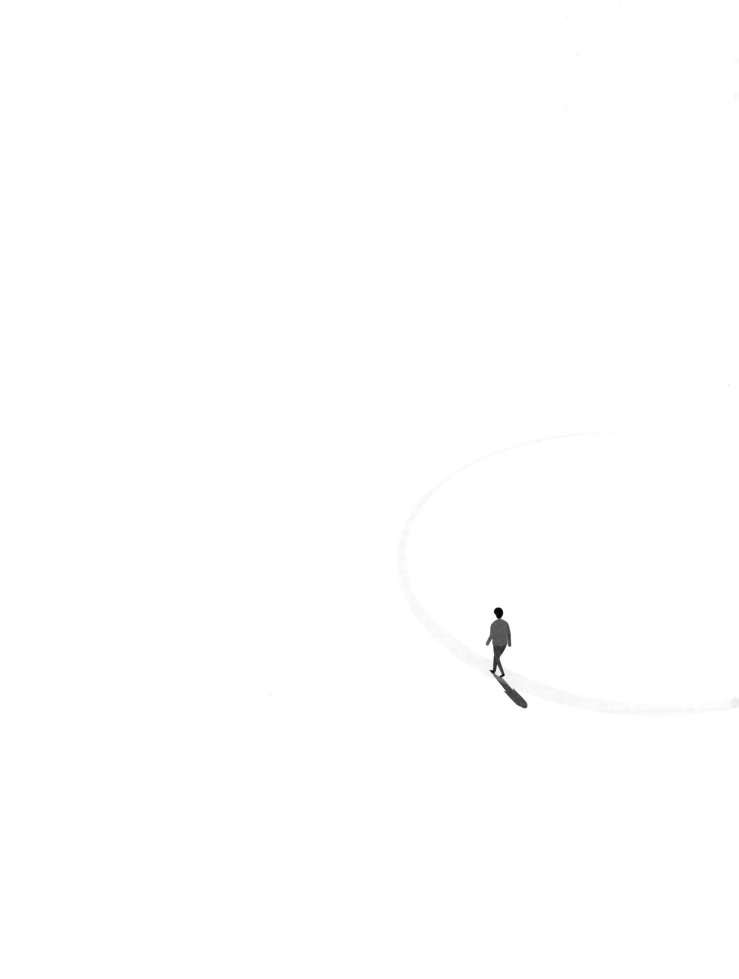

소방원론

01 빈출도 ★★★

종이, 나무, 섬유류 등에 의한 화재에 해당하는 것은?

① A급 화재
② B급 화재
③ C급 화재
④ D급 화재

해설

종이, 나무, 섬유류 화재는 A급 화재(일반화재)에 해당한다.

관련개념 A급 화재(일반화재) 대상물

㉠ 일반가연물: 섬유(면화)류, 종이, 고무, 석탄, 목재 등
㉡ 합성고분자: 폴리에스테르, 폴리에틸렌, 폴리우레탄 등

정답 | ①

02 빈출도 ★★

인화점이 낮은 것부터 높은 순서로 바르게 나열된 것은?

① 에틸알코올<이황화탄소<아세톤
② 이황화탄소<에틸알코올<아세톤
③ 에틸알코올<아세톤<이황화탄소
④ 이황화탄소<아세톤<에틸알코올

해설

인화점은 이황화탄소, 아세톤, 에틸알코올 순으로 높아진다.

관련개념 물질의 발화점과 인화점

물질	발화점[°C]	인화점[°C]
프로필렌	497	-107
산화프로필렌	449	-37
가솔린	300	-43
이황화탄소	100	-30
아세톤	538	-18
메틸알코올	385	11
에틸알코올	423	13
벤젠	498	-11
톨루엔	480	4.4
등유	210	43~72
경유	200	50~70
적린	260	—
황린	30	20

정답 | ④

03 빈출도 ★★

물의 기화열이 539.6[cal/g]인 것은 어떤 의미인가?

① 0[℃]의 물 1[g]이 얼음으로 변화하는 데 539.6[cal]의 열량이 필요하다.
② 0[℃]의 물 1[g]이 물로 변화하는 데 539.6[cal]의 열량이 필요하다.
③ 0[℃]의 물 1[g]이 100[℃]의 물로 변화하는 데 539.6[cal]의 열량이 필요하다.
④ 100[℃]의 물 1[g]이 수증기로 변화하는 데 539.6[cal]의 열량이 필요하다.

해설

기화열은 기화(증발) 잠열이라고 하며 액체인 물 1[g]이 기화점 100[℃]에서 기체인 수증기로 변화하는 데 필요한 열량이 539.6[cal]이라는 것을 의미한다.

관련개념 기화(증발) 잠열

기화 시 액체가 기체로 변화하는 동안에는 온도가 상승하지 않고 일정하게 유지되는데, 이와 같이 온도의 변화 없이 어떤 물질의 상태를 변화시킬 때 필요한 열량을 잠열이라고 한다.

정답 ④

04 빈출도 ★

제1종 분말 소화약제가 요리용 기름이나 지방질 기름 화재에 적응성이 있는 이유로 가장 옳은 것은?

① 요오드화 반응을 일으키기 때문이다.
② 비누화 반응을 일으키기 때문이다.
③ 브롬화 반응을 일으키기 때문이다.
④ 질화 반응을 일으키기 때문이다.

해설

제1종 분말 소화약제인 탄산수소나트륨($NaHCO_3$)을 지방 또는 기름(식용유) 화재에 사용할 때 기름의 지방산과 탄산수소나트륨($NaHCO_3$)의 나트륨 이온(Na^+)이 비누로 되면서 연료 물질인 기름을 포위하거나 연소생성물에서 발생하는 가스에 의해 포(Foam)를 형성하기도 하여 소화작용을 돕게 되는데 이를 분말 소화약제의 비누화 현상이라 한다.

정답 ②

05 빈출도 ★

분자 내부에 니트로기를 갖고 있는 니트로셀룰로오스, TNT 등과 같은 제5류 위험물의 연소 형태는?

① 분해연소   ② 자기연소
③ 증발연소   ④ 표면연소

해설

제5류 위험물은 자기반응성 물질로 자체적으로 산소를 포함하고 있으므로 자기연소 또는 내부연소를 일으키기 쉽다.

관련개념 제5류 위험물의 특징

㉠ 가연성 물질로 상온에서 고체 또는 액체상태이다.
㉡ 불안정하고 분해되기 쉬우므로 폭발성이 강하고, 연소속도가 매우 빠르다.
㉢ 산소를 포함하고 있으므로 자기연소 또는 내부연소를 일으키기 쉽고, 연소 시 다량의 가스가 발생한다.
㉣ 산화반응에 의한 자연발화를 일으킨다.
㉤ 한 번 화재가 발생하면 소화가 어렵다.
㉥ 대부분 물에 잘 녹지 않으며 물과 반응하지 않는다.

정답 ②

06 빈출도 ★★★

다음 중 연소범위를 근거로 계산한 위험도 값이 가장 큰 물질은?

① 이황화탄소
② 메테인
③ 수소
④ 일산화탄소

해설

이황화탄소(CS_2)의 위험도가 $\dfrac{44-1.2}{1.2} ≒ 35.7$로 가장 크다.

관련개념 주요 가연성 가스의 연소범위와 위험도

가연성 가스	하한계 [vol%]	상한계 [vol%]	위험도
아세틸렌(C_2H_2)	2.5	81	31.4
수소(H_2)	4	75	17.8
일산화탄소(CO)	12.5	74	4.9
에테르($C_2H_5OC_2H_5$)	1.9	48	24.3
이황화탄소(CS_2)	1.2	44	35.7
에틸렌(C_2H_4)	2.7	36	12.3
암모니아(NH_3)	15	28	0.9
메테인(CH_4)	5	15	2
에테인(C_2H_6)	3	12.4	3.1
프로페인(C_3H_8)	2.1	9.5	3.5
뷰테인(C_4H_{10})	1.8	8.4	3.7

정답 | ①

07 빈출도 ★★★

어떤 유기화합물을 원소 분석한 결과 중량백분율이 C: 39.9[%], H: 6.7[%], O: 53.4[%]인 경우에 이 화합물의 분자식은? (단, 원자량은 C=12, O=16, H=1이다.)

① $C_3H_8O_2$
② $C_2H_4O_2$
③ C_2H_4O
④ $C_2H_6O_2$

해설

어떤 유기화합물에서 탄소, 수소, 산소 원자의 질량비가 39.9 : 6.7 : 53.4일 때, 각 원자의 원자량으로 나누면 원자 수의 비율로 나타낼 수 있다.

$$\frac{39.9}{12} : \frac{6.7}{1} : \frac{53.4}{16} = 3.325 : 6.7 : 3.3375$$

이는 약 1 : 2 : 1의 비율로 나누어지며 이 비율로 구성할 수 있는 분자식은 $C_2H_4O_2$이다.

정답 | ②

08 빈출도 ★

다음 설비 중에서 전산실, 통신기기실 등의 화재에 가장 적합한 것은?

① 스프링클러설비
② 옥내소화전설비
③ 분말소화설비
④ 할로겐화합물 및 불활성기체 소화설비

해설

전산실, 통신기기실 등의 전기화재에 적합한 소화방법은 가스계 소화약제(이산화탄소, 할론, 할로겐화합물 및 불활성기체)의 질식 효과를 이용한 소화방법이다.

선지분석

①, ② 전기 전도성을 가진 물 등으로 소화 시 감전 및 과전류로 인한 피연소물질의 피해가 우려되므로 적합하지 않다.
③ 분말 소화약제는 전기화재에 적응성이 우수하나 피연소물질에 소화약제가 남아 피해를 줄 수 있으므로 가장 적합한 방법은 아니다.

정답 | ④

09 빈출도 ★★★

불포화지방산과 석탄에 자연발화를 일으키는 원인은?

① 분해열
② 산화열
③ 발효열
④ 중합열

해설

불포화지방산과 석탄은 산소, 수분 등에 장시간 노출되면 산화가 진행되며 산화열이 발생한다. 산화열을 충분히 배출하지 못하면 점점 축적되어 온도가 상승하게 되고, 기름의 발화점에 도달하면 자연발화가 일어난다.

정답 | ②

10 빈출도 ★★

가시거리가 20~30[m], 연기에 의한 감광계수가 0.1[m⁻¹]일 때의 상황으로 옳은 것은?

① 건물 내부에 익숙한 사람이 피난에 지장을 느낄 정도
② 연기감지기가 작동할 정도
③ 어두운 것을 느낄 정도
④ 앞이 거의 보이지 않을 정도

해설

감광계수 [m⁻¹]	가시거리 [m]	현상
0.1	20~30	연기감지기가 동작할 정도
0.3	5	건물 내부에 익숙한 사람이 피난할 때 지장 받는 정도
0.5	3	어두움을 느낄 정도
1	1~2	거의 앞이 보이지 않을 정도
10	0.2~0.5	화재의 최성기에 해당, 유도등이 보이지 않을 정도
30	—	출화 시의 연기가 분출할 때의 농도

정답 ┃ ②

11 빈출도 ★★★

프로페인 50[vol%], 뷰테인 40[vol%], 프로필렌 10[vol%]로 된 혼합가스의 폭발하한계는 약 몇 [vol%]인가? (단, 각 가스의 폭발하한계는 프로페인 2.2[vol%], 뷰테인 1.9[vol%], 프로필렌 2.4[vol%]이다.)

① 0.83
② 2.09
③ 5.05
④ 9.44

해설

$$L = \dfrac{100}{\dfrac{V_1}{L_1} + \dfrac{V_2}{L_2} + \dfrac{V_3}{L_3}} = \dfrac{100}{\dfrac{50}{2.2} + \dfrac{40}{1.9} + \dfrac{10}{2.4}} ≒ 2.09[\text{vol}\%]$$

관련개념 혼합가스의 폭발하한계

가연성 가스가 혼합되었을 때 '르 샤틀리에의 법칙'으로 혼합가스의 폭발하한계를 계산할 수 있다.

$$\dfrac{100}{L} = \dfrac{V_1}{L_1} + \dfrac{V_2}{L_2} + \cdots + \dfrac{V_n}{L_n}$$
$$\rightarrow L = \dfrac{100}{\dfrac{V_1}{L_1} + \dfrac{V_2}{L_2} + \cdots + \dfrac{V_n}{L_n}}$$

L: 혼합가스의 폭발하한계[vol%],
L_1, L_2, L_n: 가연성 가스의 폭발하한계[vol%],
V_1, V_2, V_n: 가연성 가스의 용량[vol%]

정답 ┃ ②

12 빈출도 ★★

산소의 농도를 낮추어 소화하는 방법은?

① 냉각소화
② 질식소화
③ 제거소화
④ 억제소화

해설

질식소화는 연소하고 있는 가연물이 들어있는 용기를 기계적으로 밀폐하여 외부와 차단하거나 타고 있는 가연물의 표면을 거품 또는 불연성의 액체로 덮어서 연소에 필요한 산소의 공급을 차단시켜 소화하는 것을 말한다.

정답 ┃ ②

13 빈출도 ★★

화재를 소화하는 방법 중 물리적 방법에 의한 소화가 아닌 것은?

① 억제소화 ② 제거소화
③ 질식소화 ④ 냉각소화

해설

억제소화는 연소의 요소 중 연쇄적 산화반응을 약화시켜 연소의 계속을 불가능하게 하므로 화학적 방법에 의한 소화에 해당한다.

관련개념 소화의 분류

㉠ 물리적 소화: 냉각 · 질식 · 제거 · 희석소화
㉡ 화학적 소화: 부촉매소화(억제소화)

정답 | ①

14 빈출도 ★★★

다음 연소생성물 중 인체에 독성이 가장 높은 것은?

① 이산화탄소 ② 일산화탄소
③ 수증기 ④ 포스겐

해설

선지 중 인체 허용농도가 가장 낮은 물질은 포스겐($COCl_2$)이다. 인체에 독성이 높을수록 인체 허용농도가 낮으므로 적은 양으로 인체에 치명적인 영향을 준다.

관련개념 인체 허용농도(TLV, Threshold limit value)

연소생성물	인체 허용농도[ppm]
일산화탄소(CO)	50
이산화탄소(CO_2)	5,000
포스겐($COCl_2$)	0.1
황화수소(H_2S)	10
이산화황(SO_2)	10
시안화수소(HCN)	10
아크롤레인(CH_2CHCHO)	0.1
암모니아(NH_3)	25
염화수소(HCl)	5

정답 | ④

15 빈출도 ★★

물질의 취급 또는 위험성에 대한 설명 중 틀린 것은?

① 융해열은 점화원이다.
② 질산은 물과 반응 시 발열 반응하므로 주의를 해야 한다.
③ 네온, 이산화탄소, 질소는 불연성 물질로 취급한다.
④ 암모니아를 충전하는 공업용 용기의 색상은 백색이다.

해설

융해는 고체가 액체로 변화하는 현상이다. 주변의 열을 흡수하며 융해가 일어나므로 점화원이 될 수 없다.

정답 | ①

16 빈출도 ★★

슈테판－볼츠만의 법칙에 의해 복사열과 절대온도의 관계를 옳게 설명한 것은?

① 복사열은 절대온도의 제곱에 비례한다.
② 복사열은 절대온도의 4제곱에 비례한다.
③ 복사열은 절대온도의 제곱에 반비례한다.
④ 복사열은 절대온도의 4제곱에 반비례한다.

해설

복사는 열에너지가 매질을 통하지 않고 전자기파의 형태로 전달되는 현상이다.
슈테판－볼츠만 법칙에 의해 복사열은 절대온도의 4제곱에 비례한다.

$$Q \propto \sigma T^4$$

Q: 열전달량[W/m^2], σ: 슈테판－볼츠만
상수(5.67×10^{-8})[$W/m^2 \cdot K^4$], T: 절대온도[K]

정답 | ②

17 빈출도 ★

화재의 일반적 특성으로 틀린 것은?

① 확대성   ② 정형성

③ 우발성   ④ 불안정성

해설

화재는 우발성, 확대성, 비정형성, 불안정성의 특성이 있다.

관련개념 화재의 특성

우발성	• 화재는 우발적으로 발생한다. • 인위적인 화재(방화 등)를 제외하고는 예측이 어려우며, 사람의 의도와 관계없이 발생한다.
확대성	화재가 발생하면 확대가 가능하다.
비정형성	화재의 형태는 비정형성으로 정해져 있지 않다.
불안정성	화재가 발생한 후 연소는 기상상태, 가연물의 종류·형태, 건축물의 위치·구조 등의 조건이 가해지면서 복잡한 현상으로 진행된다.

정답 | ②

18 빈출도 ★★★

공기 중의 산소의 농도는 약 몇 [vol%] 인가?

① 10   ② 13

③ 17   ④ 21

해설

공기 중 산소의 농도는 21[vol%]이다.

관련개념 공기의 구성성분과 분자량

약 78[%]의 질소(N_2), 21[%]의 산소(O_2), 1[%]의 아르곤(Ar)으로 구성된다.

질소, 산소, 아르곤의 원자량은 각각 14, 16, 40으로 공기의 평균 분자량은 다음과 같다.

$(14 \times 2 \times 0.78) + (16 \times 2 \times 0.21) + (40 \times 0.01) \fallingdotseq 29$

정답 | ④

19 빈출도 ★★★

화재 시 발생하는 연소가스 중 인체에서 헤모글로빈과 결합하여 혈액의 산소운반을 저해하고 두통, 근육 조절의 장애를 일으키는 것은?

① CO_2 ② CO

③ HCN   ④ H_2S

해설

헤모글로빈과 결합하여 산소결핍 상태를 유발하는 물질은 일산화탄소(CO)이다.

관련개념 일산화탄소

㉠ 무색·무취·무미의 환원성이 강한 가스로 연탄의 연소가스, 자동차 배기가스, 담배 연기, 대형 산불 등에서 발생한다.

㉡ 혈액의 헤모글로빈과 결합력이 산소보다 210배로 매우 커 흡입하면 산소결핍 상태가 되어 질식 또는 사망에 이르게 한다.

㉢ 인체 허용농도는 50[ppm]이다.

정답 | ②

20 빈출도 ★★

과산화수소 위험물의 특성이 아닌 것은?

① 비수용성이다.

② 무기화합물이다.

③ 불연성 물질이다.

④ 비중은 물보다 무겁다.

해설

과산화수소(H_2O_2)는 극성 분자이므로 극성 분자인 물(H_2O)과 잘 섞인다.

선지분석

② 탄소(C)가 포함되지 않으므로 무기화합물이다.

③ 위험물안전관리법상 산화성 액체로 분류하며 산소를 발생시켜 다른 물질을 연소시키므로 조연성 물질이다.

④ 분자량이 34[g/mol]로 물보다 무겁다.

정답 | ①

21 빈출도 ★★★

비직선적인 전압−전류 특성의 2단자 반도체 소자로,
주로 서지 전압에 대한 보호용으로 사용되는 것은?

① 서미스터   ② SCR
③ 바리스터   ④ 바랙터

해설

바리스터는 비선형 반도체 저항 소자로서 계전기 접점의 불꽃을
소거하거나, 서지 전압으로부터 회로를 보호하기 위해 사용되며,
회로에 병렬로 연결한다.

관련개념 바리스터의 기호

정답 | ③

22 빈출도 ★★★

논리식 $X=AB\overline{C}+\overline{A}BC+\overline{A}B\overline{C}$를 간소화하면?

① $B(\overline{A}+\overline{C})$ ② $B(\overline{A}+A\overline{C})$
③ $B(\overline{A}C+\overline{C})$ ④ $B(A+C)$

해설

$$X=AB\overline{C}+\overline{A}BC+\overline{A}B\overline{C}$$
$$=B\overline{C}(A+\overline{A})+\overline{A}BC$$
$$=B\overline{C}+\overline{A}BC$$
$$=B(\overline{C}+\overline{A}C) \quad \leftarrow \text{흡수법칙}$$
$$=B(\overline{A}+\overline{C})$$

관련개념 불대수 연산 예

결합법칙	$\cdot\ A+(B+C)=(A+B)+C$ $\cdot\ A\cdot(B\cdot C)=(A\cdot B)\cdot C$
분배법칙	$\cdot\ A\cdot(B+C)=A\cdot B+A\cdot C$ $\cdot\ A+(B\cdot C)=(A+B)\cdot(A+C)$
흡수법칙	$\cdot\ A+A\cdot B=A$ $\cdot\ A+\overline{A}B=A+B$ $\cdot\ A\cdot(A+B)=A$

정답 | ①

23 빈출도 ★★★

RL 직렬회로의 설명으로 옳은 것은?

① v, i는 서로 다른 주파수를 가지는 정현파이다.

② v는 i보다 위상이 $\theta = \tan^{-1}\left(\dfrac{\omega L}{R}\right)$만큼 앞선다.

③ v와 i의 최댓값과 실횻값의 비는 $\sqrt{R^2 + \left(\dfrac{1}{X_L}\right)^2}$이다.

④ 용량성 회로이다.

해설

RL 직렬회로의 위상차 θ는 $\theta = \tan^{-1}\left(\dfrac{\omega L}{R}\right)$이다.

선지분석

① v, i의 위상은 다르나 주파수는 같은 정현파이다.
③ v와 i의 최댓값의 비와 실횻값의 비는 임피던스이며 그 크기는

$$\frac{V_m}{I_m} = \frac{V_{rms}}{I_{rms}} = Z = \sqrt{R^2 + X_L^2}\,[\Omega]\text{이다.}$$

④ RL 회로이므로 유도성 회로이다.

정답 | ②

24 빈출도 ★

아날로그와 디지털 통신에서 데시벨[dB]의 단위로 나타내는 SN비를 올바르게 풀어 쓴 것은?

① SIGN TO NUMBER RATING
② SIGNAL TO NOISE RATIO
③ SOURCE NULL RESISTANCE
④ SOURCE NETWORK RANGE

해설

아날로그와 디지털 통신에서 데시벨[dB]의 단위로 나타내는 SN비는 SIGNAL TO NOISE RATIO(신호와 잡음의 비)이다.

정답 | ②

25 빈출도 ★★

피드백 제어계에 대한 설명 중 틀린 것은?

① 대역폭이 증가한다.
② 정확성이 있다.
③ 비선형에 대한 효과가 증대된다.
④ 발진을 일으키는 경향이 있다.

해설

피드백 제어계는 비선형과 왜형에 대한 효과가 감소한다.

관련개념 피드백 제어계의 특징

㉠ 구조가 복잡하고 설치비용이 비싼 편이다.
㉡ 정확성과 대역폭이 증가한다.
㉢ 외란에 대한 영향을 줄여 제어계의 특성을 향상시킬 수 있다.
㉣ 계의 특성변화에 대한 입력 대 출력비에 대한 감도가 감소한다.
㉤ 비선형과 왜형에 대한 효과는 감소한다.
㉥ 발진을 일으키는 경향이 있다.

정답 | ③

26 빈출도 ★★

배전선에 $6,000[V]$의 전압을 가하였더니 $2[mA]$의 누설전류가 흘렀다. 이 배전선의 절연저항은 몇 $[M\Omega]$인가?

① 3   ② 6
③ 8   ④ 12

해설

$$\text{절연저항 } R = \frac{V}{I} = \frac{6 \times 10^3}{2 \times 10^{-3}} = 3 \times 10^6[\Omega] = 3[M\Omega]$$

정답 | ①

27 빈출도 ★

그림과 같은 회로에서 검류계의 단자가 $\overline{AC} : \overline{CB}$가 2 : 3이 되는 C에서 검류계의 눈금이 0을 가리켰다. 저항 X는 몇 [Ω] 인가? (단, $\overline{AB}$는 저항이 균일한 도선이다.)

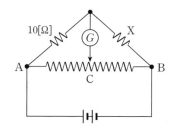

① 10
② 15
③ 20
④ 30

해설

휘트스톤 브리지의 평형 조건에 따라
$10 \times \overline{CB} = X \times \overline{AC}$
$\rightarrow X = \dfrac{\overline{CB}}{\overline{AC}} \times 10 = \dfrac{3}{2} \times 10 = 15[\Omega]$

정답 | ②

28 빈출도 ★★

다음 중 직류전동기의 제동법이 아닌 것은?

① 회생제동
② 정상제동
③ 발전제동
④ 역전제동

해설

정상제동은 직류전동기의 제동법이 아니다.

관련개념 직류전동기의 제동법

㉠ 발전제동: 스위치를 이용하여 운전 중인 전동기를 전원으로부터 분리시키면 전동기가 발전기로서 작동하여 회전자의 운동을 제동하며, 이때 발생한 전기는 저항에서 열로 소비시킨다.
㉡ 회생제동: 발전제동과 마찬가지로 전동기를 전원으로부터 분리시킨 뒤 발생하는 전력을 전원 측에 반환시켜 제동한다.
㉢ 역전제동: 전원에 접속된 전동기의 단자 접속을 반대로 하여, 회전 방향과 반대 방향으로 토크를 발생시켜 제동한다.
㉣ 직류제동: 발전제동과 마찬가지로 전동기를 전원으로부터 분리시킨 뒤 1차 권선에 직류 전류를 흘려 제동 토크를 얻는다.

정답 | ②

29 빈출도 ★★★

다음 그림과 같은 계통의 전달함수는?

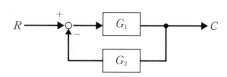

① $\dfrac{G_1}{1+G_2}$
② $\dfrac{G_2}{1+G_1}$
③ $\dfrac{G_2}{1+G_1 G_2}$
④ $\dfrac{G_1}{1+G_1 G_2}$

해설

$$\frac{C}{R} = \frac{경로}{1 - 폐로} = \frac{G_1}{1+G_1 G_2}$$

관련개념 경로와 폐로

㉠ 경로: 입력에서부터 출력까지 가는 경로에 있는 소자들의 곱
㉡ 폐로: 출력 중 입력으로 돌아가는 경로에 있는 소자들의 곱

정답 | ④

30 빈출도 ★★

메거(megger)는 어떤 저항을 측정하는 장치인가?

① 절연 저항
② 접지 저항
③ 전지의 내부 저항
④ 궤조 저항

해설

절연 저항 측정에는 메거가 이용된다.

선지분석

② 접지 저항: 접지저항계(어스테스터, Earth tester)로 측정한다.
③ 전지의 내부 저항: 코올라우시 브리지법으로 측정한다.

정답 | ①

31 빈출도 ★

그림과 같은 변압기 철심의 단면적 $A=5[\text{cm}^2]$, 길이 $l=50[\text{cm}]$, 비투자율 $\mu_s=1{,}000$, 코일의 감은 횟수 $N=200$이라 하고 1[A]의 전류를 흘렸을 때 자계에 축적되는 에너지는 몇 [J]인가? (단, 누설자속은 무시한다.)

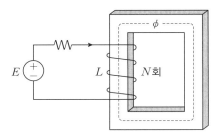

① $2\pi \times 10^{-3}$

② $4\pi \times 10^{-3}$

③ $6\pi \times 10^{-3}$

④ $8\pi \times 10^{-3}$

해설

$$L=\frac{\mu AN^2}{l}$$

L: 자기인덕턴스[H], μ: 투자율[H/m], A: 단면적[m²], N: 코일을 감은 횟수, l: 자로의 길이 [m]

투자율 μ는 진공에서의 투자율 μ_0와 비투자율 μ_s의 곱이므로 자기인덕턴스 L은 다음과 같다.

$$L=\frac{4\pi \times 10^{-7} \times 1{,}000 \times 5 \times 10^{-4} \times 200^2}{50 \times 10^{-2}}=0.016\pi[\text{H}]$$

$$W=\frac{1}{2}LI^2$$

W: 자계에 축적되는 에너지[J], L: 자기인덕턴스[H], I: 전류[A]

따라서 자계에 축적되는 에너지 W는

$$W=\frac{1}{2} \times 0.016\pi \times 1^2=8\pi \times 10^{-3}[\text{J}]$$

정답 ┃ ④

32 빈출도 ★★

그림과 같이 전압계 V_1, V_2, V_3와 5[Ω]의 저항 R을 접속하였다. 전압계의 값이 $V_1=20[\text{V}]$, $V_2=40[\text{V}]$, $V_3=50[\text{V}]$라면 부하전력은 몇 [W]인가?

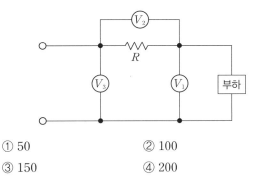

① 50

② 100

③ 150

④ 200

해설

3전압계법은 3개의 전압계와 하나의 저항을 연결하여 단상 교류전력을 측정하는 방법이다.

$$P=\frac{1}{2R}(V_3^2-V_1^2-V_2^2)$$

$$P=\frac{1}{2 \times 5}(50^2-40^2-20^2)=50[\text{W}]$$

관련개념 **3전류계법**

3개의 전류계와 하나의 저항을 연결하여 단상 교류전력을 측정하는 방법이다.

$$P=\frac{R}{2}(I_3^2-I_2^2-I_1^2)$$

정답 ┃ ①

33 빈출도 ★

전자유도현상에서 코일에 유도되는 기전력의 방향을 정의한 법칙은?

① 플레밍의 오른손법칙
② 플레밍의 왼손법칙
③ 렌츠의 법칙
④ 패러데이의 법칙

해설

렌츠의 법칙은 전자유도에 의해 발생하는 유도기전력의 방향을 결정하는 법칙이다.

관련개념 패러데이 법칙

유도기전력의 크기를 결정하는 법칙이다.

정답 | ③

34 빈출도 ★

균일한 자기장 속 운동하는 도체에 유도된 기전력의 방향을 나타내는 법칙은?

① 플레밍의 왼손 법칙
② 플레밍의 오른손 법칙
③ 암페어의 오른나사 법칙
④ 패러데이의 전자유도 법칙

해설

플레밍의 오른손 법칙은 자계 내에서 도선이 움직일 때 유기되는 유도기전력의 방향(발전기의 전류 방향)을 결정하는 법칙이다.

선지분석

① 플레밍의 왼손 법칙: 전류와 자계 사이에 작용하는 힘의 방향을 결정하는 법칙이다.
③ 암페어의 오른나사 법칙: 전류에 의해 만들어지는 자계의 방향을 결정하는 법칙이다.
④ 패러데이의 전자유도 법칙: 유도기전력의 크기를 결정하는 법칙이다.

정답 | ②

35 빈출도 ★★

원형 단면적이 $S[\text{m}^2]$, 평균자로의 길이가 $l[\text{m}]$, $1[\text{m}]$당 권선수가 N회인 공심 환상솔레노이드에 $I[\text{A}]$의 전류를 흘릴 때 철심 내의 자속은?

① $\dfrac{NI}{l}$

② $\dfrac{\mu_0 SNI}{l}$

③ $\mu_0 SNI$

④ $\dfrac{\mu_0 SN^2 I}{l}$

해설

환상 솔레노이드의 자속 $\phi = \dfrac{NI}{R_m}$

자기저항 $R_m = \dfrac{l}{\mu_0 S}$이므로

자속 $\phi = \dfrac{NI}{\dfrac{l}{\mu_0 S}} = \dfrac{\mu_0 SNI}{l}[\text{Wb}]$ (N: 전체 코일에 감은 횟수)

문제 조건에서 단위 길이당 권선수를 N이라 하였으므로

$N = \dfrac{\text{전체 감은 횟수}}{\text{자로길이}}$가 된다.

따라서 자속 $\phi = \mu_0 SNI[\text{Wb}]$

정답 ③

36 빈출도 ★

그림과 같은 회로에서 부하 L, R, C의 조건 중 역률이 가장 좋은 것은?

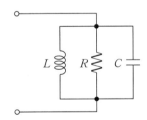

① $X_L = 3[\Omega]$, $R = 4[\Omega]$, $X_C = 4[\Omega]$
② $X_L = 3[\Omega]$, $R = 3[\Omega]$, $X_C = 4[\Omega]$
③ $X_L = 4[\Omega]$, $R = 3[\Omega]$, $X_C = 4[\Omega]$
④ $X_L = 4[\Omega]$, $R = 3[\Omega]$, $X_C = 3[\Omega]$

해설

$X_L = X_C$일 때 공진조건을 만족하며 이때 역률이 가장 좋다. 보기 중 공진조건을 만족하는 경우는 보기 ③이다.
$R-L-C$ 병렬회로에서 유도성 리액턴스(X_L)와 용량성 리액턴스(X_C)가 같은 경우 회로는 공진이 되며 이때 역률은 1이 된다.

정답 ③

37 빈출도 ★★

제어동작에 따른 제어계의 분류에 대한 설명 중 틀린 것은?

① 미분동작: D동작 또는 rate동작이라고도 부르며, 동작신호의 기울기에 비례한 조작신호를 만든다.
② 적분동작: I동작 또는 리셋동작이라고도 부르며, 적분값의 크기에 비례하여 조절신호를 만든다.
③ 2위치제어: on/off 동작이라고도 하며, 제어량이 목푯값보다 작은지 큰지에 따라서 조작량으로 on 또는 off의 두 가지 값의 조절 신호를 발생한다.
④ 비례동작: P동작이라고도 부르며, 제어동작신호에 반비례하는 조절신호를 만드는 제어동작이다.

해설

비례제어(동작)는 P제어(동작)라고도 부르며, 제어동작신호에 비례하는 조절신호를 만드는 제어동작이다.

정답 ④

38 빈출도 ★

PB-on 스위치와 병렬로 접속된 보조접점 X-a의 역할은?

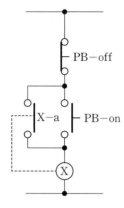

① 인터록 회로　　　　② 자기유지회로
③ 전원차단회로　　　　④ 램프점등회로

해설

PB-on 스위치를 누르면 X릴레이가 여자된다. 이후 PB-on 스위치가 복구되어도 X가 계속 동작되어야 하므로 보조접점 X-a를 병렬로 설치하여 자기유지가 가능한 회로를 만든다.

관련개념 **자기유지회로**

스스로 동작을 기억하는 회로로 순간 동작으로 만들어진 입력신호가 계전기에 가해지면 입력신호가 제거되더라도 계전기의 동작이 계속 유지되는 회로이다.

인터록 회로

2개 이상의 회로에서 한 개 회로만 동작을 시키고 나머지 회로는 동작이 될 수 없도록 하여 주는 회로이다.

정답 | ②

39 빈출도 ★★★

PNPN 4층 구조로 되어 있는 소자가 아닌 것은?

① SCR　　　　　　② TRIAC
③ Diode　　　　　④ GTO

해설

다이오드(Diode)는 PN의 2층 구조로 되어 있다.
① SCR, ② TRIAC, ④ GTO는 모두 사이리스터의 종류에 포함되는 소자이다. 사이리스터는 PNPN의 4층 구조로서 3개의 PN접합과 애노드(Anode), 캐소드(Cathode), 게이트(Gate) 3개의 전극으로 구성된다.
사이리스터의 종류에는 SCR, TRIAC, DIAC, GTO, SSS, IGBT가 있다.

정답 | ③

40 빈출도 ★★

3상 유도전동기 Y-△ 기동회로의 제어요소가 아닌 것은?

① MCCB　　　　　② THR
③ MC　　　　　　④ ZCT

해설

영상변류기(ZCT)는 누설전류 또는 지락전류를 검출하기 위하여 사용하며 3상 유도전동기 Y-△ 기동회로의 제어요소와 관련이 없다.

선지분석

① 배선용 차단기(MCCB): 전류 이상(과전류 등)을 감지하여 선로를 차단하여 주는 배선 보호용 기기이다.
② 열동계전기(THR): 전동기 등의 과부하 보호용으로 사용하는 기기이다.
③ 전자접촉기(MC): 부하들을 동작(ON) 또는 멈춤(OFF)을 시킬 때 사용되는 기기이다.

정답 | ④

41 빈출도 ★★

다음 소방시설 중 피난구조설비에 속하는 것은?

① 제연설비, 휴대용비상조명등
② 자동화재속보설비, 유도등
③ 비상방송설비, 비상벨설비
④ 비상조명등, 유도등

해설

비상조명등과 유도등은 피난구조설비에 해당한다.

선지분석

① 제연설비: 소화활동설비
   휴대용비상조명등: 피난구조설비
② 자동화재속보설비: 경보설비
   유도등: 피난구조설비
③ 비상방송설비: 경보설비
   비상벨설비: 경보설비

관련개념 피난구조설비의 종류

피난구조설비	피난기구
	인명구조기구
	유도등
	비상조명등 및 휴대용비상조명등

정답 | ④

42 빈출도 ★★★

화재의 예방 및 안전관리에 관한 법률상 특수가연물의 저장 및 취급의 기준 중 (   )에 들어갈 내용으로 옳은 것은? (단, 석탄·목탄류의 경우는 제외한다.)

쌓는 높이는 (㉠)[m] 이하가 되도록 하고, 쌓는 부분의 바닥면적은 (㉡)[m²] 이하가 되도록 할 것

① ㉠: 15, ㉡: 200
② ㉠: 15, ㉡: 300
③ ㉠: 10, ㉡: 30
④ ㉠: 10, ㉡: 50

해설

쌓는 높이는 10[m] 이하가 되도록 하고, 쌓는 부분의 바닥면적은 50[m²] 이하가 되도록 해야 한다.

관련개념 특수가연물의 저장 및 취급 기준

구분		살수설비를 설치하거나 대형수동식소화기를 설치하는 경우	그 밖의 경우
높이		15[m] 이하	10[m] 이하
쌓는 부분의 바닥면적	석탄·목탄류	300[m²] 이하	200[m²] 이하
	그 외	200[m²] 이하	50[m²] 이하

정답 | ④

43 빈출도 ★★

소방시설공사업법령상 소방시설업 등록을 하지 아니하고 영업을 한 자에 대한 벌칙은?

① 500만 원 이하의 벌금
② 1년 이하의 징역 또는 1,000만 원 이하의 벌금
③ 3년 이하의 징역 또는 3,000만 원 이하의 벌금
④ 5년 이하의 징역

해설

소방시설업 등록을 하지 아니하고 영업을 한 자는 3년 이하의 징역 또는 3,000만 원 이하의 벌금에 처한다.

정답 | ③

44 빈출도 ★

소방업무를 전문적이고 효과적으로 수행하기 위하여 소방대원에게 필요한 소방교육·훈련의 횟수와 기간은?

① 2년마다 1회 이상 실시하되, 기간은 1주 이상
② 3년마다 1회 이상 실시하되, 기간은 1주 이상
③ 2년마다 1회 이상 실시하되, 기간은 2주 이상
④ 3년마다 1회 이상 실시하되, 기간은 2주 이상

해설

소방대원에게 실시할 교육·훈련

횟수	2년마다 1회
기간	2주 이상

정답 | ③

45 빈출도 ★

소방기본법령상 소방대장의 권한이 아닌 것은?

① 화재 현장에 대통령령으로 정하는 사람 외에는 그 구역에 출입하는 것을 제한할 수 있다.
② 화재 진압 등 소방활동을 위하여 필요할 때에는 소방용수 외에 댐·저수지 등의 물을 사용할 수 있다.
③ 국민의 안전의식을 높이기 위하여 소방박물관 및 소방체험관을 설립하여 운영할 수 있다.
④ 불이 번지는 것을 막기 위하여 필요할 때에는 불이 번질 우려가 있는 소방대상물 및 토지를 일시적으로 사용할 수 있다.

해설

소방박물관과 소방체험관의 설립·운영권자는 각각 소방청장과 시·도지사이며 소방대장의 권한이 아니다.

관련개념 소방대장의 권한

㉠ 소방활동구역의 설정(출입 제한)
㉡ 소방활동 종사명령
㉢ 소방활동에 필요한 처분(강제처분)
㉣ 피난명령
㉤ 위험시설 등에 대한 긴급조치

정답 | ③

46 빈출도 ★★★

특수가연물 중 가연성고체의 기준으로 옳지 않은 것은?

① 인화점이 40[℃] 이상 100[℃] 미만인 것

② 인화점이 100[℃] 이상 200[℃] 미만이고, 연소열량이 8[kcal/g] 이상인 것

③ 인화점이 200[℃] 이상이고, 연소열량이 8[kcal/g] 이상인 것으로서 융점이 100[℃] 미만인 것

④ 인화점이 70[℃] 이상 250[℃] 미만이고, 연소열량이 10[kcal/g] 이상인 것

해설

보기 ④는 가연성고체의 기준이 아니다.

관련개념 **가연성고체**

㉠ 인화점이 40[℃] 이상 100[℃] 미만인 것

㉡ 인화점이 100[℃] 이상 200[℃] 미만이고, 연소열량이 8[kcal/g] 이상인 것

㉢ 인화점이 200[℃] 이상이고, 연소열량이 8[kcal/g] 이상인 것으로서 녹는점(융점)이 100[℃] 미만인 것

㉣ 1기압과 20[℃] 초과 40[℃] 이하에서 액상인 것으로서 인화점이 70[℃] 이상 200[℃] 미만인 것

정답 | ④

47 빈출도 ★★

제조소등의 위치·구조 또는 설비의 변경 없이 당해 제조소등에서 저장하거나 취급하는 위험물의 품명·수량 또는 지정수량의 배수를 변경하고자 할 때는 누구에게 신고해야 하는가?

① 국무총리

② 시·도지사

③ 관할소방서장

④ 행정안전부장관

해설

제조소등의 위치·구조 또는 설비의 변경 없이 당해 제조소등에서 저장하거나 취급하는 위험물의 품명·수량 또는 지정수량의 배수를 변경하고자 하는 자는 변경하고자 하는 날의 1일 전까지 행정안전부령이 정하는 바에 따라 **시·도지사**에게 신고하여야 한다.

정답 | ②

48 빈출도 ★★★

화재의 예방 및 안전관리에 관한 법률에 따른 용접 또는 용단 작업장에서 불꽃을 사용하는 용접·용단기구 사용에 있어서 작업장 주변 반경 몇 [m] 이내에 소화기를 갖추어야 하는가?(단, 산업안전보건법에 따른 안전조치의 적용을 받는 사업장의 경우는 제외한다.)

① 1

② 3

③ 5

④ 7

해설

용접 또는 용단 작업장 주변 반경 5[m] 이내에 소화기를 갖추어야 한다.

정답 | ③

49 빈출도 ★★★

화재예방강화지구로 지정할 수 있는 대상이 아닌 것은?

① 시장지역
② 소방출동로가 있는 지역
③ 공장 · 창고가 밀집한 지역
④ 목조건물이 밀집한 지역

해설

소방출동로가 있는 지역은 화재예방강화지구의 지정 대상이 아니다.

관련개념 화재예방강화지구의 지정대상

㉠ 시장지역
㉡ 공장 · 창고가 밀집한 지역
㉢ 목조건물이 밀집한 지역
㉣ 노후 · 불량건축물이 밀집한 지역
㉤ 위험물의 저장 및 처리 시설이 밀집한 지역
㉥ 석유화학제품을 생산하는 공장이 있는 지역
㉦ 산업단지
㉧ 소방시설 · 소방용수시설 또는 소방출동로가 없는 지역
㉨ 물류단지

정답 | ②

50 빈출도 ★

소방시설공사업법령에 따른 성능위주설계를 할 수 있는 자의 설계범위 기준 중 틀린 것은?

① 연면적 30,000[m²] 이상인 특정소방대상물로서 공항시설
② 연면적 100,000[m²] 이상인 특정소방대상물 (단, 아파트 등은 제외)
③ 지하층을 포함한 층수가 30층 이상인 특정소방대상물 (단, 아파트 등은 제외)
④ 하나의 건축물에 영화상영관이 10개 이상인 특정소방대상물

해설

연면적 200,000[m²] 이상인 특정소방대상물(아파트등 제외)이 성능위주설계를 할 수 있는 자의 설계범위이다.

관련개념 성능위주설계 대상 특정소방대상물

시설	대상
특정소방대상물 (아파트등 제외)	• 연면적 200,000[m²] 이상 • 30층 이상(지하층 포함) • 지상으로부터 높이가 120[m] 이상 • 하나의 건축물에 영화상영관이 10개 이상 • 지하연계 복합건축물
아파트등	• 50층 이상(지하층 제외) • 지상으로부터 높이가 200[m] 이상
철도 및 도시철도, 공항시설	• 연면적 30,000[m²] 이상
창고시설	• 연면적 100,000[m²] 이상 • 지하층의 층수가 2개 층 이상이고 지하층의 바닥면적의 합계가 30,000[m²] 이상
터널	• 수저터널 • 길이 5,000[m] 이상

정답 | ②

51 빈출도 ★★

소방기본법상 소방본부장, 소방서장 또는 소방대장의 권한이 아닌 것은?

① 화재, 재난·재해, 그 밖의 위급한 상황이 발생한 현장에서 소방활동을 위하여 필요할 때에는 그 관할 구역에 사는 사람 또는 그 현장에 있는 사람으로 하여금 사람을 구출하는 일 또는 불을 끄거나 불이 번지지 아니하도록 하는 일을 하게 할 수 있다.

② 소방활동을 할 때에 긴급한 경우에는 이웃한 소방본부장 또는 소방서장에게 소방업무와 응원을 요청할 수 있다.

③ 사람을 구출하거나 불이 번지는 것을 막기 위하여 필요할 때에는 화재가 발생하거나 불이 번질 우려가 있는 소방대상물 및 토지를 일시적으로 사용하거나 그 사용의 제한 또는 소방활동에 필요한 처분을 할 수 있다.

④ 소방활동을 위하여 긴급하게 출동할 때에는 소방자동차의 통행과 소방활동에 방해가 되는 주차 또는 정차된 차량 및 물건 등을 제거하거나 이동시킬 수 있다.

해설

소방본부장이나 소방서장은 소방활동을 할 때에 긴급한 경우에는 이웃한 소방본부장 또는 소방서장에게 소방업무의 응원을 요청할 수 있다.
소방대장은 소방업무의 응원을 요청할 수 있는 권한이 없다.

관련개념 소방본부장, 소방서장, 소방대장의 권한

구분	소방본부장	소방서장	소방대장
소방활동	○	○	×
소방업무 응원요청	○	○	×
소방활동 구역설정	×	×	○
소방활동 종사명령	○	○	○
강제처분 (토지, 차량 등)	○	○	○

정답 | ②

52 빈출도 ★★★

소방시설 설치 및 관리에 관한 법률상 건축허가 등을 할 때 미리 소방본부장 또는 소방서장의 동의를 받아야 하는 건축물 등의 범위가 아닌 것은?

① 연면적 $200[m^2]$ 이상인 노유자시설 및 수련시설

② 항공기격납고, 관망탑

③ 차고·주차장으로 사용되는 바닥면적이 $100[m^2]$ 이상인 층이 있는 건축물

④ 지하층 또는 무창층이 있는 건축물로서 바닥면적이 $150[m^2]$ 이상인 층이 있는 것

해설

차고·주차장으로 사용되는 바닥면적이 $200[m^2]$ 이상인 층이 있는 건축물이 건축허가 등의 동의대상물이다.

관련개념 동의대상물의 범위

㉠ 연면적 $400[m^2]$ 이상 건축물이나 시설

㉡ 다음 표에서 제시된 기준 연면적 이상의 건축물이나 시설

구분	기준
학교시설	$100[m^2]$ 이상
– 노유자시설 – 수련시설	$200[m^2]$ 이상
– 정신의료기관 – 장애인 의료재활시설	$300[m^2]$ 이상

㉢ 지하층, 무창층이 있는 건축물로서 바닥면적이 $150[m^2]$(공연장 $100[m^2]$) 이상인 층이 있는 것

㉣ 차고, 주차장 또는 주차용도로 사용되는 시설
– 차고·주차장으로 사용되는 바닥면적이 $200[m^2]$ 이상인 층이 있는 건축물이나 주차시설
– 승강기 등 기계장치에 의한 주차시설로서 자동차 20대 이상을 주차할 수 있는 시설

㉤ 층수가 6층 이상인 건축물

㉥ 항공기격납고, 관망탑, 항공관제탑, 방송용 송수신탑

㉦ 특정소방대상물 중 위험물 저장 및 처리시설, 지하구

정답 | ③

53 빈출도 ★★★

소방용수시설 중 저수조 설치 시 지면으로부터 낙차 기준은?

① 2.5[m] 이하
② 3.5[m] 이하
③ 4.5[m] 이하
④ 5.5[m] 이하

> **해설**
> 저수조는 지면으로부터 낙차가 4.5[m] 이하이어야 한다.

정답 | ③

54 빈출도 ★★

소방시설 설치 및 관리에 관한 법률상 분말형태의 소화약제를 사용하는 소화기의 내용연수로 옳은 것은? (단, 소방용품의 성능을 확인받아 그 사용기한을 연장하는 경우는 제외한다.)

① 3년   ② 5년
③ 7년   ④ 10년

> **해설**
> 분말형태의 소화약제를 사용하는 소화기의 내용연수는 10년이다.

정답 | ④

55 빈출도 ★★

위험물안전관리법상 업무상 과실로 제조소등에서 위험물을 유출·방출 또는 확산시켜 사람의 생명·신체 또는 재산에 대하여 위험을 발생시킨 자에 대한 벌칙 기준으로 옳은 것은?

① 5년 이하의 금고 또는 2,000만 원 이하의 벌금
② 5년 이하의 금고 또는 7,000만 원 이하의 벌금
③ 7년 이하의 금고 또는 2,000만 원 이하의 벌금
④ 7년 이하의 금고 또는 7,000만 원 이하의 벌금

> **해설**
> 업무상 과실로 제조소등에서 위험물을 유출·방출 또는 확산시켜 사람의 생명·신체 또는 재산에 대하여 위험을 발생시킨 자는 7년 이하의 금고 또는 7,000만 원 이하(사상자 발생시 10년 이하의 징역 또는 금고나 1억 원 이하)의 벌금에 처한다.

정답 | ④

56 빈출도 ★

소방시설 설치 및 관리에 관한 법률상 소화설비를 구성하는 제품 또는 기기에 해당하지 않는 것은?

① 가스누설경보기   ② 소방호스
③ 스프링클러헤드   ④ 분말자동소화장치

> **해설**
> 가스누설경보기는 경보설비에 해당한다.

관련개념 소화설비를 구성하는 제품 또는 기기

㉠ 소화기구
㉡ 자동소화장치
㉢ 소화설비를 구성하는 소화전, 관창, 소방호스
㉣ 스프링클러헤드, 기동용 수압개폐장치, 유수제어밸브 및 가스관선택밸브

정답 | ①

57 빈출도 ★★★

소방시설 설치 및 관리에 관한 법률상 스프링클러설비를 설치하여야 하는 특정소방대상물의 기준으로 틀린 것은? (단, 위험물 저장 및 처리 시설 중 가스시설 또는 지하구는 제외한다.)

① 복합건축물로서 연면적 3,500[m²] 이상인 경우에는 모든 층

② 창고시설(물류터미널 제외)로서 바닥면적 합계가 5,000[m²] 이상인 경우에는 모든 층

③ 숙박이 가능한 수련시설 용도로 사용되는 시설의 바닥면적의 합계가 600[m²] 이상인 것은 모든 층

④ 판매시설, 운수시설 및 창고시설(물류터미널 한정)로서 바닥면적의 합계가 5,000[m²] 이상이거나 수용인원이 500명 이상인 경우에는 모든 층

해설

복합건축물로서 연면적 5,000[m²] 이상인 경우에는 모든 층에 스프링클러설비를 설치해야 한다.

정답 | ①

58 빈출도 ★★

소방공사업법령상 공사감리자 지정대상 특정소방대상물의 범위가 아닌 것은?

① 캐비닛형 간이스프링클러설비를 신설·개설하거나 방호·방수구역을 증설할 때

② 물분무등소화설비(호스릴방식의 소화설비 제외)를 신설·개설하거나 방호·방수구역을 증설할 때

③ 제연설비를 신설·개설하거나 방호·방수구역을 증설할 때

④ 연소방지설비를 신설·개설하거나 살수구역을 증설할 때

해설

캐비닛형 간이스프링클러설비 신설·개설과 방호·방수구역을 증설할 때는 공사감리자를 지정할 필요 없다.

관련개념 공사감리자 지정대상 특정소방대상물의 범위

㉠ 옥내소화전설비를 신설·개설 또는 증설할 때

㉡ 스프링클러설비등(캐비닛형 간이스프링클러설비 제외)을 신설·개설하거나 방호·방수 구역을 증설할 때

㉢ 물분무등소화설비(호스릴방식의 소화설비 제외)를 신설·개설하거나 방호·방수 구역을 증설할 때

㉣ 옥외소화전설비를 신설·개설 또는 증설할 때

㉤ 자동화재탐지설비를 신설 또는 개설할 때

㉥ 비상방송설비를 신설 또는 개설할 때

㉦ 통합감시시설을 신설 또는 개설할 때

㉧ 소화용수설비를 신설 또는 개설할 때

㉨ 다음 소화활동설비에 대하여 시공을 할 때
 - 제연설비를 신설·개설하거나 제연구역을 증설할 때
 - 연결송수관설비를 신설 또는 개설할 때
 - 연결살수설비를 신설·개설하거나 송수구역을 증설할 때
 - 비상콘센트설비를 신설·개설하거나 전용회로를 증설할 때
 - 무선통신보조설비를 신설 또는 개설할 때
 - 연소방지설비를 신설·개설하거나 살수구역을 증설할 때

정답 | ①

59 빈출도 ★★

위험물안전관리법령상 제조소등이 아닌 장소에서 지정수량 이상의 위험물을 취급할 수 있는 기준 중 다음 (   ) 안에 알맞은 것은?

> 시·도의 조례가 정하는 바에 따라 관할소방서장의 승인을 받아 지정수량 이상의 위험물을 (   )일 이내의 기간 동안 임시로 저장 또는 취급하는 경우

① 15
② 30
③ 60
④ 90

해설

시·도의 조례가 정하는 바에 따라 관할소방서장의 승인을 받아 지정수량 이상의 위험물을 90일 이내의 기간 동안 임시로 저장 또는 취급하는 경우 제조소등이 아닌 장소에서 지정수량 이상의 위험물을 취급할 수 있다.

정답 | ④

60 빈출도 ★★

시·도지사가 소방시설업의 등록취소처분이나 영업정지처분을 하고자 할 경우 실시하여야 하는 것은?

① 청문을 실시하여야 한다.
② 징계위원회의 개최를 요구하여야 한다.
③ 직권으로 취소 처분을 결정하여야 한다.
④ 소방기술심의위원회의 개최를 요구하여야 한다.

해설

소방시설업 등록취소처분이나 영업정지처분 또는 소방기술 인정 자격취소처분을 하려면 청문을 하여야 한다.

정답 | ①

61 빈출도 ★

다음 중 청각장애인용 시각경보장치 설치기준으로 올바르지 않은 것은?

① 복도·통로·청각장애인용 객실 등 유효하게 경보를 발할 수 있는 위치에 설치한다.
② 공연장 등에 설치하는 경우에는 공연에 방해가 되지 않도록 시선이 집중되지 않는 곳에 설치한다.
③ 설치 높이는 바닥으로부터 2[m] 이상 2.5[m] 이하의 장소에 설치한다.
④ 하나의 특정소방대상물에 2 이상의 수신기가 설치된 경우 어느 수신기에서도 시각경보장치를 작동할 수 있도록 하여야 한다.

해설

청각장애인용 시각경보장치를 공연장 등에 설치하는 경우에는 시선이 집중되는 무대부 부분 등에 설치해야 한다.

정답 | ②

62 빈출도 ★★

누전경보기 전원의 설치기준 중 다음 ( ) 안에 알맞은 것은?

> 전원은 분전반으로부터 전용회로로 하고, 각 극에 개폐기 및 (㉠)[A] 이하의 과전류차단기(배선용 차단기에 있어서는 (㉡)[A] 이하의 것으로 각 극을 개폐할 수 있는 것)를 설치할 것

① ㉠: 15, ㉡: 30
② ㉠: 15, ㉡: 20
③ ㉠: 10, ㉡: 30
④ ㉠: 10, ㉡: 20

해설

전원은 분전반으로부터 전용회로로 하고, 각 극에 개폐기 및 15[A] 이하의 과전류차단기(배선용 차단기에 있어서는 20[A] 이하의 것으로 각 극을 개폐할 수 있는 것)를 설치해야 한다.

관련개념 **과전류차단기의 규격**

「한국전기설비규정」에서 과전류차단기는 16[A]를, 「누전경보기의 화재안전기술기준(NFTC 205)」에서 과전류차단기는 15[A] 규격을 사용한다. 소방설비기사 시험에서는 화재안전기술기준을 우선으로 적용하므로 15[A]를 사용한다.

정답 | ②

63 빈출도 ★

출입구 부근에 연기감지기를 설치하는 경우는?

① 감지기의 유효면적이 충분한 경우
② 부착할 반자 또는 천장이 목조 건물인 경우
③ 반자가 높은 실내 또는 넓은 실내인 경우
④ 반자가 낮은 실내 또는 좁은 실내인 경우

해설

천장 또는 반자가 낮은 실내 또는 좁은 실내인 경우 출입구의 가까운 부분에 연기감지기를 설치해야 한다.

관련개념 연기감지기의 설치기준

㉠ 천장 또는 반자가 낮은 실내 또는 좁은 실내에 있어서는 출입구의 가까운 부분에 설치할 것
㉡ 천장 또는 반자 부근에 배기구가 있는 경우에는 그 부근에 설치할 것
㉢ 감지기는 벽 또는 보로부터 0.6[m] 이상 떨어진 곳에 설치할 것

정답 | ④

64 빈출도 ★★★

무선통신보조설비의 증폭기에는 비상전원이 부착된 것으로 하고 비상전원의 용량은 무선통신보조설비를 유효하게 몇 분 이상 작동시킬 수 있는 것이어야 하는가?

① 10분　　　　　② 20분
③ 30분　　　　　④ 40분

해설

무선통신보조설비의 증폭기에는 비상전원이 부착된 것으로 하고 해당 비상전원 용량은 무선통신보조설비를 유효하게 **30분** 이상 작동시킬 수 있는 것으로 해야 한다.

정답 | ③

65 빈출도 ★★

유도등 및 유도표지의 화재안전기술기준(NFTC 303)에 따른 통로유도등의 설치기준에 대한 설명으로 틀린 것은?

① 복도 · 거실통로유도등은 구부러진 모퉁이 및 보행거리 20[m]마다 설치할 것
② 복도 · 계단통로유도등은 바닥으로부터 높이 1[m] 이하의 위치에 설치할 것
③ 통로유도등은 녹색 바탕에 백색으로 피난방향을 표시한 등으로 할 것
④ 거실통로유도등은 바닥으로부터 높이 1.5[m] 이상의 위치에 설치할 것

해설

통로유도등의 표시면 색상은 ==백색 바탕==에 ==녹색 문자==를 사용한다.

관련개념 유도표지의 표시면 색상

피난구유도등	통로유도등
녹색 바탕, 백색 문자	백색 바탕, 녹색 문자

정답 | ③

66 빈출도 ★

예비전원을 내장하는 비상조명등에는 평상시 점등 여부를 확인할 수 있도록 반드시 설치하여야 하는 것은?

① 충전기
② 리액터
③ 점검스위치
④ 정전콘덴서

해설

예비전원을 내장하는 비상조명등에는 평상시 점등 여부를 확인할 수 있는 **점검스위치**를 설치해야 한다.

정답 | ③

67 빈출도 ★★

축광 방식의 피난유도선 설치기준 중 다음 (　　) 안에 알맞은 것은?

> – 바닥으로부터 높이 (　㉠　)[cm] 이하의 위치 또는 바닥면에 설치할 것
> – 피난유도 표시부는 (　㉡　)[cm] 이내의 간격으로 연속되도록 설치할 것

① ㉠: 50, ㉡: 50
② ㉠: 50, ㉡: 100
③ ㉠: 100, ㉡: 50
④ ㉠: 100, ㉡: 100

해설

축광 방식의 피난유도선 설치기준
㉠ 바닥으로부터 높이 **50[cm]** 이하의 위치 또는 바닥 면에 설치해야 한다.
㉡ 피난유도 표시부는 **50[cm]** 이내의 간격으로 연속되도록 설치해야 한다.

정답 | ①

68 빈출도 ★

비상전원수전설비 중 큐비클형 외함의 두께는?

① 1[mm] 이상 강판
② 1.2[mm] 이상 강판
③ 2.3[mm] 이상 강판
④ 3.2[mm] 이상 강판

해설

비상전원수전설비 중 큐비클형 외함은 두께 **2.3[mm]** 이상의 강판과 이와 동등 이상의 강도와 내화성능이 있는 것으로 제작해야 한다.

정답 | ③

69 빈출도 ★

수신기의 외부배선 연결용 단자에 있어서 7개의 회로마다 1개 이상 설치하여야 하는 단자는?

① 공통신호선용
② 경계구역구분용
③ 지구경종신호용
④ 동시작동시험용

해설

수신기의 외부배선 연결용 단자에 있어서 **공통신호선용** 단자는 7개의 회로마다 1개 이상 설치하여야 한다.

정답 | ①

70 빈출도 ★

차동식 감지기에 리크 구멍을 이용하는 목적으로 가장 적합한 것은?

① 비화재보를 방지하기 위하여
② 완만한 온도 상승을 감지하기 위해서
③ 감지기의 감도를 예민하게 하기 위해서
④ 급격한 전류 변화를 방지하기 위해서

해설

차동식 감지기에 리크 구멍을 이용하는 목적은 비화재보를 방지하기 위해서이다.
리크 구멍을 통하여 공기관 내부의 팽창된 공기가 방출되므로 다이아프램이 가압되지 않기 때문에 비화재보를 방지할 수 있다.

정답 | ①

71 빈출도 ★★★

객석유도등을 설치하지 아니하는 경우의 기준 중 다음 (   ) 안에 알맞은 것은?

> 거실 등의 각 부분으로부터 하나의 거실 출입구에 이르는 보행거리가 (   )[m] 이하인 객석의 통로로서 그 통로에 통로유도등이 설치된 객석

① 15   ② 20
③ 30   ④ 50

해설

객석유도등을 설치하지 않을 수 있는 경우
㉠ 주간에만 사용하는 장소로서 채광이 충분한 객석
㉡ 거실 등의 각 부분으로부터 하나의 거실 출입구에 이르는 보행거리가 20[m] 이하인 객석의 통로로서 그 통로에 통로유도등이 설치된 객석

정답 | ②

72 빈출도 ★★★

비상방송설비의 설치기준에서 기동장치에 따른 화재신고를 수신한 후 필요한 음량으로 화재발생 상황 및 피난에 유효한 방송이 자동으로 개시될 때까지의 소요시간은 몇 초 이하인가?

① 10   ② 20
③ 30   ④ 40

해설

기동장치에 따른 화재신호를 수신한 후 필요한 음량으로 화재발생 상황 및 피난에 유효한 방송이 자동으로 개시될 때까지의 소요시간은 10초 이내로 해야 한다.

정답 | ①

73 빈출도 ★

비상콘센트의 플러그접속기는 접지형 몇 극 플러그 접속기를 사용해야 하는가?

① 1극   ② 2극
③ 3극   ④ 4극

해설

비상콘센트설비의 전원회로는 단상교류 220[V]인 것으로 접지형 2극 플러그 접속기를 사용해야 한다.

정답 | ②

74 빈출도 ★

집합형 누전경보기의 수신부란 무엇을 의미하는가?

① 1개 이상의 변류기를 사용하는 수신부
② 2개 이상의 변류기를 사용하는 수신부
③ 3개 이상의 변류기를 사용하는 수신부
④ 4개 이상의 변류기를 사용하는 수신부

해설

집합형 누전경보기의 수신부란 **2개 이상의 변류기**를 연결하여 사용하는 수신부로서 하나의 전원장치 및 음향장치 등으로 구성된 것을 말한다.

정답 | ②

75 빈출도 ★★★

액체기둥의 높이에 의하여 압력 또는 압력차를 측정하는 기구로서, 공기관의 공기누설을 측정하는 기구는 어느 것인가?

① 회로시험기   ② 메거
③ 비중계   ④ 마노미터

해설

마노미터는 액체기둥의 높이에 의하여 압력 또는 압력차를 측정하는 기구로서 감지기 공기관의 공기누설을 측정하는 데 사용한다.

선지분석

① 회로시험기: 회로의 저항, 전압, 전류 등을 측정하는 기구이다.
② 메거(절연저항계): 절연저항을 측정하는 기구이다.
③ 비중계: 비중을 측정하는 기구이다.

정답 | ④

76 빈출도 ★★

무선통신보조설비의 주요 구성요소가 아닌 것은?

① 누설동축케이블   ② 증폭기
③ 음향장치   ④ 분배기

해설

음향장치는 무선통신보조설비의 구성요소가 아니다.

관련개념 **무선통신보조설비의 주요 구성요소**

㉠ 분배기   ㉡ 무선중계기
㉢ 분파기   ㉣ 옥외안테나
㉤ 혼합기   ㉥ 증폭기
㉦ 누설동축케이블

정답 | ③

77 빈출도 ★★

비상방송설비 음향장치의 음량조정기를 설치하는 경우 음량조정기의 배선은?

① 단선식   ② 2선식
③ 3선식   ④ 4선식

해설

비상방송설비 음향장치의 음량조정기를 설치하는 경우 음량조정기의 배선은 **3선식**으로 해야 한다.

정답 | ③

78 빈출도 ★★

자동화재속보설비의 설치기준으로 틀린 것은?

① 조작스위치는 바닥으로부터 0.8[m] 이상 1.5[m] 이하의 높이에 설치한다.
② 비상경보설비와 연동으로 작동하여 자동적으로 화재발생 상황을 소방관서에 전달되도록 한다.
③ 속보기는 소방관서에 통신망으로 통보하도록 하며, 데이터 또는 코드전송방식을 부가적으로 설치할 수 있다.
④ 속보기는 소방청장이 정하여 고시한 「자동화재속보설비의 속보기의 성능인증 및 제품검사의 기술기준」에 적합한 것으로 설치하여야 한다.

해설

자동화재속보설비는 자동화재탐지설비와 연동으로 작동하여 자동적으로 화재신호를 소방관서에 전달되도록 해야 한다.

정답 | ②

79 빈출도 ★★

비상콘센트설비의 정격전압이 220[V]인 경우 가하는 절연내력 실효전압은?

① 220[V]
② 500[V]
③ 1,000[V]
④ 1,440[V]

해설

절연내력은 전원부와 외함 사이에 정격전압이 150[V] 이상인 경우에는 그 정격전압에 2를 곱하여 1,000을 더한 실효전압을 가하는 시험에서 1분 이상 견디는 것으로 해야 한다.
실효전압 $= 220 \times 2 + 1,000 = 1,440[V]$
따라서, 1,440[V]가 실효전압이다.

정답 | ④

80 빈출도 ★★★

축전지의 자기방전을 보충함과 동시에 상용부하에 대한 전력공급은 충전기가 부담하도록 하되, 충전기가 부담하기 어려운 일시적인 대전류 부하는 축전지로 하여금 부담하게 하는 충전방식은?

① 과충전방식
② 균등충전방식
③ 부동충전방식
④ 세류충전방식

해설

부동충전방식은 축전지의 자기방전을 보충함과 동시에 상용부하에 대한 전력공급은 충전기가 부담하도록 하되, 충전기가 부담하기 어려운 일시적인 대전류 부하는 축전지로 하여금 부담하게 하는 충전방식이다.

관련개념

㉠ 균등충전방식: 각 전해조에 일어나는 전위차를 보정하기 위해 일정주기(1~3개월)마다 1회씩 정전압으로 충전하는 방식
㉡ 세류충전방식: 자기 방전량만을 충전하는 방식

정답 | ③

소방원론

01 빈출도 ★★

유류저장탱크의 화재에서 일어날 수 있는 현상으로 틀린 것은?

① 플래쉬 오버(Flash Over)
② 보일 오버(Boil Over)
③ 슬롭 오버(Slop Over)
④ 프로스 오버(Froth Over)

해설

플래쉬 오버(flash over) 현상이란 화점 주위에서 화재가 서서히 진행하다가 어느 정도 시간이 경과함에 따라 대류와 복사현상에 의해 일정 공간 안에 있는 가연물이 발화점까지 가열되어 일순간에 걸쳐 동시 발화되는 현상이다.

선지분석

② 화재가 발생한 유류저장탱크의 하부에 고여 있던 물이 급격히 증발하며 유류가 탱크 밖으로 넘치게 되는 현상
③ 화재가 발생한 유류저장탱크의 고온의 유류 표면에 물이 주입되어 급격히 증발하며 유류가 탱크 밖으로 넘치게 되는 현상
④ 유류저장탱크 속의 물이 점성을 가진 뜨거운 기름의 표면 아래에서 끓을 때 기름이 넘쳐흐르는 현상

정답 | ①

02 빈출도 ★★

위험물안전관리법령 상 제4류 위험물인 알코올류에 속하지 않는 것은?

① C_4H_9OH
② CH_3OH
③ C_2H_5OH
④ C_3H_7OH

해설

제4류 위험물 알코올류에는 메탄올(CH_3OH), 에탄올(C_2H_5OH), 프로판올(C_3H_7OH)이 있다.
부탄올(C_4H_9OH)은 알코올류에 속하지 않는다.

관련개념

"알코올류"는 1분자를 구성하는 탄소원자의 수가 1개부터 3개까지인 포화1가 알코올(변성알코올 포함)을 말한다.

정답 | ①

03 빈출도 ★★

가연물의 제거와 가장 관련이 없는 소화방법은?

① 촛불을 입김으로 불어서 끈다.
② 산불화재 시 나무를 잘라 없앤다.
③ 팽창진주암을 사용하여 진화한다.
④ 가스화재 시 중간밸브를 잠근다.

해설

제거소화는 연소의 요소를 구성하는 가연물질을 안전한 장소나 점화원이 없는 장소로 신속하게 이동시켜서 소화하는 방법이다.
팽창진주암을 사용하여 진화하는 방법은 질식소화에 해당한다.

정답 | ③

04 빈출도 ★

액화석유가스(LPG)에 대한 성질로 틀린 것은?

① 주성분은 프로페인, 뷰테인이다.
② 천연고무를 잘 녹인다.
③ 물에 녹지 않으나 유기용매에 용해된다.
④ 공기보다 1.5배 가볍다.

해설

액화석유가스(LPG)는 기화 시 공기보다 1.5배 이상 무겁다.

관련개념

액화석유가스(LPG)의 주성분은 프로페인과 뷰테인이다. 구성비율에 따라 44~58[g/mol]의 분자량을 가져 기화 시 29[g/mol]의 분자량을 가지는 공기보다 무겁다. 소수성인 탄화수소로 이루어져 있어 물에는 녹지 않지만 유기용매에는 녹으며, 이소프렌의 중합체인 천연고무도 잘 녹인다.

정답 | ④

05 빈출도 ★

위험물의 저장방법으로 틀린 것은?

① 금속나트륨 ─ 석유류에 저장
② 이황화탄소 ─ 수조·물탱크에 저장
③ 알킬알루미늄 ─ 벤젠액에 희석하여 저장
④ 산화프로필렌 ─ 구리 용기에 넣고 불연성 가스를 봉입하여 저장

해설

산화프로필렌은 구리, 은, 수은 등과 만나 폭발성의 아세틸라이드를 생성하므로 불연성 가스로 봉입하여 저장한다.

선지분석

① 금속나트륨은 물 또는 산과 접촉하지 않도록 보호액(석유류)에 저장한다.
② 이황화탄소는 물보다 밀도가 크고 불용성이므로 증기의 발생을 막기 위해 물 속에 저장한다.
③ 알킬알루미늄은 벤젠액에 희석하여 밀봉 후 저장한다.

정답 | ④

06 빈출도 ★★

내화구조의 기준에서 벽의 경우 벽돌조로서의 두께는 최소 몇 [cm] 이상이어야 하는가?

① 5   ② 10
③ 12   ④ 19

해설

벽은 벽돌조로서 두께가 19[cm] 이상이어야 내화구조에 해당한다.

관련개념 내화구조 기준

① 벽의 경우
 ㉠ 철근콘크리트조 또는 철골철근콘크리트조로서 두께가 10[cm] 이상인 것
 ㉡ 골구를 철골조로 하고 그 양면을 두께 4[cm] 이상의 철망모르타르 또는 두께 5[cm] 이상의 콘크리트블록·벽돌 또는 석재로 덮은 것
 ㉢ 철재로 보강된 콘크리트블록조·벽돌조 또는 석조로서 철재에 덮은 콘크리트블록등의 두께가 5[cm] 이상인 것
 ㉣ 벽돌조로서 두께가 19[cm] 이상인 것
 ㉤ 고온·고압의 증기로 양생된 경량기포 콘크리트패널 또는 경량기포 콘크리트블록조로서 두께가 10[cm] 이상인 것
② 외벽 중 비내력벽인 경우
 ㉠ 철근콘크리트조 또는 철골철근콘크리트조로서 두께가 7[cm] 이상인 것
 ㉡ 골구를 철골조로 하고 그 양면을 두께 3[cm] 이상의 철망모르타르 또는 두께 4[cm] 이상의 콘크리트블록·벽돌 또는 석재로 덮은 것
 ㉢ 철재로 보강된 콘크리트블록조·벽돌조 또는 석조로서 철재에 덮은 콘크리트블록등의 두께가 4[cm] 이상인 것
 ㉣ 무근콘크리트조·콘크리트블록조·벽돌조 또는 석조로서 그 두께가 7[cm] 이상인 것

정답 | ④

07 빈출도 ★

위험물안전관리법령상 지정된 동식물유류의 성질에 대한 설명으로 틀린 것은?

① 요오드가가 작을수록 자연발화의 위험성이 크다.
② 상온에서 모두 액체이다.
③ 물에 불용성이지만 에테르 및 벤젠 등의 유기용매 에는 잘 녹는다.
④ 인화점은 1기압하에서 250[℃] 미만이다.

해설

요오드값이 클수록 불포화도가 크며 불안정하므로 반응성이 커져 자연발화성이 높다.

관련개념 제4류 위험물 동식물유류

㉠ 상온에서 안정적인 액체 상태로 존재하며, 비전도성을 갖는다.
㉡ 물보다 가볍고 대부분 물에 녹지 않는 비수용성이다.
㉢ 1기압에서 인화점이 250[℃] 미만이다.

정답 | ①

08 빈출도 ★★

방화벽의 구조 기준 중 다음 (   )안에 알맞은 것은?

> – 방화벽의 양쪽 끝과 위쪽 끝을 건축물의 외벽 면 및 지붕면으로부터 (㉠)[m] 이상 튀어 나 오게 할 것
> – 방화벽에 설치하는 출입문의 너비 및 높이는 각각 (㉡)[m] 이하로 하고, 해당 출입문에는 60분＋ 방화문 또는 60분 방화문을 설치할 것

① ㉠ 0.3　㉡ 2.5
② ㉠ 0.3　㉡ 3.0
③ ㉠ 0.5　㉡ 2.5
④ ㉠ 0.5　㉡ 3.0

해설

방화벽의 양쪽 끝과 위쪽 끝을 건축물의 외벽면 및 지붕면으로부 터 0.5[m] 이상 튀어 나오게 하여야 한다.
방화벽에 설치하는 출입문의 너비 및 높이는 각각 2.5[m] 이하로 하고, 해당 출입문에는 60분＋ 방화문 또는 60분 방화문을 설치 하여야 한다.

관련개념 방화벽의 구조

㉠ 내화구조로서 홀로 설 수 있는 구조일 것
㉡ 방화벽의 양쪽 끝과 위쪽 끝을 건축물의 외벽면 및 지붕면으로 부터 0.5[m] 이상 튀어 나오게 할 것
㉢ 방화벽에 설치하는 출입문의 너비 및 높이는 각각 2.5[m] 이하 로 하고, 해당 출입문에는 60분＋ 방화문 또는 60분 방화문을 설치할 것

정답 | ③

09 빈출도 ★

삼림화재 시 소화효과를 증대시키기 위해 물에 첨가하는 증점제로서 적합한 것은?

① Ethylene Glycol
② Potassium Carbonate
③ Ammonium Phosphate
④ Sodium Carboxy Methyl Cellulose

해설

물 소화약제에서 증점제로 많이 사용되는 물질은 Sodium Carboxy Methyl Cellulose이다.

선지분석

① 물 소화약제에 첨가되어 동파를 방지하는 역할을 하며 주로 자동차 부동액으로 사용된다.
② 증점제가 아닌 강화액 소화약제의 첨가물로 사용된다.
③ 증점제가 아닌 강화액 소화약제의 첨가물로 사용된다.
④ 물에 녹아 수용액의 점도를 높이는 역할을 하며 주로 식품에 첨가되어 수분을 유지하는 데 사용된다.

정답 | ④

10 빈출도 ★

공기 중에서 자연발화 위험성이 높은 물질은?

① 벤젠
② 톨루엔
③ 이황화탄소
④ 트리에틸알루미늄

해설

제3류 위험물인 트리에틸알루미늄(알킬알루미늄)은 자연발화성 물질이다.

선지분석

① 벤젠은 제4류 위험물 제1석유류이다.
② 톨루엔은 제4류 위험물 제1석유류이다.
③ 이황화탄소는 제4류 위험물 특수인화물이다.

정답 | ④

11 빈출도 ★

MOC(Minimum Oxygen Concentration: 최소 산소 농도)가 가장 작은 물질은?

① 메테인
② 에테인
③ 프로페인
④ 뷰테인

해설

MOC(Minimum Oxygen Concentration)는 어떤 물질이 완전 연소하는 데 필요한 산소의 농도를 의미한다.

① 메테인의 연소반응식은 다음과 같다.
$$CH_4 + 2O_2 \rightarrow CO_2 + 2H_2O$$
메테인 1[mol]이 완전 연소하는 데 필요한 산소는 2[mol]이므로 메테인의 최소 산소 농도는 연소하한계인 5[vol%]에 비례하여 5[vol%] × 2 = 10[vol%]이다.

② 에테인의 연소반응식은 다음과 같다.
$$C_2H_6 + 3.5O_2 \rightarrow 2CO_2 + 3H_2O$$
에테인 1[mol]이 완전 연소하는 데 필요한 산소는 3.5[mol]이므로 에테인의 최소 산소 농도는 연소하한계인 3[vol%]에 비례하여 3[vol%] × 3.5 = 10.5[vol%]이다.

③ 프로페인의 연소반응식은 다음과 같다.
$$C_3H_8 + 5O_2 \rightarrow 3CO_2 + 4H_2O$$
프로페인 1[mol]이 완전 연소하는 데 필요한 산소는 5[mol]이므로 프로페인의 최소 산소 농도는 연소하한계인 2.1[vol%]에 비례하여 2.1[vol%] × 5 = 10.5[vol%]이다.

④ 뷰테인의 연소반응식은 다음과 같다.
$$C_4H_{10} + 6.5O_2 \rightarrow 4CO_2 + 5H_2O$$
뷰테인 1[mol]이 완전 연소하는 데 필요한 산소는 6.5[mol]이므로 뷰테인의 최소 산소 농도는 연소하한계인 1.8[vol%]에 비례하여 1.8[vol%] × 6.5 = 11.7[vol%]이다.

관련개념 주요 가연성 가스의 연소범위와 위험도

가연성 가스	하한계 [vol%]	상한계 [vol%]	위험도
아세틸렌(C_2H_2)	2.5	81	31.4
수소(H_2)	4	75	17.8
일산화탄소(CO)	12.5	74	4.9
에테르($C_2H_5OC_2H_5$)	1.9	48	24.3
이황화탄소(CS_2)	1.2	44	35.7
에틸렌(C_2H_4)	2.7	36	12.3
암모니아(NH_3)	15	28	0.9
메테인(CH_4)	5	15	2
에테인(C_2H_6)	3	12.4	3.1
프로페인(C_3H_8)	2.1	9.5	3.5
뷰테인(C_4H_{10})	1.8	8.4	3.7

정답 | ①

12 빈출도 ★★★

가연성 액체로부터 발생한 증기가 액체표면에서 연소범위의 하한계에 도달할 수 있는 최저온도를 의미하는 것은?

① 비점
② 연소점
③ 발화점
④ 인화점

해설

온도가 상승할수록 가연성 액체의 기화가 활발해지고 점점 공기 중 가연물의 농도는 연소범위의 하한계에 도달한다.
이때 불꽃을 가까이 하면 연소가 시작되므로 인화점에 대한 설명이다.

관련개념 인화점

인화점은 휘발성 액체에서 발생하는 증기가 공기와 섞여서 가연성 혼합기체를 형성하고, 여기에 불꽃을 가까이 댔을 때 순간적으로 섬광을 내면서 인화하게 되는 최저의 온도를 말한다.
일반적으로 온도가 높을수록 증기발생량이 많고, 증기발생으로 인해 액체의 표면에서 연소하한계에 도달하면 연소반응이 일어난다.

정답 | ④

13 빈출도 ★

건물의 주요구조부에 해당되지 않는 것은?

① 바닥
② 천장
③ 기둥
④ 주계단

해설

주요구조부란 내력벽, 기둥, 바닥, 보, 지붕틀 및 주계단을 말한다.
다만, 사이 기둥, 최하층 바닥, 작은 보, 차양, 옥외계단, 그 밖에 이와 유사한 것으로 건축물의 구조상 중요하지 아니한 부분은 제외한다.

정답 | ②

14 빈출도 ★

피난층에 대한 정의로 옳은 것은?

① 지상으로 통하는 피난계단이 있는 층
② 비상용 승강기의 승강장이 있는 층
③ 비상용 출입구가 설치되어 있는 층
④ 직접 지상으로 통하는 출입구가 있는 층

해설

피난층이란 직접 지상으로 통하는 출입구가 있는 층 또는 지상으로 통하는 직통계단과 직접 연결되는 피난안전구역을 말한다.

정답 | ④

15 빈출도 ★

독성이 매우 높은 가스로서 석유제품, 유지(油脂) 등이 연소할 때 생성되는 알데히드 계통의 가스는?

① 시안화수소
② 암모니아
③ 포스겐
④ 아크롤레인

해설

아크롤레인은 석유제품, 유지류 등이 연소할 때 발생하며, 포스겐보다 독성이 강한 물질이다.

정답 | ④

16 빈출도 ★

방호공간 안에서 화재의 세기를 나타내고 화재가 진행되는 과정에서 온도에 따라 변하는 것으로 온도 – 시간 곡선으로 표시할 수 있는 것은?

① 화재저항
② 화재가혹도
③ 화재하중
④ 화재플럼

해설

화재의 발생으로 건물과 그 내부의 수용재산 등을 파괴하거나 손상을 입히는 능력의 정도를 화재가혹도라 한다.
온도 – 시간의 개념 곡선을 통해 화재가혹도를 나타낼 수 있다.

정답 | ②

17 빈출도 ★

다음 중 상온, 상압에서 액체인 것은?

① 탄산가스   ② 할론 1301

③ 할론 2402   ④ 할론 1211

해설

상온, 상압에서 액체상태로 존재하는 물질은 할론 2402이다.
할론 1301, 할론 1211은 상온 상압에서 기체이다.

관련개념

탄산가스($HOCOOH$)는 이산화탄소가 물에 녹아 생성된 물질을 말한다.
$$CO_2 + H_2O \leftrightarrow H_2CO_3$$

정답 | ③

18 빈출도 ★

화씨 95도를 켈빈(Kelvin)온도로 나타내면 약 몇 [K]인가?

① 178   ② 252

③ 308   ④ 368

해설

$95[°F]$를 섭씨온도로 변환하면 다음과 같다.

$$[°C] = \frac{5}{9}([°F] - 32)$$

$\frac{5}{9}(95[°F] - 32) = 35[°C]$

$35[°C]$를 켈빈온도로 변환하면 다음과 같다.

$$[K] = 273 + [°C]$$

$273 + 35[°C] = 308[K]$

관련개념 절대온도

온도가 가장 낮은 상태인 $-273[K]$를 0켈빈(Kelvin)으로 정하여 나타낸 온도를 절대온도라고 한다.

정답 | ③

19 빈출도 ★

정전기로 인한 화재를 줄이고 방지하기 위한 대책 중 틀린 것은?

① 공기 중 습도를 일정 값 이상으로 유지한다.

② 기기의 전기 절연성을 높이기 위하여 부도체로 차단공사를 한다.

③ 공기 이온화 장치를 설치하여 가동시킨다.

④ 정전기 축적을 막기 위해 접지선을 이용하여 대지로 연결작업을 한다.

해설

부도체로 차단공사를 진행하면 접지가 되지 않아 기기 자체에서 발생하는 정전기가 축적되어 화재가 발생할 수 있다.

정답 | ②

20 빈출도 ★

이산화탄소 20[g]은 약 몇 [mol]인가?

① 0.23   ② 0.45

③ 2.2   ④ 4.4

해설

이산화탄소의 분자량은 $44[g/mol]$이므로

이산화탄소 20[g]은 $\frac{20[g]}{44[g/mol]} \fallingdotseq 0.4545[mol]$이다.

정답 | ②

21 빈출도 ★

다음과 같은 결합회로의 합성 인덕턴스로 옳은 것은?

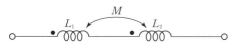

① L_1+L_2+2M ② L_1+L_2-2M

③ L_1+L_2-M ④ L_1+L_2+M

해설

가동접속 합성 인덕턴스 $L_0=L_1+L_2+2M$

관련개념 **가동접속**

상호 자속이 서로 동일한 방향이다.

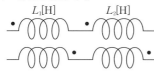

가동접속 합성 인덕턴스 $L_0=L_1+L_2+2M$

차동접속

상호 자속이 서로 반대 방향이다.

차동접속 합성 인덕턴스 $L_0=L_1+L_2-2M$

정답 ┃ ①

22 빈출도 ★★

3상 유도전동기 $Y-\triangle$ 기동회로의 제어요소가 아닌 것은?

① MCCB ② THR
③ MC ④ ZCT

해설

영상 변류기(ZCT)는 지락 전류 검출을 위해 사용하며 3상 유도 전동기 $Y-\triangle$ 기동회로의 제어요소와 관련이 없다.

선지분석

① 배선용 차단기(MCCB): 전류 이상(과전류 등)을 감지하여 선로를 차단하여 주는 배선 보호용 기기이다.
② 열동계전기(THR): 전동기 등의 과부하 보호용으로 사용하는 기기이다.
③ 전자접촉기(MC): 부하들을 동작(ON) 또는 멈춤(OFF)을 시킬 때 사용되는 기기이다.

정답 ┃ ④

23 빈출도 ★

저항 $R_1[\Omega]$, $R_2[\Omega]$, 인덕턴스 $L[H]$의 직렬회로가 있다. 이 회로의 시정수(s)는?

① $-\dfrac{R_1+R_2}{L}$ ② $\dfrac{R_1+R_2}{L}$

③ $-\dfrac{L}{R_1+R_2}$ ④ $\dfrac{L}{R_1+R_2}$

해설

RL 직렬회로의 시정수 $\tau=\dfrac{L}{R}=\dfrac{L}{R_1+R_2}[s]$

관련개념 **RL회로의 시정수**

$\tau=\dfrac{L}{R}[s]$

RC회로의 시정수

$\tau=RC[s]$

정답 ┃ ④

24 빈출도 ★★

간격이 1[cm]인 평행 왕복전선에 25[A]의 전류가 흐른다면 전선 사이에 작용하는 단위 길이당 힘[N/m]은?

① 2.5×10^{-2}[N/m](반발력)
② 1.25×10^{-2}[N/m](반발력)
③ 2.5×10^{-2}[N/m](흡인력)
④ 1.25×10^{-2}[N/m](흡인력)

해설

평행도체 사이에 작용하는 힘

$$F = 2 \times 10^{-7} \times \frac{I_1 \cdot I_2}{r} = 2 \times 10^{-7} \times \frac{25 \times 25}{1 \times 10^{-2}}$$
$$= 1.25 \times 10^{-2}[\text{N/m}]$$

두 도체에서 전류가 다른 방향(왕복)으로 흐를 경우 두 도체 사이에는 반발력이 발생한다.

관련개념 평행도체 사이에 작용하는 힘

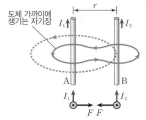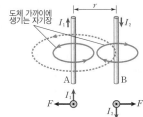

$$F = \frac{\mu_0 I_1 I_2}{2\pi r} = 2 \times 10^{-7} \times \frac{I_1 \cdot I_2}{r}[\text{N/m}]$$

정답 | ②

25 빈출도 ★

요소와 단위의 연결 중 틀린 것은?

① 자속밀도 — [Wb/m²]
② 전속밀도 — [C/m²]
③ 투자율 — [AT/m]
④ 유전율 — [F/m]

해설

투자율의 단위는 [H/m]이다.
(H: 헨리(henry), m: 미터(meter))

정답 | ③

26 빈출도 ★★

변위를 전압으로 변환시키는 장치가 아닌 것은?

① 포텐셔미터   ② 차동 변압기
③ 전위차계   ④ 측온저항체

해설

측온저항체는 온도를 임피던스로 변환시키는 장치이다.

관련개념 제어기기의 변환요소

변환량	변환 요소
변위 → 전압	포텐셔미터, 차동 변압기, 전위차계
온도 → 임피던스	측온저항(열선, 서미스터, 백금, 니켈)

정답 | ④

27 빈출도 ★★

전압이득이 60[dB]인 증폭기와 궤환율(β)이 0.01인 궤환회로를 부궤환 증폭기로 구성한 경우 전체이득은 약 몇 [dB]인가?

① 20   ② 40
③ 60   ④ 80

증폭기의 이득이 A일 때
전압이득 $60 = 20\log A \rightarrow 3 = \log A$
$A = 10^3 = 1{,}000$
부궤환 증폭기의 이득
$A_f = \dfrac{A}{1+\beta A} = \dfrac{1{,}000}{1+(0.01 \times 1{,}000)} = \dfrac{1{,}000}{11}$
  $= 90.91$
이득을 [dB]로 환산하기 위해 로그를 취하면
전체이득 $= 20\log 90.91 ≒ 39.17$

관련개념 부궤환 증폭기 기본구성

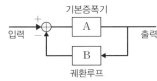

$A_f = \dfrac{A}{1+\beta A}$

A_f: 폐쇄루프이득(Closed−loop Gain) 또는 전체이득
A: 개방 루프 이득 (Open−loop Gain)
β: 궤환율 (Feedback Factor, Feedback Ratio)
$A\beta$: 루프 이득 (Loop Gain)
$1+A\beta$: 궤환량(Amount of Feedback)

정답 | ②

28 빈출도 ★★★

저항 3[Ω]과 유도리액턴스 4[Ω]의 직렬회로에 교류 100[V]를 가할 때 회로에 흐르는 전류와 위상각은?

① 20[A], 53°   ② 20[A], 73°
③ 14.3[A], 37°   ④ 58.3[A], 53°

임피던스 $Z = \sqrt{R^2 + X_L^2} = \sqrt{3^2 + 4^2} = 5[\Omega]$
전류 $I = \dfrac{V}{Z} = \dfrac{100}{5} = 20[A]$
위상각 $\theta = \tan^{-1}\left(\dfrac{X_L}{R}\right) = \tan^{-1}\left(\dfrac{4}{3}\right) = 53.13°$

정답 | ①

29 빈출도 ★

정현파 신호 $\sin t$의 전달함수는?

① $\dfrac{1}{s^2+1}$ ② $\dfrac{1}{s^2-1}$

③ $\dfrac{s}{s^2+1}$ ④ $\dfrac{s}{s^2-1}$

$\mathcal{L}\{\sin t\} = \dfrac{1}{s^2+1}$

관련개념 전달함수 라플라스 변환

$\mathcal{L}\{\sin \omega t\} = \dfrac{\omega}{s^2+\omega^2}$ $\mathcal{L}\{\cos \omega t\} = \dfrac{s}{s^2+\omega^2}$

정답 | ①

30 빈출도 ★

부궤환 증폭기의 장점에 해당되는 것은?

① 전력이 절약된다.
② 안정도가 증진된다.
③ 증폭도가 증가된다.
④ 능률이 증대된다.

해설

부궤환 증폭기는 출력의 일부를 역상으로 입력에 되돌려 비교함으로써 출력을 제어할 수 있게 한 증폭기이다. 이득은 감소하지만 안정도가 증진되는 등 특성 향상이 가능하다.
㉠ 이득의 감도를 낮춤
㉡ 선형 작동의 증대
㉢ 입출력 임피던스 제어
㉣ 간섭비 감소로 잡음 감소
㉤ 증폭기 대역폭 늘림

정답 | ②

31 빈출도 ★

상순이 a, b, c인 경우 V_a, V_b, V_c를 3상 불평형 전압이라 하면 정상전압은? (단, $\alpha = e^{j\frac{2}{3}\pi} = 1\angle 120°$)

① $\frac{1}{3}(V_a + V_b + V_c)$

② $\frac{1}{3}(V_a + \alpha V_b + \alpha^2 V_c)$

③ $\frac{1}{3}(V_a + \alpha^2 V_b + \alpha V_c)$

④ $\frac{1}{3}(V_a + \alpha V_b + \alpha V_c)$

해설

V_a, V_b, V_c가 불평형일 때 벡터 연산자 α를 이용하여 각 전압을 V_1, V_2, V_3으로 분해하여 해석할 수 있다.
영상전압 $V_0 = \frac{1}{3}(V_a + V_b + V_c)$
정상전압 $V_1 = \frac{1}{3}(V_a + \alpha V_b + \alpha^2 V_c)$
역상전압 $V_2 = \frac{1}{3}(V_a + \alpha^2 V_b + \alpha V_c)$

정답 | ②

32 빈출도 ★

60[Hz] 교류의 위상차가 $\frac{\pi}{6}$[rad]일 때 이 위상차를 시간으로 표시하면 몇 [sec]인가?

① $\frac{1}{60}$　　　　② $\frac{1}{180}$

③ $\frac{1}{360}$　　　　④ $\frac{1}{720}$

해설

$$\theta = \omega t = 2\pi f t$$

θ: 위상각[rad], ω: 각속도[rad/s], t: 시간[s], f: 주파수[Hz]

주파수 f는 60[Hz]이므로 위상각 θ는
$\theta = \frac{\pi}{6} = 2\pi \times 60 \times t$
$t = \frac{\pi}{6} \times \frac{1}{2\pi \times 60} = \frac{1}{720}$[s]

정답 | ④

33 빈출도 ★

동기발전기의 병렬운전 조건으로 틀린 것은?

① 기전력의 크기가 같을 것
② 기전력의 위상이 같을 것
③ 기전력의 주파수가 같을 것
④ 극수가 같을 것

해설

극수가 같은 것은 동기발전기의 병렬운전 조건이 아니다.

관련개념 동기발전기의 병렬운전 조건
㉠ 기전력의 파형이 같을 것
㉡ 기전력의 크기가 같을 것
㉢ 기전력의 주파수가 같을 것
㉣ 기전력의 위상이 같을 것
㉤ 상회전의 방향이 같을 것

정답 | ④

34 빈출도 ★★

비례＋적분＋미분동작(PID동작)식을 바르게 나타낸 것은?

① $x_0 = K_p\left(x_i + \dfrac{1}{T_I}\int x_i dt + T_D\dfrac{dx_i}{dt}\right)$

② $x_0 = K_p\left(x_i - \dfrac{1}{T_I}\int x_i dt - T_D\dfrac{dx_i}{dt}\right)$

③ $x_0 = K_p\left(x_i + \dfrac{1}{T_I}\int x_i dt + T_D\dfrac{dt}{dx_i}\right)$

④ $x_0 = K_p\left(x_i - \dfrac{1}{T_I}\int x_i dt - T_D\dfrac{dt}{dx_i}\right)$

해설

비례적분미분동작(PID동작)식은 다음과 같다.

$x_0 = K_p\left(x_i + \dfrac{1}{T_I}\int x_i dt + T_D\dfrac{dx_i}{dt}\right)$

비례적분미분(PID) 동작은 시간지연을 향상시키고, 잔류편차도 제거한 가장 안정적인 제어이다.

관련개념 비례동작(P동작)식

$x_0 = K_p x_i$

비례적분동작(PI동작)식

$x_0 = K_p\left(x_i + \dfrac{1}{T_I}\int x_i dt\right)$

비례미분동작(PD동작)식

$x_0 = K_p\left(x_i + T_D\dfrac{dx_i}{dt}\right)$

정답 | ①

35 빈출도 ★★

직류회로에서 도체를 균일한 체적으로 길이를 10배 늘이면 도체의 저항은 몇 배가 되는가?

① 10

② 20

③ 100

④ 120

해설

도선의 전기 저항 값은 도선의 길이 l에 비례하고, 단면적 S에 반비례한다. $R = \rho\dfrac{l}{S}$

체적은 (면적)×(길이)로 체적을 균일하게 유지하며 길이를 10배 늘이면 면적은 $\dfrac{1}{10}$배로 줄어든다.

$R' = \rho\dfrac{10l}{\dfrac{1}{10}S} = 100 \times \rho\dfrac{l}{S} = 100R$

정답 | ③

36 빈출도 ★

동일한 규격의 축전지 2개를 병렬로 연결하면?

① 전압은 2배가 되고 용량은 1개일 때와 같다.

② 전압은 1개일 때와 같고, 용량은 2배가 된다.

③ 전압과 용량 모두 2배로 된다.

④ 전압과 용량 모두 $\dfrac{1}{2}$배가 된다.

해설

동일한 규격의 축전지 2개를 병렬로 연결하면 전압은 일정하고, 용량은 2배가 된다.

관련개념 전지의 접속

① 동일한 규격의 축전지 n개를 직렬로 연결할 경우
    ㉠ 전압은 n배 증가한다.
    ㉡ 용량은 일정하다.

② 동일한 규격의 축전지 n개를 병렬로 연결할 경우
    ㉠ 전압은 일정하다.
    ㉡ 용량은 n배 증가한다.

정답 | ②

37 빈출도 ★★★

집적회로(IC)의 특징으로 옳은 것은?

① 시스템이 대형화된다.
② 신뢰성이 높으나, 부품의 교체가 어렵다.
③ 열에 강하다.
④ 마찰에 의한 정전기 영향에 주의해야 한다.

해설

집적회로는 미소 전압만으로도 소자가 파괴될 수 있다. 그러므로 마찰에 의한 정전기 영향에 반드시 주의해야 한다.

관련개념 집적회로의 특징

장점	단점
• 기능이 확대된다.	• 열이나, 전압 및 전류에 약하다.
• 가격이 저렴하고, 기기가 소형이 된다.	• 발진이나 잡음이 나기 쉽다.
• 신뢰성이 좋고 수리가 간단하다.	• 정전기를 고려해야 하는 등 취급에 주의가 필요하다.

정답 | ④

38 빈출도 ★★★

그림과 같은 논리회로의 출력 Y는?

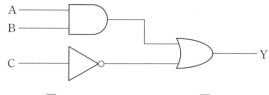

① $AB + \overline{C}$ ② $A + B + \overline{C}$
③ $(A+B)\overline{C}$ ④ $AB\overline{C}$

해설

A, B는 AND 회로이므로 논리곱인 AB이다. C는 NOT(부정) 회로를 통과하여 OR 회로의 입력이 되므로 출력은 다음과 같다.
$Y = AB + \overline{C}$

정답 | ①

39 빈출도 ★★

어떤 옥내배선에 $380[V]$의 전압을 가하였더니 $0.2[mA]$의 누설전류가 흘렀다. 배선의 절연저항은 몇 $[M\Omega]$인가?

① 0.2   ② 1.9
③ 3.8   ④ 7.6

해설

$$R = \frac{V}{I} = \frac{380}{0.2 \times 10^{-3}} = 1,900,000[\Omega] = 1.9[M\Omega]$$

정답 | ②

40 빈출도 ★

시퀀스 제어에 관한 설명 중 틀린 것은?

① 기계적 계전기접점이 사용된다.
② 논리회로가 조합 사용된다.
③ 시간 지연요소가 사용된다.
④ 전체시스템에 연결된 접점들이 일시에 동작할 수 있다.

해설

시퀀스 제어는 미리 정해진 순서에 따라 각 단계별로 순차적으로 진행되는 제어방식을 말한다. 따라서 전체시스템에 연결된 접점들이 일시에 동작할 수 없다.

정답 | ④

소방관계법규

41 빈출도 ★★

소방기본법령상 이웃하는 다른 시·도지사와 소방업무에 관하여 시·도지사가 체결할 상호응원협정사항이 아닌 것은?

① 화재조사활동
② 응원출동의 요청 방법
③ 소방교육 및 응원출동훈련
④ 응원출동대상지역 및 규모

해설

소방교육은 상호응원협정사항이 아니다.

관련개념 소방업무의 상호응원협정사항

㉠ 소방활동에 관한 사항
   – 화재의 경계·진압 활동
   – 구조·구급업무의 지원
   – 화재조사활동
㉡ 응원출동대상지역 및 규모
㉢ 소요경비의 부담에 관한 사항
   – 출동대원 수당·식사 및 피복의 수선
   – 소방장비 및 기구의 정비와 연료의 보급
㉣ 응원출동의 요청방법
㉤ 응원출동훈련 및 평가

정답 | ③

42 빈출도 ★★

소방시설공사업법령상 소방시설공사 완공검사를 위한 현장 확인 대상 특정소방대상물의 범위가 아닌 것은?

① 위락시설
② 판매시설
③ 운동시설
④ 창고시설

해설

위락시설은 소방시설공사 완공검사를 위한 현장 확인 대상 특정소방대상물이 아니다.

관련개념 완공검사를 위한 현장 확인 대상 특정소방대상물

㉠ 문화 및 집회시설, 종교시설, 판매시설
㉡ 노유자시설, 수련시설, 운동시설
㉢ 숙박시설, 창고시설, 지하상가 및 다중이용업소
㉣ 스프링클러설비등
㉤ 물분무등소화설비(호스릴방식의 소화설비 제외)
㉥ 연면적 $10,000[m^2]$ 이상이거나 11층 이상인 특정소방대상물 (아파트 제외)
㉦ 가연성 가스를 제조·저장 또는 취급하는 시설 중 지상에 노출된 가연성 가스탱크의 저장용량 합계가 $1,000[t]$ 이상인 시설

정답 | ①

43 빈출도 ★★★

화재안전조사 결과 소방대상물의 위치·구조·설비 또는 관리의 상황이 화재예방을 위하여 보완될 필요가 있거나 화재가 발생하면 인명 또는 재산의 피해가 클 것으로 예상되는 때에 관계인에게 그 소방대상물의 개수·이전·제거, 사용의 금지 또는 제한, 사용폐쇄, 공사의 정지 또는 중지, 그 밖의 필요한 조치를 명할 수 있는 자로 틀린 것은?

① 시·도지사　　　　② 소방서장
③ 소방청장　　　　④ 소방본부장

해설

시·도지사는 조치를 명할 수 있는 자(소방관서장)가 아니다.

관련개념 화재안전조사 결과에 따른 조치명령

소방관서장(소방청장, 소방본부장, 소방서장)은 화재안전조사 결과에 따른 소방대상물의 위치·구조·설비 또는 관리의 상황이 화재예방을 위하여 보완될 필요가 있거나 화재가 발생하면 인명 또는 재산의 피해가 클 것으로 예상되는 때에는 행정안전부령으로 정하는 바에 따라 관계인에게 그 소방대상물의 개수·이전·제거, 사용의 금지 또는 제한, 사용폐쇄, 공사의 정지 또는 중지, 그 밖에 필요한 조치를 명할 수 있다.

정답 | ①

44 빈출도 ★★

소방기본법령상 소방본부 종합상황실 실장이 소방청의 종합상황실에 서면·팩스 또는 컴퓨터통신 등으로 보고하여야 하는 화재의 기준에 해당하지 않는 것은?

① 항구에 매어둔 총 톤수가 1,000[t] 이상인 선박에서 발생한 화재
② 연면적 15,000[m²] 이상인 공장 또는 화재예방강화지구에서 발생한 화재
③ 지정수량의 1,000배 이상의 위험물의 제조소·저장소·취급소에서 발생한 화재
④ 층수가 5층 이상이거나 병상이 30개 이상인 종합병원·정신병원·한방병원·요양소에서 발생한 화재

해설

지정수량의 3,000배 이상 위험물의 제조소·저장소·취급소 발생 화재의 경우 소방청 종합상황실에 보고하여야 한다.

관련개념 실장의 상황 보고

㉠ 사망자 5인 이상 또는 사상자 10인 이상 발생 화재
㉡ 이재민 100인 이상 발생 화재
㉢ 재산피해액 50억 원 이상 발생 화재
㉣ 관공서·학교·정부미도정공장·문화재·지하철·지하구 발생 화재
㉤ 관광호텔, 11층 이상인 건축물, 지하상가, 시장, 백화점 발생 화재
㉥ 지정수량의 3,000배 이상 위험물의 제조소·저장소·취급소 발생 화재
㉦ 5층 이상 또는 객실이 30실 이상인 숙박시설 발생 화재
㉧ 5층 이상 또는 병상이 30개 이상인 종합병원·정신병원·한방병원·요양소 발생 화재
㉨ 연면적 15,000[m²] 이상인 공장 발생 화재
㉩ 화재예방강화지구 발생 화재
㉪ 철도차량, 항구에 매어둔 1,000[t] 이상 선박, 항공기, 발전소, 변전소 발생 화재
㉫ 가스 및 화약류 폭발에 의한 화재
㉬ 다중이용업소 발생 화재

정답 | ③

45 빈출도 ★

소화난이도등급 Ⅲ인 지하탱크저장소에 설치하여야 하는 소화설비의 설치기준으로 옳은 것은?

① 능력단위 수치가 3 이상의 소형수동식소화기 등 1개 이상
② 능력단위 수치가 3 이상의 소형수동식소화기 등 2개 이상
③ 능력단위 수치가 2 이상의 소형수동식소화기 등 1개 이상
④ 능력단위 수치가 2 이상의 소형수동식소화기등 2개 이상

해설

위험물안전관리법령상 소화난이도등급 Ⅲ의 지하탱크저장소에 설치하여야 하는 소화설비의 설치기준은 능력단위 수치가 3 이상의 소형수동식소화기 등 2개 이상이다.

관련개념 소화난이도등급Ⅲ의 제조소등에 설치하여야 하는 소화설비

구분	소화설비	설치기준
지하 탱크 저장소	소형수동식소화기 등	능력단위의 수치가 3 이상, 2개 이상
이동 탱크 저장소	마른모래 및 팽창질석 또는 팽창진주암	마른모래 150[L] 이상
		팽창질석 또는 팽창진주암 640[L] 이상

정답 ②

46 빈출도 ★★

소방시설 설치 및 관리에 관한 법률상 분말형태의 소화약제를 사용하는 소화기의 내용연수로 옳은 것은? (단, 소방용품의 성능을 확인받아 그 사용기한을 연장하는 경우는 제외한다.)

① 3년　　　　　② 5년
③ 7년　　　　　④ 10년

해설

분말형태의 소화약제를 사용하는 소화기의 내용연수는 **10년**이다.

정답 ④

47 빈출도 ★★

소방시설 설치 및 관리에 관한 법률상 건축허가 등의 동의를 요구한 기관이 그 건축허가 등을 취소하였을 때, 취소한 날부터 최대 며칠 이내에 건축물 등의 시공지 또는 소재지를 관할하는 소방본부장 또는 소방서장에게 그 사실을 통보하여야 하는가?

① 3일　　　　　② 4일
③ 7일　　　　　④ 10일

해설

건축허가 등의 동의를 요구한 기관이 그 건축허가 등을 취소했을 때에는 취소한 날부터 **7일** 이내에 건축물 등의 시공지 또는 소재지를 관할하는 소방본부장 또는 소방서장에게 그 사실을 통보해야 한다.

정답 ③

48 빈출도 ★

소방시설 설치 및 관리에 관한 법률상 특정소방대상물에 소방시설이 화재안전기준에 따라 설치 유지·관리되어 있지 아니할 때에는 해당 특정소방대상물의 관계인에게 필요한 조치를 명할 수 있는 자는?

① 소방본부장　　　② 소방청장
③ 시·도지사　　　④ 행정안전부장관

해설

소방본부장이나 소방서장은 소방시설이 화재안전기준에 따라 설치 또는 유지·관리되어 있지 아니할 때에는 해당 특정소방대상물의 관계인에게 필요한 조치를 명할 수 있다.

정답 ①

49 빈출도 ★

제조소 등의 위치·구조 및 설비의 기준 중 위험물을 취급하는 건축물의 환기설비 설치기준으로 다음 (　　) 안에 알맞은 것은?

> 급기구는 당해 급기구가 설치된 실의 바닥면적 (　㉠　)[m²]마다 1개 이상으로 하되, 급기구의 크기는 (　㉡　)[cm²] 이상으로 할 것

① ㉠ 100　　　　　　㉡ 800
② ㉠ 150　　　　　　㉡ 800
③ ㉠ 100　　　　　　㉡ 1,000
④ ㉠ 150　　　　　　㉡ 1,000

해설

급기구는 당해 급기구가 설치된 실의 바닥면적 150[m²]마다 1개 이상으로 하되, 급기구의 크기는 800[cm²] 이상으로 해야 한다.

정답 | ②

50 빈출도 ★★

소방시설공사업법상 도급을 받은 자가 제3자에게 소방시설의 시공을 다시 하도급한 경우에 대한 벌칙 기준으로 옳은 것은? (단, 대통령령으로 정하는 경우는 제외한다.)

① 100만 원 이하의 벌금
② 300만 원 이하의 벌금
③ 1년 이하의 징역 또는 1,000만 원 이하의 벌금
④ 3년 이하의 징역 또는 1,500만 원 이하의 벌금

해설

도급을 받은 자가 제3자에게 소방시설의 시공을 다시 하도급한 경우 1년 이하의 징역 또는 1,000만 원 이하의 벌금에 처한다.

정답 | ③

51 빈출도 ★★

위험물안전관리법령상 제조소등의 관계인은 위험물의 안전관리에 관한 직무를 수행하게 하기 위하여 제조소등마다 위험물의 취급에 관한 자격이 있는 자를 위험물안전관리자로 선임하여야 한다. 이 경우 제조소등의 관계인이 지켜야 할 기준으로 틀린 것은?

① 제조소등의 관계인은 안전관리자를 해임하거나 안전관리자가 퇴직한 때에는 해임하거나 퇴직한 날부터 15일 이내에 다시 안전관리자를 선임하여야 한다.
② 제조소등의 관계인이 안전관리자를 선임한 경우에는 선임한 날부터 14일 이내에 소방본부장 또는 소방서장에게 신고하여야 한다.
③ 제조소등의 관계인은 안전관리자가 여행·질병 그 밖의 사유로 인하여 일시적으로 직무를 수행할 수 없는 경우에는 국가기술자격법에 따른 위험물의 취급에 관한 자격취득자 또는 위험물안전에 관한 기본 지식과 경험이 있는 자를 대리자로 지정하여 그 직무를 대행하게 하여야 한다. 이 경우 대행하는 기간은 30일을 초과할 수 없다.
④ 안전관리자는 위험물을 취급하는 작업을 하는 때에는 작업자에게 안전관리에 관한 필요한 지시를 하는 등 위험물의 취급에 관한 안전관리와 감독을 하여야 하고, 제조소등의 관계인은 안전관리자의 위험물 안전관리에 관한 의견을 존중하고 그 권고에 따라야 한다.

해설

제조소등의 관계인은 안전관리자를 해임하거나 안전관리자가 퇴직한 때에는 해임하거나 퇴직한 날부터 30일 이내에 다시 안전관리자를 선임하고 14일 이내에 소방본부장 또는 소방서장에게 신고하여야 한다.

정답 | ①

52 빈출도 ★★

위험물안전관리법령상 허가를 받지 아니하고 당해 제조소등을 설치하거나 그 위치·구조 또는 설비를 변경할 수 있으며, 신고를 하지 아니하고 위험물의 품명·수량 또는 지정수량의 배수를 변경할 수 있는 기준으로 옳은 것은?

① 축산용으로 필요한 건조시설을 위한 지정수량 40배 이하의 저장소

② 수산용으로 필요한 건조시설을 위한 지정수량 30배 이하의 저장소

③ 농예용으로 필요한 난방시설을 위한 지정수량 40배 이하의 저장소

④ 주택의 난방시설(공동주택의 중앙난방시설 제외)을 위한 저장소

해설

주택의 난방시설(공동주택의 중앙난방시설 제외)을 위한 저장소 또는 취급소의 경우 시·도지사의 허가를 받지 않고 당해 제조소 등을 설치하거나 그 위치·구조 또는 설비를 변경할 수 있으며, 신고를 하지 아니하고 위험물의 품명·수량 또는 지정수량의 배수를 변경할 수 있다.

관련개념 시·도지사의 허가를 받지 않고 당해 제조소등을 설치하거나 그 위치·구조 또는 설비를 변경할 수 있으며, 신고를 하지 아니하고 위험물의 품명·수량 또는 지정수량의 배수를 변경할 수 있는 경우

㉠ 주택의 난방시설(공동주택의 중앙난방시설 제외)을 위한 저장소 또는 취급소

㉡ 농예용·축산용 또는 수산용으로 필요한 난방시설 또는 건조시설을 위한 지정수량 20배 이하의 저장소

정답 | ④

53 빈출도 ★★★

소방시설 설치 및 관리에 관한 법률상 수용인원 산정 방법 중 침대가 없는 숙박시설로서 해당 특정소방 대상물의 종사자의 수는 5명, 복도, 계단 및 화장실의 바닥면적을 제외한 바닥면적이 $158[m^2]$인 경우의 수용 인원은 약 몇 명인가?

① 37   ② 45

③ 58   ④ 84

해설

$$종사자\ 수 + \frac{바닥면적의\ 합계}{3[m^2]}$$

$$= 5 + \frac{158}{3} = 57.67 \rightarrow 58명(소수점\ 반올림)$$

관련개념 수용인원의 산정방법

구분		산정방법
숙박 시설	침대가 있는 숙박시설	종사자 수 + 침대 수(2인용 침대는 2개)
	침대가 없는 숙박시설	종사자 수 + $\dfrac{바닥면적의\ 합계}{3[m^2]}$
강의실·교무실· 상담실·실습실· 휴게실 용도로 쓰이는 특정소방대상물		$\dfrac{바닥면적의\ 합계}{1.9[m^2]}$
강당, 문화 및 집회시설, 운동시설, 종교시설		$\dfrac{바닥면적의\ 합계}{4.6[m^2]}$
그 밖의 특정소방대상물		$\dfrac{바닥면적의\ 합계}{3[m^2]}$

* 계산 결과 소수점 이하의 수는 반올림한다.

* 복도(준불연재료 이상의 것), 화장실, 계단은 면적에서 제외한다.

정답 | ③

54 빈출도 ★★★

화재의 예방 및 안전관리에 관한 법률상 일반음식점에서 음식조리를 위해 불을 사용하는 설비를 설치하는 경우 지켜야 하는 사항으로 틀린 것은?

① 주방시설에는 동물 또는 식물의 기름을 제거할 수 있는 필터 등을 설치할 것
② 열을 발생하는 조리기구는 반자 또는 선반으로부터 0.6[m] 이상 떨어지게 할 것
③ 주방설비에 부속된 배출덕트는 0.2[mm] 이상의 아연도금강판으로 설치할 것
④ 열을 발생하는 조리기구로부터 0.15[m] 이내의 거리에 있는 가연성 주요구조부는 석면판 또는 단열성이 있는 불연재료로 덮어씌울 것

해설

주방설비에 부속된 배출덕트는 0.5[mm] 이상의 아연도금강판 또는 이와 같거나 그 이상의 내식성 불연재료로 설치해야 한다.

관련개념 음식조리를 위하여 설치하는 설비를 사용할 때 지켜야 하는 사항

㉠ 주방설비에 부속된 배출덕트(공기배출통로)는 0.5[mm] 이상의 아연도금강판 또는 이와 같거나 그 이상의 내식성 불연재료로 설치할 것
㉡ 주방시설에는 동물 또는 식물의 기름을 제거할 수 있는 필터 등을 설치할 것
㉢ 열을 발생하는 조리기구는 반자 또는 선반으로부터 0.6[m] 이상 떨어지게 할 것
㉣ 열을 발생하는 조리기구로부터 0.15[m] 이내의 거리에 있는 가연성 주요구조부는 석면판 또는 단열성이 있는 불연재료로 덮어씌울 것

정답 | ③

55 빈출도 ★★★

소방시설 설치 및 관리에 관한 법률상 소방시설 등의 자체점검 중 종합점검을 받아야 하는 특정소방대상물 대상 기준으로 틀린 것은?

① 제연설비가 설치된 터널
② 스프링클러설비가 설치된 특정소방대상물
③ 공공기관 중 연면적이 1,000[m²] 이상인 것으로서 옥내소화전설비 또는 자동화재탐지설비가 설치된 것(소방대가 근무하는 공공기관 제외)
④ 호스릴방식의 물분무등소화설비만이 설치된 연면적 5,000[m²] 이상인 특정소방대상물(위험물제조소등 제외)

해설

호스릴방식의 물분무등소화설비만을 설치된 특정소방대상물은 종합점검을 받아야 하는 대상이 아니다.

관련개념 종합점검 대상

㉠ 스프링클러설비가 설치된 특정소방대상물
㉡ 물분무등소화설비(호스릴방식의 물분무등소화설비만을 설치한 경우 제외)가 설치된 연면적 5,000[m²] 이상인 특정소방대상물(위험물제조소등 제외)
㉢ 다중이용업의 영업장이 설치된 특정소방대상물로서 연면적이 2,000[m²] 이상인 것
㉣ 제연설비가 설치된 터널
㉤ 공공기관 중 연면적이 1,000[m²] 이상인 것으로서 옥내소화전설비 또는 자동화재탐지설비가 설치된 것(소방대가 근무하는 공공기관 제외)

정답 | ④

56 빈출도 ★

행정안전부령으로 정하는 고급감리원 이상의 소방공사감리원의 소방시설 배치 현장기준으로 옳은 것은?

① 연면적 $5,000[m^2]$ 이상 $30,000[m^2]$ 미만인 특정소방대상물의 공사현장
② 연면적 $30,000[m^2]$ 이상 $200,000[m^2]$ 미만인 아파트의 공사 현장
③ 연면적 $30,000[m^2]$ 이상 $200,000[m^2]$ 미만인 특정소방대상물(아파트는 제외)의 공사 현장
④ 연면적 $200,000[m^2]$ 이상인 특정소방대상물의 공사 현장

해설

연면적 $30,000[m^2]$ 이상 $200,000[m^2]$ 미만인 아파트의 공사 현장에는 고급감리원 이상의 소방공사감리원을 배치해야 한다.

관련개념 소방공사 감리원의 배치기준

감리원의 배치기준		소방공사현장 기준
책임감리원	보조감리원	
특급감리원 이상의 소방공사 감리원	초급감리원 이상의 소방공사 감리원	• 연면적 $30,000[m^2]$ 이상 $200,000[m^2]$ 미만인 특정소방대상물의 공사현장(아파트 제외) • 지하층을 포함한 층수가 16층 이상 40층 미만인 특정소방대상물의 공사현장
고급감리원 이상의 소방공사 감리원	초급감리원 이상의 소방공사 감리원	• 물분무등소화설비(호스릴 방식 제외) 또는 제연설비가 설치되는 특정소방대상물의 공사현장 • 연면적 $30,000[m^2]$ 이상 $200,000[m^2]$ 미만인 아파트의 공사현장

정답 │ ②

57 빈출도 ★★★

소방시설 설치 및 관리에 관한 법률상 소방용품의 형식승인을 받지 아니하고 소방용품을 제조하거나 수입한 자에 대한 벌칙 기준은?

① 100만 원 이하의 벌금
② 300만 원 이하의 벌금
③ 1년 이하의 징역 또는 1,000만 원 이하의 벌금
④ 3년 이하의 징역 또는 3,000만 원 이하의 벌금

해설

소방용품의 형식승인을 받지 아니하고 소방용품을 제조하거나 수입한 경우 3년 이하의 징역 또는 3,000만 원 이하의 벌금에 처한다.

정답 │ ④

58 빈출도 ★★

위험물안전관리법령에 따른 인화성액체위험물(이황화탄소 제외)의 옥외탱크저장소의 탱크 주위에 설치하는 방유제의 설치기준 중 옳은 것은?

① 방유제의 높이는 $0.5[m]$ 이상 $2.0[m]$ 이하로 할 것
② 방유제 내의 면적은 $100,000[m^2]$ 이하로 할 것
③ 방유제의 용량은 방유제 안에 설치된 탱크가 2기 이상인 때에는 그 탱크 중 용량이 최대인 것의 용량의 $120[\%]$ 이상으로 할 것
④ 높이가 $1[m]$를 넘는 방유제 및 간막이 둑의 안팎에는 방유제 내에 출입하기 위한 계단 또는 경사로를 약 $50[m]$마다 설치할 것

해설

방유제는 높이가 $1[m]$를 넘는 방유제 및 간막이 둑의 안팎에는 방유제 내에 출입하기 위한 계단 또는 경사로를 약 $50[m]$마다 설치하여야 한다.

선지분석

① 방유제의 높이는 $0.5[m]$ 이상 **$3[m]$** 이하로 할 것
② 방유제내의 면적은 **$80,000[m^2]$** 이하로 할 것
③ 방유제의 용량은 방유제 안에 설치된 탱크가 2기 이상인 때에는 그 탱크 중 용량이 최대인 것의 용량의 110[%] 이상으로 할 것

정답 │ ④

59 빈출도 ★★

소방시설공사업법령상 하자를 보수하여야 하는 소방시설과 소방시설별 하자보수 보증기간으로 옳은 것은?

① 유도등: 1년
② 자동소화장치: 3년
③ 자동화재탐지설비: 2년
④ 상수도소화용수설비: 2년

해설

자동소화장치의 하자보수 보증기간은 3년이다.

관련개념 하자보수 보증기간

보증기간	소방시설	
2년	• 피난기구 • 유도등 • 유도표지 • 비상경보설비	• 비상조명등 • 비상방송설비 • 무선통신보조설비
3년	• 자동소화장치 • 옥내소화전설비 • 스프링클러설비 • 간이스프링클러설비 • 물분무등소화설비	• 옥외소화전설비 • 자동화재탐지설비 • 상수도소화용수설비 • 소화활동설비(무선통신 보조설비 제외)

정답 | ②

60 빈출도 ★

화재의 예방 및 안전관리에 관한 법률상 천재지변 및 그 밖에 대통령령으로 정하는 사유로 화재안전조사를 받기 곤란하여 화재안전조사의 연기를 신청하려는 자는 화재안전조사 시작 최대 며칠 전까지 연기신청서 및 증명서류를 제출해야 하는가?

① 3   ② 5
③ 7   ④ 10

해설

화재안전조사의 연기를 신청하려는 관계인은 화재안전조사 시작 3일 전까지 연기신청서 및 증명서류를 제출해야 한다.

정답 | ①

61 빈출도 ★★★

비상경보설비 및 단독경보형 감지기의 화재안전기술기준(NFTC 201)에 따라 바닥면적이 $450[\text{m}^2]$일 경우 단독경보형 감지기의 최소 설치개수는?

① 1개   ② 2개
③ 3개   ④ 4개

해설

단독경보형 감지기는 각 실마다 설치하되, 바닥면적이 $150[\text{m}^2]$를 초과하는 경우에는 $150[\text{m}^2]$마다 1개 이상 설치해야 한다.
바닥면적 $150[\text{m}^2]$를 초과하므로 $450[\text{m}^2]$를 $150[\text{m}^2]$로 나누어 감지기의 설치개수를 구한다.

설치개수 $= \dfrac{450}{150} = 3$개

따라서 단독경보형 감지기는 최소 3개 이상 설치해야 한다.

정답 | ③

62 빈출도 ★

복도통로유도등의 식별도기준 중 다음 (   )안에 알맞은 것은?

> 복도통로유도등에 있어서 사용전원으로 등을 켜는 경우에는 직선거리 (㉠)[m]의 위치에서, 비상전원으로 등을 켜는 경우에는 직선거리 (㉡)[m]의 위치에서 보통시력에 의하여 표시면의 화살표가 쉽게 식별되어야 한다.

① ㉠: 15, ㉡: 20
② ㉠: 20, ㉡: 15
③ ㉠: 30, ㉡: 20
④ ㉠: 20, ㉡: 30

해설

복도통로유도등에 있어서 사용전원으로 등을 켜는 경우에는 직선거리 **20[m]**의 위치에서, 비상전원으로 등을 켜는 경우에는 직선거리 **15[m]**의 위치에서 보통시력에 의하여 표시면의 화살표가 쉽게 식별되어야 한다.

정답 | ②

63 빈출도 ★

수신기를 나타내는 소방시설도시기호로 옳은 것은?

① ②

③ ④

해설

수신기

관련개념 소방시설도시기호

①

배전반

③

부수신기

④

중계기

정답 | ②

64 빈출도 ★★★

자동화재탐지설비의 경계구역에 대한 설정기준 중 틀린 것은?

① 지하구의 경우 하나의 경계구역의 길이는 800[m] 이하로 할 것
② 하나의 경계구역이 2개 이상의 층에 미치지 아니하도록 할 것
③ 하나의 경계구역의 면적은 600[m²] 이하로 하고 한 변의 길이는 50[m] 이하로 할 것
④ 하나의 경계구역이 2 이상의 건축물에 미치지 아니하도록 할 것

해설

보기 ①은 자동화재탐지설비 경계구역에 대한 설정기준과 관련 없다.

관련개념 자동화재탐지설비 경계구역의 설정기준

㉠ 하나의 경계구역이 2 이상의 건축물에 미치지 않도록 할 것
㉡ 하나의 경계구역이 2 이상의 층에 미치지 않도록 할 것 (500[m²] 이하의 범위 안에서는 2개의 층을 하나의 경계구역으로 할 수 있음)
㉢ 하나의 경계구역의 면적은 600[m²] 이하로 하고 한 변의 길이는 50[m] 이하로 할 것(해당 특정소방대상물의 주된 출입구에서 그 내부 전체가 보이는 것에 있어서는 한 변의 길이가 50[m]의 범위 내에서 1,000[m²] 이하로 할 수 있음)

정답 | ①

65 빈출도 ★★★

감시제어반 등에 설치된 무선중계기의 입력과 출력포트에 연결되어 송수신 신호를 원활하게 방사·수신하기 위해 옥외에 설치하는 장치는 무엇인가?

① 분파기
② 무선중계기
③ 옥외안테나
④ 혼합기

해설

옥외안테나는 감시제어반 등에 설치된 무선중계기의 입력과 출력포트에 연결되어 송수신 신호를 원활하게 방사·수신하기 위해 옥외에 설치하는 장치이다.

선지분석

① 분파기: 서로 다른 주파수의 합성된 신호를 분리하기 위해서 사용하는 장치이다.
② 무선중계기: 안테나를 통하여 수신된 무전기 신호를 증폭한 후 음영지역에 재방사하여 무전기 상호 간 송수신이 가능하도록 하는 장치이다.
④ 혼합기: 두 개 이상의 입력신호를 원하는 비율로 조합한 출력이 발생하도록 하는 장치이다.

정답 ③

66 빈출도 ★

축전지의 전해액으로 사용되는 물질의 도전율은 어느 것에 의하여 증가될 수 있는가?

① 전해액의 농도
② 전해액의 고유저항
③ 전해액의 색깔
④ 전해액의 수명

해설

축전지 전해액의 농도가 높을수록 전류가 크게 흐른다. 전류가 크게 흐른다는 것은 도전율이 높다는 것을 의미하므로 전해액의 농도에 의하여 도전율이 증가할 수 있다.

정답 ①

67 빈출도 ★

발신기의 형식승인 및 제품검사의 기술기준에 따라 발신기의 작동기능에 대한 내용이다. 다음 (   )에 들어갈 내용으로 옳은 것은?

> 발신기의 조작부는 작동스위치의 동작방향으로 가하는 힘이 (ⓐ)[kg]을 초과하고 (ⓑ)[kg] 이하인 범위에서 확실하게 동작되어야 하며, (ⓐ)[kg]의 힘을 가하는 경우 동작되지 아니하여야 한다. 이 경우 누름판이 있는 구조로서 손끝으로 눌러 작동하는 방식의 작동스위치는 누름판을 포함한다.

① ⓐ: 2, ⓑ: 8
② ⓐ: 3, ⓑ: 7
③ ⓐ: 2, ⓑ: 7
④ ⓐ: 3, ⓑ: 8

해설

발신기의 조작부는 작동스위치의 동작방향으로 가하는 힘이 **2[kg]**을 초과하고 **8[kg]** 이하인 범위에서 확실하게 동작되어야 하며, 2[kg]의 힘을 가하는 경우 동작되지 아니하여야 한다. 이 경우 누름판이 있는 구조로서 손끝으로 눌러 작동하는 방식의 작동스위치는 누름판을 포함한다.

정답 ①

68 빈출도 ★★★

「유통산업발전법」제2조 제3호에 따른 대규모점포(지하상가 및 지하역사 제외)와 영화상영관에는 보행거리 몇 [m] 이내마다 휴대용비상조명등을 3개 이상 설치하여야 하는가? (단, 비상조명등의 화재안전기술기준(NFTC 304)에 따른다.)

① 50 　　　　　　　② 60
③ 70 　　　　　　　④ 80

휴대용비상조명등의 설치기준

장소	기준
지하상가, 지하역사	25[m] 이내마다 3개 이상
대규모점포, 영화상영관	50[m] 이내마다 3개 이상

정답 ┃ ①

69 빈출도 ★★

비상벨설비 음향장치 음향의 크기는 부착된 음향장치의 중심으로부터 1[m] 떨어진 위치에서 몇 [dB] 이상이 되는 것으로 하여야 하는가?

① 90 　　　　　　　② 80
③ 70 　　　　　　　④ 60

비상벨설비 음향장치 음향의 크기는 부착된 음향장치의 중심으로부터 1[m] 떨어진 위치에서 음압이 90[dB] 이상이 되는 것으로 해야 한다.

정답 ┃ ①

70 빈출도 ★★★

불꽃감지기 중 도로형의 최대시야각 기준으로 옳은 것은?

① 30° 이상 　　　　　② 45° 이상
③ 90° 이상 　　　　　④ 180° 이상

불꽃감지기 중 도로형은 최대시야각이 180° 이상이어야 한다.

정답 ┃ ④

71 빈출도 ★★★

비상경보설비를 설치하여야 하는 특정소방대상물의 기준 중 옳은 것은? (단, 지하구, 모래·석재 등 불연재료 창고 및 위험물 저장·처리 시설 중 가스시설은 제외한다.)

① 지하층 또는 무창층의 바닥면적이 150[m²] 이상인 것
② 공연장으로서 지하층 또는 무창층의 바닥면적이 200[m²] 이상인 것
③ 지하가 중 터널로서 길이가 400[m] 이상인 것
④ 30명 이상의 근로자가 작업하는 옥내작업장

지하층 또는 무창층의 바닥면적이 150[m²] 이상인 특정소방대상물에는 비상경보설비를 설치해야 한다.

② 공연장으로 지하층 또는 무창층의 바닥면적이 100[m²] 이상인 것
③ 지하가 중 터널로서 길이가 500[m] 이상인 것
④ 50명 이상의 근로자가 작업하는 옥내작업장

관련개념 비상경보설비를 설치해야 하는 특정소방대상물

특정소방대상물	구분
건축물	연면적 400[m²] 이상인 것
지하층·무창층	바닥면적이 150[m²](공연장은 100[m²]) 이상인 것
지하가 중 터널	길이 500[m] 이상인 것
옥내작업장	50명 이상의 근로자가 작업하는 곳

정답 ┃ ①

72 빈출도 ★

집회, 오락 그 밖에 이와 유사한 목적을 위하여 계속적으로 사용하는 거실, 주차장 등 개방된 통로에 설치하는 유도등으로 피난방향을 명시하는 유도등은?

① 피난구유도등
② 거실통로유도등
③ 복도통로유도등
④ 통로유도등

거실통로유도등이란 거주, 집무, 작업, 집회, 오락 그 밖에 이와 유사한 목적을 위하여 계속적으로 사용하는 거실, 주차장 등 개방된 통로에 설치하는 유도등으로 피난의 방향을 명시하는 것을 말한다.

선지분석

① 피난구유도등: 피난구 또는 피난경로로 사용되는 출입구를 표시하여 피난을 유도하는 등을 말한다.
③ 복도통로유도등: 피난통로가 되는 복도에 설치하는 통로유도등으로서 피난구의 방향을 명시하는 것을 말한다.
④ 통로유도등: 피난통로를 안내하기 위한 유도등으로 복도통로유도등, 거실통로유도등, 계단통로유도등을 말한다.

정답 | ②

73 빈출도 ★★★

비상방송설비 음향장치 설치기준 중 층수가 11층 이상 (공동주택의 경우 16층)으로서 특정소방대상물의 1층에서 발화한 때의 경보 기준으로 옳은 것은?

① 발화층에 경보를 발할 것
② 발화층 및 그 직상 4개층에 경보를 발할 것
③ 발화층·그 직상층 및 기타의 지하층에 경보를 발할 것
④ 발화층·그 직상 4개층 및 지하층에 경보를 발할 것

해설

층수가 11층(공동주택의 경우에는 16층) 이상의 특정소방대상물의 경보 기준

층수	경보층
2층 이상	발화층, 직상 4개층
1층	발화층, 직상 4개층, 지하층
지하층	발화층, 직상층, 기타 지하층

관련개념 경보방식

㉠ 우선경보방식: 발화층의 상하층 위주로 경보가 발령되어 우선 대피하도록 하는 방식이다.
㉡ 일제경보방식: 어떤 층에서 발화하더라도 모든 층에 경보를 울리는 방식이다.

정답 | ④

74 빈출도 ★★★

자동화재탐지설비의 연기복합형 감지기를 설치할 수 없는 부착높이는?

① 4[m] 이상 8[m] 미만
② 8[m] 이상 15[m] 미만
③ 15[m] 이상 20[m] 미만
④ 20[m] 이상

해설

부착높이에 따른 감지기의 종류

부착높이	감지기의 종류	
4[m] 미만	• 차동식(스포트형, 분포형) • 보상식 스포트형 • 정온식(스포트형, 감지선형)	• 이온화식 또는 광전식(스포트형, 분리형, 공기흡입형) • 열복합형 • 연기복합형 • 열연기복합형 • 불꽃감지기
4[m] 이상 8[m] 미만	• 차동식(스포트형, 분포형) • 보상식 스포트형 • 정온식(스포트형, 감지선형) 특종 또는 1종 • 이온화식 1종 또는 2종	• 광전식(스포트형, 분리형, 공기흡입형) 1종 또는 2종 • 열복합형 • 연기복합형 • 열연기복합형 • 불꽃감지기
8[m] 이상 15[m] 미만	• 차동식 분포형 • 이온화식 1종 또는 2종	• 광전식(스포트형, 분리형, 공기흡입형) 1종 또는 2종 • 연기복합형 • 불꽃감지기
15[m] 이상 20[m] 미만	• 이온화식 1종 • 광전식(스포트형, 분리형, 공기흡입형) 1종	• 연기복합형 • 불꽃감지기
20[m] 이상	• 불꽃감지기	• 광전식(분리형, 공기흡입형) 중 아날로그 방식

20[m] 이상의 높이에 설치 가능한 감지기는 불꽃감지기와 광전식(분리형, 공기흡입형) 중 아날로그방식 감지기이다. 따라서 연기복합형 감지기는 설치할 수 없다.

정답 | ④

75 빈출도 ★★

경종의 형식승인 및 제품검사의 기술기준에 따라 경종은 전원전압이 정격전압의 ± 몇 [%] 범위에서 변동하는 경우 기능에 이상이 생기지 아니하여야 하는가?

① 5
② 10
③ 20
④ 30

해설

경종은 전원전압이 정격전압의 ±20[%] 범위에서 변동하는 경우 기능에 이상이 생기지 아니하여야 한다.

정답 | ③

76 빈출도 ★★

R형 수신기의 기능과 가스누설경보기의 수신부 기능을 겸한 수신기는?

① M형 수신기
② R형 수신기
③ GP형 수신기
④ GR형 수신기

해설

GR형 수신기란 R형 수신기의 기능과 가스누설경보기의 수신부 기능을 겸한 것을 말한다.

선지분석

① M형 수신기: M형 발신기로부터 발하여지는 신호를 수신하여 화재의 발생을 소방관서에 통보하는 것으로 현재는 쓰이지 않는다.
② R형 수신기: 감지기 또는 발신기로부터 발하여지는 신호를 직접 또는 중계기를 통하여 고유신호로서 수신하여 화재의 발생을 당해 소방대상물의 관계자에게 경보하여 주는 것을 말한다.
③ GP형 수신기: P형 수신기의 기능과 가스누설경보기의 수신부 기능을 겸한 것을 말한다.

정답 | ④

77 빈출도 ★★

소방시설용 비상전원수전설비의 화재안전기술기준(NFTC 602)에 따라 일반전기사업자로부터 특고압 또는 고압으로 수전하는 비상전원수전설비의 경우에 있어 소방회로배선과 일반회로배선을 몇 [cm] 이상 떨어져 설치하는 경우 불연성 벽으로 구획하지 않을 수 있는가?

① 5   ② 10
③ 15   ④ 20

해설

일반전기사업자로부터 특고압 또는 고압으로 수전하는 비상전원수전설비의 경우에 있어 소방회로배선과 일반회로배선을 15[cm] 이상 떨어져 설치한 경우는 불연성의 격벽으로 구획하지 않을 수 있다.

관련개념 특고압 또는 고압으로 수전하는 비상전원수전설비

㉠ 방화구획형, 옥외개방형 또는 큐비클형으로 설치할 것
㉡ 전용의 방화구획 내에 설치할 것
㉢ 소방회로배선은 일반회로배선과 불연성의 격벽으로 구획할 것 (소방회로배선과 일반회로배선을 15[cm] 이상 떨어져 설치한 경우 제외)
㉣ 일반회로에서 과부하, 지락사고 또는 단락사고가 발생한 경우에도 이에 영향을 받지 아니하고 계속하여 소방회로에 전원을 공급시켜 줄 수 있어야 할 것
㉤ 소방회로용 개폐기 및 과전류차단기에는 "소방시설용"이라 표시할 것

정답 | ③

78 빈출도 ★

공기관식 감지기의 화재감지 동작순서를 옳게 나타낸 것은?

① 열 → 관 내 공기팽창 → 리크밸브 동작 → 회로접점 접속
② 열 → 다이어프램 팽창 → 리크밸브 동작 → 회로접점 접속
③ 열 → 관 내 공기팽창 → 다이어프램 팽창 → 회로접점 접속
④ 열 → 리크밸브 동작 → 관 내 공기팽창 동작 → 회로접점 접속

해설

공기관식 감지기의 화재감지 동작순서

화재로 발생된 열 감지
↓
열로 인해 공기관 내 공기 팽창
↓
검출부 내 다이어프램 팽창
↓
회로접점 접속(수신기에 신호를 발함)

정답 | ③

79 빈출도 ★★★

비상콘센트설비의 화재안전기술기준(NFTC 504)에 따라 비상콘센트설비의 전원부와 외함 사이의 절연저항은 전원부와 외함 사이를 500[V] 절연저항계로 측정할 때 몇 [MΩ] 이상이어야 하는가?

① 20   ② 30
③ 40   ④ 50

해설

비상콘센트설비의 전원부와 외함 사이의 절연저항은 전원부와 외함 사이를 500[V] 절연저항계로 측정할 때 20[MΩ] 이상이어야 한다.

관련개념 전원부와 외함 사이의 절연저항 및 절연내력 기준

㉠ 절연저항: 전원부와 외함 사이를 500[V] 절연저항계로 측정할 때 20[MΩ] 이상
㉡ 절연내력

전압 구분	실효전압
150[V] 이하	1,000[V]
150[V] 이상	정격전압×2+1,000[V]

정답 | ①

80 빈출도 ★

비상콘센트를 보호하기 위한 비상콘센트 보호함의 설치 기준으로 틀린 것은?

① 비상콘센트 보호함에는 쉽게 개폐할 수 있는 문을 설치하여야 한다.
② 비상콘센트 보호함 상부에 적색의 표시등을 설치하여야 한다.
③ 비상콘센트 보호함에는 그 내부에 "비상콘센트"라고 표시한 표식을 하여야 한다.
④ 비상콘센트 보호함을 옥내소화전함 등과 접속하여 설치하는 경우에는 옥내소화전함 등의 표시등과 겸용할 수 있다.

해설

비상콘센트 보호함에는 표면에 "비상콘센트"라고 표시한 표지를 해야 한다.

관련개념 비상콘센트설비 보호함의 설치기준

㉠ 보호함에는 쉽게 개폐할 수 있는 문을 설치할 것
㉡ 보호함 표면에 "비상콘센트"라고 표시한 표지를 할 것
㉢ 보호함 상부에 적색의 표시등을 설치할 것(비상콘센트의 보호함을 옥내소화전함 등과 접속하여 설치하는 경우에는 옥내소화전함 등의 표시등과 겸용 가능)

정답 | ③

소방원론

01 빈출도 ★

수성막포 소화약제의 특성에 대한 설명으로 틀린 것은?

① 내열성이 우수하여 고온에서 수성막의 형성이 용이하다.
② 기름에 의한 오염이 적다.
③ 다른 소화약제와 병용하여 사용이 가능하다.
④ 불소계 계면활성제가 주성분이다.

해설

수성막포 소화약제는 내열성이 약해 윤화(Ring Fire) 현상이 일어날 수 있다.

관련개념 수성막포

성분	불소계 계면활성제가 주성분으로 탄화불소계 계면활성제의 소수기에 붙어있는 수소원자의 그 일부 또는 전부를 불소 원자로 치환한 계면활성제가 주체이다.
적응 화재	유류화재(B급 화재)
장점	• 초기 소화속도가 빠르다. • 분말 소화약제와 함께 소화작업을 할 수 있다. • 장기 보존이 가능하다. • 포·막의 차단효과로 재연방지에 효과가 있다.
단점	• 내열성이 약해 윤화(Ring Fire) 현상이 일어날 수 있다. • 표면장력이 적어 금속 및 페인트칠에 대한 부식성이 크다.

정답 | ①

02 빈출도 ★★★

화재의 종류에 따른 표시색 연결이 틀린 것은?

① 일반화재 ─ 백색
② 전기화재 ─ 청색
③ 금속화재 ─ 흑색
④ 유류화재 ─ 황색

해설

금속화재의 표시색은 무색이다.

관련개념 화재의 분류

급수	화재 종류	표시색	소화방법
A급	일반화재	백색	냉각
B급	유류화재	황색	질식
C급	전기화재	청색	질식
D급	금속화재	무색	질식
K급	주방화재 (식용유화재)	─	비누화·냉각·질식
E급	가스화재	황색	제거·질식

정답 | ③

03 빈출도 ★

방화문에 대한 기준으로 틀린 것은?

① 30분 방화문: 연기 및 불꽃을 차단할 수 있는 시간이 30분 이상 60분 미만인 방화문
② 30분+ 방화문: 연기 및 불꽃을 차단할 수 있는 시간이 30분 이상 60분 미만이고, 열을 차단할 수 있는 시간이 30분 이상인 방화문
③ 60분 방화문: 연기 및 불꽃을 차단할 수 있는 시간이 60분 이상인 방화문
④ 60분+ 방화문: 연기 및 불꽃을 차단할 수 있는 시간이 60분 이상이고, 열을 차단할 수 있는 시간이 30분 이상인 방화문

해설

30분+ 방화문은 없으며 30분 방화문, 60분 방화문, 60분+ 방화문은 옳은 설명이다.

정답 | ②

제3종 분말 소화약제에 대한 설명으로 틀린 것은?

① A, B, C급 화재에 모두 적응한다.
② 주성분은 탄산수소칼륨과 요소이다.
③ 열분해시 발생되는 불연성 가스에 의한 질식효과가 있다.
④ 분말운무에 의한 열방사를 차단하는 효과가 있다.

해설

제3종 분말 소화약제의 주성분은 제1인산암모늄이다.
열분해 과정에서 발생하는 기체상태의 암모니아, 수증기가 산소 농도를 한계 이하로 희석시켜 질식소화를 한다.
방출 시 화염과 가연물 사이에 분말의 운무를 형성하여 화염으로부터의 방사열을 차단하며, 가연물질의 온도가 저하되어 연소가 지속되지 못한다.

관련개념 **분말 소화약제**

구분	주성분	색상	적응화재
제1종	탄산수소나트륨 ($NaHCO_3$)	백색	B급 화재 C급 화재
제2종	탄산수소칼륨 ($KHCO_3$)	담자색 (보라색)	B급 화재 C급 화재
제3종	제1인산암모늄 ($NH_4H_2PO_4$)	담홍색	A급 화재 B급 화재 C급 화재
제4종	탄산수소칼륨 + 요소 $[KHCO_3 + CO(NH_2)_2]$	회색	B급 화재 C급 화재

정답 | ②

제2종 분말 소화약제가 열분해되었을 때 생성되는 물질이 아닌 것은?

① CO_2
② H_2O
③ H_3PO_4
④ K_2CO_3

해설

제2종 분말 소화약제인 탄산수소칼륨($KHCO_3$) 2분자가 열분해되면 탄산칼륨(K_2CO_3) 1분자, 이산화탄소(CO_2) 1분자, 수증기(H_2O) 1분자가 생성된다.
따라서 인산(H_3PO_4)은 생성물이 아니다.
인산(H_3PO_4)은 제3종 분말 소화약제의 생성물이다.

관련개념

화학반응식이 옳은지 판단할 때는 반응물과 생성물을 구성하는 원자의 수가 일치하는지 확인하여야 한다.
제2종 분말 소화약제에는 인(P)이 포함되지 않으므로 생성물이 될 수 없다.

정답 | ③

주요구조부가 내화구조로 된 건축물에서 거실 각 부분으로부터 하나의 직통계단에 이르는 보행거리는 피난자의 안전상 몇 [m] 이하이어야 하는가?

① 50
② 60
③ 70
④ 80

해설

거실의 각 부분으로부터 직통계단에 이르는 보행거리는 일반구조의 경우 30[m] 이하, 내화구조의 경우 50[m] 이하가 되어야 한다.

관련개념

건축법 시행령에 따르면 건축물의 피난층 외의 층에서 피난층 또는 지상으로 통하는 직통계단은 거실의 각 부분으로부터 계단에 이르는 보행거리가 30[m] 이하가 되도록 설치해야 한다. 다만, 건축물의 주요구조부가 내화구조 또는 불연재료로 된 건축물은 그 보행거리가 50[m] 이하가 되도록 설치할 수 있다.

정답 | ①

07 빈출도 ★★

고층 건축물 내 연기거동 중 굴뚝효과에 영향을 미치는 요소가 아닌 것은?

① 건물 내·외의 온도차
② 화재실의 온도
③ 건물의 높이
④ 층의 면적

해설

굴뚝효과는 건축물의 내·외부 공기의 온도 및 밀도 차이로 인해 발생하는 공기의 흐름이다.
고층 건축물에서 층의 면적은 굴뚝효과에 영향을 미치지 않는다.

선지분석

① 건물 내·외의 온도차가 클수록 공기의 밀도차이가 커지므로 공기의 순환이 빠르게 이루어지며 굴뚝효과가 커진다.
② 건물 내부 화재 발생지점의 온도가 높을수록 건물 내·외의 온도차가 커지므로 굴뚝효과가 커진다.
③ 건물의 높이가 높을수록 저층과 고층의 기압차이가 커지므로 굴뚝효과가 커진다.

정답 | ④

08 빈출도 ★

화재 시 소화에 관한 설명으로 틀린 것은?

① 내알코올포 소화약제는 수용성용제의 화재에 적합하다.
② 물은 불에 닿을 때 증발하면서 다량의 열을 흡수하여 소화한다.
③ 제3종 분말 소화약제는 식용유화재에 적합하다.
④ 할로겐화합물 소화약제는 연쇄반응을 억제하여 소화한다.

해설

기름(식용유) 화재에 적합한 소화약제는 제1종 분말 소화약제이다.

정답 | ③

09 빈출도 ★★★

이산화탄소의 물성으로 옳은 것은?

① 임계온도: 31.35[℃]   증기비중: 0.529
② 임계온도: 31.35[℃]   증기비중: 1.529
③ 임계온도: 0.35[℃]   증기비중: 1.529
④ 임계온도: 0.35[℃]   증기비중: 0.529

해설

이산화탄소의 임계온도는 약 31.4[℃], 이산화탄소의 분자량이 44[g/mol]이므로 증기비중은
$\dfrac{\text{이산화탄소의 분자량}}{\text{공기의 평균 분자량}} = \dfrac{44}{29} ≒ 1.52$이다.

관련개념 이산화탄소의 일반적 성질

㉠ 상온에서 무색·무취·무미의 기체로서 독성이 없다.
㉡ 임계온도는 약 31.4[℃]이고, 비중이 약 1.52로 공기보다 무겁다.
㉢ 압축 및 냉각 시 쉽게 액화할 수 있으며, 더욱 압축냉각하면 드라이아이스가 된다.

정답 | ②

10 빈출도 ★

에테르, 케톤, 에스테르, 알데히드, 카르복실산, 아민 등과 같은 가연성인 수용성 용매에 유효한 포소화약제는?

① 단백포
② 수성막포
③ 불화단백포
④ 내알코올포

해설

수용성인 가연성 물질의 화재 진압에 적합한 포소화약제는 내알코올포이다.

정답 | ④

11 빈출도 ★★

비열이 가장 큰 물질은?

① 구리   ② 수은
③ 물   ④ 철

해설

얼음·물(H_2O)은 분자의 단순한 구조와 수소결합으로 인해 분자 간 결합이 강하므로 타 물질보다 비열, 융해잠열 및 증발잠열이 크다.

관련개념

물의 비열은 다른 물질의 비열보다 높은데 이는 물이 소화제로 사용되는 이유 중 하나이다.

정답 | ③

12 빈출도 ★★

실내화재에서 화재의 최성기에 돌입하기 전에 다량의 가연성 가스가 동시에 연소되면서 급격한 온도상승을 유발하는 현상은?

① 패닉(Panic) 현상
② 스택(Stack) 현상
③ 화이어 볼(Fire Ball) 현상
④ 플래쉬 오버(Flash Over) 현상

해설

플래쉬 오버(flash over) 현상이란 화점 주위에서 화재가 서서히 진행하다가 어느 정도 시간이 경과함에 따라 대류와 복사현상에 의해 일정 공간 안에 있는 가연물이 발화점까지 가열되어 일순간에 걸쳐 동시 발화되는 현상이다.

정답 | ④

13 빈출도 ★★

피난계획의 일반원칙 Fool Proof 원칙에 대한 설명으로 옳은 것은?

① 1가지가 고장이 나도 다른 수단을 이용하는 원칙
② 2방향의 피난동선을 항상 확보하는 원칙
③ 피난수단을 이동식 시설로 하는 원칙
④ 피난수단을 조작이 간편한 원시적 방법으로 하는 원칙

해설

피난 중 실수(Fool)가 발생하더라도 사고로 이어지지 않도록 (Proof) 하는 원칙을 Fool Proof 원칙이라고 한다.
인간이 실수를 줄일 수 있도록 피난수단을 조작이 간편한 방식으로 설계하는 것은 Fool Proof 원칙에 해당한다.

관련개념 **화재 시 피난동선의 조건**

㉠ 피난동선은 가급적 단순한 형태로 한다.
㉡ 2 이상의 피난동선을 확보한다.
㉢ 피난통로는 불연재료로 구성한다.
㉣ 인간의 본능을 고려하여 동선을 구성한다.
㉤ 계단은 직통계단으로 한다.
㉥ 피난통로의 종착지는 안전한 장소여야 한다.
㉦ 수평동선과 수직동선을 구분하여 구성한다.

정답 | ④

14 빈출도 ★★

유류탱크의 화재 시 발생하는 슬롭 오버(Slop Over) 현상에 관한 설명으로 틀린 것은?

① 소화 시 외부에서 방사하는 포에 의해 발생한다.

② 연소유가 비산되어 탱크 외부까지 화재가 확산된다.

③ 탱크의 바닥에 고인 물의 비등팽창에 의해 발생한다.

④ 연소면의 온도가 100[℃] 이상일 때 물을 주수하면 발생된다.

해설

화재가 발생한 유류저장탱크의 고온의 유류 표면에 물이 주입되어 급격히 증발하며 유류가 탱크 밖으로 넘치게 되는 현상을 슬롭 오버(Slop Over)라고 한다.

③은 보일 오버(Boil Over) 현상에 대한 설명이다.

정답 | ③

15 빈출도 ★

화재하중에 대한 설명 중 틀린 것은?

① 화재하중이 크면 단위 면적당의 발열량이 크다.

② 화재하중이 크다는 것은 화재구획의 공간이 넓다는 것이다.

③ 화재하중이 같더라도 물질의 상태에 따라 가혹도는 달라진다.

④ 화재하중은 화재구획실 내의 가연물 총량을 목재 중량당비로 환산하여 면적으로 나눈 수치이다.

해설

화재하중이 크다는 것은 단위 면적당 목재로 환산한 가연물의 중량이 크다는 의미이다.

관련개념

화재하중은 단위 면적당 목재로 환산한 가연물의 중량[kg/m²]이다.

정답 | ②

16 빈출도 ★

다음 원소 중 수소와의 결합력이 가장 큰 것은?

① F   ② Cl
③ Br   ④ I

해설

수소(H)는 주기율표상 1족 원소로 전자를 잃고 +1가 양이온이 되려는 성질이 있다.

따라서 전기 음성도가 클수록 수소와의 결합력이 크다.

전기 음성도는 F > Cl > Br > I 순으로 커진다.

정답 | ①

17 빈출도 ★

할론가스 45[kg]과 함께 기동가스로 질소 2[kg]을 충전하였다. 이때 질소가스의 몰분율은? (단, 할론가스의 분자량은 149이다.)

① 0.19   ② 0.24
③ 0.31   ④ 0.39

해설

할론가스의 분자량은 149[kg/kmol]이므로

할론가스 45[kg]의 몰 수는 $\frac{45}{149} \fallingdotseq 0.3$[kmol]이다.

질소가스의 분자량은 28[kg/kmol]이므로

질소가스 2[kg]의 몰 수는 $\frac{2}{28} \fallingdotseq 0.07$[kmol]이다.

따라서 전체 가스 중 질소가스의 몰분율은

$\frac{0.07}{0.3+0.07} \fallingdotseq 0.19$

정답 | ①

18 빈출도 ★★

열전도도(thermal conductivity)를 표시하는 단위에 해당하는 것은?

① $[J/m^2 \cdot h]$
② $[kcal/h \cdot \text{℃}^2]$
③ $[W/m \cdot K]$
④ $[J \cdot K/m^3]$

해설

열전도도(열전도 계수)의 단위는 $[W/m \cdot K]$이다.

관련개념 푸리에의 전도법칙

$$Q = kA\frac{(T_2 - T_1)}{l}$$

Q: 열전달량$[W]$, k: 열전도율$[W/m \cdot \text{℃}]$,
A: 열전달 부분 면적$[m^2]$, $(T_2 - T_1)$: 온도 차이$[\text{℃}]$,
l: 벽의 두께$[m]$

정답 | ③

19 빈출도 ★

섭씨 30도는 랭킨(Rankine)온도로 나타내면 몇 도인가?

① 546도
② 515도
③ 498도
④ 463도

해설

$30[\text{℃}]$를 화씨온도로 변환하면 다음과 같다.

$$[\text{℉}] = \frac{9}{5}[\text{℃}] + 32$$

$\frac{9}{5} \times 30[\text{℃}] + 32 = 86[\text{℉}]$

$86[\text{℉}]$를 랭킨온도로 변환하면 다음과 같다.

$$[R] = 460 + [\text{℉}]$$

$460 + 86[\text{℉}] = 546[R]$

관련개념 랭킨온도

온도가 가장 낮은 상태인 $-460[\text{℉}]$를 0랭킨(Rankine)으로 정하여 나타낸 온도를 랭킨온도라고 한다.

정답 | ①

20 빈출도 ★★

$0[\text{℃}]$, $1[atm]$ 상태에서 뷰테인(C_4H_{10}) $1[mol]$을 완전 연소시키기 위해 필요한 산소의 $[mol]$ 수는?

① 2
② 4
③ 5.5
④ 6.5

해설

뷰테인의 연소반응식은 다음과 같다.
$C_4H_{10} + 6.5O_2 \rightarrow 4CO_2 + 5H_2O$
뷰테인 $1[mol]$이 완전 연소하는 데 필요한 산소의 양은 $6.5[mol]$이다.

관련개념 탄화수소의 연소반응식

$$C_mH_n + \left(m + \frac{n}{4}\right)O_2 \rightarrow mCO_2 + \frac{n}{2}H_2O$$

정답 | ④

21 빈출도 ★★

금속이나 반도체에 압력이 가해진 경우 전기저항이 변화하는 성질을 이용한 압력센서는?

① 벨로우즈
② 다이어프램
③ 가변저항기
④ 스트레인 게이지

해설

스트레인 게이지는 가해지는 힘에 따라 저항이 변하는 압력센서이다.

선지분석

① 벨로우즈: 압력을 변위로 변환하는 장치
② 다이어프램: 압력을 변위로 변환하는 장치
③ 가변 저항기: 변위를 임피던스로 변환하는 장치

정답 | ④

22 빈출도 ★★

회로에서 전류 I는 약 몇 [A]인가?

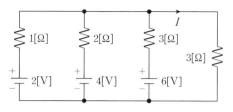

① 0.92
② 1.125
③ 1.29
④ 1.38

해설

맨 오른쪽 저항에 걸리는 전압을 $V_{3\Omega}$이라 하면

$$V_{3\Omega} = \cfrac{\dfrac{V_1}{R_1} + \dfrac{V_2}{R_2} + \dfrac{V_3}{R_3} + \dfrac{V_4}{R_4}}{\dfrac{1}{R_1} + \dfrac{1}{R_2} + \dfrac{1}{R_3} + \dfrac{1}{R_4}}$$

$$= \cfrac{\dfrac{2}{1} + \dfrac{4}{2} + \dfrac{6}{3} + \dfrac{0}{3}}{\dfrac{1}{1} + \dfrac{1}{2} + \dfrac{1}{3} + \dfrac{1}{3}} = \dfrac{6}{\dfrac{13}{6}} = \dfrac{36}{13} [\text{V}]$$

전류 $I = \dfrac{V_{3\Omega}}{R_4} = \dfrac{\dfrac{36}{13}}{3} = \dfrac{12}{13} = 0.92 [\text{A}]$

관련개념 밀만의 정리

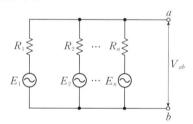

$$V_{ab} = IZ = \dfrac{I}{Y} = \cfrac{\dfrac{E_1}{R_1} + \dfrac{E_2}{R_2} + \dfrac{E_3}{R_3}}{\dfrac{1}{R_1} + \dfrac{1}{R_2} + \dfrac{1}{R_3}}$$

정답 | ①

23 빈출도 ★

다음 중 이동식 전기기기의 감전사고를 막기 위한 것은?

① 인터록 장치
② 방전코일 설치
③ 직렬리액터 설치
④ 접지설비

해설

이동식 전기기기의 감전사고를 막기 위해 접지설비를 하거나 누전차단기 등을 설치한다.

선지분석

① 인터록 장치: 두 회로 중 하나의 회로만 동작하도록 하는 안전 장치
② 방전코일: 회로 개방 시 콘덴서의 잔류 전하를 제거하기 위해 사용
③ 직렬리액터: 제5고조파를 제거하기 위해 사용

정답 | ④

24 빈출도 ★★★

그림의 정류회로에서 R에 걸리는 전압의 최댓값은 몇 [V]인가? (단, $V_2(t) = 20\sqrt{2}\sin\omega t$이다.)

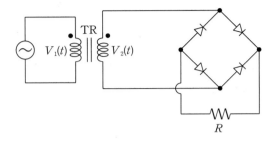

① 20
② $20\sqrt{2}$
③ 40
④ $40\sqrt{2}$

해설

그림은 브리지 정류회로로 단상 전파 정류기의 역할을 한다. 정류 후의 전압의 최댓값은 입력전압(V_2)의 최댓값과 같다.

∴ R에 걸리는 전압의 최댓값 = $20\sqrt{2}$ [V]

관련개념 단상 전파 정류의 입력과 출력

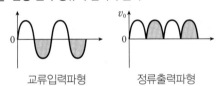

교류입력파형   정류출력파형

정답 | ②

25 빈출도 ★

역률 $65[\%]$, 용량 $120[\text{kW}]$의 부하를 역률 $100[\%]$로 개선하기 위한 콘덴서 용량은 약 몇 $[\text{kVA}]$인가?

① $130[\text{kVA}]$ ② $140[\text{kVA}]$

③ $150[\text{kVA}]$ ④ $160[\text{kVA}]$

해설

$$Q=P(\tan\theta_1-\tan\theta_2)$$

Q: 콘덴서 용량$[\text{kVA}]$, P: 유효전력$[\text{kW}]$,
θ_1: 개선 전 역률, θ_2: 개선 후 역률

$$Q=P\left(\frac{\sqrt{1-\cos^2\theta_1}}{\cos\theta_1}-\frac{\sqrt{1-\cos^2\theta_2}}{\cos\theta_2}\right)$$

$$=120\times\left(\frac{\sqrt{1-0.65^2}}{0.65}-0\right)$$

$$=120\times\frac{0.76}{0.65}=140.31[\text{kVA}]$$

정답 | ②

26 빈출도 ★★★

그림과 같은 블록선도의 전달함수$\left(\dfrac{C(s)}{R(s)}\right)$는?

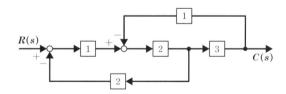

① $\dfrac{6}{23}$ ② $\dfrac{6}{17}$

③ $\dfrac{6}{15}$ ④ $\dfrac{6}{11}$

해설

$$\frac{C(s)}{R(s)}=\frac{경로}{1-폐로}$$

$$=\frac{1\times2\times3}{1-(-1\times2\times2)-(-2\times3\times1)}=\frac{6}{11}$$

정답 | ④

27 빈출도 ★★

1회 감은 코일에 지나가는 자속이 $\dfrac{1}{100}[\text{s}]$ 동안에 $0.3[\text{Wb}]$에서 $0.5[\text{Wb}]$로 증가하였다면 유도기전력은 몇 $[\text{V}]$가 되는가?

① $5[\text{V}]$ ② $10[\text{V}]$

③ $20[\text{V}]$ ④ $40[\text{V}]$

해설

$$e=\left|-N\frac{d\phi}{dt}\right|$$

e: 기전력$[\text{V}]$, N: 코일의 감은 횟수, $d\phi$: 자속의 변화량,
dt: 시간의 변화량

$$e=\left|-1\times\frac{0.5-0.3}{\frac{1}{100}}\right|=|-20|$$

$$=20[\text{V}]$$

정답 | ③

28 빈출도 ★★★

$200[\text{V}]$의 교류 전압에서 $30[\text{A}]$의 전류가 흐르는 부하가 $4.8[\text{kW}]$의 유효전력을 소비하고 있을 때 이 부하의 리액턴스$[\Omega]$는?

① 6.6 ② 5.3

③ 4.0 ④ 3.3

해설

유효전력 $P=VI\cos\theta$

$\cos\theta=\dfrac{P}{VI}=\dfrac{4.8\times10^3}{200\times30}=0.8$

$\sin\theta=\sqrt{1-\cos^2\theta}=\sqrt{1-0.8^2}=0.6$

임피던스 $Z=\dfrac{V}{I}=\dfrac{200}{30}=\dfrac{20}{3}[\Omega]$

리액턴스 $X=Z\times\sin\theta=\dfrac{20}{3}\times0.6=4[\Omega]$

관련개념 별해

피상전력 $P_a=VI=200\times30=6,000[\text{VA}]$

무효전력 $P_r=\sqrt{P^2-P_a^2}=\sqrt{6,000^2-4,800^2}=3,600[\text{Var}]$

리액턴스 $X=\dfrac{P_r}{I^2}=\dfrac{3,600}{30^2}=4[\Omega]$

정답 | ③

29 빈출도 ★

두 벡터 $A_1=3+j2$, $A_2=2+j3$가 있다. $A=A_1 \cdot A_2$ 라고 할 때 A는?

① $13 \angle 0°$　　　　② $13 \angle 45°$

③ $13 \angle 90°$　　　　④ $13 \angle 135°$

해설

$A=A_1 \cdot A_2$
$\quad =(3+j2) \times (2+j3)$
$\quad =6+j9+j4-6=j13$

$j13$을 극좌표 형식으로 나타내면 $13 \angle 90°$이 된다.

관련개념 극좌표 형식

$13 \rightarrow 13 \angle 0°$
$j13 \rightarrow 13 \angle 90°$
$-13 \rightarrow 13 \angle 180°$
$-j13 \rightarrow 13 \angle 270°$

정답 | ③

30 빈출도 ★★

길이 1[cm]마다 감은 권선수가 50회인 무한장 솔레노이드에 500[mA]의 전류를 흘릴 때 솔레노이드의 내부에서 자계의 세기는 몇 [AT/m]인가?

① 1,250　　　　② 2,500

③ 12,500　　　　④ 25,000

해설

무한장 솔레노이드의 내부 자계

$H_i=n_0 I=50[1/\text{cm}] \times 500 \times 10^{-3}$
$\quad =5,000[1/\text{m}] \times 0.5=2,500[\text{AT/m}]$

정답 | ②

31 빈출도 ★★

전기기기에서 생기는 손실 중 권선의 저항에 의하여 생기는 손실은?

① 철손　　　　② 동손

③ 표유부하손　　　　④ 히스테리시스손

해설

부하 전류가 흐르며 권선의 저항에 의해 발생하는 손실은 동손이다.

선지분석

① 철손: 변압기 철심에서 교번 자계에 의해 발생한다.

③ 표유부하손: 변압기에 부하 전류가 흐를 때 권선 외의 철심, 외함 등에서 누설 자속에 의해 발생한다.

④ 히스테리시스손: 와류손과 함께 철손에 포함되는 손실이다.

정답 | ②

32 빈출도 ★★

정전용량이 0.02[μF]인 커패시터 2개와 정전용량이 0.01[μF]인 커패시터 1개를 모두 병렬로 접속하여 24[V]의 전압을 가하였다. 이 병렬회로의 합성 정전용량[μF]과 0.01[μF]의 커패시터에 축적되는 전하량[C]은?

① 0.05, 0.12×10^{-6}　　　　② 0.05, 0.24×10^{-6}

③ 0.03, 0.12×10^{-6}　　　　④ 0.03, 0.24×10^{-6}

해설

회로를 그림으로 표현하면 다음과 같다.

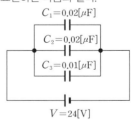

$C_1=0.02[\mu\text{F}]$, $C_2=0.02[\mu\text{F}]$, $C_3=0.01[\mu\text{F}]$라 하면
합성 정전용량 $C_{eq}=C_1+C_2+C_3=0.05[\mu\text{F}]$
병렬회로에 걸리는 전압은 24[V]이므로 0.01[μF]에 축적되는 전하량은

$Q=C_3 V=0.01 \times 10^{-6} \times 24=0.24 \times 10^{-6}[\text{C}]$

정답 | ②

33 빈출도 ★

시퀀스 제어의 문자기호와 용어를 잘못 짝지은 것은?

① ZCT − 영상변류기
② IR − 유도전압조정기
③ IM − 유도전동기
④ THR − 트립지연계전기

해설

THR은 Thermal (Overload) Relay의 줄임말로 열동계전기라고 한다. 열동계전기는 전동기 설비의 과부하 보호에 사용된다.

정답 | ④

34 빈출도 ★★

내압이 $1.0[kV]$이고 정전용량이 각각 $0.01[\mu F]$, $0.02[\mu F]$, $0.04[\mu F]$인 3개의 커패시터를 직렬로 연결했을 때 전체 내압은 몇 $[V]$인가?

① 1,500　　　　　② 1,750
③ 2,000　　　　　④ 2,200

해설

$Q=CV[C]$에서 모든 콘덴서의 내압은 같으므로(재질이나 형태가 동일) 축적 가능한 전하량은 콘덴서의 정전용량에 비례한다. $(Q\propto C)$

커패시터를 직렬로 연결할 경우 모든 커패시터에 동일한 전하량이 축적되며 인가 전압을 올릴 경우 정전용량이 작은 커패시터가 먼저 절연이 파괴되기 시작한다.

절연이 파괴되기 직전의 내압은 $1.0[kV]$이고 $V\propto\dfrac{1}{C}$이므로

$$V_1 : V_2 : V_3 = \frac{1}{0.01} : \frac{1}{0.02} : \frac{1}{0.04}$$

$\rightarrow V_1=1,000[V], V_2=500[V], V_3=250[V]$

∴ 전체 내압 $V=V_1+V_2+V_3$
　　　　　$=1,000+500+250=1,750[V]$

정답 | ②

35 빈출도 ★★★

회로에서 전압계 ⓥ가 지시하는 전압의 크기는 몇 $[V]$인가?

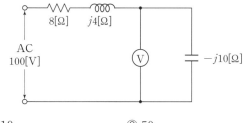

① 10　　　　　② 50
③ 80　　　　　④ 100

해설

합성 임피던스 $Z=8+j4-j10=8-j6[\Omega]$

회로에 흐르는 전류 $I=\dfrac{V}{Z}=\dfrac{100}{\sqrt{8^2+6^2}}=10[A]$이므로

전압계 ⓥ가 지시하는 크기
$|V|=|10\times(-j10)|=|-j100|=100[V]$

정답 | ④

36 빈출도 ★★

그림과 같은 트랜지스터를 사용한 정전압회로에서 Q_1의 역할로서 옳은 것은?

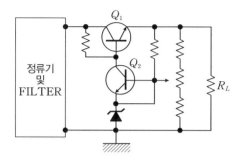

① 증폭용　　　　② 비교부용
③ 제어용　　　　④ 기준부용

37 빈출도 ★★★

50[Hz]의 3상 전압을 전파 정류하였을 때 리플(맥동) 주파수[Hz]는?

① 50　　　　② 100
③ 150　　　　④ 300

38 빈출도 ★★

지시계기에 대한 동작원리가 아닌 것은?

① 열전형 계기: 대전된 도체 사이에 작용하는 정전력을 이용
② 가동 철편형 계기: 전류에 의한 자기장에서 고정 철편과 가동 철편 사이에 작용하는 힘을 이용
③ 전류력계형 계기: 고정 코일에 흐르는 전류에 의한 자기장과 가동 코일에 흐르는 전류 사이에 작용하는 힘을 이용
④ 유도형 계기: 회전 자기장 또는 이동 자기장과 이것에 의한 유도 전류와의 상호작용을 이용

39 빈출도 ★★★

전기자 제어 직류 서보 전동기에 대한 설명으로 옳은 것은?

① 교류 서보 전동기에 비하여 구조가 간단하여 소형이고 출력이 비교적 낮다.
② 제어 권선과 콘덴서가 부착된 여자 권선으로 구성된다.
③ 전기적 신호를 계자 권선의 입력 전압으로 한다.
④ 계자 권선의 전류가 일정하다.

해설

전기자 제어 직류 서보 전동기는 계자 권선의 전류가 일정하다.

선지분석

① 교류 서보 전동기에 비하여 구조가 간단하여 소형이고 출력이 비교적 높다.
② 제어 권선과 콘덴서가 부착된 여자 권선으로 구성된 전동기는 교류 서보 전동기이다.
③ 전기적 신호를 계자 권선의 입력 전압으로 하는 것은 교류 서보 전동기이다.

정답 | ④

40 빈출도 ★★

3상 유도 전동기를 Y결선으로 운전했을 때 토크가 T_Y이었다. 이 전동기를 동일한 전원에서 △결선으로 운전했을 때 토크($T_△$)는?

① $T_△ = 3T_Y$
② $T_△ = \sqrt{3}T_Y$
③ $T_△ = \frac{1}{3}T_Y$
④ $T_△ = \frac{1}{\sqrt{3}}T_Y$

해설

Y결선 기동 시 △결선 기동 토크의 $\frac{1}{3}$배가 된다.

$$\therefore T_Y = \frac{1}{3}T_△ \rightarrow T_△ = 3T_Y$$

관련개념 Y−△ 기동법

㉠ 기동 전류는 $\frac{1}{3}$배로 감소
㉡ 기동 전압은 $\frac{1}{\sqrt{3}}$배로 감소
㉢ 기동 토크는 $\frac{1}{3}$배로 감소

정답 | ①

41 빈출도 ★★

소방시설공사업법령에 따른 소방시설공사 중 특정소방대상물에 설치된 소방시설등을 구성하는 것의 전부 또는 일부를 개설, 이전 또는 정비하는 공사의 착공신고 대상이 아닌 것은?

① 수신반
② 소화펌프
③ 동력(감시)제어반
④ 제연설비의 제연구역

해설

제연설비의 제연구역은 착공신고 대상이 아니다.

관련개념 특정소방대상물에 설치된 소방시설등을 구성하는 것의 전부 또는 일부를 개설, 이전 또는 정비하는 공사의 착공신고 대상

㉠ 수신반
㉡ 소화펌프
㉢ 동력(감시)제어반

정답 | ④

42 빈출도 ★★★

특수가연물을 저장 또는 취급하는 장소에 설치하는 표지의 기재사항이 아닌 것은?

① 품명
② 위험등급
③ 최대저장수량
④ 화기취급의 금지

해설

위험등급은 특수가연물을 저장 또는 취급하는 장소에 설치하는 표지의 기재사항이 아니라 위험물 제조소등에 설치하는 표지의 기재사항이다.

관련개념 특수가연물을 저장 또는 취급하는 장소에 설치하는 표지의 기재사항

㉠ 품명
㉡ 최대저장수량
㉢ 단위부피당 질량(또는 단위체적당 질량)
㉣ 관리책임자 성명·직책
㉤ 연락처
㉥ 화기취급의 금지표시

정답 | ②

43 빈출도 ★★

소방기본법령상 소방업무 상호응원협정 체결 시 포함되어야 하는 사항이 아닌 것은?

① 응원출동의 요청방법
② 응원출동훈련 및 평가
③ 응원출동대상지역 및 규모
④ 응원출동 시 현장지휘에 관한 사항

해설

응원출동 시 현장지휘에 관한 사항은 상호응원협정사항이 아니다.

관련개념 소방업무의 상호응원협정사항

㉠ 소방활동에 관한 사항
　– 화재의 경계·진압 활동
　– 구조·구급업무의 지원
　– 화재조사활동
㉡ 응원출동대상지역 및 규모
㉢ 소요경비의 부담에 관한 사항
　– 출동대원 수당·식사 및 피복의 수선
　– 소방장비 및 기구의 정비와 연료의 보급
㉣ 응원출동의 요청방법
㉤ 응원출동훈련 및 평가

정답 | ④

44 빈출도 ★

소방시설 설치 및 관리에 관한 법령상 특정소방대상물의 소방시설 설치의 면제기준에 따라 연결살수설비의 설치를 면제받을 수 있는 경우는?

① 송수구를 부설한 간이스프링클러설비를 설치했을 때
② 송수구를 부설한 옥내소화전설비를 설치했을 때
③ 송수구를 부설한 옥외소화전설비를 설치했을 때
④ 송수구를 부설한 연결송수관설비를 설치했을 때

해설

연결살수설비를 설치해야 하는 특정소방대상물에 송수구를 부설한 간이스프링클러설비를 설치하였을 때 연결살수설비의 설치가 면제된다.

관련개념 연결살수설비의 설치 면제 기준

㉠ 특정소방대상물에 송수구를 부설한 스프링클러설비 설치한 경우
㉡ 특정소방대상물에 송수구를 부설한 간이스프링클러설비 설치한 경우
㉢ 특정소방대상물에 송수구를 부설한 물분무소화설비 또는 미분무소화설비 설치한 경우

정답 ①

45 빈출도 ★★★

소방시설 설치 및 관리에 관한 법률상 소방시설 등에 대한 자체점검 중 종합점검 대상인 것은?

① 제연설비가 설치되지 않은 터널
② 스프링클러설비가 설치된 연면적이 $5,000[m^2]$이고, 12층인 아파트
③ 물분무등소화설비가 설치된 연면적이 $5,000[m^2]$인 위험물제조소
④ 호스릴방식의 물분무등소화설비만을 설치한 연면적 $3,000[m^2]$인 특정소방대상물

해설

스프링클러설비가 설치된 특정소방대상물은 면적과 층수와 무관하게 종합점검 대상이다.

선지분석

① 제연설비가 설치된 터널
③ 물분무등소화설비가 설치된 연면적 $5,000[m^2]$ 이상인 특정소방대상물(제조소등 제외)
④ 호스릴방식의 물분무등소화설비만을 설치한 경우 제외

관련개념 종합점검 대상

㉠ 스프링클러설비가 설치된 특정소방대상물
㉡ 물분무등소화설비(호스릴방식의 물분무등소화설비만을 설치한 경우 제외)가 설치된 연면적 $5,000[m^2]$ 이상인 특정소방대상물(위험물제조소등 제외)
㉢ 다중이용업의 영업장이 설치된 특정소방대상물로서 연면적이 $2,000[m^2]$ 이상인 것
㉣ 제연설비가 설치된 터널
㉤ 공공기관 중 연면적이 $1,000[m^2]$ 이상인 것으로서 옥내소화전설비 또는 자동화재탐지설비가 설치된 것(소방대가 근무하는 공공기관 제외)

정답 ②

46 빈출도 ★★

다음 위험물안전관리법령의 자체소방대 기준에 대한 설명으로 틀린 것은?

> 다량의 위험물을 저장·취급하는 제조소등으로서 대통령령이 정하는 제조소등이 있는 동일한 사업소에서 대통령령이 정하는 수량 이상의 위험물을 저장 또는 취급하는 경우 당해 사업소의 관계인은 대통령령이 정하는 바에 따라 당해 사업소에 자체소방대를 설치하여야 한다.

① "대통령령이 정하는 제조소등"은 제4류 위험물을 취급하는 제조소를 포함한다.
② "대통령령이 정하는 제조소등"은 제4류 위험물을 취급하는 일반취급소를 포함한다.
③ "대통령령이 정하는 수량 이상의 위험물"은 제4류 위험물의 최대수량의 합이 지정수량의 3,000배 이상인 것을 포함한다.
④ "대통령령이 정하는 제조소등"은 보일러로 위험물을 소비하는 일반취급소를 포함한다.

해설

보일러로 위험물을 소비하는 일반취급소는 "대통령령이 정하는 제조소등"에서 제외된다.

관련개념

㉠ 대통령령이 정하는 제조소 등
  – 제4류 위험물을 취급하는 제조소 또는 일반취급소(보일러로 위험물을 소비하는 일반취급소 등 행정안전부령으로 정하는 일반취급소 제외)
  – 제4류 위험물을 저장하는 옥외탱크저장소
㉡ 대통령령이 정하는 수량 이상의 위험물
  – 제조소 또는 일반취급소에서 취급하는 제4류 위험물의 최대수량의 합이 지정수량의 3,000배 이상
  – 옥외탱크저장소에 저장하는 제4류 위험물의 최대수량이 지정수량의 500,000배 이상

정답 | ④

47 빈출도 ★★★

소방시설 설치 및 관리에 관한 법률상 건축허가 등의 동의대상물의 범위로 틀린 것은?

① 항공기격납고
② 방송용 송수신탑
③ 연면적이 400[m²] 이상인 건축물
④ 지하층 또는 무창층이 있는 건축물로서 바닥면적이 50[m²] 이상인 층이 있는 것

해설

지하층, 무창층이 있는 건축물로서 바닥면적이 **150[m²]** 이상인 층이 있는 건축물이 건축허가 등의 동의대상물이다.

관련개념 동의대상물의 범위

㉠ 연면적 400[m²] 이상 건축물이나 시설
㉡ 다음 표에서 제시된 기준 연면적 이상의 건축물이나 시설

구분	기준
학교시설	100[m²] 이상
– 노유자시설 – 수련시설	200[m²] 이상
– 정신의료기관 – 장애인 의료재활시설	300[m²] 이상

㉢ 지하층, 무창층이 있는 건축물로서 바닥면적이 150[m²](공연장 100[m²]) 이상인 층이 있는 것
㉣ 차고, 주차장 또는 주차용도로 사용되는 시설
  – 차고·주차장으로 사용되는 바닥면적이 200[m²] 이상인 층이 있는 건축물이나 주차시설
  – 승강기 등 기계장치에 의한 주차시설로서 자동차 20대 이상을 주차할 수 있는 시설
㉤ 층수가 6층 이상인 건축물
㉥ 항공기격납고, 관망탑, 항공관제탑, 방송용 송수신탑
㉦ 특정소방대상물 중 위험물 저장 및 처리시설, 지하구

정답 | ④

48 빈출도 ★★★

대통령령으로 정하는 특정소방대상물의 소방시설 중 내진설계 대상이 아닌 것은?

① 옥내소화전설비
② 스프링클러설비
③ 물분무소화설비
④ 연결살수설비

해설

연결살수설비는 내진설계 대상이 아니다.

관련개념 특정소방대상물의 소방시설 중 내진설계 대상

㉠ 옥내소화전설비
㉡ 스프링클러설비
㉢ 물분무등소화설비

정답 | ④

49 빈출도 ★

화재의 예방 및 안전관리에 관한 법령상 특정소방대상물의 관계인이 수행하여야 하는 소방안전관리 업무가 아닌 것은?

① 소방훈련의 지도 · 감독
② 화기(火氣) 취급의 감독
③ 피난시설, 방화구획 및 방화시설의 관리
④ 소방시설이나 그 밖의 소방 관련 시설의 관리

해설

소방훈련의 지도 및 감독은 특정소방대상물의 관계인이 수행하여야 하는 업무가 아니다.

관련개념 특정소방대상물 관계인의 업무

㉠ 피난시설, 방화구획 및 방화시설의 관리
㉡ 소방시설이나 그 밖의 소방 관련 시설의 관리
㉢ 화기 취급의 감독
㉣ 화재발생 시 초기대응
㉤ 그 밖에 소방안전관리에 필요한 업무

정답 | ①

50 빈출도 ★★★

위험물안전관리법령에서 정하는 제3류 위험물에 해당하는 것은?

① 나트륨
② 염소산염류
③ 무기과산화물
④ 유기과산화물

해설

나트륨은 제3류 위험물에 해당된다.

선지분석

② 염소산염류: 제1류 위험물
③ 무기과산화물: 제1류 위험물
④ 유기과산화물: 제5류 위험물

관련개념 제3류 위험물 및 지정수량

위험물	품명	지정수량
제3류 (자연 발화성 물질 및 금수성 물질)	칼륨	10[kg]
	나트륨	
	알킬알루미늄	
	알킬리튬	
	황린	20[kg]
	알칼리금속(칼륨 및 나트륨 제외) 및 알칼리토금속	50[kg]
	유기금속화합물(알킬알루미늄 및 알킬리튬 제외)	
	금속의 수소화물	300[kg]
	금속의 인화물	
	칼슘 또는 알루미늄의 탄화물	

정답 | ①

51 빈출도 ★

소방시설 설치 및 관리에 관한 법률에 따른 임시소방시설 중 간이소화장치를 설치하여야 하는 공사의 작업현장의 규모의 기준 중 다음 (　　) 안에 알맞은 것은?

> - 연면적 (　㉠　)[m²] 이상
> - 지하층, 무창층 또는 (　㉡　)층 이상의 층인 경우 해당 층의 바닥면적이 (　㉢　)[m²] 이상인 경우만 해당

① ㉠: 1,000, ㉡: 6, ㉢: 150
② ㉠: 1,000, ㉡: 6, ㉢: 600
③ ㉠: 3,000, ㉡: 4, ㉢: 150
④ ㉠: 3,000, ㉡: 4, ㉢: 600

해설

간이소화장치를 설치하여야 하는 공사의 작업 현장의 규모의 기준
㉠ 연면적 **3,000[m²]** 이상
㉡ 지하층, 무창층 또는 **4층** 이상의 층(해당 층의 바닥면적이 **600[m²]** 이상인 경우만 해당)

관련개념 임시소방시설 설치 대상 공사의 종류와 규모

소화기	건축허가 등을 할 때 소방본부장 또는 소방서장의 동의를 받아야 하는 특정소방대상물의 건축·대수선·용도변경 또는 설치 등을 위한 공사 중 화재위험작업을 하는 현장에 설치
간이소화장치	• 연면적 3,000[m²] 이상 • 지하층, 무창층 또는 4층 이상의 층(해당 층의 바닥면적이 600[m²] 이상인 경우만 해당)
비상경보장치	• 연면적 400[m²] 이상 • 지하층 또는 무창층(해당 층의 바닥면적이 150[m²] 이상인 경우만 해당)
간이피난유도선	바닥면적이 150[m²] 이상인 지하층 또는 무창층의 작업현장에 설치

정답 | ④

52 빈출도 ★★

소방시설 설치 및 관리에 관한 법령상 건축허가 등의 동의를 요구하는 때 동의요구서에 첨부하여야 하는 설계도서가 아닌 것은?(단, 소방시설공사 착공신고대상에 해당하는 경우이다.)

① 창호도
② 실내 전개도
③ 건축물의 주단면도
④ 건축개요 및 배치도

해설

실내 전개도는 동의요구서에 첨부하여야 하는 설계도서가 아니다.

관련개념 건축허가 등의 동의를 요구하는 때 동의요구서에 첨부하여야 하는 설계도서

구분	설계도서
건축물	• 건축물 개요 및 배치도 • 주단면도 및 입면도 • 층별 평면도(용도별 기준층 평면도 포함) • 방화구획도(창호도 포함) • 실내·실외 마감재료표 • 소방자동차 진입 동선도 및 부서 공간 위치도(조경계획 포함)
소방시설	• 소방시설의 계통도(시설별 계산서 포함) • 소방시설별 층별 평면도 • 실내장식물 방염대상물품 설치 계획 • 소방시설의 내진설계 계통도 및 기준층 평면도(세부 내용이 포함된 상세 설계도면 제외)

정답 | ②

53 빈출도 ★★

다음 중 상주 공사감리를 하여야 할 대상의 기준으로 옳은 것은?

① 지하층을 포함한 층수가 16층 이상으로서 300세대 이상인 아파트에 대한 소방시설의 공사
② 지하층을 포함한 층수가 16층 이상으로서 500세대 이상인 아파트에 대한 소방시설의 공사
③ 지하층을 포함하지 않은 층수가 16층 이상으로서 300세대 이상인 아파트에 대한 소방시설의 공사
④ 지하층을 포함하지 않은 층수가 16층 이상으로서 500세대 이상인 아파트에 대한 소방시설의 공사

해설

지하층을 포함한 층수가 16층 이상으로서 500세대 이상인 아파트에 대한 소방시설의 공사는 상주 공사감리 대상이다.

관련개념 상주 공사감리 대상

㉠ 연면적 $30,000[m^2]$ 이상의 특정소방대상물(아파트 제외)에 대한 소방시설의 공사
㉡ 지하층을 포함한 층수가 16층 이상으로서 500세대 이상인 아파트에 대한 소방시설의 공사

정답 ②

54 빈출도 ★★★

화재의 예방 및 안전관리에 관한 법률상 보일러, 난로, 건조설비, 가스·전기시설, 그 밖에 화재 발생 우려가 있는 설비 또는 기구 등의 위치·구조 및 관리와 화재 예방을 위하여 불을 사용할 때 지켜야 하는 사항은 무엇으로 정하는가?

① 총리령
② 대통령령
③ 시·도 조례
④ 행정안전부령

해설

화재 예방을 위하여 불을 사용할 때 지켜야 하는 사항은 **대통령령**으로 정한다.

정답 ②

55 빈출도 ★★

화재의 예방 및 안전관리에 관한 법률 상 총괄소방안전관리자를 선임하여야 하는 특정소방대상물 중 복합건축물은 지하층을 제외한 층수가 최소 몇 층 이상인 건축물만 해당되는가?

① 6층
② 11층
③ 20층
④ 30층

해설

총괄소방안전관리자를 선임해야 하는 복합건축물은 지하층을 제외한 층수가 **11층** 이상 또는 연면적 $30,000[m^2]$ 이상인 건축물이다.

정답 ②

56 빈출도 ★★

화재의 예방 및 안전관리에 관한 법률상 특수가연물의 저장 및 취급 기준을 위반한 경우 과태료 부과기준은?

① 50만 원
② 100만 원
③ 150만 원
④ 200만 원

해설

특수가연물의 저장 및 취급 기준을 위반한 경우 **200만 원** 이하의 과태료를 부과한다.

정답 ④

57 빈출도 ★★★

위험물안전관리법령상 제4류 위험물 중 경유의 지정수량은 몇 [L]인가?

① 500
② 1,000
③ 1,500
④ 2,000

해설

경유(제2석유류 비수용성)의 지정수량은 1,000[L]이다.

관련개념 제4류 위험물 및 지정수량

위험물	품명		지정수량
제4류 (인화성액체)	특수인화물		50[L]
	제1석유류	비수용성	200[L]
		수용성	400[L]
	알코올류		
	제2석유류	비수용성	1,000[L]
		수용성	2,000[L]
	제3석유류	비수용성	
		수용성	4,000[L]
	제4석유류		6,000[L]
	동식물유류		10,000[L]

정답 | ②

58 빈출도 ★★

소방시설 설치 및 관리에 관한 법률상 분말형태의 소화약제를 사용하는 소화기의 내용연수로 옳은 것은? (단, 소방용품의 성능을 확인받아 그 사용기한을 연장하는 경우는 제외한다.)

① 3년
② 5년
③ 7년
④ 10년

해설

분말형태의 소화약제를 사용하는 소화기의 내용연수는 10년이다.

정답 | ④

59 빈출도 ★★

소방시설공사업법령상 소방공사감리를 실시함에 있어 용도와 구조에서 특별히 안전성과 보안성이 요구되는 소방대상물로서 소방시설물에 대한 감리를 감리업자가 아닌 자가 감리할 수 있는 장소는?

① 정보기관의 청사
② 교도소 등 교정관련시설
③ 국방 관계시설 설치장소
④ 원자력안전법상 관계시설이 설치되는 장소

해설

감리업자가 아닌 자가 감리할 수 있는 보안성 등이 요구되는 소방대상물의 시공 장소는 원자력안전법상 관계시설이 설치되는 장소이다.

정답 | ④

60 빈출도 ★★

다음 소방시설 중 경보설비가 아닌 것은?

① 통합감시시설
② 가스누설경보기
③ 비상콘센트설비
④ 자동화재속보설비

해설

비상콘센트설비는 소화활동설비에 해당한다.

관련개념 소방시설의 종류

소화설비	• 소화기구 • 자동소화장치 • 옥내소화전설비	• 스프링클러설비등 • 물분무등소화설비 • 옥외소화전설비
경보설비	• 단독경보형 감지기 • 비상경보설비 • 자동화재탐지설비 • 시각경보기 • 화재알림설비	• 비상방송설비 • 자동화재속보설비 • 통합감시시설 • 누전경보기 • 가스누설경보기
피난구조설비	• 피난기구 • 인명구조기구 • 유도등	• 비상조명등 • 휴대용비상조명등
소화용수설비	• 상수도소화용수설비 • 소화수조·저수조	• 그 밖의 소화용수설비
소화활동설비	• 제연설비 • 연결송수관설비 • 연결살수설비	• 비상콘센트설비 • 무선통신보조설비 • 연소방지설비

정답 | ③

61 빈출도 ★★★

자동화재속보설비 속보기의 기능에 대한 기준 중 틀린 것은?

① 작동신호를 수신하거나 수동으로 동작시키는 경우 30초 이내에 소방관서에 자동적으로 신호를 발하여 알리되, 3회 이상 속보할 수 있어야 한다.
② 예비전원을 병렬로 접속하는 경우에는 역충전방지 등의 조치를 하여야 한다.
③ 연동 또는 수동으로 소방관서에 화재발생 음성정보를 속보 중인 경우에도 송수화장치를 이용한 통화가 우선적으로 가능하여야 한다.
④ 속보기의 송수화장치가 정상위치가 아닌 경우에도 연동 또는 수동으로 속보가 가능하여야 한다.

해설

자동화재속보설비 속보기는 작동신호를 수신하거나 수동으로 동작시키는 경우 **20초** 이내에 소방관서에 자동적으로 신호를 발하여 알리되, **3회** 이상 속보할 수 있어야 한다.

정답 | ①

62 빈출도 ★★

감지기의 형식승인 및 제품검사의 기술기준에 따라 단독경보형 감지기의 일반기능에 대한 내용이다. 다음 ( )에 들어갈 내용으로 옳은 것은?

> 주기적으로 섬광하는 전원표시등에 의하여 전원의 정상 여부를 감시할 수 있는 기능이 있어야 하며, 전원의 정상상태를 표시하는 전원표시등의 섬광 주기는 (ⓐ)초 이내의 점등과 (ⓑ)초에서 (ⓒ)초 이내의 소등으로 이루어져야 한다.

① ⓐ: 1, ⓑ: 15, ⓒ: 60
② ⓐ: 1, ⓑ: 30, ⓒ: 60
③ ⓐ: 2, ⓑ: 15, ⓒ: 60
④ ⓐ: 2, ⓑ: 30, ⓒ: 60

해설

단독경보형 감지기는 주기적으로 섬광하는 전원표시등에 의하여 전원의 정상 여부를 감시할 수 있는 기능이 있어야 하며, 전원의 정상상태를 표시하는 전원표시등의 섬광 주기는 **1초** 이내의 점등과 **30초에서 60초 이내**의 소등으로 이루어져야 한다.

정답 | ②

63 빈출도 ★

유도등의 형식승인 및 제품검사의 기술기준에 따라 영상표시소자(LED, LCD 및 PDP 등)를 이용하여 피난유도표시 형상을 영상으로 구현하는 방식은?

① 투광식   ② 패널식
③ 방폭형   ④ 방수형

해설

패널식은 영상표시소자(LED, LCD 및 PDP 등)를 이용하여 피난유도표시 형상을 영상으로 구현하는 방식이다.

선지분석

① 투광식: 광원의 빛이 통과하는 투과면에 피난유도표시 형상을 인쇄하는 방식
③ 방폭형: 폭발성 가스가 용기 내부에서 폭발하였을 때 용기가 그 압력에 견디거나 또는 외부의 폭발성 가스에 인화될 우려가 없도록 만들어진 형태의 제품
④ 방수형: 방수 구조로 되어 있는 것

정답 | ②

64 빈출도 ★

자동화재탐지설비에서 비화재보가 빈번할 때의 조치로서 적당하지 않은 것은?

① 감지기 설치장소에 급격한 온도상승을 가져오는 발열체가 있는지 조사
② 전원회로의 전압계 지시치가 0인가 확인
③ 수신기 내부의 계전기 기능 조사
④ 감지기 회로배선의 절연상태 조사

해설

전원회로의 전압계 지시치가 0인지 확인하는 것은 전원의 이상 여부를 확인하는 것으로 비화재보의 조치와는 관련 없다.

관련개념 비화재보가 빈번할 때의 조치사항

㉠ 감지기 설치장소에 급격한 온도상승을 가져오는 발열체(감열체)가 있는지 확인
㉡ 수신기 내부의 계전기의 기능(접점) 확인
㉢ 감지기 회로의 배선 및 절연상태 확인
㉣ 화재 또는 지구표시등회로의 절연상태 확인

정답 | ②

65 빈출도 ★★

자동화재탐지설비 및 시각경보장치의 화재안전기술기준(NFTC 203)에 따른 자동화재탐지설비의 중계기의 시설기준으로 틀린 것은?

① 조작 및 점검에 편리하고 화재 및 침수 등의 재해로 인한 피해를 받을 우려가 없는 장소에 설치할 것
② 수신기에서 직접 감지기 회로의 도통시험을 하지 않는 것에 있어서는 수신기와 감지기 사이에 설치할 것
③ 감지기에 따라 감시되지 않는 배선을 통하여 전력을 공급받는 것에 있어서는 전원입력 측의 배선에 누전경보기를 설치할 것
④ 수신기에 따라 감시되지 않는 배선을 통하여 전력을 공급받는 것에 있어서는 해당 전원의 정전이 즉시 수신기에 표시되는 것으로 할 것

해설

자동화재탐지설비 중계기는 수신기에 따라 감시되지 않는 배선을 통하여 전력을 공급받는 것에 있어서는 전원입력 측의 배선에 과전류차단기를 설치해야 한다.

관련개념 자동화재탐지설비 중계기의 시설기준

㉠ 수신기에서 직접 감지기 회로의 도통시험을 하지 않는 것에 있어서는 수신기와 감지기 사이에 설치할 것
㉡ 조작 및 점검에 편리하고 화재 및 침수 등의 재해로 인한 피해를 받을 우려가 없는 장소에 설치할 것
㉢ 수신기에 따라 감시되지 않는 배선을 통하여 전력을 공급받는 것에 있어서는 전원입력 측의 배선에 과전류차단기를 설치하고 해당 전원의 정전이 즉시 수신기에 표시되는 것으로 하며, 상용전원 및 예비전원의 시험을 할 수 있도록 할 것

정답 | ③

66 빈출도 ★

누전경보기의 형식승인 및 제품검사의 기술기준에 따른 과누전시험에 대한 내용이다. 다음 (   )에 들어갈 내용으로 옳은 것은?

변류기는 1개의 전선을 변류기에 부착시킨 회로를 설치하고 출력단자에 부하저항을 접속한 상태로 당해 1개의 전선에 변류기의 정격전압의 (㉠)[%]에 해당하는 수치의 전류를 (㉡)분간 흘리는 경우 그 구조 또는 기능에 이상이 생기지 아니하여야 한다.

① ㉠: 20, ㉡: 5
② ㉠: 30, ㉡: 10
③ ㉠: 50, ㉡: 15
④ ㉠: 80, ㉡: 20

해설

누전경보기의 변류기는 1개의 전선을 변류기에 부착시킨 회로를 설치하고 출력단자에 부하저항을 접속한 상태로 당해 1개의 전선에 변류기의 정격전압의 20[%]에 해당하는 수치의 전류를 5분간 흘리는 경우 그 구조 또는 기능에 이상이 생기지 아니하여야 한다.

정답 | ①

67 빈출도 ★

자동화재탐지설비 및 시각경보장치의 화재안전기술기준(NFTC 203)에 따른 공기관식 차동식 분포형 감지기의 설치기준으로 틀린 것은?

① 검출부는 3° 이상 경사되지 아니하도록 부착할 것
② 공기관의 노출부분은 감지구역마다 20[m] 이상이 되도록 할 것
③ 하나의 검출부분에 접속하는 공기관의 길이는 100[m] 이하로 할 것
④ 공기관과 감지구역의 각 변과의 수평거리는 1.5[m] 이하가 되도록 할 것

해설

공기관식 차동식 분포형 감지기의 검출부는 5° 이상 경사되지 않도록 부착해야 한다.

정답 | ①

68 빈출도 ★

누전경보기의 공칭작동전류치는 몇 [mA] 이하이어야 하며 감도조정장치를 가지고 있는 누전경보기의 조정 범위는 최대치가 몇 [A] 이하이어야 하는가?

① 200[mA], 1[A]
② 200[mA], 1.2[A]
③ 300[mA], 1[A]
④ 300[mA], 1.2[A]

해설

㉠ 누전경보기의 공칭작동전류치는 200[mA] 이하이어야 한다.
㉡ 감도조정장치를 가지고 있는 누전경보기 조정범위의 최대치는 1[A] 이하이어야 한다.

정답 | ①

69 빈출도 ★★

자동화재탐지설비 및 시각경보장치의 화재안전기술기준(NFTC 203)에 따라 자동화재탐지설비의 주음향장치의 설치 장소로 옳은 것은?

① 발신기의 내부
② 수신기의 내부
③ 누전경보기의 내부
④ 자동화재속보설비의 내부

해설

자동화재탐지설비의 주음향장치는 수신기의 내부 또는 그 직근에 설치해야 한다.

정답 | ②

70 빈출도 ★

이온화식 연기감지기에 이용되는 아메리슘, 라듐의 방사선은?

① α선   ② β선
③ γ선   ④ X선

해설

연기감지기에는 아메리슘(Am), 라듐(Ra) 등의 방사성 원소가 사용된다. 이러한 원소는 적은 양으로도 많은 알파(α)선을 방출한다.

정답 | ①

71 빈출도 ★★★

무선통신보조설비의 화재안전기술기준에 따라 무선통신보조설비의 누설동축케이블 및 동축케이블은 화재에 따라 해당 케이블의 피복이 소실된 경우에 케이블 본체가 떨어지지 아니하도록 몇 [m] 이내마다 금속제 또는 자기제 등의 지지금구로 벽·천장·기둥 등에 견고하게 고정시켜야 하는가? (단, 불연재료로 구획된 반자 안에 설치하지 않은 경우이다.)

① 1   ② 1.5
③ 2.5   ④ 4

해설

누설동축케이블 및 동축케이블은 화재에 따라 해당 케이블의 피복이 소실된 경우에 케이블 본체가 떨어지지 않도록 4[m] 이내마다 금속제 또는 자기제 등의 지지금구로 벽·천장·기둥 등에 견고하게 고정해야 한다.(불연재료로 구획된 반자 안에 설치하는 경우 제외)

정답 | ④

72 빈출도 ★★★

축전지의 자기방전을 보충함과 동시에 상용부하에 대한 전력공급은 충전기가 부담하도록 하되, 충전기가 부담하기 어려운 일시적인 대전류 부하는 축전지로 하여금 부담하게 하는 충전방식은?

① 과충전방식   ② 균등충전방식
③ 부동충전방식   ④ 세류충전방식

해설

부동충전방식은 축전지의 자기방전을 보충함과 동시에 상용부하에 대한 전력공급은 충전기가 부담하도록 하되, 충전기가 부담하기 어려운 일시적인 대전류 부하는 축전지로 하여금 부담하게 하는 충전방식이다.

관련개념

㉠ 균등충전방식: 각 전해조에 일어나는 전위차를 보정하기 위해 일정주기(1~3개월)마다 1회씩 정전압으로 충전하는 방식
㉡ 세류충전방식: 자기 방전량만을 충전하는 방식

정답 | ③

73 빈출도 ★★★

비상콘센트설비의 화재안전기술기준(NFTC 504)에 따라 비상콘센트설비의 전원부와 외함 사이의 절연저항은 전원부와 외함 사이를 500[V] 절연저항계로 측정할 때 몇 [MΩ] 이상이어야 하는가?

① 10   ② 20
③ 30   ④ 50

해설

비상콘센트설비의 전원부와 외함 사이의 절연저항은 전원부와 외함 사이를 500[V] 절연저항계로 측정할 때 20[MΩ] 이상이어야 한다.

관련개념 전원부와 외함 사이의 절연저항 및 절연내력 기준

㉠ 절연저항: 전원부와 외함 사이를 500[V] 절연저항계로 측정할 때 20[MΩ] 이상
㉡ 절연내력

전압 구분	실효전압
150[V] 이하	1,000[V]
150[V] 이상	정격전압×2+1,000[V]

정답 | ②

74 빈출도 ★★★

무선통신보조설비의 증폭기에는 비상전원이 부착된 것으로 하고 비상전원의 용량은 무선통신보조설비를 유효하게 몇 분 이상 작동시킬 수 있는 것이어야 하는가?

① 10분 ② 20분
③ 30분 ④ 40분

해설

무선통신보조설비의 증폭기는 비상전원이 부착된 것으로 하고 해당 비상전원 용량은 무선통신보조설비를 유효하게 **30분** 이상 작동시킬 수 있는 것으로 해야 한다.

정답 │ ③

75 빈출도 ★

소방시설용 비상전원수전설비의 화재안전기술기준(NFTC 602)에 따른 제1종 배전반 및 제1종 분전반의 시설기준으로 틀린 것은?

① 전선의 인입구 및 입출구는 외함에 노출하여 설치하면 아니 된다.
② 외함의 문은 2.3[mm] 이상의 강판과 이와 동등 이상의 강도와 내화성능이 있는 것으로 제작하여야 한다.
③ 공용배전반 및 공용분전반의 경우 소방회로와 일반회로에 사용하는 배선 및 배선용 기기는 불연재료로 구획되어야 한다.
④ 외함은 금속관 또는 금속제 가요전선관을 쉽게 접속할 수 있도록 하고, 당해 접속부분에는 단열조치를 하여야 한다.

해설

제1종 배전반 및 제1종 분전반 전선의 인입구 및 입출구는 외함에 노출하여 설치할 수 있다.

정답 │ ①

76 빈출도 ★

가스누설경보기의 경보농도시험의 범위로 이소부탄가스에 대한 부작동시험농도(ⓐ)와 작동시험농도(ⓑ)를 바르게 표시한 것은?

① ⓐ: 0.05[%], ⓑ: 0.45[%]
② ⓐ: 0.15[%], ⓑ: 0.55[%]
③ ⓐ: 0.30[%], ⓑ: 0.75[%]
④ ⓐ: 0.45[%], ⓑ: 0.85[%]

해설

가스누설경보기는 다음 표에 주어진 작동시험농도에서는 20초 이내 경보를 발하여야 하고 부작동시험농도에서는 5분 이내에 경보를 발하지 아니하여야 한다.

탐지대상가스	시험가스	작동시험농도 [%]	부작동시험농도 [%]
액화석유가스	이소부탄	0.45120	0.05
액화천연가스	수소	1.00	0.04
	메탄	1.25	0.05
기타 가스	이소부탄 / 이소부탄	0.45	0.05
	메탄 / 메탄	1.25	0.05
	수소 / 수소	1.00	0.04

정답 │ ①

77 빈출도 ★★

일반적인 비상방송설비의 계통도이다. 다음의 (   )
에 들어갈 내용으로 옳은 것은?

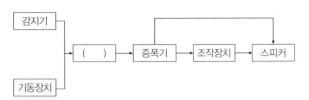

① 변류기　　　　　② 발신기
③ 수신기　　　　　④ 음향장치

해설

비상방송설비는 감지기에서 화재를 감지한 뒤 기동장치에서 방송을
기동시키며 화재 신호를 수신기로 보낸 후 경보를 울린다.

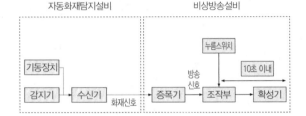

정답 | ③

78 빈출도 ★

무선통신보조설비의 화재안전기술기준(NFTC 505)에
따라 무선통신보조설비의 주회로 전원이 정상인지 여부를
확인하기 위해 증폭기의 전면에 설치하는 것은?

① 상순계　　　　　② 전류계
③ 전압계 및 전류계　④ 표시등 및 전압계

해설

무선통신보조설비 증폭기의 전면에는 주회로 전원의 정상 여부를
표시할 수 있는 표시등 및 전압계를 설치하여야 한다.

정답 | ④

79 빈출도 ★

비상방송설비의 화재안전기술기준에 따른 비상방송
설비의 음향장치에 대한 내용이다. 다음 (   )에 들어갈
내용으로 옳은 것은?

> 확성기는 각 층마다 설치하되, 그 층의 각 부분으로부터
> 하나의 확성기까지의 수평거리가 (   )[m] 이하가
> 되도록 하고, 해당 층의 각 부분에 유효하게 경보를
> 발할 수 있도록 설치할 것

① 10　　　　　② 15
③ 20　　　　　④ 25

해설

비상방송설비 확성기는 각 층마다 설치하되, 그 층의 각 부분으로부터
하나의 확성기까지의 수평거리가 25[m] 이하가 되도록 하고,
해당 층의 각 부분에 유효하게 경보를 발할 수 있도록 설치해야
한다.

정답 | ④

80 빈출도 ★

누전경보기를 설치하여야 하는 특정소방대상물의 기준 중
다음 (   ) 안에 알맞은 것은? (단, 위험물 저장 및
처리 시설 중 가스시설, 지하가 중 터널 또는 지하구의
경우는 제외한다.)

> 누전경보기는 계약전류용량이 (   )[A]를 초과
> 하는 특정소방대상물(내화구조가 아닌 건축물로서
> 벽·바닥 또는 반자의 전부나 일부를 불연재료 또는
> 준불연재료가 아닌 재료에 철망을 넣어 만든 것만
> 해당)에 설치하여야 한다.

① 60　　　　　② 100
③ 200　　　　　④ 300

해설

누전경보기는 계약전류용량이 100[A]를 초과하는 특정소방대상물
(내화구조가 아닌 건축물로서 벽·바닥 또는 반자의 전부나 일부를
불연재료 또는 준불연재료가 아닌 재료에 철망을 넣어 만든 것만
해당)에 설치해야 한다.

정답 | ②

느리더라도 꾸준하면 경주에서 이긴다.

– 이솝(Aesop)

소방원론

01 빈출도 ★★★

분말 소화약제의 취급 시 주의사항으로 틀린 것은?

① 습도가 높은 공기 중에 노출되면 고화되므로 항상 주의를 기울인다.
② 충진 시 다른 소화약제와의 혼합을 피하기 위하여 종별로 각각 다른 색으로 착색되어 있다.
③ 실내에서 다량으로 방사하는 경우 분말을 흡입하지 않도록 한다.
④ 분말 소화약제와 수성막포를 함께 사용할 경우 포의 소포 현상을 발생시키므로 병용해서는 안 된다.

> **해설**

수성막포는 분말 소화약제와 함께 소화작업을 할 수 있다.

> **관련개념**

분말 소화약제는 빠른 소화능력을 가지고 있으며, 포 소화약제는 낮은 재착화의 위험을 가지고 있으므로 두가지 소화약제의 장점을 모두 취하는 방식을 사용하기도 한다.

정답 | ④

02 빈출도 ★★

조연성 가스로만 나열되어 있는 것은?

① 질소, 불소, 수증기
② 산소, 불소, 염소
③ 산소, 이산화탄소, 오존
④ 질소, 이산화탄소, 염소

> **해설**

조연성(지연성) 가스는 스스로 연소하지 않지만 연소를 도와주는 물질로 산소, 불소, 염소, 오존 등이 있다.

> **선지분석**

① 질소, 수증기는 불연성 가스이다.
③ 이산화탄소는 불연성 가스이다.
④ 질소, 이산화탄소는 불연성 가스이다.

정답 | ②

03 빈출도 ★★

물이 소화약제로서 사용되는 장점이 아닌 것은?

① 가격이 저렴하다.
② 많은 양을 구할 수 있다.
③ 증발잠열이 크다.
④ 가연물과 화학반응이 일어나지 않는다.

> **해설**

금속분과 물이 만나면 수소가스가 발생하며 폭발 및 화재가 발생할 수 있다.

> **관련개념**

얼음·물(H_2O)은 분자의 단순한 구조와 수소결합으로 인해 분자 간 결합이 강하므로 타 물질보다 비열, 융해잠열 및 증발잠열이 크다.

정답 | ④

04 빈출도 ★

열분해에 의하여 가연물 표면에 유리상의 메타인산 피막을 형성하고 연소에 필요한 산소의 유입을 차단하는 분말약제는?

① 요소
② 탄산수소칼륨
③ 제1인산암모늄
④ 탄산수소나트륨

해설

제1인산암모늄은 360[℃] 이상의 온도에서 열분해하는 과정 중에 생성되는 메타인산이 가연물 표면에 유리상의 피막을 형성하여 산소 공급을 차단시킨다.

정답 | ③

05 빈출도 ★★★

공기와 접촉되었을 때 위험도(H)가 가장 큰 것은?

① 에테르
② 수소
③ 에틸렌
④ 뷰테인

해설

에테르($C_2H_5OC_2H_5$)의 위험도가 $\dfrac{48-1.9}{1.9} ≒ 24.3$으로 가장 크다.

관련개념 주요 가연성 가스의 연소범위와 위험도

가연성 가스	하한계 [vol%]	상한계 [vol%]	위험도
아세틸렌(C_2H_2)	2.5	81	31.4
수소(H_2)	4	75	17.8
일산화탄소(CO)	12.5	74	4.9
에테르($C_2H_5OC_2H_5$)	1.9	48	24.3
이황화탄소(CS_2)	1.2	44	35.7
에틸렌(C_2H_4)	2.7	36	12.3
암모니아(NH_3)	15	28	0.9
메테인(CH_4)	5	15	2
에테인(C_2H_6)	3	12.4	3.1
프로페인(C_3H_8)	2.1	9.5	3.5
뷰테인(C_4H_{10})	1.8	8.4	3.7

정답 | ①

06 빈출도 ★★★

이산화탄소 소화기의 일반적인 성질에서 단점이 아닌 것은?

① 밀폐된 공간에서 사용 시 질식의 위험성이 있다.
② 인체에 직접 방출 시 동상의 위험성이 있다.
③ 소화약제의 방사 시 소음이 크다.
④ 전기가 잘 통하기 때문에 전기설비에 사용할 수 없다.

해설

이산화탄소 소화약제는 전기가 통하지 않기 때문에 전기설비에 사용할 수 있다.

관련개념 이산화탄소 소화약제

장점	• 전기의 부도체(비전도성, 불량도체)이다. • 화재를 소화할 때에는 피연소물질의 내부까지 침투한다. • 증거보존이 가능하며, 피연소물질에 피해를 주지 않는다. • 장기간 저장하여도 변질·부패 또는 분해를 일으키지 않는다. • 소화약제의 구입비가 저렴하고, 자체압력으로 방출이 가능하다.
단점	• 인체의 질식이 우려된다. • 소화시간이 다른 소화약제에 비하여 길다. • 저장용기에 충전하는 경우 고압을 필요로 한다. • 고압가스에 해당되므로 저장·취급 시 주의를 요한다. • 소화약제의 방출 시 소리가 요란하며, 동상의 위험이 있다.

정답 | ④

07 빈출도 ★★

가연물의 제거와 가장 관련이 없는 소화방법은?

① 유류화재 시 유류공급 밸브를 잠근다.
② 산불화재 시 나무를 잘라 없앤다.
③ 팽창 진주암을 사용하여 진화한다.
④ 가스화재 시 중간밸브를 잠근다.

해설

제거소화는 연소의 요소를 구성하는 가연물질을 안전한 장소나 점화원이 없는 장소로 신속하게 이동시켜서 소화하는 방법이다. 팽창 진주암으로 가연물을 덮는 것은 연소에 필요한 산소의 공급을 차단시키는 질식소화에 해당한다.

정답 | ③

08 빈출도 ★★★

산불화재의 형태로 틀린 것은?

① 지중화 형태   ② 수평화 형태

③ 지표화 형태   ④ 수관화 형태

해설

산림화재의 형태로 수간화, 수관화, 지표화, 지중화가 있다.

관련개념 산림화재의 형태

수간화	수목에서 화재가 발생하는 현상으로, 나무의 기둥부분부터 화재가 발생하는 것
수관화	나무의 가지 또는 잎에서 화재가 발생하는 현상
지표화	지표면의 습도가 50[%] 이하일 때 낙엽 등이 연소하여 화재가 발생하는 현상
지중화	지중(땅속)에 있는 유기물층에서 화재가 발생하는 현상

정답 | ②

09 빈출도 ★★

일반적으로 공기 중 산소농도를 몇 [vol%] 이하로 감소시키면 연소속도의 감소 및 질식소화가 가능한가?

① 15   ② 21

③ 25   ④ 31

해설

일반적으로 산소농도가 15[vol%] 이하인 경우 연소속도의 감소 및 질식소화가 가능하다.

정답 | ①

10 빈출도 ★

화재강도(Fire Intensity)와 관계가 없는 것은?

① 가연물의 비표면적

② 발화원의 온도

③ 화재실의 구조

④ 가연물의 발열량

해설

발화원의 온도는 화재의 발생과 관련이 있으며 화재강도와는 관련이 없다.

관련개념 화재강도의 관련 요인

가연물의 연소열	물질의 종류에 따른 특성치로서 연소열은 물질의 종류별로 다양하며 연소열이 큰 물질이 존재할수록 발열량이 크므로 화재강도가 크다.
가연물의 비표면적	물질의 단위질량당 표면적을 말하며 통나무와 대팻밥같이 물질의 형상에 따라 달라진다. 비표면적이 크면 공기와의 접촉면적이 크게 되어 가연물의 연소속도가 빨라져 열축적률이 커지므로 화재강도가 커진다
공기(산소)의 공급	개구부 계수가 클수록, 즉 환기계수가 크고 벽 등의 면적은 작을 때 온도곡선은 가파르게 상승하며 지속시간도 짧다. 이는 공기의 공급이 화재 시 온도의 상승곡선의 기울기에 결정적 영향을 미친다고 볼 수 있다.
화재실의 벽·천장·바닥 등의 단열성	화재실의 열은 개구부를 통해서도 외부로 빠져 나가지만 실을 둘러싸는 벽, 바닥, 천장 등을 통해 열전도에 의해서도 빠져나간다. 따라서 구조물이 갖는 단열효과가 클수록 열의 외부 유출이 용이치 않고 화재실 내에 축적상태로 유지되어 화재강도가 커진다.

정답 | ②

11 빈출도 ★★

화재 발생 시 인간의 피난특성으로 틀린 것은?

① 본능적으로 평상시 사용하는 출입구를 사용한다.
② 최초로 행동을 개시한 사람을 따라서 움직인다.
③ 공포감으로 인해서 빛을 피하여 어두운 곳으로 몸을 숨긴다.
④ 무의식중에 발화 장소의 반대쪽으로 이동한다.

해설

화재 시 밝은 곳으로 대피한다. 이를 지광본능이라 한다.

관련개념 화재 시 인간의 피난특성

지광본능	밝은 곳으로 대비한다.
추종본능	최초로 행동한 사람을 따른다.
퇴피본능	발화지점의 반대방향으로 이동한다.
귀소본능	평소에 사용하던 문, 통로를 사용한다.
좌회본능	오른손잡이는 오른손이나 오른발을 이용하여 왼쪽으로 회전(좌회전)한다.

정답 | ③

12 빈출도 ★★★

0[℃], 1기압에서 44.8[m³]의 용적을 가진 이산화탄소를 액화하여 얻을 수 있는 액화탄산 가스의 무게는 약 몇 [kg]인가?

① 88
② 44
③ 22
④ 11

해설

0[℃], 1기압에서 22.4[L]의 기체 속에는 1[mol]의 기체 분자가 들어 있다. 따라서 0[℃], 1기압, 44.8[m³]의 기체 속에는 2[kmol]의 이산화탄소가 들어 있다.
$22.4[L]:1[mol]=44.8[m^3]:2[kmol]$

이산화탄소의 분자량은 44[g/mol]이므로, 2[kmol]의 이산화탄소는 88[kg]의 질량을 가진다.
$2[kmol] \times 44[g/mol]=88[kg]$

관련개념 아보가드로의 법칙

㉠ 온도와 압력이 일정할 때 같은 부피 안의 기체 분자 수는 기체의 종류와 관계없이 일정하다.
㉡ 0[℃](273[K]), 1[atm]에서 22.4[L] 안의 기체 분자 수는 1[mol], 6.022×10^{23}개이다.

정답 | ①

13 빈출도 ★★

건물 내 피난동선의 조건으로 옳지 않은 것은?

① 2개 이상의 방향으로 피난할 수 있어야 한다.
② 가급적 단순한 형태로 한다.
③ 통로의 말단은 안전한 장소이어야 한다.
④ 수직동선은 금하고 수평동선만 고려한다.

해설

피난동선은 수직동선도 고려하여 구성해야 한다.

관련개념 화재 시 피난동선의 조건

㉠ 피난동선은 가급적 단순한 형태로 한다.
㉡ 2 이상의 피난동선을 확보한다.
㉢ 피난통로는 불연재료로 구성한다.
㉣ 인간의 본능을 고려하여 동선을 구성한다.
㉤ 계단은 직통계단으로 한다.
㉥ 피난통로의 종착지는 안전한 장소여야 한다.
㉦ 수평동선과 수직동선을 구분하여 구성한다.

정답 | ④

14 빈출도 ★★★

이산화탄소 소화약제 저장용기의 설치장소에 대한 설명 중 옳지 않은 것은?

① 반드시 방호구역 내의 장소에 설치한다.
② 온도의 변화가 적은 곳에 설치한다.
③ 방화문으로 구획된 실에 설치한다.
④ 해당 용기가 설치된 곳임을 표시하는 표지를 한다.

해설

저장용기는 방호구역 외의 장소에 설치한다.

관련개념 이산화탄소 소화약제 저장용기의 설치장소

㉠ 방호구역 외의 장소에 설치한다.
㉡ 온도가 40[℃] 이하이고, 온도변화가 작은 곳에 설치한다.
㉢ 직사광선 및 빗물이 침투할 우려가 없는 곳에 설치한다.
㉣ 방화문으로 구획된 실에 설치한다.
㉤ 용기를 설치한 장소에는 해당 용기가 설치된 곳임을 표시하는 표지를 한다.
㉥ 용기 간의 간격은 점검에 지장이 없도록 3[cm] 이상의 간격을 유지한다.
㉦ 저장용기와 집합관을 연결하는 연결배관에는 체크밸브를 설치한다.

정답 | ①

15 빈출도 ★

염소산염류, 과염소산염류, 알칼리금속의 과산화물, 질산염류, 과망가니즈산염류의 특징과 화재 시 소화방법에 대한 설명 중 틀린 것은?

① 가열 등에 의해 분해하여 산소를 발생하고 화재 시 산소의 공급원 역할을 한다.
② 가연물, 유기물, 기타 산화하기 쉬운 물질과 혼합물은 가열, 충격, 마찰 등에 의해 폭발하는 수도 있다.
③ 알칼리금속의 과산화물을 제외하고 다량의 물로 냉각소화한다.
④ 그 자체가 가연성이며 폭발성을 지니고 있어 화약류 취급 시와 같이 주의를 요한다.

해설

염소산염류, 과염소산염류, 알칼리금속의 과산화물, 질산염류, 과망가니즈산염류는 제1류 위험물(산화성 고체, 강산화성 물질)이다.
제1류 위험물은 불연성 물질로서 연소하지 않지만 다른 가연물의 연소를 돕는 조연성을 갖는다.

관련개념 제1류 위험물(산화성 고체)

㉠ 상온에서 분말 상태의 고체이며, 반응 속도가 매우 빠르다.
㉡ 산소를 다량으로 함유한 강력한 산화제로 가열·충격 등 약간의 기계적 점화 에너지에 의해 분해되어 산소를 쉽게 방출한다.
㉢ 다른 화학 물질과 접촉 시에도 분해되어 산소를 방출한다.
㉣ 자신은 불연성 물질로 연소하지 않지만 다른 가연물의 연소를 돕는 조연성을 갖는다.
㉤ 물보다 무거우며 물에 녹는 성질인 조해성이 있다. 물에 녹은 수용액 상태에서도 산화성이 있다.

정답 | ④

16 빈출도 ★★

CF_3Br 소화약제의 명칭을 옳게 나타낸 것은?

① 할론 1011
② 할론 1211
③ 할론 1301
④ 할론 2402

해설

CF_3Br 소화약제의 명칭은 할론 1301이다.

관련개념 할론 소화약제 명명의 방식

㉠ 제일 앞에 Halon이란 명칭을 쓴다.
㉡ 이후 구성 원소들의 수를 C, F, Cl, Br의 순서대로 쓰되 없는 경우 0으로 한다.
㉢ 마지막 0은 생략할 수 있다.

정답 ③

17 빈출도 ★★

할로겐화합물 소화약제에 관한 설명으로 옳지 않은 것은?

① 연쇄반응을 차단하여 소화한다.
② 할로겐족 원소가 사용된다.
③ 전기에 도체이므로 전기화재에 효과가 있다.
④ 소화약제의 변질분해 위험성이 낮다.

해설

할로겐화합물 소화약제는 전기전도도가 거의 없다.

관련개념 할로겐화합물 소화약제

㉠ 연쇄반응을 차단하는 부촉매효과가 있다.
㉡ 브롬(Br)을 제외한 할로겐족 원소가 사용된다.
㉢ 변질분해 위험성이 낮아 화재를 소화하는 동안 피연소물질에 물리적·화학적 변화를 주지 않는다.

정답 ③

18 빈출도 ★

다음 중 가연성 가스가 아닌 것은?

① 일산화탄소
② 프로페인
③ 아르곤
④ 메테인

해설

아르곤(Ar)은 주기율표상 18족 원소인 불활성기체로 연소하지 않는다.

정답 ③

19 빈출도 ★★

탱크화재 시 발생되는 보일 오버(Boil Over)의 방지 방법으로 틀린 것은?

① 탱크 내용물의 기계적 교반
② 물의 배출
③ 과열 방지
④ 위험물 탱크 내의 하부에 냉각수 저장

해설

화재가 발생한 유류저장탱크의 하부에 고여 있던 물이 급격하게 증발하며 유류를 밀어 올려 탱크 밖으로 넘치게 되는 현상을 보일 오버(Boil Over)라고 한다.
따라서 유류저장탱크의 하부에 냉각수를 저장하는 것은 적절하지 않다.

정답 ④

20 빈출도 ★

알킬알루미늄 화재에 적합한 소화약제는?

① 물
② 이산화탄소
③ 팽창질석
④ 할로겐화합물

해설

제3류 위험물인 알킬알루미늄은 자연 발화성 물질이면서 금수성 물질로서 화재 시 건조한(마른) 모래나 분말, 팽창질석, 건조석회를 활용하여 질식소화를 하여야 한다.

정답 ③

21 빈출도 ★

기전력이 1.5[V]이고 내부 저항이 10[Ω]인 건전지 4개를 직렬 연결하고 20[Ω]의 저항 R을 접속하는 경우, 저항 R에 흐르는 ㉠ 전류 I[A]와 ㉡ 단자전압 V[V]는?

① ㉠ 0.1[A], ㉡ 2[V]　　② ㉠ 0.3[A], ㉡ 6[V]

③ ㉠ 0.1[A], ㉡ 6[V]　　④ ㉠ 0.3[A], ㉡ 2[V]

해설

기전력 $E = 1.5 \times 4 = 6$[V]

내부 저항 $R = 10 \times 4 = 40$[Ω]

20[Ω] 저항과 접속을 한 회로를 그림으로 그리면 다음과 같다.

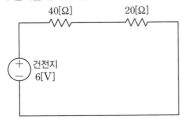

저항 R(20[Ω])에 흐르는 전류

$$I = \frac{V}{R} = \frac{6}{20+40} = 0.1[\text{A}]$$

저항 R(20[Ω])에 걸리는 전압

$$V = \frac{20}{20+40} \times 6 = 2[\text{V}]$$

정답 | ①

22 빈출도 ★

반도체에 빛을 쬐이면 전자가 방출되는 현상은?

① 홀 효과　　　　　② 광전 효과

③ 펠티어 효과　　　④ 압전기 효과

해설

광전효과는 금속 등의 물질에 일정 진동수 이상의 빛(에너지)을 비추었을 때 표면에서 전자가 방출되는 현상이다.

선지분석

① 홀 효과: 전류가 흐르고 있는 도체 또는 반도체 내부에 전하의 이동 방향과 수직한 방향으로 자기장(자계)을 가하면, 금속 내부에 전하 흐름에 수직한 방향으로 전위차가 생기는 현상이다.

③ 펠티에 효과: 서로 다른 두 종류의 금속이나 반도체를 폐회로가 되도록 접속하고, 전류를 흘려주면 양 접점에서 발열 또는 흡열이 일어나는 현상이다. 즉, 한 쪽의 접점은 냉각이 되고, 다른 쪽의 접점은 가열이 된다.

④ 압전기 효과: 압축이나 인장(기계적 변화)을 가하면 전기가 발생되는 현상이다.

정답 | ②

다음과 같은 회로에서 $R=16[\Omega]$, $L=180[\mathrm{mH}]$, $\omega=100[\mathrm{rad/s}]$일 때 합성임피던스는?

$$\circ\!-\!\!\!\overset{R}{\wedge\!\wedge\!\wedge}\!\!\!-\!\!\!\overset{L}{\text{000000}}\!\!\!-\!\!\circ$$

① 약 3[Ω]   ② 약 5[Ω]

③ 약 24[Ω]   ④ 약 34[Ω]

해설

직렬 RL회로이므로
$$Z=\sqrt{R^2+(\omega L)^2}=\sqrt{16^2+(100\times180\times10^{-3})^2}$$
$$=24.08[\Omega]$$

정답 | ③

한 상의 임피던스가 $Z=16+j12[\Omega]$인 Y결선 부하에 대칭 3상 선간전압 380[V]를 가할 때 유효전력은 약 몇 [kW]인가?

① 5.8   ② 7.2

③ 17.3   ④ 21.6

해설

임피던스 $Z=\sqrt{16^2+12^2}=20[\Omega]$

상전압 $V_p=\dfrac{V_l}{\sqrt{3}}=\dfrac{380}{\sqrt{3}}=219.39[V]$

상전류 $I_p=\dfrac{V_p}{Z}=\dfrac{219.39}{20}=10.97[A]$

유효전력 $P=I_p^2R=10.97^2\times16=1,925.45[W]$

3상 유효전력 $P=1,925.45\times3=5,776.35[W]=5.78[kW]$

정답 | ①

그림과 같은 회로에서 R_1과 R_2가 각각 2[Ω] 및 3[Ω]이었다. 합성 저항이 4[Ω]이면 R_3는 몇 [Ω] 인가?

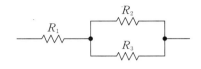

① 5   ② 6

③ 7   ④ 8

해설

R_2와 R_3의 합성 저항 $R=\dfrac{R_2R_3}{R_2+R_3}$

$R_1+R=4$이고 $R_1=2[\Omega]$, $R_2=3[\Omega]$이므로

합성 저항 $R=\dfrac{R_2R_3}{R_2+R_3}=\dfrac{3R_3}{3+R_3}=2$

$\therefore R_3=6[\Omega]$

정답 | ②

줄의 법칙에 관한 수식으로 틀린 것은?

① $H=I^2Rt[\mathrm{J}]$

② $H=0.24I^2Rt[\mathrm{cal}]$

③ $H=0.12VIt[\mathrm{J}]$

④ $H=\dfrac{1}{4.2}I^2Rt[\mathrm{cal}]$

해설

줄의 법칙은 전류의 발열 작용을 기술하는 식이다. 저항에 전류가 흐르면 열이 발생하고, 이때 발생하는 열량 H는 다음과 같다.
$$H=Pt[\mathrm{J}]=VIt[\mathrm{J}]=I^2Rt[\mathrm{J}]$$
이때, $1[\mathrm{J}]=\dfrac{1}{4.2}[\mathrm{cal}]=0.24[\mathrm{cal}]$이므로 열량 H를 [cal]로 표현하면 다음과 같다.
$$H=0.24Pt[\mathrm{cal}]=0.24VIt[\mathrm{cal}]=0.24I^2Rt[\mathrm{cal}]$$

정답 | ③

27 빈출도 ★★

각종 소방설비의 표시등에 사용되는 발광다이오드(LED)에 대한 설명으로 옳은 것은?

① 응답속도가 매우 빠르다.
② PN접합에 역방향 전류를 흘려서 발광시킨다.
③ 전구에 비해 수명이 길고 진동에 약하다.
④ 발광다이오드의 재료로는 Cu, Ag 등이 사용된다.

해설

발광다이오드는 발열이 적고, 응답속도가 매우 빠른 특징이 있다.

선지분석

② PN접합에 순방향 전류를 흘려서 발광시킨다.
③ 전구에 비해 수명이 길고 진동에 강하다.
④ 발광다이오드의 재료로는 GaAs(비소화갈륨), GaP(인화갈륨) 등이 사용된다.

정답 | ①

28 빈출도 ★★

그림과 같은 회로에서 전압계 3개로 단상전력을 측정하고자 할 때의 유효전력은?

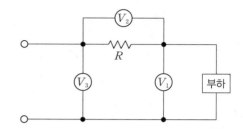

① $P = \dfrac{R}{2}(V_3{}^2 - V_1{}^2 - V_2{}^2)$

② $P = \dfrac{1}{2R}(V_3{}^2 - V_1{}^2 - V_2{}^2)$

③ $P = \dfrac{R}{2}(V_3{}^2 + V_1{}^2 + V_2{}^2)$

④ $P = \dfrac{1}{2R}(V_3{}^2 + V_1{}^2 + V_2{}^2)$

해설

3전압계법은 3개의 전압계와 하나의 저항을 연결하여 단상 교류전력을 측정하는 방법이다.

$$P = \dfrac{1}{2R}(V_3{}^2 - V_1{}^2 - V_2{}^2)$$

관련개념 3전류계법

3개의 전류계와 하나의 저항을 연결하여 단상 교류전력을 측정하는 방법이다.

$$P = \dfrac{R}{2}(I_3{}^2 - I_2{}^2 - I_1{}^2)$$

정답 | ②

29 빈출도 ★

그림과 같은 브리지 회로가 평형이 되기 위한 Z는 몇 [Ω]인가? (단, 그림의 임피던스 단위는 모두 [Ω]이다.)

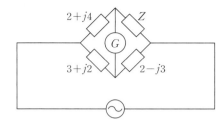

① $4-j2$
② $2-j4$
③ $-2+j4$
④ $4+j2$

브리지 평형조건에 따라 다음 식을 만족해야 한다.

$(2+j4) \times (2-j3) = Z \times (3+j2)$

$\rightarrow Z = \dfrac{(2+j4) \times (2-j3)}{(3+j2)} = \dfrac{16+j2}{3+j2}$

$= \dfrac{(16+j2)(3-j2)}{(3+j2)(3-j2)} = \dfrac{52-j26}{13} = 4-j2[\Omega]$

정답 | ①

30 빈출도 ★★★

3상 유도전동기가 중부하로 운전되던 중 1선이 절단되면 어떻게 되는가?

① 전류가 감소한 상태에서 회전이 계속된다.
② 전류가 증가한 상태에서 회전이 계속된다.
③ 속도가 증가하고 부하전류가 급상승한다.
④ 속도가 감소하고 부하전류가 급상승한다.

중부하 운전 중에 1선이 절단되면 속도가 감소하고 부하전류가 급상승하게 된다.
경부하 운전 중에 1선이 절단되면 전류가 증가한 상태에서 계속 회전하게 된다.

정답 | ④

31 빈출도 ★★

진공 중 대전된 도체 표면에 면전하밀도 $\sigma[C/m^2]$가 균일하게 분포되어 있을 때, 이 도체 표면에서 전계의 세기 $E[V/m]$는? (단, ε_0는 진공의 유전율이다.)

① $E = \dfrac{\sigma}{\varepsilon_0}$
② $E = \dfrac{\sigma}{2\varepsilon_0}$
③ $E = \dfrac{\sigma}{2\pi\varepsilon_0}$
④ $E = \dfrac{\sigma}{4\pi\varepsilon_0}$

대전된 도체 표면의 전계의 세기 $E = \dfrac{\sigma}{\varepsilon_0}[V/m]$

관련개념 전계의 세기

구분	도체 표면	무한 평판
전계	$E = \dfrac{\sigma}{\varepsilon_0}[V/m]$	$E = \dfrac{\sigma}{2\varepsilon_0}[V/m]$

정답 | ①

32 빈출도 ★★

코일의 감긴 수와 전류와의 곱을 무엇이라 하는가?

① 기전력
② 전자력
③ 기자력
④ 보자력

코일의 감긴 수 N과 전류 I를 곱하면 기자력 F가 된다.

$$F = NI$$

F: 기자력[A], N: 코일의 감긴 수, I: 전류[A]

선지분석

① 기전력: 전지, 발전기 등에서 전압을 연속적으로 만들어주는 능력
② 전자력: 자계 내에 있는 전류가 흐르는 도체가 받는 힘
④ 보자력: 자화된 자성체 내부의 자속밀도를 0으로 하기 위하여 외부에서 자화와 반대 방향으로 가하는 자계의 세기

정답 | ③

33 빈출도 ★

백열전등의 점등스위치로는 다음 중 어떤 스위치를 사용하는 것이 적합한가?

① 복귀형 a접점 스위치
② 복귀형 b접점 스위치
③ 유지형 스위치
④ 전자 접촉기

해설

실내에서 사용하는 백열전등의 스위치를 조작할 경우 복구되지 않는 유지형 스위치를 사용해야 한다.

정답 | ③

34 빈출도 ★★★

전기자 제어 직류 서보 전동기에 대한 설명으로 옳은 것은?

① 교류 서보 전동기에 비하여 구조가 간단하여 소형이고 출력이 비교적 낮다.
② 제어 권선과 콘덴서가 부착된 여자 권선으로 구성된다.
③ 전기적 신호를 계자 권선의 입력 전압으로 한다.
④ 계자 권선의 전류가 일정하다.

해설

전기자 제어 직류 서보 전동기는 계자 권선의 전류가 일정하다.

선지분석

① 교류 서보 전동기에 비하여 구조가 간단하여 소형이고 출력이 비교적 높다.
② 제어 권선과 콘덴서가 부착된 여자 권선으로 구성된 전동기는 교류 서보 전동기이다.
③ 전기적 신호를 계자 권선의 입력 전압으로 하는 방식은 교류 서보 전동기이다.

정답 | ④

35 빈출도 ★

단상 변압기 3대를 △결선하여 부하에 전력을 공급하고 있는 중 변압기 1대가 고장나서 V결선으로 바꾼 경우 고장 전과 비교하여 몇 [%] 출력을 낼 수 있는가?

① 50
② 57.7
③ 70.7
④ 86.6

해설

$$\frac{\text{V결선 출력}}{\triangle\text{결선 출력}} = \frac{P_V}{P_\triangle} = \frac{\sqrt{3}P}{3P} = 0.577 = 57.7[\%]$$

관련개념 V결선의 특징

㉠ 출력: 단상 변압기 용량의 $\sqrt{3}$배이다.

$P_V = \sqrt{3}P[\text{kVA}]$

㉡ 이용률: 변압기 2대의 출력량과 V결선했을 때 출력량의 비율이다.

$$\frac{\text{V결선 허용용량}}{\text{2대 허용용량}} = \frac{\sqrt{3}P}{2P} = 0.866 = 86.6[\%]$$

㉢ 출력비: △결선했을 때와 V결선했을 때의 비율이다.

$$\frac{\text{V결선 출력}}{\triangle\text{결선 출력}} = \frac{P_V}{P_\triangle} = \frac{\sqrt{3}P}{3P} = 0.577 = 57.7[\%]$$

정답 | ②

36 빈출도 ★★

직류전동기의 회전수는 자속이 감소하면 어떻게 되는가?

① 속도가 저하한다.
② 불변이다.
③ 전동기가 정지한다.
④ 속도가 상승한다.

해설

전동기의 회전수(속도)는 자속에 반비례$\left(N \propto \dfrac{1}{\phi}\right)$한다. 따라서 자속이 감소하면 전동기의 회전수(속도)는 상승한다.

관련개념 전동기의 속도

$$N = \frac{V - I_a R_a}{K\phi}$$

N: 전동기의 속도[rpm], V: 단자전압 [V], I_a: 전기자 전류[A], R_a: 전기자 저항[Ω], K: 전동기 상수, ϕ: 자속[Wb]

정답 | ④

37 빈출도 ★★★

50[Hz]의 3상 전압을 전파 정류하였을 때 리플(맥동) 주파수[Hz]는?

① 50
② 100
③ 150
④ 300

해설

3상 전파 정류의 맥동주파수는 $6f$이다.
$6f = 6 \times 50 = 300[\text{Hz}]$

관련개념 파형별 비교

구분	단상 반파	단상 전파	3상 반파	3상 전파
정류효율[%]	40.6	81.2	96.8	99.8
맥동률[%]	121	48	17	4.2
맥동주파수 [Hz]	f	$2f$	$3f$	$6f$

정답 ④

38 빈출도 ★★★

$X = AB\overline{C} + \overline{A}BC + \overline{A}B\overline{C}$를 가장 간소화하면?

① $B(\overline{A} + \overline{C})$
② $B(\overline{A} + A\overline{C})$
③ $B(\overline{A}C + \overline{C})$
④ $B(A + C)$

해설

$X = AB\overline{C} + \overline{A}BC + \overline{A}B\overline{C}$
$= B\overline{C}(A + \overline{A}) + \overline{A}BC$
$= B\overline{C} + \overline{A}BC$
$= B(\overline{C} + \overline{A}C) \quad \leftarrow$ 흡수법칙
$= B(\overline{A} + \overline{C})$

관련개념 불대수 연산 예

결합법칙	$\cdot A + (B + C) = (A + B) + C$ $\cdot A \cdot (B \cdot C) = (A \cdot B) \cdot C$
분배법칙	$\cdot A \cdot (B + C) = A \cdot B + A \cdot C$ $\cdot A + (B \cdot C) = (A + B) \cdot (A + C)$
흡수법칙	$\cdot A + A \cdot B = A$ $\cdot A + \overline{A}B = A + B$ $\cdot A \cdot (A + B) = A$

정답 ①

39 빈출도 ★★

어떤 계를 표시하는 미분 방정식이 아래와 같을 때 $x(t)$는 입력신호, $y(t)$는 출력신호라고 하면 이 계의 전달 함수는?

$$5\frac{d^2}{dt^2}y(t) + 3\frac{d}{dt}y(t) - 2y(t) = x(t)$$

① $\dfrac{1}{(5s-2)(s+1)}$
② $\dfrac{1}{(5s+2)(s-1)}$
③ $\dfrac{1}{(5s-1)(s+2)}$
④ $\dfrac{1}{(5s+1)(s-2)}$

해설

미분 방정식을 라플라스 변환하면
$5s^2Y(s) + 3sY(s) - 2Y(s) = X(s)$
$Y(s)(5s^2 + 3s - 2) = X(s)$
∴ 전달함수 $\dfrac{Y(s)}{X(s)} = \dfrac{1}{5s^2 + 3s - 2}$
$\qquad\qquad = \dfrac{1}{(5s-2)(s+1)}$

정답 ①

40 빈출도 ★★★

3상 유도전동기의 기동법 중에서 2차 저항제어법은 무엇을 이용하는가?

① 전자유도작용
② 플레밍의 법칙
③ 비례추이
④ 게르게스현상

해설

2차 저항기동(제어)법은 비례추이 특성을 이용하여 기동하는 방식이다.

관련개념 권선형 유도 전동기의 기동법

권선형 유도 전동기 (3상)	2차 저항 기동법	• 비례추이 특성을 이용하여 기동하는 방식이다. • 회전자에 외부 저항을 삽입하여 기동 전류는 감소시키고 기동 토크는 증가시킨다.
	게르게스 기동법	• 권선 유도 전동기의 3상 중 1개 상이 단선된 경우 슬립 50[%] 근처에서 더 이상 가속되지 않는 게르게스 현상을 이용하여 기동한다.

정답 ③

41 빈출도 ★★★

소방시설 설치 및 관리에 관한 법률상 정당한 사유 없이 피난시설, 방화구획 및 방화시설의 유지·관리에 필요한 조치 명령을 위반한 경우 이에 대한 벌칙 기준으로 옳은 것은?

① 200만 원 이하의 벌금
② 300만 원 이하의 벌금
③ 1년 이하의 징역 또는 1,000만 원 이하의 벌금
④ 3년 이하의 징역 또는 3,000만 원 이하의 벌금

해설

정당한 사유 없이 피난시설, 방화구획 및 방화시설의 유지·관리에 필요한 조치 명령을 위반한 경우 3년 이하의 징역 또는 3,000만 원 이하의 벌금에 처한다.

정답 | ④

42 빈출도 ★★★

화재의 예방 및 안전관리에 관한 법률상 화재예방강화지구의 지정권자는?

① 소방서장
② 시·도지사
③ 소방본부장
④ 행정안전부장관

해설

시·도지사는 화재예방강화지구 지정권자이다.

정답 | ②

43 빈출도 ★★

소방시설공사업법령상 소방시설공사의 하자보수 보증기간이 3년이 아닌 것은?

① 자동소화장치
② 무선통신보조설비
③ 자동화재탐지설비
④ 간이스프링클러설비

해설

무선통신보조설비의 하자보수 보증기간은 2년이다.

관련개념 하자보수 보증기간

보증기간	소방시설	
2년	• 피난기구 • 유도등 • 유도표지 • 비상경보설비	• 비상조명등 • 비상방송설비 • 무선통신보조설비
3년	• 자동소화장치 • 옥내소화전설비 • 스프링클러설비 • 간이스프링클러설비 • 물분무등소화설비	• 옥외소화전설비 • 자동화재탐지설비 • 상수도소화용수설비 • 소화활동설비(무선통신보조설비 제외)

정답 | ②

44 빈출도 ★★

화재의 예방 및 안전관리에 관한 법률상 정당한 사유 없이 화재의 예방조치에 관한 명령에 따르지 아니한 경우에 대한 벌칙은?

① 100만 원 이하의 벌금
② 200만 원 이하의 벌금
③ 300만 원 이하의 벌금
④ 500만 원 이하의 벌금

해설

화재의 예방조치에 관한 명령에 따르지 아니한 경우 300만 원 이하의 벌금에 처한다.

정답 | ③

45 빈출도 ★★★

화재의 예방 및 안전관리에 관한 법률상 옮긴 물건 등의 보관기간은 소방본부 또는 소방서의 인터넷 홈페이지에 공고하는 기간의 종료일 다음 날부터 며칠로 하는가?

① 3
② 4
③ 5
④ 7

해설

옮긴 물건 등의 보관기간은 공고기간의 종료일 다음 날부터 **7일**까지로 한다.

관련개념 옮긴 물건 등의 공고일 및 보관기간

인터넷 홈페이지 공고일	14일
보관기관	7일

정답 | ④

46 빈출도 ★

위험물안전관리법령상 다음의 규정을 위반하여 위험물의 운송에 관한 기준을 따르지 아니한 자에 대한 과태료 기준은?

> 위험물운송자는 이동탱크저장소에 의하여 위험물을 운송하는 때에는 행정안전부령으로 정하는 기준을 준수하는 등 당해 위험물의 안전확보를 위하여 세심한 주의를 기울여야 한다.

① 50만 원 이하
② 100만 원 이하
③ 200만 원 이하
④ 500만 원 이하

해설

위험물운송자는 이동탱크저장소에 의하여 위험물을 운송하는 때에는 행정안전부령으로 정하는 기준을 준수하는 등 당해 위험물의 안전확보를 위하여 세심한 주의를 기울여야 한다. 이를 위반한 경우 **500만 원 이하**의 과태료를 부과한다.

정답 | ④

47 빈출도 ★★

소방본부장 또는 소방서장은 건축허가 등의 동의요구 서류를 접수한 날부터 최대 며칠 이내에 건축허가 등의 동의여부를 회신하여야 하는가? (단, 허가 신청한 건축물은 지상으로부터 높이가 200[m]인 아파트이다.)

① 5일
② 7일
③ 10일
④ 15일

해설

지상으로부터 높이가 200[m]인 아파트는 특급 소방안전관리대상물로 구분되며 이 경우 건축허가 등의 요구서류를 접수한 날부터 **10일** 이내에 건축허가 등의 동의여부를 회신하여야 한다.

관련개념 건축허가 등의 동의

구분	회신기간	대상물
특급 소방안전관리 대상물	10일 이내	• 50층 이상(지하층 제외)이거나 지상으로부터 높이가 200[m] 이상인 아파트 • 30층 이상(지하층 포함)이거나 지상으로부터 높이가 120[m] 이상인 특정소방대상물(아파트 제외) • 연면적 100,000[m²] 이상인 특정소방대상물(아파트 제외)
그 외	5일 이내	건축허가 등의 동의대상 특정소방대상물

정답 | ③

48 빈출도 ★★★

소방기본법령에 따라 주거지역·상업지역 및 공업지역에 소방용수시설을 설치하는 경우 소방대상물과의 수평 거리를 몇 [m] 이하가 되도록 해야 하는가?

① 50   ② 100
③ 150   ④ 200

해설

소방용수시설을 주거지역, 상업지역, 공업지역에 설치하는 경우 소방대상물과의 수평거리는 100[m] 이하가 되도록 해야 한다.

관련개념 소방용수시설을 설치하는 경우 소방대상물과의 수평거리

• 주거지역 • 상업지역 • 공업지역	100[m] 이하
그 외 지역	140[m] 이하

정답 │ ②

49 빈출도 ★★

위험물안전관리법령상 제조소등에 설치하여야 할 자동 화재탐지설비의 설치기준 중 ( ) 안에 알맞은 내용은? (단, 광전식 분리형 감지기 설치는 제외한다.)

> 하나의 경계구역의 면적은 (㉠)[m²] 이하로 하고 그 한 변의 길이는 (㉡)[m] 이하로 할 것. 다만, 당해 건축물 그 밖의 공작물의 주요한 출입구 에서 내부의 전체를 볼 수 있는 경우에 있어서는 그 면적을 1,000[m²] 이하로 할 수 있다.

① ㉠: 300, ㉡: 20   ② ㉠: 400, ㉡: 30
③ ㉠: 500, ㉡: 40   ④ ㉠: 600, ㉡: 50

해설

하나의 경계구역의 면적은 600[m²] 이하로 하고 그 한 변의 길이는 50[m](광전식 분리형 감지기를 설치할 경우 100[m]) 이하로 해야 한다.

정답 │ ④

50 빈출도 ★★

소방안전관리자 및 소방안전관리보조자에 대한 실무 교육의 교육대상, 교육일정 등 실무교육에 필요한 계 획을 수립하여 실시하는 자로 옳은 것은?

① 한국소방안전원장   ② 소방본부장
③ 소방청장   ④ 시·도지사

해설

소방청장은 실무교육의 대상·일정·횟수 등을 포함한 실무교육의 실시 계획을 매년 수립·시행해야 한다.

정답 │ ③

51 빈출도 ★★

소방시설 설치 및 관리에 관한 법률상 건축허가 등의 동의를 요구한 기관이 그 건축허가 등을 취소하였을 때, 취소한 날부터 최대 며칠 이내에 건축물 등의 시공지 또는 소재지를 관할하는 소방본부장 또는 소방서장 에게 그 사실을 통보하여야 하는가?

① 3일   ② 4일
③ 7일   ④ 10일

해설

건축허가 등의 동의를 요구한 기관이 그 건축허가 등을 취소했을 때 에는 취소한 날부터 7일 이내에 건축물 등의 시공지 또는 소재지를 관할하는 소방본부장 또는 소방서장에게 그 사실을 통보해야 한다.

정답 │ ③

52 빈출도 ★

다음은 소방기본법의 목적을 기술한 것이다. (가), (나), (다)에 들어갈 내용으로 알맞은 것은?

> 화재를 (가)·(나)하거나 (다)하고 화재, 재난·재해 그 밖의 위급한 상황에서의 구조·구급활동 등을 통하여 국민의 생명·신체 및 재산을 보호함으로써 공공의 안녕 및 질서 유지와 복리증진에 이바지함을 목적으로 한다.

① (가): 예방, (나): 경계, (다): 복구
② (가): 경보, (나): 소화, (다): 복구
③ (가): 예방, (나): 경계, (다): 진압
④ (가): 경계, (나): 통제, (다): 진압

해설

소방기본법은 화재를 **예방·경계**하거나 **진압**하고 화재, 재난·재해 그 밖의 위급한 상황에서의 구조·구급활동 등을 통하여 국민의 생명·신체 및 재산을 보호함으로써 공공의 안녕 및 질서 유지와 복리증진에 이바지함을 목적으로 한다.

정답 ③

53 빈출도 ★★

관계인이 예방규정을 정하여야 하는 옥외저장소는 지정수량의 몇 배 이상의 위험물을 저장하는 것을 말하는가?

① 10
② 100
③ 150
④ 200

해설

지정수량의 100배 이상의 위험물을 저장하는 옥외저장소는 관계인이 예방규정을 정해야 한다.

관련개념 관계인이 예방규정을 정해야 하는 제조소등

시설	저장 또는 취급량
제조소	지정수량의 10배 이상
옥외저장소	지정수량의 100배 이상
옥내저장소	지정수량의 150배 이상
옥외탱크저장소	지정수량의 200배 이상
암반탱크저장소	전체
이송취급소	전체
일반취급소	• 지정수량의 10배 이상 • 제4류 위험물(특수인화물 제외)만을 지정수량의 50배 이하로 취급하는 일반취급소(제1석유류·알코올류의 취급량이 지정수량의 10배 이하인 경우에 한함)로서 다음 경우 제외 – 보일러·버너 또는 이와 비슷한 것으로서 위험물을 소비하는 장치로 이루어진 일반취급소 – 위험물을 용기에 옮겨 담거나 차량에 고정된 탱크에 주입하는 일반취급소

정답 ②

54 빈출도 ★

소방기본법상 화재 현상에서의 피난 등을 체험할 수 있는 소방체험관의 설립·운영권자는?

① 시·도지사
② 행정안전부장관
③ 소방본부장 또는 소방서장
④ 소방청장

해설

시·도지사는 소방체험관을 설립하여 운영할 수 있다.

관련개념 소방박물관·소방체험관의 설립 및 운영

구분	소방박물관	소방체험관
설립 및 운영권자	소방청장	시·도지사
설립 및 운영에 필요한 사항	행정안전부령	시·도의 조례

정답 | ①

55 빈출도 ★★★

소방기본법령에 따른 소방용수시설 급수탑 개폐밸브의 설치기준으로 맞는 것은?

① 지상에서 1.0[m] 이상 1.5[m] 이하
② 지상에서 1.2[m] 이상 1.8[m] 이하
③ 지상에서 1.5[m] 이상 1.7[m] 이하
④ 지상에서 1.5[m] 이상 2.0[m] 이하

해설

급수탑의 개폐밸브는 지상에서 1.5[m] 이상 1.7[m] 이하의 위치에 설치해야 한다.

관련개념 급수탑의 설치기준

급수배관 구경	100[mm] 이상
개폐밸브 설치 높이	지상에서 1.5[m] 이상 1.7[m] 이하

정답 | ③

56 빈출도 ★★★

다음 조건을 참고하여 숙박시설이 있는 특정소방대상물의 수용인원 산정 수로 옳은 것은?

> 침대가 있는 숙박시설로서 1인용 침대의 수는 20개이고, 2인용 침대의 수는 10개이며, 종업원의 수는 3명이다.

① 33명　　　　② 40명
③ 43명　　　　④ 46명

해설

종사자 수＋침대 수
＝3＋20(1인용 침대)＋10(2인용 침대)×2
＝43명

관련개념 수용인원의 산정방법

구분		산정방법
숙박시설	침대가 있는 숙박시설	종사자 수＋침대 수(2인용 침대는 2개)
	침대가 없는 숙박시설	종사자 수＋$\dfrac{\text{바닥면적의 합계}}{3[m^2]}$
강의실·교무실·상담실·실습실·휴게실 용도로 쓰이는 특정소방대상물		$\dfrac{\text{바닥면적의 합계}}{1.9[m^2]}$
강당, 문화 및 집회시설, 운동시설, 종교시설		$\dfrac{\text{바닥면적의 합계}}{4.6[m^2]}$
그 밖의 특정소방대상물		$\dfrac{\text{바닥면적의 합계}}{3[m^2]}$

* 계산 결과 소수점 이하의 수는 반올림한다.
* 복도(준불연재료 이상의 것), 화장실, 계단은 면적에서 제외한다.

정답 | ③

57 빈출도 ★★

위험물안전관리법령에 의하여 자체소방대에 배치해야 하는 화학소방자동차의 구분에 속하지 않는 것은?

① 포수용액 방사차
② 고가 사다리차
③ 제독차
④ 할로젠화합물 방사차

해설

고가 사다리차는 화학소방자동차의 구분에 속하지 않는다.

관련개념 화학소방자동차의 구분

㉠ 포수용액 방사차
㉡ 분말 방사차
㉢ 할로젠화합물 방사차
㉣ 이산화탄소 방사차
㉤ 제독차

정답 | ②

58 빈출도 ★

소방시설 설치 및 관리에 관한 법률상 중앙소방기술심의위원회의 심의사항이 아닌 것은?

① 화재안전기준에 관한 사항
② 소방시설의 설계 및 공사감리의 방법에 관한 사항
③ 소방시설에 하자가 있는지의 판단에 관한 사항
④ 소방시설공사의 하자를 판단하는 기준에 관한 사항

해설

소방시설에 하자가 있는지의 판단에 관한 사항은 지방소방기술심의위원회의 심의사항이다.

관련개념 중앙소방기술심의위원회 심의사항

㉠ 화재안전기준에 관한 사항
㉡ 소방시설의 구조 및 원리 등에서 공법이 특수한 설계 및 시공에 관한 사항
㉢ 소방시설의 설계 및 공사감리의 방법에 관한 사항
㉣ 소방시설공사의 하자를 판단하는 기준에 관한 사항
㉤ 연면적 $100,000[m^2]$ 이상의 특정소방대상물에 설치된 소방시설의 설계·시공·감리의 하자 유무에 관한 사항
㉥ 새로운 소방시설과 소방용품 등의 도입 여부에 관한 사항
㉦ 그 밖에 소방기술과 관련하여 소방청장이 소방기술심의위원회의 심의에 부치는 사항

정답 | ③

59 빈출도 ★★

화재의 예방 및 안전관리에 관한 법률상 총괄소방안전 관리자를 선임해야 하는 특정소방대상물이 아닌 것은?

① 판매시설 중 도매시장 및 소매시장
② 복합건축물로서 층수가 11층 이상인 것
③ 지하층을 제외한 층수가 7층 이상인 고층 건축물
④ 복합건축물로서 연면적이 30,000[m²] 이상인 것

해설

지하층을 제외한 층수가 7층 이상인 고층 건축물은 총괄소방안전관리자를 선임해야 하는 특정소방대상물이 아니다.

관련개념 총괄소방안전관리자 선임 대상 특정소방대상물

시설	대상
복합건축물	• 지하층을 제외한 층수가 11층 이상 • 연면적 30,000[m²] 이상
지하가	지하의 인공구조물 안에 설치된 상점 및 사무실 그 밖에 이와 비슷한 시설이 연속하여 지하도에 접하여 설치된 것과 그 지하도를 합한 것
판매시설	• 도매시장 • 소매시장 및 전통시장

정답 | ③

60 빈출도 ★

소방공사의 감리를 완료하였을 경우 소방공사감리 결과를 통보하는 대상으로 옳지 않은 것은?

① 특정소방대상물의 관계인
② 특정소방대상물의 설계업자
③ 소방시설공사의 도급인
④ 특정소방대상물의 공사를 감리한 건축사

해설

특정소방대상물의 설계업자는 소방공사감리 결과를 통보하는 대상이 아니다.

관련개념 감리 결과의 서면 통보 대상

㉠ 특정소방대상물의 관계인
㉡ 소방시설공사의 도급인
㉢ 특정소방대상물의 공사를 감리한 건축사

공사감리 결과보고서 제출 대상

㉠ 소방본부장
㉡ 소방서장

정답 | ②

61 빈출도 ★★★

지하층을 제외한 층수가 11층 이상의 층에서 피난층에 이르는 부분의 소방시설에 있어 비상 전원을 60분 이상 유효하게 작동시킬 수 있는 용량으로 하여야 하는 설비들로 옳게 나열된 것은?

① 비상조명등설비, 유도등설비
② 비상조명등설비, 비상경보설비
③ 비상방송설비, 유도등설비
④ 비상방송설비, 비상경보설비

해설

11층 이상의 층에서 피난층에 이르는 부분의 소방시설에 있어 비상 전원을 60분 이상 유효하게 작동시킬 수 있는 용량으로 하여야 하는 설비는 비상조명등설비와 유도등설비이다.

관련개념 각 설비별 전원 용량

설비명	휴대용 비상조명등	비상조명등	무선통신 보조설비	유도등
전원	건전지	비상전원	비상전원	비상전원
용량	20분	20분(60분)	30분	20분(60분)

*( )는 지하층을 제외한 층수가 11층 이상의 층 또는 지하층 또는 무창층으로서 용도가 도매시장·소매시장·여객자동차터미널·지하역사 또는 지하상가에 적용됨

정답 | ①

62 빈출도 ★★★

광전식 분리형 감지기의 설치기준 중 틀린 것은?

① 감지기의 수광면은 햇빛을 직접 받지 않도록 설치할 것
② 광축은 나란한 벽으로부터 0.6[m] 이상 이격하여 설치할 것
③ 감지기의 송광부와 수광부는 설치된 뒷벽으로부터 0.5[m] 이내 위치에 설치할 것
④ 광축의 높이는 천장 등 높이의 80[%] 이상일 것

해설

광전식 분리형 감지기의 송광부와 수광부는 설치된 뒷벽으로부터 1[m] 이내 위치에 설치해야 한다.

관련개념 광전식 분리형 감지기의 설치기준

㉠ 감지기의 수광면은 햇빛을 직접 받지 않도록 설치할 것
㉡ 광축(송광면과 수광면의 중심을 연결한 선)은 나란한 벽으로부터 0.6[m] 이상 이격하여 설치할 것
㉢ 감지기의 송광부와 수광부는 설치된 뒷벽으로부터 1[m] 이내의 위치에 설치할 것
㉣ 광축의 높이는 천장 등(천장의 실내에 면한 부분 또는 상층의 바닥하부면) 높이의 80[%] 이상일 것
㉤ 감지기의 광축의 길이는 공칭감시거리 범위 이내일 것

정답 | ③

63 빈출도 ★

대형피난구유도등의 설치장소가 아닌 것은?

① 위락시설
② 판매시설
③ 지하철역사
④ 아파트

아파트는 대형피난구유도등의 설치장소가 아니다.

관련개념 유도등 및 유도표지의 종류

설치장소	유도등 및 유도표지의 종류
공연장, 집회장, 관람장, 운동시설	• 대형피난구유도등 • 통로유도등 • 객석유도등
유흥주점영업시설	
위락시설, 판매시설, 운수시설, 관광숙박업, 의료시설, 장례식장, 지하철역사, 지하상가, 전시장, 방송통신시설	• 대형피난구유도등 • 통로유도등
숙박시설, 오피스텔	• 중형피난구유도등 • 통로유도등
지하층·무창층 또는 층수가 11층 이상인 특정소방대상물	
근린생활시설, 노유자시설, 업무시설, 발전시설, 종교시설, 교육연구시설, 수련시설, 공장, 다중이용업소, 복합건축물	• 소형피난구유도등 • 통로유도등
그 밖의 것	• 피난구유도표지 • 통로유도표지

정답 | ④

64 빈출도 ★★

누전경보기 수신부의 구조 기준 중 옳은 것은?

① 감도조정장치와 감도조정부는 외함의 바깥쪽에 노출되지 아니하여야 한다.
② 2급 수신부는 전원을 표시하는 장치를 설치하여야 한다.
③ 전원입력 및 외부부하에 직접 전원을 송출하도록 구성된 회로에는 퓨즈 또는 브레이커 등을 설치하여야 한다.
④ 2급 수신부에는 전원 입력측의 회로에 단락이 생기는 경우에는 유효하게 보호되는 조치를 강구하여야 한다.

전원입력 및 외부부하에 직접 전원을 송출하도록 구성된 회로에는 퓨즈 또는 브레이커 등을 설치하여야 한다.

선지분석

① 감도조정장치를 제외하고 감도조정부는 외함의 바깥쪽에 노출되지 아니하여야 한다.
② 수신부는 전원을 표시하는 장치를 설치하여야 한다.(2급 수신부 제외)
④ 수신부는 전원 입력측의 회로에 단락이 생기는 경우에는 유효하게 보호되는 조치를 강구하여야 한다.(2급 수신부 제외)

정답 | ③

65 빈출도 ★★

비상콘센트설비의 화재안전기술기준(NFTC 504)에 따라 비상콘센트설비의 전원회로(비상콘센트에 전력을 공급하는 회로를 말함)에 대한 전압과 공급용량으로 옳은 것은?

① 전압: 단상교류 110[V], 공급용량: 1.5[kVA] 이상
② 전압: 단상교류 220[V], 공급용량: 1.5[kVA] 이상
③ 전압: 단상교류 110[V], 공급용량: 3[kVA] 이상
④ 전압: 단상교류 220[V], 공급용량: 3[kVA] 이상

해설

비상콘센트설비의 전원회로는 단상교류 220[V]인 것으로서, 그 공급용량은 1.5[kVA] 이상인 것으로 해야 한다.

정답 | ②

66 빈출도 ★

자동화재속보설비 속보기의 예비전원을 병렬로 접속하는 경우 필요한 조치는?

① 역충전방지 조치
② 자동직류전환 조치
③ 계속충전유지 조치
④ 접지 조치

해설

자동화재속보설비 속보기의 예비전원을 병렬로 접속하는 경우는 역충전방지 등의 조치를 강구하여야 한다.

정답 | ①

67 빈출도 ★★

자동화재속보설비 속보기의 성능인증 및 제품검사의 기술기준에 따라 자동화재속보설비의 속보기의 외함에 합성수지를 사용할 경우 외함의 최소두께[mm]는?

① 1.2
② 3
③ 6.4
④ 7

해설

자동화재속보설비 속보기의 외함에 합성수지를 사용할 경우 외함의 두께는 3[mm] 이상이어야 한다.

관련개념 자동화재속보설비 속보기의 외함

재질	두께
강판	1.2[mm] 이상
합성수지	3[mm] 이상

정답 | ②

68 빈출도 ★★★

자동화재탐지설비 중계기에 예비전원을 사용하는 경우 구조 및 기능 기준 중 다음 (   ) 안에 알맞은 것은?

> 축전지의 충전시험 및 방전시험은 방전종지전압을 기준하여 시작한다. 이 경우 방전종지전압이라 함은 원통형 니켈카드뮴 축전지는 셀 당 (㉠)[V]의 상태를, 무보수 밀폐형 연 축전지는 단전자 당 (㉡)[V]의 상태를 말한다.

① ㉠: 1.0, ㉡: 1.5
② ㉠: 1.0, ㉡: 1.75
③ ㉠: 1.6, ㉡: 1.5
④ ㉠: 1.6, ㉡: 1.75

해설

자동화재탐지설비에서 중계기 예비전원 축전지의 충전시험 및 방전시험의 방전종지전압이라 함은 원통형 니켈카드뮴 축전지는 셀 당 1.0[V]의 상태를, 무보수밀폐형 연축전지는 단전지 당 1.75[V]의 상태를 말한다.

정답 | ②

69 빈출도 ★★★

비상경보설비를 설치하여야 할 특정소방대상물로 옳은 것은? (단, 지하구, 모래·석재 등 불연재료 창고 및 위험물 저장·처리 시설 중 가스시설은 제외한다.)

① 지하가 중 터널로서 길이가 400[m] 이상인 것
② 30명 이상의 근로자가 작업하는 옥내작업장
③ 지하층 또는 무창층의 바닥면적이 150[m²](공연장의 경우 100[m²]) 이상인 것
④ 연면적 300[m²](지하가 중 터널 또는 사람이 거주하지 않거나 벽이 없는 축사 등 동·식물 관련시설 제외) 이상인 것

해설

지하층 또는 무창층의 바닥면적이 150[m²](공연장의 경우 100[m²]) 이상인 특정소방대상물에는 모든 층에 비상경보설비를 설치해야 한다.

선지분석

① 지하가 중 터널로서 길이가 500[m] 이상인 것
② 50명 이상의 근로자가 작업하는 옥내작업장
④ 연면적 400[m²](지하가 중 터널 또는 사람이 거주하지 않거나 벽이 없는 축사 등 동·식물 관련시설 제외) 이상인 것

관련개념 **비상경보설비 설치대상**

특정소방대상물	구분
건축물	연면적 400[m²] 이상인 것
지하층·무창층	바닥면적이 150[m²](공연장은 100[m²]) 이상인 것
지하가 중 터널	길이 500[m] 이상인 것
옥내작업장	50명 이상의 근로자가 작업하는 곳

정답 | ③

70 빈출도 ★

축광표지의 식별도시험에 관련한 기준에서 (   )에 알맞은 것은?

> 축광유도표지는 200[lx] 밝기의 광원으로 20분간 조사시킨 상태에서 다시 주위조도를 0[lx]로 하여 60분간 발광시킨 후 직선거리 (   )[m] 떨어진 위치에서 유도표지가 있다는 것이 식별되어야 한다.

① 20　　　　　　　② 10
③ 5　　　　　　　④ 3

해설

축광유도표지는 200[lx] 밝기의 광원으로 20분간 조사시킨 상태에서 다시 주위조도를 0[lx]로 하여 60분간 발광시킨 후 직선거리 20[m] 떨어진 위치에서 유도표지가 있다는 것이 식별되어야 한다.

정답 | ①

71 빈출도 ★★★

감시제어반 등에 설치된 무선중계기의 입력과 출력포트에 연결되어 송수신 신호를 원활하게 방사 · 수신하기 위해 옥외에 설치하는 장치는 무엇인가?

① 분파기　　　　　② 무선중계기
③ 옥외안테나　　　④ 혼합기

해설

옥외안테나는 안테나를 통하여 수신된 무전기 신호를 증폭한 후 음영지역에 재방사하여 무전기 상호 간 송수신이 가능하도록 하는 장치이다.

선지분석

① 분파기: 서로 다른 주파수의 합성된 신호를 분리하기 위해서 사용하는 장치이다.
② 무선중계기: 안테나를 통하여 수신된 무전기 신호를 증폭한 후 음영지역에 재방사하여 무전기 상호 간 송수신이 가능하도록 하는 장치이다.
④ 혼합기: 두 개 이상의 입력신호를 원하는 비율로 조합한 출력이 발생하도록 하는 장치이다.

정답 | ③

72 빈출도 ★★★

객석유도등을 설치하지 아니하는 경우의 기준 중 다음 (　　) 안에 알맞은 것은?

> 거실 등의 각 부분으로부터 하나의 거실 출입구에 이르는 보행거리가 (　　)[m] 이하인 객석의 통로로서 그 통로에 통로유도등이 설치된 객석

① 15　　　　　② 20
③ 30　　　　　④ 50

해설

객석유도등을 설치하지 아니하는 경우의 기준
㉠ 주간에만 사용하는 장소로서 채광이 충분한 객석
㉡ 거실 등의 각 부분으로부터 하나의 거실 출입구에 이르는 보행거리가 20[m] 이하인 객석의 통로로서 그 통로에 통로유도등이 설치된 객석

정답 | ②

73 빈출도 ★★

비상방송설비의 화재안전기술기준(NFTC 202)에 따라 다음 (　　)의 ㉠, ㉡에 들어갈 내용으로 옳은 것은?

> 비상방송설비에는 그 설비에 대한 감시상태를 (　㉠　)분간 지속한 후 유효하게 (　㉡　)분 이상 경보할 수 있는 축전지설비(수신기에 내장하는 경우 포함)를 설치하여야 한다.

① ㉠: 30, ㉡: 5
② ㉠: 30, ㉡: 10
③ ㉠: 60, ㉡: 5
④ ㉠: 60, ㉡: 10

해설

비상방송설비에는 그 설비에 대한 감시상태를 60분간 지속한 후 유효하게 10분 이상 경보할 수 있는 비상전원으로서 축전지설비 또는 전기저장장치를 설치해야 한다.

정답 | ④

74 빈출도 ★

자동화재탐지설비의 GP형 수신기에 감지기 회로의 배선을 접속하려고 할 때 경계구역이 15개인 경우 필요한 공통선의 최소 개수는?

① 1　　　　　② 2
③ 3　　　　　④ 4

해설

P형 수신기 및 GP형 수신기의 감지기 회로의 배선에 있어서 하나의 공통선에 접속할 수 있는 경계구역은 7개 이하로 해야 한다.

따라서, $\dfrac{15}{7} = 2.14 \rightarrow 3$개가 필요하다.

정답 | ③

75 빈출도 ★★★

자동화재탐지설비의 경계구역에 대한 설정기준 중 틀린 것은?

① 지하구의 경우 하나의 경계구역의 길이는 800[m] 이하로 할 것
② 하나의 경계구역이 2개 이상의 층에 미치지 아니하도록 할 것
③ 하나의 경계구역의 면적은 600[m²] 이하로 하고 한 변의 길이는 50[m] 이하로 할 것
④ 하나의 경계구역이 2개 이상의 건축물에 미치지 아니하도록 할 것

해설

보기 ①은 경계구역의 설정기준과 관련 없다.

관련개념 경계구역 설정기준

㉠ 하나의 경계구역이 2 이상의 건축물에 미치지 않도록 할 것
㉡ 하나의 경계구역이 2 이상의 층에 미치지 않도록 할 것 (500[m²] 이하의 범위 안에서는 2개의 층을 하나의 경계구역으로 할 수 있음)
㉢ 하나의 경계구역의 면적은 600[m²] 이하로 하고 한 변의 길이는 50[m] 이하로 할 것(해당 특정소방대상물의 주된 출입구에서 그 내부 전체가 보이는 것에 있어서는 한 변의 길이가 50[m]의 범위 내에서 1,000[m²] 이하로 할 수 있음)

정답 | ①

76 빈출도 ★

무선통신보조설비에 대한 설명으로 틀린 것은?

① 소화활동설비이다.
② 증폭기에는 비상전원이 부착된 것으로 하고 비상전원의 용량은 30분 이상이다.
③ 누설동축케이블의 끝부분에는 무반사 종단저항을 부착한다.
④ 누설동축케이블 또는 동축케이블의 임피던스는 100[Ω]의 것으로 한다.

해설

누설동축케이블 및 동축케이블의 임피던스는 50[Ω]으로 한다.

선지분석

① 소화활동설비란 화재를 진압하거나 인명구조활동을 위해 사용하는 설비로 비상콘센트설비, 무선통신보조설비 등이 있다.
② 증폭기에는 비상전원이 부착된 것으로 하고 해당 비상전원 용량은 무선통신보조설비를 유효하게 30분 이상 작동시킬 수 있는 것으로 해야 한다.
③ 누설동축케이블의 끝부분에는 무반사 종단저항을 부착한다.

정답 | ④

77 빈출도 ★★

비상경보설비 및 단독경보형 감지기의 화재안전기술기준(NFTC 201)에 따라 비상벨설비 또는 자동식 사이렌설비의 전원회로 배선 중 내열배선에 사용하는 전선의 종류가 아닌 것은?

① 버스덕트(Bus Duct)
② 600[V] 1종 비닐절연 전선
③ 0.6/1[kV] EP 고무절연 클로로프렌 시스 케이블
④ 450/750[V] 저독성 난연 가교 폴리올레핀 절연 전선

해설

600[V] 1종 비닐절연 전선은 내열배선에 사용하는 전선의 종류가 아니다.

관련개념 내열배선 시 사용전선

㉠ 450/750[V] 저독성 난연 가교 폴리올레핀 절연 전선
㉡ 0.6/1[kV] 가교 폴리에틸렌 절연 저독성 난연 폴리올레핀 시스 전력 케이블
㉢ 6/10[kV] 가교 폴리에틸렌 절연 저독성 난연 폴리올레핀 시스 전력 케이블
㉣ 가교 폴리에틸렌 절연 비닐시스 트레이용 난연 전력 케이블
㉤ 0.6/1[kV] EP 고무절연 클로로프렌 시스 케이블
㉥ 300/500[V] 내열성 실리콘 고무 절연 전선(180[℃])
㉦ 내열성 에틸렌－비닐 아세테이트 고무절연 케이블
㉧ 버스덕트(Bus Duct)

정답 | ②

78 빈출도 ★★

비상조명등의 설치제외 장소가 아닌 것은?

① 의원의 거실
② 경기장의 거실
③ 의료시설의 거실
④ 종교시설의 거실

해설

종교시설의 거실은 비상조명등의 설치제외 장소가 아니다.

관련개념 비상조명등의 설치제외 장소

㉠ 거실의 각 부분으로부터 하나의 출입구에 이르는 보행거리가 15[m] 이내인 부분
㉡ 의원·경기장·공동주택·의료시설·학교의 거실

정답 | ④

79 빈출도 ★★

누전경보기의 형식승인 및 제품검사의 기술기준에 따라 누전경보기의 수신부는 그 정격전압에서 몇 회의 누전작동시험을 실시하는가?

① 1,000회
② 5,000회
③ 10,000회
④ 20,000회

해설

누전경보기의 수신부는 그 정격전압에서 **10,000회**의 누전작동시험을 실시하는 경우 그 구조 또는 기능에 이상이 생기지 아니하여야 한다.

정답 | ③

80 빈출도 ★

부착높이가 6[m]이고 주요구조부를 내화구조로 한 특정소방대상물 또는 그 부분에 정온식 스포트형 감지기 특종을 설치하고자 하는 경우 바닥면적 몇 [m²]마다 1개 이상 설치해야 하는가?

① 15
② 25
③ 35
④ 45

해설

정온식 스포트형 감지기 특종을 주요구조부가 내화구조인 곳에 6[m] 높이에 부착할 때 기준에 따라 바닥면적 **35[m²]**마다 1개 이상 설치해야 한다.

관련개념 정온식 스포트형 감지기의 설치기준(바닥면적)

부착 높이 및 특정소방대상물의 구분		정온식 스포트형[m²]		
		특종	1종	2종
4[m] 미만	내화구조	70	60	20
	기타구조	40	30	15
4[m] 이상 8[m] 미만	내화구조	35	30	—
	기타구조	25	15	—

정답 | ③

자동채점

소방원론

01 빈출도 ★★★

이산화탄소에 대한 설명으로 틀린 것은?

① 임계온도는 97.5[°C]이다.
② 고체의 형태로 존재할 수 있다.
③ 불연성 가스로 공기보다 무겁다.
④ 드라이아이스와 분자식이 동일하다.

해설

이산화탄소의 임계온도는 31.4[°C] 정도이다.

관련개념 이산화탄소의 일반적 성질

㉠ 상온에서 무색 · 무취 · 무미의 기체로서 독성이 없다.
㉡ 임계온도는 약 31.4[°C]이고, 비중이 약 1.52로 공기보다 무겁다.
㉢ 압축 및 냉각 시 쉽게 액화할 수 있으며, 더욱 압축냉각하면 드라이아이스가 된다.

정답 | ①

02 빈출도 ★★★

소화약제로 사용할 수 없는 것은?

① $KHCO_3$
② $NaHCO_3$
③ CO_2
④ NH_3

해설

암모니아(NH_3)는 위험물로 분류되지는 않지만 인화점 132[°C], 발화점 651[°C], 연소범위 15~28[%]를 갖는 가연성 가스이다.

선지분석

① 제2종 분말 소화약제로 사용된다.
② 제1종 분말 소화약제로 사용된다.
③ 이산화탄소 소화약제로 사용된다.

정답 | ④

03 빈출도 ★★

화재 표면온도(절대온도)가 2배가 되면 복사에너지는 몇 배로 증가 되는가?

① 2
② 4
③ 8
④ 16

해설

복사열은 절대온도의 4제곱에 비례하므로, 복사에너지는 $2^4=16$배 증가한다.

관련개념 복사

복사는 열에너지가 매질을 통하지 않고 전자기파의 형태로 전달되는 현상이다.
슈테판-볼츠만 법칙에 의해 복사열은 절대온도의 4제곱에 비례한다.

$$Q \propto \sigma T^4$$

Q: 열전달량[W/m^2], σ: 슈테판-볼츠만 상수(5.67×10^{-8})[$W/m^2 \cdot K^4$], T: 절대온도[K]

정답 | ④

04 빈출도 ★★

화재의 소화원리에 따른 소화방법의 적용으로 틀린 것은?

① 냉각소화: 스프링클러설비

② 질식소화: 이산화탄소 소화설비

③ 제거소화: 포 소화설비

④ 억제소화: 할로겐화합물 소화설비

해설

포 소화약제는 질식소화와 냉각소화에 의해 화재를 진압한다. 제거소화는 연소의 요소를 구성하는 가연물질을 안전한 장소나 점화원이 없는 장소로 신속하게 이동시켜서 소화하는 방법이다.

관련개념 포 소화약제의 원리

포(Foam)는 유류보다 가벼운 미세한 기포의 집합체로 연소물의 표면을 덮어 공기와의 접촉을 차단하여 질식효과를 나타내며 함께 사용된 물에 의해 냉각효과도 나타낸다.

정답 | ③

05 빈출도 ★★

상온에서 무색의 기체로서 암모니아와 유사한 냄새를 가지는 물질은?

① 에틸벤젠

② 에틸아민

③ 산화프로필렌

④ 사이클로프로페인

해설

암모니아와 유사한 냄새를 가지는 물질은 에틸아민이다. 에틸아민($CH_3CH_2NH_2$)은 암모니아(NH_3)의 수소 중에 하나가 에틸기($-CH_2CH_3$)로 치환된 구조로 암모니아와 유사한 특성을 가진다.

정답 | ②

06 빈출도 ★★★

마그네슘의 화재에 주수하였을 때 물과 마그네슘의 반응으로 인하여 생성되는 가스는?

① 산소

② 수소

③ 일산화탄소

④ 이산화탄소

해설

마그네슘(Mg)과 물이 반응하면 수소(H_2)가 발생한다.
$$Mg + 2H_2O \rightarrow Mg(OH)_2 + H_2 \uparrow$$

정답 | ②

07 빈출도 ★★★

어떤 유기화합물을 원소 분석한 결과 중량백분율이 C: 39.9[%], H: 6.7[%], O: 53.4[%] 인 경우에 이 화합물의 분자식은? (단, 원자량은 C=12, O=16, H=1이다.)

① $C_3H_8O_2$

② $C_2H_4O_2$

③ C_2H_4O

④ $C_2H_6O_2$

해설

어떤 유기화합물에서 탄소, 수소, 산소 원자의 질량비가 39.9 : 6.7 : 53.4일 때, 각 원자의 원자량으로 나누면 원자 수의 비율로 나타낼 수 있다.

$$\frac{39.9}{12} : \frac{6.7}{1} : \frac{53.4}{16} = 3.325 : 6.7 : 3.3375$$

이는 약 1 : 2 : 1의 비율로 나누어지며 이 비율로 구성할 수 있는 분자식은 $C_2H_4O_2$이다.

정답 | ②

08 빈출도 ★★

화재 발생 시 발생하는 연기에 대한 설명으로 틀린 것은?

① 연기의 유동속도는 수평방향이 수직방향보다 빠르다.
② 동일한 가연물에서 환기지배형 화재가 연료지배형 화재에 비하여 연기발생량이 많다.
③ 고온 상태의 연기는 유동확산이 빨라 화재전파의 원인이 되기도 한다.
④ 연기는 일반적으로 불완전 연소 시에 발생한 고체, 액체, 기체 생성물의 집합체이다.

해설

연기의 유동속도는 수직 이동속도($2 \sim 3[\text{m/s}]$)가 수평 이동속도($0.5 \sim 1[\text{m/s}]$)보다 빠르다.

선지분석

② 환기지배형 화재는 공기(산소)의 공급에 영향을 받는 화재를 말하며, 연료지배형 화재는 가연물의 영향을 받는 화재를 말한다. 환기지배형 화재일수록 공기(산소)의 공급상태에 따라 불완전 연소의 가능성이 높아 연기발생량이 많다.
③ 고온 상태일수록 주변 공기와의 밀도차이가 커지므로 공기의 순환이 빠르게 이루어지며 연기의 유동확산이 빨라진다.
④ 연기는 완전히 연소되지 않은 고체 또는 액체의 미립자가 공기 중에 부유하고 있는 것이다.

정답 | ①

09 빈출도 ★★★

$\text{IG} - 541$ 약제가 $15[^\circ\text{C}]$에서 용적 $50[\text{L}]$ 압력용기에 $155[\text{kgf/cm}^2]$으로 충전되어 있다. 온도가 $30[^\circ\text{C}]$로 되었다면 $\text{IG} - 541$ 약제의 압력은 몇 $[\text{kgf/cm}^2]$가 되겠는가? (단, 용기의 팽창은 없다고 가정한다.)

① 78
② 155
③ 163
④ 310

해설

온도가 $15[^\circ\text{C}]$일 때를 상태1, $30[^\circ\text{C}]$일 때를 상태2라고 하였을 때, 부피는 일정하므로 보일-샤를의 법칙에 의해 다음과 같은 식을 세울 수 있다.

$$\frac{P_1}{T_1} = \frac{155[\text{kgf/cm}^2]}{(273+15)[\text{K}]} = \frac{P_2}{T_2} = \frac{P_2}{(273+30)[\text{K}]}$$

$$P_2 = \frac{155[\text{kgf/cm}^2]}{288[\text{K}]} \times 303[\text{K}] \fallingdotseq 163[\text{kgf/cm}^2]$$

관련개념 **이상기체의 상태방정식**

보일의 법칙, 샤를의 법칙, 아보가드로의 법칙을 적용하여 상수를 (분자 수)×(기체상수)의 형태로 나타내면 다음의 식을 얻을 수 있다.

$$\frac{PV}{T} = C = nR \rightarrow PV = nRT$$

P: 압력, V: 부피, T: 절대온도$[\text{K}]$, C: 상수,
n: 분자 수$[\text{mol}]$, R: 기체상수

정답 | ③

10 빈출도 ★★★

위험물안전관리법령상 위험물에 대한 설명으로 옳은 것은?

① 과염소산은 위험물이 아니다.
② 황린은 제2류 위험물이다.
③ 황화인의 지정수량은 100[kg]이다.
④ 산화성 고체는 제6류 위험물의 성질이다.

해설

황화인(제2류 위험물)의 지정수량은 100[kg]이다.

선지분석

① 과염소산은 제6류 위험물이다.
② 황린은 제3류 위험물이다.
④ 산화성 고체는 제1류 위험물이며, 제6류 위험물은 산화성 액체이다.

정답 | ③

11 빈출도 ★

화재의 정의로 옳은 것은?

① 가연성물질과 산소와의 격렬한 산화반응이다.
② 사람의 과실로 인한 실화나 고의에 의한 방화로 발생하는 연소현상으로서 소화할 필요성이 있는 연소현상이다.
③ 가연물과 공기와의 혼합물이 어떤 점화원에 의하여 활성화되어 열과 빛을 발하면서 일으키는 격렬한 발열반응이다.
④ 인류의 문화와 문명의 발달을 가져오게 한 근본적 존재로서 인간의 제어수단에 의하여 컨트롤 할 수 있는 연소현상이다.

해설

화재란 사람의 의도에 반하거나 고의 또는 과실에 의해 발생하는 연소현상으로 소화할 필요가 있는 현상 또는 사람의 의도에 반하여 발생하거나 확대된 화학적 폭발현상을 말한다.

정답 | ②

12 빈출도 ★★

다음의 소화약제 중 오존파괴지수(ODP)가 가장 큰 것은?

① 할론 104
② 할론 1301
③ 할론 1211
④ 할론 2402

해설

오존파괴지수가 가장 큰 물질은 할론 1301이다.

관련개념 오존파괴지수

약제별 오존파괴정도를 나타낸 지수로 $CFC-11(CFCl_3)$의 오존파괴정도를 1로 두었을 때 상대적인 파괴정도를 의미한다.

구분	오존파괴지수
Halon 104	1.1
Halon 1211	3
Halon 1301	10
Halon 2402	6

정답 | ②

13 빈출도 ★★

화재 시 이산화탄소를 방출하여 산소의 농도를 13[vol%]로 낮추어 소화하기 위한 이산화탄소의 공기 중 농도는 약 몇 [vol%]인가?

① 9.5
② 25.8
③ 38.1
④ 61.5

해설

산소 21[%], 이산화탄소 0[%]인 공기에 이산화탄소 소화약제가 추가되어 산소의 농도는 13[%]가 되어야 한다.

$$\frac{21}{100+x}=\frac{13}{100}$$

따라서 추가된 이산화탄소 소화약제의 양 x는 61.54이며,
이때 전체 중 이산화탄소의 농도는

$$\frac{x}{100+x}=\frac{61.54}{100+61.54}≒0.3809=38.1[\%]이다.$$

관련개념

㉠ 소화약제 방출 전 공기의 양을 100으로 두고 풀이하면 된다.
㉡ 분모의 x는 공학용 계산기의 SOLVE 기능을 활용하면 쉽다.

정답 | ③

14 빈출도 ★★★

가연성 가스이면서도 독성 가스인 것은?

① 질소
② 수소
③ 염소
④ 황화수소

해설

황화수소(H_2S)는 황을 포함하고 있는 유기 화합물이 불완전 연소하면 발생하며, 계란이 썩는 악취가 나는 무색의 유독성 기체이다. 자극성이 심하고, 인체 허용농도는 10[ppm]이다.

정답 | ④

15 빈출도 ★★

다음 가연성 기체 1몰이 완전 연소하는 데 필요한 이론 공기량으로 틀린 것은? (단, 체적비로 계산하며 공기 중 산소의 농도를 21[vol%]로 한다.)

① 수소 — 약 2.38몰
② 메테인 — 약 9.52몰
③ 아세틸렌 — 약 16.97몰
④ 프로페인 — 약 23.81몰

해설

아세틸렌의 연소반응식은 다음과 같다.

$$C_2H_2 + \frac{5}{2}O_2 \rightarrow 2CO_2 + H_2O$$

아세틸렌 1[mol]이 완전 연소하는 데 필요한 산소의 양은 $\frac{5}{2}$[mol]이며, 공기 중 산소의 농도는 21[vol%]이므로

필요한 이론 공기량은 $\frac{2.5[mol]}{0.21} = 11.9[mol]$이다.

관련개념 탄화수소의 연소반응식

$$C_mH_n + \left(m + \frac{n}{4}\right)O_2 \rightarrow mCO_2 + H_2O$$

정답 | ③

16 빈출도 ★★★

물질의 화재 위험성에 대한 설명으로 틀린 것은?

① 인화점 및 착화점이 낮을수록 위험
② 착화에너지가 작을수록 위험
③ 비점 및 융점이 높을수록 위험
④ 연소범위가 넓을수록 위험

해설

비점이 낮을수록 가연성 물질이 기체로 존재할 확률이 높아지므로 연소범위 내에 도달할 확률이 높아져 화재 위험성이 높다.
고체 또는 액체 상태에서도 연소가 시작될 수 있으나 표면연소나 증발연소의 조건이 갖추어져야 하므로 화재 위험성은 기체 상태일 때보다 낮다.

선지분석

① 인화점 및 착화점이 낮을수록 낮은 온도에서 연소가 시작되므로 화재 위험성이 높다.
② 착화에너지가 작을수록 더 적은 에너지로 연소가 시작되므로 화재 위험성이 높다.
④ 연소범위는 연소가 시작될 수 있는 기체의 농도 범위를 의미하므로 그 범위가 넓을수록 화재 위험성이 높다.

정답 | ③

17 빈출도 ★★★

화재의 종류에 따른 분류가 틀린 것은?

① A급 : 일반화재
② B급 : 유류화재
③ C급 : 가스화재
④ D급 : 금속화재

해설

C급 화재는 전기화재이다.

관련개념 화재의 분류

급수	화재 종류	표시색	소화방법
A급	일반화재	백색	냉각
B급	유류화재	황색	질식
C급	전기화재	청색	질식
D급	금속화재	무색	질식
K급	주방화재 (식용유화재)	—	비누화 · 냉각 · 질식
E급	가스화재	황색	제거 · 질식

정답 | ③

18 빈출도 ★★

다음 원소 중 할로겐족 원소인 것은?

① Ne
② Ar
③ Cl
④ Xe

해설

염소(Cl)는 주기율표상 17족 원소로 할로겐족 원소이다.

선지분석

네온(Ne), 아르곤(Ar), 제논(Xe)은 주기율표상 18족 원소로 불활성(비활성)기체이다.

정답 | ③

19 빈출도 ★

물의 소화력을 증대시키기 위하여 첨가하는 첨가제 중 물의 유실을 방지하고 건물, 임야 등의 입체 면에 오랫동안 잔류하게 하기 위한 것은?

① 증점제
② 강화액
③ 침투제
④ 유화제

해설

물 소화약제의 첨가제 중 물 소화약제의 점착성을 증가시켜 소방대상물에 소화약제를 오래 잔류시키기 위한 물질은 증점제이다.

정답 | ①

20 빈출도 ★★★

프로페인 50[vol%], 뷰테인 40[vol%], 프로필렌 10[vol%]로 된 혼합가스의 폭발하한계는 약 몇 [vol%]인가? (단, 각 가스의 폭발하한계는 프로페인 2.2[vol%], 뷰테인 1.9[vol%], 프로필렌 2.4[vol%]이다.)

① 0.83
② 2.09
③ 5.05
④ 9.44

해설

$$L = \frac{100}{\dfrac{V_1}{L_1} + \dfrac{V_2}{L_2} + \dfrac{V_3}{L_3}} = \frac{100}{\dfrac{50}{2.2} + \dfrac{40}{1.9} + \dfrac{10}{2.4}} ≒ 2.09[vol\%]$$

관련개념 혼합가스의 폭발하한계

가연성 가스가 혼합되었을 때 '르 샤틀리에의 법칙'으로 혼합가스의 폭발하한계를 계산할 수 있다.

$$\frac{100}{L} = \frac{V_1}{L_1} + \frac{V_2}{L_2} + \cdots + \frac{V_n}{L_n}$$

$$\rightarrow L = \frac{100}{\dfrac{V_1}{L_1} + \dfrac{V_2}{L_2} + \cdots + \dfrac{V_n}{L_n}}$$

L: 혼합가스의 폭발하한계[vol%],
L_1, L_2, L_n: 가연성 가스의 폭발하한계[vol%],
V_1, V_2, V_n: 가연성 가스의 용량[vol%]

정답 | ②

21 빈출도 ★

회로에서 a, b 간의 합성저항[Ω]은? (단, $R_1=3[\Omega]$, $R_2=9[\Omega]$이다.)

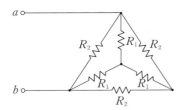

① 3   ② 4

③ 5   ④ 6

해설

그림의 회로 중 Y결선 회로를 △결선으로 변환하면 다음과 같다.

$$R_{1\triangle}=\frac{R_1R_1+R_1R_1+R_1R_1}{R_1}$$

$$=\frac{3\times3+3\times3+3\times3}{3}=9[\Omega]$$

병렬회로의 합성저항을 구하면 $R=\frac{9\times9}{9+9}=4.5[\Omega]$이고, a, b단 자에서 본 회로는 다음과 같이 등가회로로 나타낼 수 있다.

따라서 a, b 간 합성저항은

$$R=\frac{4.5\times(4.5+4.5)}{4.5+(4.5+4.5)}=3[\Omega]$$

정답 | ①

22 빈출도 ★★★

블록선도의 전달함수 $(C(s)/R(s))$는?

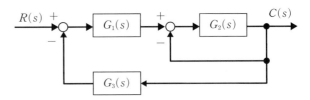

① $\dfrac{G_1(s)G_2(s)}{1+G_1(s)G_2(s)G_3(s)}$

② $\dfrac{G_1(s)G_2(s)}{1+G_1(s)+G_1(s)G_2(s)G_3(s)}$

③ $\dfrac{G_1(s)G_2(s)}{1+G_2(s)+G_1(s)G_2(s)G_3(s)}$

④ $\dfrac{G_1(s)G_2(s)}{1+G_3(s)+G_1(s)G_2(s)G_3(s)}$

해설

$$\frac{C(s)}{R(s)}=\frac{경로}{1-폐로}$$

$$=\frac{G_1(s)G_2(s)}{1+G_2(s)+G_1(s)G_2(s)G_3(s)}$$

경로: $G_1(s)G_2(s)$

폐로: ① $-G_2(s)$, ② $-G_1(s)G_2(s)G_3(s)$

관련개념 경로와 폐로

㉠ 경로: 입력에서부터 출력까지 가는 경로에 있는 소자들의 곱
㉡ 폐로: 출력 중 입력으로 돌아가는 경로에 있는 소자들의 곱

정답 | ③

23 빈출도 ★

평형 3상 회로에서 측정된 선간전압과 전류의 실횻값이 각각 28.87[V], 10[A]이고, 역률이 0.8일 때 3상 무효전력의 크기는 약 몇 [Var]인가?

① 400　　　　　　　② 300
③ 231　　　　　　　④ 173

해설

3상 무효전력 $P_r = \sqrt{3}\,VI\sin\theta$
$\sin\theta = \sqrt{1-\cos^2\theta} = \sqrt{1-0.8^2} = 0.6$
∴ $P_r = \sqrt{3} \times 28.87 \times 10 \times 0.6 = 300.03[\text{Var}]$

정답 | ②

24 빈출도 ★

한쪽 극판의 면적이 0.01[m²], 극판간격이 1.5[mm]인 공기콘덴서의 정전용량은?

① 약 59[pF]　　　　② 약 118[pF]
③ 약 344[pF]　　　　④ 약 1,334[pF]

해설

$C = \dfrac{\varepsilon_0 S}{d} = \dfrac{8.855 \times 10^{-12} \times 0.01}{1.5 \times 10^{-3}}$
　　$= 59.03 \times 10^{-12}[\text{F}] = 59.03[\text{pF}]$

정답 | ①

25 빈출도 ★

3상 직권 정류자 전동기에서 고정자 권선과 회전자 권선 사이에 중간 변압기를 사용하는 주요한 이유가 아닌 것은?

① 경부하 시 속도의 이상 상승 방지
② 철심을 포화시켜 회전자 상수를 감소
③ 중간 변압기의 권수비를 바꾸어서 전동기 특성을 조정
④ 전원전압의 크기에 관계없이 정류에 알맞은 회전자 전압 선택

해설

철심을 포화시켜 속도 상승을 제한할 수 있다.

선지분석

① 중간 변압기를 사용하여 철심을 포화시켜 경부하 시 속도 상승을 억제할 수 있다.
③ 중간 변압기의 권수비를 조정하여 전동기의 특성이 조정 가능하다.
④ 전원 전압의 크기에 관계없이 회전자 전압을 정류작용에 알맞은 값으로 선정할 수 있다.

정답 | ②

26 빈출도 ★★★

그림과 같은 논리회로의 출력 Y를 간략화한 것은?

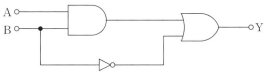

① $\overline{AB}$　　　　　　　② $AB + \overline{B}$
③ $\overline{AB} + B$　　　　　④ $(\overline{A+B}) \cdot B$

해설

AND 게이트의 입력이 A와 B이므로 출력은 AB이고
OR게이트의 입력은 AB와 B의 부정($\overline{B}$)이므로
$Y = AB + \overline{B}$

정답 | ②

27 빈출도 ★★

단상변압기의 3상 결선중 △−△결선의 장점이 아닌 것은?

① 변압기 외부에 제3고조파가 발생하지 않아 통신장애가 없다.
② 제3고조파 여자전류 통로를 가지므로 정현파 전압을 유기한다.
③ 변압기 1대가 고장 나면 $V-V$ 결선으로 운전하여 3상 전력을 공급한다.
④ 중성점을 접지할 수 있으므로 고압의 경우 이상전압을 감소시킬 수 있다.

해설

△−△결선의 경우 중성점 접지를 할 수 없어 지락 사고의 검출이 곤란하다.
④는 $Y-Y$ 결선에 대한 설명이다.

관련개념 △−△결선 특징

장점	• 변압기 외부에 제3고조파가 발생하지 않으므로 통신 장해가 없다. • 여자 전류의 제3고조파 성분이 결선 내를 순환하므로 정현파 전압을 유기하여 기전력이 왜곡되지 않는다. • 각 상의 전류가 선전류의 $\frac{1}{\sqrt{3}}$배가 되므로 대전류에 유리하다. • 운전 중 1대가 고장나도 $V-V$ 결선으로 3상 전력을 공급할 수 있다.
단점	• 중성점 접지가 불가능하여 1선 지락시 지락사고 검출이 어렵다. • 각 상의 권선 임피던스가 달라지면 3상의 부하가 평형이 되어도 변압기 부하 전류는 불평형이 된다.

정답 | ④

28 빈출도 ★★

변위를 압력으로 변환하는 소자로 옳은 것은?

① 다이어프램
② 가변 저항기
③ 벨로우즈
④ 노즐 플래퍼

해설

노즐 플래퍼는 변위를 압력으로 변환하는 장치이다.

선지분석

① 다이어프램: 압력을 변위로 변환하는 장치이다.
② 가변 저항기: 변위를 임피던스로 변환하는 장치이다.
③ 벨로우즈: 압력을 변위로 변환하는 장치이다.

관련개념 제어기기의 변환요소

변환량	변환 요소
압력 → 변위	벨로우즈, 다이어프램, 스프링
변위 → 압력	노즐 플래퍼, 유압 분사관, 스프링

정답 | ④

29 빈출도 ★★★

$R=9[\Omega]$, $X_L=10[\Omega]$, $X_C=5[\Omega]$인 직렬회로에 220[V]의 정현파 전압을 인가시켰을 때 유효전력은 약 몇 [kW] 인가?

① 1.98　　　　　② 2.41

③ 2.77　　　　　④ 4.1

해설

$Z=R+jX_L-jX_C=9+j10-j5=9+j5[\Omega]$

$I=\dfrac{V}{Z}=\dfrac{220}{\sqrt{9^2+5^2}}=21.37[A]$

유효전력 $P=I^2R=21.37^2\times9=4,110.01[W]=4.1[kW]$

정답 | ④

30 빈출도 ★★★

SCR의 애노드 전류가 5[A]일 때 게이트 전류를 2배로 증가시키면 애노드 전류는?

① 2.5[A]　　　　② 5[A]

③ 10[A]　　　　④ 20[A]

해설

SCR은 대전류 스위칭 소자로서 게이트 전류를 바꿈으로서 출력 전압의 조정이 가능하다. 도통되기 전까지는 게이트 전류에 의해 양극(애노드) 전류가 변화되지만 완전 도통이 된 이후에는 게이트 전류에 관계없이 양극 전류가 일정하게 유지된다.
따라서, 게이트 전류를 2배로 증가시켜도 양극(애노드) 전류 5[A]에 변화는 없다.

정답 | ②

31 빈출도 ★★

지시계기에 대한 동작원리가 아닌 것은?

① 열전형 계기: 대전된 도체 사이에 작용하는 정전력을 이용

② 가동 철편형 계기: 전류에 의한 자기장에서 고정 철편과 가동 철편 사이에 작용하는 힘을 이용

③ 전류력계형 계기: 고정 코일에 흐르는 전류에 의한 자기장과 가동 코일에 흐르는 전류 사이에 작용하는 힘을 이용

④ 유도형 계기: 회전 자기장 또는 이동 자기장과 이것에 의한 유도 전류와의 상호작용을 이용

해설

대전된 도체 사이에 작용하는 정전력을 이용하는 장치는 정전형 계기이다.

관련개념 지시계기의 종류

종류	기호	동작 원리
열전형		전류의 열작용에 의한 금속선의 팽창 또는 종류가 다른 금속의 접합점의 온도차에 의한 열기전력을 이용하는 계기이다.
가동철편형		고정 코일에 흐르는 전류에 의해 발생한 자기장이 연철편에 작용하는 구동 토크를 이용하는 계기이다.
전류력계형		고정 코일에 피측정 전류를 흘려 발생한 자계 내에 가동 코일을 설치하고, 가동 코일에도 피측정 전류를 흘려 이 전류와 자계 사이에 작용하는 전자력을 구동 토크로 이용하는 계기이다.
유도형		회전 자계나 이동 자계의 전자 유도에 의한 유도 전류와의 상호작용을 이용하는 계기이다.

정답 | ①

32 빈출도 ★★

진공 중 원점에 전하량이 10^{-8}[C]인 전하가 있을 때 점 $(1, 2, 2)$[m]에서의 전계의 세기는 약 몇 [V/m]인가?

① 0.1   ② 1

③ 10   ④ 100

해설

원점에서 점 $(1, 2, 2)$[m] 까지의 거리 $r = \sqrt{1^2 + 2^2 + 2^2} = 3$[m]

$$E = \frac{1}{4\pi\varepsilon_0} \cdot \frac{Q}{r^2}$$
$$= \frac{1}{4\pi \times (8.855 \times 10^{-12})} \cdot \frac{10^{-8}}{3^2}$$
$$= 9.99 \text{[V/m]}$$

정답 | ③

33 빈출도 ★

교류에서 파형의 개략적인 모습을 알기 위해 사용하는 파고율과 파형률에 대한 설명으로 옳은 것은?

① 파고율 $= \dfrac{\text{실횻값}}{\text{평균값}}$, 파형률 $= \dfrac{\text{평균값}}{\text{실횻값}}$

② 파고율 $= \dfrac{\text{최댓값}}{\text{실횻값}}$, 파형률 $= \dfrac{\text{실횻값}}{\text{평균값}}$

③ 파고율 $= \dfrac{\text{실횻값}}{\text{최댓값}}$, 파형률 $= \dfrac{\text{평균값}}{\text{실횻값}}$

④ 파고율 $= \dfrac{\text{최댓값}}{\text{평균값}}$, 파형률 $= \dfrac{\text{평균값}}{\text{실횻값}}$

해설

파고율 $= \dfrac{\text{최댓값}}{\text{실횻값}}$, 파형률 $= \dfrac{\text{실횻값}}{\text{평균값}}$ 이다.

관련개념 파형별 최댓값, 실횻값, 평균값, 파고율, 파형률

파형	최댓값	실횻값	평균값	파고율	파형률
구형파	V_m	V_m	V_m	1	1
반파 구형파	V_m	$\dfrac{V_m}{\sqrt{2}}$	$\dfrac{V_m}{2}$	$\sqrt{2}$	$\sqrt{2}$
정현파	V_m	$\dfrac{V_m}{\sqrt{2}}$	$\dfrac{2V_m}{\pi}$	$\sqrt{2}$	$\dfrac{\pi}{2\sqrt{2}}$
반파 정현파	V_m	$\dfrac{V_m}{2}$	$\dfrac{V_m}{\pi}$	2	$\dfrac{\pi}{2}$
삼각파	V_m	$\dfrac{V_m}{\sqrt{3}}$	$\dfrac{V_m}{2}$	$\sqrt{3}$	$\dfrac{2}{\sqrt{3}}$

정답 | ②

34 빈출도 ★★

그림과 같은 1,000[Ω]의 저항과 실리콘다이오드의 직렬회로에서 양단간의 전압 V_D는 약 몇 [V]인가?

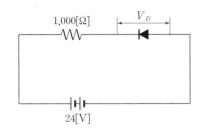

① 0
② 0.2
③ 12
④ 24

해설

다이오드는 역방향이므로 개방회로로 볼 수 있으며 이때 양단간의 전압은 24[V]이다.
다이오드 순방향 시 이상적인 경우 양단간의 전압 0[V]이고, 다이오드 전압강하가 있으면 양단간의 전압은 전압강하만큼(보통 0.7~0.8[V]) 나타난다.

정답 | ④

35 빈출도 ★

RLC 직렬공진회로에서 제n고조파의 공진주파수 (f_n)는?

① $\dfrac{1}{2\pi n\sqrt{LC}}$
② $\dfrac{1}{\pi n\sqrt{LC}}$
③ $\dfrac{1}{2\pi\sqrt{LC}}$
④ $\dfrac{n}{2\pi\sqrt{LC}}$

해설

제n고조파의 공진주파수 $f_n=\dfrac{1}{2\pi n\sqrt{LC}}$

정답 | ①

36 빈출도 ★

자동화재탐지설비의 감지기 회로의 길이가 500[m]이고, 종단에 8[kΩ]의 저항이 연결되어 있는 회로에 24[V]의 전압이 가해졌을 경우 도통 시험 시 전류는 약 몇[mA]인가? (단, 동선의 단면적은 2.5[mm²]이고, 동선의 저항률은 1.69×10^{-8}[Ω·m]이며, 접촉저항 등은 없다고 본다.)

① 2.4
② 3.0
③ 4.8
④ 6.0

해설

동선의 저항 $R=\rho\dfrac{l}{S}=1.69\times10^{-8}\times\dfrac{500}{2.5\times10^{-6}}=3.38$[Ω]

도통 시험 시 전류 $I=\dfrac{\text{시험전압}}{\text{종단저항}+\text{동선의 저항}}$

$=\dfrac{24}{8\times10^3+3.38}=0.003$[A]$=3$[mA]

정답 | ②

37 빈출도 ★

전기 화재의 원인 중 하나인 누설전류를 검출하기 위하여 사용되는 것은?

① 부족전압계전기
② 영상변류기
③ 계기용변압기
④ 과전류계전기

해설

영상변류기(ZCT)는 누설전류 또는 지락전류를 검출하기 위하여 사용된다. 지락계전기와 함께 사용하여 누전 시 회로를 차단하여 보호하는 역할을 한다.

정답 | ②

38 빈출도 ★

제어량이 온도, 압력, 유량 및 액면과 같은 일반적인 공업량일 때의 제어방식은?

① 추종제어
② 공정제어
③ 프로그램 제어
④ 시퀀스 제어

해설

프로세스 제어는 공정제어라고도 하며, 플랜트나 생산 공정 등의 상태량을 제어량으로 하는 제어이다.
예 온도, 압력, 유량, 액면(액위), 농도, 밀도, 효율 등

관련개념 서보제어(추종제어)

기계적 변위를 제어량으로 목푯값의 임의의 변화에 추종하도록 구성된 제어이다.
예 물체의 위치, 방위, 자세, 각도 등

자동조정 제어(정치제어)

전기적, 기계적 물리량을 제어량으로 하는 제어이다.
예 전압, 전류, 주파수, 회전수, 힘 등

정답 | ②

39 빈출도 ★

동기발전기의 병렬운전 조건으로 틀린 것은?

① 기전력의 크기가 같을 것
② 기전력의 위상이 같을 것
③ 기전력의 주파수가 같을 것
④ 극수가 같을 것

해설

극수가 같은 것은 동기발전기의 병렬운전 조건이 아니다.

관련개념 동기발전기의 병렬운전 조건

㉠ 기전력의 파형이 같을 것
㉡ 기전력의 크기가 같을 것
㉢ 기전력의 주파수가 같을 것
㉣ 기전력의 위상이 같을 것
㉤ 상회전의 방향이 같을 것

정답 | ④

40 빈출도 ★★

터널다이오드를 사용하는 목적이 아닌 것은?

① 스위칭작용
② 증폭작용
③ 발진작용
④ 정전압 정류작용

해설

정전압 정류작용을 위해 사용하는 것은 제너 다이오드이다.
터널다이오드는 고속 스위칭 회로나 논리회로에 사용되는 다이오드로 증폭작용, 발진작용, 개폐(스위칭)작용을 한다.

정답 | ④

소방관계법규

소방관계법규

41 빈출도 ★

소방시설공사업법령상 전문 소방시설공사업의 등록기준 및 영업범위의 기준에 대한 설명으로 틀린 것은?

① 법인인 경우 자본금은 최소 1억 원 이상이다.
② 개인인 경우 자산평가액은 최소 1억 원 이상이다.
③ 주된 기술인력 최소 1명 이상, 보조기술인력 최소 3명 이상을 둔다.
④ 영업범위는 특정소방대상물에 설치되는 기계분야 및 전기분야 소방시설의 공사·개설·이전 및 정비이다.

해설

전문소방시설공사업의 등록기준에 필요한 기술인력은 주된 기술인력 최소 1명 이상, 보조기술인력 2명 이상이다.

관련개념 전문소방시설공사업의 등록기준 및 영업범위

기술인력	• 주된 기술인력: 소방기술사 또는 기계분야와 전기분야의 소방설비기사 각 1명 이상 • 보조기술인력: 2명 이상
자본금	• 법인: 1억 원 이상 • 개인: 자산평가액 1억 원 이상
영업범위	특정소방대상물에 설치되는 기계분야 및 전기분야 소방시설의 공사·개설·이전 및 정비

정답 ③

42 빈출도 ★

다음 중 한국소방안전원의 업무에 해당하지 않는 것은?

① 소방용 기계·기구의 형식승인
② 소방업무에 관하여 행정기관이 위탁하는 업무
③ 화재 예방과 안전관리의식 고취를 위한 대국민 홍보
④ 소방기술과 안전관리에 관한 교육, 조사·연구 및 각종 간행물 발간

해설

소방용 기계·기구의 형식승인은 한국소방산업기술원의 업무로 한국소방안전원의 업무가 아니다.

관련개념 한국소방안전원의 업무

㉠ 소방기술과 안전관리에 관한 교육 및 조사·연구
㉡ 소방기술과 안전관리에 관한 각종 간행물 발간
㉢ 화재 예방과 안전관리의식 고취를 위한 대국민 홍보
㉣ 소방업무에 관하여 행정기관이 위탁하는 업무
㉤ 소방안전에 관한 국제협력
㉥ 그 밖에 회원에 대한 기술지원 등 정관으로 정하는 사항

정답 ①

43 빈출도 ★★★

소방시설 설치 및 관리에 관한 법률상 단독경보형 감지기를 설치하여야 하는 특정소방대상물의 기준 중 옳은 것은?

① 연면적 $600[m^2]$ 미만의 아파트등
② 연면적 $400[m^2]$ 미만의 유치원
③ 연면적 $1,000[m^2]$ 미만의 숙박시설
④ 교육연구시설 또는 수련시설 내에 있는 합숙소 또는 기숙사로서 연면적 $1,000[m^2]$ 미만인 것

해설

연면적 $400[m^2]$ 미만의 유치원에 단독경보형 감지기를 설치해야 한다.

관련개념 단독경보형 감지기를 설치해야 하는 특정소방대상물

시설	대상
기숙사 또는 합숙소	• 교육연구시설 내에 있는 것으로서 연면적 $2,000[m^2]$ 미만 • 수련시설 내에 있는 것으로서 연면적 $2,000[m^2]$ 미만
수련시설	수용인원 100명 미만인 숙박시설이 있는 것
유치원	연면적 $400[m^2]$ 미만
연립주택 및 다세대 주택*	전체

* 연립주택 및 다세대 주택인 경우 연동형으로 설치할 것

정답 | ②

44 빈출도 ★★

소방시설공사업법령에 따른 소방시설공사 중 특정소방대상물에 설치된 소방시설등을 구성하는 것의 전부 또는 일부를 개설, 이전 또는 정비하는 공사의 착공 신고 대상이 아닌 것은?

① 수신반
② 소화펌프
③ 동력(감시)제어반
④ 제연설비의 제연구역

해설

제연설비의 제연구역은 착공신고 대상이 아니다.

관련개념 특정소방대상물에 설치된 소방시설등을 구성하는 것의 전부 또는 일부를 개설, 이전 또는 정비하는 공사의 착공 신고 대상

㉠ 수신반
㉡ 소화펌프
㉢ 동력(감시)제어반

정답 | ④

45 빈출도 ★★★

소방시설 설치 및 관리에 관한 법령상 소방시설등에 대하여 스스로 점검을 하지 아니하거나 관리업자등으로 하여금 정기적으로 점검하게 하지 아니한 자에 대한 벌칙 기준으로 옳은 것은?

① 6개월 이하의 징역 또는 1,000만 원 이하의 벌금
② 1년 이하의 징역 또는 1,000만 원 이하의 벌금
③ 3년 이하의 징역 또는 1,500만 원 이하의 벌금
④ 3년 이하의 징역 또는 3,000만 원 이하의 벌금

해설

소방시설등에 대한 자체점검을 하지 아니하거나 관리업자등으로 하여금 정기적으로 점검하게 하지 아니한 자는 1년 이하의 징역 또는 1천만 원 이하의 벌금에 처한다.

정답 | ②

46 빈출도 ★★

위험물안전관리법령상 제조소등의 관계인은 위험물의 안전관리에 관한 직무를 수행하게 하기 위하여 제조소등마다 위험물의 취급에 관한 자격이 있는 자를 위험물안전관리자로 선임하여야 한다. 이 경우 제조소등의 관계인이 지켜야 할 기준으로 틀린 것은?

① 제조소등의 관계인은 안전관리자를 해임하거나 안전관리자가 퇴직한 때에는 해임하거나 퇴직한 날부터 15일 이내에 다시 안전관리자를 선임하여야 한다.

② 제조소등의 관계인이 안전관리자를 선임한 경우에는 선임한 날부터 14일 이내에 소방본부장 또는 소방서장에게 신고하여야 한다.

③ 제조소등의 관계인은 안전관리자가 여행·질병 그 밖의 사유로 인하여 일시적으로 직무를 수행할 수 없는 경우에는 국가기술자격법에 따른 위험물의 취급에 관한 자격취득자 또는 위험물안전에 관한 기본 지식과 경험이 있는 자를 대리자로 지정하여 그 직무를 대행하게 하여야 한다. 이 경우 대행하는 기간은 30일을 초과할 수 없다.

④ 안전관리자는 위험물을 취급하는 작업을 하는 때에는 작업자에게 안전관리에 관한 필요한 지시를 하는 등 위험물의 취급에 관한 안전관리와 감독을 하여야 하고, 제조소등의 관계인은 안전관리자의 위험물안전관리에 관한 의견을 존중하고 그 권고에 따라야 한다.

해설

제조소등의 관계인은 안전관리자를 해임하거나 안전관리자가 퇴직한 때에는 해임하거나 퇴직한 날부터 30일 이내에 다시 안전관리자를 선임하고 14일 이내에 소방본부장 또는 소방서장에게 신고하여야 한다.

정답 | ①

47 빈출도 ★

다음 중 품질이 우수하다고 인정되는 소방용품에 대하여 우수품질인증을 할 수 있는 자는?

① 산업통상자원부장관
② 시·도지사
③ 소방청장
④ 소방본부장 또는 소방서장

해설

소방청장은 형식승인의 대상이 되는 소방용품 중 품질이 우수하다고 인정하는 소방용품에 대하여 우수품질인증을 할 수 있다.

정답 | ③

48 빈출도 ★

지정수량의 최소 몇 배 이상의 위험물을 취급하는 제조소에는 피뢰침을 설치해야 하는가? (단, 제6류 위험물을 취급하는 위험물제조소는 제외하고, 제조소 주위의 상황에 따라 안전상 지장이 없는 경우도 제외한다.)

① 5배
② 10배
③ 50배
④ 100배

해설

지정수량의 10배 이상의 위험물을 취급하는 제조소(제6류 위험물을 취급하는 위험물제조소 제외)에는 피뢰침을 설치하여야 한다.

정답 | ②

49 빈출도 ★★

소방시설공사가 완공되고 나면 누구에게 완공검사를 받아야 하는가?

① 소방시설 설계업자
② 소방시설 사용자
③ 소방본부장 또는 소방서장
④ 시 · 도지사

해설

공사업자는 소방시설공사를 완공하면 소방본부장 또는 소방서장 의 완공검사를 받아야 한다.

정답 | ③

50 빈출도 ★★

화재의 예방 및 안전관리에 관한 법률상 소방안전 특별 관리시설물의 대상 기준 중 틀린 것은?

① 수련시설
② 항만시설
③ 전력용 및 통신용 지하구
④ 지정문화유산인 시설(시설이 아닌 지정문화유산을 보호하거나 소장하고 있는 시설 포함)

해설

수련시설은 소방안전 특별관리시설물의 대상이 아니다.

정답 | ①

51 빈출도 ★

소방기본법령상 소방안전교육사의 배치대상별 배치 기준으로 틀린 것은?

① 소방청: 2명 이상 배치
② 소방서: 1명 이상 배치
③ 소방본부: 2명 이상 배치
④ 한국소방안전원(본회): 1명 이상 배치

해설

한국소방안전원(본회)은 소방안전교육사를 2명 이상 배치해야 한다.

관련개념 소방안전교육사의 배치대상 및 기준

배치대상	배치기준
소방청	2명 이상
소방본부	2명 이상
소방서	1명 이상
한국소방안전원	본회: 2명 이상 시 · 도지부: 1명 이상
한국소방산업기술원	2명 이상

정답 | ④

52 빈출도 ★★★

근린생활시설 중 일반목욕장인 경우 연면적 몇 [m²] 이상이면 자동화재탐지설비를 설치해야 하는가?

① 500
② 1,000
③ 1,500
④ 2,000

해설

근린생활시설 중 목욕장은 연면적 1,000[m²] 이상인 경우 자동화재 탐지설비를 설치해야 한다.

정답 | ②

53 빈출도 ★★

위험물안전관리법령상 제조소의 위치 · 구조 및 설비의 기준 중 위험물을 취급하는 건축물 그 밖의 시설의 주위에는 그 취급하는 위험물을 최대수량이 지정수량의 10배 이하인 경우 보유하여야 할 공지의 너비는 몇 [m] 이상이어야 하는가?

① 3
② 5
③ 8
④ 10

해설

취급하는 위험물의 최대수량이 지정수량의 10배 이하인 경우 공지의 너비는 3[m] 이상이어야 한다.

관련개념 제조소 보유공지의 너비

취급하는 위험물의 최대수량	공지의 너비
지정수량의 10배 이하	3[m] 이상
지정수량의 10배 초과	5[m] 이상

정답 | ①

54 빈출도 ★★

소방기본법령상 소방대장은 화재, 재난 · 재해 그 밖의 위급한 상황이 발생한 현장에 소방활동구역을 정하여 소방활동에 필요한 자로서 대통령령으로 정하는 사람 외에는 그 구역에의 출입을 제한할 수 있다. 다음 중 소방활동구역에 출입할 수 없는 사람은?

① 소방활동구역 안에 있는 소방대상물의 소유자 · 관리자 또는 점유자
② 전기 · 가스 · 수도 · 통신 · 교통의 업무에 종사하는 사람으로서 원활한 소방활동을 위하여 필요한 사람
③ 시 · 도지사가 소방활동을 위하여 출입을 허가한 사람
④ 의사 · 간호사 그 밖에 구조 · 구급업무에 종사하는 사람

해설

소방대장이 소방활동을 위하여 출입을 허가한 사람이 소방활동구역에 출입할 수 있다. 시 · 도지사는 소방활동을 위해 출입을 허가할 권한이 없다.

관련개념 소방활동구역의 출입이 가능한 사람

㉠ 소방활동구역 안에 있는 소방대상물의 소유자 · 관리자 또는 점유자(관계인)
㉡ 전기 · 가스 · 수도 · 통신 · 교통의 업무에 종사하는 사람으로서 원활한 소방활동을 위하여 필요한 사람
㉢ 의사 · 간호사 그 밖의 구조 · 구급업무에 종사하는 사람
㉣ 취재인력 등 보도업무에 종사하는 사람
㉤ 수사업무에 종사하는 사람
㉥ 그 밖에 소방대장이 소방활동을 위하여 출입을 허가한 사람

정답 | ③

55 빈출도 ★

위험물안전관리법령상 위험물의 안전관리와 관련된 업무를 수행하는 자로서 소방청장이 실시하는 안전교육 대상자가 아닌 것은?

① 안전관리자로 선임된 자
② 탱크시험자의 기술인력으로 종사하는 자
③ 위험물운송자로 종사하는 자
④ 제조소등의 관계인

해설

제조소등의 관계인은 위험물 안전교육대상자가 아니다.

관련개념 위험물 안전교육대상자

㉠ 안전관리자로 선임된 자
㉡ 탱크시험자의 기술인력으로 종사하는 자
㉢ 위험물운반자로 종사하는 자
㉣ 위험물운송자로 종사하는 자

정답 | ④

56 빈출도 ★★

화재의 예방 및 안전관리에 관한 법률상 특수가연물의 저장 및 취급 기준을 위반한 경우 과태료 부과기준은?

① 50만 원 이하
② 100만 원 이하
③ 150만 원 이하
④ 200만 원 이하

해설

특수가연물의 저장 및 취급 기준을 위반한 경우 **200만 원** 이하의 과태료를 부과한다.

정답 | ④

57 빈출도 ★★

위험물안전관리법령에 따른 정기점검의 대상인 제조소등의 기준 중 틀린 것은?

① 암반탱크저장소
② 지하탱크저장소
③ 이동탱크저장소
④ 지정수량의 150배 이상의 위험물을 저장하는 옥외 탱크저장소

해설

정기점검의 대상인 제조소는 지정수량의 200배 이상의 위험물을 저장하는 옥외탱크저장소이다.

관련개념 정기점검의 대상인 제조소

시설	취급 또는 저장량
제조소	지정수량의 10배 이상
옥외저장소	지정수량의 100배 이상
옥내저장소	지정수량의 150배 이상
옥외탱크저장소	지정수량의 200배 이상
암반탱크저장소	전체
이송취급소	전체
일반취급소	• 지정수량의 10배 이상 • 제4류 위험물(특수인화물 제외)만을 지정수량의 50배 이하로 취급하는 일반취급소(제1석유류·알코올류의 취급량이 지정수량의 10배 이하인 경우에 한함)로서 다음의 경우 제외 　– 보일러·버너 또는 이와 비슷한 것으로서 위험물을 소비하는 장치로 이루어진 일반취급소 　– 위험물을 용기에 옮겨 담거나 차량에 고정된 탱크에 주입하는 일반취급소
지하탱크저장소	전체
이동탱크저장소	전체
제조소, 주유취급소 또는 일반취급소	위험물을 취급하는 탱크로서 지하에 매설된 탱크가 있는 것

정답 | ④

58 빈출도 ★★★

화재의 예방 및 안전관리에 관한 법률상 보일러, 난로, 건조설비, 가스·전기시설, 그 밖에 화재 발생 우려가 있는 설비 또는 기구 등의 위치·구조 및 관리와 화재예방을 위하여 불을 사용할 때 지켜야 하는 사항은 무엇으로 정하는가?

① 총리령
② 대통령령
③ 시·도 조례
④ 행정안전부령

해설

화재 예방을 위하여 불을 사용할 때 지켜야 하는 사항은 대통령령으로 정한다.

정답 | ②

59 빈출도 ★

소방시설공사업의 명칭·상호를 변경하고자 하는 경우 민원인이 반드시 제출하여야 하는 서류는?

① 소방시설업 등록증 및 등록수첩
② 법인등기부등본 및 소방기술인력 연명부
③ 소방기술인력의 자격증 및 자격수첩
④ 사업자등록증 및 소방기술인력의 자격증

해설

소방시설공사업의 명칭·상호를 변경하고자 하는 경우 민원인은 소방시설업 등록증 및 등록수첩을 제출하여야 한다.

관련개념 등록사항의 변경신고

㉠ 상호(명칭) 또는 영업소 소재지가 변경된 경우
　– 소방시설업 등록증 및 등록수첩
㉡ 대표자가 변경된 경우
　– 소방시설업 등록증 및 등록수첩
　– 변경된 대표자의 성명, 주민등록번호 및 주소지 등의 인적사항이 적힌 서류
㉢ 기술인력이 변경된 경우
　– 소방시설업 등록수첩
　– 기술인력 증빙서류

정답 | ①

60 빈출도 ★★★

소방기본법령상 소방용수시설별 설치기준 중 틀린 것은?

① 급수탑 계폐밸브는 지상에서 1.5[m] 이상 1.7[m] 이하의 위치에 설치하도록 할 것
② 소화전은 상수도와 연결하여 지하식 또는 지상식의 구조로 하고, 소방용 호스와 연결하는 소화전의 연결금속구의 구경은 100[mm]로 할 것
③ 저수조 흡수관의 투입구가 사각형의 경우에는 한 변의 길이가 60[cm] 이상, 원형의 경우에는 지름이 60[cm] 이상일 것
④ 저수조는 지면으로부터의 낙차가 4.5[m] 이하일 것

해설

소화전은 상수도와 연결하여 지하식 또는 지상식의 구조로 하고, 소방용 호스와 연결하는 소화전의 연결금속구의 구경은 65[mm]로 해야 한다.

관련개념 소화전의 설치기준

㉠ 상수도와 연결하여 지하식 또는 지상식의 구조로 할 것
㉡ 연결금속구의 구경: 65[mm]

급수탑의 설치기준

㉠ 급수배관의 구경: 100[mm] 이상
㉡ 개폐밸브: 지상에서 1.5[m] 이상 1.7[m] 이하

저수조의 설치기준

㉠ 지면으로부터 낙차: 4.5[m] 이하
㉡ 흡수부분의 수심: 0.5[m] 이상
㉢ 흡수관의 투입구

사각형	한 변의 길이 60[cm] 이상
원형	지름 60[cm] 이상

정답 | ②

61 빈출도 ★

흡입식 탐지부의 구조로서 적합하지 않은 것은?

① 흡입펌프는 충분한 성능을 갖는 것일 것
② 가스흡입량의 표시방법은 단위시간당 흡입량을 읽을 수 있는 구조일 것
③ 공기유량계는 보기 쉬운 구조일 것
④ 공기유량계에 부착된 여과장치는 분진 등의 흡입을 방지하기 위한 구조일 것

해설

흡입식 탐지부 가스흡입량의 표시방법은 **분당 흡입량**을 지시할 수 있어야 한다.

관련개념 흡입식 탐지부의 구조

㉠ 흡입량을 표시하기 위한 장치는 단위시간당 흡입량을 읽을 수 있는 구조일 것
㉡ 흡입펌프는 충분한 성능을 갖는 것으로 이상 없이 운전할 것
㉢ 공기유량계는 보기 쉬운 구조이어야 하며, 가스흡입량의 표시방법은 분당 흡입량을 지시할 수 있을 것
㉣ 공기유량계에 부착된 여과장치는 분진 등의 흡입을 방지하기 위한 구조로서 공기유량계 바로 전단에 설치하여야 하며 교체가 용이한 구조일 것

정답 ┃ ②

62 빈출도 ★★★

자동화재탐지설비의 감지기 회로에 설치하는 종단저항의 설치기준으로 틀린 것은?

① 감지기 회로 끝부분에 설치한다.
② 점검 및 관리가 쉬운 장소에 설치하여야 한다.
③ 전용함을 설치하는 경우 그 설치 높이는 바닥으로부터 0.8[m] 이내에 설치하여야 한다.
④ 종단감지기에 설치할 경우에는 구별이 쉽도록 해당 감지기의 기판 및 감지기 외부 등에 별도의 표시를 하여야 한다.

해설

자동화재탐지설비 감지기 회로의 종단저항 전용함을 설치하는 경우 그 설치 높이는 바닥으로부터 **1.5[m]** 이내로 해야 한다.

관련개념 감지기 회로의 종단저항 설치기준

㉠ 점검 및 관리가 쉬운 장소에 설치할 것
㉡ 전용함을 설치하는 경우 그 설치 높이는 바닥으로부터 1.5[m] 이내로 할 것
㉢ 감지기 회로의 끝부분에 설치하며, 종단감지기에 설치할 경우에는 구별이 쉽도록 해당 감지기의 기판 및 감지기 외부 등에 별도의 표시를 할 것
※ 감지기에는 종단저항을 설치하고, 무선통신보조설비에는 무반사 종단저항을 설치한다.

정답 ┃ ③

63 빈출도 ★★

비상방송설비의 화재안전기술기준(NFTC 202)에 따른 용어의 정의에서 소리를 크게하여 멀리까지 전달될 수 있도록 하는 장치로써 일명 "스피커"를 말하는 것은?

① 확성기 ② 증폭기
③ 사이렌 ④ 음량조절기

해설

확성기는 소리를 크게 하여 멀리까지 전달될 수 있도록 하는 장치로써 일명 스피커를 말한다.

관련개념

㉠ 증폭기: 전압·전류의 진폭을 늘려 감도를 좋게 하고 미약한 음성전류를 커다란 음성전류로 변화시켜 소리를 크게 하는 장치를 말한다.
㉡ 음량조절기: 가변저항을 이용하여 전류를 변화시켜 음량을 크게 하거나 작게 조절할 수 있는 장치를 말한다.

정답 | ①

64 빈출도 ★

수신기의 종류가 아닌 것은?

① P형 ② GP형
③ R형 ④ M형

해설

수신기의 종류 중 M형 수신기는 없다.

관련개념 수신기의 종류

㉠ P형
㉡ R형
㉢ GP형
㉣ GR형

정답 | ④

65 빈출도 ★★

누전경보기의 형식승인 및 제품검사의 기술기준에 따라 누전경보기의 변류기는 직류 500[V]의 절연저항계로 절연된 1차권선과 2차권선 간의 절연저항시험을 할 때 몇 [MΩ] 이상이어야 하는가?

① 0.1 ② 5
③ 10 ④ 20

해설

누전경보기의 변류기는 절연저항을 DC 500[V]의 절연저항계로 측정하는 경우 5[MΩ] 이상이어야 한다.

정답 | ②

66 빈출도 ★

소방시설용 비상전원수전설비의 화재안전기술기준(NFTC 602)에 따라 큐비클형의 경우, 외함에 수납하는 수전설비, 변전설비 그 밖의 기기 및 배선은 외함의 바닥에서 몇 [cm] 이상의 높이에 설치하여야 하는가?

① 5 ② 10
③ 15 ④ 20

해설

소방시설용 비상수전설비 큐비클형의 경우 외함에 수납하는 수전설비, 변전설비 그 밖의 기기 및 배선은 외함의 바닥에서 10[cm] 이상의 높이에 설치해야 한다.

관련개념 큐비클형 배선

외함에 수납하는 수전설비, 변전설비와 그 밖의 기기 및 배선은 다음의 기준에 적합하게 설치해야 한다.
㉠ 외함 또는 프레임(Frame) 등에 견고하게 고정할 것
㉡ 외함의 바닥에서 10[cm](시험단자, 단자대 등의 충전부는 15[cm]) 이상의 높이에 설치할 것

정답 | ②

67 빈출도 ★★★

객석유도등을 설치하지 아니하는 경우의 기준 중 다음 ( ) 안에 알맞은 것은?

> 거실 등의 각 부분으로부터 하나의 거실 출입구에 이르는 보행거리가 ( )[m] 이하인 객석의 통로로서 그 통로에 통로유도등이 설치된 객석

① 15　　　　　　② 20
③ 30　　　　　　④ 50

해설

객석유도등을 설치하지 않을 수 있는 경우
㉠ 주간에만 사용하는 장소로서 채광이 충분한 객석
㉡ 거실 등의 각 부분으로부터 하나의 거실 출입구에 이르는 보행거리가 20[m] 이하인 객석의 통로로서 그 통로에 통로유도등이 설치된 객석

정답 | ②

68 빈출도 ★★

비상조명등의 화재안전기술기준(NFTC 304)에 따라 비상조명등의 조도에 대한 설치기준으로 옳은 것은?

① 비상조명등이 설치된 장소의 각 부분의 바닥에서 1[lx] 이상이 되어야 한다.
② 비상조명등이 설치된 장소로부터 10[m] 떨어진 곳의 바닥에서 1[lx] 이상이 되어야 한다.
③ 비상조명등이 설치된 장소로부터 20[m] 떨어진 곳의 바닥에서 1[lx] 이상이 되어야 한다.
④ 비상조명등이 설치된 장소로부터 30[m] 떨어진 곳의 바닥에서 1[lx] 이상이 되어야 한다.

해설

비상조명등의 조도는 비상조명등이 설치된 장소의 각 부분의 바닥에서 1[lx] 이상이 되도록 해야 한다.

정답 | ①

69 빈출도 ★★

비상경보설비 및 단독경보형 감지기의 화재안전기술기준(NFTC 201)에 따른 단독경보형 감지기에 대한 내용이다. 다음 ( )에 들어갈 내용으로 옳은 것은?

> 이웃하는 실내의 바닥면적이 각각 ( )[m²] 미만이고 벽체의 상부의 전부 또는 일부가 개방되어 이웃하는 실내와 공기가 상호 유통되는 경우에는 이를 1개의 실로 본다.

① 30　　　　　　② 50
③ 100　　　　　　④ 150

해설

이웃하는 실내의 바닥면적이 각각 30[m²] 미만이고 벽체의 상부의 전부 또는 일부가 개방되어 이웃하는 실내와 공기가 상호 유통되는 경우에는 이를 1개의 실로 본다.

정답 | ①

70 빈출도 ★★

자동화재탐지설비 및 시각경보장치의 화재안전기술기준(NFTC 203)에 따라 환경상태가 현저하게 고온으로 되어 연기감지기를 설치할 수 없는 건조실 또는 살균실 등에 적응성 있는 열감지기가 아닌 것은?

① 정온식 1종　　　② 정온식 특종
③ 열아날로그식　　④ 보상식 스포트형 1종

해설

보상식 스포트형 1종은 건조실 또는 살균실 등에 적응성이 없다.

관련개념 현저하게 고온으로 되는 장소에 적응성이 있는 감지기
㉠ 정온식 1종
㉡ 정온식 특종
㉢ 열아날로그식

정답 | ④

71 빈출도 ★★★

객석의 통로의 직선부분의 길이가 25[m]인 영화관의 수평로에 객석유도등을 설치하고자 하는 경우 설치개수는?

① 5개   ② 6개
③ 7개   ④ 8개

해설

객석 내의 통로가 경사로 또는 수평로로 되어 있는 부분은 다음 식에 따라 산출한 개수(소수점 이하의 수는 1로 봄)의 유도등을 설치해야 한다.

$$\frac{\text{객석통로의 직선 부분 길이[m]}}{4} - 1$$

$$\frac{25}{4} - 1 = 5.25 \rightarrow 6개(소수점 이하 절상)$$

정답 | ②

72 빈출도 ★★★

무선통신보조설비를 설치하지 아니할 수 있는 기준 중 다음 (   ) 안에 알맞은 것은?

> (㉠   )으로서 특정소방대상물의 바닥부분 2면 이상이 지표면과 동일하거나 지표면으로부터의 깊이가 (㉡   )[m] 이하인 경우에는 해당 층에 한하여 무선통신보조설비를 설치하지 아니할 수 있다.

① ㉠: 지하층, ㉡: 1
② ㉠: 지하층, ㉡: 2
③ ㉠: 무창층, ㉡: 1
④ ㉠: 무창층, ㉡: 2

해설

지하층으로서 특정소방대상물의 바닥부분 2면 이상이 지표면과 동일하거나 지표면으로부터의 깊이가 1[m] 이하인 경우에는 해당 층에 한해 무선통신보조설비를 설치하지 아니할 수 있다.

정답 | ①

73 빈출도 ★★

무선통신보조설비를 설치하여야 할 특정소방대상물의 기준 중 다음 (   ) 안에 알맞은 것은?

> 층수가 30층 이상인 것으로서 (   )층 이상 부분의 모든 층

① 11   ② 15
③ 16   ④ 20

해설

층수가 30층 이상인 것으로서 16층 이상 부분의 모든 층에는 무선통신보조설비를 설치해야 한다.

관련개념 무선통신보조설비를 설치해야 하는 특정소방대상물

특정소방대상물	구분
지하가 (터널 제외)	연면적 1,000[m²] 이상
지하층	바닥면적 합계 3,000[m²] 이상
	지하층의 층수가 3층 이상이고 지하층의 바닥면적 합계가 1,000[m²] 이상인 것은 지하층의 모든 층
터널	길이 500[m] 이상
지하구	공동구
건축물	층수가 30층 이상인 것으로서 16층 이상 부분의 모든 층

정답 | ③

74 빈출도 ★

비상조명등 비상점등회로의 보호를 위한 기준 중 다음 ( ) 안에 알맞은 것은?

비상조명등은 비상점등을 위하여 비상전원으로 전환되는 경우 비상점등회로로 정격전류의 (㉠)배 이상의 전류가 흐르거나 램프가 없는 경우에는 (㉡)초 이내에 예비전원으로부터 비상전원 공급을 차단해야 한다.

① ㉠: 2, ㉡: 1
② ㉠: 1.2, ㉡: 3
③ ㉠: 3, ㉡: 1
④ ㉠: 2.1, ㉡: 5

비상조명등은 비상점등을 위하여 비상전원으로 전환되는 경우 비상점등회로로 정격전류의 1.2배 이상의 전류가 흐르거나 램프가 없는 경우에는 3초 이내에 예비전원으로부터 비상전원 공급을 차단해야 한다.

정답 | ②

75 빈출도 ★★

비상콘센트설비의 설치기준 중 다음 ( ) 안에 알맞은 것은?

도로터널의 비상콘센트설비는 주행차로의 우측 측벽에 ( )[m] 이내의 간격으로 바닥으로부터 0.8[m] 이상 1.5[m] 이하의 높이에 설치할 것

① 15   ② 25
③ 30   ④ 50

도로터널의 비상콘센트설비는 주행차로의 우측 측벽에 50[m] 이내의 간격으로 바닥으로부터 0.8[m] 이상 1.5[m] 이하의 높이에 설치해야 한다.

도로터널의 비상콘센트 설비
㉠ 비상콘센트설비의 전원회로는 단상교류 220[V]인 것으로서 그 공급용량은 1.5[kVA] 이상인 것으로 할 것
㉡ 전원회로는 주배전반에서 전용회로로 할 것(다른 설비의 회로 사고에 따른 영향을 받지 않도록 되어 있는 것 제외)
㉢ 콘센트마다 배선용 차단기(KS C 8321)를 설치해야 하며, 충전부가 노출되지 않도록 할 것
㉣ 주행차로의 우측 측벽에 50[m] 이내의 간격으로 바닥으로부터 0.8[m] 이상 1.5[m] 이하의 높이에 설치할 것

정답 | ④

76 빈출도 ★★

비상벨설비 또는 자동식사이렌설비에는 그 설비에 대한 감시상태를 몇 시간 지속한 후 유효하게 10분 이상 경보할 수 있는 축전지 설비(수신기에 내장하는 경우 포함)를 설치하여야 하는가?

① 1시간
② 2시간
③ 4시간
④ 6시간

해설

비상벨설비 또는 자동식사이렌설비에는 그 설비에 대한 감시상태를 60분간 지속한 후 유효하게 10분 이상 경보할 수 있는 비상전원으로서 축전지설비 또는 전기저장장치를 설치해야 한다.

정답 | ①

77 빈출도 ★

다음은 비상방송설비의 음향장치에 관한 설치기준이다. ( ) 안에 알맞은 내용으로 옳은 것은?

확성기의 음성입력은 (㉠)[실내에 설치하는 것에 있어서는 (㉡)] 이상으로 한다.

① ㉠: 3[W], ㉡: 1[W]
② ㉠: 4[W], ㉡: 2[W]
③ ㉠: 1[W], ㉡: 3[W]
④ ㉠: 2[W], ㉡: 4[W]

해설

비상방송설비 확성기의 음성입력은 3[W](실내에 설치하는 것에 있어서는 1[W]) 이상으로 한다.

정답 | ①

78 빈출도 ★★★

부동충전방식에 의하여 사용할 때 각 전해조에서 일어나는 전위차를 보정하기 위하여 1~3개월마다 1회씩 정전압으로 충전하여 각 전해조의 용량을 균일화하기 위하여 충전하는 방식을 무엇이라고 하는가?

① 세류충전
② 정전류충전
③ 보통충전
④ 균등충전

해설

균등충전은 각 전해조에 발생하는 전위차를 보정하기 위해 1~3개월마다 1회씩 정전압으로 10~12시간 내외 충전하는 방식이다.

관련개념 축전지의 충전방식

㉠ 세류충전: 축전지의 자기 방전을 보충하기 위하여 부하를 OFF 상태에서 미소전류로 충전하는 방식

㉡ 보통충전: 필요할 때 마다 표준시간율로 충전하는 방식

㉢ 균등충전: 각 전해조에 발생하는 전위차를 보정하기 위해 1~3개월마다 1회씩 정전압으로 10~12시간 내외 충전하는 방식

㉣ 부동충전: 축전지의 자기 방전을 보충함과 동시에 상용부하에 대한 전력공급은 충전기가 부담하도록 하되 충전기가 부담하기 힘든 일시적인 대전류는 축전지가 부담하는 충전하는 방식

㉤ 급속충전: 단시간에 보통충전 전류의 2~3배의 전류로 충전하는 방식

㉥ 회복충전: 과방전 및 설페이션 현상 등이 생겼을 때 기능회복을 위하여 실시하는 충전하는 방식

정답 | ④

79 빈출도 ★★

자동화재속보설비 속보기 예비전원의 주위온도 충방전시험 기준 중 다음 (   ) 안에 알맞은 것은?

무보수 밀폐형 연축전지는 방전종지전압 상태에서 0.1[C]로 48시간 충전한 다음 1시간 방치 후 0.05[C]로 방전시킬 때 정격용량의 95[%] 용량을 지속하는 시간이 (   )분 이상이어야 하며, 외관이 부풀어 오르거나 누액 등이 생기지 아니하여야 한다.

① 10   ② 25
③ 30   ④ 40

해설

무보수 밀폐형 연축전지는 방전종지전압 상태에서 0.1[C]로 48시간 충전한 다음 1시간 방치 후 0.05[C]로 방전시킬 때 정격용량의 95[%] 용량을 지속하는 시간이 30분 이상이어야 하며, 외관이 부풀어 오르거나 누액 등이 생기지 아니하여야 한다.

관련개념 충방전시험별 특성

구분	상온 충방전시험	주위온도 충방전시험
충전전류	0.1[C], 48시간 충전	
방치시간	1시간 방치	
방전전류	1[C] 45분 이상	0.05[C] 95[%] 용량 지속 30분 이상

정답 ③

80 빈출도 ★

열전대식 감지기의 구성요소가 아닌 것은?

① 열전대   ② 미터릴레이
③ 접속전선   ④ 공기관

해설

공기관은 열전대식 감지기의 구성요소가 아니다.

관련개념 열전대식 감지기의 구성요소
㉠ 열전대
㉡ 미터릴레이(검출부)
㉢ 접속전선(배선)

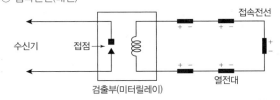

정답 ④

소방원론

01 빈출도 ★★★

다음 물질을 저장하는 창고에서 화재가 발생하였을 때 주수소화를 할 수 없는 물질은?

① 부틸리튬
② 질산에틸
③ 나이트로셀룰로스
④ 적린

해설

부틸리튬(C_4H_9Li)과 물이 반응하면 뷰테인(C_4H_{10})이 발생하므로 주수소화가 적합하지 않다.

$$C_4H_9Li + H_2O \rightarrow LiOH + C_4H_{10}$$

선지분석

② 질산에틸(질산에스터류, 5류), ③ 나이트로셀룰로스(5류), ④ 적린(2류) 모두 물에 녹지 않고 가라앉으므로 주수소화를 하여 물에 의한 냉각소화를 할 수 있다.

정답 | ①

02 빈출도 ★★

제4류 위험물의 물리·화학적 특성에 대한 설명으로 틀린 것은?

① 증기비중은 공기보다 크다.
② 정전기에 의한 화재발생위험이 있다.
③ 인화성 액체이다.
④ 인화점이 높을수록 증기발생이 용이하다.

해설

인화점이 높다는 것은 상대적으로 높은 온도에서 연소가 시작된다는 의미이고, 온도가 높아져야 연소가 시작되기에 충분한 증기가 발생한다는 의미이다.
따라서 인화점이 높을수록 증기발생이 어렵다.

관련개념 제4류 위험물(인화성 액체)

㉠ 상온에서 안정적인 액체 상태로 존재하며, 비전도성을 갖는다.
㉡ 물보다 가볍고 대부분 물에 녹지 않는 비수용성이다.
㉢ 인화성 증기를 발생시킨다.
㉣ 폭발하한계와 발화점이 낮은 편이지만, 약간의 자극으로 쉽게 폭발하지 않는다.
㉤ 대부분의 증기는 유기화합물이며, 공기보다 무겁다.

정답 | ④

03 빈출도 ★

프로페인가스의 최소점화에너지는 일반적으로 약 몇 [mJ] 정도 되는가?

① 0.25
② 2.5
③ 25
④ 250

해설

상온, 상압에서 프로페인가스의 최소점화에너지는 0.25[mJ]이다.

관련개념 최소점화에너지

가연성물질에 점화원을 이용하여 점화 시 가연성물질이 발화하기 위해 필요한 최소에너지이다.
일반적으로 온도, 압력 등이 상승할수록 최소점화에너지는 낮아진다.

정답 | ①

04 빈출도 ★★★

제2류 위험물에 해당하지 않는 것은?

① 유황   ② 황화인

③ 적린   ④ 황린

해설

황린은 제3류 위험물(자연발화성 및 금수성 물질)이다.

정답 | ④

05 빈출도 ★★

상온 및 상압의 공기 중에서 탄화수소류의 가연물을 소화하기 위한 이산화탄소 소화약제의 농도는 약 몇 [%] 인가? (단, 탄화수소류는 산소농도가 10[%]일 때 소화된다고 가정한다.)

① 28.57   ② 35.48

③ 49.56   ④ 52.38

해설

산소 21[%], 이산화탄소 0[%]인 공기에 이산화탄소 소화약제가 추가되어 산소의 농도는 10[%]가 되어야 한다.

$$\frac{21}{100+x}=\frac{10}{100}$$

따라서 추가된 이산화탄소 소화약제의 양 x는 110이며, 이때 전체 중 이산화탄소의 농도는

$$\frac{x}{100+x}=\frac{110}{100+110}≒0.5238=52.38[\%]이다.$$

관련개념

㉠ 소화약제 방출 전 공기의 양을 100으로 두고 풀이하면 된다.
㉡ 분모의 x는 공학용 계산기의 SOLVE 기능을 활용하면 쉽다.

정답 | ④

06 빈출도 ★

포 소화약제가 갖추어야 할 조건이 아닌 것은?

① 부착성이 있을 것

② 유동성과 내열성이 있을 것

③ 응집성과 안정성이 있을 것

④ 소포성이 있고 기화가 용이할 것

해설

포소화약제는 미세한 기포로 연소물의 표면을 덮어 공기를 차단(질식효과)하며 함께 사용한 물에 의한 냉각효과로 화재를 진압한다. 따라서 거품이 꺼지는 성질(소포성)은 없을수록, 기화는 어려울수록 좋다.

관련개념 **포 소화약제의 구비조건**

내열성	• 화염 밀 화열에 대한 내력이 강해야 화재 시 포 (Foam)가 파괴되지 않는다. • 발포 배율이 낮을수록 환원시간이 길수록 내열성이 우수하다.
내유성	• 포가 유류에 오염되어 파괴되지 않아야 한다. • 특히 표면하주입식의 경우는 포(Foam)가 유류에 오염될 경우 적용할 수 없다.
유동성	포가 연소하는 유면 위를 자유로이 유동하여 확산되어야 소화가 원활해진다.
점착성	포가 표면에 잘 흡착하여야 질식의 효과를 극대화시킬 수 있으며, 점착성이 불량할 경우 바람에 의하여 포가 날아가게 된다.

정답 | ④

07 빈출도 ★★★

공기와 Halon 1301의 혼합기체에서 Halon 1301에 비해 공기의 확산속도는 약 몇 배인가? (단, 공기의 평균분자량은 29, 할론 1301의 분자량은 149이다.)

① 2.27배
② 3.85배
③ 5.17배
④ 6.46배

해설

같은 온도와 압력에서 두 기체의 확산속도의 비는 두 기체 분자량의 제곱근의 비와 같다.

$$\frac{v_a}{v_b} = \sqrt{\frac{M_b}{M_a}} = \sqrt{\frac{149}{29}} \fallingdotseq 2.27$$

관련개념 그레이엄의 법칙

$$v_a = \sqrt{\frac{M_b}{M_a}}$$

v_a: a기체의 확산속도 [m/s], v_b: b기체의 확산속도 [m/s], M_a: a기체의 분자량, M_b: b기체의 분자량

정답 | ①

08 빈출도 ★★

위험물안전관리법령상 위험물로 분류되는 것은?

① 과산화수소
② 압축산소
③ 프로페인가스
④ 포스겐

해설

과산화수소는 제6류 위험물(산화성 액체)이다.

관련개념

"위험물"은 인화성 또는 발화성 등의 성질을 가지는 물질로 일반적으로 고체 또는 액체이다.

정답 | ①

09 빈출도 ★★★

가연물의 종류에 따라 화재를 분류하였을 때 섬유류 화재가 속하는 것은?

① A급 화재
② B급 화재
③ C급 화재
④ D급 화재

해설

섬유(면화)류 화재는 A급 화재(일반화재)에 해당한다.

관련개념 A급 화재(일반화재) 대상물

㉠ 일반가연물: 섬유(면화)류, 종이, 고무, 석탄, 목재 등
㉡ 합성고분자: 폴리에스테르, 폴리에틸렌, 폴리우레탄 등

정답 | ①

10 빈출도 ★★★

어떤 유기화합물을 원소 분석한 결과 중량백분율이 C: 39.9[%], H: 6.7[%], O: 53.4[%]인 경우에 이 화합물의 분자식은? (단, 원자량은 C=12, O=16, H=1이다.)

① $C_3H_8O_2$
② $C_2H_4O_2$
③ C_2H_4O
④ $C_2H_6O_2$

해설

어떤 유기화합물에서 탄소, 수소, 산소 원자의 질량비가 39.9 : 6.7 : 53.4일 때, 각 원자의 원자량으로 나누면 원자 수의 비율로 나타낼 수 있다.

$$\frac{39.9}{12} : \frac{6.7}{1} : \frac{53.4}{16} = 3.325 : 6.7 : 3.3375$$

이는 약 1 : 2 : 1의 비율로 나누어지며 이 비율로 구성할 수 있는 분자식은 $C_2H_4O_2$이다.

정답 | ②

11 빈출도 ★★★

전기화재의 원인으로 거리가 먼 것은?

① 단락
② 과전류
③ 누전
④ 절연 과다

해설

절연이 충분히 이루어지지 못하면 화재가 발생할 수 있다.

관련개념 전기화재의 발생 원인

㉠ 단락 · 전기스파크 · 과전류 또는 절연불량
㉡ 접속부 과열, 열적 경과 또는 지락 · 낙뢰 · 누전

정답 | ④

12 빈출도 ★★★

위험물별 저장방법에 대한 설명 중 틀린 것은?

① 유황은 정전기가 축적되지 않도록 하여 저장한다.
② 적린은 화기로부터 격리하여 저장한다.
③ 마그네슘은 건조하면 부유하여 분진폭발의 위험이 있으므로 물에 적시어 보관한다.
④ 황화린은 산화제와 격리하여 저장한다.

해설

제2류 위험물인 마그네슘은 물과 반응하면 가연성 가스인 수소를 발생시키므로 물, 습기 등과의 접촉을 피하여 저장한다.

정답 | ③

13 빈출도 ★★

소화약제로 사용하는 물의 증발잠열로 기대할 수 있는 소화효과는?

① 냉각소화
② 질식소화
③ 제거소화
④ 촉매소화

해설

물은 비열과 증발잠열이 높아 온도 및 상태변화에 많은 에너지를 필요로 하기 때문에 가연물의 온도를 빠르게 떨어뜨린다.

관련개념 소화의 형태

㉠ 냉각소화(냉각효과): 연소하는 가연물의 온도를 인화점 아래로 떨어뜨려 소화하는 방법
㉡ 질식소화(피복효과): 산소의 공급을 차단하여 소화하는 방법
㉢ 제거소화(제거효과): 화재현장 주위의 물체를 치우고 연료를 제거하여 소화하는 방법
㉣ 억제소화(부촉매효과): 화재의 연쇄반응을 차단하여 소화하는 방법

정답 | ①

14 빈출도 ★★★

자연발화 방지대책에 대한 설명 중 틀린 것은?

① 저장실의 온도를 낮게 유지한다.
② 저장실의 환기를 원활히 시킨다.
③ 촉매물질과의 접촉을 피한다.
④ 저장실의 습도를 높게 유지한다.

해설

수분은 비열이 높아 많은 열을 축적할 수 있으므로 습도가 낮아야 자연발화를 방지할 수 있다.

관련개념 발화의 조건

㉠ 주변 온도가 높고, 발열량이 클수록 발화하기 쉽다.
㉡ 열전도율이 낮을수록 열 축적이 쉬워 발화하기 쉽다.
㉢ 표면적이 넓어 산소와의 접촉량이 많을수록 발화하기 쉽다.
㉣ 분자량, 온도, 습도, 농도, 압력이 클수록 발화하기 쉽다.
㉤ 활성화 에너지가 작을수록 발화하기 쉽다.

정답 | ④

15 빈출도 ★★

물리적 폭발에 해당하는 것은?

① 분해 폭발   ② 분진 폭발

③ 중합 폭발   ④ 수증기 폭발

해설

물질의 물리적 변화에서 기인한 폭발을 물리적 폭발이라고 한다.
수증기 폭발은 액체상태의 물이 기체상태의 수증기로 변화하며
생기는 순간적인 부피 차이로 발생하는 물리적 폭발이다.

선지분석

① 분해 폭발은 물질이 다른 둘 이상의 물질로 분해되면서 생기는
부피 차이로 발생하는 화학적 폭발이다.
② 분진 폭발은 물질이 가루 상태일 때 더 빠르게 일어나는 화학
반응으로 인해 생기는 부피 차이로 발생하는 화학적 폭발이다.
③ 중합 폭발은 저분자의 물질이 고분자의 물질로 합성되며 생기
는 부피 차이로 발생하는 화학적 폭발이다.

정답 | ④

16 빈출도 ★★

소화약제인 IG-541의 성분이 아닌 것은?

① 질소   ② 아르곤

③ 헬륨   ④ 이산화탄소

해설

IG-541은 질소(N_2) 52[%], 아르곤(Ar) 40[%], 이산화탄소
(CO_2) 8[%]로 구성된다.

관련개념 불활성기체 소화약제

소화약제	화학식
IG-01	Ar
IG-100	N_2
IG-541	N_2: 52[%], Ar: 40[%], CO_2: 8[%]
IG-55	N_2: 50[%], Ar: 50[%]

정답 | ③

17 빈출도 ★★★

어떤 기체가 0[℃], 1기압에서 부피가 11.2[L], 기체 질량이 22[g]이었다면 이 기체의 분자량은? (단, 이상기체로 가정한다.)

① 22   ② 35

③ 44   ④ 56

해설

0[℃], 1기압에서 22.4[L]의 기체 속에는 1[mol]의 기체 분자가
들어 있다. 따라서 0[℃], 1기압, 11.2[L]의 기체 속에는 0.5[mol]
의 기체가 들어 있다.

22.4[L]:1[mol]=11.2[L]:0.5[mol]

기체의 질량은 22[g]이므로, 기체의 분자량은

$\dfrac{22[g]}{0.5[mol]} = 44[g/mol]$이다.

관련개념 아보가드로의 법칙

㉠ 온도와 압력이 일정할 때 같은 부피 안의 기체 분자 수는 기체
의 종류와 관계없이 일정하다.
㉡ 0[℃](273[K]), 1[atm]에서 22.4[L] 안의 기체 분자 수는
1[mol], 6.022×10^{23}개이다.

정답 | ③

18 빈출도 ★★

연소의 4요소 중 자유활성기(free radical)의 생성을 저하시켜 연쇄반응을 중지시키는 소화방법은?

① 제거소화   ② 냉각소화

③ 질식소화   ④ 억제소화

해설

억제소화는 연소의 요소 중 연쇄적 산화반응을 약화시켜 연소의
지속을 불가능하게 하는 방법이다.
가연물 내 함유되어 있는 수소·산소로부터 생성되는 수소기(H·),
수산기(·OH)를 화학적으로 제조된 부촉매제(분말 소화약제, 할
론가스 등)와 반응하게 하여 더 이상 연소생성물인 이산화탄소·
수증기 등의 생성을 억제시킨다.

정답 | ④

19 빈출도 ★★★

프로페인의 연소범위[vol%]에 가장 가까운 것은?

① 9.8~28.4   ② 2.5~81

③ 4.0~75   ④ 2.1~9.5

해설

프로페인가스의 연소범위는 2.1~9.5[vol%]이다.

관련개념 **주요 가연성 가스의 연소범위와 위험도**

가연성 가스	하한계 [vol%]	상한계 [vol%]	위험도
아세틸렌(C_2H_2)	2.5	81	31.4
수소(H_2)	4	75	17.8
일산화탄소(CO)	12.5	74	4.9
에테르($C_2H_5OC_2H_5$)	1.9	48	24.3
이황화탄소(CS_2)	1.2	44	35.7
에틸렌(C_2H_4)	2.7	36	12.3
암모니아(NH_3)	15	28	0.9
메테인(CH_4)	5	15	2
에테인(C_2H_6)	3	12.4	3.1
프로페인(C_3H_8)	2.1	9.5	3.5
뷰테인(C_4H_{10})	1.8	8.4	3.7

정답 | ④

20 빈출도 ★★★

탄산수소나트륨이 주성분인 분말 소화약제는?

① 제1종 분말   ② 제2종 분말

③ 제3종 분말   ④ 제4종 분말

해설

제1종 분말의 주성분은 탄산수소나트륨($NaHCO_3$)이다.

관련개념 **분말 소화약제**

구분	주성분	색상	적응화재
제1종	탄산수소나트륨 ($NaHCO_3$)	백색	B급 화재 C급 화재
제2종	탄산수소칼륨 ($KHCO_3$)	담자색 (보라색)	B급 화재 C급 화재
제3종	제1인산암모늄 ($NH_4H_2PO_4$)	담홍색	A급 화재 B급 화재 C급 화재
제4종	탄산수소칼륨＋요소 [$KHCO_3＋CO(NH_2)_2$]	회색	B급 화재 C급 화재

정답 | ①

21 빈출도 ★★

A, B단자 간 콘덴서의 합성 정전용량은?
(단, $C_1=3[\mu F]$, $C_2=5[\mu F]$, $C_3=8[\mu F]$ 이다.)

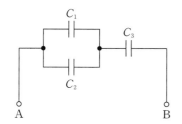

① $1[\mu F]$
② $2[\mu F]$
③ $3[\mu F]$
④ $4[\mu F]$

해설

콘덴서의 병렬 합성 정전용량 $C_{12}=C_1+C_2$

전체 합성 정전용량(직렬연결) $C_{123}=\dfrac{(C_1+C_2)\times C_3}{(C_1+C_2)+C_3}$

$$=\dfrac{(3+5)\times 8}{(3+5)+8}=\dfrac{64}{16}=4[\mu F]$$

정답 | ④

22 빈출도 ★★

제연용으로 사용되는 3상 유도전동기를 $Y-\triangle$ 기동 방식으로 할 때, 기동을 위해 제어회로에서 사용되는 것과 거리가 먼 것은?

① 타이머
② 영상변류기
③ 전자접촉기
④ 열동계전기

해설

영상변류기(ZCT)는 누설전류 또는 지락전류를 검출하기 위하여 사용된다. 지락계전기와 함께 사용하여 누전 시 회로를 차단하여 보호하는 역할을 한다.

선지분석

$Y-\triangle$ 기동 방식의 회로구성품으로는 타이머, 열동계전기, 전자접촉기, 푸시버튼 스위치, 배선용 차단기가 있다.
①, ③ 전원 인가 후 타이머와 전자접촉기가 여자되며 타이머의 보조 접점에 의해 자기유지가 된다.
④ 열동계전기는 과부하계전기라고도 하며, 부하와 전선의 과열을 방지하는 데 사용한다.

정답 | ②

23 빈출도 ★★★

그림과 같은 회로에서 각 계기의 지시값이 Ⓥ는 180[V], Ⓐ는 5[A], W는 720[W]라면 이 회로의 무효전력[Var]은?

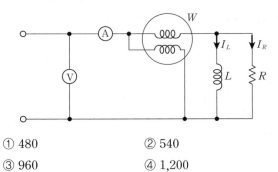

① 480
② 540
③ 960
④ 1,200

피상전력 P_a[VA]는 전원에서 공급되는 전력으로 유효전력 P[W]와 무효전력 P_r[Var]의 합으로 표현한다.
$P_a = P + jP_r = \sqrt{P^2 + P_r^2} = VI$
$\quad = 180 \times 5 = 900$[VA]
$\rightarrow P_r^2 = P_a^2 - P^2$
$\rightarrow P_r = \sqrt{P_a^2 - P^2} = \sqrt{900^2 - 720^2} = 540$[Var]

정답 | ②

24 빈출도 ★★

금속이나 반도체에 압력이 가해진 경우 전기저항이 변화하는 성질을 이용한 압력센서는?

① 벨로우즈
② 다이어프램
③ 가변저항기
④ 스트레인 게이지

스트레인 게이지는 가해지는 힘에 따라 저항이 변하는 압력센서이다.

① 벨로우즈: 압력을 변위로 변환하는 장치
② 다이어프램: 압력을 변위로 변환하는 장치
③ 가변 저항기: 변위를 임피던스로 변환하는 장치

정답 | ④

25 빈출도 ★★

공기 중 2[m]의 거리에 10[μC], 20[μC]인 두 개의 점전하가 존재할 때 두 전하 사이에 작용하는 정전력은 약 몇 [N]인가?

① 0.45
② 0.9
③ 1.8
④ 3.6

$F = \dfrac{1}{4\pi\varepsilon} \cdot \dfrac{Q_1 \cdot Q_2}{r^2}$
$\quad = \dfrac{1}{4\pi \times (8.855 \times 10^{-12})} \cdot \dfrac{(10 \times 10^{-6}) \cdot (20 \times 10^{-6})}{2^2}$
$\quad = 0.45$[N]

쿨롱의 법칙

두 점전하 사이에 작용하는 전기력의 크기 F는 두 점전하가 띤 전하량 q_1, q_2의 곱에 비례하고, 두 점전하 사이의 거리 r의 제곱에 반비례한다.
$$F = k\dfrac{Q_1 \cdot Q_2}{r^2} = \dfrac{1}{4\pi\varepsilon} \cdot \dfrac{Q_1 \cdot Q_2}{r^2} [\text{N}]$$
쿨롱상수 $k = \dfrac{1}{4\pi\varepsilon} = 9 \times 10^9 [\text{N} \cdot \text{m}^2/\text{C}^2]$

정답 | ①

26 빈출도 ★★★

그림과 같이 전류계 A_1, A_2를 접속할 경우 A_1은 25[A], A_2는 5[A]를 지시하였다. 전류계 A_2의 내부 저항은 몇 [Ω]인가?

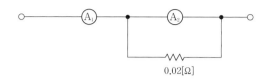

① 0.05
② 0.08
③ 0.12
④ 0.15

해설

0.02[Ω] 저항에 흐르는 전류는 25−5=20[A]이다.
저항에 걸리는 전압은 20×0.02=0.4[V]이고
병렬회로이므로 전류계 A_2에 걸리는 전압과 같다.
따라서 전류계 A_2에 흐르는 전류는 5[A]이므로 내부저항은

$$R = \frac{V}{I} = \frac{0.4}{5} = 0.08[Ω]$$

정답 | ②

27 빈출도 ★★★

그림과 같은 블록선도에서 출력 $C(s)$는?

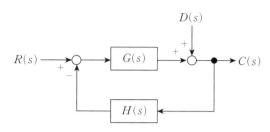

① $\dfrac{G(s)}{1+G(s)H(s)}R(s) + \dfrac{G(s)}{1+G(s)H(s)}D(s)$

② $\dfrac{1}{1+G(s)H(s)}R(s) + \dfrac{1}{1+G(s)H(s)}D(s)$

③ $\dfrac{G(s)}{1+G(s)H(s)}R(s) + \dfrac{1}{1+G(s)H(s)}D(s)$

④ $\dfrac{1}{1+G(s)H(s)}R(s) + \dfrac{G(s)}{1+G(s)H(s)}D(s)$

해설

- 입력 $R(s)$에 의한 전달함수
$$\frac{C_R(s)}{R(s)} = \frac{경로}{1-폐로} = \frac{G(s)}{1+G(s)H(s)}$$
$$\rightarrow C_R(s) = \frac{G(s)}{1+G(s)H(s)}R(s)$$

- 외란 $D(s)$에 의한 전달함수
$$\frac{C_D(s)}{D(s)} = \frac{경로}{1-폐로} = \frac{1}{1+G(s)H(s)}$$
$$\rightarrow C_D(s) = \frac{1}{1+G(s)H(s)}D(s)$$

- 블록선도 출력
$$C(s) = C_R(s) + C_D(s)$$
$$= \frac{G(s)}{1+G(s)H(s)}R(s) + \frac{1}{1+G(s)H(s)}D(s)$$

정답 | ③

28 빈출도 ★★

220[V], 32[W] 전등 2개를 매일 5시간씩 점등하고, 600[W] 전열기 1개를 매일 1시간씩 사용하는 경우 1개월(30일)간 소비되는 전력량[kWh]은?

① 27.6[kWh]　　　② 55.2[kWh]

③ 110.4[kWh]　　④ 220.8[kWh]

해설

전등의 하루 소비 전력량
$W_{전등} = Pt = 32 \times 2 \times 5 = 320$[Wh]
전열기의 하루 소비 전력량
$W_{전열기} = Pt = 600 \times 1 \times 1 = 600$[Wh]
1개월간 소비 전력량
$(320 + 600) \times 30 = 27,600$[Wh] $= 27.6$[kWh]

정답 | ①

29 빈출도 ★★★

바리스터(varistor)의 용도는?

① 정전류 제어용
② 정전압 제어용
③ 과도한 전류로부터 회로보호
④ 과도한 전압으로부터 회로보호

해설

바리스터는 비선형 반도체 저항 소자로서 계전기 접점의 불꽃을 소거하거나, 서지 전압으로부터 회로를 보호하기 위해 사용되며, 회로에 병렬로 연결한다.

관련개념 바리스터의 기호

정답 | ④

30 빈출도 ★★★

그림과 같은 회로의 역률은 얼마인가?

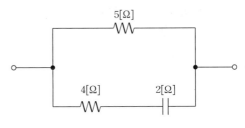

① 0.24　　　　　② 0.59

③ 0.8　　　　　　④ 0.97

해설

임피던스 $Z = \dfrac{5 \times (4 - j2)}{5 + (4 - j2)} = \dfrac{20 - j10}{9 - j2} = \dfrac{200 - j50}{85}$

$\quad\quad = 2.35 - j0.59[\Omega]$

$\therefore \cos\theta = \dfrac{R}{Z} = \dfrac{2.35}{\sqrt{2.35^2 + 0.59^2}} = 0.97$

정답 | ④

31 빈출도 ★★★

단상 반파의 정류회로로 평균 26[V]의 직류 전압을 출력하려고 할 때, 정류 다이오드에 인가되는 역방향 최대 전압은 약 몇 [V]인가? (단, 직류 측에 평활회로(필터)가 없는 정류회로이고, 다이오드 순방향 전압은 무시한다.)

① 26　　　　　　② 37

③ 58　　　　　　④ 82

해설

단상 반파 정류회로에서 직류의 평균 전압
$E_{av} = 0.45E \ \rightarrow E = \dfrac{E_{av}}{0.45} = \dfrac{26}{0.45} = 57.78$[V]

최대 역전압 $PIV = \sqrt{2}E = \sqrt{2} \times 57.78 = 81.71$[V]

관련개념 최대 역전압(PIV)

다이오드에 걸리는 역방향 전압의 최댓값을 최대 역전압이라고 한다.

정답 | ④

32 빈출도 ★★★

회로의 전압과 전류를 측정하기 위한 계측기의 연결 방법으로 옳은 것은?

① 전압계: 부하와 직렬, 전류계: 부하와 직렬
② 전압계: 부하와 직렬, 전류계: 부하와 병렬
③ 전압계: 부하와 병렬, 전류계: 부하와 직렬
④ 전압계: 부하와 병렬, 전류계: 부하와 병렬

해설

전압계: 회로에서 부하와 병렬로 연결하여 전압을 측정한다.
전류계: 회로에서 부하와 직렬로 연결하여 전류를 측정한다.

정답 | ③

33 빈출도 ★★

다음과 같은 특성을 갖는 제어계는?

> - 발진을 일으키고 불안정한 상태로 되어가는 경향성을 보인다.
> - 정확성과 감대폭이 증가한다.
> - 계의 특성변화에 대한 입력 대 출력비의 감도가 감소한다.

① 프로세스 제어
② 피드백 제어
③ 프로그램 제어
④ 추종 제어

해설

모두 피드백 제어의 특성에 해당한다.

관련개념 피드백 제어계의 특징

㉠ 구조가 복잡하고 설치비용이 비싼 편이다.
㉡ 정확성과 대역폭이 증가한다.
㉢ 외란에 대한 영향을 줄여 제어계의 특성을 향상시킬 수 있다.
㉣ 계의 특성변화에 대한 입력 대 출력비에 대한 감도가 감소한다.
㉤ 비선형과 왜형에 대한 효과는 감소한다.
㉥ 발진을 일으키는 경향이 있다.

정답 | ②

34 빈출도 ★★

전원의 전압을 일정하게 유지하기 위하여 사용하는 다이오드는?

① 쇼트키 다이오드
② 터널 다이오드
③ 제너 다이오드
④ 버랙터 다이오드

해설

일정한 전압(정전압)을 회로에 공급하기 위해 사용하는 다이오드는 제너 다이오드이다.

선지분석

① 쇼트키 다이오드: 순방향 전압 강하가 낮고 스위칭 속도가 빠르며, 정류, 전압 클램핑 등에 사용된다.
② 터널 다이오드: 고속 스위칭 회로나 논리회로에 사용되는 다이오드로 증폭작용, 발진작용, 개폐작용을 한다.
④ 버랙터 다이오드: 전압의 변화에 따라 발진 주파수를 조절하거나 무선 마이크, 고주파 변조 등에 사용된다.

정답 | ③

35 빈출도 ★★

저항을 설명한 다음 문항 중 틀린 것은?

① 기호는 R, 단위는 $[\Omega]$이다.
② 옴의 법칙은 $R = \dfrac{V}{I}$이다.
③ R의 역수는 서셉턴스이며 단위는 $[\mho]$이다.
④ 전류의 흐름을 방해하는 작용을 저항이라 한다.

해설

R의 역수는 컨덕턴스이며 단위는 $[\mho]$이다.

정답 | ③

36 빈출도 ★★★

$X = A\overline{B}C + \overline{A}BC + \overline{A}\,\overline{B}C + \overline{A}\,\overline{B}\,\overline{C} + A\overline{B}\,\overline{C}$ 를 가장 간소화한 것은?

① $\overline{A}BC + \overline{B}$
② $B + \overline{A}C$
③ $\overline{B} + \overline{A}C$
④ $\overline{A}\,\overline{B}C + B$

해설

$X = A\overline{B}C + \overline{A}BC + \overline{A}\,\overline{B}C + \overline{A}\,\overline{B}\,\overline{C} + A\overline{B}\,\overline{C}$
$\quad = \overline{B}(AC + \overline{A}C + \overline{A}\,\overline{C} + A\overline{C}) + \overline{A}BC$
$\quad = \overline{B} + B\overline{A}C$ ← 흡수법칙($\overline{A}C$를 하나로 본다)
$\quad = \overline{B} + \overline{A}C$

관련개념 불대수 연산 예

결합법칙	· $A + (B+C) = (A+B) + C$
	· $A \cdot (B \cdot C) = (A \cdot B) \cdot C$
분배법칙	· $A \cdot (B+C) = A \cdot B + A \cdot C$
	· $A + (B \cdot C) = (A+B) \cdot (A+C)$
흡수법칙	· $A + A \cdot B = A$
	· $A + \overline{A}B = A + B$
	· $A \cdot (A+B) = A$

정답 | ③

37 빈출도 ★★★

3상 유도 전동기의 출력이 25[HP], 전압이 220[V], 효율이 85[%], 역률이 85[%]일 때, 전동기로 흐르는 전류는 약 몇 [A] 인가? (단, 1[HP]=0.746[kW])

① 40
② 45
③ 68
④ 70

해설

3상 유도기의 출력
$P = 25 \times 0.746 = 18.65[\text{kW}]$
3상 유도기에 흐르는 전류
$I = \dfrac{P}{\sqrt{3}\,V\cos\theta \times \eta} = \dfrac{18.65 \times 10^3}{\sqrt{3} \times 220 \times 0.85 \times 0.85}$
$\quad = 67.74[\text{A}]$

정답 | ③

38 빈출도 ★

발전기의 부하가 불평형이 되어 발전기의 회전자가 과열 및 소손되는 것을 방지하기 위하여 설치하는 계전기는?

① 역상과전류계전기   ② 부족전압계전기
③ 비율차동계전기   ④ 온도계전기

해설

역상과전류계전기는 역상 전류의 크기에 따라 작동하는 계전기로 발전기 부하의 불평형을 방지하기 위해 사용한다.

선지분석

② 부족전압계전기: 전압의 크기가 기준 이하(부족전압)인 경우 동작한다.
③ 비율차동계전기: 총 입력 전류와 총 출력 전류의 차이가 총 입력 전류 대비 일정비율 이상이 되었을 때 동작한다. 발전기나 변압기의 내부 고장 보호용으로 사용한다.
④ 온도계전기: 온도가 기준치보다 상승하거나 하락한 경우 동작한다.

정답 | ①

39 빈출도 ★★

이미터 전류를 1[mA] 증가시켰더니 컬렉터 전류는 0.98[mA] 증가되었다. 이 트랜지스터의 증폭률 β는?

① 4.9   ② 9.8
③ 49.0   ④ 98.0

해설

이미터 접지 전류 증폭 정수(β)

$$\beta = \frac{I_C}{I_B} = \frac{I_C}{I_E - I_C} = \frac{0.98}{1 - 0.98} = 49$$

관련개념 베이스 접지 전류 증폭 정수(α)

$$\alpha = \frac{I_C}{I_E} = \frac{I_C}{I_B + I_C}$$

정답 | ③

40 빈출도 ★★★

그림의 논리기호를 표시한 것으로 옳은 식은?

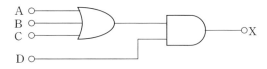

① $X = (A \cdot B \cdot C) \cdot D$ ② $X = (A + B + C) \cdot D$
③ $X = (A \cdot B \cdot C) + D$ ④ $X = A + B + D$

해설

A, B, C는 OR 회로이므로 논리합으로 표현하면 $(A + B + C)$이다. D와는 AND 회로이므로 논리곱으로 표현하면 다음과 같다.
$X = (A + B + C) \cdot D$

정답 | ②

41 빈출도 ★

다음 중 위험물 탱크 안전성능시험자로 등록하기 위하여 갖추어야 할 사항에 포함되지 않는 것은?

① 자본금
② 기술능력
③ 시설
④ 장비

해설

자본금은 위험물탱크안전성능시험자(탱크시험자)로 등록하기 위해 갖추어야 할 사항이 아니다.

관련개념 탱크안전성능시험자(탱크시험자) 등록요건

㉠ 기술능력자 연명부 및 기술자격증
㉡ 안전성능시험장비의 명세서
㉢ 보유장비에 관한 자료, 사무실의 확보 증명서류

정답 | ①

42 빈출도 ★

소방기본법에 따라 화재 등 그 밖의 위급한 상황이 발생한 현장에서 소방활동을 위하여 필요한 때에는 그 관할 구역에 사는 사람 또는 그 현장에 있는 사람으로 하여금 사람을 구출하는 일 또는 불을 끄는 등의 일을 하도록 명령할 수 있는 권한이 없는 사람은?

① 소방서장
② 소방대장
③ 시 · 도지사
④ 소방본부장

해설

소방활동 종사명령은 소방본부장, 소방서장 또는 소방대장의 권한이다.

관련개념 소방본부장, 소방서장, 소방대장의 권한

구분	소방본부장	소방서장	소방대장
소방활동	○	○	×
소방업무 응원요청	○	○	×
소방활동 구역설정	×	×	○
소방활동 종사명령	○	○	○
강제처분 (토지, 차량 등)	○	○	○

정답 | ③

43 빈출도 ★★

위험물운송자 자격을 취득하지 아니한 자가 위험물 이동탱크저장소 운전 시의 벌칙으로 옳은 것은?

① 100만 원 이하의 벌금
② 300만 원 이하의 벌금
③ 500만 원 이하의 벌금
④ 1,000만 원 이하의 벌금

해설

위험물운송자 자격을 취득하지 아니한 자가 위험물 이동탱크저장소 운전 시 **1,000만 원 이하의 벌금**에 처한다.

정답 | ④

44 빈출도 ★★

소방대상물의 방염 등과 관련하여 방염성능기준은 무엇으로 정하는가?

① 대통령령
② 행정안전부령
③ 소방청훈령
④ 소방청예규

해설

방염성능기준은 대통령령으로 정한다.

관련개념 방염규정 및 소관 법령

규정	소관 법령
방염성능기준	대통령령
방염성능검사의 방법과 합격 표시	행정안전부령

정답 | ①

45 빈출도 ★★

다음 중 중급기술자의 학력·경력자에 대한 기준으로 옳은 것은? (단, 학력·경력자란 고등학교·대학 또는 이와 같은 수준 이상의 교육기관의 소방 관련 학과의 정해진 교육 과정을 이수하고 졸업하거나 그 밖의 관계 법령에 따라 국내 또는 외국에서 이와 같은 수준 이상의 학력이 있다고 인정되는 사람을 말한다.)

① 고등학교를 졸업 후 10년 이상 소방 관련 업무를 수행한 자
② 학사학위를 취득한 후 6년 이상 소방 관련 업무를 수행한 자
③ 석사학위를 취득한 후 2년 이상 소방 관련 업무를 수행한 자
④ 박사학위를 취득한 후 1년 이상 소방 관련 업무를 수행한 자

해설

석사학위를 취득한 후 **2년** 이상 소방 관련 업무를 수행한 사람인 경우 중급기술자의 학력·경력자 기준이다.

관련개념 중급기술자의 학력·경력자 기준

㉠ 박사학위를 취득한 사람
㉡ 석사학위
　→ 취득한 후 2년 이상 소방관련 업무 수행
㉢ 학사학위
　→ 취득한 후 5년 이상 소방관련 업무 수행
㉣ 전문학사학위
　→ 취득한 후 8년 이상 소방관련 업무 수행
㉤ 고등학교 소방학과
　→ 졸업한 후 10년 이상 소방관련 업무 수행
㉥ 고등학교
　→ 졸업한 후 12년 이상 소방관련 업무 수행

정답 | ③

46 빈출도 ★★

소방시설 설치 및 관리에 관한 법률상 특정소방대상물 중 오피스텔은 어느 시설에 해당하는가?

① 숙박시설
② 일반업무시설
③ 공동주택
④ 근린생활시설

해설

오피스텔은 업무시설 중 일반업무시설이다.

관련개념 특정소방대상물(업무시설)

㉠ 공공업무시설: 국가 또는 지방자치단체의 청사와 외국공관의 건축물로서 근린생활시설에 해당하지 않는 것
㉡ 일반업무시설: 금융업소, 사무소, 신문사, 오피스텔로서 근린생활시설에 해당하지 않는 것
㉢ 주민자치센터(동사무소), 경찰서, 지구대, 파출소, 소방서, 119안전센터, 우체국, 보건소, 공공도서관, 국민건강보험공단

정답 | ②

47 빈출도 ★★★

제6류 위험물에 속하지 않는 것은?

① 질산
② 과산화수소
③ 과염소산
④ 과염소산염류

해설

과염소산염류는 제1류 위험물로 제6류 위험물에 속하지 않는다.

관련개념 제6류 위험물 및 지정수량

위험물	품명	지정수량
제6류 (산화성액체)	과염소산	300[kg]
	과산화수소	
	질산	

정답 | ④

48 빈출도 ★

화재의 예방 및 안전관리에 관한 법령상 특정소방대상물의 관계인이 수행하여야 하는 소방안전관리 업무가 아닌 것은?

① 소방훈련의 지도·감독
② 화기 취급의 감독
③ 피난시설, 방화구획 및 방화시설의 관리
④ 소방시설이나 그 밖의 소방 관련 시설의 관리

해설

소방훈련의 지도 및 감독은 특정소방대상물의 관계인이 수행하여야 하는 업무가 아니다.

관련개념 특정소방대상물 관계인의 업무

㉠ 피난시설, 방화구획 및 방화시설의 관리
㉡ 소방시설이나 그 밖의 소방 관련 시설의 관리
㉢ 화기 취급의 감독
㉣ 화재발생 시 초기대응
㉤ 그 밖에 소방안전관리에 필요한 업무

정답 | ①

49 빈출도 ★

소방시설공사업법상 특정소방대상물의 관계인 또는 발주자가 해당 도급계약의 수급인을 도급계약 해지할 수 있는 경우의 기준 중 틀린 것은?

① 하도급 계약의 적정성 심사 결과 하수급인 또는 하도급 계약 내용의 변경 요구에 정당한 사유 없이 따르지 아니하는 경우

② 정당한 사유 없이 15일 이상 소방시설공사를 계속하지 아니하는 경우

③ 소방시설업이 등록 취소되거나 영업 정지된 경우

④ 소방시설업을 휴업하거나 폐업한 경우

> **해설**
>
> 정당한 사유 없이 **30일** 이상 소방시설공사를 계속하지 아니한 경우 도급 계약을 해지할 수 있다.

> **관련개념** 도급계약의 해지 기준
>
> ㉠ 소방시설업이 등록 취소되거나 영업 정지된 경우
> ㉡ 소방시설업을 휴업하거나 폐업한 경우
> ㉢ 정당한 사유 없이 30일 이상 소방시설공사를 계속하지 아니하는 경우
> ㉣ 적정성 심사에 따른 하도급 계약내용의 변경 요구에 정당한 사유 없이 따르지 아니하는 경우

정답 ②

50 빈출도 ★★

위험물안전관리법령상 인화성액체위험물(이황화탄소 제외)의 옥외탱크저장소의 탱크 주위에 설치하여야 하는 방유제의 설치기준 중 틀린 것은?

① 방유제 내의 면적은 60,000$[m^2]$ 이하로 하여야 한다.

② 방유제는 높이 0.5$[m]$ 이상 3$[m]$ 이하, 두께 0.2$[m]$ 이상, 지하매설깊이 1$[m]$ 이상으로 하여야 한다. 다만, 방유제와 옥외저장탱크 사이의 지반면 아래에 불침윤성 구조물을 설치하는 경우에는 지하매설깊이를 해당 불침윤성 구조물까지로 할 수 있다.

③ 방유제의 용량은 방유제 안에 설치된 탱크가 하나인 때에는 그 탱크 용량의 110$[\%]$ 이상, 2기 이상인 때에는 그 탱크 중 용량이 최대인 것의 용량의 110$[\%]$ 이상으로 하여야 한다.

④ 방유제는 철근콘크리트로 하고, 방유제와 옥외저장탱크 사이의 지표면은 불연성과 불침윤성이 있는 구조(철근콘크리트 등)로 하여야 한다. 다만, 누출된 위험물을 수용할 수 있는 전용유조 및 펌프 등의 설비를 갖춘 경우에는 방유제와 옥외저장탱크 사이의 지표면을 흙으로 할 수 있다.

> **해설**
>
> 옥외탱크저장소의 탱크 주위에 설치하여야 하는 방유제 내의 면적은 **80,000$[m^2]$** 이하로 하여야 한다.

> **관련개념** 방유제 설치기준(옥외탱크저장소)
>
> ㉠ 높이: 0.5$[m]$ 이상 3$[m]$ 이하
> ㉡ 두께: 0.2$[m]$ 이상
> ㉢ 지하매설깊이: 1$[m]$ 이상
> ㉣ 면적: 80,000$[m^2]$ 이하
> ㉤ 방유제 용량

구분	방유제 용량
방유제 내 탱크가 1기일 경우	• 인화성액체위험물: 탱크 용량의 110$[\%]$ 이상 • 인화성이 없는 위험물: 탱크 용량의 100$[\%]$ 이상
방유제 내 탱크가 2기 이상일 경우	• 인화성액체위험물: 용량이 최대인 탱크 용량의 110$[\%]$ 이상 • 인화성이 없는 위험물: 용량이 최대인 탱크용량의 100$[\%]$ 이상

정답 ①

51 빈출도 ★★

소방기본법령상 시장지역에서 화재로 오인할 만한 우려가 있는 불을 피우거나 연막소독을 하려는 자가 신고를 하지 아니하여 소방자동차를 출동하게 한 자에 대한 과태료 부과·징수권자는?

① 국무총리
② 시·도지사
③ 행정안전부장관
④ 소방본부장 또는 소방서장

해설

화재로 오인할 만한 우려가 있는 불을 피우거나 연막소독을 하려는 자가 신고를 하지 아니하여 소방자동차를 출동하게 한 자에 대한 과태료는 관할 소방본부장 또는 소방서장이 부과·징수한다.

정답 | ④

52 빈출도 ★★

화재의 예방 및 안전관리에 관한 법률상 옮긴 물건 등의 보관기간은 소방본부 또는 소방서의 인터넷 홈페이지에 공고하는 기간의 종료일 다음 날부터 며칠로 하는가?

① 3
② 4
③ 5
④ 7

해설

옮긴 물건 등의 보관기간은 공고기간의 종료일 다음 날부터 7일까지로 한다.

관련개념 옮긴 물건 등의 공고일 및 보관기간

인터넷 홈페이지 공고일	14일
보관기관	7일

정답 | ④

53 빈출도 ★★★

화재의 예방 및 안전관리에 관한 법률상 시·도지사가 화재예방강화지구로 지정할 필요가 있는 지역을 화재예방강화지구로 지정하지 아니하는 경우 해당 시·도지사에게 해당 지역의 화재예방강화지구 지정을 요청할 수 있는 자는?

① 행정안전부장관
② 소방청장
③ 소방본부장
④ 소방서장

해설

소방청장은 해당 시·도지사에게 해당 지역의 화재예방강화지구 지정을 요청할 수 있다.

정답 | ②

54 빈출도 ★

소방기본법령상 출동한 소방대원에게 폭행 또는 협박을 행사하여 화재진압·인명구조 또는 구급활동을 방해한 사람에 대한 벌칙 기준은?

① 500만 원 이하의 과태료
② 1년 이하의 징역 또는 1,000만 원 이하의 벌금
③ 3년 이하의 징역 또는 3,000만 원 이하의 벌금
④ 5년 이하의 징역 또는 5,000만 원 이하의 벌금

해설

출동한 소방대원에게 폭행 또는 협박을 행사하여 화재진압·인명구조 또는 구급활동을 방해한 사람은 5년 이하의 징역 또는 5,000만 원 이하의 벌금에 처한다.

정답 | ④

55 빈출도 ★

소방시설 설치 및 관리에 관한 법률상 둘 이상의 특정소방대상물이 내화구조로 된 연결통로가 벽이 없는 구조로서 그 길이가 몇 [m] 이하인 경우 하나의 특정소방대상물로 보는가?

① 6   ② 9
③ 10   ④ 12

해설

둘 이상의 특정소방대상물이 내화구조로 된 연결통로가 벽이 없는 구조로서 그 길이가 6[m] 이하인 경우 하나의 특정소방대상물로 본다.

관련개념 하나의 특정소방대상물로 보는 경우

㉠ 내화구조로 된 연결통로가 다음의 어느 하나에 해당되는 경우
 – 벽이 없는 구조로서 그 길이가 6[m] 이하인 경우
 – 벽이 있는 구조로서 그 길이가 10[m] 이하인 경우
㉡ 내화구조가 아닌 연결통로로 연결된 경우
㉢ 지하보도, 지하상가, 지하가로 연결된 경우

정답 | ①

56 빈출도 ★★

소방시설공사업자가 소방시설공사를 하고자 할 때, 다음 중 옳은 것은?

① 건축허가와 동의만 받으면 된다.
② 시공 후 완공검사만 받으면 된다.
③ 소방시설 착공신고를 하여야 한다.
④ 건축허가만 받으면 된다.

해설

공사업자는 소방시설공사를 하려면 그 공사의 내용, 시공 장소, 그 밖에 필요한 사항을 소방본부장이나 소방서장에게 **착공신고**를 하여야 한다.

정답 | ③

57 빈출도 ★★

1급 소방안전관리대상물이 아닌 것은?

① 15층인 특정소방대상물(아파트 제외)
② 가연성 가스를 2,000[t] 저장·취급하는 시설
③ 21층인 아파트로서 300세대인 것
④ 연면적 20,000[m²]인 문화집회 및 운동시설

해설

층수가 30층 이상(지하층 제외)이거나 지상으로부터 높이가 120[m] 이상인 아파트가 1급 소방안전관리대상물의 기준이다.

관련개념 1급 소방안전관리대상물

시설	대상
아파트	• 30층 이상(지하층 제외) • 지상으로부터 높이 120[m] 이상
특정소방대상물 (아파트 제외)	• 연면적 15,000[m²] 이상 • 지상층의 층수가 11층 이상
가연성 가스 저장·취급 시설	1,000[t] 이상 저장·취급

• 제외대상: 동·식물원, 철강 등 불연성 물품을 저장·취급하는 창고, 위험물 저장 및 처리 시설 중 제조소등과 지하구

정답 | ③

58 빈출도 ★

소방기본법에 따른 소방력의 기준에 따라 관할구역의 소방력을 확충하기 위하여 필요한 계획을 수립하여 시행하여야 하는 자는?

① 소방서장
② 소방본부장
③ 시·도지사
④ 행정안전부장관

해설

시·도지사는 소방력의 기준에 따라 관할구역의 소방력을 확충하기 위하여 필요한 계획을 수립하여 시행하여야 한다.

정답 | ③

59 빈출도 ★★★

소방시설 설치 및 관리에 관한 법률상 지하가 중 터널로서 길이가 1,000[m]일 때 설치하지 않아도 되는 소방시설은?

① 인명구조기구
② 옥내소화전설비
③ 연결송수관설비
④ 무선통신보조설비

해설

인명구조기구는 지하가 중 터널에는 길이와 무관하게 설치하지 않아도 된다.

관련개념 터널길이에 따라 설치해야 하는 소방시설

터널길이	소방시설
500[m] 이상	• 비상경보설비 • 비상조명등 • 비상콘센트설비 • 무선통신보조설비
1,000[m] 이상	• 옥내소화전설비 • 자동화재탐지설비 • 연결송수관설비

정답 | ①

60 빈출도 ★★

화재의 예방 및 안전관리에 관한 법률상 화재안전조사위원회의 위원에 해당하지 아니하는 사람은?

① 소방기술사
② 소방시설관리사
③ 소방 관련 분야의 석사 이상 학위를 취득한 사람
④ 소방 관련 법인 또는 단체에서 소방 관련 업무에 3년 이상 종사한 사람

해설

소방 관련 법인 또는 단체에서 소방 관련 업무에 5년 이상 종사한 사람이 화재안전조사위원회의 위원에 해당된다.

관련개념 화재안전조사위원회의 위원

㉠ 과장급 직위 이상의 소방공무원
㉡ 소방기술사
㉢ 소방시설관리사
㉣ 소방 관련 분야의 석사 이상 학위를 취득한 사람
㉤ 소방 관련 법인 또는 단체에서 소방 관련 업무에 5년 이상 종사한 사람
㉥ 소방공무원 교육훈련기관, 학교 또는 연구소에서 소방과 관련한 교육 또는 연구에 5년 이상 종사한 사람

정답 | ④

61 빈출도 ★

햇빛이나 전등불에 따라 축광하거나 전류에 따라 빛을 발하는 유도체로서 어두운 상태에서 피난을 유도할 수 있도록 띠 형태로 설치되는 피난유도시설은?

① 피난로프
② 피난유도선
③ 피난띠
④ 피난구조대

해설

피난유도선은 햇빛이나 전등불에 따라 축광하거나 전류에 따라 빛을 발하는 유도체로서 어두운 상태에서 피난을 유도할 수 있도록 띠 형태로 설치되는 피난유도시설이다.

정답 | ②

62 빈출도 ★★

신호의 전송로가 분기되는 장소에 설치하는 것으로 임피던스 매칭과 신호 균등분배를 위해 사용되는 장치는?

① 혼합기
② 분배기
③ 증폭기
④ 분파기

해설

분배기는 신호의 전송로가 분기되는 장소에 설치하는 것으로 임피던스 매칭(Matching)과 신호 균등분배를 위해 사용하는 장치를 말한다.

정답 | ②

63 빈출도 ★★★

부착높이가 11[m]인 장소에 적응성 있는 감지기는?

① 차동식 분포형
② 정온식 스포트형
③ 차동식 스포트형
④ 정온식 감지선형

해설

부착높이가 11[m]인 장소에 적응성 있는 감지기는 차동식 분포형 감지기이다.

관련개념 부착높이에 따른 감지기의 종류

부착높이	감지기의 종류	
4[m] 미만	• 차동식(스포트형, 분포형) • 보상식 스포트형 • 정온식(스포트형, 감지선형)	• 이온화식 또는 광전식(스포트형, 분리형, 공기흡입형) • 열복합형 • 연기복합형 • 열연기복합형 • 불꽃감지기
4[m] 이상 8[m] 미만	• 차동식(스포트형, 분포형) • 보상식 스포트형 • 정온식(스포트형, 감지선형) 특종 또는 1종 • 이온화식 1종 또는 2종	• 광전식(스포트형, 분리형, 공기흡입형) 1종 또는 2종 • 열복합형 • 연기복합형 • 열연기복합형 • 불꽃감지기
8[m] 이상 15[m] 미만	• 차동식 분포형 • 이온화식 1종 또는 2종	• 광전식(스포트형, 분리형, 공기흡입형) 1종 또는 2종 • 연기복합형 • 불꽃감지기
15[m] 이상 20[m] 미만	• 이온화식 1종 • 광전식(스포트형, 분리형, 공기흡입형) 1종	• 연기복합형 • 불꽃감지기
20[m] 이상	• 불꽃감지기	• 광전식(분리형, 공기흡입형) 중 아날로그방식

정답 | ①

64 빈출도 ★★

자동화재속보설비를 설치하여야 하는 특정소방대상물의 기준 중 다음 (   ) 안에 알맞은 것은?

> 의료시설 중 요양병원, 정신병원 및 의료재활시설로 사용되는 바닥면적의 합계가 (   )[m²] 이상인 층이 있는 것

① 300

② 500

③ 1,000

④ 1,500

해설

의료시설 중 요양병원, 정신병원 및 의료재활시설로 사용되는 바닥면적의 합계가 500[m²] 이상인 층이 있는 것에 자동화재속보설비를 설치해야 한다.

관련개념 자동화재속보설비를 설치하여야 하는 특정소방대상물

특정소방대상물	구분
노유자생활시설	모든 층
노유자시설	바닥면적 500[m²] 이상인 층이 있는 것
수련시설 (숙박시설이 있는 것만 해당)	바닥면적 500[m²] 이상인 층이 있는 것
문화유산	보물 또는 국보로 지정된 목조건축물
근린생활시설	• 의원, 치과의원, 한의원으로서 입원실이 있는 시설 • 조산원 및 산후조리원
의료시설	• 종합병원, 병원, 치과병원, 한방병원 및 요양병원(의료재활시설 제외) • 정신병원 및 의료재활시설로 사용되는 바닥면적의 합계가 500[m²] 이상인 층이 있는 것
판매시설	전통시장

정답 | ②

65 빈출도 ★★★

비상조명등의 화재안전기술기준(NFTC 304)에 따른 휴대용비상조명등의 설치기준이다. 다음 (   )에 들어갈 내용으로 옳은 것은?

> 지하상가 및 지하역사에는 보행거리 (ⓐ)[m] 이내마다 (ⓑ)개 이상 설치할 것

① ⓐ: 25, ⓑ: 1

② ⓐ: 25, ⓑ: 3

③ ⓐ: 50, ⓑ: 1

④ ⓐ: 50, ⓑ: 3

해설

휴대용비상조명등의 설치기준

장소	규정
지하상가, 지하역사	25[m] 이내마다 3개 이상
대규모점포, 영화상영관	50[m] 이내마다 3개 이상

정답 | ②

66 빈출도 ★★

비상방송설비의 배선과 전원에 관한 설치기준 중 옳은 것은?

① 부속회로의 전로와 대지 사이 및 배선 상호 간의 절연 저항은 1경계구역마다 직류 110[V]의 절연저항 측정기를 사용하여 측정한 절연저항이 1[MΩ] 이상이 되도록 한다.

② 전원은 전기가 정상적으로 공급되는 축전지 또는 교류 전압의 옥내간선으로 하고, 전원까지의 배선 은 전용이 아니어도 무방하다.

③ 비상방송설비에는 그 설비에 대한 감시 상태를 30분간 지속한 후 유효하게 10분 이상 경보할 수 있는 축전지설비를 설치하여야 한다.

④ 비상방송설비의 배선은 다른 전선과 별도의 관·덕트 몰드 또는 풀박스 등에 설치하되 60[V] 미만의 약전류회로에 사용하는 전선으로서 각각의 전압이 같을 때에는 그렇지 않다.

해설

비상방송설비의 배선은 다른 전선과 별도의 관·덕트 몰드 또는 풀박스 등에 설치하되, 60[V] 미만의 약전류회로에 사용하는 전선으로서 각각의 전압이 같을 때는 그렇지 않다.

선지분석

① 부속회로의 전로와 대지 사이 및 배선 상호 간의 절연저항은 1경계 구역마다 직류 **250[V]**의 절연저항측정기를 사용하여 측정한 절연저항이 **0.1[MΩ] 이상**이 되도록 한다.

② 전원은 전기가 정상적으로 공급되는 축전지 또는 교류 전압의 옥내간선으로 하고, 전원까지의 배선은 **전용**으로 해야 한다.

③ 비상방송설비에는 그 설비에 대한 감시상태를 **60분간** 지속한 후 유효하게 10분 이상 경보할 수 있는 비상전원으로서 축전지 설비 또는 전기저장장치를 설치해야 한다.

정답 | ④

67 빈출도 ★★

누전경보기 변류기의 절연저항시험 부위가 아닌 것은?

① 절연된 1차권선과 단자판 사이
② 절연된 1차권선과 외부금속부 사이
③ 절연된 1차권선과 2차권선 사이
④ 절연된 2차권선과 외부금속부 사이

해설

절연된 1차권선과 단자판 사이는 누전경보기 변류기의 절연저항 시험 부위가 아니다.

관련개념 누전경보기 변류기의 절연저항시험

변류기는 DC 500[V]의 절연저항계로 다음 시험을 하는 경우 5[MΩ] 이상이어야 한다.
㉠ 절연된 1차권선과 2차권선 간의 절연저항
㉡ 절연된 1차권선과 외부금속부 간의 절연저항
㉢ 절연된 2차권선과 외부금속부 간의 절연저항

정답 | ①

68 빈출도 ★★

경종의 형식승인 및 제품검사의 기술기준에 따라 경종은 전원전압이 정격전압의 ± 몇 [%] 범위에서 변동 하는 경우 기능에 이상이 생기지 아니하여야 하는가?

① 5   ② 10
③ 20   ④ 30

해설

경종은 전원전압이 정격전압의 ±20[%] 범위에서 변동하는 경우 기능에 이상이 생기지 아니하여야 한다.

정답 | ③

69 빈출도 ★★

정온식 감지기의 설치 시 공칭작동온도가 최고주위온도보다 최소 몇 [℃] 이상 높은 것으로 설치하여야 하는가?

① 10
② 20
③ 30
④ 40

해설

정온식 감지기는 공칭작동온도가 최고주위온도보다 20[℃] 이상 높은 것으로 설치해야 한다.

정답 | ②

70 빈출도 ★

다음 중 유도등의 전기회로에 점멸기를 설치할 수 있는 장소에 해당되지 않는 것은? (단, 유도등은 3선식 배선에 따라 상시 충전되는 구조이다.)

① 공연장 등으로서 어두워야 할 필요가 있는 장소
② 특정소방대상물의 종사원이 주로 사용하는 장소
③ 외부의 빛에 의해 피난방향을 쉽게 식별할 수 있는 장소
④ 지하층을 제외한 층수가 11층 이상의 장소

해설

지하층을 제외한 층수가 11층 이상의 장소는 유도등의 전기회로에 점멸기를 설치하지 않고 항상 점등 상태를 유지해야 한다.

관련개념 점멸기를 설치할 수 있는 장소

㉠ 외부의 빛에 의해 피난구 또는 피난방향을 쉽게 식별할 수 있는 장소
㉡ 공연장, 암실 등으로서 어두워야 할 필요가 있는 장소
㉢ 특정소방대상물의 관계인 또는 종사원이 주로 사용하는 장소

정답 | ④

71 빈출도 ★

정전류 부하인 경우 알칼리 축전지의 용량[Ah] 산출식은? (단, I: 방전전류[A], L: 보수율, K: 방전시간, C: 25[℃]에 있어서의 정격 방전율 용량이다.)

① $C[\text{Ah}] = \dfrac{1}{K} LI$

② $C[\text{Ah}] = \dfrac{1}{L} K^2 I$

③ $C[\text{Ah}] = \dfrac{1}{L} KI$

④ $C[\text{Ah}] = \dfrac{1}{K} L^2 I$

해설

정전류 부하인 경우 축전지 용량을 구하는 공식은 다음과 같다.

$$C = \frac{1}{L} KI$$

C: 25[℃]에 있어서의 정격 방전율 용량[Ah], L: 보수율
K: 방전시간, I: 방전전류[A]

정답 | ③

72 빈출도 ★★★

무선통신보조설비의 누설동축케이블 설치기준으로 틀린 것은?

① 끝부분에는 반사 종단저항을 견고하게 설치할 것
② 고압의 전로로부터 1.5[m] 이상 떨어진 위치에 설치할 것
③ 금속판 등에 따라 전파의 복사 또는 특성이 현저하게 저하되지 아니하는 위치에 설치할 것
④ 불연 또는 난연성의 것으로서 습기에 따라 전기의 특성이 변질되지 아니하는 것으로 설치할 것

해설

무선통신보조설비의 누설동축케이블 끝부분에는 무반사 종단저항을 견고하게 설치해야 한다.

정답 | ①

73 빈출도 ★★

비상콘센트설비의 전원부와 외함 사이의 절연내력 기준 중 다음 ( ) 안에 알맞은 것은?

전원부와 외함 사이에 정격전압이 150[V] 이상인 경우에는 그 정격전압에 (㉠)을/를 곱하여 (㉡)을 더한 실효전압을 가하는 시험에서 1분 이상 견디는 것으로 할 것

① ㉠: 2, ㉡: 1,500
② ㉠: 3, ㉡: 1,500
③ ㉠: 2, ㉡: 1,000
④ ㉠: 3, ㉡: 1,000

해설

비상콘센트설비의 전원부와 외함 사이의 절연내력은 전원부와 외함 사이에 정격전압이 150[V] 이하인 경우에는 1,000[V]의 실효전압을, 정격전압이 150[V] 이상인 경우에는 그 정격전압에 2를 곱하여 1,000을 더한 실효전압을 가하는 시험에서 1분 이상 견디는 것으로 해야 한다.

관련개념 비상콘센트설비의 전원부와 외함 사이의 절연내력 기준

전압 구분	실효전압
150[V] 이하	1,000[V]
150[V] 이상	정격전압×2+1,000[V]

※ 법령에는 전압이 150[V] 이하, 150[V] 이상으로 중복 구분되어 있다. 일반적으로 현장에서는 150[V] 이하, 150[V] 초과로 기준을 나눈다.

정답 | ③

74 빈출도 ★

다음 중 공기팽창을 이용하는 방식의 차동식 스포트형 감지기의 구성요소에 포함되지 않는 것은?

① 리크
② 서미스터
③ 다이어프램
④ 챔버

해설

서미스터는 공기팽창식 차동식 스포트형 감지기의 구성요소가 아니다. 서미스터는 차동식 스포트형 열반도체식 감지기에 사용된다.

관련개념 공기팽창식 차동식 스포트형 감지기의 구성

㉠ 리크
㉡ 다이어프램
㉢ 챔버(감열실)
㉣ 접점

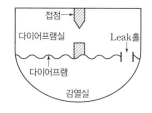

정답 | ②

75 빈출도 ★★

누전경보기의 형식승인 및 제품검사의 기술기준에 따라 외함은 불연성 또는 난연성 재질로 만들어져야 하며, 누전경보기의 외함의 두께는 몇 [mm] 이상이어야 하는가? (단, 직접 벽면에 접하여 벽 속에 매립되는 외함의 부분은 제외한다.)

① 1
② 1.2
③ 2.5
④ 3

해설

누전경보기의 외함은 두께 1.0[mm](직접 벽면에 접하여 벽 속에 매립되는 외함의 부분은 1.6[mm]) 이상이어야 한다.

관련개념 누전경보기의 외함 두께

구분	두께
일반적인 경우	1.0[mm] 이상
직접 벽면에 접하여 벽 속에 매립되는 외함의 부분	1.6[mm] 이상

정답 | ①

76 빈출도 ★★★

화재안전기술기준(NFTC)에 따른 비상전원 및 건전지의 유효 사용시간에 대한 최소 기준이 가장 긴 것은?

① 휴대용비상조명등의 건전지 용량
② 무선통신보조설비 증폭기의 비상전원
③ 지하층을 제외한 층수가 11층 미만의 층인 특정소방대상물에 설치되는 유도등의 비상전원
④ 지하층을 제외한 층수가 11층 미만의 층인 특정소방대상물에 설치되는 비상조명등의 비상전원

> **해설**
>
> 무선통신보조설비 증폭기의 비상전원 용량은 무선통신보조설비를 유효하게 **30분** 이상 작동시킬 수 있는 것으로 해야 한다.

관련개념 각 설비별 전원 용량

설비	휴대용 비상조명등	비상조명등	무선통신 보조설비	유도등
전원	건전지	비상전원	비상전원	비상전원
용량	20분	20분(60분)	30분	20분(60분)

* (   )는 지하층을 제외한 층수가 11층 이상의 층 또는 지하층 또는 무창층으로서 용도가 도매시장·소매시장·여객자동차터미널·지하역사 또는 지하상가에 적용됨

정답 | ②

77 빈출도 ★★★

비상방송설비 음향장치의 설치기준 중 옳은 것은?

① 확성기는 각 층마다 설치하되, 그 층의 각 부분으로부터 하나의 확성기까지의 수평거리가 15[m] 이하가 되도록 하고, 해당 층의 각 부분에 유효하게 경보를 발할 수 있도록 설치할 것
② 층수가 5층 이상인 특정소방대상물의 지하층에서 발화한 때에는 직상층에만 경보를 발할 것
③ 음향장치는 자동화재탐지설비의 작동과 연동하여 작동할 수 있는 것으로 할 것
④ 음향장치는 정격전압의 60[%] 전압에서 음향을 발할 수 있는 것으로 할 것

> **해설**
>
> 비상방송설비의 음향장치는 자동화재탐지설비의 작동과 연동하여 작동할 수 있는 것으로 해야 한다.

선지분석

① 확성기는 각 층마다 설치하되, 그 층의 각 부분으로부터 하나의 확성기까지의 수평거리가 **25[m]** 이하가 되도록 하고, 해당 층의 각 부분에 유효하게 경보를 발할 수 있도록 설치할 것
② 층수가 **11층**(공동주택의 경우 16층) 이상의 특정소방대상물의 경보 기준

층수	경보층
2층 이상	발화층, 직상 4개층
1층	발화층, 직상 4개층, 지하층
지하층	발화층, 직상층, 기타 지하층

④ 음향장치는 정격전압의 **80[%]** 전압에서 음향을 발할 수 있는 것으로 할 것

정답 | ③

78 빈출도 ★

누전경보기에서 옥내형과 옥외형의 차이점은?

① 증폭기 설치장소
② 정전압회로
③ 방수구조
④ 변류기의 절연저항

누전경보기는 변류기와 수신부로 구성되고 변류기는 구조에 따라 옥외형과 옥내형으로 구분되는데, 옥내형과 옥외형의 차이는 방수구조이다.
㉠ 옥내형: 비방수구조
㉡ 옥외형: 방수구조

정답 ③

79 빈출도 ★★★

유도등 및 유도표지의 화재안전기술기준(NFTC 303)에 따른 객석유도등의 설치기준이다. 다음 (   )에 들어갈 내용으로 옳은 것은?

객석유도등은 객석의 (㉠), (㉡) 또는 (㉢)에 설치하여야 한다.

① ㉠: 통로, ㉡: 바닥, ㉢: 벽
② ㉠: 바닥, ㉡: 천장, ㉢: 벽
③ ㉠: 통로, ㉡: 바닥, ㉢: 천장
④ ㉠: 바닥, ㉡: 통로, ㉢: 출입구

객석유도등은 객석의 **통로**, **바닥** 또는 **벽**에 설치하여야 한다.

정답 ①

80 빈출도 ★★

열반도체식 차동식 분포형 감지기의 설치개수를 결정하는 기준 바닥면적으로 적합한 것은?

① 부착높이가 8[m] 미만인 장소로 주요 구조부가 내화구조로 된 소방대상물인 경우 감지기 1종은 40[m²], 2종은 23[m²]이다.
② 부착높이가 8[m] 미만인 장소로 주요 구조부가 내화구조로 된 소방대상물인 경우 감지기 1종은 30[m²], 2종은 23[m²]이다.
③ 부착높이가 8[m] 이상 15[m] 미만인 장소로 주요 구조부가 내화구조로 된 소방대상물인 경우 감지기 1종은 50[m²], 2종은 36[m²]이다.
④ 부착높이가 8[m] 이상 15[m]미만인 장소로 주요 구조부가 내화구조가 아닌 소방대상물인 경우 감지기 1종은 40[m²], 2종은 18[m²]이다.

자동화재탐지설비의 열반도체식 차동식 분포형 감지기의 설치개수를 결정할 때 부착높이가 8[m] 이상 15[m] 미만인 장소로 주요 구조부가 내화구조로 된 소방대상물인 경우 기준 바닥면적은 감지기 1종은 50[m²], 2종은 36[m²]이다.

관련개념 열반도체식 차동식 분포형 감지기 설치기준 바닥면적

부착 높이 및 특정소방대상물의 구분		감지기의 종류[m²]	
		1종	2종
8[m] 미만	내화구조	65	36
	기타구조	40	23
8[m] 이상 15[m] 미만	내화구조	50	36
	기타구조	30	23

정답 ③

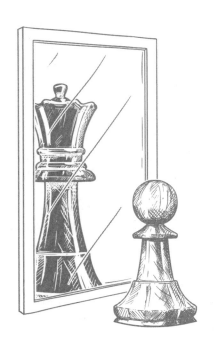

되고 싶은 사람의 모습에
자신의 현재의 모습을 투영하라.

– 에드가 제스트(Edgar Jest)

소방원론

01 빈출도 ★

동식물유류에서 "요오드값이 크다"라는 의미를 옳게 설명한 것은?

① 불포화도가 높다.
② 불건성유이다.
③ 자연발화성이 낮다.
④ 산소와의 결합이 어렵다.

해설

요오드값은 지방산의 불포화도를 나타내는 척도이며, 요오드값이 클수록 건성유, 작을수록 불건성유이다. 불포화도는 요오드값이 클수록 높다.

관련개념 요오드값

구분	요오드값	불포화도	반응성
건성유	130 이상	높음	크다
반건성유	100 이상 130 미만	보통	중간
불건성유	100 미만	낮음	작다

㉠ 지방산의 불포화도가 높을수록 더 많은 요오드가 첨가될 수 있으므로 요오드값이 크다.
㉡ 불포화도가 높다는 것은 지방산에 이중결합이 많다는 뜻이며, 다른 물질과 첨가반응이 일어나기 쉬우므로 불포화도가 높을수록 반응성이 크다.
㉢ 유지는 산소와 반응하여 유지 표면에 막을 형성한다. 소위 말라붙는다. 건성유는 불포화도가 높아 산소와의 반응성이 크므로 더 잘 말라붙는다.

정답 | ①

02 빈출도 ★

화재에 관련된 국제적인 규정을 제정하는 단체는?

① IMO(International Maritime Organization)
② SFPE(Society of Fire Protection Engineers)
③ NFPA(National Fire Protection Association)
④ ISO(International Organization for Standardization) TC 92

해설

화재 관련 국제적인 규정을 제정하는 단체는 ISO/TC92이다.

선지분석

① IMO는 국제해사기구로 해운과 관련된 국제적인 문제를 협의하는 단체이다.
② SFPE는 세계적으로 소방 기술 분야를 다루는 학회이다.
③ NFPA는 미국화재예방협회이다.

정답 | ④

03 빈출도 ★★★

위험물의 유별에 따른 분류가 잘못된 것은?

① 제1류 위험물: 산화성 고체
② 제3류 위험물: 자연발화성 물질 및 금수성 물질
③ 제4류 위험물: 인화성 액체
④ 제6류 위험물: 가연성 액체

해설

제6류 위험물은 산화성 액체이다.

관련개념

㉠ 제1류 위험물: 산화성 고체
㉡ 제2류 위험물: 가연성 고체
㉢ 제3류 위험물: 자연발화성 및 금수성 물질
㉣ 제4류 위험물: 인화성 액체
㉤ 제5류 위험물: 자기 반응성 물질
㉥ 제6류 위험물: 산화성 액체

정답 | ④

04 빈출도 ★★

상온 및 상압의 공기중에서 탄화수소류의 가연물을 소화하기 위한 이산화탄소 소화약제의 농도는 약 몇 [%] 인가? (단, 탄화수소류는 산소농도가 10[%]일 때 소화된다고 가정한다.)

① 28.57
② 35.48
③ 49.56
④ 52.38

해설

산소 21[%], 이산화탄소 0[%]인 공기에 이산화탄소 소화약제가 추가되어 산소의 농도는 10[%]가 되어야 한다.

$$\frac{21}{100+x}=\frac{10}{100}$$

따라서 추가된 이산화탄소 소화약제의 양 x는 110이며, 이때 전체 중 이산화탄소의 농도는

$$\frac{x}{100+x}=\frac{110}{100+110}≒0.5238=52.38[\%]이다.$$

관련개념

㉠ 소화약제 방출 전 공기의 양을 100으로 두고 풀이하면 된다.
㉡ 분모의 x는 공학용 계산기의 SOLVE 기능을 활용하면 쉽다.

정답 | ④

05 빈출도 ★

제연설비의 화재안전성능기준(NFPC 501) 상 예상 제연구역에 공기가 유입되는 순간의 풍속은 몇 [m/s] 이하가 되도록 하여야 하는가?

① 2
② 3
③ 4
④ 5

해설

예상제연구역에 공기가 유입되는 순간의 풍속은 5[m/s] 이하가 되도록 한다.

관련개념 제연설비의 풍속 기준

㉠ 예상제연구역에 공기가 유입되는 순간: 5[m/s] 이하
㉡ 배출기의 흡입 측 풍도 안의 풍속: 15[m/s] 이하
㉢ 배출기의 배출 측 풍도 안의 풍속: 20[m/s] 이하

정답 | ④

06 빈출도 ★

상온에서 무색의 기체로서 암모니아와 유사한 냄새를 가지는 물질은?

① 에틸벤젠
② 에틸아민
③ 산화프로필렌
④ 사이클로프로페인

해설

암모니아와 유사한 냄새를 가지는 물질은 에틸아민이다.
에틸아민($CH_3CH_2NH_2$)은 암모니아(NH_3)의 수소 중에 하나가 에틸기($-CH_2CH_3$)로 치환된 구조로 암모니아와 유사한 특성을 가진다.

정답 | ②

07 빈출도 ★

소화약제의 형식승인 및 제품검사의 기술기준에서 강화액 소화약제의 응고점은 몇 [℃] 이하이어야 하는가?

① 0
② -20
③ -25
④ -30

해설

강화액 소화약제의 응고점은 -20[℃] 이하이어야 한다.
강화액 소화약제는 물에 알칼리 금속염류가 첨가된 소화약제이다. 따라서 0[℃] 아래의 온도에서도 얼지 않으며 자체 화학반응으로 발생하는 가스압력으로 인해 소화수의 침투능력이 좋다. 소화수에 녹아있는 염류로 인해 화재의 연쇄반응을 차단하는 효과도 기대할 수 있다.

정답 | ②

08 빈출도 ★★

소화원리에 대한 설명으로 틀린 것은?

① 억제소화: 불활성기체를 방출하여 연소범위 이하로 낮추어 소화하는 방법
② 냉각소화: 물의 증발잠열을 이용하여 가연물의 온도를 낮추는 소화방법
③ 제거소화: 가연성 가스의 분출화재 시 연료공급을 차단시키는 소화방법
④ 질식소화: 포소화약제 또는 불연성기체를 이용해서 공기 중의 산소공급을 차단하여 소화하는 방법

해설

억제소화는 연소의 요소 중 연쇄적 산화반응을 약화시켜 연소의 지속을 불가능하게 하는 방법이다.
가연물 내 함유되어 있는 수소·산소로부터 생성되는 수소기($H \cdot$)·수산기($\cdot OH$)를 화학적으로 제조된 부촉매제(분말 소화약제, 할론가스 등)와 반응하게 하여 더 이상 연소생성물인 이산화탄소·수증기 등의 생성을 억제시킨다.

관련개념

연소범위 이하로 낮추어 소화하는 방법은 희석소화에 대한 설명이며, 불활성기체뿐만 아니라 연료와 섞이는 소화약제면 가능하다.

정답 | ①

09 빈출도 ★

단백포 소화약제의 특징이 아닌 것은?

① 내열성이 우수하다.
② 유류에 대한 유동성이 나쁘다.
③ 유류를 오염시킬 수 있다.
④ 변질의 우려가 없어 저장 유효기간의 제한이 없다.

해설

단백포 소화약제는 부식성이 높아 짧은 시간에 변질될 수 있다.

관련개념 단백포 소화약제

장점	• 재연소 방지효과가 우수하다. • 안정성이 높고 내열성이 우수하다. • 부동액이 첨가되어 영하에서 얼지 않는다.
단점	• 내유성이 약하여 오염되기 쉽다. • 포의 유동성이 낮아 소화의 속도가 늦다. • 변질의 우려가 있어 장기저장이 불가능하다.

정답 | ④

10 빈출도 ★★

고층 건축물 내 연기거동 중 굴뚝효과에 영향을 미치는 요소가 아닌 것은?

① 건물 내·외의 온도차
② 화재실의 온도
③ 건물의 높이
④ 층의 면적

해설

굴뚝효과는 건축물의 내·외부 공기의 온도 및 밀도 차이로 인해 발생하는 공기의 흐름이다.
고층 건축물에서 층의 면적은 굴뚝효과에 영향을 미치지 않는다.

선지분석

① 건물 내·외의 온도차가 클수록 공기의 밀도차이가 커지므로 공기의 순환이 빠르게 이루어지며 굴뚝효과가 커진다.
② 건물 내부 화재 발생지점의 온도가 높을수록 건물 내·외의 온도차가 커지므로 굴뚝효과가 커진다.
③ 건물의 높이가 높을수록 저층과 고층의 기압차이가 커지므로 굴뚝효과가 커진다.

정답 | ④

11 빈출도 ★★

전기불꽃, 아크 등이 발생하는 부분을 기름 속에 넣어 폭발을 방지하는 방폭구조는?

① 내압방폭구조
② 유입방폭구조
③ 안전증방폭구조
④ 특수방폭구조

해설

점화원을 기름 속에 넣어 폭발을 방지하는 방폭구조는 유입방폭구조이다.

관련개념 방폭구조

폭발성 분위기에서 점화되지 않도록 하기 위하여 전기기기에 적용되는 특수한 조치를 방폭구조라고 한다.

㉠ 내압방폭구조: 점화원에 의해 용기 내부에서 폭발이 발생할 경우에 용기가 폭발압력에 견딜 수 있고, 화염이 용기 외부의 폭발성 분위기로 전파되지 않도록 한 방폭구조
㉡ 압력방폭구조: 전기설비의 용기 내부에 외부보다 높은 압력을 형성시켜 용기 내부로 가연성 물질이 유입되지 못하도록 한 방폭구조
㉢ 안전증방폭구조: 전기기기의 과도한 온도 상승, 아크 또는 불꽃 발생의 위험을 방지하기 위하여 추가적인 안전조치를 통한 안전도를 증가시킨 방폭구조
㉣ 유입방폭구조: 유체 상부 또는 용기 외부에 존재할 수 있는 폭발성 분위기가 발화할 수 없도록 전기설비 또는 전기설비의 부품을 보호액에 함침시키는 방폭구조
㉤ 본질안전방폭구조: 전기에너지에 의한 발화가 불가능하다는 것을 시험을 통해 확인할 수 있는 방폭구조
㉥ 특수방폭구조: 전기기기의 구조, 재료, 사용장소 또는 사용방법 등을 고려하여 적용대상인 폭발성 가스 분위기를 점화시키지 않도록 한 방폭구조

정답 ②

12 빈출도 ★

건축물의 피난·방화구조 등의 기준에 관한 규칙 상 방화구획의 설치기준 중 스프링클러를 설치한 10층 이하의 층은 바닥면적 몇 [m²] 이내마다 방화구획을 구획하여야 하는가?

① 1,000
② 1,500
③ 2,000
④ 3,000

해설

스프링클러를 설치한 경우 10층 이하의 층은 바닥면적 3,000[m²]마다 방화구획하여야 한다.

관련개념 방화구획 설치기준

㉠ 10층 이하의 층은 바닥면적 1,000[m²](스프링클러를 설치한 경우 3,000[m²]) 이내마다 구획할 것
㉡ 매 층마다 구획할 것
㉢ 11층 이상의 층은 바닥면적 200[m²](스프링클러를 설치한 경우 600[m²]) 이내마다 구획할 것
㉣ 11층 이상의 층 중에서 실내에 접하는 부분이 불연재료인 경우 바닥면적 500[m²](스프링클러를 설치한 경우 1,500[m²]) 이내마다 구획할 것

정답 ④

13 빈출도 ★★

과산화수소 위험물의 특성이 아닌 것은?

① 비수용성이다.
② 무기화합물이다.
③ 불연성 물질이다.
④ 비중은 물보다 무겁다.

해설

과산화수소(H_2O_2)는 극성 분자이므로 극성 분자인 물(H_2O)과 잘 섞인다.

선지분석

② 탄소(C)가 포함되지 않으므로 무기화합물이다.
③ 위험물안전관리법상 산화성 액체로 분류하며 산소를 발생시켜 다른 물질을 연소시키므로 조연성 물질이다.
④ 분자량이 34[g/mol]로 물보다 무겁다.

정답 ①

14 빈출도 ★★★

이산화탄소 소화약제의 임계온도는 약 몇 [℃] 인가?

① 24.4   ② 31.4

③ 56.4   ④ 78.4

해설

이산화탄소의 임계온도는 약 31.4[℃] 정도이다.

관련개념 이산화탄소의 일반적 성질

㉠ 상온에서 무색 · 무취 · 무미의 기체로서 독성이 없다.
㉡ 임계온도는 약 31.4[℃]이고, 비중이 약 1.52로 공기보다 무겁다.
㉢ 압축 및 냉각 시 쉽게 액화할 수 있으며, 더욱 압축냉각하면 드라이아이스가 된다.

정답 | ②

15 빈출도 ★★

이산화탄소 소화약제의 주된 소화효과는?

① 제거소화   ② 억제소화

③ 질식소화   ④ 냉각소화

해설

공기 중의 산소농도가 15[%] 이하로 낮아지게 되면 연소가 중지되므로 불연성 물질인 이산화탄소를 방출하여 산소농도를 낮추게 되면 화재는 소화된다. 이를 질식소화라 한다.

관련개념 소화효과

㉠ 제거소화(제거효과): 화재현장 주위의 물체를 치우고 연료를 제거하여 소화하는 방법
㉡ 억제소화(부촉매효과): 화재의 연쇄반응을 차단하여 소화하는 방법
㉢ 질식소화(피복효과): 산소의 공급을 차단하여 소화하는 방법
㉣ 냉각소화(냉각효과): 연소하는 가연물의 온도를 인화점 아래로 떨어뜨려 소화하는 방법

정답 | ③

16 빈출도 ★★

백열전구가 발열하는 원인이 되는 열은?

① 아크열   ② 유도열

③ 저항열   ④ 정전기열

해설

백열전구의 원리는 필라멘트에 전류가 흐르며 저항에 의한 열이 발생하고 열복사에 의해 빛이 방출되는 것이다.

관련개념 전기적 점화원

㉠ 유도열: 전자유도 현상으로 발생하는 전류에 의해 생기는 저항에서 발생하는 열이다.
㉡ 유전열: 피복의 절연 능력이 감소하여 생기는 누설전류에 의해 발생하는 열이다.
㉢ 저항열: 도체에 전류가 흐를 때 전기저항에 의해 발생하는 열이다.
㉣ 아크열: 전기설비의 회로나 기구 등에서 접촉 불량에 의해 발생하는 열이다. 작은 전기불꽃으로도 충분히 가연성 가스를 착화시킬 수 있다.
㉤ 정전기열: 정전기가 방전할 때 발생하는 열로 전기가 흐르지 못하고 축적이 되었다가 방전하면서 점화원으로 작용을 한다.
㉥ 낙뢰열: 낙뢰가 지면의 나무 등과 부딪히며 발생하는 열이다.

정답 | ③

17 빈출도 ★

화재의 정의로 옳은 것은?

① 가연성물질과 산소와의 격렬한 산화반응이다.
② 사람의 과실로 인한 실화나 고의에 의한 방화로 발생하는 연소현상으로서 소화할 필요성이 있는 연소현상이다.
③ 가연물과 공기와의 혼합물이 어떤 점화원에 의하여 활성화되어 열과 빛을 발하면서 일으키는 격렬한 발열반응이다.
④ 인류의 문화와 문명의 발달을 가져오게 한 근본적 존재로서 인간의 제어수단에 의하여 컨트롤 할 수 있는 연소현상이다.

해설

화재란 사람의 의도에 반하거나 고의 또는 과실에 의해 발생하는 연소현상으로 소화할 필요가 있는 현상 또는 사람의 의도에 반하여 발생하거나 확대된 화학적 폭발현상을 말한다.

정답 | ②

18 빈출도 ★★

물에 황산을 넣어 묽은 황산을 만들 때 발생되는 열은?

① 연소열　　　　　② 분해열
③ 용해열　　　　　④ 자연발열

황산은 물에 녹으면 이온화되면서 열을 방출한다. 이때 발생하는 열을 용해열이라고 한다.

관련개념 **화학적 점화원**

연소열	어떤 물질이 완전 연소되는 과정에서 발생되는 열이다.
용해열	어떤 물질이 용액 속에서 완전히 녹을 때 나타나는 열이다.
분해열	어떤 화합물이 상온에서 안정한 상태의 성분 원소로 분해될 때 발생하는 열이다.
생성열	발열반응에 의해 화합물이 생성될 때 발생하는 열이다.
자연발화	외부로부터 열의 공급 없이 어떤 물질이 내부 반응열의 축적만으로 온도가 상승하여 공기 중에서 스스로 발화하는 것이다.

정답 ③

19 빈출도 ★★★

자연발화의 방지방법이 아닌 것은?

① 통풍이 잘 되도록 한다.
② 퇴적 및 수납 시 열이 쌓이지 않게 한다.
③ 높은 습도를 유지한다.
④ 저장실의 온도를 낮게 한다.

해설

수분은 비열이 높아 많은 열을 축적할 수 있으므로 습도가 낮아야 자연발화를 방지할 수 있다.

관련개념 **발화의 조건**

㉠ 주변 온도가 높고, 발열량이 클수록 발화하기 쉽다.
㉡ 열전도율이 낮을수록 열 축적이 쉬워 발화하기 쉽다.
㉢ 표면적이 넓어 산소와의 접촉량이 많을수록 발화하기 쉽다.
㉣ 분자량, 온도, 습도, 농도, 압력이 클수록 발화하기 쉽다.
㉤ 활성화 에너지가 작을수록 발화하기 쉽다.

정답 ③

20 빈출도 ★★

다음 중 분진 폭발의 위험성이 가장 낮은 것은?

① 시멘트가루　　　② 알루미늄분
③ 석탄분말　　　　④ 밀가루

해설

시멘트가루의 주요 구성성분인 생석회(CaO)는 불이 붙지 않는다. 따라서 시멘트가루만으로는 분진 폭발이 발생하지 않는다. 하지만 물과 반응 시 발열반응으로 인해 주변의 가연물을 발화시킬 수 있다.

정답 ①

21 빈출도 ★

그림과 같은 회로에서 단자 a, b 사이에 주파수 $f[\text{Hz}]$의 정현파 전압을 가했을 때 전류계 A_1, A_2의 값이 같았다. 이 경우 f, L, C 사이의 관계로 옳은 것은?

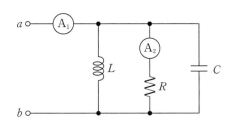

① $f=\dfrac{1}{LC}$ ② $f=\dfrac{1}{2\pi\sqrt{LC}}$

③ $f=\dfrac{1}{4\pi\sqrt{LC}}$ ④ $f=\dfrac{1}{\sqrt{2\pi^2 LC}}$

해설

전류계 A_1, A_2의 값이 같기 위해서 RLC 병렬회로의 공진조건을 만족해야 한다.

따라서 공진 주파수 $f=\dfrac{1}{2\pi\sqrt{LC}}$

관련개념 공진주파수(RLC 직렬회로, 병렬회로)

$$f=\dfrac{1}{2\pi\sqrt{LC}}[\text{Hz}]$$

정답 | ②

22 빈출도 ★★★

논리식 $Y=\overline{A}\,\overline{B}C+A\overline{B}\,\overline{C}+A\overline{B}C$를 간단히 표현한 것은?

① $\overline{A}\cdot(B+C)$ ② $\overline{B}\cdot(A+C)$

③ $\overline{C}\cdot(A+B)$ ④ $C\cdot(A+\overline{B})$

해설

$$\begin{aligned}
Y&=\overline{A}\,\overline{B}C+A\overline{B}\,\overline{C}+A\overline{B}C\\
&=\overline{B}C(\overline{A}+A)+A\overline{B}\,\overline{C}\\
&=\overline{B}C+A\overline{B}\,\overline{C}\\
&=\overline{B}(C+A\overline{C}) \quad \leftarrow \text{흡수법칙}\\
&=\overline{B}(C+A)=\overline{B}(A+C)
\end{aligned}$$

관련개념 불대수 연산 예

결합법칙	$\cdot\ A+(B+C)=(A+B)+C$ $\cdot\ A\cdot(B\cdot C)=(A\cdot B)\cdot C$
분배법칙	$\cdot\ A\cdot(B+C)=A\cdot B+A\cdot C$ $\cdot\ A+(B\cdot C)=(A+B)\cdot(A+C)$
흡수법칙	$\cdot\ A+A\cdot B=A$ $\cdot\ A+\overline{A}B=A+B$ $\cdot\ A\cdot(A+B)=A$

정답 | ②

23 빈출도 ★★

회로에서 전류 I는 약 몇 [A]인가?

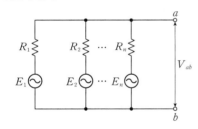

① 0.92

② 1.125

③ 1.29

④ 1.38

맨 오른쪽 저항에 걸리는 전압을 $V_{3\Omega}$이라 하면

$$V_{3\Omega} = \frac{\dfrac{V_1}{R_1} + \dfrac{V_2}{R_2} + \dfrac{V_3}{R_3} + \dfrac{V_4}{R_4}}{\dfrac{1}{R_1} + \dfrac{1}{R_2} + \dfrac{1}{R_3} + \dfrac{1}{R_4}}$$

$$= \frac{\dfrac{2}{1} + \dfrac{4}{2} + \dfrac{6}{3} + \dfrac{0}{3}}{\dfrac{1}{1} + \dfrac{1}{2} + \dfrac{1}{3} + \dfrac{1}{3}} = \frac{6}{\dfrac{13}{6}} = \frac{36}{13}[V]$$

전류 $I = \dfrac{V_{3\Omega}}{R_4} = \dfrac{\dfrac{36}{13}}{3} = \dfrac{12}{13} = 0.92[A]$

관련개념 밀만의 정리

$$V_{ab} = IZ = \frac{I}{Y} = \frac{\dfrac{E_1}{R_1} + \dfrac{E_2}{R_2} + \dfrac{E_3}{R_3}}{\dfrac{1}{R_1} + \dfrac{1}{R_2} + \dfrac{1}{R_3}}$$

정답 | ①

24 빈출도 ★★

절연저항 시험에서 "전로의 사용전압이 500[V] 이하인 경우 1.0[MΩ] 이상"의 뜻으로 가장 알맞은 것은?

① 누설전류가 0.5[mA] 이하이다.

② 누설전류가 5[mA] 이하이다.

③ 누설전류가 15[mA] 이하이다.

④ 누설전류가 30[mA] 이하이다.

누설전류 $= \dfrac{\text{사용전압}}{\text{절연저항}}$

$= \dfrac{500}{1.0 \times 10^6} = 0.5 \times 10^{-3}[A] = 0.5[mA]$

절연저항의 최솟값이 1.0[MΩ]이므로 누설전류는 0.5[mA] 이하이다.

정답 | ①

25 빈출도 ★★

권선수가 100회인 코일에 유도되는 기전력의 크기가 e_1이다. 이 코일의 권선수를 200회로 늘렸을 때 유도되는 기전력의 크기 e_2는?

① $e_2 = \dfrac{1}{4}e_1$

② $e_2 = \dfrac{1}{2}e_1$

③ $e_2 = 2e_1$

④ $e_2 = 4e_1$

유도기전력 $e = -L\dfrac{di}{dt}[V] \rightarrow e \propto L$

인덕턴스 $L = \dfrac{N\phi}{I} = \dfrac{\mu A N^2}{l} \rightarrow L \propto N^2$

따라서 $e \propto L \propto N^2$이므로 권선수가 2배로 증가하면 유도기전력은 4배로 증가한다.

∴ $e_2 = 4e_1$

정답 | ④

26 빈출도 ★★

동일한 전류가 흐르는 두 평행 도선 사이에 작용하는 힘이 F_1이다. 두 도선 사이의 거리를 2.5배로 늘였을 때 두 도선 사이 작용하는 힘 F_2는?

① $F_2 = \dfrac{1}{2.5}F_1$　　② $F_2 = \dfrac{1}{2.5^2}F_1$

③ $F_2 = 2.5F_1$　　④ $F_2 = 6.25F_1$

해설

$$F_1 = 2 \times 10^{-7} \times \frac{I_1 \cdot I_2}{r}[\text{N/m}] \rightarrow F \propto \frac{1}{r}$$

힘은 거리에 반비례하므로 두 도선 사이의 거리를 $2.5r$로 하면 힘 F_2는 F_1의 $\dfrac{1}{2.5}$배가 된다.

$$\therefore F_2 = \frac{1}{2.5}F_1$$

관련개념 평행도체 사이에 작용하는 힘

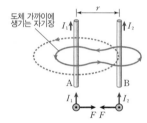 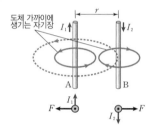

$$F = 2 \times 10^{-7} \times \frac{I_1 \cdot I_2}{r}[\text{N/m}]$$

정답 | ①

27 빈출도 ★

그림의 회로에서 a와 c 사이의 합성 저항은?

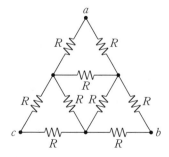

① $\dfrac{9}{10}R$　　② $\dfrac{10}{9}R$

③ $\dfrac{7}{10}R$　　④ $\dfrac{10}{7}R$

해설

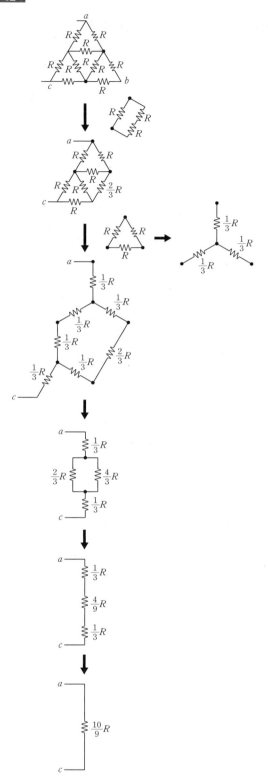

정답 | ②

28 빈출도 ★★

잔류편차가 있는 제어 동작은?

① 비례제어
② 적분제어
③ 비례적분 제어
④ 비례적분미분제어

잔류편차가 발생하는 제어동작은 비례제어이다.

관련개념 연속제어의 종류

비례제어 (P제어)	• 입력 편차를 기준으로 조작량의 출력 변화가 일정한 비례관계에 있는 제어 • 연속 제어 중 가장 기본적인 구조 • 잔류편차(off set)가 발생
적분제어 (I제어)	• 제어량에 편차가 생겼을 때 편차의 적분차를 가감하여 조작단의 이동속도가 비례하는 제어 • 잔류편차가 소멸, 시간지연(속응성) 발생
미분제어 (D제어)	• 조작량이 동작신호의 미분값에 비례하는 동작으로 비례제어와 함께 사용 • 진동이 억제되어 빨리 안정되고, 오차가 커지는 것을 사전에 방지, 잔류편차가 발생
비례적분제어 (PI제어)	• 비례제어의 단점을 보완하기 위해 비례제어에 적분제어를 가한 제어 • 잔류편차는 개선되지만 시간지연이 발생, 간헐현상이 있고, 진동하기 쉬움, 지상보상요소
비례미분제어 (PD제어)	• 목푯값이 급격한 변화를 보이며, 응답 속응성 개선(응답이 빠름), 오차가 커지는 것을 방지 • 시간 지연은 개선되지만 잔류편차는 발생, 진상보상요소
비례적분 미분제어 (PID제어)	• 간헐현상을 제거, 사이클링과 잔류편차 제거 • 시간지연을 향상시키고, 잔류편차도 제거한 가장 안정적인 제어, 진지상보상요소

정답 ① ①

29 빈출도 ★★★

그림의 정류회로에서 R에 걸리는 전압의 최댓값은 몇 [V]인가? (단, $V_2(t) = 20\sqrt{2}\sin\omega t$이다.)

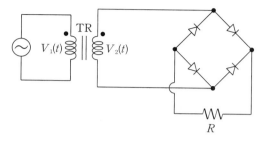

① 20
② $20\sqrt{2}$
③ 40
④ $40\sqrt{2}$

그림은 브리지 정류회로로 단상 전파 정류기의 역할을 한다. 정류 후의 전압의 최댓값은 입력전압(V_2)의 최댓값과 같다.
∴ R에 걸리는 전압의 최댓값 = $20\sqrt{2}$ [V]

관련개념 단상 전파 정류의 입력과 출력

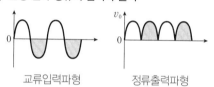

교류입력파형　　　　정류출력파형

정답 ②

30 빈출도 ★

회로에서 저항 20[Ω]에 흐르는 전류(A)는?

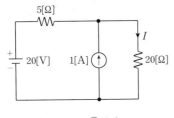

① 0.8
② 1.0
③ 1.8
④ 2.8

해설

전압원만 고려할 경우 전류원은 개방한다.

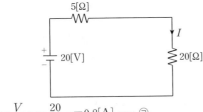

$$I_{20V} = \frac{V}{R} = \frac{20}{5+20} = 0.8[A] \cdots\cdots \ominus$$

전류원만 고려할 경우 전압원은 단락한다.

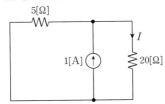

$$I_{1A} = I \times \frac{R_1}{R_1+R_2} = 1 \times \frac{5}{5+20} = 0.2[A] \cdots\cdots \bigcirc$$

저항 20[Ω]에 흐르는 전류는 ㉠과 ㉡의 합과 같다.

$$\therefore I = I_{20V} + I_{1A} = 0.8 + 0.2 = 1.0[A]$$

정답 | ②

31 빈출도 ★★

다음의 내용이 설명하는 것으로 가장 알맞은 것은?

> 회로망 내 임의의 폐회로(closed circuit)에서 그 폐회로를 따라 한 방향으로 일주하면서 생기는 전압강하의 합은 그 폐회로 내에 포함되어 있는 기전력의 합과 같다.

① 노튼의 정리
② 중첩의 정리
③ 키르히호프의 전압법칙
④ 패러데이의 법칙

해설

위의 내용은 키르히호프의 전압법칙에 관한 설명이다.

관련개념 **키르히호프의 전압법칙**

임의의 폐회로(loop) 내에서 기전력의 총합은 저항에 의한 전압강하의 총합과 같다. 즉, 어떤 폐회로를 따라서 발생하는 전압의 총합은 '0'이다.

$$\sum_{i=1}^{n} V_i = 0 \rightarrow V_1 + V_2 + V_3 \cdots\cdots V_n = 0$$

키르히호프의 전류법칙

임의의 마디(node)에 들어가는 총 전류의 합은 나가는 전류의 총합과 같다. 즉, 회로망의 임의의 접속점을 기준으로 들어오고 나가는 전류의 총합은 '0'이다.

$$\sum_{i=1}^{n} I_i = 0 \rightarrow I_1 + I_2 + I_3 \cdots\cdots I_n = 0$$

정답 | ③

32 빈출도 ★★★

그림과 같은 논리회로의 출력 Y는?

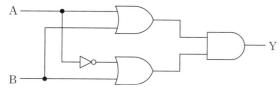

① AB
② A+B
③ A
④ B

위쪽 OR 게이트의 출력: A+B
아래쪽 OR 게이트의 출력: $\overline{A}$+B
두 개의 출력은 AND 게이트의 입력이 되므로
Y=(A+B)·($\overline{A}$+B) ← 분배법칙
  =B+(A$\overline{A}$) ← 보수법칙
  =B

관련개념 불대수 연산 예

보수법칙	$\cdot$ $A+\overline{A}=1$ $\cdot$ $A\cdot\overline{A}=0$
결합법칙	$\cdot$ $A+(B+C)=(A+B)+C$ $\cdot$ $A\cdot(B\cdot C)=(A\cdot B)\cdot C$
분배법칙	$\cdot$ $A\cdot(B+C)=A\cdot B+A\cdot C$ $\cdot$ $A+(B\cdot C)=(A+B)\cdot(A+C)$

정답 : ④

33 빈출도 ★★

3상 농형 유도전동기를 $Y-\triangle$ 기동방식으로 기동할 때의 전류 $I_1[A]$과 △결선으로 직입(전전압) 기동할 때의 전류 $I_2[A]$의 관계는?

① $I_1=\dfrac{1}{\sqrt{3}}I_2$
② $I_1=\dfrac{1}{3}I_2$
③ $I_1=\sqrt{3}I_2$
④ $I_1=3I_2$

해설

$Y-\triangle$ 기동 시 Y결선으로 기동을 하며 이 경우 △결선의 직입 기동 전류의 $\dfrac{1}{3}$배가 된다.

$\therefore I_1=\dfrac{1}{3}I_2$

관련개념 $Y-\triangle$ 기동법

㉠ 기동 전류는 $\dfrac{1}{3}$배로 감소

㉡ 기동 전압은 $\dfrac{1}{\sqrt{3}}$배로 감소

㉢ 기동 토크는 $\dfrac{1}{3}$배로 감소

정답 : ②

34 빈출도 ★★★

유도전동기의 슬립이 5.6[%]이고 회전자 속도가 1,700[rpm]일 때, 이 유도전동기의 동기속도는 약 몇 [rpm]인가?

① 1,000
② 1,200
③ 1,500
④ 1,800

해설

$s=\dfrac{N_s-N}{N_s}=0.056 \rightarrow N_s-N=0.056N_s$

동기속도 $N_s=\dfrac{N}{0.944}=\dfrac{1,700}{0.944}=1,801[rpm]$

관련개념 동기속도와 슬립

$s=\dfrac{N_s-N}{N_s}, N_s=\dfrac{N}{1-s}$

정답 : ④

35 빈출도 ★

목푯값이 다른 양과 일정한 비율 관계를 가지고 변화하는 제어방식은?

① 정치제어
② 추종제어
③ 프로그램제어
④ 비율제어

해설

목푯값이 다른 양과 일정한 비율 관계를 가지고 변화하는 경우의 제어방식은 비율제어이며 둘 이상의 제어량을 소정의 비율로서 제어한다.

선지분석

① 정치제어: 목푯값이 시간에 대하여 변화하지 않고 항상 일정한 제어방식이다.
② 추종제어: 임의로 시간적 변화를 하는 미지의 목푯값에 제어량을 추종시키는 것을 목적으로 하는 제어방식이다.
③ 프로그램제어: 전에 정해진 프로그램에 따라 제어량을 변화시키는 것을 목적으로 하는 제어방식이다.

정답 | ④

36 빈출도 ★

축전지의 자기 방전을 보충함과 동시에 일반 부하로 공급하는 전력은 충전기가 부담하고, 충전기가 부담하기 어려운 일시적인 대전류는 축전지가 부담하는 충전방식은?

① 급속충전
② 부동충전
③ 균등충전
④ 세류충전

해설

부동충전방식은 축전지의 자기방전을 보충함과 동시에 상용부하에 대한 전력 공급은 충전기가 부담하고 충전기가 부담하기 어려운 일시적인 대전류는 축전지가 부담하는 방식이다.

선지분석 축전지 충전방식

① 급속충전: 단시간에 필요한 기준 충전 전류보다 2~3배 높은 전류로 충전하는 방식이다.
③ 균등충전: 각 전해조에서 일어나는 전위차를 보정하기 위하여 1~3개월마다 1회씩 정전압으로 10~12시간 충전하여 각 전해조의 용량을 균일화시키기 위한 방식이다.
④ 세류충전: 부동충전방식의 일종으로 자기 방전량만 충전하는 방식이다.

정답 | ②

37 빈출도 ★★

각 상의 임피던스가 $Z=6+j8[\Omega]$인 △결선의 평형 3상 부하에 선간전압이 220[V]인 대칭 3상 전압을 가했을 때 이 부하로 흐르는 선전류의 크기는 약 몇 [A]인가?

① 13
② 22
③ 38
④ 66

해설

△결선의 상전압 V_p는 선간전압 V_l와 같다.
상전압 $V_p = V_l = 220[V]$
상전류 $I_p = \dfrac{V_p}{Z} = \dfrac{220}{\sqrt{6^2+8^2}} = 22[A]$
△결선의 선전류 I_l는 상전류 I_p의 $\sqrt{3}$배이다.
$\therefore I_l = \sqrt{3}\,I_p = \sqrt{3} \times 22 = 38.1[A]$

정답 | ③

38 빈출도 ★

전기 화재의 원인 중 하나인 누설전류를 검출하기 위해 사용되는 것은?

① 부족전압계전기
② 영상변류기
③ 계기용변압기
④ 과전류계전기

해설

영상변류기(ZCT)는 누설전류 또는 지락전류를 검출하기 위하여 사용된다. 지락계전기와 함께 사용하여 누전 시 회로를 차단하여 보호하는 역할을 한다.

정답 | ②

39 빈출도 ★★★

그림의 블록선도에서 $\dfrac{C(s)}{R(s)}$을 구하면?

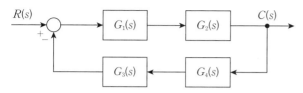

① $\dfrac{G_1(s)+G_2(s)}{1+G_1(s)G_2(s)+G_3(s)G_4(s)}$

② $\dfrac{G_1(s)G_2(s)}{1+G_1(s)G_2(s)G_3(s)G_4(s)}$

③ $\dfrac{G_3(s)+G_4(s)}{1+G_1(s)G_2(s)G_3(s)G_4(s)}$

④ $\dfrac{G_1(s)G_2(s)}{1+G_1(s)G_2(s)+G_3(s)G_4(s)}$

해설

$\dfrac{C(s)}{R(s)} = \dfrac{경로}{1-폐로} = \dfrac{G_1(s)G_2(s)}{1+G_1(s)G_2(s)G_3(s)G_4(s)}$

경로: $G_1(s)G_2(s)$

폐로: $-G_1(s)G_2(s)G_3(s)G_4(s)$

정답 | ②

40 빈출도 ★★

한 변의 길이가 150[mm]인 정방형 회로에 1[A]의 전류가 흐를 때 회로 중심에서의 자계의 세기는 약 몇 [AT/m]인가?

① 5

② 6

③ 9

④ 21

해설

정사각형의 중심에서의 자계의 세기

$H = \dfrac{2\sqrt{2}\,I}{\pi a} = \dfrac{2\sqrt{2}\times 1}{\pi\times 150\times 10^{-3}} = 6[\text{AT/m}]$

관련개념 정n각형의 중심에서의 자계의 세기

구분	중심자계	그림
정사각형	$H = \dfrac{2\sqrt{2}\,I}{\pi a}[\text{AT/m}]$	
정삼각형	$H = \dfrac{9I}{2\pi a}[\text{AT/m}]$	

정답 | ②

41 빈출도 ★★★

소방시설 설치 및 관리에 관한 법률상 건축허가 등을 할 때 미리 소방본부장 또는 소방서장의 동의를 받아야 하는 건축물 등의 범위가 아닌 것은?

① 연면적 $200[m^2]$ 이상인 노유자시설 및 수련시설
② 항공기격납고, 관망탑
③ 차고 · 주차장으로 사용되는 바닥면적이 $100[m^2]$ 이상인 층이 있는 건축물
④ 지하층 또는 무창층이 있는 건축물로서 바닥면적이 $150[m^2]$ 이상인 층이 있는 것

해설

차고 · 주차장으로 사용되는 바닥면적이 $200[m^2]$ 이상인 층이 있는 건축물이 건축허가 등의 동의대상물이다.

관련개념 동의대상물의 범위

㉠ 연면적 $400[m^2]$ 이상 건축물이나 시설
㉡ 다음 표에서 제시된 기준 연면적 이상의 건축물이나 시설

구분	기준
학교시설	$100[m^2]$ 이상
– 노유자시설 – 수련시설	$200[m^2]$ 이상
– 정신의료기관 – 장애인 의료재활시설	$300[m^2]$ 이상

㉢ 지하층, 무창층이 있는 건축물로서 바닥면적이 $150[m^2]$(공연장 $100[m^2]$) 이상인 층이 있는 것
㉣ 차고, 주차장 또는 주차용도로 사용되는 시설
　– 차고 · 주차장으로 사용되는 바닥면적이 $200[m^2]$ 이상인 층이 있는 건축물이나 주차시설
　– 승강기 등 기계장치에 의한 주차시설로서 자동차 20대 이상을 주차할 수 있는 시설
㉤ 층수가 6층 이상인 건축물
㉥ 항공기격납고, 관망탑, 항공관제탑, 방송용 송수신탑
㉦ 특정소방대상물 중 위험물 저장 및 처리시설, 지하구

정답 | ③

42 빈출도 ★★★

화재의 예방 및 안전관리에 관한 법률상 일반음식점에서 음식조리를 위해 불을 사용하는 설비를 설치하는 경우 지켜야 하는 사항으로 틀린 것은?

① 주방시설에는 동물 또는 식물의 기름을 제거할 수 있는 필터 등을 설치할 것
② 열을 발생하는 조리기구는 반자 또는 선반으로부터 $0.6[m]$ 이상 떨어지게 할 것
③ 주방설비에 부속된 배출덕트는 $0.2[mm]$ 이상의 아연도금강판으로 설치할 것
④ 열을 발생하는 조리기구로부터 $0.15[m]$ 이내의 거리에 있는 가연성 주요구조부는 석면판 또는 단열성이 있는 불연재료로 덮어씌울 것

해설

주방설비에 부속된 배출덕트는 $0.5[mm]$ 이상의 아연도금강판 또는 이와 같거나 그 이상의 내식성 불연재료로 설치해야 한다.

관련개념 음식조리를 위하여 설치하는 설비를 사용할 때 지켜야 하는 사항

㉠ 주방설비에 부속된 배출덕트(공기배출통로)는 $0.5[mm]$ 이상의 아연도금강판 또는 이와 같거나 그 이상의 내식성 불연재료로 설치할 것
㉡ 주방시설에는 동물 또는 식물의 기름을 제거할 수 있는 필터 등을 설치할 것
㉢ 열을 발생하는 조리기구는 반자 또는 선반으로부터 $0.6[m]$ 이상 떨어지게 할 것
㉣ 열을 발생하는 조리기구로부터 $0.15[m]$ 이내의 거리에 있는 가연성 주요구조부는 석면판 또는 단열성이 있는 불연재료로 덮어씌울 것

정답 | ③

43 빈출도 ★★

소방시설공사업법령상 소방시설업의 감독을 위하여 필요할 때에 소방시설업자나 관계인에게 필요한 보고나 자료 제출을 명할 수 있는 사람이 아닌 것은?

① 시 · 도지사
② 119안전센터장
③ 소방서장
④ 소방본부장

해설

119안전센터장은 관계인에게 필요한 보고나 자료 제출을 명할 수 있는 사람이 아니다.

관련개념 소방시설업의 감독을 위하여 필요할 때에는 소방시설업자나 관계인에게 필요한 보고나 자료 제출을 명할 수 있는 사람

㉠ 시 · 도지사
㉡ 소방본부장
㉢ 소방서장

정답 | ②

44 빈출도 ★★★

화재의 예방 및 안전관리에 관한 법률상 화재가 발생할 우려가 높거나 화재가 발생하는 경우 그로 인하여 피해가 클 것으로 예상되는 지역을 화재예방강화지구로 지정할 수 있는 자는?

① 한국소방안전협회장
② 소방시설관리사
③ 소방본부장
④ 시 · 도지사

해설

시 · 도지사는 화재예방강화지구의 지정권자이다.

정답 | ④

45 빈출도 ★

소방시설공사업법령상 소방시설업에 대한 행정처분기준에서 1차 행정처분사항으로 등록취소에 해당하는 것은?

① 거짓이나 그 밖의 부정한 방법으로 등록한 경우
② 소방시설업자의 지위를 승계한 사실을 소방시설공사 등을 맡긴 특정소방대상물의 관계인에게 통지를 하지 아니한 경우
③ 화재안전기준 등에 적합하게 설계 · 시공을 하지 아니하거나, 법에 따라 적합하게 감리를 하지 아니한 경우
④ 등록을 한 후 정당한 사유 없이 1년이 지날 때까지 영업을 시작하지 아니하거나 계속하여 1년 이상 휴업한 때

해설

거짓이나 그 밖의 부정한 방법으로 등록한 경우의 1차 행정처분사항은 등록취소에 해당한다.

관련개념 소방시설업에 대한 행정처분기준

위반사항	행정처분기준		
	1차	2차	3차
거짓이나 그 밖의 부정한 방법으로 등록한 경우	등록취소		
소방시설업자의 지위를 승계한 사실을 소방시설공사 등을 맡긴 특정소방대상물의 관계인에게 통지를 하지 아니한 경우	경고 (시정명령)	영업정지 1개월	등록취소
화재안전기준 등에 적합하게 설계 · 시공을 하지 아니하거나, 법에 따라 적합하게 감리를 하지 아니한 경우	영업정지 1개월	영업정지 3개월	등록취소
등록을 한 후 정당한 사유 없이 1년이 지날 때까지 영업을 시작하지 아니하거나 계속하여 1년 이상 휴업한 때	경고 (시정명령)	등록취소	

정답 | ①

46 빈출도 ★

소방시설공사업법령상 소방시설업자가 소방시설공사 등을 맡긴 특정소방대상물의 관계인에게 지체 없이 그 사실을 알려야 하는 경우가 아닌 것은?

① 소방시설업자의 지위를 승계한 경우
② 소방시설업의 등록취소처분 또는 영업정지처분을 받은 경우
③ 휴업하거나 폐업한 경우
④ 소방시설업의 주소지가 변경된 경우

해설

소방시설업의 주소지가 변경된 경우는 관계인에게 지체 없이 그 사실을 알려야 하는 경우가 아니다.

관련개념 소방시설공사 등을 맡긴 특정소방대상물의 관계인에게 지체 없이 그 사실을 알려야 하는 경우

㉠ 소방시설업자의 지위를 승계한 경우
㉡ 소방시설업의 등록취소처분 또는 영업정지처분을 받은 경우
㉢ 휴업하거나 폐업한 경우

정답 | ④

47 빈출도 ★

소방시설공사업법령상 감리업자는 소방시설공사가 설계도서나 화재안전기준에 맞지 아니한 때에는 가장 먼저 누구에게 알려야 하는가?

① 감리업체 대표자
② 시공자
③ 관계인
④ 소방서장

해설

감리업자는 감리를 할 때 소방시설공사가 설계도서나 화재안전기준에 맞지 아니할 때에는 관계인에게 알리고, 공사업자에게 그 공사의 시정 또는 보완 등을 요구하여야 한다.

정답 | ③

48 빈출도 ★★

위험물안전관리법령상 제조소등이 아닌 장소에서 지정수량 이상의 위험물 취급에 대한 설명으로 틀린 것은?

① 임시로 저장 또는 취급하는 장소에서의 저장 또는 취급의 기준은 시·도의 조례로 정한다.
② 필요한 승인을 받아 지정수량 이상의 위험물을 120일 이내의 기간 동안 임시로 저장 또는 취급하는 경우 제조소 등이 아닌 장소에서 지정수량 이상의 위험물을 취급할 수 있다.
③ 제조소등이 아닌 장소에서 지정수량 이상의 위험물을 취급할 경우 관할소방서장의 승인을 받아야 한다.
④ 군부대가 지정수량 이상의 위험물을 군사목적으로 임시로 저장 또는 취급하는 경우 제조소등이 아닌 장소에서 지정수량 이상의 위험물을 취급할 수 있다.

해설

관할소방서장의 승인을 받아 지정수량 이상의 위험물을 90일 이내의 기간 동안 임시로 저장 또는 취급하는 경우 제조소 등이 아닌 장소에서 지정수량 이상의 위험물을 취급할 수 있다.

정답 | ②

49 빈출도 ★★★

소방시설 설치 및 관리에 관한 법률상 특정소방대상물의 수용인원 산정 방법으로 옳은 것은?

① 침대가 없는 숙박시설은 해당 특정소방대상물의 종사자의 수에 숙박시설의 바닥면적의 합계를 $4.6[\text{m}^2]$로 나누어 얻은 수를 합한 수로 한다.

② 강의실로 쓰이는 특정소방대상물은 해당 용도로 사용하는 바닥면적의 합계를 $4.6[\text{m}^2]$로 나누어 얻은 수로 한다.

③ 관람석이 없을 경우 강당, 문화 및 집회시설, 운동시설, 종교시설은 해당 용도로 사용하는 바닥면적의 합계를 $4.6[\text{m}^2]$로 나누어 얻은 수로 한다.

④ 백화점은 해당 용도로 사용하는 바닥면적의 합계를 $4.6[\text{m}^2]$로 나누어 얻은 수로 한다.

해설

관람석이 없을 경우 강당, 문화 및 집회시설, 운동시설, 종교시설은 해당 용도로 사용하는 바닥면적의 합계를 $4.6[\text{m}^2]$로 나누어 얻은 수로 한다.

선지분석

① 침대가 없는 숙박시설은 해당 특정소방대상물의 종사자의 수에 숙박시설의 바닥면적의 합계를 $3[\text{m}^2]$로 나누어 얻은 수를 합한 수로 한다.

② 강의실로 쓰이는 특정소방대상물은 해당 용도로 사용하는 바닥면적의 합계를 $1.9[\text{m}^2]$로 나누어 얻은 수로 한다.

④ 백화점은 해당 용도로 사용하는 바닥면적의 합계를 $3[\text{m}^2]$로 나누어 얻은 수로 한다.

관련개념 수용인원의 산정방법

구분		산정방법
숙박시설	침대가 있는 숙박시설	종사자 수＋침대 수(2인용 침대는 2개)
	침대가 없는 숙박시설	종사자 수＋$\dfrac{\text{바닥면적의 합계}}{3[\text{m}^2]}$
강의실·교무실·상담실·실습실·휴게실 용도로 쓰이는 특정소방대상물		$\dfrac{\text{바닥면적의 합계}}{1.9[\text{m}^2]}$
강당, 문화 및 집회시설, 운동시설, 종교시설		$\dfrac{\text{바닥면적의 합계}}{4.6[\text{m}^2]}$
그 밖의 특정소방대상물		$\dfrac{\text{바닥면적의 합계}}{3[\text{m}^2]}$

* 계산 결과 소수점 이하의 수는 반올림한다.

* 복도(준불연재료 이상의 것), 화장실, 계단은 면적에서 제외한다.

정답 ③

50 빈출도 ★

소방시설공사업법령상 소방시설업 등록의 결격사유에 해당되지 않는 법인은?

① 법인의 대표자가 피성년후견인인 경우
② 법인의 임원이 피성년후견인인 경우
③ 법인의 대표자가 소방시설공사업법에 따라 소방시설업 등록이 취소된 지 2년이 지나지 아니한 자인 경우
④ 법인의 임원이 소방시설공사업법에 따라 소방시설업 등록이 취소된 지 2년이 지나지 아니한 자인 경우

해설

법인의 임원이 피성년후견인인 경우 소방시설업 등록의 결격사유에 해당하지 않는다.

관련개념 소방시설업 등록의 결격사유

㉠ 피성년후견인
㉡ 소방관계법규 또는 위험물안전관리법에 따른 금고 이상의 실형을 선고받고 그 집행이 끝나거나(집행이 끝난 것으로 보는 경우 포함) 면제된 날부터 2년이 지나지 아니한 사람
㉢ 소방관계법규 또는 위험물안전관리법에 따른 금고 이상의 형의 집행유예를 선고받고 그 유예기간 중에 있는 사람
㉣ 등록하려는 소방시설업 등록이 취소된 날부터 2년이 지나지 아니한 자(피성년후견인에 해당하여 취소된 경우 제외)
㉤ 법인의 대표자가 ㉠~㉣에 해당하는 경우 그 법인
㉥ 법인의 임원이 ㉡~㉣에 해당하는 경우 그 법인

정답 | ②

51 빈출도 ★

소방시설 설치 및 관리에 관한 법률상 특정소방대상물의 소방시설 설치의 면제기준에 따라 연결살수설비를 설치면제 받을 수 있는 경우는?

① 송수구를 부설한 간이스프링클러설비를 설치했을 때
② 송수구를 부설한 옥내소화전설비를 설치했을 때
③ 송수구를 부설한 옥외소화전설비를 설치했을 때
④ 송수구를 부설한 연결송수관설비를 설치했을 때

해설

연결살수설비를 설치해야 하는 특정소방대상물에 송수구를 부설한 간이스프링클러설비를 설치하였을 때 연결살수설비의 설치가 면제된다.

관련개념 연결살수설비의 설치 면제 기준

㉠ 특정소방대상물에 송수구를 부설한 스프링클러설비 설치한 경우
㉡ 특정소방대상물에 송수구를 부설한 간이스프링클러설비 설치한 경우
㉢ 특정소방대상물에 송수구를 부설한 물분무소화설비 또는 미분무소화설비 설치한 경우

정답 | ①

52 빈출도 ★★

소방시설공사업 법령상 소방공사감리업을 등록한 자가 수행하여야 할 업무가 아닌 것은?

① 완공된 소방시설등의 성능시험
② 소방시설등 설계 변경 사항의 적합성 검토
③ 소방시설등의 설치계획표의 적법성 검토
④ 소방용품 형식승인 및 제품검사의 기술기준에 대한 적합성 검토

해설

소방용품 형식승인 및 제품검사의 기술기준에 대한 적합성 검토는 소방공사감리업을 등록한 자(감리업자)가 수행하여야 할 업무가 아니다.

관련개념 **소방감리업자의 업무**

㉠ 소방시설등의 설치계획표의 적법성 검토
㉡ 소방시설등 설계도서의 적합성 검토
㉢ 소방시설등 설계 변경 사항의 적합성 검토
㉣ 소방용품의 위치·규격 및 사용 자재의 적합성 검토
㉤ 소방시설등의 시공이 설계도서와 화재안전기준에 맞는지에 대한 지도·감독
㉥ 완공된 소방시설등의 성능시험
㉦ 공사업자가 작성한 시공 상세 도면의 적합성 검토
㉧ 피난시설 및 방화시설의 적법성 검토
㉨ 실내장식물의 불연화와 방염 물품의 적법성 검토

정답 ④

53 빈출도 ★★

소방기본법령상 소방업무의 응원에 대한 설명 중 틀린 것은?

① 소방본부장이나 소방서장은 소방활동을 할 때에 긴급한 경우에는 이웃한 소방본부장 또는 소방서장에게 소방업무의 응원을 요청할 수 있다.
② 소방업무의 응원 요청을 받은 소방본부장 또는 소방서장은 정당한 사유 없이 그 요청을 거절하여서는 아니 된다.
③ 소방업무의 응원을 위하여 파견된 소방대원은 응원을 요청한 소방본부장 또는 소방서장의 지휘에 따라야 한다.
④ 시·도지사는 소방업무의 응원을 요청하는 경우를 대비하여 출동 대상지역 및 규모와 필요한 경비의 부담 등에 관하여 필요한 사항을 대통령령으로 정하는 바에 따라 이웃하는 시·도지사와 협의하여 미리 규약으로 정하여야 한다.

해설

시·도지사는 소방업무의 응원을 요청하는 경우를 대비하여 출동 대상지역 및 규모와 필요한 경비의 부담 등에 관하여 필요한 사항을 **행정안전부령**으로 정하는 바에 따라 이웃하는 시·도지사와 협의하여 미리 규약으로 정하여야 한다.

정답 ④

54 빈출도 ★★

소방기본법령상 이웃하는 다른 시·도지사와 소방업무에 관하여 시·도지사가 체결할 상호응원협정사항이 아닌 것은?

① 화재조사활동
② 응원출동의 요청 방법
③ 소방교육 및 응원출동훈련
④ 응원출동대상지역 및 규모

해설

소방교육은 상호응원협정사항이 아니다.

관련개념 소방업무의 상호응원협정사항
㉠ 소방활동에 관한 사항
 – 화재의 경계·진압 활동
 – 구조·구급업무의 지원
 – 화재조사활동
㉡ 응원출동대상지역 및 규모
㉢ 소요경비의 부담에 관한 사항
 – 출동대원 수당·식사 및 피복의 수선
 – 소방장비 및 기구의 정비와 연료의 보급
㉣ 응원출동의 요청방법
㉤ 응원출동훈련 및 평가

정답 | ③

55 빈출도 ★★

위험물안전관리법령상 옥내주유취급소에 있어서 당해 사무소 등의 출입구 및 피난구와 당해 피난구로 통하는 통로·계단 및 출입구에 설치해야 하는 피난설비는?

① 유도등　　　　② 구조대
③ 피난사다리　　④ 완강기

해설

옥내주유취급소에 있어서 당해 사무소 등의 출입구 및 피난구와 당해 피난구로 통하는 통로·계단 및 출입구에 설치해야 하는 피난설비는 유도등이다.

정답 | ①

56 빈출도 ★★★

위험물안전관리법령상 위험물 및 지정수량에 대한 기준 중 다음 (　　) 안에 알맞은 것은?

> 금속분이라 함은 알칼리금속·알칼리토류금속·철 및 마그네슘 외의 금속의 분말을 말하고, 구리분·니켈분 및 (　㉠　)[μm]의 체를 통과하는 것이 (　㉡　)[중량%] 미만인 것은 제외한다.

① ㉠: 150, ㉡: 50　　② ㉠: 53, ㉡: 50
③ ㉠: 50, ㉡: 150　　④ ㉠: 50, ㉡: 53

해설

금속분이라 함은 알칼리금속·알칼리토류금속·철 및 마그네슘 외의 금속의 분말을 말하고, 구리분·니켈분 및 150[μm]의 체를 통과하는 것이 50[중량%] 미만인 것은 제외한다.

정답 | ①

57 빈출도 ★★

위험물안전관리법령상 제조소등의 관계인은 위험물의 안전관리에 관한 직무를 수행하게 하기 위하여 제조소등마다 위험물의 취급에 관한 자격이 있는 자를 위험물안전관리자로 선임하여야 한다. 이 경우 제조소등의 관계인이 지켜야 할 기준으로 틀린 것은?

① 제조소등의 관계인은 안전관리자를 해임하거나 안전관리자가 퇴직한 때에는 해임하거나 퇴직한 날부터 15일 이내에 다시 안전관리자를 선임하여야 한다.

② 제조소등의 관계인이 안전관리자를 선임한 경우에는 선임한 날부터 14일 이내에 소방본부장 또는 소방서장에게 신고하여야 한다.

③ 제조소등의 관계인은 안전관리자가 여행·질병 그 밖의 사유로 인하여 일시적으로 직무를 수행할 수 없는 경우에는 국가기술자격법에 따른 위험물의 취급에 관한 자격취득자 또는 위험물 안전에 관한 기본지식과 경험이 있는 자를 대리자로 지정하여 그 직무를 대행하게 하여야 한다. 이 경우 대행하는 기간은 30일을 초과할 수 없다.

④ 안전관리자는 위험물을 취급하는 작업을 하는 때에는 작업자에게 안전관리에 관한 필요한 지시를 하는 등 위험물의 취급에 관한 안전관리와 감독을 하여야 하고, 제조소등의 관계인은 안전관리자의 위험물 안전관리에 관한 의견을 존중하고 그 권고에 따라야 한다.

> **해설**
>
> 제조소등의 관계인은 안전관리자를 해임하거나 안전관리자가 퇴직한 때에는 해임하거나 퇴직한 날부터 **30일** 이내에 다시 안전관리자를 선임하고 14일 이내에 소방본부장 또는 소방서장에게 신고하여야 한다.

정답 | ①

58 빈출도 ★

다음 중 소방기본법령상 한국소방안전원의 업무가 아닌 것은?

① 소방기술과 안전관리에 관한 교육 및 조사·연구
② 위험물탱크 성능시험
③ 소방기술과 안전관리에 관한 각종 간행물 발간
④ 화재 예방과 안전관리의식 고취를 위한 대국민 홍보

> **해설**
>
> 위험물탱크 성능시험은 한국소방안전원의 업무와 관련 없다.

> **관련개념** **한국소방안전원의 업무**
>
> ㉠ 소방기술과 안전관리에 관한 교육 및 조사·연구
> ㉡ 소방기술과 안전관리에 관한 각종 간행물 발간
> ㉢ 화재 예방과 안전관리의식 고취를 위한 대국민 홍보
> ㉣ 소방업무에 관하여 행정기관이 위탁하는 업무
> ㉤ 소방안전에 관한 국제협력
> ㉥ 그 밖에 회원에 대한 기술지원 등 정관으로 정하는 사항

정답 | ②

59 빈출도 ★★

소방시설 설치 및 관리에 관한 법률상 소방시설의 종류에 대한 설명으로 옳은 것은?

① 소화기구, 옥외소화전설비는 소화설비에 해당된다.
② 유도등, 비상조명등은 경보설비에 해당된다.
③ 소화수조, 저수조는 소화활동설비에 해당된다.
④ 연결송수관설비는 소화용수설비에 해당된다.

해설

소화기구, 옥외소화전설비는 소화설비에 해당된다.

선지분석

② 유도등, 비상조명등은 피난구조설비이다.
③ 소화수조, 저수조는 소화용수설비이다.
④ 연결송수관설비는 소화활동설비이다.

관련개념 소방시설의 종류

소화설비	• 소화기구 • 자동소화장치 • 옥내소화전설비	• 스프링클러설비등 • 물분무등소화설비 • 옥외소화전설비
경보설비	• 단독경보형 감지기 • 비상경보설비 • 자동화재탐지설비 • 시각경보기 • 화재알림설비	• 비상방송설비 • 자동화재속보설비 • 통합감시시설 • 누전경보기 • 가스누설경보기
피난구조설비	• 피난기구 • 인명구조기구 • 유도등	• 비상조명등 • 휴대용비상조명등
소화용수설비	• 상수도소화용수설비 • 소화수조 · 저수조	• 그 밖의 소화용수설비
소화활동설비	• 제연설비 • 연결송수관설비 • 연결살수설비	• 비상콘센트설비 • 무선통신보조설비 • 연소방지설비

정답 | ①

60 빈출도 ★

화재의 예방 및 안전관리에 관한 법률에 따라 2급 소방안전관리대상물의 소방안전관리자 선임 기준으로 틀린 것은?

① 전기공사산업기사 자격을 가진 사람으로서 2급 소방안전관리자 시험에 합격한 사람
② 소방공무원으로 3년 이상 근무한 경력이 있는 사람
③ 의용소방대원으로 5년 이상 근무한 경력이 있는 사람으로서 2급 소방안전관리자 시험에 합격한 사람
④ 위험물산업기사 자격을 가진 사람

해설

의용소방대원으로 3년 이상 근무한 경력이 있는 사람으로서 2급 소방안전관리자 시험에 합격한 사람은 2급 소방안전관리대상물의 소방안전관리자 선임 기준이다.

정답 | ③

소방전기시설의 구조 및 원리

61 빈출도 ★★

비상콘센트설비의 성능인증 및 제품검사의 기술기준에 따라 비상콘센트설비의 절연된 충전부와 외함 간의 절연내력은 정격전압 150[V] 이하의 경우 60[Hz]의 정현파에 가까운 실효전압 1,000[V] 교류 전압을 가하는 시험에서 몇 분간 견디어야 하는가?

① 1
② 5
③ 10
④ 30

해설

비상콘센트설비의 절연된 충전부와 외함 간 절연내력은 정격전압 150[V] 이하의 경우 60[Hz]의 정현파에 가까운 실효전압 1,000[V] 교류 전압을 가하는 시험에서 **1**분간 견디는 것이어야 한다.
정격전압이 150[V]를 초과하는 경우 그 정격전압에 2를 곱하여 1,000을 더한 값의 교류 전압을 가하는 시험에서 1분간 견디는 것이어야 한다.

정답 ①

62 빈출도 ★

누전경보기의 형식승인 및 제품검사의 기술기준에 따라 비호환성형 수신부는 신호입력회로에 공칭작동전류치의 42[%]에 대응하는 변류기의 설계출력전압을 가하는 경우 몇 초 이내에 작동하지 아니하여야 하는가?

① 10초
② 20초
③ 30초
④ 60초

해설

누전경보기의 비호환성형 수신부는 신호입력회로에 공칭작동전류치의 42[%]에 대응하는 변류기의 설계출력전압을 가하는 경우 **30초** 이내에 작동하지 않아야 한다.

정답 ③

63 빈출도 ★★

자동화재탐지설비 및 시각경보장치의 화재안전기술기준(NFTC 203)에 따른 감지기의 시설기준으로 옳은 것은?

① 스포트형 감지기는 15° 이상 경사되지 아니하도록 부착할 것
② 공기관식 차동식 분포형 감지기의 검출부는 45° 이상 경사되지 아니하도록 부착할 것
③ 보상식 스포트형 감지기는 정온점이 감지기 주위의 평상시 최고 온도보다 20[℃] 이상 높은 것으로 설치할 것
④ 정온식 감지기는 주방·보일러실 등으로서 다량의 화기를 취급하는 장소에 설치하되, 공칭작동온도가 최고주위온도보다 30[℃] 이상 높은 것으로 설치할 것

해설

보상식 스포트형 감지기는 정온점이 감지기 주위의 평상시 최고 온도보다 20[℃] 이상 높은 것으로 설치해야 한다.

선지분석

① 스포트형 감지기는 45° 이상 경사되지 아니하도록 부착해야 한다.
② 공기관식 차동식 분포형 감지기의 검출부는 5° 이상 경사되지 않도록 부착해야 한다.
④ 정온식 감지기는 주방·보일러실 등으로서 다량의 화기를 취급하는 장소에 설치하되, 공칭작동온도가 최고주위온도보다 20[℃] 이상 높은 것으로 설치해야 한다.

정답 | ③

64 빈출도 ★★

누전경보기의 화재안전기술기준(NFTC 205)에 따라 경계전로의 누설전류를 자동적으로 검출하여 이를 누전경보기의 수신부에 송신하는 것은?

① 변류기
② 변압기
③ 음향장치
④ 과전류차단기

해설

변류기는 경계전로의 누설전류를 자동적으로 검출하여 이를 누전경보기의 수신부에 송신하는 장치이다.

선지분석

① 변압기: 교류 전기의 전압을 바꿔주는 기기이다.
③ 음향장치: 화재경보 소리를 내는 기구(벨)이다.
④ 과전류차단기: 회로에 과전류가 발생할 경우 회로를 차단하는 기구이다.

정답 | ①

65 빈출도 ★

비상방송설비의 화재안전기술기준(NFTC 202)에 따라 전원회로의 배선으로 사용할 수 없는 것은?

① 450/750[V] 비닐절연 전선
② 0.6/1[kV] EP 고무절연 클로로프렌 시스 케이블
③ 450/750[V] 저독성 난연 가교 폴리올레핀 절연 전선
④ 내열성 에틸렌−비닐 아세테이트 고무절연 케이블

해설

450/750[V] 비닐절연 전선은 전원회로의 배선(내화배선)으로 사용할 수 없다.

관련개념 | 내화배선 시 사용되는 전선

㉠ 450/750[V] 저독성 난연 가교 폴리올레핀 절연 전선
㉡ 0.6/1[kV] 가교 폴리에틸렌 절연 저독성 난연 폴리올레핀 시스 전력 케이블
㉢ 6/10[kV] 가교 폴리에틸렌 절연 저독성 난연 폴리올레핀 시스 전력 케이블
㉣ 가교 폴리에틸렌 절연 비닐시스 트레이용 난연 전력 케이블
㉤ 0.6/1[kV] EP 고무절연 클로로프렌 시스 케이블
㉥ 300/500[V] 내열성 실리콘 고무 절연 전선(180[℃])
㉦ 내열성 에틸렌−비닐 아세테이트 고무절연 케이블
㉧ 버스덕트(Bus Duct)
※ 내화배선과 내열배선에 사용되는 전선의 종류는 같다.

정답 | ①

66 빈출도 ★★★

층수가 11층 이상(공동주택의 경우 16층)으로서 특정 소방대상물의 2층에서 발화한 때의 경보기준으로 옳은 것은? (단, 비상방송설비의 화재안전기술기준 (NFTC 202)에 따른다.)

① 발화층에만 경보를 발할 것
② 발화층 및 그 직상 4개층에만 경보를 발할 것
③ 발화층·그 직상층 및 지하층에 경보를 발할 것
④ 발화층·그 직상 4개층 및 기타의 지하층에 경보를 발할 것

해설

층수가 11층(공동주택의 경우에는 16층) 이상의 특정소방대상물의 경보기준

■ 2층 화재		■ 1층 화재		■ 지하 1층 화재	
11층		11층		11층	
10층		10층		10층	
9층		9층		9층	
8층		8층		8층	
7층		7층		7층	
6층	▨	6층		6층	
5층	▨	5층		5층	
4층	▨	4층		4층	
3층	▨	3층		3층	
2층	🔥	2층		2층	
1층		1층	🔥	1층	
지하 1층		지하 1층		지하 1층	🔥
지하 2층		지하 2층		지하 2층	
지하 3층		지하 3층		지하 3층	
지하 4층		지하 4층		지하 4층	
지하 5층		지하 5층		지하 5층	

층수	경보층
2층 이상	발화층, 직상 4개층
1층	발화층, 직상 4개층, 지하층
지하층	발화층, 직상층, 기타 지하층

관련개념 | 경보방식

발화층의 상하층 위주로 경보가 발령되어 우선 대피하도록 하는 방식을 우선경보방식이라고 한다.
이외의 경보 방식은 일제경보방식이라고 하며 일제경보방식은 어떤 층에서 발화하더라도 모든 층에 경보를 울리는 방식이다.

정답 | ②

67 빈출도 ★★★

자동화재탐지설비 및 시각경보장치의 화재안전기술기준(NFTC 203)에 따라 감지기 회로의 도통시험을 위한 종단저항의 설치기준으로 틀린 것은?

① 감지기 회로의 끝부분에 설치할 것
② 점검 및 관리가 쉬운 장소에 설치할 것
③ 전용함을 설치하는 경우 그 설치 높이는 바닥으로부터 2.0[m] 이내로 할 것
④ 종단감지기에 설치할 경우에는 구별이 쉽도록 해당 감지기의 기판 등에 별도의 표시를 할 것

해설

자동화재탐지설비 감지기 회로의 전용함을 설치하는 경우 그 설치 높이는 바닥으로부터 **1.5[m]** 이내로 해야 한다.

관련개념 자동화재탐지설비 감지기 회로의 종단저항 설치기준

㉠ 점검 및 관리가 쉬운 장소에 설치할 것
㉡ 전용함을 설치하는 경우 그 설치 높이는 바닥으로부터 1.5[m] 이내로 할 것
㉢ 감지기 회로의 끝부분에 설치하며, 종단감지기에 설치할 경우에는 구별이 쉽도록 해당 감지기의 기판 및 감지기 외부 등에 별도의 표시를 할 것

정답 | ③

68 빈출도 ★

경종의 우수품질인증 기술기준에 따른 기능시험에 대한 내용이다. 다음 ( )에 들어갈 내용으로 옳은 것은?

> 경종은 정격전압을 인가하여 경종의 중심으로부터 1[m] 떨어진 위치에서 (ⓐ)[dB] 이상이어야 하며, 최소청취거리에서 (ⓑ)[dB]을 초과하지 아니하여야 한다.

① ⓐ: 90, ⓑ: 110
② ⓐ: 90, ⓑ: 130
③ ⓐ: 110, ⓑ: 90
④ ⓐ: 110, ⓑ: 130

해설

경종은 정격전압을 인가하여 경종의 중심으로부터 1[m] 떨어진 위치에서 **90[dB]** 이상이어야 하며, 최소청취거리에서 **110[dB]**을 초과하지 아니하여야 한다.

정답 | ①

69 빈출도 ★★★

「유통산업발전법」제2조 제3호에 따른 대규모점포(지하상가 및 지하역사 제외)와 영화상영관에는 보행거리 몇 [m] 이내마다 휴대용비상조명등을 3개 이상 설치하여야 하는가? (단, 비상조명등의 화재안전기술기준(NFTC 304)에 따른다.)

① 50　　　　　　② 60
③ 70　　　　　　④ 80

해설

휴대용비상조명등의 설치기준

장소	기준
지하상가, 지하역사	25[m] 이내마다 3개 이상
대규모점포, 영화상영관	50[m] 이내마다 3개 이상

정답 | ①

70 빈출도 ★

자동화재탐지설비 및 시각경보장치의 화재안전기술기준(NFTC 203)에 따라 전화기기실, 통신기기실 등과 같은 훈소화재의 우려가 있는 장소에 적응성이 없는 감지기는?

① 광전식 스포트형
② 광전아날로그식 분리형
③ 광전아날로그식 스포트형
④ 이온아날로그식 스포트형

해설

이온아날로그식 스포트형 감지기는 훈소화재의 우려가 있는 장소에 적응성이 없다.
이온화식 감지기의 경우 불꽃연소에 적응성이 있다.

관련개념 훈소화재의 우려가 있는 장소에 적응성이 있는 감지기

연기감지기	• 광전식 스포트형 • 광전아날로그식 스포트형 • 광전식 분리형 • 광전아날로그식 분리형

정답 │ ④

71 빈출도 ★★★

자동화재속보설비 속보기의 성능인증 및 제품검사의 기술기준에 따른 속보기의 기능에 대한 내용이다. 다음 (   )에 들어갈 내용으로 옳은 것은?

> 작동신호를 수신하거나 수동으로 동작시키는 경우 (ⓐ   )초 이내에 소방관서에 자동적으로 신호를 발하여 알리되, (ⓑ   )회 이상 속보할 수 있어야 한다.

① ⓐ: 10, ⓑ: 3
② ⓐ: 10, ⓑ: 5
③ ⓐ: 20, ⓑ: 3
④ ⓐ: 20, ⓑ: 5

해설

속보기는 작동신호를 수신하거나 수동으로 동작시키는 경우 **20초** 이내에 소방관서에 자동적으로 신호를 발하여 알리되, **3회** 이상 속보할 수 있어야 한다.

정답 │ ③

72 빈출도 ★★

비상콘센트설비의 화재안전기술기준(NFTC 504)에 따른 비상콘센트설비의 전원회로(비상콘센트에 전력을 공급하는 회로)의 설치기준으로 틀린 것은?

① 전원회로는 주배전반에서 전용회로로 할 것
② 전원회로는 각층에 1 이상이 되도록 설치할 것
③ 콘센트마다 배선용 차단기(KS C 8321)를 설치하여야 하며, 충전부가 노출되지 아니하도록 할 것
④ 비상콘센트설비의 전원회로는 단상교류 220[V]인 것으로서, 그 공급용량은 1.5[kVA] 이상인 것으로 할 것

해설

비상콘센트설비의 전원회로는 각층에 2 이상이 되도록 설치해야 한다.

정답 │ ②

73 빈출도 ★★

무선통신보조설비의 화재안전기술기준(NFTC 505)에 따라 분배기·분파기 및 혼합기 등의 임피던스는 몇 [Ω]의 것으로 하여야 하는가?

① 10   ② 20
③ 50   ④ 75

해설

무선통신보조설비의 분배기·분파기 및 혼합기의 임피던스는 50[Ω]의 것으로 해야 한다.

관련개념 무선통신보조설비의 분배기·분파기 및 혼합기의 설치 기준

㉠ 먼지·습기 및 부식 등에 따라 기능에 이상을 가져오지 않도록 할 것
㉡ 임피던스는 50[Ω]의 것으로 할 것
㉢ 점검에 편리하고 화재 등의 재해로 인한 피해의 우려가 없는 장소에 설치할 것

정답 | ③

74 빈출도 ★★★

자동화재탐지설비 및 시각경보장치의 화재안전기술기준(NFTC 203)에 따라 광전식 분리형 감지기의 설치기준에 대한 설명으로 틀린 것은?

① 감지기의 수광면은 햇빛을 직접 받지 않도록 설치할 것
② 감지기의 송광부와 수광부는 설치된 뒷벽으로부터 1[m] 이내의 위치에 설치할 것
③ 광축(송광면과 수광면의 중심을 연결한 선)은 나란한 벽으로부터 0.6[m] 이상 이격하여 설치할 것
④ 광축의 높이는 천장 등(천장의 실내에 면한 부분 또는 상층의 바닥하부면) 높이의 70[%] 이상일 것

해설

광전식 분리형 감지기 광축의 높이는 천장 등(천장의 실내에 면한 부분 또는 상층의 바닥하부면) 높이의 80[%] 이상이어야 한다.

관련개념 광전식 분리형 감지기의 설치기준

㉠ 감지기의 수광면은 햇빛을 직접 받지 않도록 설치할 것
㉡ 광축(송광면과 수광면의 중심을 연결한 선)은 나란한 벽으로부터 0.6[m] 이상 이격하여 설치할 것
㉢ 감지기의 송광부와 수광부는 설치된 뒷벽으로부터 1[m] 이내의 위치에 설치할 것
㉣ 광축의 높이는 천장 등(천장의 실내에 면한 부분 또는 상층의 바닥하부면) 높이의 80[%] 이상일 것
㉤ 감지기의 광축의 길이는 공칭감시거리 범위 이내일 것

정답 | ④

75 빈출도 ★

유도등의 형식승인 및 제품검사의 기술기준에 따라 유도등의 교류입력 측과 외함 사이, 교류입력 측과 충전부 사이 및 절연된 충전부와 외함 사이의 각 절연저항을 DC 500[V]의 절연저항계로 측정한 값이 몇 [MΩ] 이상이어야 하는가?

① 0.1
② 5
③ 20
④ 50

유도등의 교류입력 측과 외함 사이, 교류입력 측과 충전부 사이 및 절연된 충전부와 외함 사이의 각 절연저항을 DC 500[V]의 절연저항계로 측정한 값이 5[MΩ] 이상이어야 한다.

정답 | ②

76 빈출도 ★

비상경보설비 축전지의 성능인증 및 제품검사의 기술기준에 따른 축전지설비의 외함 두께는 강판인 경우 몇 [mm] 이상이어야 하는가?

① 0.7
② 1.2
③ 2.3
④ 3

비상경보설비 축전지설비의 외함은 강판인 경우 1.2[mm] 이상이어야 한다.

관련개념 비상경보설비 축전지설비 외함의 두께

외함 재질	외함 두께
강판	1.2[mm] 이상
합성수지	3[mm] 이상

정답 | ②

77 빈출도 ★★★

유도등 및 유도표지의 화재안전기술기준(NFTC 303)에 따라 객석 내 통로의 직선 부분 길이가 85[m]인 경우 객석유도등을 몇 개 설치하여야 하는가?

① 17개
② 19개
③ 21개
④ 22개

객석 내의 통로가 경사로 또는 수평로로 되어 있는 부분은 다음 식에 따라 산출한 개수(소수점 이하의 수는 1로 봄)의 유도등을 설치해야 한다.

$$\frac{\text{객석통로의 직선 부분 길이[m]}}{4} - 1$$

$\frac{85}{4} - 1 = 20.25 \rightarrow$ 21개(소수점 이하 절상)

정답 | ③

78 빈출도 ★

비상경보설비 및 단독경보형 감지기의 화재안전기술기준(NFTC 201)에 따른 용어에 대한 정의로 틀린 것은?

① "비상벨설비"라 함은 화재발생 상황을 경종으로 경보하는 설비를 말한다.
② "자동식사이렌설비"라 함은 화재발생 상황을 사이렌으로 경보하는 설비를 말한다.
③ "수신기"라 함은 발신기에서 발하는 화재신호를 간접 수신하여 화재의 발생을 표시 및 경보하여 주는 장치를 말한다.
④ "단독경보형 감지기"라 함은 화재발생 상황을 단독으로 감지하여 자체에 내장된 음향장치로 경보하는 감지기를 말한다.

수신기는 발신기에서 발하는 화재신호를 직접 수신하여 화재의 발생을 표시 및 경보하여 주는 장치를 말한다.

정답 | ③

79 빈출도 ★

다음의 무선통신보조설비 그림에서 ⓐ에 해당하는 것은?

① 혼합기   ② 옥외안테나
③ 무선중계기   ④ 무반사 종단저항

해설

누설동축케이블의 끝부분에는 무반사 종단저항을 견고하게 설치
해야 한다. 따라서 ⓐ는 무반사 종단저항이다.

정답 | ④

80 빈출도 ★★★

**축전지의 자기 방전을 보충함과 동시에 상용부하에
대한 전력공급은 충전기가 부담하도록 하되 충전기가
부담하기 어려운 일시적인 대전류 부하는 축전지로
하여금 부담하게 하는 충전방식은?**

① 보통충전방식   ② 균등충전방식
③ 부동충전방식   ④ 급속충전방식

해설

부동충전방식은 축전지의 자기방전을 보충함과 동시에 상용부하에
대한 전력공급은 충전기가 부담하도록 하되, 충전기가 부담하기
어려운 일시적인 대전류 부하는 축전지로 하여금 부담하게 하는
충전방식이다.

관련개념

㉠ 균등충전방식: 각 전해조에 일어나는 전위차를 보정하기 위해
  일정주기(1~3개월)마다 1회씩 정전압으로 충전하는 방식
㉡ 세류충전방식: 자기 방전량만을 충전하는 방식

정답 | ③

소방원론

01 빈출도 ★★

목조건축물의 화재특성으로 틀린 것은?

① 습도가 낮을수록 연소 확대가 빠르다.
② 화재진행속도는 내화건축물보다 빠르다.
③ 화재최성기의 온도는 내화건축물보다 낮다.
④ 화재성장속도는 횡방향보다 종방향이 빠르다.

해설

화재최성기의 온도는 내화건축물보다 높다.

관련개념 목조건축물의 화재특성

㉠ 습도가 낮을수록 목재인 건축물의 골조에 쉽게 불이 붙으므로 연소 확대가 빠르다.
㉡ 화재 시 골조와 함께 연소가 진행되므로 내화건축물보다 화재 진행속도가 빠르다.
㉢ 화재성장속도는 횡방향보다 종방향이 빠르다.
㉣ 화재최성기의 온도는 약 1,300[℃]로 내화건축물의 1,000[℃] 보다 높다.

정답 | ③

02 빈출도 ★★

물이 소화약제로서 사용되는 장점이 아닌 것은?

① 가격이 저렴이다.
② 많은 양을 구할 수 있다.
③ 증발잠열이 크다.
④ 가연물과 화학반응이 일어나지 않는다.

해설

금속분과 물이 만나면 수소가스가 발생하며 폭발 및 화재가 발생할 수 있다.

관련개념

얼음·물(H_2O)은 분자의 단순한 구조와 수소결합으로 인해 분자 간 결합이 강하므로 타 물질보다 비열, 융해잠열 및 증발잠열이 크다.

정답 | ④

03 빈출도 ★

정전기로 인한 화재를 줄이고 방지하기 위한 대책 중 틀린 것은?

① 공기 중 습도를 일정 값 이상으로 유지한다.
② 기기의 전기 절연성을 높이기 위하여 부도체로 차단공사를 한다.
③ 공기 이온화 장치를 설치하여 가동시킨다.
④ 정전기 축적을 막기 위해 접지선을 이용하여 대지로 연결작업을 한다.

해설

부도체로 차단공사를 진행하면 접지가 되지 않아 기기 자체에서 발생하는 정전기가 축적되어 화재가 발생할 수 있다.

정답 | ②

04 빈출도 ★

프로페인가스의 최소점화에너지는 일반적으로 약 몇 [mJ] 정도 되는가?

① 0.25　　　　　　② 2.5
③ 25　　　　　　　④ 250

해설

상온, 상압에서 프로페인가스의 최소점화에너지는 0.25[mJ]이다.

관련개념 **최소점화에너지**

가연성물질에 점화원을 이용하여 점화 시 가연성물질이 발화하기 위해 필요한 최소에너지이다.
일반적으로 온도, 압력 등이 상승할수록 최소점화에너지는 낮아진다.

정답 | ①

05 빈출도 ★★

목재 화재 시 다량의 물을 뿌려 소화할 경우 기대되는 주된 소화효과는?

① 제거효과　　　　② 냉각효과
③ 부촉매효과　　　④ 희석효과

해설

물은 비열과 증발잠열이 높아 온도 및 상태변화에 많은 에너지를 필요로 하기 때문에 가연물의 온도를 빠르게 떨어뜨린다.

관련개념 **소화효과**

㉠ 제거소화(제거효과): 화재현장 주위의 물체를 치우고 연료를 제거하여 소화하는 방법
㉡ 억제소화(부촉매효과): 화재의 연쇄반응을 차단하여 소화하는 방법
㉢ 질식소화(피복효과): 산소의 공급을 차단하여 소화하는 방법
㉣ 냉각소화(냉각효과): 연소하는 가연물의 온도를 인화점 아래로 떨어뜨려 소화하는 방법

정답 | ②

06 빈출도 ★★

물질의 연소 시 산소공급원이 될 수 없는 것은?

① 탄화칼슘　　　　② 과산화나트륨
③ 질산나트륨　　　④ 압축공기

해설

산소공급원이 되기 위해서는 물질 자체적으로 산소를 함유하고 있어야 한다.
탄화칼슘(CaC_2)은 산소를 가지고 있지 않으며, 물(H_2O)과 반응하여 아세틸렌(C_2H_2)을 생성한다.

선지분석

② 과산화나트륨은 무기과산화물(제1류 위험물)로 물과 반응하면 수산화나트륨, 산소, 열을 배출한다.
③ 질산나트륨은 질산염류(제1류 위험물)로 열분해 반응을 통해 산소를 배출한다.
④ 공기는 산소를 포함한다.

정답 | ①

07 빈출도 ★★★

다음 중 공기 중에서의 연소범위가 가장 넓은 것은?

① 뷰테인　　　　　② 프로페인
③ 메테인　　　　　④ 수소

해설

연소범위가 가장 넓은 것은 수소(75－4＝71)이다.

관련개념 **주요 가연성 가스의 연소범위와 위험도**

가연성 가스	하한계 [vol%]	상한계 [vol%]	위험도
아세틸렌(C_2H_2)	2.5	81	31.4
수소(H_2)	4	75	17.8
일산화탄소(CO)	12.5	74	4.9
에테르($C_2H_5OC_2H_5$)	1.9	48	24.3
이황화탄소(CS_2)	1.2	44	35.7
에틸렌(C_2H_4)	2.7	36	12.3
암모니아(NH_3)	15	28	0.9
메테인(CH_4)	5	15	2
에테인(C_2H_6)	3	12.4	3.1
프로페인(C_3H_8)	2.1	9.5	3.5
뷰테인(C_4H_{10})	1.8	8.4	3.7

정답 | ④

08 빈출도 ★

이산화탄소 20[g]은 약 몇 [mol]인가?

① 0.23
② 0.45
③ 2.2
④ 4.4

이산화탄소의 분자량은 44[g/mol]이므로

이산화탄소 20[g]은 $\dfrac{20[g]}{44[g/mol]} ≒ 0.4545[mol]$이다.

정답 | ②

09 빈출도 ★★

플래쉬 오버(flash over)에 대한 설명으로 옳은 것은?

① 도시가스의 폭발적 연소를 말한다.
② 휘발유와 같은 가연성 액체가 넓게 흘러서 발화한 상태를 말한다.
③ 옥내화재가 서서히 진행하여 열 및 가연성 기체가 축적되었다가 일시에 연소하여 화염이 크게 발생하는 상태를 말한다.
④ 화재층의 불이 상부층으로 올라가는 현상을 말한다.

플래쉬 오버(flash over) 현상이란 화점 주위에서 화재가 서서히 진행하다가 어느 정도 시간이 경과함에 따라 대류와 복사현상에 의해 일정 공간 안에 있는 가연물이 발화점까지 가열되어 일순간에 걸쳐 동시 발화되는 현상이다.

정답 | ③

10 빈출도 ★★★

제4류 위험물의 성질로 옳은 것은?

① 가연성 고체
② 산화성 고체
③ 인화성 액체
④ 자기반응성물질

제4류 위험물은 인화성 액체이다.

㉠ 제1류 위험물: 산화성 고체
㉡ 제2류 위험물: 가연성 고체
㉢ 제3류 위험물: 자연발화성 및 금수성 물질
㉣ 제4류 위험물: 인화성 액체
㉤ 제5류 위험물: 자기 반응성 물질
㉥ 제6류 위험물: 산화성 액체

정답 | ③

11 빈출도 ★★

할론 소화설비에서 Halon 1211 약제의 분자식은?

① CBr_2ClF
② CF_2BrCl
③ CCl_2BrF
④ BrC_2ClF

Halon 1211 소화약제의 분자식은 CF_2ClBr이다.
Cl과 Br의 위치는 바꾸어 표기하여도 동일한 화합물이다.

할론 소화약제 명명의 방식

㉠ 제일 앞에 Halon이란 명칭을 쓴다.
㉡ 이후 구성 원소들의 수를 C, F, Cl, Br의 순서대로 쓰되 없는 경우 0으로 한다.
㉢ 마지막 0은 생략할 수 있다.

정답 | ②

12 빈출도 ★★

다음 중 가연물의 제거를 통한 소화방법이 아닌 것은?

① 산불의 확산방지를 위해 산림의 일부를 벌채한다.
② 화학반응기의 화재 시 원료 공급관 밸브를 잠근다.
③ 전기실 화재 시 IG-541 약제를 방출한다.
④ 유류탱크 화재 시 주변에 있는 유류탱크의 유류를 다른 곳으로 이동시킨다.

해설

제거소화는 연소의 요소를 구성하는 가연물질을 안전한 장소나 점화원이 없는 장소로 신속하게 이동시켜서 소화하는 방법이다. IG-541과 같은 불활성기체 소화약제를 방출하는 것은 연소에 필요한 산소의 공급을 차단시키는 질식소화에 해당한다.

정답 | ③

13 빈출도 ★

건물화재의 표준시간-온도곡선에서 화재 발생 후 1시간이 경과할 경우 내부 온도는 약 몇 [℃] 정도 되는가?

① 125   ② 325
③ 640   ④ 925

해설

화재 발생 후 1시간이 경과할 경우 내부온도는 약 925[℃]이다.

관련개념 표준시간-온도곡선

표준시간-온도곡선은 반복된 실험을 통해 얻은 결과를 바탕으로 화재 경과 시간과 그 때 온도의 관계를 표준화하여 나타낸 곡선이다.

정답 | ④

14 빈출도 ★★

위험물안전관리법령상 위험물로 분류되는 것은?

① 과산화수소   ② 압축산소
③ 프로페인가스   ④ 포스겐

해설

과산화수소는 제6류 위험물(산화성 액체)이다.
"위험물"은 인화성 또는 발화성 등의 성질을 가지는 물질로 일반적으로 고체 또는 액체이다.

정답 | ①

15 빈출도 ★★

가시거리가 20~30[m], 연기에 의한 감광계수가 0.1[m⁻¹]일 때의 상황으로 옳은 것은?

① 건물 내부에 익숙한 사람이 피난에 지장을 느낄 정도
② 연기감지기가 작동할 정도
③ 어두운 것을 느낄 정도
④ 앞이 거의 보이지 않을 정도

해설

감광계수 $[m^{-1}]$	가시거리 [m]	현상
0.1	20~30	연기감지기가 동작할 정도
0.3	5	건물 내부에 익숙한 사람이 피난할 때 지장을 받는 정도
0.5	3	어두움을 느낄 정도
1	1~2	거의 앞이 보이지 않을 정도
10	0.2~0.5	화재의 최성기에 해당, 유도등이 보이지 않을 정도
30	—	출화 시의 연기가 분출할 때의 농도

정답 | ②

16 빈출도 ★★

물질의 취급 또는 위험성에 대한 설명 중 틀린 것은?

① 융해열은 점화원이다.
② 질산은 물과 반응 시 발열 반응하므로 주의를 해야 한다.
③ 네온, 이산화탄소, 질소는 불연성 물질로 취급한다.
④ 암모니아를 충전하는 공업용 용기의 색상은 백색이다.

해설

융해는 고체가 액체로 변화하는 현상이다. 주변의 열을 흡수하며 융해가 일어나므로 점화원이 될 수 없다.

정답 | ①

17 빈출도 ★★

Fourier법칙(전도)에 대한 설명으로 틀린 것은?

① 이동열량은 전열체의 단면적에 비례한다.
② 이동열량은 전열체의 두께에 비례한다.
③ 이동열량은 전열체의 열전도도에 비례한다.
④ 이동열량은 전열체 내·외부의 온도차에 비례한다.

해설

이동열량은 전열체의 두께에 반비례한다.

관련개념 푸리에의 전도법칙

$$Q = kA\frac{(T_2 - T_1)}{l}$$

Q: 열전달량[W], k: 열전도율[W/m·℃], A: 열전달 부분 면적 [m²], $(T_2 - T_1)$: 온도 차이[℃], l: 벽의 두께[m]

열전도(이동열량)는 열전도도(열전도 계수), 단면적, 온도차에 비례하고, 두께에 반비례한다.

정답 | ②

18 빈출도 ★★★

자연발화가 일어나기 쉬운 조건이 아닌 것은?

① 열전도율이 클 것
② 적당량의 수분이 존재할 것
③ 주위의 온도가 높을 것
④ 표면적이 넓을 것

해설

열전도율이 크면 열이 축적되지 못하고 빠져나가므로 자연발화가 일어나기 어렵다.

관련개념 발화의 조건

㉠ 주변 온도가 높고, 발열량이 클수록 발화하기 쉽다.
㉡ 열전도율이 낮을수록 열 축적이 쉬워 발화하기 쉽다.
㉢ 표면적이 넓어 산소와의 접촉량이 많을수록 발화하기 쉽다.
㉣ 분자량, 온도, 습도, 농도, 압력이 클수록 발화하기 쉽다.
㉤ 활성화 에너지가 작을수록 발화하기 쉽다.

정답 | ①

19 빈출도 ★★★

분말 소화약제 중 탄산수소칼륨($KHCO_3$)과 요소($CO(NH_2)_2$)와의 반응물을 주성분으로 하는 소화약제는?

① 제1종 분말   ② 제2종 분말
③ 제3종 분말   ④ 제4종 분말

해설

제4종 분말 소화약제의 주성분은 탄산수소칼륨($KHCO_3$)과 요소($CO(NH_2)_2$)이다.

관련개념 분말 소화약제

구분	주성분	색상	적응화재
제1종	탄산수소나트륨 ($NaHCO_3$)	백색	B급 화재 C급 화재
제2종	탄산수소칼륨 ($KHCO_3$)	담자색 (보라색)	B급 화재 C급 화재
제3종	제1인산암모늄 ($NH_4H_2PO_4$)	담홍색	A급 화재 B급 화재 C급 화재
제4종	탄산수소칼륨＋요소 [$KHCO_3＋CO(NH_2)_2$]	회색	B급 화재 C급 화재

정답 | ④

20 빈출도 ★

폭굉(detonation)에 관한 설명으로 틀린 것은?

① 연소속도가 음속보다 느릴 때 나타난다.
② 온도의 상승은 충격파의 압력에 기인한다.
③ 압력상승은 폭연의 경우보다 크다.
④ 폭굉의 유도거리는 배관의 지름과 관계가 있다.

해설

폭굉이란 폭발의 전파속도가 음속보다 커서 강한 충격파를 발생하는 것을 말한다.

관련개념

폭연과 폭굉은 충격파의 존재 유무로 구분한다. 폭발의 전파속도가 음속(340[m/s])보다 작은 경우 폭연(0.1~10[m/s]), 음속보다 커서 강한 충격파을 발생하는 경우 폭굉(1,000~3,500[m/s])이다.

정답 | ①

21 빈출도 ★★

정전용량이 각각 $1[\mu F]$, $2[\mu F]$, $3[\mu F]$이고, 내압이 모두 동일한 3개의 커패시터가 있다. 이 커패시터를 직렬로 연결하여 양단에 전압을 인가한 후에 전압을 상승시키면 가장 먼저 절연이 파괴되는 커패시터는? (단, 커패시터의 재질이나 형태는 동일하다.)

① $1[\mu F]$ ② $2[\mu F]$
③ $3[\mu F]$ ④ 3개 모두

해설

$Q=CV[C]$에서 모든 콘덴서의 내압은 같으므로(재질이나 형태가 동일) 축적 가능한 전하량은 콘덴서의 정전용량에 비례한다. ($Q \propto C$)

커패시터를 직렬로 연결할 경우 모든 커패시터에 동일한 전하량이 축적되며 인가 전압을 올릴 경우 정전용량이 작은 커패시터가 먼저 절연이 파괴되기 시작한다.

따라서 커패시터 용량이 제일 낮은 $1[\mu F]$ 커패시터가 가장 먼저 절연이 파괴된다.

정답 │ ①

22 빈출도 ★★★

그림과 같은 블록선도의 전달함수$\left(\dfrac{C(s)}{R(s)} \right)$는?

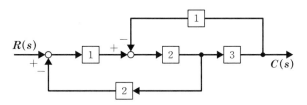

① $\dfrac{6}{23}$ ② $\dfrac{6}{17}$
③ $\dfrac{6}{15}$ ④ $\dfrac{6}{11}$

해설

$$\frac{C(s)}{R(s)} = \frac{경로}{1-폐로}$$

$$= \frac{1 \times 2 \times 3}{1-(-1 \times 2 \times 2)-(-2 \times 3 \times 1)} = \frac{6}{11}$$

정답 │ ④

23 빈출도 ★★★

그림의 단상 반파 정류회로에서 R에 흐르는 전류의 평균값은 약 몇 [A]인가? (단, $v(t)=220\sqrt{2}\sin\omega t[V]$, $R=16\sqrt{2}[\Omega]$, 다이오드의 전압강하는 무시한다.)

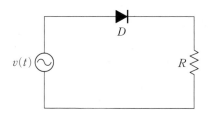

① 3.2
② 3.8
③ 4.4
④ 5.2

해설

단상 반파 정류회로에서 직류의 평균 전압

$E_{av}=0.45E=0.45\times\dfrac{220\sqrt{2}}{\sqrt{2}}=99[V]$

전류 $I=\dfrac{E_{av}}{R}=\dfrac{99}{16\sqrt{2}}=4.38[A]$

정답 | ③

24 빈출도 ★★

3상 유도 전동기를 Y결선으로 운전했을 때 토크가 T_Y이었다. 이 전동기를 동일한 전원에서 △결선으로 운전했을 때 토크($T_\triangle$)는?

① $T_\triangle=3T_Y$
② $T_\triangle=\sqrt{3}T_Y$
③ $T_\triangle=\dfrac{1}{3}T_Y$
④ $T_\triangle=\dfrac{1}{\sqrt{3}}T_Y$

해설

Y결선 기동 시 △결선 기동 토크의 $\dfrac{1}{3}$배가 된다.

$\therefore T_Y=\dfrac{1}{3}T_\triangle \rightarrow T_\triangle=3T_Y$

관련개념 Y−△ 기동법

㉠ 기동 전류는 $\dfrac{1}{3}$배로 감소

㉡ 기동 전압은 $\dfrac{1}{\sqrt{3}}$배로 감소

㉢ 기동 토크는 $\dfrac{1}{3}$배로 감소

정답 | ①

25 빈출도 ★★

제어요소가 제어대상에 가하는 신호로 제어장치의 출력인 동시에 제어대상의 입력이 되는 것은?

① 조작량
② 제어량
③ 기준입력
④ 동작신호

해설

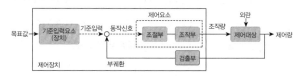

조작량은 제어장치의 출력인 동시에 제어대상의 입력이다.

정답 | ①

26 빈출도 ★★

어떤 코일의 임피던스를 측정하고자 한다. 이 코일에 30[V]의 직류 전압을 가했을 때 300[W]가 소비되고, 100[V]의 실효치 교류 전압을 가했을 때 1,200[W]가 소비된다. 이 코일의 리액턴스[Ω]는?

① 2
② 4
③ 6
④ 8

해설

직류 전압 인가 시 $P=\dfrac{V^2}{R}=300[W]$

$\rightarrow R=\dfrac{V^2}{P}=\dfrac{30^2}{300}=3[\Omega]$

교류 전압 인가 시 $P=P_a\cos\theta=\dfrac{V^2}{Z}\times\dfrac{R}{Z}=1,200[W]$

$\rightarrow Z^2=\dfrac{V^2R}{P}=\dfrac{100^2\times3}{1,200}=25$

$\therefore$ 임피던스 $Z=5[\Omega]$

리액턴스 $X=\sqrt{Z^2-R^2}=\sqrt{5^2-3^3}=4[\Omega]$

정답 | ②

27 빈출도 ★

적분 시간이 3[sec]이고, 비례 감도가 5인 비례적분 제어 요소가 있다. 이 제어 요소의 전달함수는?

① $\dfrac{5s+5}{3s}$ ② $\dfrac{15s+5}{3s}$

③ $\dfrac{3s+3}{5s}$ ④ $\dfrac{15s+3}{5s}$

해설

비례적분동작식

$$x_0(\mathrm{t})=K_p\left(x_i(\mathrm{t})+\frac{1}{T_I}\int x_i(\mathrm{t})d\mathrm{t}\right)$$

비례적분동작식의 라플라스 변환

$$X_0(\mathrm{s})=K_pX_i(\mathrm{s})+\frac{K_p}{T_I}\frac{X_i(s)}{s}$$

$$=K_pX_i(\mathrm{s})\left(1+\frac{1}{T_Is}\right)$$

전달함수 $\dfrac{X_0(s)}{X_i(s)}=K_p\left(1+\dfrac{1}{T_Is}\right)=5\left(1+\dfrac{1}{3s}\right)$

$$=5+\frac{5}{3s}=\frac{15s+5}{3s}$$

정답 | ②

28 빈출도 ★★

$100[\mathrm{V}]$에서 $500[\mathrm{W}]$를 소비하는 전열기가 있다. 이 전열기에 $90[\mathrm{V}]$의 전압을 인가하였을 때 소비되는 전력[W]은?

① 81   ② 90

③ 405   ④ 450

해설

소비전력 $P=\dfrac{V^2}{R}\to P\propto V^2$

전압이 $100[\mathrm{V}]$에서 $90[\mathrm{V}]$로 되었다면 소비전력은

$$P=500\times\left(\frac{90^2}{100^2}\right)=500\times0.81=405[\mathrm{W}]$$

정답 | ③

29 빈출도 ★★

4극 직류 발전기의 전기자 도체 수가 500개, 각 자극의 자속이 $0.01[\mathrm{Wb}]$, 회전수가 $1,800[\mathrm{rpm}]$일 때 이 발전기의 유도 기전력[V]은? (단, 전기자 권선법은 파권이다.)

① 100   ② 200

③ 300   ④ 400

해설

직류 발전기의 유도기전력 $E=\dfrac{P\phi NZ}{60a}[\mathrm{V}]$

파권의 병렬회로수 a＝2이므로

$$E=\frac{4\times0.01\times1,800\times500}{60\times2}=300[\mathrm{V}]$$

정답 | ③

30 빈출도 ★★

진공 중 원점에 전하량이 $10^{-8}[\mathrm{C}]$인 전하가 있을 때 점$(1, 2, 2)[\mathrm{m}]$에서의 전계의 세기는 약 몇 $[\mathrm{V/m}]$인가?

① 0.1   ② 1

③ 10   ④ 100

해설

원점에서 점 $(1, 2, 2)[\mathrm{m}]$ 까지의 거리

$$r=\sqrt{1^2+2^2+2^2}=3[\mathrm{m}]$$

$$E=\frac{1}{4\pi\varepsilon_0}\cdot\frac{Q}{r^2}$$

$$=\frac{1}{4\pi\times(8.855\times10^{-12})}\cdot\frac{10^{-8}}{3^2}$$

$$=9.99[\mathrm{V/m}]$$

정답 | ③

31 빈출도 ★★

정현파 교류 전압 $e_1(t)$과 $e_2(t)$의 합($e_1(t)+e_2(t)$)은 몇 [V]인가?

$$e_1(t)=10\sqrt{2}\sin\left(\omega t+\frac{\pi}{3}\right)[\text{V}]$$

$$e_2(t)=20\sqrt{2}\cos\left(\omega t-\frac{\pi}{6}\right)[\text{V}]$$

① $30\sqrt{2}\sin\left(\omega t+\frac{\pi}{3}\right)$ ② $30\sqrt{2}\sin\left(\omega t-\frac{\pi}{3}\right)$

③ $10\sqrt{2}\sin\left(\omega t+\frac{2\pi}{3}\right)$ ④ $10\sqrt{2}\sin\left(\omega t-\frac{2\pi}{3}\right)$

해설

cos함수와 sin함수의 관계식을 이용하면

$\cos\left(\omega t-\frac{\pi}{6}\right)=\sin\left(\omega t-\frac{\pi}{6}+\frac{\pi}{2}\right)=\sin\left(\omega t+\frac{\pi}{3}\right)$

$e_2(t)=20\sqrt{2}\cos\left(\omega t-\frac{\pi}{6}\right)$

$\qquad=20\sqrt{2}\sin\left(\omega t+\frac{\pi}{3}\right)$

$\therefore e_1(t)+e_2(t)$

$\qquad=10\sqrt{2}\sin\left(\omega t+\frac{\pi}{3}\right)+20\sqrt{2}\sin\left(\omega t+\frac{\pi}{3}\right)$

$\qquad=30\sqrt{2}\sin\left(\omega t+\frac{\pi}{3}\right)$

정답 | ①

32 빈출도 ★★★

60[Hz]의 3상 전압을 반파 정류하였을 때 리플(맥동) 주파수[Hz]는?

① 60   ② 120
③ 180   ④ 360

해설

3상 반파 정류의 맥동주파수는 $3f=3\times60=180[\text{Hz}]$

구분	단상 반파	단상 전파	3상 반파	3상 전파
정류효율[%]	40.6	81.2	96.8	99.8
맥동률[%]	121	48	17	4.2
맥동주파수[Hz]	f	$2f$	$3f$	$6f$

정답 | ③

33 빈출도 ★★

테브난의 정리를 이용하여 그림(a) 회로를 그림(b)와 같은 등가회로로 만들고자 할 때 $V_{th}[\text{V}]$와 $R_{th}[\Omega]$은?

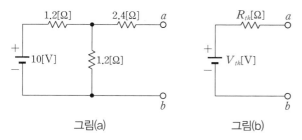

그림(a)   그림(b)

① 5[V], 2[Ω]   ② 5[V], 3[Ω]
③ 6[V], 2[Ω]   ④ 6[V], 3[Ω]

해설

테브난 등가전압을 구하기 위한 등가회로는 다음과 같다.

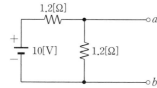

$$V_{th}=\frac{1.2}{1.2+1.2}\times10=5[\text{V}]$$

테브난 등가저항을 구하기 위한 등가회로는 다음과 같다.

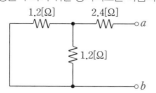

두 개의 저항 1.2[Ω]은 병렬관계이므로 합성저항을 구하면

$$R=\frac{1.2\times1.2}{1.2+1.2}=0.6[\Omega]$$

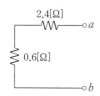

$a,\ b$ 단자에서 본 테브난 등가저항은
$$R_{th}=2.4+0.6=3[\Omega]$$

정답 | ②

34 빈출도 ★★★

어떤 전압계의 측정 범위를 12배로 하려고 하는 경우 배율기의 저항은 전압계 내부 저항의 몇 배로 해야 하는가?

① 9   ② 10
③ 11   ④ 12

해설

배율기의 배율 $m=\dfrac{V_0}{V}=\dfrac{I_v(R_m+R_v)}{I_vR_v}=1+\dfrac{R_m}{R_v}=12$

$\therefore \dfrac{R_m}{R_v}=12-1=11$

정답 | ③

35 빈출도 ★★

각 상의 임피던스가 $Z=4+j3[\Omega]$인 △결선의 평형 3상 부하에 선간전압이 200[V]인 대칭 3상 전압을 가했을 때 이 부하로 흐르는 선전류의 크기는 몇 [A] 인가?

① $\dfrac{40}{3}$ ② $\dfrac{40}{\sqrt{3}}$

③ 40   ④ $40\sqrt{3}$

해설

한 상의 임피던스 $Z=R+jX=4+j3[\Omega]$
$\qquad\qquad\quad =\sqrt{4^2+3^2}=5[\Omega]$

△결선의 상전압은 선간전압과 같으므로 한 상에 흐르는 전류

$I_p=\dfrac{V_p}{Z}=\dfrac{200}{5}=40[A]$

선전류 I_l는 상전류 I_p의 $\sqrt{3}$배이므로
$I_l=\sqrt{3}I_p=40\sqrt{3}[A]$

정답 | ④

36 빈출도 ★★★

시퀀스회로를 논리식으로 표현하면?

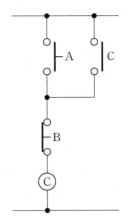

① $C=A+\overline{B}C$ ② $C=A\overline{B}+C$
③ $C=AC+\overline{B}$ ④ $C=(A+C)\cdot\overline{B}$

해설

A(a접점)와 C(a접점)이 병렬로 연결되어 있고 B(b접점)와 직렬로 연결되어 있으므로
$C=(A+C)\cdot\overline{B}$

정답 | ④

37 빈출도 ★★

그림의 회로에서 $a-b$ 간에 $V_{ab}[V]$를 인가했을 때 $c-d$ 간의 전압이 $100[V]$이었다. 이때 $a-b$ 간에 인가한 전압(V_{ab})은 몇 [V]인가?

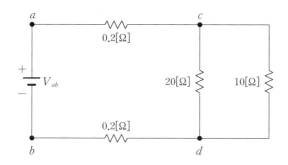

① 104
② 106
③ 108
④ 110

해설

$20[\Omega]$에 흐르는 전류 $I_{20\Omega} = \dfrac{V}{R} = \dfrac{100}{20} = 5[A]$

$10[\Omega]$에 흐르는 전류 $I_{10\Omega} = \dfrac{V}{R} = \dfrac{100}{10} = 10[A]$

노드 a, 노드 c 사이에 흐르는 전류는 $10+5=15[A]$이므로
$V_{ac} = IR = 15 \times 0.2 = 3[V]$
노드 d, 노드 b 사이에 흐르는 전류는 $10+5=15[A]$이므로
$V_{db} = IR = 15 \times 0.2 = 3[V]$
$\therefore V_{ab} = V_{ac} + V_{cd} + V_{db}$
$\qquad = 3+100+3 = 106[V]$

정답 | ②

38 빈출도 ★

균일한 자기장 속 운동하는 도체에 유도된 기전력의 방향을 나타내는 법칙은?

① 플레밍의 왼손 법칙
② 플레밍의 오른손 법칙
③ 암페어의 오른나사 법칙
④ 패러데이의 전자유도 법칙

해설

플레밍의 오른손 법칙은 자계 내에서 도선이 움직일 때 유기되는 유도기전력의 방향(발전기의 전류 방향)을 결정하는 법칙이다.

선지분석

① 플레밍의 왼손 법칙: 전류와 자계 사이에 작용하는 힘의 방향을 결정하는 법칙이다.
③ 암페어의 오른나사 법칙: 전류에 의해 만들어지는 자계의 방향을 결정하는 법칙이다.
④ 패러데이의 전자유도 법칙: 유도기전력의 크기를 결정하는 법칙이다.

정답 | ②

39 빈출도 ★

회로에서 저항 5[Ω]의 양단 전압 V_R[V]은?

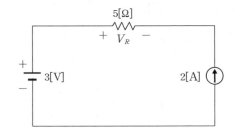

① −10 ② −7
③ 7 ④ 10

전류원에 의해 회로는 반시계 방향으로 2[A]의 전류가 흐른다.
$V_R = IR = (-2) \times 5 = -10[V]$

관련개념 중첩의 원리

㉠ 전압원만을 고려할 경우 전류원은 개방된 것으로 본다.
→ 3[V] 전압만을 고려할 경우 2[A]의 전류원을 개방한 것으로 본다. 이 경우 회로에 흐르는 전류는 없다.
㉡ 전류원만을 고려할 경우 전압원은 단락된 것으로 본다.
→ 2[A] 전류원을 고려할 경우 3[V]의 전압은 단락된 것으로 본다. 이 경우 회로에 흐르는 전류는 2[A]이고 반시계 방향으로 흐른다.

정답 | ①

40 빈출도 ★★★

다음의 논리식을 간단히 표현한 것은?

$$Y = \overline{A}\,\overline{B}C + \overline{A}B\overline{C} + \overline{A}BC$$

① $\overline{A} \cdot (B+C)$ ② $\overline{B} \cdot (A+C)$
③ $\overline{C} \cdot (A+B)$ ④ $C \cdot (A+\overline{B})$

해설

$Y = \overline{A}\,\overline{B}C + \overline{A}B\overline{C} + \overline{A}BC$
$= \overline{A}B(\overline{C}+C) + \overline{A}\,\overline{B}C$
$= \overline{A}B + \overline{A}\,\overline{B}C$
$= \overline{A}(B + \overline{B}C)$ ← 흡수법칙
$= \overline{A}(B+C)$

관련개념 불대수 연산 예

결합법칙	• A+(B+C)=(A+B)+C
	• A·(B·C)=(A·B)·C
분배법칙	• A·(B+C)=A·B+A·C
	• A+(B·C)=(A+B)·(A+C)
흡수법칙	• A+A·B=A
	• A+$\overline{A}$B=A+B
	• A·(A+B)=A

정답 | ①

소방관계법규

41 빈출도 ★

다음 중 소방기본법령에 따라 화재예방상 필요하다고 인정되거나 화재위험경보 시 발령하는 소방신호의 종류로 옳은 것은?

① 경계신호
② 발화신호
③ 경보신호
④ 훈련신호

해설

신호	설명
경계신호	화재예방 상 필요하다고 인정되거나 화재위험경보 시 발령
발화신호	화재가 발생한 때 발령
해제신호	소화활동이 필요없다고 인정되는 때 발령
훈련신호	훈련 상 필요하다고 인정되는 때 발령

정답 | ①

42 빈출도 ★★★

화재의 예방 및 안전관리에 관한 법률상 보일러 등의 위치·구조 및 관리와 화재예방을 위하여 불의 사용에 있어서 지켜야 하는 사항 중 보일러에 경유·등유 등 액체연료를 사용하는 경우에 연료탱크는 보일러 본체로부터 수평거리 최소 몇 [m] 이상의 간격을 두어 설치해야 하는가?

① 0.5
② 0.6
③ 1
④ 2

해설

연료탱크는 보일러 본체로부터 수평거리 1[m] 이상의 간격을 두어 설치해야 한다.

정답 | ③

43 빈출도 ★

다음은 소방기본법령상 소방본부에 대한 설명이다. ( )에 알맞은 내용은?

> 소방업무를 수행하기 위하여 ( ) 직속으로 소방본부를 둔다.

① 경찰서장
② 시·도지사
③ 행정안전부장관
④ 소방청장

해설

시·도에서 소방업무를 수행하기 위하여 시·도지사 직속으로 소방본부를 둔다.

정답 | ②

44 빈출도 ★★

소방시설공사업법령상 소방시설업의 등록을 하지 아니하고 영업을 한 자에 대한 벌칙기준으로 옳은 것은?

① 1년 이하의 징역 또는 1,000만 원 이하의 벌금
② 2년 이하의 징역 또는 2,000만 원 이하의 벌금
③ 3년 이하의 징역 또는 3,000만 원 이하의 벌금
④ 5년 이하의 징역 또는 5,000만 원 이하의 벌금

해설

소방시설업 등록을 하지 아니하고 영업을 한 자는 3년 이하의 징역 또는 3,000만 원 이하의 벌금에 처한다.

정답 | ③

45 빈출도 ★★

다음 소방기본법령상 용어 정의에 대한 설명으로 옳은 것은?

① 소방대상물이란 건축물, 차량, 선박(항구에 매어둔 선박 제외) 등을 말한다.
② 관계인이란 소방대상물의 점유예정자를 포함한다.
③ 소방대란 소방공무원, 의무소방원, 의용소방대원으로 구성된 조직체이다.
④ 소방대장이란 화재, 재난·재해, 그 밖의 위급한 상황이 발생한 현장에서 소방대를 지휘하는 사람(소방서장 제외)이다.

해설

소방대란 화재를 진압하고 화재, 재난·재해, 그 밖의 위급한 상황에서 구조·구급 활동 등을 하기 위하여 다음 사람으로 구성된 조직체를 말한다.
㉠ 소방공무원
㉡ 의무소방원
㉢ 의용소방대원

선지분석

① 소방대상물이란 건축물, 차량, 선박(항구에 매어둔 선박)을 말한다.
② 관계인이란 소방대상물의 소유자·관리자 또는 점유자를 말한다.
④ 소방대장이란 소방본부장 또는 소방서장 등 화재, 재난·재해, 그 밖의 위급한 상황이 발생한 현장에서 소방대를 지휘하는 사람을 말한다.

정답 | ③

46 빈출도 ★★★

소방기본법령상 상업지역에 소방용수시설 설치 시 소방대상물과의 수평거리 기준은 몇 [m] 이하인가?

① 100   ② 120
③ 140   ④ 160

해설

소방용수시설을 상업지역에 설치하는 경우 소방대상물과의 수평거리는 100[m] 이하가 되도록 해야 한다.

관련개념 소방용수시설을 설치하는 경우 소방대상물과의 수평거리

• 주거지역 • 상업지역 • 공업지역	100[m] 이하
그 외 지역	140[m] 이하

정답 | ①

47 빈출도 ★

소방시설공사업법령상 일반소방시설설계업(기계분야)의 영업범위에 대한 기준 중 (　　　)에 알맞은 내용은? (단, 공장의 경우는 제외한다.)

> 연면적 (　　　)[m²] 미만의 특정소방대상물(제연설비가 설치되는 특정소방대상물 제외)에 설치되는 기계분야 소방시설의 설계

① 10,000   ② 20,000
③ 30,000   ④ 50,000

해설

일반소방시설설계업(기계분야)의 기준은 연면적 30,000[m²](공장의 경우에는 10,000[m²]) 미만의 특정소방대상물(제연설비가 설치되는 특정소방대상물 제외)에 설치되는 기계분야 소방시설의 설계이다.

정답 | ③

48 빈출도 ★★★

위험물안전관리법령에서 정하는 제3류 위험물에 해당하는 것은?

① 나트륨
② 염소산염류
③ 무기과산화물
④ 유기과산화물

해설

나트륨은 제3류 위험물에 해당된다.

선지분석

② 염소산염류: 제1류 위험물
③ 무기과산화물: 제1류 위험물
④ 유기과산화물: 제5류 위험물

관련개념 제3류 위험물 및 지정수량

위험물	품명	지정수량
제3류 (자연 발화성 물질 및 금수성 물질)	칼륨	10[kg]
	나트륨	
	알킬알루미늄	
	알킬리튬	
	황린	20[kg]
	알칼리금속(칼륨 및 나트륨 제외) 및 알칼리토금속	50[kg]
	유기금속화합물(알킬알루미늄 및 알킬리튬 제외)	
	금속의 수소화물	300[kg]
	금속의 인화물	
	칼슘 또는 알루미늄의 탄화물	

정답 | ①

49 빈출도 ★★★

소방시설 설치 및 관리에 관한 법률상 자동화재탐지설비를 설치하여야 하는 특정소방대상물의 기준으로 틀린 것은?

① 공장 및 창고시설로서 「화재의 예방 및 안전관리에 관한 법률」에서 정하는 수량의 500배 이상의 특수가연물을 저장·취급하는 것
② 지하가(터널 제외)로서 연면적 600[m²] 이상인 것
③ 숙박시설이 있는 수련시설로서 수용인원 100명 이상인 것
④ 장례시설 및 복합건축물로서 연면적 600[m²] 이상인 것

해설

지하가(터널 제외)로서 연면적 1,000[m²] 이상인 특정소방대상물에는 자동화재탐지설비를 설치해야 한다.

관련개념 자동화재탐지설비를 설치해야 하는 특정소방대상물

시설	대상
• 아파트등 • 기숙사 • 숙박시설	모든 층
층수가 6층 이상인 건축물	모든 층
• 근린생활시설(목욕장 제외) • 의료시설(정신의료기관, 요양병원 제외) • 위락시설, 장례시설, 복합건축물	연면적 600[m²] 이상인 것은 모든 층
근린생활시설 중 • 목욕장, 문화 및 집회시설 • 종교시설, 판매시설 • 운수시설, 운동시설 • 업무시설, 공장, 창고시설 • 위험물 저장 및 처리시설 • 항공기 및 자동차 관련 시설 • 교정 및 군사시설 중 국방·군사시설 • 방송통신시설, 발전시설 • 관광 휴게시설, 지하가(터널 제외)	연면적 1,000[m²] 이상인 경우 모든 층
공장 및 창고시설	지정수량 500배 이상의 특수가연물을 저장·취급하는 것

정답 | ②

50 빈출도 ★★★

소방시설 설치 및 관리에 관한 법률상 종합점검 실시 대상이 되는 특정소방대상물의 기준 중 다음 (   ) 안에 알맞은 것은?

물분무등소화설비[호스릴(Hose reel)방식의 물분무등소화설비만을 설치한 경우 제외]가 설치된 연면적 (   )[m²] 이상인 특정소방대상물 (위험물 제조소등 제외)

---

① 2,000　　　　　② 3,000

③ 4,000　　　　　④ 5,000

해설

물분무등소화설비(호스릴방식의 물분무등소화설비만을 설치한 경우 제외)가 설치된 연면적 **5,000[m²]** 이상인 특정소방대상물 (위험물제조소등 제외)이 종합점검 대상이다.

관련개념 종합점검 대상

㉠ 스프링클러설비가 설치된 특정소방대상물

㉡ 물분무등소화설비(호스릴방식의 물분무등소화설비만을 설치한 경우 제외)가 설치된 연면적 5,000[m²] 이상인 특정소방대상물(위험물제조소등 제외)

㉢ 다중이용업의 영업장이 설치된 특정소방대상물로서 연면적이 2,000[m²] 이상인 것

㉣ 제연설비가 설치된 터널

㉤ 공공기관 중 연면적이 1,000[m²] 이상인 것으로서 옥내소화전설비 또는 자동화재탐지설비가 설치된 것(소방대가 근무하는 공공기관 제외)

정답 | ④

51 빈출도 ★★★

화재의 예방 및 안전관리에 관한 법률상 특수가연물의 저장 및 취급의 기준 중 (   )에 들어갈 내용으로 옳은 것은? (단, 석탄·목탄류의 경우는 제외한다.)

쌓는 높이는 (㉠)[m] 이하가 되도록 하고, 쌓는 부분의 바닥면적은 (㉡)[m²] 이하가 되도록 할 것

---

① ㉠: 15, ㉡: 200　　② ㉠: 15, ㉡: 300

③ ㉠: 10, ㉡: 30　　④ ㉠: 10, ㉡: 50

해설

쌓는 높이는 **10[m]** 이하가 되도록 하고, 쌓는 부분의 바닥면적은 **50[m²]** 이하가 되도록 해야 한다(석탄·목탄류 제외).

관련개념 특수가연물의 저장 및 취급 기준

구분		살수설비를 설치하거나 대형수동식소화기를 설치하는 경우	그 밖의 경우
높이		15[m] 이하	10[m] 이하
쌓는 부분의 바닥면적	석탄·목탄류	300[m²] 이하	200[m²] 이하
	그 외	200[m²] 이하	50[m²] 이하

정답 | ④

52 빈출도 ★★

화재의 예방 및 안전관리에 관한 법률 상 총괄소방안전관리자를 선임하여야 하는 특정소방대상물 중 복합건축물은 지하층을 제외한 층수가 최소 몇 층 이상인 건축물만 해당되는가?

① 6층　　　　　② 11층

③ 20층　　　　　④ 30층

해설

총괄소방안전관리자를 선임해야 하는 복합건축물은 지하층을 제외한 층수가 **11층** 이상 또는 연면적 30,000[m²] 이상인 건축물이다.

정답 | ②

53 빈출도 ★

위험물안전관리법령상 제4류 위험물을 저장·취급하는 제조소에 "화기엄금"이란 주의사항을 표시하는 게시판을 설치할 경우 게시판의 색상은?

① 청색 바탕에 백색 문자
② 적색 바탕에 백색 문자
③ 백색 바탕에 적색 문자
④ 백색 바탕에 흑색 문자

해설

"화기엄금"의 게시판의 색상은 적색 바탕에 백색 문자이다.

관련개념 주의사항 게시판 색상

구분	바탕	문자
화기주의 화기엄금	적색	백색
물기엄금	청색	백색

정답 | ②

54 빈출도 ★

위험물안전관리법령상 유별을 달리하는 위험물을 혼재하여 저장할 수 있는 것으로 짝지어진 것은?

① 제1류 – 제2류
② 제2류 – 제3류
③ 제3류 – 제4류
④ 제5류 – 제6류

해설

제3류 위험물과 제4류 위험물은 혼재하여 저장이 가능하다.

관련개념 혼재하여 저장이 가능한 위험물

432: 제4류와 제3류, 제4류와 제2류 혼재 가능
542: 제5류와 제4류, 제5류와 제2류 혼재 가능
61: 제6류와 제1류 혼재 가능

정답 | ③

55 빈출도 ★★

소방시설 설치 및 관리에 관한 법률상 방염성능기준 이상의 실내장식물 등을 설치하여야 하는 특정소방대상물이 아닌 것은?

① 방송국
② 종합병원
③ 11층 이상의 아파트
④ 숙박이 가능한 수련시설

해설

11층 이상인 아파트는 방염성능기준 이상의 실내장식물 등을 설치하여야 하는 특정소방대상물이 아니다.

관련개념 방염성능기준 이상의 실내장식물 등을 설치하여야 하는 특정소방대상물

㉠ 근린생활시설
 – 의원, 치과의원, 한의원, 조산원, 산후조리원
 – 체력단련장
 – 공연장 및 종교집회장
㉡ 옥내에 있는 시설
 – 문화 및 집회시설
 – 종교시설
 – 운동시설(수영장 제외)
㉢ 의료시설
㉣ 교육연구시설 중 합숙소
㉤ 숙박이 가능한 수련시설
㉥ 숙박시설
㉦ 방송통신시설 중 방송국 및 촬영소
㉧ 다중이용업소
㉨ 층수가 11층 이상인 것(아파트등 제외)

정답 | ③

56 빈출도 ★★★

소방시설 설치 및 관리에 관한 법률 상 건축허가 등을 할 때 미리 소방본부장 또는 소방서장의 동의를 받아야 하는 건축물 등의 범위기준이 아닌 것은?

① 노유자시설 및 수련시설로서 연면적 100[m²] 이상인 건축물
② 지하층 또는 무창층이 있는 건축물로서 바닥면적이 150[m²] 이상인 층이 있는 것
③ 차고 · 주차장으로 사용되는 바닥면적이 200[m²] 이상인 층이 있는 건축물이나 주차시설
④ 장애인 의료재활시설로서 연면적 300[m²] 이상인 건축물

해설

노유자시설 및 수련시설로서 연면적 200[m²] 이상인 건축물이 건축허가 등의 동의대상물이다.

관련개념 동의대상물의 범위

㉠ 연면적 400[m²] 이상 건축물이나 시설
㉡ 다음 표에서 제시된 기준 연면적 이상의 건축물이나 시설

구분	기준
학교시설	100[m²] 이상
– 노유자시설 – 수련시설	200[m²] 이상
– 정신의료기관 – 장애인 의료재활시설	300[m²] 이상

㉢ 지하층, 무창층이 있는 건축물로서 바닥면적이 150[m²](공연장 100[m²]) 이상인 층이 있는 것
㉣ 차고, 주차장 또는 주차용도로 사용되는 시설
　– 차고 · 주차장으로 사용되는 바닥면적이 200[m²] 이상인 층이 있는 건축물이나 주차시설
　– 승강기 등 기계장치에 의한 주차시설로서 자동차 20대 이상을 주차할 수 있는 시설
㉤ 층수가 6층 이상인 건축물
㉥ 항공기격납고, 관망탑, 항공관제탑, 방송용 송수신탑
㉦ 특정소방대상물 중 위험물 저장 및 처리시설, 지하구

정답 | ①

57 빈출도 ★★

위험물안전관리법령 상 관계인이 예방규정을 정하여야 하는 위험물 제조소등에 해당하지 않는 것은?

① 지정수량 10배의 특수인화물을 취급하는 일반취급소
② 지정수량 20배의 휘발유를 고정된 탱크에 주입하는 일반취급소
③ 지정수량 40배의 제3석유류를 용기에 옮겨 담는 일반취급소
④ 지정수량 15배의 알코올을 버너에 소비하는 장치로 이루어진 일반취급소

해설

제3석유류는 제4류 위험물에 속하지만 특수인화물, 제1석유류, 알코올류가 아니다. 따라서 제3석유류만을 지정수량의 50배 이하로 용기에 옮겨 담는 일반취급소는 예방규정 작성 제외 대상이다.

관련개념 관계인이 예방규정을 정해야 하는 제조소등

시설	저장 또는 취급량
제조소	지정수량의 10배 이상
옥외저장소	지정수량의 100배 이상
옥내저장소	지정수량의 150배 이상
옥외탱크저장소	지정수량의 200배 이상
암반탱크저장소	전체
이송취급소	전체
일반취급소	• 지정수량의 10배 이상 • 제4류 위험물(특수인화물 제외)만을 지정수량의 50배 이하로 취급하는 일반취급소(제1석유류 · 알코올류의 취급량이 지정수량의 10배 이하인 경우에 한함)로서 다음 경우 제외 　– 보일러 · 버너 또는 이와 비슷한 것으로서 위험물을 소비하는 장치로 이루어진 일반취급소 　– 위험물을 용기에 옮겨 담거나 차량에 고정된 탱크에 주입하는 일반취급소

정답 | ③

58 빈출도 ★★

소방시설 설치 및 관리에 관한 법률 상 제조 또는 가공 공정에서 방염처리를 한 물품 중 방염대상물품이 아닌 것은?

① 카펫
② 전시용 합판
③ 창문에 설치하는 커튼류
④ 두께가 2[mm] 미만인 종이벽지

해설

두께가 2[mm] 미만인 종이벽지는 방염대상물품이 아니다.

관련개념 제조 또는 가공 공정에서 방염처리하는 방염대상물품

㉠ 창문에 설치하는 커튼류
㉡ 카펫, 벽지류(두께가 2[mm] 미만인 종이벽지 제외)
㉢ 전시용 합판·목재 또는 섬유판, 무대용 합판·목재 또는 섬유판

정답 | ④

59 빈출도 ★★

다음은 1급 소방안전관리대상물 중 소방안전관리자를 두어야 하는 특정소방대상물의 조건이다. 알맞게 짝지어진 것은?

(㉠)층 이상이거나 높이가 (㉡)[m] 이상인 아파트

① ㉠: 50, ㉡: 120
② ㉠: 30, ㉡: 200
③ ㉠: 30, ㉡: 120
④ ㉠: 50, ㉡: 200

해설

소방안전관리자를 두어야 하는 특정소방대상물

시설	대상
아파트	• 30층 이상(지하층 제외) • 지상으로부터 높이 120[m] 이상
특정소방대상물 (아파트 제외)	• 연면적 15,000[m²] 이상 • 지상층의 층수가 11층 이상
가연성 가스 저장·취급 시설	1,000[t] 이상 저장·취급

• 제외대상: 동·식물원, 철강 등 불연성 물품을 저장·취급하는 창고, 위험물 저장 및 처리 시설 중 제조소등과 지하구

정답 | ③

60 빈출도 ★

소방시설 설치 및 관리에 관한 법률 상 무창층으로 판정하기 위한 개구부가 갖추어야 할 요건으로 틀린 것은?

① 크기는 반지름 30[cm] 이상의 원이 통과할 수 있을 것
② 해당 층의 바닥면으로부터 개구부 밑부분까지 높이가 1.2[m] 이내일 것
③ 도로 또는 차량이 진입할 수 있는 빈터를 향할 것
④ 화재 시 건축물로부터 쉽게 피난할 수 있도록 창살이나 그 밖의 장애물이 설치되지 않을 것

해설

개구부의 크기는 지름 50[cm] 이상의 원이 통과할 수 있어야 한다.

관련개념 개구부의 조건

㉠ 크기는 지름 50[cm] 이상의 원이 통과할 수 있을 것
㉡ 해당 층의 바닥면으로부터 개구부 밑부분까지의 높이가 1.2[m] 이내일 것
㉢ 도로 또는 차량이 진입할 수 있는 빈터를 향할 것
㉣ 화재 시 건축물로부터 쉽게 피난할 수 있도록 창살이나 그 밖의 장애물이 설치되지 않을 것
㉤ 내부 또는 외부에서 쉽게 부수거나 열 수 있을 것

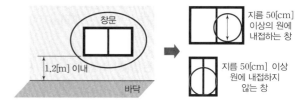

정답 | ①

소방전기시설의 구조 및 원리

61 빈출도 ★

소방시설용 비상전원수전설비의 화재안전기술기준에 따라 저압으로 수전하는 제1종 배전반 및 분전반의 외함 두께와 전면판(또는 문) 두께에 대한 설치기준으로 옳은 것은?

① 외함: 1.0[mm] 이상
   전면판(또는 문): 1.2[mm] 이상
② 외함: 1.2[mm]이상
   전면판(또는 문): 1.5[mm] 이상
③ 외함: 1.5[mm] 이상
   전면판(또는 문): 2.0[mm] 이상
④ 외함: 1.6[mm] 이상
   전면판(또는 문): 2.3[mm] 이상

해설

소방시설용 비상전원수전설비의 저압으로 수전하는 제1종 배전반 및 분전반의 외함은 두께 **1.6[mm]**(전면판 및 문은 **2.3[mm]**) 이상의 강판으로 제작하여야 한다.

관련개념 **소방시설용 비상전원수전설비의 외함, 전면판 및 문의 강판 두께**

배전반 및 분전반		외함	전면판(또는 문)
제1종		1.6[mm] 이상	2.3[mm] 이상
제2종	일반적인 경우	1.0[mm] 이상	—
	함 전면 면적이 1,000[cm²] 초과 2,000[cm²] 이하	1.2[mm] 이상	
	함 전면 면적이 2,000[cm²] 초과	1.6[mm] 이상	

정답 | ④

62 빈출도 ★★

무선통신보조설비의 화재안전기술기준에서 정하는 분배기·분파기 및 혼합기 등의 임피던스는 몇 [Ω]의 것으로 하여야 하는가?

① 10
② 30
③ 50
④ 100

해설

무선통신보조설비의 분배기·분파기 및 혼합기의 임피던스는 50[Ω]의 것으로 해야 한다.

관련개념 **무선통신보조설비의 분배기·분파기 및 혼합기의 설치 기준**

- ㉠ 먼지·습기 및 부식 등에 따라 기능에 이상을 가져오지 않도록 할 것
- ㉡ 임피던스는 50[Ω]의 것으로 할 것
- ㉢ 점검에 편리하고 화재 등의 재해로 인한 피해의 우려가 없는 장소에 설치할 것

정답 | ③

63 빈출도 ★★

비상콘센트설비의 성능인증 및 제품검사의 기술기준에 따라 절연저항시험 부위의 절연내력은 정격전압 150[V] 이하의 경우 60[Hz]의 정현파에 가까운 실효전압 1,000[V] 교류 전압을 가하는 시험에서 몇 분간 견디는 것이어야 하는가?

① 1   ② 10

③ 30   ④ 60

해설

비상콘센트설비의 절연된 충전부와 외함 간 절연내력은 정격전압 **150[V]** 이하의 경우 60[Hz]의 정현파에 가까운 실효전압 1,000[V] 교류 전압을 가하는 시험에서 **1분간** 견디는 것이어야 한다.
정격전압이 150[V]를 초과하는 경우 그 정격전압에 2를 곱하여 1,000을 더한 값의 교류 전압을 가하는 시험에서 1분간 견디는 것이어야 한다.

정답 | ①

64 빈출도 ★★★

다음은 누전경보기의 형식승인 및 제품검사의 기술기준에 따른 표시등에 대한 내용이다. ( )에 들어갈 내용으로 옳은 것은?

> 주위의 밝기가 (ⓐ)[lx]인 장소에서 측정하여 앞면으로부터 (ⓑ)[m] 떨어진 곳에서 켜진 등이 확실히 식별되어야 한다.

① ⓐ: 150, ⓑ: 3

② ⓐ: 300, ⓑ: 3

③ ⓐ: 150, ⓑ: 5

④ ⓐ: 300, ⓑ: 5

해설

누전경보기의 표시등은 주위의 밝기가 **300[lx]**인 장소에서 측정하여 앞면으로부터 **3[m]** 떨어진 곳에서 켜진 등이 확실히 식별되어야 한다.

정답 | ②

65 빈출도 ★★★

무선통신보조설비의 화재안전기술기준에 따라 무선통신보조설비의 누설동축케이블 및 동축케이블은 화재에 따라 해당 케이블의 피복이 소실된 경우에 케이블 본체가 떨어지지 아니하도록 몇 [m] 이내마다 금속제 또는 자기제 등의 지지금구로 벽·천장·기둥 등에 견고하게 고정시켜야 하는가? (단, 불연재료로 구획된 반자 안에 설치하지 않은 경우이다.)

① 1   ② 1.5

③ 2.5   ④ 4

해설

누설동축케이블 및 동축케이블은 화재에 따라 해당 케이블의 피복이 소실된 경우에 케이블 본체가 떨어지지 않도록 **4[m]** 이내마다 금속제 또는 자기제 등의 지지금구로 벽·천장·기둥 등에 견고하게 고정해야 한다.(불연재료로 구획된 반자 안에 설치하는 경우 제외)

정답 | ④

66 빈출도 ★★

비상콘센트설비의 화재안전기술기준에 따라 비상콘센트용의 풀박스 등은 방청도장을 한 것으로서, 두께 몇 [mm] 이상의 철판으로 하여야 하는가?

① 1.0   ② 1.2

③ 1.5   ④ 1.6

해설

비상콘센트용의 풀박스 등은 방청도장을 한 것으로서, 두께 **1.6[mm]** 이상의 철판으로 해야 한다.

정답 | ④

67 빈출도 ★★★

자동화재탐지설비 및 시각경보장치의 화재안전기술기준에서 정하는 불꽃감지기의 시설기준으로 틀린 것은?

① 폭발의 우려가 있는 장소에는 방폭형으로 설치할 것
② 공칭감시거리 및 공칭시야각은 형식승인 내용에 따를 것
③ 감지기를 천장에 설치하는 경우에는 감지기는 바닥을 향하여 설치할 것
④ 감지기는 화재감지를 유효하게 감지할 수 있는 모서리 또는 벽 등에 설치할 것

해설

보기 ①은 자동화재탐지설비 불꽃탐지기의 설치기준이 아니다.

관련개념 불꽃감지기의 설치기준

㉠ 감지기는 공칭감시거리와 공칭시야각을 기준으로 감시구역이 모두 포용될 수 있도록 설치할 것
㉡ 감지기는 화재감지를 유효하게 감지할 수 있는 모서리 또는 벽 등에 설치할 것
㉢ 감지기를 천장에 설치하는 경우에는 감지기는 바닥을 향하여 설치할 것
㉣ 수분이 많이 발생할 우려가 있는 장소에는 방수형으로 설치할 것

정답 | ①

68 빈출도 ★

다음은 비상조명등의 우수품질인증 기술기준에서 정하는 비상조명등의 상태를 자동적으로 점검하는 기능에 대한 내용이다. (　　)에 들어갈 내용으로 옳은 것은?

> 자가점검시간은 (　ⓐ　)초 이상 (　ⓑ　)분 이하로 (　ⓒ　)일마다 최소 한 번 이상 자동으로 수행하여야 한다.

① ⓐ: 15, ⓑ: 15, ⓒ: 15
② ⓐ: 15, ⓑ: 20, ⓒ: 30
③ ⓐ: 30, ⓑ: 30, ⓒ: 30
④ ⓐ: 30, ⓑ: 45, ⓒ: 60

해설

비상조명등의 상태를 자동적으로 점검하는 자가점검시간은 30초 이상 30분 이하로 30일마다 최소 한 번 이상 자동으로 수행하여야 한다.

관련개념 비상조명등의 자가점검 및 무선점검시험

㉠ 자가점검시간은 30초 이상 30분 이하로 30일마다 최소 한 번 이상 자동으로 수행하여야 한다.
㉡ 자가점검결과 이상상태를 확인할 수 있는 표시 또는 점등장치를 설치하여야 한다.
㉢ 자가점검기능은 비상전원 충전회로 고장, 예비전원 충전용량 미달 등에 대하여 표시하여야 하며, 기타 제조사가 제시하는 기능을 표시할 수 있다.
㉣ 상용전원 및 비상전원의 상태를 무선으로 점검할 수 있는 장치를 설치할 수 있다. 이 경우 최대점검거리 및 시야각 등을 제시하여야 한다.

정답 | ③

69 빈출도 ★★

자동화재탐지설비 및 시각경보장치의 화재안전기술 기준에 따라 부착 높이가 4[m] 미만으로 연기감지기 3종을 설치할 때, 바닥면적 몇 [m²]마다 1개 이상 설치하여야 하는가?

① 50　　　　　　　　② 75
③ 100　　　　　　　　④ 150

해설

3종 연기감지기는 부착 높이가 4[m] 미만인 경우 50[m²]마다 1개 이상 설치하여야 한다.

관련개념 연기감지기의 설치기준

㉠ 부착높이에 따른 설치기준

부착 높이	감지기의 종류[m²]	
	1종 및 2종	3종
4[m] 미만	150	50
4[m] 이상 20[m] 미만	75	—

㉡ 장소에 따른 설치기준

구분	감지기의 종류	
	1종 및 2종	3종
복도 및 통로	보행거리 30[m]마다	보행거리 20[m]마다
계단 및 경사로	수직거리 15[m]마다	수직거리 10[m]마다

㉢ 천장 또는 반자가 낮은 실내 또는 좁은 실내에 있어서는 출입구의 가까운 부분에 설치할 것
㉣ 천장 또는 반자 부근에 배기구가 있는 경우에는 그 부근에 설치할 것
㉤ 감지기는 벽 또는 보로부터 0.6[m] 이상 떨어진 곳에 설치할 것

정답 | ①

70 빈출도 ★★

비상방송설비와 자동화재탐지설비의 연동 시 동작 순서로 옳은 것은?

① 기동장치 → 증폭기 → 수신기 → 조작부 → 확성기
② 기동장치 → 조작부 → 증폭기 → 수신부 → 확성기
③ 기동장치 → 수신기 → 증폭기 → 조작부 → 확성기
④ 기동장치 → 증폭기 → 조작부 → 수신부 → 확성기

해설

비상방송설비와 자동화재탐지설비 연동 시 동작 순서
기동장치 → 수신기 → 증폭기 → 조작부 → 확성기

정답 | ③

71 빈출도 ★★

유도등의 우수품질인증 기술기준에서 정하는 유도등의 일반구조에 적합하지 않은 것은?

① 축전지에 배선 등은 직접 납땜하여야 한다.
② 충전부가 노출되지 아니한 것은 사용전압이 300[V]를 초과할 수 있다.
③ 외함은 기기 내의 온도 상승에 의하여 변형, 변색 또는 변질되지 아니하여야 한다.
④ 전선의 굵기는 인출선인 경우에는 단면적이 0.75[mm²] 이상, 인출선 외의 경우에는 면적이 0.5[mm²] 이상 이어야 한다.

해설

유도등은 축전지에 배선 등을 직접 납땜하지 아니하여야 한다.

정답 | ①

72 빈출도 ★

축광표지의 성능인증 및 제품검사의 기술기준에 따라 피난방향 또는 소방용품 등의 위치를 추가적으로 알려주는 보조 역할을 하는 축광보조표지의 설치 위치로 틀린 것은?

① 바닥　　　　　　　② 천장
③ 계단　　　　　　　④ 벽면

해설

천장은 축광보조표지의 설치 위치가 아니다.

관련개념　축광보조표지

피난로 등의 바닥·계단·벽면 등에 설치함으로서 피난방향 또는 소방용품 등의 위치를 추가적으로 알려주는 보조역할을 하는 표지이다.

정답 | ②

73 빈출도 ★★

시각경보장치의 성능인증 및 제품검사의 기술기준에 따라 시각경보장치의 전원부 양단자 또는 양선을 단락시킨 부분과 비충전부를 DC 500[V]의 절연저항계로 측정하는 경우 절연저항이 몇 [MΩ] 이상이어야 하는가?

① 0.1　　　　　　　② 5
③ 10　　　　　　　④ 20

해설

시각경보장치의 전원부 양단자 또는 양선을 단락시킨 부분과 비충전부를 DC 500[V]의 절연저항계로 측정하는 경우 절연저항이 5[MΩ] 이상이어야 한다.

정답 | ②

74 빈출도 ★

누전경보기의 형식승인 및 제품검사의 기술기준에서 정하는 누전경보기의 공칭작동전류치(누전경보기를 작동시키기 위하여 필요한 누설전류의 값으로서 제조자에 의하여 표시된 값)는 몇 [mA] 이하이어야 하는가?

① 50　　　　　　　② 100
③ 150　　　　　　　④ 200

해설

누전경보기의 공칭작동전류치는 200[mA] 이하이어야 한다.

정답 | ④

75 빈출도 ★★★

다음은 자동화재속보설비 속보기의 성능인증 및 제품 검사의 기술기준에 따른 속보기에 대한 내용이다. ( )에 들어갈 내용으로 옳은 것은?

> 속보기는 작동신호(화재경보신호 포함) 또는 수동 작동스위치에 의한 다이얼링 후 소방관서와 전화 접속이 이루어지지 않는 경우에는 최초 다이얼링을 포함하여 (ⓐ)회 이상 반복적으로 접속을 위한 다이얼링이 이루어져야 한다. 이 경우 매 회 다이얼링 완료 후 호출은 (ⓑ)초 이상 지속되어야 한다.

① ⓐ: 10, ⓑ: 30
② ⓐ: 15, ⓑ: 30
③ ⓐ: 10, ⓑ: 60
④ ⓐ: 15, ⓑ: 60

해설

속보기는 작동신호(화재경보신호 포함) 또는 수동작동스위치에 의한 다이얼링 후 소방관서와 전화접속이 이루어지지 않는 경우에는 최초 다이얼링을 포함하여 10회 이상 반복적으로 접속을 위한 다이얼링이 이루어져야 한다. 이 경우 매 회 다이얼링 완료 후 호출은 30초 이상 지속되어야 한다.

정답 | ①

76 빈출도 ★

단독경보형 감지기에 대한 설명으로 틀린 것은?

① 단독경보형 감지기는 감지부, 경보장치, 전원이 개별로 구성되어 있다.
② 화재경보음은 감지기로부터 1[m] 떨어진 위치에서 85[dB] 이상으로 10분 이상 계속하여 경보할 수 있어야 한다.
③ 자동복귀형 스위치에 의하여 수동으로 작동시험을 할 수 있는 기능이 있어야 한다.
④ 작동되는 경우 작동표시등에 의하여 화재의 발생을 표시하고 내장된 음향장치에 의하여 화재경보음을 발할 수 있는 기능이 있어야 한다.

해설

단독경보형 감지기는 감지부, 경보장치, 전원이 내장되어 일체로 되어있다.

정답 | ①

77 빈출도 ★★★

비상방송설비의 음향장치는 정격전압의 몇 [%] 전압에서 음향을 발할 수 있는 것으로 하여야 하는가?

① 80
② 90
③ 100
④ 110

해설

비상방송설비의 음향장치는 정격전압의 80[%] 전압에서 음향을 발할 수 있는 것으로 해야 한다.

관련개념 비상방송설비 음향장치의 구조 및 성능 기준

㉠ 정격전압의 80[%] 전압에서 음향을 발할 수 있는 것으로 할 것
㉡ 자동화재탐지설비의 작동과 연동하여 작동할 수 있는 것으로 할 것

정답 | ①

78 빈출도 ★★

소방시설용 비상전원수전설비의 화재안전기술기준에 따라 소방회로배선은 일반회로배선과 불연성 벽으로 구획하여야 하나, 소방회로배선과 일반회로배선을 몇 [cm] 이상 떨어져 설치한 경우에는 그러하지 아니하는가?

① 5   ② 10
③ 15   ④ 20

해설

소방시설용 비상전원수전설비의 소방회로배선과 일반회로배선을 15[cm] 이상 떨어져 설치한 경우는 불연성 벽으로 구획하지 않을 수 있다.

관련개념 특고압 또는 고압으로 수전하는 비상전원수전설비

㉠ 방화구획형, 옥외개방형 또는 큐비클형으로 설치할 것
㉡ 전용의 방화구획 내에 설치할 것
㉢ 소방회로배선은 일반회로배선과 불연성의 격벽으로 구획할 것 (소방회로배선과 일반회로배선을 15[cm] 이상 떨어져 설치한 경우 제외)
㉣ 일반회로에서 과부하, 지락사고 또는 단락사고가 발생한 경우에도 이에 영향을 받지 아니하고 계속하여 소방회로에 전원을 공급시켜 줄 수 있어야 할 것
㉤ 소방회로용 개폐기 및 과전류차단기에는 "소방시설용"이라 표시할 것

정답 | ③

79 빈출도 ★

경종의 우수품질인증 기술기준에 따라 경종에 정격전압을 인가한 경우 경종의 소비전류는 몇 [mA] 이하이어야 하는가?

① 10   ② 30
③ 50   ④ 100

해설

경종에 정격전압을 인가한 경우 경종의 소비전류는 50[mA] 이하이어야 한다.

관련개념

㉠ 경종의 중심으로부터 1[m] 떨어진 위치에서 90[dB] 이상이어야 하며, 최소청취거리에서 110[dB]을 초과하지 아니하여야 한다.
㉡ 경종의 소비전류는 50[mA] 이하이어야 한다.

정답 | ③

80 빈출도 ★

자동화재탐지설비 및 시각경보장치의 화재안전기술기준에 따라 감지기 상호 간 또는 감지기로부터 수신기에 이르는 감지기 회로의 배선 중 전자파 방해를 받지 아니하는 실드선 등을 사용하지 않아도 되는 것은?

① R형 수신기용으로 사용되는 것
② 차동식 감지기
③ 다신호식 감지기
④ 아날로그식 감지기

해설

차동식 감지기는 실드선을 사용하지 않아도 된다.

관련개념 자동화재탐지설비 감지기 회로의 배선

㉠ 전자파 방해를 받지 않는 실드선 등을 사용: 아날로그식, 다신호식 감지기, R형 수신기용으로 사용되는 것
㉡ 전자파 방해를 받지 아니하고 내열성능이 있는 경우: 광케이블
㉢ 그 외 일반배선을 사용할 때: 내화배선 또는 내열배선

정답 | ②

소방원론

01 빈출도 ★

할론계 소화약제의 주된 소화효과 및 방법에 대한 설명으로 옳은 것은?

① 소화약제의 증발잠열에 의한 소화방법이다.
② 산소의 농도를 15[%] 이하로 낮게 하는 소화방법이다.
③ 소화약제의 열분해에 의해 발생하는 이산화탄소에 의한 소화방법이다.
④ 자유활성기(free radical)의 생성을 억제하는 소화방법이다.

해설

할론소화약제가 가지고 있는 할로겐족 원소인 불소(F), 염소(Cl) 및 브롬(Br)이 가연물질을 구성하고 있는 수소, 산소로부터 생성된 수소기($H \cdot$), 수산기($\cdot OH$)와 작용하여 가연물질의 연쇄반응을 차단·억제시켜 더 이상 화재를 진행하지 못하게 한다.

선지분석

① 냉각소화에 대한 설명으로 주로 물 소화약제가 해당된다.
② 질식소화에 대한 설명으로 주로 포 소화약제, 이산화탄소 소화약제가 해당된다.
③ 질식소화에 해당하며 제1, 2, 4종 분말 소화약제의 소화방법에 대한 설명이다.

정답 | ④

02 빈출도 ★★

경유화재가 발생했을 때 주수소화가 오히려 위험할 수 있는 이유는?

① 경유는 물과 반응하여 유독가스를 발생하므로
② 경유의 연소열로 인하여 산소가 방출되어 연소를 돕기 때문에
③ 경유는 물보다 비중이 작아 화재면의 확대 우려가 있으므로
④ 경유가 연소할 때 수소가스를 발생하여 연소를 돕기 때문에

해설

제4류 위험물(인화성 액체)인 경유는 액체 표면에서 증발연소를 한다. 이때 주수소화를 하게 되면 물보다 가벼운 가연물이 물 위를 떠다니며 계속해서 연소반응이 일어나게 되고 화재면이 확대될 수 있다.

선지분석

① 경유는 물과 반응하지 않는다.
② 경유는 탄소와 수소로 이루어져 산소를 방출하지 않는다.
④ 경유가 연소하게 되면 이산화탄소(CO_2)와 물(H_2O)을 발생시키며 불완전 연소 시 일산화탄소(CO)가 발생할 수 있다.

정답 | ③

03 빈출도 ★★★

화재의 유형별 특성에 관한 설명으로 옳은 것은?

① A급 화재는 무색으로 표시하며, 감전의 위험이 있으므로 주수소화를 엄금한다.
② B급 화재는 황색으로 표시하며, 질식소화를 통해 화재를 진압한다.
③ C급 화재는 백색으로 표시하며, 가연성이 강한 금속의 화재이다.
④ D급 화재는 청색으로 표시하며, 연소 후에 재를 남긴다.

해설

급수	화재 종류	표시색	소화방법
A급	일반화재	백색	냉각
B급	유류화재	황색	질식
C급	전기화재	청색	질식
D급	금속화재	무색	질식
K급	주방화재 (식용유화재)	—	비누화·냉각·질식
E급	가스화재	황색	제거·질식

정답 | ②

04 빈출도 ★

다음 물질 중 연소하였을 때 시안화수소를 가장 많이 발생시키는 물질은?

① Polyethylene
② Polyurethane
③ Polyvinyl Chloride
④ Polystyrene

해설

연소 시 시안화수소(HCN)를 발생시키는 물질로 요소, 멜라민, 아닐린, 폴리우레탄 등이 있다.

선지분석

①, ③, ④는 분자 내 질소(N)를 포함하고 있지 않으므로 연소하더라도 시안화수소(HCN)를 발생시킬 수 없다.

정답 | ②

05 빈출도 ★

다음 중 폭굉(detonation)의 화염전파속도는?

① 0.1~10[m/s]
② 10~100[m/s]
③ 1,000~3,500[m/s]
④ 5,000~10,000[m/s]

해설

폭굉의 화염전파속도는 1,000~3,500[m/s]이다.

관련개념

폭연과 폭굉은 충격파의 존재 유무로 구분한다. 폭발의 전파속도가 음속(340[m/s])보다 작은 경우 폭연(0.1~10[m/s]), 음속보다 커서 강한 충격파를 발생하는 경우 폭굉(1,000~3,500[m/s])이다.

정답 | ③

06 빈출도 ★★

유류탱크 화재 시 기름 표면에 물을 살수하면 기름이 탱크 밖으로 비산하여 화재가 확대되는 현상은?

① 슬롭 오버(Slop Over)
② 플래쉬 오버(Flash Over)
③ 프로스 오버(Froth Over)
④ 블레비(BLEVE)

해설

화재가 발생한 유류저장탱크의 고온의 유류 표면에 물이 주입되어 급격히 증발하며 유류가 탱크 밖으로 넘치게 되는 현상을 슬롭 오버(Slop Over)라고 한다.

정답 | ①

07 빈출도 ★

이산화탄소의 질식 및 냉각효과에 대한 설명 중 틀린 것은?

① 이산화탄소의 증기비중이 산소보다 크기 때문에 가연물과 산소의 접촉을 방해한다.
② 액체 이산화탄소가 기화되는 과정에서 열을 흡수한다.
③ 이산화탄소는 불연성 가스로서 가연물의 연소반응을 방해한다.
④ 이산화탄소는 산소와 반응하며 이 과정에서 발생한 연소열을 흡수하므로 냉각효과를 나타낸다.

해설

이산화탄소는 산소와 반응하지 않으며 가연물 표면을 덮어 연소에 필요한 산소의 공급을 차단시키는 질식소화에 사용된다.

선지분석

① 이산화탄소의 질식효과에 대한 설명이다.
② 액체 이산화탄소의 냉각효과에 대한 설명이다.
③ 이산화탄소의 질식효과에 대한 설명이다.

정답 | ④

08 빈출도 ★★★

다음 중 연소범위를 근거로 계산한 위험도 값이 가장 큰 물질은?

① 이황화탄소   ② 메테인
③ 수소   ④ 일산화탄소

해설

이황화탄소(CS_2)의 위험도가 $\dfrac{44-1.2}{1.2} ≒ 35.7$로 가장 크다.

관련개념 주요 가연성 가스의 연소범위와 위험도

가연성 가스	하한계 [vol%]	상한계 [vol%]	위험도
아세틸렌(C_2H_2)	2.5	81	31.4
수소(H_2)	4	75	17.8
일산화탄소(CO)	12.5	74	4.9
에테르($C_2H_5OC_2H_5$)	1.9	48	24.3
이황화탄소(CS_2)	1.2	44	35.7
에틸렌(C_2H_4)	2.7	36	12.3
암모니아(NH_3)	15	28	0.9
메테인(CH_4)	5	15	2
에테인(C_2H_6)	3	12.4	3.1
프로페인(C_3H_8)	2.1	9.5	3.5
뷰테인(C_4H_{10})	1.8	8.4	3.7

정답 | ①

09 빈출도 ★★

1기압 상태에서, 100[℃] 물 1[g]이 모두 기체로 변할 때 필요한 열량은 몇 [cal]인가?

① 429   ② 499
③ 539   ④ 639

해설

물의 기화(증발) 잠열은 539[cal/g]이다.

관련개념 기화(증발) 잠열

기화 시 액체가 기체로 변화하는 동안에는 온도가 상승하지 않고 일정하게 유지되는데, 이와 같이 온도의 변화 없이 어떤 물질의 상태를 변화시킬 때 필요한 열량을 잠열이라고 한다.

정답 | ③

10 빈출도 ★★★

위험물과 위험물안전관리법령에서 정한 지정수량을 옳게 연결한 것은?

① 무기과산화물 — 300[kg]
② 황화인 — 500[kg]
③ 황린 — 20[kg]
④ 과염소산 — 200[kg]

해설

황린(제3류 위험물)의 지정수량은 20[kg]이다.

선지분석

① 무기과산화물(제1류 위험물)의 지정수량은 50[kg]이다.
② 황화인(제2류 위험물)의 지정수량은 100[kg]이다.
④ 과염소산(제6류 위험물)의 지정수량은 300[kg]이다.

정답 │ ③

11 빈출도 ★

할로겐화합물 소화약제는 일반적으로 열을 받으면 할로겐족이 분해되어 가연물질의 연소 과정에서 발생하는 활성종과 화합하여 연소의 연쇄반응을 차단한다. 연쇄반응의 차단과 가장 거리가 먼 소화약제는?

① FC—3—1—10 ② HFC—125
③ IG—541 ④ FIC—13I1

해설

IG—541은 질소(N_2), 아르곤(Ar), 이산화탄소(CO_2)로 구성된 불활성기체 소화약제이다.

관련개념 할로겐화합물 소화약제

소화약제	화학식
FC—3—1—10	C_4F_{10}
FK—5—1—12	$CF_3CF_2C(O)CF(CF_3)_2$
HCFC BLEND A	• HCFC—123($CHCl_2CF_3$): 4.75[%] • HCFC—22($CHClF_2$): 82[%] • HCFC—124($CHClFCF_3$): 9.5[%] • $C_{10}H_{16}$: 3.75[%]
HCFC—124	$CHClFCF_3$
HFC—125	CHF_2CF_3
HFC—227ea	CF_3CHFCF_3
HFC—23	CHF_3
HFC—236fa	$CF_3CH_2CF_3$
FIC—13I1	CF_3I

정답 │ ③

12 빈출도 ★

물 소화약제를 어떠한 상태로 주수할 경우 전기화재의 진압에서도 소화능력을 발휘할 수 있는가?

① 물에 의한 봉상주수
② 물에 의한 적상주수
③ 물에 의한 무상주수
④ 어떤 상태의 주수에 의해서도 효과가 없다.

해설

전기화재의 소화에 적합한 방식은 물에 의한 무상주수이다.

관련개념 무상주수

주수방법	• 고압으로 방수할 때 나타나는 안개 형태의 주수 방법 • 물방울의 평균 직경은 0.01[mm] ~1.0[mm] 정도 • 전기의 전도성이 없어 전기화재의 소화에도 적합
적용 소화설비	• 물소화기(분무노즐 사용) • 옥내 · 옥외소화전설비(분무노즐 사용) • 물분무 · 미분무소화설비

정답 | ③

13 빈출도 ★

다음 중 연소와 가장 관련 있는 화학반응은?

① 중화반응
② 치환반응
③ 환원반응
④ 산화반응

해설

연소는 가연물이 산소와 빠르게 결합하여 연소생성물을 배출하는 산화반응의 하나이다.

정답 | ④

14 빈출도 ★

분말 소화약제 분말입도의 소화성능에 관한 설명으로 옳은 것은?

① 미세할수록 소화성능이 우수하다.
② 입도가 클수록 소화성능이 우수하다.
③ 입도와 소화성능과는 관련이 없다.
④ 입도가 너무 미세하거나 너무 커도 소화성능은 저하된다.

해설

소화성능이 최대가 되는 분말의 입도는 20~25[μm] 정도이므로 입도가 너무 미세하거나 크면 소화성능은 저하된다.

정답 | ④

15 빈출도 ★

건축물의 바깥쪽에 설치하는 피난계단의 구조 기준 중 계단의 유효너비는 몇 [m] 이상으로 하여야 하는가?

① 0.6
② 0.7
③ 0.8
④ 0.9

해설

건축물의 바깥쪽에 설치하는 피난계단의 유효너비는 0.9[m] 이상으로 하여야 한다.

관련개념 건축물의 바깥쪽에 설치하는 피난계단의 구조

㉠ 계단은 그 계단으로 통하는 출입구 외의 창문 등(면적이 1[m²] 이하인 것 제외)으로부터 2[m] 이상의 거리를 두고 설치할 것
㉡ 건축물의 내부에서 계단으로 통하는 출입구에는 60분+ 방화문 또는 60분 방화문을 설치할 것
㉢ 계단의 유효너비는 0.9[m] 이상으로 할 것
㉣ 계단은 내화구조로 하고 지상까지 직접 연결되도록 할 것

정답 | ④

16 빈출도 ★

다음 중 인명구조기구에 속하지 않는 것은?

① 방열복
② 공기안전매트
③ 공기호흡기
④ 인공소생기

공기안전매트는 소방용품이다.

관련개념

인명구조기구에는 방열복, 방화복(안전모, 보호장갑, 안전화 포함), 공기호흡기, 인공소생기가 있다.

정답 | ②

17 빈출도 ★

다음은 위험물의 정의이다. 다음 (　　) 안에 알맞은 것은?

> "위험물"이라 함은 (　㉠　) 또는 발화성 등의 성질을 가지는 것으로서 (　㉡　)이 정하는 물품을 말한다.

① ㉠ 인화성　　　　㉡ 국무총리령
② ㉠ 휘발성　　　　㉡ 국무총리령
③ ㉠ 휘발성　　　　㉡ 대통령령
④ ㉠ 인화성　　　　㉡ 대통령령

해설

"위험물"이라 함은 인화성 또는 발화성 등의 성질을 가지는 것으로서 대통령령이 정하는 물품을 말한다.
여기서 대통령령이 정하는 물품이란 제1류~제6류 위험물에 해당하는 물질을 말한다.

정답 | ④

18 빈출도 ★

제1종 분말의 열분해 반응식으로 옳은 것은?

① $2NaHCO_3 \rightarrow Na_2CO_3 + CO_2 + H_2O$
② $2KHCO_3 \rightarrow K_2CO_3 + CO_2 + H_2O$
③ $2NaHCO_3 \rightarrow Na_2CO_3 + 2CO_2 + H_2O$
④ $2KHCO_3 \rightarrow K_2CO_3 + 2CO_2 + H_2O$

해설

제1종 분말 소화약제인 탄산수소나트륨($NaHCO_3$) 2분자가 열분해되면 탄산나트륨(Na_2CO_3) 1분자, 이산화탄소(CO_2) 1분자, 수증기(H_2O) 1분자가 생성된다.

관련개념

화학반응식이 옳은지 판단할 때는 반응물과 생성물을 구성하는 원자의 수가 일치하는지 확인하여야 한다.
③, ④는 반응물의 탄소(C) 원자가 2개, 생성물의 탄소(C) 원자가 3개이므로 옳은 반응식이 될 수 없다.

정답 | ①

19 빈출도 ★★

다음 중 분진 폭발의 위험성이 가장 낮은 것은?

① 소석회
② 알루미늄분
③ 석탄분말
④ 밀가루

해설

소석회($Ca(OH)_2$)는 시멘트의 주요 구성성분으로 불이 붙지 않는다. 따라서 소석회나 시멘트가루만으로는 분진 폭발이 발생하지 않는다.

정답 | ①

20 빈출도 ★

화재 발생 시 피난기구로 직접 활용할 수 없는 것은?

① 완강기
② 무선통신보조설비
③ 피난사다리
④ 구조대

해설

피난기구에는 피난사다리, 구조대, 완강기, 간이완강기, 미끄럼대, 피난교, 피난용트랩, 공기안전매트, 다수인 피난장비, 승강식 피난기 등이 있다.

정답 | ②

소방전기일반

21 빈출도 ★

변류기에 결선된 전류계의 고장으로 교환하는 경우
옳은 방법은?

① 변류기의 2차를 개방시키고 한다.
② 변류기의 2차를 단락시키고 한다.
③ 변류기의 2차를 접지시키고 한다.
④ 변류기에 피뢰기를 달고 한다.

해설

변류기 2차 측을 개방할 경우 1차 측 부하전류가 여자전류로 되어
2차 측에 고전압이 유기된다. 이로 인해 절연이 파괴될 가능성이
생기므로 반드시 변류기의 2차를 단락시킨 뒤 작업을 해야 한다.

정답 | ②

22 빈출도 ★★

용량 $0.02[\mu F]$인 콘덴서 2개와 $0.01[\mu F]$인 콘덴서
1개를 병렬로 접속하여 24[V]의 전압을 가하였다.
합성용량은 몇 $[\mu F]$이며, $0.01[\mu F]$ 콘덴서에 축적되는
전하량은 몇 [C]인가?

① 합성용량: 0.05, 전하량: 0.12×10^{-6}
② 합성용량: 0.05, 전하량: 0.24×10^{-6}
③ 합성용량: 0.03, 전하량: 0.12×10^{-6}
④ 합성용량: 0.03, 전하량: 0.24×10^{-6}

해설

회로를 그림으로 표현하면 다음과 같다.

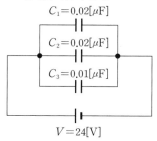

$$C_1 = 0.02[\mu F]$$
$$C_2 = 0.02[\mu F]$$
$$C_3 = 0.01[\mu F]$$
$$V = 24[V]$$

$C_1 = 0.02[\mu F]$, $C_2 = 0.02[\mu F]$, $C_3 = 0.01[\mu F]$라 하면
합성 정전용량 $C_{eq} = C_1 + C_2 + C_3 = 0.05[\mu F]$
병렬회로에 걸리는 전압은 24[V]이므로 $0.01[\mu F]$에 축적되는
전하량은
$Q = C_3 V = 0.01 \times 10^{-6} \times 24 = 0.24 \times 10^{-6}[C]$

정답 | ②

23 빈출도 ★

수신기에 내장하는 전지를 쓰지 않고 오래 두면 쓰지 못하게 되는 이유는 어떠한 작용 때문인가?

① 충전 작용　　　　② 분극 작용
③ 국부 작용　　　　④ 전해 작용

해설

전지의 국부 작용이란 전지를 쓰지 않고 오래 두면 점점 방전되어 쓰지 못하게 되는 현상이다.

관련개념 분극 현상

양극에 생긴 수소 이온이 전자를 얻어 수소 기체로 환원되고, 일부 수소 기체가 양극과 용액의 접촉을 막아 전하의 흐름을 방해하여 전압(기전력)이 급격히 떨어지는 현상이다.

국부 작용(＝국부 방전)

㉠ 전지의 전극에 사용되는 아연이 불순물에 의해 자기 방전하는 현상이다. 즉, 전극의 불순물로 인하여 기전력이 감소한다.
㉡ 전지를 쓰지 않고 오래 두면 못 쓰게 되는 현상이다.

정답 ③

24 빈출도 ★★★

그림과 같은 다이오드 게이트 회로에서 출력전압은? (단, 다이오드 내의 전압강하는 무시한다.)

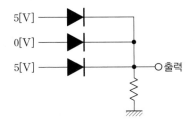

① 10[V]　　　　② 5[V]
③ 1[V]　　　　④ 0[V]

해설

3개의 입력 중 1개라도 입력(＋5[V])이 존재할 경우 5[V]가 출력되는 OR 게이트의 무접점 회로이다.

관련개념 OR 게이트

입력 단자 A와 B 모두 OFF일 때에만 출력이 OFF되고, 두 단자 중 어느 하나라도 ON이면 출력이 ON이 되는 회로이다.

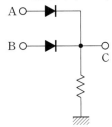

▲ OR 게이트의 무접점 회로

입력		출력
A	B	C
0	0	0
0	1	1
1	0	1
1	1	1

▲ OR 게이트의 진리표

정답 ②

25 빈출도 ★

콘덴서와 정전 유도에 관한 설명으로 틀린 것은?

① 콘덴서가 전하를 축적하는 능력을 정전용량이라고 한다.
② 콘덴서에 전압을 가하는 순간 콘덴서는 단락상태가 된다.
③ 정전 유도에 의해 작용하는 힘은 반발력이다.
④ 같은 부호의 전하끼리는 반발력이 생긴다.

해설

정전 유도에 의해 작용하는 힘은 흡인력이 발생한다.

관련개념 정전유도

전기적으로 중성인 도체에 대전체를 가까이하면 대전체와 가까운 쪽에는 대전체와 반대 종류의 전하가, 먼 쪽에는 동일한 종류의 전하가 유도된다. 따라서 정전유도에 의해 작용하는 힘은 흡인력이다.

정답 | ③

26 빈출도 ★★★

내부저항이 200[Ω]이며 직류 120[mA]인 전류계를 6[A]까지 측정할 수 있는 전류계로 사용하고자 한다. 어떻게 하면 되겠는가?

① 24[Ω]의 저항을 전류계와 직렬로 연결한다.
② 12[Ω]의 저항을 전류계와 병렬로 연결한다.
③ 약 6.24[Ω]의 저항을 전류계와 직렬로 연결한다.
④ 약 4.08[Ω]의 저항을 전류계와 병렬로 연결한다.

해설

분류기는 전류계의 측정 범위를 넓히기 위하여 전류계와 병렬로 연결하는 저항이다.

분류기의 저항 $R_s = \dfrac{R_a}{m-1}$ 이고,

분류기 배율 $m = \dfrac{I_0}{I_a} = \dfrac{6}{0.12} = 50$ 이므로

$R_s = \dfrac{R_a}{m-1} = \dfrac{200}{50-1} = 4.08[\Omega]$

따라서, 4.08[Ω]의 저항을 전류계와 병렬로 연결하면 6[A]까지 측정할 수 있는 전류계로 사용이 가능하다.

관련개념 배율기

전압계의 측정 범위를 넓히기 위하여 전압계와 직렬로 연결하는 저항이다.
배율기의 저항: $R_m = R_v(m-1)$
배율기 배율: $m = \dfrac{V_0}{V}$

정답 | ④

27 빈출도 ★

구동점 임피던스(driving point impedance)에서 극점(pole) 이란 무엇을 의미하는가?

① 개방회로상태를 의미한다.
② 단락회로상태를 의미한다.
③ 전류가 많이 흐르는 상태를 의미한다.
④ 접지상태를 의미한다.

해설

구동점 임피던스에서 극점은 회로의 개방상태를, 영점은 회로의 단락상태를 의미한다.

정답 | ①

28 빈출도 ★★★

논리식 $(X+Y)(X+\overline{Y})$을 간단히 하면?

① 1
② XY
③ X
④ Y

해설

$(X+Y)(X+\overline{Y})=X+(Y\overline{Y})=X(\because \overline{Y}Y=0)$

관련개념 불대수 연산 예

결합법칙	$\cdot A+(B+C)=(A+B)+C$ $\cdot A\cdot(B\cdot C)=(A\cdot B)\cdot C$
분배법칙	$\cdot A\cdot(B+C)=A\cdot B+A\cdot C$ $\cdot A+(B\cdot C)=(A+B)\cdot(A+C)$
흡수법칙	$\cdot A+A\cdot B=A$ $\cdot A+\overline{A}B=A+B$ $\cdot A\cdot(A+B)=A$

정답 | ③

29 빈출도 ★★

그림과 같은 트랜지스터를 사용한 정전압회로에서 Q_1의 역할로서 옳은 것은?

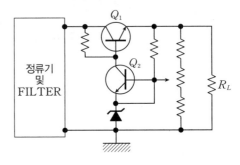

① 증폭용
② 비교부용
③ 제어용
④ 기준부용

해설

그림의 정전압회로에서 Q_1은 부하와 직렬로 연결된 제어용 트랜지스터이고, Q_2는 검출전압과 기준전압을 비교하는 오차증폭용 트랜지스터이다.

정답 | ③

30 빈출도 ★★

그림과 같이 반지름 r[m]인 원의 원주상 임의의 두 점 a, b 사이에 전류 I[A]가 흐른다. 원의 중심에서 자계의 세기는 몇 [A/m]인가?

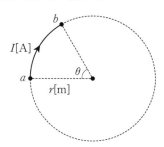

① $\dfrac{I\theta}{4\pi r}$

② $\dfrac{I\theta}{4\pi r^2}$

③ $\dfrac{I\theta}{2\pi r}$

④ $\dfrac{I\theta}{2\pi r^2}$

해설

$\theta = 2\pi$인 경우 원의 중심에서 자계의 세기

$H_{2\pi} = \dfrac{I}{2r}$[A/m]

각도가 θ인 경우 원의 중심에서 자계의 세기는 비례식을 세워서 구할 수 있다.

(자계의 세기) : (각도) $= \dfrac{I}{2r} : 2\pi = H : \theta$

$\rightarrow 2\pi H = \dfrac{I\theta}{2r}$이므로 $H = \dfrac{I\theta}{4\pi r}$[A/m]

정답 | ①

31 빈출도 ★★

그림과 같은 회로에서 2[Ω]에 흐르는 전류는 몇 [A]인가? (단, 저항의 단위는 모두 [Ω]이다.)

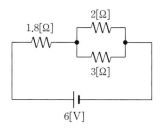

① 0.8

② 1.0

③ 1.2

④ 2.0

해설

2[Ω]과 3[Ω]은 병렬이므로 합성 저항은

$R = \dfrac{2 \times 3}{2 + 3} = \dfrac{6}{5} = 1.2[\Omega]$

전압분배법칙에 의해 병렬회로에 걸리는 전압은

$V = \dfrac{1.2}{1.8 + 1.2} \times 6 = 2.4$[V]

$\therefore$ 2[Ω]에 흐르는 전류 $I = \dfrac{2.4}{2} = 1.2$[A]

정답 | ③

32 빈출도 ★★★

RL 직렬회로의 설명으로 옳은 것은?

① v, i는 서로 다른 주파수를 가지는 정현파이다.

② v는 i보다 위상이 $\theta = \tan^{-1}\left(\dfrac{\omega L}{R}\right)$만큼 앞선다.

③ v와 i의 최댓값과 실횻값의 비는 $\sqrt{R^2 + \left(\dfrac{1}{X_L}\right)^2}$이다.

④ 용량성 회로이다.

해설

RL 직렬회로의 위상차 θ는 $\theta = \tan^{-1}\left(\dfrac{\omega L}{R}\right)$이다.

선지분석

① v, i의 위상은 다르나 주파수는 같은 정현파이다.

③ v와 i의 최댓값의 비와 실횻값의 비는 임피던스이며 그 크기는

$\dfrac{V_m}{I_m} = \dfrac{V_{rms}}{I_{rms}} = Z = \sqrt{R^2 + X_L^2}[\Omega]$이다.

④ RL 회로이므로 유도성 회로이다.

정답 | ②

33 빈출도 ★★

$a-b$ 간의 합성 저항은 $c-d$ 간의 합성 저항보다 어떻게 되는가?

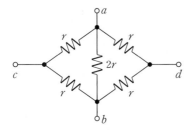

① 2/3로 된다.
② 1/2로 된다.
③ 동일하다.
④ 2배로 된다.

해설

$a-b$ 단자에서 본 등가회로

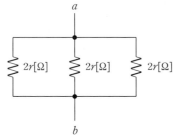

$a-b$ 단자에서 본 합성 저항

$$\frac{1}{R_{ab}}=\frac{1}{2r}+\frac{1}{2r}+\frac{1}{2r}=\frac{3}{2r}\rightarrow R_{ab}=\frac{2r}{3}$$

$c-d$ 단자에서 본 등가 회로
브리지 평형조건을 만족하므로 가운데 $2r$은 생략한다.

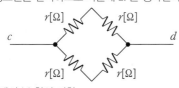

$c-d$ 단자에서 본 합성 저항

$$R_{cd}=\frac{(r+r)\times(r+r)}{(r+r)+(r+r)}=\frac{4r^2}{4r}=r$$

$$\therefore \frac{R_{ab}}{R_{cd}}=\frac{\frac{2r}{3}}{r}=\frac{2}{3}$$

정답 | ①

34 빈출도 ★★★

논리식 $X=AB\overline{C}+\overline{A}BC+\overline{A}B\overline{C}$를 가장 간소화한 것은?

① $B(\overline{A}+\overline{C})$
② $B(\overline{A}+A\overline{C})$
③ $B(\overline{A}C+\overline{C})$
④ $B(A+C)$

해설

$X=AB\overline{C}+\overline{A}BC+\overline{A}B\overline{C}$
$\quad=B\overline{C}(A+\overline{A})+\overline{A}BC$
$\quad=B\overline{C}+\overline{A}BC$
$\quad=B(\overline{C}+\overline{A}C)\quad\leftarrow$ 흡수법칙
$\quad=B(\overline{A}+\overline{C})$

관련개념 불대수 연산 예

결합법칙	$\cdot A+(B+C)=(A+B)+C$ $\cdot A\cdot(B\cdot C)=(A\cdot B)\cdot C$
분배법칙	$\cdot A\cdot(B+C)=A\cdot B+A\cdot C$ $\cdot A+(B\cdot C)=(A+B)\cdot(A+C)$
흡수법칙	$\cdot A+A\cdot B=A$ $\cdot A+\overline{A}B=A+B$ $\cdot A\cdot(A+B)=A$

정답 | ①

35 빈출도 ★

온도 $t[℃]$에서 저항이 R_1, R_2이고 저항의 온도계수가 각각 α_1, α_2인 두 개의 저항을 직렬로 접속했을 때 합성 저항 온도계수는?

① $\dfrac{R_1\alpha_2+R_2\alpha_1}{R_1+R_2}$
② $\dfrac{R_1\alpha_1+R_2\alpha_2}{R_1R_2}$
③ $\dfrac{R_1\alpha_1+R_2\alpha_2}{R_1+R_2}$
④ $\dfrac{R_1\alpha_2+R_2\alpha_1}{R_1R_2}$

해설

저항의 온도계수는 온도에 따른 저항의 변화 비율이다.
합성 저항 $R=R_1+R_2$
$Rat=(R_1\alpha_1+R_2\alpha_2)t$
$\rightarrow \alpha=\dfrac{R_1\alpha_1+R_2\alpha_2}{R}=\dfrac{R_1\alpha_1+R_2\alpha_2}{R_1+R_2}$

정답 | ③

36 빈출도 ★★★

다음 중 완전 통전 상태에 있는 SCR을 차단 상태로 하기 위한 방법으로 알맞은 것은?

① 게이트 전류를 차단시킨다.
② 게이트에 역방향 바이어스를 인가한다.
③ 양극전압을 (−)로 한다.
④ 양극전압을 더 높게 한다.

해설

도통 상태에 있는 SCR을 차단하기 위해서는
㉠ 전압의 극성을 바꾸어 준다.
㉡ 양극의 전압을 (−)극으로 바꾸거나, 음극의 전압을 (+)극으로 바꾸어 준다.

정답 | ③

37 빈출도 ★

선간전압 $E[\mathrm{V}]$의 3상 평형전원에 대칭 3상 저항부하 $R[\Omega]$이 그림과 같이 접속되었을 때 a, b 두 상 간에 접속된 전력계의 지시값이 $W[\mathrm{W}]$라면 c상의 전류는?

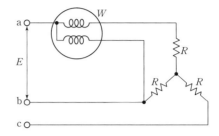

① $\dfrac{2W}{\sqrt{3}E}$

② $\dfrac{3W}{\sqrt{3}E}$

③ $\dfrac{W}{\sqrt{3}E}$

④ $\dfrac{\sqrt{3}W}{\sqrt{E}}$

해설

3상 전력 측정법 중 1전력계법의 접속도이다.
Y결선일 때 선전류는 상전류와 같고 $I_l = I_p$,
선간전압은 $V_l = \sqrt{3}\,V_p\angle30°$이다.
이때 전력 $W = EI_p\cos30° = EI_p \times \dfrac{\sqrt{3}}{2}$

$\rightarrow I_p = \dfrac{2W}{\sqrt{3}E}$

관련개념 **2전력계법 전류**

$I = \dfrac{W_1 + W_2}{\sqrt{3}E}$

관련개념 **3전력계법 전류**

$I = \dfrac{W_1 + W_2 + W_3}{\sqrt{3}E}$

정답 | ①

38 빈출도 ★★

제어요소의 구성으로 옳은 것은?

① 조절부와 조작부
② 비교부와 검출부
③ 설정부와 검출부
④ 설정부와 비교부

해설

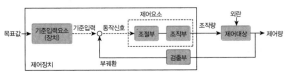

제어요소는 동작신호를 조작량으로 변환시키는 요소로 조절부와 조작부로 구성된다.

관련개념 검출부

제어대상으로부터 제어량을 검출하고 기준입력신호와 비교하는 요소이다.

정답 | ①

39 빈출도 ★★

$i(t)=50\sin\omega t[\text{A}]$인 교류전류의 평균값은 약 몇 [A] 인가?

① 25
② 31.8
③ 35.9
④ 50

해설

정현파의 전류의 평균값 $I_{av}=\dfrac{2I_m}{\pi}=\dfrac{100}{\pi}=31.83[\text{A}]$

정답 | ②

40 빈출도 ★★★

다음 그림과 같은 계통의 전달함수는?

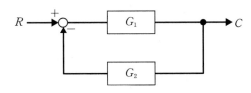

① $\dfrac{G_1}{1+G_2}$
② $\dfrac{G_2}{1+G_1}$
③ $\dfrac{G_2}{1+G_1 G_2}$
④ $\dfrac{G_1}{1+G_1 G_2}$

해설

$$\frac{C}{R}=\frac{경로}{1-폐로}=\frac{G_1}{1+G_1 G_2}$$

관련개념 경로와 폐로

㉠ 경로: 입력에서부터 출력까지 가는 경로에 있는 소자들의 곱
㉡ 폐로: 출력 중 입력으로 돌아가는 경로에 있는 소자들의 곱

정답 | ④

41 빈출도 ★★★

다음 중 그 성질이 자연발화성 물질 및 금수성 물질인 제3류 위험물에 속하지 않는 것은?

① 황린
② 황화인
③ 칼륨
④ 나트륨

해설

황화인은 제2류 위험물이다.

관련개념 제3류 위험물 및 지정수량

위험물	품명	지정수량
제3류 (자연 발화성 물질 및 금수성 물질)	칼륨	10[kg]
	나트륨	
	알킬알루미늄	
	알킬리튬	
	황린	20[kg]
	알칼리금속(칼륨 및 나트륨 제외) 및 알칼리토금속	50[kg]
	유기금속화합물(알킬알루미늄 및 알킬리튬 제외)	
	금속의 수소화물	300[kg]
	금속의 인화물	
	칼슘 또는 알루미늄의 탄화물	

정답 | ②

42 빈출도 ★

소방기본법령상 소방신호의 방법으로 틀린 것은?

① 타종에 의한 훈련신호는 연 3타 반복
② 싸이렌에 의한 발화신호는 5초 간격을 두고, 10초씩 3회
③ 타종에 의한 해제신호는 상당한 간격을 두고 1타씩 반복
④ 싸이렌에 의한 경계신호는 5초 간격을 두고, 30초씩 3회

해설

싸이렌에 의한 발화신호는 5초 간격을 두고 5초씩 3회로 한다.

관련개념 소방신호의 방법

구분	타종신호	싸이렌신호
경계신호	1타와 연2타를 반복	5초 간격을 두고 30초씩 3회
발화신호	난타	5초 간격을 두고 5초씩 3회
해제신호	상당한 간격을 두고 1타씩 반복	1분간 1회
훈련신호	연3타 반복	10초 간격을 두고 1분씩 3회

정답 | ②

43 빈출도 ★

제조소등의 완공검사 신청시기로서 틀린 것은?

① 지하탱크가 있는 제조소등의 경우에는 당해 지하탱크를 매설하기 전
② 이동탱크저장소의 경우에는 이동저장탱크를 완공하고 상치장소를 확보한 후
③ 이송취급소의 경우에는 이송배관 공사의 전체 또는 일부 완료 후
④ 배관을 지하에 설치하는 경우에는 소방서장이 지정하는 부분을 매몰하고 난 직후

해설

배관을 지하에 설치하는 경우에는 시·도지사, 소방서장 또는 기술원이 지정하는 부분을 매몰하기 직전 완공검사를 신청한다.

관련개념 완공검사의 신청시기

지하탱크가 있는 제조소등의 경우	당해 지하탱크를 매설하기 전
이동탱크저장소의 경우	이동저장탱크를 완공하고 상치장소를 확보한 후
이송취급소의 경우	이송배관 공사의 전체 또는 일부를 완료한 후
전체 공사가 완료된 후에는 완공검사를 실시하기 곤란한 경우	• 위험물설비 또는 배관의 설치가 완료되어 기밀시험 또는 내압시험을 실시하는 시기 • 배관을 지하에 설치하는 경우에는 시·도지사, 소방서장 또는 기술원이 지정하는 부분을 매몰하기 직전 • 기술원이 지정하는 부분의 비파괴시험을 실시하는 시기
그 외 제조소등의 경우	제조소등의 공사를 완료한 후

정답 | ④

44 빈출도 ★★★

소방시설 설치 및 관리에 관한 법률상 소방시설 등에 대한 자체점검 중 종합점검 대상인 것은?

① 제연설비가 설치되지 않은 터널
② 스프링클러설비가 설치된 연면적이 5,000[m²]이고 12층인 아파트
③ 물분무등소화설비가 설치된 연면적이 5,000[m²]인 위험물제조소
④ 호스릴방식의 물분무등소화설비만을 설치한 연면적 3,000[m²]인 특정소방대상물

해설

스프링클러설비가 설치된 특정소방대상물은 면적과 층수와 무관하게 종합점검 대상이다.

선지분석

① 제연설비가 설치된 터널
③ 물분무등소화설비가 설치된 연면적 5,000[m²] 이상인 특정소방대상물(위험물제조소등은 제외)
④ 호스릴방식의 물분무등소화설비만을 설치한 경우는 제외

관련개념 종합점검 대상

㉠ 스프링클러설비가 설치된 특정소방대상물
㉡ 물분무등소화설비(호스릴방식의 물분무등소화설비만을 설치한 경우 제외)가 설치된 연면적 5,000[m²] 이상인 특정소방대상물(위험물제조소등 제외)
㉢ 다중이용업의 영업장이 설치된 특정소방대상물로서 연면적이 2,000[m²] 이상인 것
㉣ 제연설비가 설치된 터널
㉤ 공공기관 중 연면적이 1,000[m²] 이상인 것으로서 옥내소화전설비 또는 자동화재탐지설비가 설치된 것(소방대가 근무하는 공공기관 제외)

정답 | ②

45 빈출도 ★★★

소방시설 설치 및 관리에 관한 법률 상 수용인원 산정 방법 중 다음과 같은 시설의 수용인원은 몇 명인가?

> 숙박시설이 있는 특정소방대상물로서 종사자 수는 5명, 숙박시설은 모두 2인용 침대이며 침대 수량은 50개이다.

① 55   ② 75

③ 85   ④ 105

해설

종사자 수＋침대 수(2인용 침대는 2개)
＝5＋50×2＝105명

관련개념 수용인원의 산정방법

구분		산정방법
숙박시설	침대가 있는 숙박시설	종사자 수＋침대 수(2인용 침대는 2개)
	침대가 없는 숙박시설	종사자 수＋$\dfrac{\text{바닥면적의 합계}}{3[\text{m}^2]}$
강의실·교무실·상담실·실습실·휴게실 용도로 쓰이는 특정소방대상물		$\dfrac{\text{바닥면적의 합계}}{1.9[\text{m}^2]}$
강당, 문화 및 집회시설, 운동시설, 종교시설		$\dfrac{\text{바닥면적의 합계}}{4.6[\text{m}^2]}$
그 밖의 특정소방대상물		$\dfrac{\text{바닥면적의 합계}}{3[\text{m}^2]}$

* 계산 결과 소수점 이하의 수는 반올림한다.
* 복도(준불연재료 이상의 것), 화장실, 계단은 면적에서 제외한다.

정답 | ④

46 빈출도 ★★

위험물제조소등의 자체소방대가 갖추어야 하는 화학소방자동차의 소화능력 및 설비기준으로 틀린 것은?

① 포수용액을 방사하는 화학소방자동차는 방사능력이 2,000[L/min] 이상이어야 한다.
② 이산화탄소를 방사하는 화학소방자동차는 방사능력이 40[kg/sec] 이상이어야 한다.
③ 할로젠화합물 방사차의 경우 할로젠화합물탱크 및 가압용 가스설비를 비치하여야 한다.
④ 제독차를 갖추는 경우 가성소다 및 규조토를 각각 30[kg] 이상 비치하여야 한다.

해설

제독차를 갖추는 경우 가성소다 및 규조토를 각각 50[kg] 이상 비치하여야 한다.

정답 | ④

47 빈출도 ★

소방기본법령 상 국고보조 대상사업의 범위 중 소방활동장비와 설비에 해당하지 않는 것은?

① 소방자동차
② 소방헬리콥터 및 소방정
③ 소화용수설비 및 피난구조설비
④ 방화복 등 소방활동에 필요한 소방장비

해설

소화용수설비 및 피난구조설비는 국고보조 대상 사업의 범위에 해당하지 않는다.

관련개념 국고보조 대상 사업의 범위

소방활동장비와 설비의 구입 및 설치	• 소방자동차 • 소방헬리콥터 및 소방정 • 소방전용통신설비 및 전산설비 • 그 밖에 방화복 등 소방활동에 필요한 소방장비
소방관서용 청사의 건축	—

정답 | ③

48 빈출도 ★★

피난시설, 방화구획 또는 방화시설을 폐쇄·훼손·변경 등의 행위를 3차 이상 위반한 경우에 대한 과태료 부과기준으로 옳은 것은?

① 200만 원 ② 300만 원
③ 500만 원 ④ 1,000만 원

해설

피난시설, 방화구획 또는 방화시설을 폐쇄·훼손·변경 등의 행위를 3차 이상 위반한 경우 300만 원의 과태료를 부과한다.

관련개념 과태료 부과기준

구분	1차	2차	3차 이상
피난시설, 방화구획 또는 방화시설의 폐쇄·훼손·변경 등의 행위를 한 자	100만 원	200만 원	300만 원

정답 | ②

49 빈출도 ★★

특정소방대상물의 근린생활시설에 해당되는 것은?

① 전시장
② 기숙사
③ 유치원
④ 의원

해설

의원은 근린생활시설에 해당된다.

선지분석

① 전시장: 문화 및 집회시설
② 기숙사: 공동주택
③ 유치원: 노유자시설

정답 | ④

50 빈출도 ★★★

화재안전조사 결과 소방대상물의 위치·구조·설비 또는 관리의 상황이 화재예방을 위하여 보완될 필요가 있거나 화재가 발생하면 인명 또는 재산의 피해가 클 것으로 예상되는 때에 관계인에게 그 소방대상물의 개수·이전·제거, 사용의 금지 또는 제한, 사용폐쇄, 공사의 정지 또는 중지, 그 밖의 필요한 조치를 명할 수 있는 자로 틀린 것은?

① 시·도지사 ② 소방서장
③ 소방청장 ④ 소방본부장

해설

시·도지사는 조치를 명할 수 있는 자(소방관서장)가 아니다.

관련개념 화재안전조사 결과에 따른 조치명령

소방관서장(소방청장, 소방본부장, 소방서장)은 화재안전조사 결과에 따른 소방대상물의 위치·구조·설비 또는 관리의 상황이 화재예방을 위하여 보완될 필요가 있거나 화재가 발생하면 인명 또는 재산의 피해가 클 것으로 예상되는 때에는 행정안전부령으로 정하는 바에 따라 관계인에게 그 소방대상물의 개수·이전·제거, 사용의 금지 또는 제한, 사용폐쇄, 공사의 정지 또는 중지, 그 밖에 필요한 조치를 명할 수 있다.

정답 | ①

51 빈출도 ★

소방기본법령에 따른 소방대원에게 실시할 교육·훈련 횟수 및 기간의 기준 중 다음 (   ) 안에 알맞은 것은?

횟수	기간
(㉠)년마다 1회	(㉡)주 이상

① ㉠: 2, ㉡: 2
② ㉠: 2, ㉡: 4
③ ㉠: 1, ㉡: 2
④ ㉠: 1, ㉡: 4

해설

소방대원에게 실시할 교육·훈련

횟수	2년마다 1회
기간	2주 이상

정답 | ①

52 빈출도 ★★

화재의 예방 및 안전관리에 관한 법률상 소방안전관리대상물의 소방계획서에 포함되어야 하는 사항이 아닌 것은?

① 예방규정을 정하는 제조소등의 위험물 저장·취급에 관한 사항
② 소방시설·피난시설 및 방화시설의 점검·정비계획
③ 소방안전관리대상물의 근무자 및 거주자의 자위소방대 조직과 대원의 임무에 관한 사항
④ 방화구획, 제연구획, 건축물의 내부 마감재료 및 방염대상물품의 사용현황과 그 밖의 방화구조 및 설비의 유지·관리계획

해설

예방규정을 정하는 제조소등의 위험물 저장·취급에 관한 사항은 소방계획서에 포함되는 내용이 아니다.

정답 | ①

53 빈출도 ★★★

제4류 위험물로서 제1석유류인 수용성 액체의 지정수량은 몇 [L]인가?

① 100
② 200
③ 300
④ 400

해설

제1석유류인 수용성 액체의 지정수량은 400[L]이다.

관련개념 제4류 위험물 및 지정수량

위험물	품명		지정수량
제4류 (인화성액체)	특수인화물		50[L]
	제1석유류	비수용성	200[L]
		수용성	400[L]
	알코올류		
	제2석유류	비수용성	1,000[L]
		수용성	2,000[L]
	제3석유류	비수용성	
		수용성	4,000[L]
	제4석유류		6,000[L]
	동식물유류		10,000[L]

정답 | ④

54 빈출도 ★

다음 중 품질이 우수하다고 인정되는 소방용품에 대하여 우수품질인증을 할 수 있는 자는?

① 산업통상자원부장관
② 시·도지사
③ 소방청장
④ 소방본부장 또는 소방서장

해설

소방청장은 형식승인의 대상이 되는 소방용품 중 품질이 우수하다고 인정하는 소방용품에 대하여 우수품질인증을 할 수 있다.

정답 | ③

55 빈출도 ★★

다음 중 고급기술자에 해당하는 학력 · 경력 기준으로 옳은 것은?

① 박사학위를 취득한 후 1년 이상 소방 관련 업무를 수행한 사람

② 석사학위를 취득한 후 6년 이상 소방 관련 업무를 수행한 사람

③ 학사학위를 취득한 후 8년 이상 소방 관련 업무를 수행한 사람

④ 고등학교를 졸업한 후 10년 이상 소방 관련 업무를 수행한 사람

해설

박사학위를 취득한 후 1년 이상 소방 관련 업무를 수행한 사람이 고급기술자의 학력 · 경력자 기준이다.

관련개념 고급기술자의 학력 · 경력자 기준

㉠ 박사학위
  → 취득한 후 1년 이상 소방관련 업무 수행
㉡ 석사학위
  → 취득한 후 4년 이상 소방관련 업무 수행
㉢ 학사학위
  → 취득한 후 7년 이상 소방관련 업무 수행
㉣ 전문학사학위
  → 취득한 후 10년 이상 소방관련 업무 수행
㉤ 고등학교 소방학과
  → 졸업한 후 13년 이상 소방관련 업무 수행
㉥ 고등학교
  → 졸업한 후 15년 이상 소방관련 업무 수행

정답 | ①

56 빈출도 ★★

소방기본법령상 소방본부 종합상황실 실장이 소방청의 종합상황실에 서면 · 팩스 또는 컴퓨터통신 등으로 보고하여야 하는 화재의 기준에 해당하지 않는 것은?

① 항구에 매어둔 총 톤수가 1,000[t] 이상인 선박에서 발생한 화재

② 연면적 15,000[m²] 이상인 공장 또는 화재예방강화지구에서 발생한 화재

③ 지정수량의 1,000배 이상의 위험물의 제조소 · 저장소 · 취급소에서 발생한 화재

④ 층수가 5층 이상이거나 병상이 30개 이상인 종합병원 · 정신병원 · 한방병원 · 요양소에서 발생한 화재

해설

지정수량의 3,000배 이상 위험물의 제조소 · 저장소 · 취급소 발생 화재의 경우 소방청 종합상황실에 보고하여야 한다.

관련개념 실장의 상황 보고

㉠ 사망자 5인 이상 또는 사상자 10인 이상 발생 화재
㉡ 이재민 100인 이상 발생 화재
㉢ 재산피해액 50억 원 이상 발생 화재
㉣ 관공서 · 학교 · 정부미도정공장 · 문화재 · 지하철 · 지하구 발생 화재
㉤ 관광호텔, 11층 이상인 건축물, 지하상가, 시장, 백화점 발생 화재
㉥ 지정수량의 3,000배 이상 위험물의 제조소 · 저장소 · 취급소 발생 화재
㉦ 5층 이상 또는 객실이 30실 이상인 숙박시설 발생 화재
㉧ 5층 이상 또는 병상이 30개 이상인 종합병원 · 정신병원 · 한방병원 · 요양소 발생 화재
㉨ 연면적 15,000[m²] 이상인 공장 발생 화재
㉩ 화재예방강화지구 발생 화재
㉪ 철도차량, 항구에 매어둔 1,000[t] 이상 선박, 항공기, 발전소, 변전소 발생 화재
㉫ 가스 및 화약류 폭발에 의한 화재
㉬ 다중이용업소 발생 화재

정답 | ③

57 빈출도 ★★★

소방시설 설치 및 관리에 관한 법률상 소방시설 등의 자체점검 시 점검인력 배치기준 중 종합점검에 대한 점검인력 1단위가 하루 동안 점검할 수 있는 특정소방대상물의 연면적 기준으로 옳은 것은?

① 3,500[m²] ② 7,000[m²]
③ 8,000[m²] ④ 12,000[m²]

해설

종합점검 시 보조인력이 없는 경우 점검인력 1단위가 하루 동안 점검할 수 있는 면적은 8,000[m²]이다.

관련개념 점검한도 면적

구분	점검한도 면적	보조 기술인력 추가 시
종합점검	8,000[m²]	1명 추가 시 점검한도 면적 2,000[m²] 증가
작동점검	10,000[m²]	1명 추가 시 점검한도 면적 2,500[m²] 증가

정답 | ③

58 빈출도 ★★

소방시설공사업법령상 상주공사감리 대상 기준 중 다음 (   ) 안에 알맞은 것은?

> – 연면적 (㉠)[m²] 이상의 특정소방대상물 (아파트 제외)에 대한 소방시설의 공사
> – 지하층을 포함한 층수가 (㉡)층 이상으로서 (㉢)세대 이상인 아파트에 대한 소방시설의 공사

① ㉠: 10,000, ㉡: 11, ㉢: 600
② ㉠: 10,000, ㉡: 16, ㉢: 500
③ ㉠: 30,000, ㉡: 11, ㉢: 600
④ ㉠: 30,000, ㉡: 16, ㉢: 500

해설

상주공사감리 대상 기준
㉠ 연면적 30,000[m²] 이상의 특정소방대상물(아파트 제외)에 대한 소방시설의 공사
㉡ 지하층을 포함한 층수가 16층 이상으로서 500세대 이상인 아파트에 대한 소방시설의 공사

정답 | ④

59 빈출도 ★★★

화재의 예방 및 안전관리에 관한 법률 상 소방대상물의 개수 · 이전 · 제거, 사용의 금지 또는 제한, 사용폐쇄, 공사의 정지 또는 중지, 그 밖의 필요한 조치로 인하여 손실을 받은 자가 손실보상 청구서에 첨부하여야 하는 서류로 틀린 것은?

① 손실보상 합의서
② 손실을 증명할 수 있는 사진
③ 손실을 증명할 수 있는 증명자료
④ 소방대상물의 관계인임을 증명할 수 있는 서류(건축물 대장 제외)

해설

손실보상 합의서는 손실보상 청구서에 첨부하여야 하는 서류가 아니다.

관련개념 손실보상 청구 시 제출 서류

㉠ 소방대상물의 관계인임을 증명할 수 있는 서류(건축물대장 제외)
㉡ 손실을 증명할 수 있는 사진 및 그 밖의 증명자료

정답 | ①

60 빈출도 ★★

소방기술자가 소방시설공사업법에 따른 명령을 따르지 아니하고 업무를 수행한 경우의 벌칙은?

① 100만 원 이하의 벌금
② 300만 원 이하의 벌금
③ 1년 이하의 징역 또는 1,000만 원 이하의 벌금
④ 3년 이하의 징역 또는 1,500만 원 이하의 벌금

해설

소방기술자가 소방시설공사업법에 따른 명령을 따르지 아니하고 업무를 수행한 경우 1년 이하의 징역 또는 1,000만 원 이하의 벌금에 처한다.

정답 | ③

61 빈출도 ★

공기관식 차동식 분포형 감지기의 구조 및 기능기준 중 다음 (   ) 안에 알맞은 것은?

> • 공기관은 하나의 길이(이음매가 없는 것)가 (㉠)[m] 이상의 것으로 안지름 및 관의 두께가 일정하고 흠, 갈라짐 및 변형이 없어야 하며 부식되지 아니하여야 한다.
> • 공기관의 두께는 (㉡)[mm] 이상, 바깥지름은 (㉢)[mm] 이상이어야 한다.

① ㉠: 10, ㉡: 0.5, ㉢: 1.5
② ㉠: 20, ㉡: 0.3, ㉢: 1.9
③ ㉠: 10, ㉡: 0.3, ㉢: 1.9
④ ㉠: 20, ㉡: 0.5, ㉢: 1.5

해설

㉠ 공기관은 하나의 길이(이음매가 없는 것)가 **20[m]** 이상의 것으로 안지름 및 관의 두께가 일정하고 흠, 갈라짐 및 변형이 없어야 하며 부식되지 아니하여야 한다.
㉡ 공기관의 두께는 **0.3[mm]** 이상, 바깥지름은 **1.9[mm]** 이상이어야 한다.

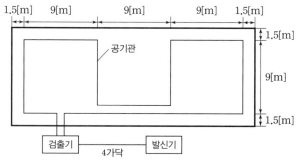

▲ 공기관식 차동식 분포형 감지기 설치기준

정답 | ②

62 빈출도 ★★★

무선통신보조설비의 화재안전기술기준(NFTC 505)에 따라 지하층으로서 특정소방대상물의 바닥부분 2면 이상이 지표면과 동일하거나 지표면으로부터 깊이가 몇 [m] 이하인 경우에는 해당 층에 한하여 무선통신 보조설비를 설치하지 않을 수 있는가?

① 0.5
② 1.0
③ 1.5
④ 2.0

해설

지하층으로서 특정소방대상물의 바닥부분 2면 이상이 지표면과 동일하거나 지표면으로부터의 깊이가 **1[m]** 이하인 경우에는 해당 층에 한해 무선통신보조설비를 설치하지 아니할 수 있다.

정답 | ②

63 빈출도 ★

주요구조부가 내화구조인 특정소방대상물에 자동화재탐지설비의 감지기를 열전대식 차동식 분포형으로 설치하려고 한다. 바닥면적이 $256[\text{m}^2]$일 경우 열전대부와 검출부는 각각 최소 몇 개 이상으로 설치하여야 하는가?

① 열전대부 11개, 검출부 1개
② 열전대부 12개, 검출부 1개
③ 열전대부 11개, 검출부 2개
④ 열전대부 12개, 검출부 2개

해설

열전대식 차동식 분포형 감지기의 설치기준

㉠ 열전대부는 감지구역의 바닥면적 $18[\text{m}^2]$(주요구조부가 내화구조로 된 특정소방대상물에 있어서는 $22[\text{m}^2]$)마다 1개 이상으로 해야 한다.

  열전대부: $\dfrac{256}{22}=11.64 \rightarrow 12$개(소수점 이하 절상)

㉡ 하나의 검출부에 접속하는 열전대부는 20개 이하로 해야 한다. 열전대부가 20개 이하이므로 검출부는 1개가 필요하다.

정답 | ②

64 빈출도 ★★

예비전원의 성능인증 및 제품검사의 기술기준에 따라 다음의 (   )에 들어갈 내용으로 옳은 것은?

> 예비전원은 $\dfrac{1}{5}[\text{C}]$ 이상 $1[\text{C}]$ 이하의 전류로 역충전하는 경우 (   )시간 이내에 안전장치가 작동하여야 하며, 외관이 부풀어 오르거나 누액 등이 없어야 한다.

① 1   ② 3
③ 5   ④ 10

해설

예비전원은 $\dfrac{1}{5}[\text{C}]$ 이상 $1[\text{C}]$ 이하의 전류로 역충전하는 경우 5시간 이내에 안전장치가 작동하여야 하며, 외관이 부풀어 오르거나 누액 등이 없어야 한다.

정답 | ③

65 빈출도 ★

자동화재속보설비의 속보기는 작동신호(화재경보신호 포함) 또는 수동작동스위치에 의한 다이얼링 후 소방관서와 전화접속이 이루어지지 않는 경우에는 최초 다이얼링을 포함하여 몇 회 이상 반복적으로 접속을 위한 다이얼링이 이루어져야 하는가? (단, 이 경우 매회 다이얼링 완료 후 호출은 30초 이상 지속한다.)

① 3회   ② 5회
③ 10회   ④ 20회

해설

자동화재속보설비의 속보기는 작동신호(화재경보신호 포함) 또는 수동작동스위치에 의한 다이얼링 후 소방관서와 전화접속이 이루어지지 않는 경우에는 최초 다이얼링을 포함하여 10회 이상 반복적으로 접속을 위한 다이얼링이 이루어져야 한다. 이 경우 매 회 다이얼링 완료 후 호출은 30초 이상 지속되어야 한다.

정답 | ③

66 빈출도 ★★★

무선통신보조설비의 화재안전기술기준(NFTC 505)에 따라 누설동축케이블 또는 동축케이블의 임피던스는 몇 $[\Omega]$인가?

① 5   ② 10
③ 30   ④ 50

해설

누설동축케이블 및 동축케이블의 임피던스는 $50[\Omega]$으로 하고, 이에 접속하는 안테나·분배기 기타의 장치는 해당 임피던스에 적합한 것으로 해야 한다.

정답 | ④

67 빈출도 ★★

광원점등방식 피난유도선의 설치기준 중 틀린 것은?

① 피난유도 표시부는 50[cm] 이내의 간격으로 연속되도록 설치하되, 실내장식물 등으로 설치가 곤란할 경우 2[m] 이내로 설치할 것
② 피난유도 표시부는 바닥으로부터 높이 1[m] 이하의 위치 또는 바닥 면에 설치할 것
③ 피난유도 제어부는 조작 및 관리가 용이하도록 바닥으로부터 0.8[m] 이상 1.5[m] 이하의 높이에 설치할 것
④ 구획된 각 실로부터 주출입구 또는 비상구까지 설치할 것

해설

광원점등방식 피난유도선의 피난유도 표시부는 50[cm] 이내의 간격으로 연속되도록 설치하되, 실내장식물 등으로 설치가 곤란할 경우 1[m] 이내로 설치해야 한다.

관련개념 광원점등방식 피난유도선의 설치기준

㉠ 구획된 각 실로부터 주출입구 또는 비상구까지 설치할 것
㉡ 피난유도 표시부는 바닥으로부터 높이 1[m] 이하의 위치 또는 바닥 면에 설치할 것
㉢ 피난유도 표시부는 50[cm] 이내의 간격으로 연속되도록 설치하되 실내장식물 등으로 설치가 곤란할 경우 1[m] 이내로 설치할 것
㉣ 수신기로부터의 화재신호 및 수동조작에 의하여 광원이 점등되도록 설치할 것
㉤ 비상전원이 상시 충전상태를 유지하도록 설치할 것
㉥ 바닥에 설치되는 피난유도 표시부는 매립하는 방식을 사용할 것
㉦ 피난유도 제어부는 조작 및 관리가 용이하도록 바닥으로부터 0.8[m] 이상 1.5[m] 이하의 높이에 설치할 것

정답 | ①

68 빈출도 ★★

단독경보형 감지기 중 연동식 감지기의 무선기능에 대한 설명으로 옳은 것은?

① 화재신호를 수신한 단독경보형 감지기는 60초 이내에 경보를 발해야 한다.
② 무선통신 점검은 단독경보형 감지기가 서로 송수신하는 방식으로 한다.
③ 작동한 단독경보형 감지기는 화재경보가 정지하기 전까지 100초 이내 주기마다 화재신호를 발신해야 한다.
④ 무선통신 점검은 168시간 이내에 자동으로 실시하고 이때 통신이상이 발생하는 경우에는 300초 이내에 통신이상 상태의 단독경보형 감지기를 확인할 수 있도록 표시 및 경보를 해야 한다.

해설

단독경보형 감지기(연동식)의 무선통신 점검은 단독경보형 감지기가 서로 송수신하는 방식으로 한다.

선지분석

① 화재신호를 수신한 단독경보형 감지기는 10초 이내에 경보를 발하여야 한다.
③ 작동한 단독경보형 감지기는 화재경보가 정지하기 전까지 60초 이내 주기마다 화재신호를 발신하여야 한다.
④ 무선통신 점검은 24시간 이내에 자동으로 실시하고 이때 통신이상이 발생하는 경우에는 200초 이내에 통신이상 상태의 단독경보형 감지기를 확인할 수 있도록 표시 및 경보를 하여야 한다.

정답 | ②

69 빈출도 ★

다음 중 복합형 감지기의 종류에 속하지 않는 것은?

① 연기복합형
② 열복합형
③ 열·연기복합형
④ 열·연기·불꽃복합형

해설

연기복합형은 복합형 감지기가 아니다.

관련개념 복합형 감지기의 종류

㉠ 열복합형   ㉡ 연복합형
㉢ 불꽃복합형   ㉣ 열·연기복합형
㉤ 연기·불꽃 복합형   ㉥ 열·불꽃 복합형
㉦ 열·연기·불꽃복합형

정답 ①

70 빈출도 ★★

자동화재탐지설비 및 시각경보장치의 화재안전기술기준(NFTC 203)에 따라 자동화재탐지설비의 주음향장치의 설치 장소로 옳은 것은?

① 발신기의 내부
② 수신기의 내부
③ 누전경보기의 내부
④ 자동화재속보설비의 내부

해설

자동화재탐지설비의 주음향장치는 수신기의 내부 또는 그 직근에 설치해야 한다.

정답 ②

71 빈출도 ★★

전원부 양단자 또는 양선을 단락시킨 부분과 비충전부를 DC 500[V]의 절연저항계로 측정하는 경우 절연저항이 몇 [MΩ] 이상이어야 하는가?

① 0.1   ② 5
③ 10   ④ 20

해설

시각경보장치의 전원부 양단자 또는 양선을 단락시킨 부분과 비충전부를 DC 500[V]의 절연저항계로 측정하는 경우 절연저항이 5[MΩ] 이상이어야 한다.

정답 ②

72 빈출도 ★★★

거실이 4개인 특정소방대상물에 단독경보형 감지기를 설치하려고 한다. 거실의 면적은 각각 A실 28[m²], B실 310[m²], C실 35[m²], D실 155[m²]이다. 단독경보형 감지기는 최소 몇 개 이상 설치하여야 하는가?

① 4개   ② 5개
③ 6개   ④ 7개

해설

단독경보형 감지기는 각 실마다 설치하되 바닥면적이 150[m²]를 초과하는 경우에는 150[m²]마다 1개 이상 설치해야 한다.
A실과 C실은 바닥면적이 150[m²] 이하이므로 각각 1개씩 설치한다.

B실: $\frac{310}{150}=2.07 \rightarrow 3$개

D실: $\frac{155}{150}=1.03 \rightarrow 2$개

따라서 단독경보형 감지기는 $1+3+1+2=7$개 이상 설치해야 한다.

정답 ④

73 빈출도 ★★★

누전경보기의 형식승인 및 제품검사의 기술기준에 따라 누전경보기에 사용되는 표시등의 구조 및 기능에 대한 설명으로 틀린 것은?

① 누전등이 설치된 수신부의 지구등은 적색 외의 색으로도 표시할 수 있다.
② 방전등 또는 발광다이오드의 경우 전구는 2개 이상을 병렬로 접속하여야 한다.
③ 주위의 밝기가 300[lx]인 장소에서 측정하여 앞면으로부터 3[m] 떨어진 곳에서 켜진 등이 확실히 식별되어야 한다.
④ 누전등 및 지구등과 쉽게 구별할 수 있도록 부착된 기타의 표시등은 적색으로도 표시할 수 있다.

> **해설**
>
> 누전경보기에 사용되는 표시등의 전구는 2개 이상을 병렬로 접속하여야 한다.(방전등 또는 발광다이오드 제외)

정답 | ②

74 빈출도 ★

다음 중 자동화재속보설비의 스위치 설치기준으로 옳은 것은?

① 바닥으로부터 0.5[m] 이상 1.5[m] 이하의 높이에 설치한다.
② 바닥으로부터 0.5[m] 이상 1.8[m] 이하의 높이에 설치한다.
③ 바닥으로부터 0.8[m] 이상 1.5[m] 이하의 높이에 설치한다.
④ 바닥으로부터 0.8[m] 이상 1.8[m] 이하의 높이에 설치한다.

> **해설**
>
> 자동화재속보설비의 조작스위치는 바닥으로부터 0.8[m] 이상 1.5[m] 이하의 높이에 설치해야 한다.

정답 | ③

75 빈출도 ★★

소화활동 시 안내방송에 사용하는 증폭기의 종류로 옳은 것은?

① 탁상형
② 휴대형
③ Desk형
④ Rack형

> **해설**
>
> 증폭기의 종류
>
> | 종류 | | 특징 |
> | --- | --- | --- |
> | 이동형 | 휴대형 | 소화활동 시 안내방송에 사용 |
> | | 탁상형 | 소규모 방송설비에 사용 |
> | 고정형 | Desk형 | 책상식의 형태 |
> | | Rack형 | 유닛화되어 유지보수가 편함 |

정답 | ②

76 빈출도 ★★

유도등 예비전원의 종류로 옳은 것은?

① 알칼리계 2차 축전지
② 리튬계 1차 축전지
③ 리튬 이온계 2차 축전지
④ 수은계 1차 축전지

> **해설**
>
> 유도등 예비전원 종류
> ㉠ 알칼리계
> ㉡ 리튬계 2차 축전지
> ㉢ 콘덴서(축전기)

정답 | ①

77 빈출도 ★

다음 (   ) 안에 들어갈 용어로 알맞은 것은?

> 누전경보기의 수신부는 변류기로부터 송신된 신호를 수신하는 경우 (㉠) 및 (㉡)에 의하여 누전을 자동적으로 표시할 수 있어야 한다.

① ㉠: 적색표시, ㉡: 음향신호
② ㉠: 황색표시, ㉡: 음향신호
③ ㉠: 적색표시, ㉡: 시각장치신호
④ ㉠ 황색표시, ㉡: 시각장치신호

해설

누전경보기의 수신부는 변류기로부터 송신된 신호를 수신하는 경우 **적색표시** 및 **음향신호**에 의하여 누전을 자동적으로 표시할 수 있어야 한다.

정답 | ①

78 빈출도 ★★★

비상방송설비의 화재안전기술기준(NFTC 202)에 따라 비상방송설비 음향장치의 정격전압이 220[V]인 경우 최소 몇 [V] 이상에서 음향을 발할 수 있어야 하는가?

① 165   ② 176
③ 187   ④ 198

해설

비상방송설비의 음향장치는 정격전압의 **80[%]** 전압에서 음향을 발할 수 있어야 한다.
따라서 220[V]×0.8=176[V] 이상에서 음향을 발할 수 있어야 한다.

정답 | ②

79 빈출도 ★★★

비상조명등의 화재안전기술기준(NFTC 304)에 따라 비상조명등의 비상전원을 설치하는 데 있어서 어떤 특정소방대상물의 경우에는 그 부분에서 피난층에 이르는 부분의 비상조명등을 60분 이상 유효하게 작동시킬 수 있는 용량으로 하여야 한다. 이 특정소방대상물에 해당하지 않는 것은?

① 무창층인 지하역사
② 무창층인 소매시장
③ 지하층인 관람시설
④ 지하층을 제외한 층수가 11층 이상의 층

해설

비상조명등의 비상전원은 비상조명등을 20분 이상 유효하게 작동시킬 수 있는 용량으로 해야 한다. 다만, 다음의 특정소방대상물의 경우에는 그 부분에서 피난층에 이르는 부분의 비상조명등을 **60분** 이상 유효하게 작동시킬 수 있는 용량으로 해야 한다.
㉠ **지하층을 제외한 층수가 11층 이상의 층**
㉡ 지하층 또는 **무창층**으로서 용도가 도매시장·**소매시장**·여객자동차터미널·**지하역사** 또는 지하상가

관련개념 비상조명등의 비상전원 용량

구분	용량
일반적인 경우	20분 이상
11층 이상의 층(지하층 제외)	60분 이상
지하층 또는 무창층으로서 용도가 도매시장·소매시장·여객자동차터미널·지하역사 또는 지하상가	

정답 | ③

80 빈출도 ★

분리형 가스누설경보기의 수신부의 기능에서 수신개시로부터 가스누설표시까지의 소요시간은 몇 초 이내이어야 하는가?

① 5초   ② 10초
③ 30초   ④ 60초

해설

가스누설경보기의 수신개시로부터 가스누설표시까지의 소요시간은 **60초** 이내이어야 한다.

정답 | ④

삶의 순간순간이
아름다운 마무리이며
새로운 시작이어야 한다.

– 법정 스님

여러분의 작은 소리
에듀윌은 크게 듣겠습니다.

본 교재에 대한 여러분의 목소리를 들려주세요.
공부하시면서 어려웠던 점, 궁금한 점,
칭찬하고 싶은 점, 개선할 점, 어떤 것이라도 좋습니다.

에듀윌은 여러분께서 나누어 주신 의견을
통해 끊임없이 발전하고 있습니다.

에듀윌 도서몰 book.eduwill.net
- 부가학습자료 및 정오표: 에듀윌 도서몰 → 도서자료실
- 교재 문의: 에듀윌 도서몰 → 문의하기 → 교재(내용, 출간) / 주문 및 배송

꿈을 현실로 만드는
에듀윌

DREAM

공무원 교육
- 선호도 1위, 신뢰도 1위! 브랜드만족도 1위!
- 합격자 수 2,100% 폭등시킨 독한 커리큘럼

자격증 교육
- 9년간 아무도 깨지 못한 기록 합격자 수 1위
- 가장 많은 합격자를 배출한 최고의 합격 시스템

직영학원
- 검증된 합격 프로그램과 강의
- 1:1 밀착 관리 및 컨설팅
- 호텔 수준의 학습 환경

종합출판
- 온라인서점 베스트셀러 1위!
- 출제위원급 전문 교수진이 직접 집필한 합격 교재

어학 교육
- 토익 베스트셀러 1위
- 토익 동영상 강의 무료 제공

콘텐츠 제휴 · B2B 교육
- 고객 맞춤형 위탁 교육 서비스 제공
- 기업, 기관, 대학 등 각 단체에 최적화된 고객 맞춤형 교육 및 제휴 서비스

부동산 아카데미
- 부동산 실무 교육 1위!
- 상위 1% 고소득 창업/취업 비법
- 부동산 실전 재테크 성공 비법

학점은행제
- 99%의 과목이수율
- 17년 연속 교육부 평가 인정 기관 선정

대학 편입
- 편입 교육 1위!
- 최대 200% 환급 상품 서비스

국비무료 교육
- '5년우수훈련기관' 선정
- K-디지털, 산대특 등 특화 훈련과정
- 원격국비교육원 오픈

에듀윌 교육서비스　**공무원 교육** 9급공무원/소방공무원/계리직공무원　**자격증 교육** 공인중개사/주택관리사/손해평가사/감정평가사/노무사/전기기사/경비지도사/검정고시/소방설비기사/소방시설관리사/사회복지사1급/대기환경기사/수질환경기사/건축기사/토목기사/직업상담사/전기기능사/산업안전기사/건설안전기사/위험물산업기사/위험물기능사/유통관리사/물류관리사/행정사/한국사능력검정/한경TESAT/매경TEST/KBS한국어능력시험/실용글쓰기/IT자격증/국제무역사/무역영어　**어학 교육** 토익 교재/토익 동영상 강의　**세무/회계** 전산세무회계/ERP정보관리사/재경관리사　**대학 편입** 편입 영어·수학/연고대/의약대/경찰대/논술/면접　**직영학원** 공무원학원/소방학원/공인중개사 학원/주택관리사 학원/전기기사 학원/편입학원　**종합출판** 공무원·자격증 수험교재 및 단행본　**학점은행제** 교육부 평가인정기관 원격평생교육원(사회복지사2급/경영학/CPA)　**콘텐츠 제휴·B2B 교육** 교육 콘텐츠 제휴/기업 맞춤 자격증 교육/대학취업역량 강화 교육　**부동산 아카데미** 부동산 창업CEO/부동산 경매 마스터/부동산 컨설팅　**주택취업센터** 실무 특강/실무 아카데미　**국비무료 교육(국비교육원)** 전기기능사/전기(산업)기사/소방설비(산업)기사/IT(빅데이터/자바프로그램/파이썬)/게임그래픽/3D프린터/실내건축디자인/웹퍼블리셔/그래픽디자인/영상편집(유튜브) 디자인/온라인 쇼핑몰광고 및 제작(쿠팡, 스마트스토어)/전산세무회계/컴퓨터활용능력/ITQ/GTQ/직업상담사

교육
문의 **1600-6700**　www.eduwill.net

5년 연속 1위

2023, 2022, 2021 대한민국 브랜드만족도 소방설비기사 교육 1위 (한경비즈니스)
2020, 2019 한국소비자만족지수 소방설비기사 교육 1위 (한경비즈니스, G밸리뉴스)

2026 에듀윌 소방설비기사 전기 기출문제집 필기

1 기초용어 무료특강으로 학습 준비 완료!
이용경로 에듀윌 도서몰(book.eduwill.net) ▶ 동영상강의실 ▶ '소방설비기사' 검색

2 8개년 기출문제 3회독으로 완벽 학습!
이용경로 2025년 3회 CBT 복원문제: 에듀윌 도서몰(book.eduwill.net) ▶ 도서자료실 ▶ 부가학습자료 ▶ '소방설비기사' 검색

3 CBT 모의고사 3회분으로 실전 감각 UP!
이용경로 교재 내 QR 코드로 접속

4 실기 합격도 에듀윌!
이용경로 에듀윌 실기 교재로 소방설비기사 완벽 정복

고객의 꿈, 직원의 꿈, 지역사회의 꿈을 실현한다

에듀윌 도서몰
book.eduwill.net

• 부가학습자료 및 정오표: 에듀윌 도서몰 > 도서자료실
• 교재 문의: 에듀윌 도서몰 > 문의하기 > 교재(내용, 출간) / 주문 및 배송

2026

에듀월
소방설비기사
전기 기출문제집
필기

❷권 | 플러스 4개년 기출(2021~2018)

합격자 수가
선택의 기준!

최신
개정법령
완벽반영!

#기출은_이걸로_끝
8개년 기출 3회독으로 초단기 합격!

· 초시생을 위한 소방기초용어 무료특강+소방기초용어집(PDF)
· 실전과 같은 CBT 모의고사 3회분 수록
· 2025년 최신 CBT 복원문제 수록

eduwill

모든 시작에는
두려움과 서투름이
따르기 마련이에요.

당신이 나약해서가 아니에요.

소방설비기사 전기 기출문제집 필기

4주 합격 플래너

DAY 1	DAY 2	DAY 3	DAY 4	DAY 5	DAY 6	DAY 7
소방기초용어 무료특강	소방기초용어 무료특강	2025년 CBT 복원문제	2024년 CBT 복원문제	2023년 CBT 복원문제	2022년 기출문제	2021년 기출문제
완료 ☐	완료 ☐	완료 ☐	완료 ☐	완료 ☐	완료 ☐	완료 ☐

DAY 8	DAY 9	DAY 10	DAY 11	DAY 12	DAY 13	DAY 14
2020년 기출문제	2019년 기출문제	2018년 기출문제	틀린문제 복습	2025년 CBT 복원문제	2024년 CBT 복원문제	2023년 CBT 복원문제
완료 ☐	완료 ☐	완료 ☐	완료 ☐	완료 ☐	완료 ☐	완료 ☐

DAY 15	DAY 16	DAY 17	DAY 18	DAY 19	DAY 20	DAY 21
2022년 기출문제	2021년 기출문제	2020년 기출문제	2019년 기출문제	2018년 기출문제	틀린문제 복습	2025~2024년 CBT 복원문제
완료 ☐	완료 ☐	완료 ☐	완료 ☐	완료 ☐	완료 ☐	완료 ☐

DAY 22	DAY 23	DAY 24	DAY 25	DAY 26	DAY 27	DAY 28
2023~2022년 CBT 복원문제	2021~2020년 기출문제	2019~2018년 기출문제	틀린문제 복습	CBT 모의고사 1회	CBT 모의고사 2회	CBT 모의고사 3회
완료 ☐	완료 ☐	완료 ☐	완료 ☐	완료 ☐	완료 ☐	완료 ☐

에듀윌 소방설비기사

전기 기출문제집 필기
플러스 4개년 기출문제
(2021~2018)

차례

최신 4개년 기출문제

플러스 4개년 기출문제

"2025년 3회차 CBT 복원문제는 9월 중 제공됩니다."

※ 상세경로: 에듀윌 도서몰(book.eduwill.net) → 도서 자료실 → 부가학습자료 → [소방설비기사 기출문제집] 검색 → PDF 다운로드

소방원론

01 빈출도 ★★★

위험물별 저장방법에 대한 설명 중 틀린 것은?

① 유황은 정전기가 축적되지 않도록 하여 저장한다.
② 적린은 화기로부터 격리하여 저장한다.
③ 마그네슘은 건조하면 부유하여 분진폭발의 위험이
　있으므로 물에 적시어 보관한다.
④ 황화린은 산화제와 격리하여 저장한다.

해설

제2류 위험물인 마그네슘은 물과 반응하면 가연성 가스인 수소를
발생시키므로 물, 습기 등과의 접촉을 피하여 저장한다.

정답 | ③

02 빈출도 ★★

분자식이 CF_2BrCl인 할로겐화합물 소화약제는?

① Halon 1301　　　② Halon 1211
③ Halon 2402　　　④ Halon 2021

해설

분자식이 CF_2BrCl인 소화약제는 Halon 1211이다.
Cl과 Br의 위치는 바꾸어 표기하여도 동일한 화합물이다.

관련개념 할론 소화약제 명명의 방식

㉠ 제일 앞에 Halon이란 명칭을 쓴다.
㉡ 이후 구성 원소들의 수를 C, F, Cl, Br의 순서대로 쓰되 없는
　경우 0으로 한다.
㉢ 마지막 0은 생략할 수 있다.

정답 | ②

03 빈출도 ★

건축물의 화재 시 피난자들의 집중으로 패닉(panic)
현상이 일어날 수 있는 피난방향은?

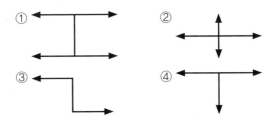

해설

피난방향은 간단 명료해야 한다. ①번 H형 방향의 경우 중앙 복도
에 피난자들이 집중될 수 있으므로 패닉(panic) 현상이 발생할 수
있다.

정답 | ①

04 빈출도 ★★

할로겐화합물 소화약제에 관한 설명으로 옳지 않은 것은?

① 연쇄반응을 차단하여 소화한다.
② 할로겐족 원소가 사용된다.
③ 전기에 도체이므로 전기화재에 효과가 있다.
④ 소화약제의 변질분해 위험성이 낮다.

해설

할로겐화합물 소화약제는 전기전도도가 거의 없다.

관련개념 할로겐화합물 소화약제

㉠ 연쇄반응을 차단하는 부촉매효과가 있다.
㉡ Br을 제외한 할로겐족 원소가 사용된다.
㉢ 변질분해 위험성이 낮아 화재를 소화하는 동안 피연소물질에 물리적·화학적 변화를 주지 않는다.

정답 ③

05 빈출도 ★★

슈테판−볼츠만의 법칙에 의해 복사열과 절대온도의 관계를 옳게 설명한 것은?

① 복사열은 절대온도의 제곱에 비례한다.
② 복사열은 절대온도의 4제곱에 비례한다.
③ 복사열은 절대온도의 제곱에 반비례한다.
④ 복사열은 절대온도의 4제곱에 반비례한다.

해설

복사는 열에너지가 매질을 통하지 않고 전자기파의 형태로 전달되는 현상이다.
슈테판−볼츠만 법칙에 의해 복사열은 절대온도의 4제곱에 비례한다.

$$Q \propto \sigma T^4$$

Q: 열전달량[W/m²], σ: 슈테판−볼츠만 상수(5.67×10^{-8})[W/m²·K⁴], T: 절대온도[K]

정답 ②

06 빈출도 ★★

일반적으로 공기 중 산소농도를 몇 [vol%] 이하로 감소시키면 연소속도의 감소 및 질식소화가 가능한가?

① 15   ② 21
③ 25   ④ 31

해설

일반적으로 산소농도가 15[vol%] 이하인 경우 연소속도의 감소 및 질식소화가 가능하다.

정답 ①

07 빈출도 ★★★

이산화탄소의 물성으로 옳은 것은?

① 임계온도: 31.35[℃]   증기비중: 0.529
② 임계온도: 31.35[℃]   증기비중: 1.529
③ 임계온도: 0.35[℃]   증기비중: 1.529
④ 임계온도: 0.35[℃]   증기비중: 0.529

해설

이산화탄소의 임계온도는 약 31.4[℃], 이산화탄소의 분자량이 44[g/mol]이므로 증기비중은

$$\frac{이산화탄소의\ 분자량}{공기의\ 평균\ 분자량} = \frac{44}{29} ≒ 1.52이다.$$

관련개념 이산화탄소의 일반적 성질

㉠ 상온에서 무색·무취·무미의 기체로서 독성이 없다.
㉡ 임계온도는 약 31.4[℃]이고, 비중이 약 1.52로 공기보다 무겁다.
㉢ 압축 및 냉각 시 쉽게 액화할 수 있으며, 더욱 압축냉각하면 드라이아이스가 된다.

정답 | ②

08 빈출도 ★★

조연성 가스에 해당하는 것은?

① 일산화탄소   ② 산소
③ 수소   ④ 뷰테인

해설

조연성(지연성) 가스는 스스로 연소하지 않지만 연소를 도와주는 물질로 산소, 불소, 염소, 오존 등이 있다.

선지분석

①, ③, ④ 모두 가연성 가스이다.

정답 | ②

09 빈출도 ★

가연물질의 구비조건으로 옳지 않은 것은?

① 화학적 활성이 클 것
② 열의 축적이 용이할 것
③ 활성화 에너지가 작을 것
④ 산소와 결합할 때 발열량이 작을 것

해설

산소와 결합할 때 발열량이 커야 화재로 이어진다.

관련개념 가연물이 되기 쉬운 조건

㉠ 수분이 적고, 표면적이 넓다.
㉡ 화학적으로 산소와 친화력이 크다.
㉢ 발열 반응을 하며, 발열량이 크다.
㉣ 열전도율과 활성화 에너지가 작다.
㉤ 가연물끼리 서로 영향을 주어 연소를 시켜주는 연쇄반응을 일으킨다.

정답 | ④

10 빈출도 ★★★

가연성 가스이면서도 독성 가스인 것은?

① 질소   ② 수소
③ 염소   ④ 황화수소

해설

황화수소(H_2S)는 황을 포함하고 있는 유기 화합물이 불완전 연소하면 발생하며, 계란이 썩는 악취가 나는 무색의 유독성 기체이다. 자극성이 심하고, 인체 허용농도는 10[ppm]이다.

정답 | ④

11 빈출도 ★★★

다음 물질 중 연소범위를 통하여 산출한 위험도 값이 가장 높은 것은?

① 수소　　　　　　② 에틸렌
③ 메테인　　　　　④ 이황화탄소

해설

이황화탄소(CS_2)의 위험도가 $\dfrac{44-1.2}{1.2} \fallingdotseq 35.7$로 가장 높다.

관련개념 주요 가연성 가스의 연소범위와 위험도

가연성 가스	하한계 [vol%]	상한계 [vol%]	위험도
아세틸렌(C_2H_2)	2.5	81	31.4
수소(H_2)	4	75	17.8
일산화탄소(CO)	12.5	74	4.9
에테르($C_2H_5OC_2H_5$)	1.9	48	24.3
이황화탄소(CS_2)	1.2	44	35.7
에틸렌(C_2H_4)	2.7	36	12.3
암모니아(NH_3)	15	28	0.9
메테인(CH_4)	5	15	2
에테인(C_2H_6)	3	12.4	3.1
프로페인(C_3H_8)	2.1	9.5	3.5
뷰테인(C_4H_{10})	1.8	8.4	3.7

정답 | ④

12 빈출도 ★★★

다음 각 물질과 물이 반응하였을 때 발생하는 가스의 연결이 틀린 것은?

① 탄화칼슘 — 아세틸렌
② 탄화알루미늄 — 이산화황
③ 인화칼슘 — 포스핀
④ 수소화리튬 — 수소

해설

탄화알루미늄(Al_4C_3)과 물이 반응하면 메테인(CH_4)이 발생한다.
$Al_4C_3 + 12H_2O \rightarrow 4Al(OH)_3 + 3CH_4 \uparrow$

선지분석

① $CaC_2 + 2H_2O \rightarrow Ca(OH)_2 + C_2H_2 \uparrow$
③ $Ca_3P_2 + 6H_2O \rightarrow 3Ca(OH)_2 + 2PH_3 \uparrow$
④ $LiH + H_2O \rightarrow LiOH + H_2 \uparrow$

정답 | ②

13 빈출도 ★

블레비(BLEVE) 현상과 관계가 없는 것은?

① 핵분열
② 가연성액체
③ 화구(Fire ball)의 형성
④ 복사열의 대량 방출

해설

블레비(BLEVE) 현상은 고압의 액화가스용기 등이 외부 화재에 의해 가열되어 탱크 내 액체가 비등하고 증기가 팽창하면서 폭발을 일으키는 현상이므로 핵분열과는 관계가 없다.

정답 | ①

14 빈출도 ★★★

인화점이 낮은 것부터 높은 순서로 옳게 나열된 것은?

① 에틸알코올<이황화탄소<아세톤
② 이황화탄소<에틸알코올<아세톤
③ 에틸알코올<아세톤<이황화탄소
④ 이황화탄소<아세톤<에틸알코올

해설

인화점은 이황화탄소, 아세톤, 에틸알코올 순으로 높아진다.

관련개념 물질의 발화점과 인화점

물질	발화점[℃]	인화점[℃]
프로필렌	497	−107
산화프로필렌	449	−37
가솔린	300	−43
이황화탄소	100	−30
아세톤	538	−18
메틸알코올	385	11
에틸알코올	423	13
벤젠	498	−11
톨루엔	480	4.4
등유	210	43~72
경유	200	50~70
적린	260	−
황린	30	20

정답 | ④

15 빈출도 ★★★

물에 저장하는 것이 안전한 물질은?

① 나트륨   ② 수소화칼슘

③ 이황화탄소   ④ 탄화칼슘

해설

제4류 위험물 특수인화물인 이황화탄소는 물보다 무겁고 물에 녹지 않는 비수용성이므로 물 속에 저장하는 것이 안전하다.

선지분석

① 제3류 위험물인 나트륨은 물과 반응하면 수소를 발생하며 급격히 발화하므로 석유, 등유 등 산소가 함유되지 않는 보호액 속에 보관한다.

② 제3류 위험물인 수소화칼슘은 물과 반응하면 수소를 발생하며 급격히 발화하므로 금속제의 견고한 저장 용기에 완전히 밀폐하여 수분 및 공기와의 접촉을 피한다.

④ 제3류 위험물인 탄화칼슘은 물과 반응하면 아세틸렌 가스를 발생하며 급격히 발화하므로 금속제의 견고한 저장 용기에 완전히 밀폐하여 수분 및 공기와의 접촉을 피한다.

정답 ③

16 빈출도 ★★★

대두유가 침적된 기름걸레를 쓰레기통에 오래 방치한 결과 자연발화에 의해 화재가 발생한 경우 그 이유로 옳은 것은?

① 융해열 축적   ② 산화열 축적

③ 증발열 축적   ④ 발효열 축적

해설

기름 속 지방산은 산소, 수분 등에 오래 노출시키게 되면 산화가 진행되며 산화열이 발생한다. 산화열을 충분히 배출하지 못하면 점점 축적되어 온도가 상승하게 되고, 기름의 발화점에 도달하면 자연발화가 일어난다.

정답 ②

17 빈출도 ★

건축법령상 내력벽, 기둥, 바닥, 보, 지붕틀 및 주계단을 무엇이라 하는가?

① 내진구조부   ② 건축설비부

③ 보조구조부   ④ 주요구조부

해설

주요구조부란 내력벽, 기둥, 바닥, 보, 지붕틀 및 주계단을 말한다. 다만, 사이 기둥, 최하층 바닥, 작은 보, 차양, 옥외 계단, 그 밖에 이와 유사한 것으로 건축물의 구조상 중요하지 아니한 부분은 제외한다.

정답 ④

18 빈출도 ★★★

전기화재의 원인으로 거리가 먼 것은?

① 단락   ② 과전류

③ 누전   ④ 절연 과다

해설

절연이 충분히 이루어지지 못하면 화재가 발생할 수 있다.

관련개념 전기화재의 발생 원인

㉠ 단락·전기스파크·과전류 또는 절연불량
㉡ 접속부 과열, 열적 경과 또는 지락·낙뢰·누전

정답 ④

19 빈출도 ★★

소화약제로 사용하는 물의 증발잠열로 기대할 수 있는 소화효과는?

① 냉각소화 ② 질식소화
③ 제거소화 ④ 촉매소화

물은 비열과 증발잠열이 높아 온도 및 상태변화에 많은 에너지를 필요로 하기 때문에 가연물의 온도를 빠르게 떨어뜨린다.

관련개념 소화효과

㉠ 제거소화(제거효과): 화재현장 주위의 물체를 치우고 연료를 제거하여 소화하는 방법
㉡ 억제소화(부촉매효과): 화재의 연쇄반응을 차단하여 소화하는 방법
㉢ 질식소화(피복효과): 산소의 공급을 차단하여 소화하는 방법
㉣ 냉각소화(냉각효과): 연소하는 가연물의 온도를 인화점 아래로 떨어뜨려 소화하는 방법

정답 ① ①

20 빈출도 ★★

1기압 상태에서, 100[℃] 물 1[g]이 모두 기체로 변할 때 필요한 열량은 몇 [cal]인가?

① 429 ② 499
③ 539 ④ 639

해설

물의 기화(증발) 잠열은 539[cal/g]이다.

관련개념 기화(증발) 잠열

기화 시 액체가 기체로 변화하는 동안에는 온도가 상승하지 않고 일정하게 유지되는데, 이와 같이 온도의 변화 없이 어떤 물질의 상태를 변화시킬 때 필요한 열량을 잠열이라고 한다.

정답 ③

21 빈출도 ★★★

논리식 $(X+Y)(X+\overline{Y})$을 간단히 하면?

① 1
② XY
③ X
④ Y

$(X+Y)(X+\overline{Y})=X+(Y\overline{Y})=X(\because \overline{Y}Y=0)$

관련개념 불대수 연산 예

결합법칙	$\cdot A+(B+C)=(A+B)+C$ $\cdot A\cdot(B\cdot C)=(A\cdot B)\cdot C$
분배법칙	$\cdot A\cdot(B+C)=A\cdot B+A\cdot C$ $\cdot A+(B\cdot C)=(A+B)\cdot(A+C)$
흡수법칙	$\cdot A+A\cdot B=A$ $\cdot A+\overline{A}B=A+B$ $\cdot A\cdot(A+B)=A$

정답 | ③

22 빈출도 ★

어떤 측정계기의 지시값을 M, 참값을 T라고 할 때 보정률[%]은?

① $\dfrac{T-M}{M}\times 100[\%]$
② $\dfrac{M}{M-T}\times 100[\%]$
③ $\dfrac{T-M}{T}\times 100[\%]$
④ $\dfrac{T}{M-T}\times 100[\%]$

해설

보정률은 $\dfrac{T-M}{M}\times 100[\%]$이다.

관련개념 전기계기의 오차와 보정

㉠ 오차: 측정값(M) − 참값(T)

㉡ 오차율: $\dfrac{M-T}{T}\times 100[\%]$

㉢ 보정: 참값(T) − 측정값(M)

㉣ 보정률: $\dfrac{T-M}{M}\times 100[\%]$

정답 | ①

23 빈출도 ★★

그림과 같이 반지름 r[m]인 원의 원주상 임의의 두 점 a, b 사이에 전류 I[A]가 흐른다. 원의 중심에서 자계의 세기는 몇 [A/m]인가?

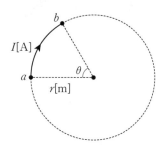

① $\dfrac{I\theta}{4\pi r}$

② $\dfrac{I\theta}{4\pi r^2}$

③ $\dfrac{I\theta}{2\pi r}$

④ $\dfrac{I\theta}{2\pi r^2}$

해설

$\theta=2\pi$인 경우 원의 중심에서 자계의 세기

$H_{2\pi}=\dfrac{I}{2r}$[A/m]

각도가 θ인 경우 원의 중심에서 자계의 세기는 비례식을 세워서 구할 수 있다.

(자계의 세기) : (각도)$=\dfrac{I}{2r}:2\pi=H:\theta$

$\rightarrow 2\pi H=\dfrac{I\theta}{2r}$이므로 $H=\dfrac{I\theta}{4\pi r}$[A/m]

정답 | ①

24 빈출도 ★

회로에서 a, b 간의 합성저항[Ω]은? (단, $R_1=3$[Ω], $R_2=9$[Ω]이다.)

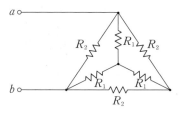

① 3

② 4

③ 5

④ 6

해설

그림의 회로 중 Y결선 회로를 △결선으로 변환하면 다음과 같다.

$R_{1\triangle}=\dfrac{R_1R_1+R_1R_1+R_1R_1}{R_1}$

$=\dfrac{3\times3+3\times3+3\times3}{3}=9$[Ω]

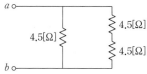

병렬회로의 합성저항을 구하면 $R=\dfrac{9\times9}{9+9}=4.5$[Ω]이고, a, b단 자에서 본 회로는 다음과 같이 등가회로로 나타낼 수 있다.

따라서 a, b 간 합성저항은

$R=\dfrac{4.5\times(4.5+4.5)}{4.5+(4.5+4.5)}=3$[Ω]

정답 | ①

25 빈출도 ★

2차 제어시스템에서 무제동으로 무한진동이 일어나는 감쇠율(damping ratio) ζ는?

① $\zeta=0$ ② $\zeta>1$

③ $\zeta=1$ ④ $0<\zeta<1$

해설

2차 제어시스템에서 무제동으로 무한진동이 일어나는 감쇠율은 $\zeta=0$이다.

관련개념 감쇠율에 따른 시스템 특성

감쇠율	시스템 특성
$0<\zeta<1$	부족제동, 감쇄진동
$\zeta=1$	임계제동, 임계진동
$\zeta>1$	과제동, 비진동
$\zeta=0$	무제동, 무한진동

정답 | ①

26 빈출도 ★★★

블록선도의 전달함수 $(C(s)/R(s))$는?

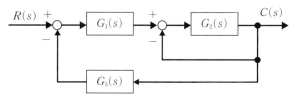

① $\dfrac{G_1(s)G_2(s)}{1+G_1(s)G_2(s)G_3(s)}$

② $\dfrac{G_1(s)G_2(s)}{1+G_1(s)+G_1(s)G_2(s)G_3(s)}$

③ $\dfrac{G_1(s)G_2(s)}{1+G_2(s)+G_1(s)G_2(s)G_3(s)}$

④ $\dfrac{G_1(s)G_2(s)}{1+G_3(s)+G_1(s)G_2(s)G_3(s)}$

해설

$$\frac{C(s)}{R(s)}=\frac{경로}{1-폐로}$$

$$=\frac{G_1(s)G_2(s)}{1+G_2(s)+G_1(s)G_2(s)G_3(s)}$$

경로: $G_1(s)G_2(s)$

폐로: ① $-G_2(s)$, ② $-G_1(s)G_2(s)G_3(s)$

관련개념 경로와 폐로

㉠ 경로: 입력에서부터 출력까지 가는 경로에 있는 소자들의 곱
㉡ 폐로: 출력 중 입력으로 돌아가는 경로에 있는 소자들의 곱

정답 | ③

27 빈출도 ★★★

3상 유도전동기의 특성에서 2차 입력, 동기속도와 토크의 관계로 옳은 것은?

① 토크는 2차 입력과 동기속도에 비례한다.
② 토크는 2차 입력에 비례, 동기속도에 반비례한다.
③ 토크는 2차 입력에 반비례, 동기속도에 비례한다.
④ 토크는 2차 입력의 제곱에 비례, 동기속도의 제곱에 반비례한다.

해설

토크(τ)는 2차 입력(P_2)에 비례하고 동기속도(N_s)에 반비례한다.
$\left(\tau \propto P_2, \ \tau \propto \dfrac{1}{N_s}\right)$

관련개념 유도전동기의 토크

$$\tau = 9.55 \frac{P_0}{N} = 9.55 \frac{P_2}{N_s}$$

τ: 토크[N·m], P_0: 출력[W], N: 회전속도[rpm], P_2: 2차 입력[W], N_s: 동기속도[rpm]

정답 | ②

28 빈출도 ★★★

어떤 회로에 $v(t)=150\sin\omega t$[V]의 전압을 가하니 $i(t)=12\sin(\omega t-30°)$[A]의 전류가 흘렀다. 회로의 소비전력(유효전력)은 약 몇 [W]인가?

① 390
② 450
③ 780
④ 900

해설

유효전력 $P=VI\cos\theta$

전압의 실횻값 $V=\dfrac{150}{\sqrt{2}}$[V]

전류의 실횻값 $I=\dfrac{12}{\sqrt{2}}$[A]

위상차 $\theta=0°-(-30°)=30°$

$\therefore P=VI\cos\theta=\dfrac{150}{\sqrt{2}}\times\dfrac{12}{\sqrt{2}}\times\cos30°$

$\quad\quad =900\times\dfrac{\sqrt{3}}{2}=779.42$[W]

정답 | ③

29 빈출도 ★★

평행한 두 도선 사이의 거리가 r이고, 도선에 흐르는 전류에 의해 두 도선 사이의 작용력이 F_1일 때, 두 도선 사이의 거리를 $2r$로 하면 두 도선 사이의 작용력 F_2는?

① $F_2=\dfrac{1}{4}F_1$
② $F_2=\dfrac{1}{2}F_1$
③ $F_2=2F_1$
④ $F_2=4F_1$

해설

$F_1=2\times10^{-7}\times\dfrac{I_1\cdot I_2}{r}$[N/m] → $F\propto\dfrac{1}{r}$

힘은 거리에 반비례하므로 두 도선 사이의 거리를 $2r$로 하면 힘 F_2는 F_1의 $\dfrac{1}{2}$배가 된다.

$\therefore F_2=\dfrac{1}{2}F_1$

관련개념 평행도체 사이에 작용하는 힘

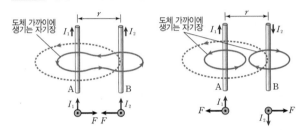

$$F=2\times10^{-7}\times\frac{I_1\cdot I_2}{r}[\text{N/m}]$$

정답 | ②

30 빈출도 ★★★

200[V]의 교류 전압에서 30[A]의 전류가 흐르는 부하가 4.8[kW]의 유효전력을 소비하고 있을 때 이 부하의 리액턴스[Ω]는?

① 6.6   ② 5.3

③ 4.0   ④ 3.3

해설

유효전력 $P = VI\cos\theta$

$\to \cos\theta = \dfrac{P}{VI} = \dfrac{4.8 \times 10^3}{200 \times 30} = 0.8$

$\sin\theta = \sqrt{1-\cos^2\theta} = \sqrt{1-0.8^2} = 0.6$

임피던스 $Z = \dfrac{V}{I} = \dfrac{200}{30} = \dfrac{20}{3}$[Ω]

리액턴스 $X = Z \times \sin\theta = \dfrac{20}{3} \times 0.6 = 4$[Ω]

관련개념 별해

피상전력 $P_a = VI = 200 \times 30 = 6,000$[VA]

무효전력 $P_r = \sqrt{P^2 - P_a{}^2} = \sqrt{6,000^2 - 4,800^2} = 3,600$[Var]

리액턴스 $X = \dfrac{P_r}{I^2} = \dfrac{3,600}{30^2} = 4$[Ω]

정답 | ③

31 빈출도 ★★

정전용량이 0.02[μF]인 커패시터 2개와 정전용량이 0.01[μF]인 커패시터 1개를 모두 병렬로 접속하여 24[V]의 전압을 가하고 있다. 이 병렬회로에서 합성 정전용량[μF]과 0.01[μF]의 커패시터에 축적되는 전하량[C]은?

① 0.05, 0.12×10^{-6} ② 0.05, 0.24×10^{-6}

③ 0.03, 0.12×10^{-6} ④ 0.03, 0.24×10^{-6}

해설

회로를 그림으로 표현하면 다음과 같다.

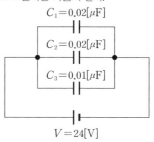

$C_1 = 0.02[\mu F]$, $C_2 = 0.02[\mu F]$, $C_3 = 0.01[\mu F]$라 하면

합성 정전용량 $C_{eq} = C_1 + C_2 + C_3 = 0.05[\mu F]$

병렬회로에 걸리는 전압은 24[V]이므로

0.01[μF]에 축적되는 전하량은

$Q = C_3 V = 0.01 \times 10^{-6} \times 24 = 0.24 \times 10^{-6}$[C]

정답 | ②

32 빈출도 ★★★

그림과 같은 다이오드 회로에서 출력전압 V_o는?
(단, 다이오드의 전압강하는 무시한다.)

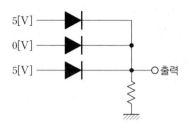

① 10[V]
② 5[V]
③ 1[V]
④ 0[V]

해설

3개의 입력 중 1개라도 입력(+5[V])이 존재할 경우 출력 V_o에는 5[V]가 출력되는 OR 게이트의 무접점 회로이다.

관련개념 OR 게이트

입력 단자 A와 B 모두 OFF일 때에만 출력이 OFF되고, 두 단자 중 어느 하나라도 ON이면 출력이 ON이 되는 회로이다.

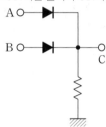

▲ OR 게이트의 무접점 회로

입력		출력
A	B	C
0	0	0
0	1	1
1	0	1
1	1	1

▲ OR 게이트의 진리표

정답 | ②

33 빈출도 ★★

테브난의 정리를 이용하여 그림(a) 회로를 그림(b)와 같은 등가회로로 만들고자 할 때 V_{th}[V]와 R_{th}[Ω]은?

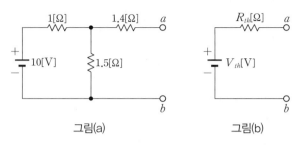

그림(a)   그림(b)

① 5[V], 2[Ω]
② 5[V], 3[Ω]
③ 6[V], 2[Ω]
④ 6[V], 3[Ω]

해설

테브난 등가전압을 구하기 위한 등가회로는 다음과 같다.

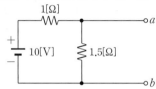

$$\therefore V_{th} = \frac{1.5}{1+1.5} \times 10 = 6[V]$$

테브난 등가저항을 구하기 위한 등가회로는 다음과 같다.

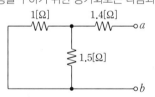

저항 1[Ω]과 1.5[Ω]은 병렬관계이므로 합성저항을 구하면

$$R = \frac{1 \times 1.5}{1+1.5} = \frac{1.5}{2.5} = 0.6[Ω]$$

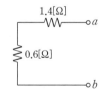

a, b 단자에서 본 테브난 등가저항은
$$R_{th} = 1.4 + 0.6 = 2[Ω]$$

정답 | ③

34 빈출도 ★★★

LC 직렬회로에 직류 전압 E를 $t=0$[s]에 인가했을 때 흐르는 전류 $I(t)$는?

① $\dfrac{E}{\sqrt{L/C}}\cos\dfrac{1}{\sqrt{LC}}t$

② $\dfrac{E}{\sqrt{L/C}}\sin\dfrac{1}{\sqrt{LC}}t$

③ $\dfrac{E}{\sqrt{C/L}}\cos\dfrac{1}{\sqrt{LC}}t$

④ $\dfrac{E}{\sqrt{C/L}}\sin\dfrac{1}{\sqrt{LC}}t$

해설

LC 회로의 전하 및 전류

$q(t)=CE(1-\cos\omega t)=CE\left(1-\cos\dfrac{1}{\sqrt{LC}}t\right)$[C]

$I(t)=\dfrac{dq}{dt}=\omega CE\sin\omega t=\dfrac{E}{\sqrt{L/C}}\sin\dfrac{1}{\sqrt{LC}}t$[A]

정답 | ②

35 빈출도 ★★★

다음 소자 중에서 온도보상용으로 쓰이는 것은?

① 서미스터　　　　② 바리스터

③ 제너다이오드　　④ 터널다이오드

해설

서미스터는 저항기의 한 종류로서 온도에 따라서 물질의 저항이 변화하는 성질을 이용하며 온도보상용, 온도계측용, 온도보정용 등으로 사용된다.

정답 | ①

36 빈출도 ★★

변위를 압력으로 변환하는 장치로 옳은 것은?

① 다이어프램　　　② 가변 저항기

③ 벨로우즈　　　　④ 노즐 플래퍼

해설

노즐 플래퍼는 변위를 압력으로 변환하는 장치이다.

선지분석

① 다이어프램: 압력을 변위로 변환하는 장치이다.
② 가변 저항기: 변위를 임피던스로 변환하는 장치이다.
③ 벨로우즈: 압력을 변위로 변환하는 장치이다.

관련개념 제어기기의 변환요소

변환량	변환 요소
압력 → 변위	벨로우즈, 다이어프램, 스프링
변위 → 압력	노즐 플래퍼, 유압 분사관, 스프링

정답 | ④

37 빈출도 ★

저항 R_1[Ω], R_2[Ω], 인덕턴스 L[H]의 직렬회로가 있다. 이 회로의 시정수(s)는?

① $-\dfrac{R_1+R_2}{L}$　　　② $\dfrac{R_1+R_2}{L}$

③ $-\dfrac{L}{R_1+R_2}$　　　④ $\dfrac{L}{R_1+R_2}$

해설

RL 직렬회로의 시정수 $\tau=\dfrac{L}{R}=\dfrac{L}{R_1+R_2}$[s]

관련개념 RL회로의 시정수

$\tau=\dfrac{L}{R}$[s]

RC회로의 시정수

$\tau=RC$[s]

정답 | ④

38 빈출도 ★★

자기인덕턴스 L_1과 L_2가 각각 4[mH], 9[mH]인 두 코일이 이상적인 결합으로 되었다면 상호인덕턴스는 몇 [mH]인가? (단, 결합계수는 1이다.)

① 6　　　　　　　　② 12

③ 24　　　　　　　　④ 36

해설

상호인덕턴스 $M=k\sqrt{L_1L_2}=1\times\sqrt{4\times10^{-3}\times9\times10^{-3}}$
$\qquad\qquad\quad=6\times10^{-3}[\mathrm{H}]=6[\mathrm{mH}]$

정답 | ①

39 빈출도 ★★★

분류기를 사용하여 내부저항이 R_A인 전류계의 배율을 9로 하기 위한 분류기의 저항 $R_S[\Omega]$은?

① $R_S=\dfrac{1}{8}R_A$　　　　② $R_S=\dfrac{1}{9}R_A$

③ $R_S=8R_A$　　　　　④ $R_S=9R_A$

해설

분류기의 배율 $m=\dfrac{I_0}{I_A}=\dfrac{I_A+I_S}{I_A}=1+\dfrac{I_S}{I_A}=1+\dfrac{R_A}{R_S}=9$

$\therefore\ \dfrac{R_A}{R_S}=8\rightarrow R_S=\dfrac{1}{8}R_A$

정답 | ①

40 빈출도 ★★★

그림의 논리회로와 등가인 논리 게이트는?

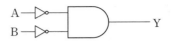

① NOR　　　　　　② NAND

③ NOT　　　　　　④ OR

해설

그림의 논리식은 $Y=\overline{A}\cdot\overline{B}$으로 NOR 게이트이다.

관련개념 NOR 게이트

논리기호	논리식
A ○──╲╲ B ○──╱╱○─○ C	$\overline{C}=A+B$ $C=\overline{A+B}=\overline{A}\cdot\overline{B}$

정답 | ①

41 빈출도 ★★★

소방기본법령상 저수조의 설치기준으로 틀린 것은?

① 지면으로부터의 낙차가 4.5[m] 이상일 것
② 흡수부분의 수심이 0.5[m] 이상일 것
③ 흡수에 지장이 없도록 토사 및 쓰레기 등을 제거할 수 있는 설비를 갖출 것
④ 흡수관의 투입구가 사각형인 경우에는 한 변의 길이가 60[cm] 이상, 원형의 경우에는 지름이 60[cm] 이상일 것

해설

저수조는 지면으로부터의 낙차가 **4.5[m] 이하**이어야 한다.

관련개념 저수조의 설치기준

㉠ 지면으로부터 낙차: 4.5[m] 이하
㉡ 흡수부분의 수심: 0.5[m] 이상
㉢ 흡수관의 투입구

사각형	한 변의 길이 60[cm] 이상
원형	지름 60[cm] 이상

정답 | ①

42 빈출도 ★★

소방시설공사업법령상 소방시설업 등록을 하지 아니하고 영업을 한 자에 대한 벌칙은?

① 500만 원 이하의 벌금
② 1년 이하의 징역 또는 1,000만 원 이하의 벌금
③ 3년 이하의 징역 또는 3,000만 원 이하의 벌금
④ 5년 이하의 징역

해설

소방시설업 등록을 하지 아니하고 영업을 한 자는 **3년 이하의 징역 또는 3,000만 원 이하의 벌금**에 처한다.

정답 | ③

43 빈출도 ★

소방시설 설치 및 관리에 관한 법령상 대통령령 또는 화재안전기준이 변경되어 그 기준이 강화되는 경우 기존 특정소방대상물의 소방시설 중 강화된 기준을 적용할 수 있는 소방시설은?

① 비상경보설비
② 비상방송설비
③ 비상콘센트설비
④ 옥내소화전설비

해설

강화된 기준을 적용하여야 하는 소방시설은 **비상경보설비**이다.

관련개념 강화된 기준 적용 대상 소방시설

㉠ 소화기구
㉡ 비상경보설비
㉢ 자동화재탐지설비
㉣ 자동화재속보설비
㉤ 피난구조설비

정답 | ①

44 빈출도 ★★

소방시설 설치 및 관리에 관한 법률상 분말형태의 소화약제를 사용하는 소화기의 내용연수로 옳은 것은? (단, 소방용품의 성능을 확인받아 그 사용기한을 연장하는 경우는 제외한다.)

① 3년   ② 5년
③ 7년   ④ 10년

해설

분말형태의 소화약제를 사용하는 소화기의 내용연수는 10년이다.

정답 | ④

45 빈출도 ★

소방기본법령상 소방신호의 방법으로 틀린 것은?

① 타종에 의한 훈련신호는 연 3타 반복
② 싸이렌에 의한 발화신호는 5초 간격을 두고, 10초씩 3회
③ 타종에 의한 해제신호는 상당한 간격을 두고 1타씩 반복
④ 싸이렌에 의한 경계신호는 5초 간격을 두고, 30초씩 3회

해설

싸이렌에 의한 발화신호는 5초 간격을 두고 5초씩 3회로 한다.

관련개념 소방신호의 방법

구분	타종신호	싸이렌신호
경계신호	1타와 연2타를 반복	5초 간격을 두고 30초씩 3회
발화신호	난타	5초 간격을 두고 5초씩 3회
해제신호	상당한 간격을 두고 1타씩 반복	1분간 1회
훈련신호	연3타 반복	10초 간격을 두고 1분씩 3회

정답 | ②

46 빈출도 ★

화재의 예방 및 안전관리에 관한 법령상 특정소방대상물의 관계인이 수행하여야 하는 소방안전관리 업무가 아닌 것은?

① 소방훈련의 지도 · 감독
② 화기(火氣) 취급의 감독
③ 피난시설, 방화구획 및 방화시설의 관리
④ 소방시설이나 그 밖의 소방 관련 시설의 관리

해설

소방훈련의 지도 및 감독은 특정소방대상물의 관계인이 수행하여야 하는 업무가 아니다.

관련개념 특정소방대상물 관계인의 업무

㉠ 피난시설, 방화구획 및 방화시설의 관리
㉡ 소방시설이나 그 밖의 소방 관련 시설의 관리
㉢ 화기 취급의 감독
㉣ 화재발생 시 초기대응
㉤ 그 밖에 소방안전관리에 필요한 업무

정답 | ①

47 빈출도 ★★

소방기본법에서 정의하는 소방대의 조직구성원이 아닌 것은?

① 의무소방원   ② 소방공무원

③ 의용소방대원   ④ 공항소방대원

해설

소방대의 조직구성원

㉠ 소방공무원

㉡ 의무소방원

㉢ 의용소방대원

정답 | ④

48 빈출도 ★★

위험물안전관리법령상 인화성액체위험물(이황화탄소 제외)의 옥외탱크저장소의 탱크 주위에 설치하여야 하는 방유제의 기준 중 틀린 것은?

① 방유제의 용량은 방유제 안에 설치된 탱크가 하나인 때에는 그 탱크 용량의 110[%] 이상으로 할 것

② 방유제의 용량은 방유제 안에 설치된 탱크가 2기 이상인 때에는 그 탱크 중 용량이 최대인 것의 용량의 110[%] 이상으로 할 것

③ 방유제는 높이 1[m] 이상 2[m] 이하, 두께 0.2[m] 이상, 지하매설깊이 0.5[m] 이상으로 할 것

④ 방유제 내의 면적은 80,000[m^2] 이하로 할 것

해설

옥외탱크저장소의 탱크 주위에 설치하여야 하는 방유제는 높이 0.5[m] 이상 3[m] 이하, 두께 0.2[m] 이상, 지하매설깊이 1[m] 이상으로 해야 한다.

관련개념 방유제 설치기준(옥외탱크저장소)

㉠ 높이: 0.5[m] 이상 3[m] 이하

㉡ 두께: 0.2[m] 이상

㉢ 지하매설깊이: 1[m] 이상

㉣ 면적: 80,000[m^2] 이하

㉤ 방유제 용량

구분	방유제 용량
방유제 내 탱크가 1기일 경우	• 인화성액체위험물: 탱크 용량의 110[%] 이상 • 인화성이 없는 위험물: 탱크 용량의 100[%] 이상
방유제 내 탱크가 2기 이상일 경우	• 인화성액체위험물: 용량이 최대인 탱크 용량의 110[%] 이상 • 인화성이 없는 위험물: 용량이 최대인 탱크용량의 100[%] 이상

정답 | ③

49 빈출도 ★★

위험물안전관리법상 시·도지사의 허가를 받지 아니하고 당해 제조소등을 설치할 수 있는 기준 중 다음 (   ) 안에 알맞은 것은?

> 농예용·축산용 또는 수산용으로 필요한 난방시설 또는 건조시설을 위한 지정수량 (   )배 이하의 저장소

① 20
② 30
③ 40
④ 50

농예용·축산용 또는 수산용으로 필요한 난방시설 또는 건조시설을 위한 지정수량 20배 이하의 저장소인 경우 시·도지사의 허가를 받지 아니하고 당해 제조소등을 설치할 수 있다.

정답 | ①

50 빈출도 ★★★

소방시설 설치 및 관리에 관한 법령상 건축허가 등의 동의대상물의 범위기준 중 틀린 것은?

① 건축 등을 하려는 학교시설: 연면적 200[m²] 이상
② 노유자시설: 연면적 200[m²] 이상
③ 정신의료기관(입원실이 없는 정신건강의학과 의원 제외): 연면적 300[m²] 이상
④ 장애인 의료재활시설: 연면적 300[m²] 이상

건축 등을 하려는 학교시설의 건축허가 동의기준은 연면적 100[m²] 이상이다.

동의대상물의 범위

㉠ 연면적 400[m²] 이상 건축물이나 시설
㉡ 다음 표에서 제시된 기준 연면적 이상의 건축물이나 시설

구분	기준
학교시설	100[m²] 이상
─ 노유자시설 ─ 수련시설	200[m²] 이상
─ 정신의료기관 ─ 장애인 의료재활시설	300[m²] 이상

㉢ 지하층, 무창층이 있는 건축물로서 바닥면적이 150[m²](공연장 100[m²]) 이상인 층이 있는 것
㉣ 차고, 주차장 또는 주차용도로 사용되는 시설
　─ 차고·주차장으로 사용되는 바닥면적이 200[m²] 이상인 층이 있는 건축물이나 주차시설
　─ 승강기 등 기계장치에 의한 주차시설로서 자동차 20대 이상을 주차할 수 있는 시설
㉤ 층수가 6층 이상인 건축물
㉥ 항공기격납고, 관망탑, 항공관제탑, 방송용 송수신탑
㉦ 특정소방대상물 중 위험물 저장 및 처리시설, 지하구

정답 | ①

51 빈출도 ★★★

소방시설 설치 및 관리에 관한 법령상 지하가는 연면적이 최소 몇 [m²] 이상이어야 스프링클러설비를 설치하여야 하는 특정소방대상물에 해당하는가? (단, 터널은 제외한다.)

① 100
② 200
③ 1,000
④ 2,000

해설

터널을 제외한 지하가는 연면적이 **1,000[m²]** 이상인 경우 스프링클러설비를 설치해야 한다.

정답 | ③

52 빈출도 ★★

화재의 예방 및 안전관리에 관한 법령상 소방안전관리대상물의 소방계획서에 포함되어야 하는 사항이 아닌 것은?

① 소방시설 · 피난시설 및 방화시설의 점검 · 정비계획
② 위험물안전관리법에 따라 예방규정을 정하는 제조소등의 위험물 저장 · 취급에 관한 사항
③ 소방안전관리대상물의 근무자 및 거주자의 자위소방대 조직과 대원의 임무에 관한 사항
④ 방화구획, 제연구획, 건축물의 내부 마감재료 및 방염대상물품의 사용현황과 그 밖의 방화구조 및 설비의 유지 · 관리계획

해설

위험물안전관리법에 따라 예방규정을 정하는 제조소등의 위험물 저장 · 취급에 관한 사항은 소방계획서에 포함되는 내용이 아니다.

정답 | ②

53 빈출도 ★★

위험물안전관리법령상 업무상 과실로 제조소등에서 위험물을 유출 · 방출 또는 확산시켜 사람의 생명 · 신체 또는 재산에 대하여 위험을 발생시킨 자에 대한 벌칙 기준은?

① 5년 이하의 금고 또는 2,000만 원 이하의 벌금
② 5년 이하의 금고 또는 7,000만 원 이하의 벌금
③ 7년 이하의 금고 또는 2,000만 원 이하의 벌금
④ 7년 이하의 금고 또는 7,000만 원 이하의 벌금

해설

업무상 과실로 제조소등에서 위험물을 유출 · 방출 또는 확산시켜 사람의 생명 · 신체 또는 재산에 대하여 위험을 발생시킨 자는 **7년 이하의 금고 또는 7,000만 원 이하**(사상자 발생시 10년 이하의 징역 또는 금고나 1억원 이하)의 벌금에 처한다.

정답 | ④

54 빈출도 ★★★

소방기본법령상 소방용수시설의 설치기준 중 급수탑의 급수배관의 구경은 최소 몇 [mm] 이상이어야 하는가?

① 100
② 150
③ 200
④ 250

해설

급수탑의 급수배관의 구경은 **100[mm]** 이상이어야 한다.

관련개념 급수탑의 설치기준

급수배관 구경	100[mm] 이상
개폐밸브 설치 높이	지상에서 1.5[m] 이상 1.7[m] 이하

정답 | ①

55 빈출도 ★★

소방시설공사업법령상 공사감리자 지정대상 특정소방
대상물의 범위가 아닌 것은?

① 물분무등소화설비(호스릴방식의 소화설비 제외)를
　신설·개설하거나 방호·방수 구역을 증설할 때
② 제연설비를 신설·개설하거나 제연구역을 증설할 때
③ 연소방지설비를 신설·개설하거나 살수구역을 증설
　할 때
④ 캐비닛형 간이스프링클러설비를 신설·개설하거나
　방호·방수구역을 증설할 때

해설

캐비닛형 간이스프링클러설비를 신설·개설하거나 방호·방수 구역을
증설할 때에는 공사감리자를 지정할 필요가 없다.

관련개념 공사감리자 지정대상 특정소방대상물의 범위

㉠ 옥내소화전설비를 신설·개설 또는 증설할 때
㉡ 스프링클러설비등(캐비닛형 간이스프링클러설비 제외)을 신설
　·개설하거나 방호·방수 구역을 증설할 때
㉢ 물분무등소화설비(호스릴방식의 소화설비 제외)를 신설·개설
　하거나 방호·방수 구역을 증설할 때
㉣ 옥외소화전설비를 신설·개설 또는 증설할 때
㉤ 자동화재탐지설비를 신설 또는 개설할 때
㉥ 비상방송설비를 신설 또는 개설할 때
㉦ 통합감시시설을 신설 또는 개설할 때
㉧ 소화용수설비를 신설 또는 개설할 때
㉨ 다음 소화활동설비에 대하여 시공을 할 때
　－ 제연설비를 신설·개설하거나 제연구역을 증설할 때
　－ 연결송수관설비를 신설 또는 개설할 때
　－ 연결살수설비를 신설·개설하거나 송수구역을 증설할 때
　－ 비상콘센트설비를 신설·개설하거나 전용회로를 증설할 때
　－ 무선통신보조설비를 신설 또는 개설할 때
　－ 연소방지설비를 신설·개설하거나 살수구역을 증설할 때

정답 | ④

56 빈출도 ★★★

소방시설 설치 및 관리에 관한 법령상 자동화재탐지설비를
설치하여야 하는 특정소방대상물에 대한 기준 중
(　　　)에 알맞은 것은?

| 근린생활시설(목욕장 제외), 의료시설(정신의료
기관 또는 요양병원 제외), 위락시설, 장례시설 및
복합건축물로서 연면적 (　　　)[m²] 이상인 것 |
| --- |

① 400　　　　　　　　② 600
③ 1,000　　　　　　　④ 3,500

해설

근린생활시설(목욕장 제외), 의료시설(정신의료기관, 요양병원 제외),
위락시설, 장례시설 및 복합건축물로서 연면적 600[m²] 이상인
특정소방대상물은 자동화재탐지설비를 설치해야 한다.

관련개념 자동화재탐지설비를 설치해야 하는 특정소방대상물

시설	대상
• 아파트등 • 기숙사 • 숙박시설	모든 층
층수가 6층 이상인 건축물	모든 층
• 근린생활시설(목욕장 제외) • 의료시설(정신의료기관, 요양병원 제외) • 위락시설, 장례시설, 복합건축물	연면적 600[m²] 이상인 것은 모든 층
근린생활시설 중 • 목욕장, 문화 및 집회시설 • 종교시설, 판매시설 • 운수시설, 운동시설 • 업무시설, 공장, 창고시설 • 위험물 저장 및 처리시설 • 항공기 및 자동차 관련 시설 • 교정 및 군사시설 중 국방·군사 　시설 • 방송통신시설, 발전시설 • 관광 휴게시설, 지하가(터널 제외)	연면적 1,000[m²] 이상인 경우 모든 층
공장 및 창고시설	지정수량 500배 이상의 특수가연물을 저장·취급하는 것

정답 | ②

57 빈출도 ★★★

소방시설 설치 및 관리에 관한 법령상 형식승인을 받지 아니한 소방용품을 판매하거나 판매 목적으로 진열하거나 소방시설공사에 사용한 자에 대한 벌칙 기준은?

① 3년 이하의 징역 또는 3,000만 원 이하의 벌금
② 2년 이하의 징역 또는 1,500만 원 이하의 벌금
③ 1년 이하의 징역 또는 1,000만 원 이하의 벌금
④ 1년 이하의 징역 또는 500만 원 이하의 벌금

해설

소방용품의 형식승인을 받지 아니한 소방용품을 판매하거나 판매 목적으로 진열하거나 소방시설공사에 사용한 자는 **3년 이하의 징역 또는 3,000만 원 이하의 벌금**에 처한다.

정답 | ①

58 빈출도 ★★

소방기본법에서 정의하는 소방대상물에 해당하지 않는 것은?

① 산림
② 차량
③ 건축물
④ 항해 중인 선박

해설

항해 중인 선박은 소방대상물에 해당하지 않는다.

관련개념 **소방대상물**

㉠ 건축물
㉡ 차량
㉢ 선박(매어둔 선박만 해당)
㉣ 선박 건조 구조물
㉤ 산림

정답 | ④

59 빈출도 ★

소방시설 설치 및 관리에 관한 법령상 특정소방대상물의 소방시설 설치의 면제기준 중 다음 (   ) 안에 알맞은 것은?

> 물분무등소화설비를 설치하여야 하는 차고·주차장에 (   )를 화재안전기준에 적합하게 설치한 경우에는 그 설비의 유효범위에서 설치가 면제된다.

① 옥내소화전설비
② 스프링클러설비
③ 간이스프링클러설비
④ 할로겐화합물 및 불활성기체소화설비

해설

물분무등소화설비를 설치하여야 하는 차고·주차장에 **스프링클러설비**를 화재안전기준에 적합하게 설치한 경우에는 그 설비의 유효범위에서 설치가 면제된다.

정답 | ②

60 빈출도 ★

위험물안전관리법령상 위험물의 유별 저장·취급의 공통기준 중 다음 (   ) 안에 알맞은 것은?

> (   ) 위험물은 산화제와의 접촉·혼합이나 불티·불꽃·고온체와의 접근 또는 과열을 피하는 한편, 철분·금속분·마그네슘 및 이를 함유한 것에 있어서는 물이나 산과의 접촉을 피하고 인화성 고체에 있어서는 함부로 증기를 발생시키지 아니하여야 한다.

① 제1류
② 제2류
③ 제3류
④ 제4류

해설

제2류 위험물은 산화제와의 접촉·혼합이나 불티·불꽃·고온체와의 접근 또는 과열을 피하는 한편, 철분·금속분·마그네슘 및 이를 함유한 것에 있어서는 물이나 산과의 접촉을 피하고 인화성 고체에 있어서는 함부로 증기를 발생시키지 아니하여야 한다.

정답 | ②

61 빈출도 ★

비상콘센트설비의 화재안전기술기준(NFTC 504)에 따라 하나의 전용회로에 단상교류 비상콘센트 6개를 연결하는 경우, 전선의 용량은 몇 [kVA] 이상이어야 하는가?

① 1.5
② 3
③ 4.5
④ 9

해설

비상콘센트설비의 전원회로는 단상교류 220[V], 공급용량 1.5[kVA] 이상인 것으로 해야 한다.
전원회로 전선의 용량은 비상콘센트(3개 이상인 경우 3개)의 공급용량을 합한 용량 이상이어야 한다.
6개의 비상콘센트가 연결된 상태이므로 제한 조건에 따라 3개로 상정하여 계산한다.
하나의 비상콘센트 최소 공급용량은 1.5[kVA]이므로
전선의 용량=3×1.5=4.5[kVA]

정답 │ ③

62 빈출도 ★★★

무선통신보조설비의 화재안전기술기준(NFTC 505)에 따라 지표면으로부터의 깊이가 몇 [m] 이하인 경우에는 해당 층에 한하여 무선통신보조설비를 설치하지 아니할 수 있는가?

① 0.5
② 1
③ 1.5
④ 2

해설

지하층으로서 특정소방대상물의 바닥부분 2면 이상이 지표면과 동일하거나 지표면으로부터의 깊이가 1[m] 이하인 경우에는 해당 층에 한해 무선통신보조설비를 설치하지 않을 수 있다.

정답 │ ②

63 빈출도 ★

자동화재속보설비 속보기의 성능인증 및 제품검사의 기술기준에 따른 속보기의 구조에 대한 설명으로 틀린 것은?

① 수동통화용 송수화장치를 설치하여야 한다.
② 접지전극에 직류전류를 통하는 회로 방식을 사용하여야 한다.
③ 작동 시 그 작동시간과 작동횟수를 표시할 수 있는 장치를 하여야 한다.
④ 예비전원회로에는 단락사고 등을 방지하기 위한 퓨즈, 차단기 등과 같은 보호장치를 하여야 한다.

해설

자동화재속보설비의 속보기는 접지전극에 직류전류를 통하는 회로 방식을 사용해서는 안 된다.

관련개념 속보기에 사용하지 말아야 할 회로방식

㉠ 접지전극에 직류전류를 통하는 회로방식
㉡ 수신기에 접속되는 외부배선과 다른 설비(화재신호의 전달에 영향을 미치지 않는 것 제외)의 외부배선을 공용으로 하는 회로방식

정답 ②

64 빈출도 ★

공기관식 차동식 분포형 감지기의 기능시험을 하였더니 검출기의 접점수고치가 규정 이상으로 되어 있었다. 이때 발생되는 장애로 볼 수 있는 것은?

① 작동이 늦어진다.
② 장애는 발생되지 않는다.
③ 동작이 전혀 되지 않는다.
④ 화재도 아닌데 작동하는 일이 있다.

해설

접점수고치가 규정 이상인 경우 감도가 낮아(둔감해)져 화재 시 작동이 되지 않거나 작동이 늦어진다.

관련개념 접점수고치에 따른 작동

접점수고치가 낮은 경우	화재가 아닌데 작동하는 경우가 생긴다.(비화재보)
접점수고치가 높은 경우	작동이 늦어진다.(실보)

정답 ①

65 빈출도 ★★

경종의 형식승인 및 제품검사의 기술기준에 따라 경종은 전원전압이 정격전압의 ± 몇 [%] 범위에서 변동하는 경우 기능에 이상이 생기지 아니하여야 하는가?

① 5
② 10
③ 20
④ 30

해설

경종은 전원전압이 정격전압의 ±20[%] 범위에서 변동하는 경우 기능에 이상이 생기지 아니하여야 한다.

정답 | ③

66 빈출도 ★

누전경보기의 화재안전기술기준(NFTC 205)에 따라 누전경보기의 수신부를 설치할 수 있는 장소는? (단, 해당 누전경보기에 대하여 방폭·방식·방습·방온·방진 및 정전기 차폐 등의 방호조치를 하지 않은 경우이다.)

① 습도가 낮은 장소
② 온도의 변화가 급격한 장소
③ 화약류를 제조하거나 저장 또는 취급하는 장소
④ 부식성의 증기·가스 등이 다량으로 체류하는 장소

해설

보기 ①을 제외한 나머지 장소에는 누전경보기의 수신부를 설치할 수 없다.

관련개념 누전경보기 수신부의 설치제외 장소

㉠ 가연성의 증기·먼지·가스 등이나 부식성의 증기·가스 등이 다량으로 체류하는 장소
㉡ 화약류를 제조하거나 저장 또는 취급하는 장소
㉢ 습도가 높은 장소
㉣ 온도의 변화가 급격한 장소
㉤ 대전류회로·고주파 발생회로 등에 따른 영향을 받을 우려가 있는 장소

정답 | ①

67 빈출도 ★

자동화재탐지설비 및 시각경보장치의 화재안전기술기준(NFTC 203)에 따라 특정소방대상물 중 화재신호를 발신하고 그 신호를 수신 및 유효하게 제어할 수 있는 구역을 무엇이라 하는가?

① 방호구역
② 방수구역
③ 경계구역
④ 화재구역

해설

경계구역은 특정소방대상물 중 화재신호를 발신하고 그 신호를 수신 및 유효하게 제어할 수 있는 구역이다.

정답 | ③

68 빈출도 ★

소방시설용 비상전원수전설비의 화재안전기술기준(NFTC 602) 용어의 정의에 따라 수용장소의 조영물(토지에 정착한 시설물 중 지붕 및 기둥 또는 벽이 있는 시설물)의 옆면 등에 시설하는 전선으로서 그 수용장소의 인입구에 이르는 부분의 전선은 무엇인가?

① 인입선
② 내화배선
③ 열화배선
④ 인입구 배선

해설

인입선은 가공인입선 및 수용장소의 조영물(토지에 정착한 시설물 중 지붕 및 기둥 또는 벽이 있는 시설물)의 옆면 등에 시설하는 전선으로서 그 수용장소의 인입구에 이르는 부분의 전선이다.

관련개념

㉠ 내화배선: 내화성을 가진 소방용전선으로 배선하는 것
㉡ 인입구 배선: 인입선 연결점으로부터 특정소방대상물 내에 시설하는 인입 개폐기에 이르는 배선

정답 | ①

69 빈출도 ★★

비상콘센트설비의 성능인증 및 제품검사의 기술기준에 따른 표시등의 구조 및 기능에 대한 내용이다. 다음 ( )에 들어갈 내용으로 옳은 것은?

> 적색으로 표시되어야 하며 주위의 밝기가 (ⓐ)[lx] 이상인 장소에서 측정하여 앞면으로부터 (ⓑ)[m] 떨어진 곳에서 켜진 등이 확실히 식별되어야 한다.

① ⓐ: 100, ⓑ: 1
② ⓐ: 300, ⓑ: 3
③ ⓐ: 500, ⓑ: 5
④ ⓐ: 1,000, ⓑ: 10

해설

비상콘센트설비의 표시등은 적색으로 표시되어야 하며 주위의 밝기가 **300[lx]** 이상인 장소에서 측정하여 앞면으로부터 **3[m]** 떨어진 곳에서 켜진 등이 확실히 식별되어야 한다.

정답 | ②

70 빈출도 ★★

감지기의 형식승인 및 제품검사의 기술기준에 따라 단독경보형 감지기의 일반기능에 대한 내용이다. 다음 ( )에 들어갈 내용으로 옳은 것은?

> 주기적으로 섬광하는 전원표시등에 의하여 전원의 정상 여부를 감시할 수 있는 기능이 있어야 하며, 전원의 정상상태를 표시하는 전원표시등의 섬광 주기는 (ⓐ)초 이내의 점등과 (ⓑ)초에서 (ⓒ)초 이내의 소등으로 이루어져야 한다.

① ⓐ: 1, ⓑ: 15, ⓒ: 60
② ⓐ: 1, ⓑ: 30, ⓒ: 60
③ ⓐ: 2, ⓑ: 15, ⓒ: 60
④ ⓐ: 2, ⓑ: 30, ⓒ: 60

해설

단독경보형 감지기는 주기적으로 섬광하는 전원표시등에 의하여 전원의 정상 여부를 감시할 수 있는 기능이 있어야 하며, 전원의 정상상태를 표시하는 전원표시등의 섬광 주기는 **1초** 이내의 점등과 **30초에서 60초** 이내의 소등으로 이루어져야 한다.

정답 | ②

71 빈출도 ★★

일반적인 비상방송설비의 계통도이다. 다음의 (   )에 들어갈 내용으로 옳은 것은?

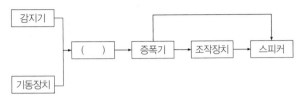

① 변류기
② 발신기
③ 수신기
④ 음향장치

해설

비상방송설비는 감지기에서 화재를 감지한 뒤 기동장치에서 방송을 기동시키며 화재 신호를 수신기로 보낸 후 경보를 울린다.

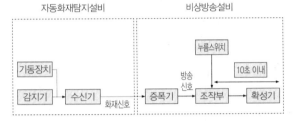

정답 | ③

72 빈출도 ★★

자동화재탐지설비 및 시각경보장치의 화재안전기술기준(NFTC 203)에 따라 자동화재탐지설비의 주음향장치의 설치 장소로 옳은 것은?

① 발신기의 내부
② 수신기의 내부
③ 누전경보기의 내부
④ 자동화재속보설비의 내부

해설

자동화재탐지설비의 주음향장치는 수신기의 내부 또는 그 직근에 설치해야 한다.

정답 | ②

73 빈출도 ★

비상조명등의 형식승인 및 제품검사의 기술기준에 따라 비상조명등의 일반구조로 광원과 전원부를 별도로 수납하는 구조에 대한 설명으로 틀린 것은?

① 전원함은 방폭구조로 할 것
② 배선은 충분히 견고한 것을 사용할 것
③ 광원과 전원부 사이의 배선길이는 1[m] 이하로 할 것
④ 전원함은 불연재료 또는 난연재료의 재질을 사용할 것

해설

비상조명등의 광원과 전원부를 별도로 수납할 때 전원함에 대한 규정은 불연재료 또는 난연재료의 재질을 사용해야 하는 것 외의 다른 것은 없다.

정답 | ①

74 빈출도 ★★★

누전경보기의 형식승인 및 제품검사의 기술기준에 따라 누전경보기에 사용되는 표시등의 구조 및 기능에 대한 설명으로 틀린 것은?

① 누전등이 설치된 수신부의 지구등은 적색 외의 색으로도 표시할 수 있다.
② 방전등 또는 발광다이오드의 경우 전구는 2개 이상을 병렬로 접속하여야 한다.
③ 주위의 밝기가 300[lx]인 장소에서 측정하여 앞면으로부터 3[m] 떨어진 곳에서 켜진 등이 확실히 식별되어야 한다.
④ 누전등 및 지구등과 쉽게 구별할 수 있도록 부착된 기타의 표시등은 적색으로도 표시할 수 있다.

해설

누전경보기에 사용되는 표시등의 전구는 2개 이상을 병렬로 접속하여야 한다.(방전등 또는 발광다이오드 제외)

정답 | ②

75 빈출도 ★

유도등의 형식승인 및 제품검사의 기술기준에 따라 영상표시소자(LED, LCD 및 PDP 등)를 이용하여 피난유도표시 형상을 영상으로 구현하는 방식은?

① 투광식 ② 패널식
③ 방폭형 ④ 방수형

해설

패널식은 영상표시소자(LED, LCD 및 PDP 등)를 이용하여 피난유도표시 형상을 영상으로 구현하는 방식이다.

선지분석

① 투광식: 광원의 빛이 통과하는 투과면에 피난유도표시 형상을 인쇄하는 방식
③ 방폭형: 폭발성 가스가 용기 내부에서 폭발하였을 때 용기가 그 압력에 견디거나 또는 외부의 폭발성 가스에 인화될 우려가 없도록 만들어진 형태의 제품
④ 방수형: 방수 구조로 되어 있는 것

정답 | ②

76 빈출도 ★

발신기의 형식승인 및 제품검사의 기술기준에 따라 발신기의 작동기능에 대한 내용이다. 다음 (　)에 들어갈 내용으로 옳은 것은?

발신기의 조작부는 작동스위치의 동작방향으로 가하는 힘이 (　ⓐ　)[kg]을 초과하고 (　ⓑ　)[kg] 이하인 범위에서 확실하게 동작되어야 하며, (　ⓐ　)[kg]의 힘을 가하는 경우 동작되지 아니하여야 한다. 이 경우 누름판이 있는 구조로서 손끝으로 눌러 작동하는 방식의 작동스위치는 누름판을 포함한다.

① ⓐ: 2, ⓑ: 8
② ⓐ: 3, ⓑ: 7
③ ⓐ: 2, ⓑ: 7
④ ⓐ: 3, ⓑ: 8

해설

발신기의 조작부는 작동스위치의 동작방향으로 가하는 힘이 2[kg]을 초과하고 8[kg] 이하인 범위에서 확실하게 동작되어야 하며, 2[kg]의 힘을 가하는 경우 동작되지 아니하여야 한다. 이 경우 누름판이 있는 구조로서 손끝으로 눌러 작동하는 방식의 작동스위치는 누름판을 포함한다.

정답 | ①

77 빈출도 ★

유도등의 형식승인 및 제품검사의 기술기준에 따라 객석유도등은 바닥면 또는 디딤 바닥면에서 높이 0.5[m]의 위치에 설치하고 그 유도등의 바로 밑에서 0.3[m] 떨어진 위치에서의 수평조도가 몇 [lx] 이상이어야 하는가?

① 0.1 ② 0.2
③ 0.5 ④ 1

해설

객석유도등은 바닥면 또는 디딤 바닥면에서 높이 0.5[m]의 위치에 설치하고 그 유도등의 바로 밑에서 0.3[m] 떨어진 위치에서의 수평조도가 **0.2[lx]** 이상이어야 한다.

정답 | ②

78 빈출도 ★★

무선통신보조설비의 화재안전기술기준(NFTC 505)에 따라 무선통신보조설비의 주요 구성요소가 아닌 것은?

① 증폭기 ② 분배기
③ 음향장치 ④ 누설동축케이블

해설

무선통신보조설비의 주요 구성요소
㉠ **분배기** ㉡ 무선중계기
㉢ 분파기 ㉣ 옥외안테나
㉤ 혼합기 ㉥ **증폭기**
㉦ **누설동축케이블**

정답 | ③

79 빈출도 ★★

소방시설용 비상전원수전설비의 화재안전기술기준(NFTC 602)에 따라 일반전기사업자로부터 특별고압 또는 고압으로 수전하는 비상전원수전설비로 큐비클형을 사용하는 경우의 시설기준으로 틀린 것은? (단, 옥내에 설치하는 경우이다.)

① 외함은 내화성능이 있는 것으로 제작할 것
② 전용큐비클 또는 공용큐비클식으로 설치할 것
③ 개구부에는 60분방화문 또는 30분＋방화문을 설치할 것
④ 외함은 두께 2.3[mm] 이상의 강판과 이와 동등 이상의 강도를 가진 것으로 제작할 것

해설

일반전기사업자로부터 특별고압 또는 고압으로 수전하는 비상전원수전설비로 큐비클형을 사용하는 경우 개구부에는 **60분＋방화문**, **60분방화문** 또는 **30분방화문**으로 설치해야 한다.

정답 | ③

80 빈출도 ★

비상방송설비의 화재안전기술기준에 따른 비상방송설비의 음향장치에 대한 내용이다. 다음 (   )에 들어갈 내용으로 옳은 것은?

> 확성기는 각 층마다 설치하되, 그 층의 각 부분으로부터 하나의 확성기까지의 수평거리가 (   )[m] 이하가 되도록 하고, 해당 층의 각 부분에 유효하게 경보를 발할 수 있도록 설치할 것

① 10 ② 15
③ 20 ④ 25

해설

비상방송설비 확성기는 각 층마다 설치하되, 그 층의 각 부분으로부터 하나의 확성기까지의 수평거리가 **25[m]** 이하가 되도록 하고, 해당 층의 각 부분에 유효하게 경보를 발할 수 있도록 설치해야 한다.

정답 | ④

소방원론

01 빈출도 ★★

내화건축물과 비교하여 목조건축물 화재의 일반적인 특징을 옳게 나타낸 것은?

① 고온, 단시간형
② 저온, 단시간형
③ 고온, 장시간형
④ 저온, 장시간형

해설

내화건축물과 비교하여 목조건축물은 고온, 단시간형이다.

관련개념 목재 연소의 특징

목재의 열전도율은 콘크리트에 비해 작기 때문에 열이 축적되어 더 높은 온도에서 연소된다.

정답 | ①

02 빈출도 ★

다음 중 증기비중이 가장 큰 것은?

① Halon 1301
② Halon 2402
③ Halon 1211
④ Halon 104

해설

분자량이 가장 큰 Halon 2402가 증기비중도 가장 크다.

관련개념 증기비중

공기 분자량에 대한 증기의 분자량의 비이다.

$$증기비중 = \frac{분자량}{29}$$

정답 | ②

03 빈출도 ★

화재 발생 시 피난기구로 직접 활용할 수 없는 것은?

① 완강기
② 무선통신보조설비
③ 피난사다리
④ 구조대

해설

피난기구에는 피난사다리, 구조대, 완강기, 간이완강기, 미끄럼대, 피난교, 피난용트랩, 공기안전매트, 다수인 피난장비, 승강식 피난기 등이 있다.

정답 | ②

04 빈출도 ★

정전기에 의한 발화과정으로 옳은 것은?

① 방전 → 전하의 축적 → 전하의 발생 → 발화
② 전하의 발생 → 전하의 축적 → 방전 → 발화
③ 전하의 발생 → 방전 → 전하의 축적 → 발화
④ 전하의 축적 → 방전 → 전하의 발생 → 발화

해설

정전기 화재는 전하의 발생 → 전하의 축적 → 방전 → 발화의 순으로 발생한다.

정답 | ②

05 빈출도 ★★

물리적 소화방법이 아닌 것은?

① 산소공급원 차단   ② 연쇄반응 차단
③ 온도 냉각   ④ 가연물제거

해설

연쇄반응 차단은 억제소화로 연소의 요소 중 연쇄적 산화반응을 약화시켜 연소의 계속을 불가능하게 하므로 화학적 방법에 의한 소화에 해당한다.

관련개념 소화의 분류

㉠ 물리적 소화: 냉각 · 질식 · 제거 · 희석소화
㉡ 화학적 소화: 부촉매소화(억제소화)

정답 | ②

06 빈출도 ★★★

탄화칼슘이 물과 반응할 때 발생되는 기체는?

① 일산화탄소   ② 아세틸렌
③ 황화수소   ④ 수소

해설

탄화칼슘(CaC_2)과 물(H_2O)이 반응하면 아세틸렌(C_2H_2)이 발생한다.
$CaC_2 + 2H_2O \rightarrow Ca(OH)_2 + C_2H_2 \uparrow$

정답 | ②

07 빈출도 ★★★

분말 소화약제 중 A급, B급, C급 화재에 모두 사용할 수 있는 것은?

① 제1종 분말   ② 제2종 분말
③ 제3종 분말   ④ 제4종 분말

해설

제3종 분말 소화약제는 A, B, C급 화재에 모두 적응성이 있다.

관련개념 분말 소화약제

구분	주성분	색상	적응화재
제1종	탄산수소나트륨 ($NaHCO_3$)	백색	B급 화재 C급 화재
제2종	탄산수소칼륨 ($KHCO_3$)	담자색 (보라색)	B급 화재 C급 화재
제3종	제1인산암모늄 ($NH_4H_2PO_4$)	담홍색	A급 화재 B급 화재 C급 화재
제4종	탄산수소칼륨+요소 $[KHCO_3 + CO(NH_2)_2]$	회색	B급 화재 C급 화재

정답 | ③

08 빈출도 ★★

조연성 가스에 해당하는 것은?

① 수소   ② 일산화탄소
③ 산소   ④ 에테인

해설

조연성(지연성) 가스는 스스로 연소하지 않지만 연소를 도와주는 물질로 산소, 불소, 염소, 오존 등이 있다.

선지분석

①, ②, ④ 모두 가연성 가스이다.

정답 | ③

09 빈출도 ★

분자 내부에 니트로기를 갖고 있는 니트로셀룰로오스, TNT 등과 같은 제5류 위험물의 연소 형태는?

① 분해연소
② 자기연소
③ 증발연소
④ 표면연소

해설

제5류 위험물은 자기반응성 물질로 자체적으로 산소를 포함하고 있으므로 자기연소 또는 내부연소를 일으키기 쉽다.

관련개념 제5류 위험물의 특징

㉠ 가연성 물질로 상온에서 고체 또는 액체상태이다.
㉡ 불안정하고 분해되기 쉬우므로 폭발성이 강하고, 연소속도가 매우 빠르다.
㉢ 산소를 포함하고 있으므로 자기연소 또는 내부연소를 일으키기 쉽고, 연소 시 다량의 가스가 발생한다.
㉣ 산화반응에 의한 자연발화를 일으킨다.
㉤ 한 번 화재가 발생하면 소화가 어렵다.
㉥ 대부분 물에 잘 녹지 않으며 물과 반응하지 않는다.

정답 | ②

10 빈출도 ★★★

가연물의 종류에 따라 화재를 분류하였을 때 섬유류 화재가 속하는 것은?

① A급 화재
② B급 화재
③ C급 화재
④ D급 화재

해설

섬유(면화)류 화재는 A급 화재(일반화재)에 해당한다.

관련개념 A급 화재(일반화재) 대상물

㉠ 일반가연물: 섬유(면화)류, 종이, 고무, 석탄, 목재 등
㉡ 합성고분자: 폴리에스테르, 폴리에틸렌, 폴리우레탄 등

정답 | ①

11 빈출도 ★

위험물안전관리법령상 제6류 위험물을 수납하는 운반용기의 외부에 주의사항을 표시하여야 할 경우, 어떤 내용을 표시하여야 하는가?

① 물기엄금
② 화기엄금
③ 화기주의/충격주의
④ 가연물 접촉주의

해설

제6류 위험물 운반용기의 외부에는 주의사항으로 "가연물 접촉주의"를 표시해야 한다.

관련개념 위험물 운반용기에 표시해야 할 주의사항

제1류	알칼리금속의 과산화물	화기·충격주의 물기엄금 가연물 접촉주의
	그 밖의 것	화기·충격주의 가연물 접촉주의
제2류	철분·금속분·마그네슘	화기주의 물기엄금
	인화성고체	화기엄금
	그 밖의 것	화기주의
제3류	자연발화성 물질	화기엄금 공기접촉엄금
	금수성 물질	물기엄금
제4류		화기엄금
제5류		화기엄금 충격주의
제6류		가연물 접촉주의

정답 | ④

12 빈출도 ★★★

다음 연소생성물 중 인체에 독성이 가장 높은 것은?

① 이산화탄소   ② 일산화탄소

③ 수증기   ④ 포스겐

해설

선지 중 인체 허용농도가 가장 낮은 물질은 포스겐($COCl_2$)이다. 인체에 독성이 높을수록 인체 허용농도가 낮으므로 적은 양으로 인체에 치명적인 영향을 준다.

관련개념 인체 허용농도(TLV, Threshold limit value)

연소생성물	인체 허용농도[ppm]
일산화탄소(CO)	50
이산화탄소(CO_2)	5,000
포스겐($COCl_2$)	0.1
황화수소(H_2S)	10
이산화황(SO_2)	10
시안화수소(HCN)	10
아크롤레인(CH_2CHCHO)	0.1
암모니아(NH_3)	25
염화수소(HCl)	5

정답 | ④

13 빈출도 ★

알킬알루미늄 화재에 적합한 소화약제는?

① 물   ② 이산화탄소

③ 팽창질석   ④ 할로겐화합물

해설

제3류 위험물인 알킬알루미늄은 자연 발화성 물질이면서 금수성 물질로서 화재 시 건조한(마른) 모래나 분말, 팽창질석, 건조석회를 활용하여 질식소화를 하여야 한다.

정답 | ③

14 빈출도 ★★

열전도도(thermal conductivity)를 표시하는 단위에 해당하는 것은?

① [$J/m^2 \cdot h$]   ② [$kcal/h \cdot {}^\circ C^2$]

③ [$W/m \cdot K$]   ④ [$J \cdot K/m^3$]

해설

열전도도(열전도 계수)의 단위는 [$W/m \cdot K$]이다.

관련개념 푸리에의 전도법칙

$$Q = kA\frac{(T_2 - T_1)}{l}$$

Q: 열전달량[W], k: 열전도율[$W/m \cdot K$],
A: 열전달 부분 면적[m^2], $(T_2 - T_1)$: 온도 차이[K],
l: 벽의 두께[m]

정답 | ③

15 빈출도 ★★★

위험물안전관리법령상 위험물에 대한 설명으로 옳은 것은?

① 과염소산은 위험물이 아니다.

② 황린은 제2류 위험물이다.

③ 황화인의 지정수량은 100[kg]이다.

④ 산화성 고체는 제6류 위험물의 성질이다.

해설

황화인(제2류 위험물)의 지정수량은 100[kg]이다.

선지분석

① 과염소산은 제6류 위험물이다.

② 황린은 제3류 위험물이다.

④ 산화성 고체는 제1류 위험물이며, 제6류 위험물은 산화성 액체이다.

정답 | ③

16 빈출도 ★★★

제3종 분말 소화약제의 주성분은?

① 인산암모늄
② 탄산수소칼륨
③ 탄산수소나트륨
④ 탄산수소칼륨과 요소

해설

제3종 분말 소화약제의 주성분은 제1인산암모늄($NH_4H_2PO_4$)이다.

관련개념 분말 소화약제

구분	주성분	색상	적응화재
제1종	탄산수소나트륨 ($NaHCO_3$)	백색	B급 화재 C급 화재
제2종	탄산수소칼륨 ($KHCO_3$)	담자색 (보라색)	B급 화재 C급 화재
제3종	제1인산암모늄 ($NH_4H_2PO_4$)	담홍색	A급 화재 B급 화재 C급 화재
제4종	탄산수소칼륨+요소 $[KHCO_3+CO(NH_2)_2]$	회색	B급 화재 C급 화재

정답 | ①

17 빈출도 ★★★

이산화탄소 소화기의 일반적인 성질에서 단점이 아닌 것은?

① 밀폐된 공간에서 사용 시 질식의 위험성이 있다.
② 인체에 직접 방출 시 동상의 위험성이 있다.
③ 소화약제의 방사 시 소음이 크다.
④ 전기가 잘 통하기 때문에 전기설비에 사용할 수 없다.

해설

이산화탄소 소화약제는 전기가 통하지 않기 때문에 전기설비에 사용할 수 있다.

관련개념 이산화탄소 소화약제

장점	• 전기의 부도체(비전도성, 불량도체)이다. • 화재를 소화할 때에는 피연소물질의 내부까지 침투한다. • 증거보존이 가능하며, 피연소물질에 피해를 주지 않는다. • 장기간 저장하여도 변질·부패 또는 분해를 일으키지 않는다. • 소화약제의 구입비가 저렴하고, 자체압력으로 방출이 가능하다.
단점	• 인체의 질식이 우려된다. • 소화시간이 다른 소화약제에 비하여 길다. • 저장용기에 충전하는 경우 고압을 필요로 한다. • 고압가스에 해당되므로 저장·취급 시 주의를 요한다. • 소화약제의 방출 시 소리가 요란하며, 동상의 위험이 있다.

정답 | ④

18 빈출도 ★★★

IG−541 약제가 15[℃]에서 용적 50[L] 압력용기에 155[kgf/cm²]으로 충전되어 있다. 온도가 30[℃]로 되었다면 IG−541 약제의 압력은 몇 [kgf/cm²]가 되겠는가? (단, 용기의 팽창은 없다고 가정한다.)

① 78
② 155
③ 163
④ 310

해설

온도가 15[℃]일 때를 상태1, 30[℃]일 때를 상태2라고 하였을 때, 부피는 일정하므로 보일−샤를의 법칙에 의해 다음과 같은 식을 세울 수 있다.

$$\frac{P_1}{T_1}=\frac{155[\text{kgf/cm}^2]}{(273+15)[\text{K}]}=\frac{P_2}{T_2}=\frac{P_2}{(273+30)[\text{K}]}$$

$$P_2=\frac{155[\text{kgf/cm}^2]}{288[\text{K}]}\times303[\text{K}]\fallingdotseq163[\text{kgf/cm}^2]$$

관련개념 이상기체의 상태방정식

보일의 법칙, 샤를의 법칙, 아보가드로의 법칙을 적용하여 상수를 (분자 수)×(기체상수)의 형태로 나타내면 다음의 식을 얻을 수 있다.

$$\frac{PV}{T}=C=nR \rightarrow PV=nRT$$

P: 압력, V: 부피, T: 절대온도[K], C: 상수, n: 분자 수[mol], R: 기체상수

정답 | ③

19 빈출도 ★★

소화약제 중 HFC−125의 화학식으로 옳은 것은?

① CHF_2CF_3
② CHF_3
③ CF_3CHFCF_3
④ CF_3I

해설

할로겐화합물 소화약제인 HFC−125의 화학식은 CHF_2CF_3이다.

선지분석

② CHF_3는 HFC−23이다.
③ CF_3CHFCF_3는 HFC−227ea이다.
④ CF_3I는 FIC−13I1이다.

정답 | ①

20 빈출도 ★★★

프로페인 50[vol%], 뷰테인 40[vol%], 프로필렌 10[vol%]로 된 혼합가스의 폭발하한계는 약 몇 [vol%] 인가? (단, 각 가스의 폭발하한계는 프로페인 2.2[vol%], 뷰테인 1.9[vol%], 프로필렌 2.4[vol%] 이다.)

① 0.83
② 2.09
③ 5.05
④ 9.44

해설

$$L=\frac{100}{\dfrac{V_1}{L_1}+\dfrac{V_2}{L_2}+\dfrac{V_3}{L_3}}=\frac{100}{\dfrac{50}{2.2}+\dfrac{40}{1.9}+\dfrac{10}{2.4}}\fallingdotseq2.09[\text{vol}\%]$$

관련개념 혼합가스의 폭발하한계

가연성 가스가 혼합되었을 때 '르 샤틀리에의 법칙'으로 혼합가스의 폭발하한계를 계산할 수 있다.

$$\frac{100}{L}=\frac{V_1}{L_1}+\frac{V_2}{L_2}+\cdots+\frac{V_n}{L_n}$$

$$\rightarrow L=\frac{100}{\dfrac{V_1}{L_1}+\dfrac{V_2}{L_2}+\cdots+\dfrac{V_n}{L_n}}$$

L: 혼합가스의 폭발하한계[vol%],
L_1, L_2, L_n: 가연성 가스의 폭발하한계[vol%],
V_1, V_2, V_n: 가연성 가스의 용량[vol%]

정답 | ②

소방전기일반

21   빈출도 ★★

제어요소는 동작신호를 무엇으로 변환하는 요소인
가?

① 제어량
② 비교량
③ 검출량
④ 조작량

> **해설**

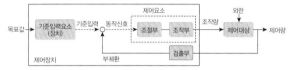

제어요소는 동작신호를 조작량으로 변환시키는 요소로 조절부와
조작부로 구성된다.

> **선지분석**

① 제어량: 제어대상이 속하는 양으로 제어대상을 제어하는 것을
목적으로 하는 물리량이다.
② 비교부: 현재의 상태가 목푯값과 얼마나 차이가 있는가를 구분
하는 요소이다.
③ 검출부: 제어대상으로부터 제어량을 검출하고 기준입력신호와
비교하는 요소이다.

정답 | ④

22   빈출도 ★★

빛이 닿으면 전류가 흐르는 다이오드로 들어온 빛에
대해 직선적으로 전류가 증가하는 다이오드는?

① 제너 다이오드
② 터널 다이오드
③ 발광 다이오드
④ 포토 다이오드

> **해설**

포토 다이오드는 빛 신호를 전기 신호로 변환하는 다이오드로 빛
을 쪼이면 광량에 비례하는 전류가 흐르며, 빛 신호 검출, 광센서
등에 이용된다.

> **선지분석**

① 제너 다이오드: 일정한 전압을 회로에 공급하기 위한 정전압
전원 회로에 사용된다.
② 터널 다이오드: 고속 스위칭 회로나 논리회로에 주로 사용되는
다이오드로 증폭작용, 발진작용, 개폐작용을 한다.
③ 발광 다이오드: 전기 신호를 빛 신호로 변환하는 다이오드로
발열이 적고, 응답 속도가 매우 빠르다.

정답 | ④

23 빈출도 ★★

그림처럼 접속된 회로에서 a, b 사이의 합성 저항은 몇 [Ω]인가?

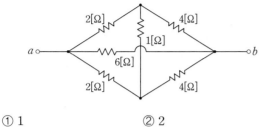

① 1　　　　　　② 2
③ 3　　　　　　④ 4

해설

그림의 회로에서 a, b단자 기준으로 브리지 평형조건을 만족하고 있다. 따라서 1[Ω] 저항을 생략하면 다음과 같은 등가회로가 된다.

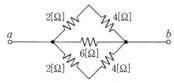

병렬회로의 윗부분의 저항은 $2+4=6[Ω]$
아래부분의 저항은 $2+4=6[Ω]$이므로
합성 저항은 $\dfrac{1}{R}=\dfrac{1}{6}+\dfrac{1}{6}+\dfrac{1}{6}=\dfrac{1}{2} \rightarrow R=2[Ω]$

정답 | ②

24 빈출도 ★

회로에서 저항 5[Ω]의 양단 전압 V_R[V]은?

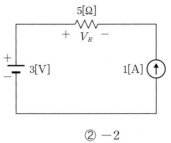

① -5　　　　　② -2
③ 3　　　　　　④ 8

해설

전류원에 의해 회로는 반시계 방향으로 1[A]의 전류가 흐른다.
∴ $V_R=IR=(-1)\times 5=-5[V]$

관련개념 중첩의 원리

㉠ 전압원만을 고려할 경우 전류원은 개방된 것으로 본다.
　→ 3[V] 전압만을 고려할 경우 1[A]의 전류원을 개방한 것으로 본다. 이 경우 회로에 흐르는 전류는 없다.
㉡ 전류원만을 고려할 경우 전압원은 단락된 것으로 본다.
　→ 1[A] 전류원을 고려할 경우 3[V]의 전압은 단락된 것으로 본다. 이 경우 회로에 흐르는 전류는 1[A]이고 반시계 방향으로 흐른다.

정답 | ①

25 빈출도 ★★

그림과 같은 회로에 평형 3상 전압 200[V]를 인가한 경우 소비된 유효전력[kW]은? (단, $R=20[\Omega]$, $X=10[\Omega]$)

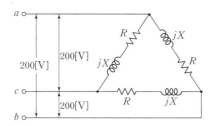

① 1.6

② 2.4

③ 2.8

④ 4.8

해설

한 상의 임피던스

$Z=R+jX=20+j10[\Omega]$
$\quad=\sqrt{20^2+10^2}=10\sqrt{5}[\Omega]$

△결선의 상전압은 선간전압과 같으므로 한 상에 흐르는 전류

$I_p=\dfrac{V_p}{Z}=\dfrac{200}{10\sqrt{5}}=\dfrac{20}{\sqrt{5}}[A]$

한 상에서 소비된 유효전력

$P=I_p{}^2R=\left(\dfrac{20}{\sqrt{5}}\right)^2\times20=1,600[W]$

3상에서 소비된 유효전력

$3P=3\times1,600=4,800[W]=4.8[kW]$

관련개념 △결선의 특징

㉠ 선간전압 V_l는 상전압 V_p와 같다.
$\quad\to V_l=V_p$

㉡ 선전류 I_l는 상전류 I_p의 $\sqrt{3}$배이다.
$\quad\to I_l=\sqrt{3}I_p$

정답 ④

26 빈출도 ★★

자기용량이 10[kVA]인 단권변압기를 그림과 같이 접속하였을 때 역률 80[%]의 부하에 몇 [kW]의 전력을 공급할 수 있는가?

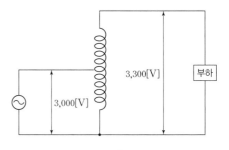

① 8

② 54

③ 80

④ 88

해설

$\dfrac{\text{부하용량}}{\text{자기용량}}=\dfrac{V_2}{V_2-V_1}=\dfrac{3,300}{3,300-3,000}=11$

부하용량=자기용량×11=10×11=110[kVA]

부하에 공급 가능한 전력

$P=P_a\cos\theta=110\times0.8=88[kW]$

관련개념 단권변압기의 특징

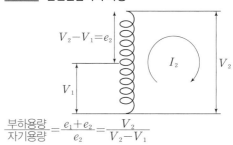

$\dfrac{\text{부하용량}}{\text{자기용량}}=\dfrac{e_1+e_2}{e_2}=\dfrac{V_2}{V_2-V_1}$

정답 ④

27 빈출도 ★★★

그림의 논리회로와 등가인 논리게이트는?

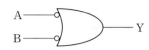

① NOR ② NAND
③ NOT ④ OR

그림의 논리식은 $Y = \overline{A} + \overline{B} = \overline{AB}$으로 NAND 게이트이다.

관련개념 드 모르간의 정리

㉠ $\overline{A + B} = \overline{A} \cdot \overline{B}$
㉡ $\overline{A \cdot B} = \overline{A} + \overline{B}$

NAND 게이트

논리기호	논리식
A ○──┐ ○─ C B ○──┘	$\overline{C} = A \cdot B$ $C = \overline{A \cdot B} = \overline{A} + \overline{B}$

정답 | ②

28 빈출도 ★★

정현파 교류 전압의 최댓값이 $V_m [\text{V}]$이고, 평균값이 $V_{av} [\text{V}]$일 때 이 전압의 실횻값 $V_{rms} [\text{V}]$는?

① $V_{rms} = \dfrac{\pi}{\sqrt{2}} V_m$ ② $V_{rms} = \dfrac{\pi}{2\sqrt{2}} V_{av}$

③ $V_{rms} = \dfrac{\pi}{2\sqrt{2}} V_m$ ④ $V_{rms} = \dfrac{1}{\pi} V_m$

정현파의 실효전압 $V_{rms} = \dfrac{\text{전압의 최댓값}}{\sqrt{2}} = \dfrac{V_m}{\sqrt{2}}$

$\rightarrow V_m = \sqrt{2} V_{rms}$

정현파 전압의 평균값 $V_{av} = \dfrac{2}{\pi} \times \text{전압의 최댓값} = \dfrac{2}{\pi} V_m$

$\rightarrow V_{av} = \dfrac{2}{\pi} \times \sqrt{2} V_{rms} = \dfrac{2\sqrt{2}}{\pi} V_{rms}$

$\therefore V_{rms} = \dfrac{\pi}{2\sqrt{2}} V_{av}$

정답 | ②

29 빈출도 ★★

그림(a)와 그림(b)의 각 블록선도가 서로 등가인 경우 전달함수 $G(s)$는?

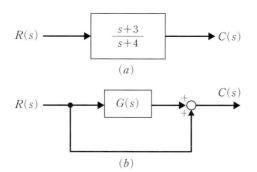

(a)

(b)

① $\dfrac{1}{s+4}$

② $\dfrac{2}{s+4}$

③ $-\dfrac{1}{s+4}$

④ $-\dfrac{2}{s+4}$

해설

(a)의 전달함수 $\dfrac{C(s)}{R(s)} = \dfrac{s+3}{s+4}$

(b)의 출력 $C(s) = R(s)G(s) + R(s)$
$\qquad\qquad = R(s)(G(s)+1)$

(b)의 전달함수 $\dfrac{C(s)}{R(s)} = G(s)+1$

$\therefore G(s)+1 = \dfrac{s+3}{s+4} \rightarrow G(s) = -\dfrac{1}{s+4}$

정답 ③

30 빈출도 ★★

회로에서 a와 b 사이에 나타나는 전압 V_{ab}[V]는?

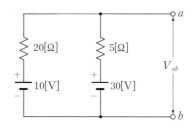

① 20

② 23

③ 26

④ 28

해설

$V_{ab} = \dfrac{\dfrac{V_1}{R_1} + \dfrac{V_2}{R_2}}{\dfrac{1}{R_1} + \dfrac{1}{R_2}} = \dfrac{\dfrac{10}{20} + \dfrac{30}{5}}{\dfrac{1}{20} + \dfrac{1}{5}} = \dfrac{\dfrac{130}{20}}{\dfrac{5}{20}} = 26$[V]

관련개념 밀만의 정리

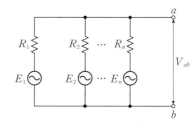

$V_{ab} = IZ = \dfrac{I}{Y} = \dfrac{\dfrac{E_1}{R_1} + \dfrac{E_2}{R_2} + \dfrac{E_3}{R_3}}{\dfrac{1}{R_1} + \dfrac{1}{R_2} + \dfrac{1}{R_3}}$

정답 ③

31 빈출도 ★★★

단방향성 대전류의 전력용 스위칭 소자로서 교류의 위상 제어용으로 사용되는 정류소자는?

① 서미스터   ② SCR
③ 제너 다이오드   ④ UJT

해설

단방향성 대전류의 전력용 소자로서 위상 제어용으로 사용되는 소자는 SCR이다.

선지분석

① 서미스터: 저항기의 한 종류로서 온도에 따라 물질의 저항이 변화하는 성질을 이용한 반도체 소자이다.
③ 제너 다이오드: 일정한 전압을 회로에 공급하기 위한 정전압 전원 회로에 사용된다.
④ UJT: 반도체 재료의 p형과 n형의 단일 접합으로 형성된 소자로 일정 전압이 되면 전류가 흐르는 특성이 있어 발진회로에 사용된다.

정답 | ②

32 빈출도 ★★

입력이 $r(t)$이고, 출력이 $c(t)$인 제어시스템이 다음의 식과 같이 표현될 때 이 제어시스템의 전달함수 $(G(s)=C(s)/R(s))$는? (단, 초깃값은 0이다.)

$$2\frac{d^2c(t)}{dt^2}+3\frac{dc(t)}{dt}+c(t)=3\frac{dr(t)}{dt}+r(t)$$

① $\dfrac{3s+1}{2s^2+3s+1}$ ② $\dfrac{2s^2+3s+1}{s+3}$
③ $\dfrac{3s+1}{s^2+3s+2}$ ④ $\dfrac{s+3}{s^2+3s+2}$

해설

보기의 식을 라플라스 변환하면
$2s^2C(s)+3sC(s)+C(s)=3sR(s)+R(s)$
$C(s)(2s^2+3s+1)=R(s)(3s+1)$
전달함수 $G(s)=\dfrac{C(s)}{R(s)}=\dfrac{3s+1}{2s^2+3s+1}$

정답 | ①

33 빈출도 ★

직류전원이 연결된 코일에 10[A]의 전류가 흐르고 있다. 이 코일에 연결된 전원을 제거하는 즉시 저항을 연결하여 폐회로를 구성하였을 때 저항에서 소비된 열량이 24[cal]이었다. 이 코일의 인덕턴스는 약 몇 [H]인가?

① 0.1   ② 0.5
③ 2.0   ④ 24

해설

저항에서 소비된 열량을 에너지 단위 [J]로 환산하면
$\dfrac{24}{0.24}=100[J](\because 1[J]=0.24[cal])$
(저항에서 소비된 에너지)=(코일에 축적된 에너지)이므로
코일에 축적된 에너지 $\dfrac{1}{2}LI^2=100[J]$
$\rightarrow L=100\times\dfrac{2}{I^2}=\dfrac{200}{10^2}=2[H]$

관련개념 코일에 축적된 에너지

$$W=\frac{1}{2}LI^2[J]$$

정답 | ③

34 빈출도 ★★★

주파수가 60[Hz]이고, 4극 3상 유도전동기가 정격 출력인 경우 슬립이 2[%]이다. 이 전동기의 동기속도 [rpm]는?

① 1,200
② 1,764
③ 1,800
④ 1,836

해설

동기속도 $N_s = \dfrac{120f}{P} = \dfrac{120 \times 60}{4} = 1,800[\text{rpm}]$

정답 | ③

35 빈출도 ★★★

논리식 $A \cdot (A+B)$를 간단히 표현하면?

① A
② B
③ $A \cdot B$
④ $A+B$

해설

$$
\begin{aligned}
A \cdot (A+B) &= AA + AB \\
&= A + AB \\
&= A \cdot 1 + AB \\
&= A(1+B) \\
&= A
\end{aligned}
$$

관련개념 불대수 연산 예

결합법칙	• $A+(B+C)=(A+B)+C$ • $A \cdot (B \cdot C)=(A \cdot B) \cdot C$
분배법칙	• $A \cdot (B+C)=A \cdot B+A \cdot C$ • $A+(B \cdot C)=(A+B) \cdot (A+C)$
흡수법칙	• $A+A \cdot B=A$ • $A+\overline{A}B=A+B$ • $A \cdot (A+B)=A$

정답 | ①

36 빈출도 ★★

0[℃]에서 저항이 10[Ω]이고, 저항의 온도계수가 0.0043인 전선이 있다. 30[℃]에서 전선의 저항은 약 몇 [Ω]인가?

① 0.013
② 0.68
③ 1.4
④ 11.3

해설

온도 변화에 따른 전선의 저항
$$
\begin{aligned}
R_{30} &= R_0[1+\alpha_t(t-t_0)] \\
&= 10[1+0.0043(30-0)] \\
&= 11.29[\Omega]
\end{aligned}
$$

정답 | ④

37 빈출도 ★★

길이 1[cm]마다 감은 권선수가 50회인 무한장 솔레노이드에 500[mA]의 전류를 흘릴 때 솔레노이드의 내부에서 자계의 세기는 몇 [AT/m]인가?

① 1,250
② 2,500
③ 12,500
④ 25,000

해설

무한장 솔레노이드의 내부 자계
$$
\begin{aligned}
H_i &= n_0 I = 50[1/\text{cm}] \times 500 \times 10^{-3} \\
&= 5,000[1/\text{m}] \times 0.5 = 2,500[\text{AT/m}]
\end{aligned}
$$

정답 | ②

38 빈출도 ★★★

회로의 전압과 전류를 측정하기 위한 계측기의 연결 방법으로 옳은 것은?

① 전압계: 부하와 직렬, 전류계: 부하와 직렬
② 전압계: 부하와 직렬, 전류계: 부하와 병렬
③ 전압계: 부하와 병렬, 전류계: 부하와 직렬
④ 전압계: 부하와 병렬, 전류계: 부하와 병렬

해설

전압계: 회로에서 부하와 병렬로 연결하여 전압을 측정한다.
전류계: 회로에서 부하와 직렬로 연결하여 전류를 측정한다.

정답 | ③

39 빈출도 ★★★

150[V]의 최대 눈금을 가지고, 내부저항이 30[kΩ]인 전압계가 있다. 이 전압계로 750[V]까지 측정하기 위해 필요한 배율기의 저항[kΩ]은?

① 120
② 150
③ 300
④ 800

해설

배율기의 배율 $m = \dfrac{V_0}{V} = \dfrac{750}{150} = 5$

배율기의 저항 $R_m = R_v(m-1) = R_v(5-1) = 4R_v$
$= 4 \times 30 = 120[\text{k}\Omega]$

정답 | ①

40 빈출도 ★★

내압이 1.0[kV], 정전용량이 0.01[μF], 0.02[μF], 0.04[μF]인 3개의 커패시터를 직렬로 연결했을 때 전체 내압은 몇 [V]인가?

① 1,500
② 1,750
③ 2,000
④ 2,200

해설

$Q = CV[\text{C}]$에서 모든 콘덴서의 내압은 같으므로(재질이나 형태가 동일) 축적 가능한 전하량은 콘덴서의 정전용량에 비례한다. $(Q \propto C)$

커패시터를 직렬로 연결할 경우 모든 커패시터에 동일한 전하량이 축적되며 인가 전압을 올릴 경우 정전용량이 작은 커패시터가 먼저 절연이 파괴되기 시작한다.

절연이 파괴되기 직전의 내압은 1.0[kV]이고 $V \propto \dfrac{1}{C}$이므로

$V_1 : V_2 : V_3 = \dfrac{1}{0.01} : \dfrac{1}{0.02} : \dfrac{1}{0.04}$

$\rightarrow V_1 = 1,000[\text{V}], V_2 = 500[\text{V}], V_3 = 250[\text{V}]$

$\therefore$ 전체 내압 $V = V_1 + V_2 + V_3$
$= 1,000 + 500 + 250 = 1,750[\text{V}]$

정답 | ②

41 빈출도 ★★

소방시설공사업법령에 따른 완공검사를 위한 현장확인 대상 특정소방대상물의 범위 기준으로 틀린 것은?

① 연면적 10,000[m²] 이상이거나 11층 이상인 특정소방대상물(아파트 제외)
② 가연성 가스를 제조·저장 또는 취급하는 시설 중 지상에 노출된 가연성 가스탱크의 저장용량 합계가 1,000[t] 이상인 시설
③ 호스릴방식의 소화설비가 설치되는 특정소방대상물
④ 문화 및 집회시설, 종교시설, 판매시설, 노유자시설, 수련시설, 운동시설, 숙박시설, 창고시설, 지하상가

해설

호스릴방식의 소화설비가 설치된 특정소방대상물은 완공검사를 위한 현장확인 대상 특정소방대상물이 아니다.

관련개념 완공검사를 위한 현장확인 대상 특정소방대상물

㉠ 문화 및 집회시설, 종교시설, 판매시설
㉡ 노유자시설, 수련시설, 운동시설
㉢ 숙박시설, 창고시설, 지하상가 및 다중이용업소
㉣ 다음 어느 하나에 해당하는 설비가 설치되는 특정소방대상물
　　– 스프링클러설비등
　　– 물분무등소화설비(호스릴방식의 소화설비 제외)
㉤ 연면적 10,000[m²] 이상이거나 11층 이상인 특정소방대상물(아파트 제외)
㉥ 가연성 가스를 제조·저장 또는 취급하는 시설 중 지상에 노출된 가연성 가스탱크의 저장용량 합계가 1,000[t] 이상인 시설

정답 | ③

42 빈출도 ★★★

화재의 예방 및 안전관리에 관한 법률에 따른 특수가연물의 기준 중 다음 (　　) 안에 알맞은 것은?

품명	수량
나무껍질 및 대팻밥	(㉠)[kg] 이상
면화류	(㉡)[kg] 이상

① ㉠: 200, ㉡: 400
② ㉠: 200, ㉡: 1,000
③ ㉠: 400, ㉡: 200
④ ㉠: 400, ㉡: 1,000

해설

㉠ 나무껍질 및 대팻밥: 400[kg] 이상
㉡ 면화류: 200[kg] 이상

관련개념 특수가연물별 기준수량

품명		수량
면화류		200[kg] 이상
나무껍질 및 대팻밥		400[kg] 이상
넝마 및 종이부스러기		
사류(絲類)		1,000[kg] 이상
볏짚류		
가연성 고체류		3,000[kg] 이상
석탄·목탄류		10,000[kg] 이상
가연성 액체류		2[m³] 이상
목재가공품 및 나무부스러기		10[m³] 이상
고무류·플라스틱류	발포시킨 것	20[m³] 이상
	그 밖의 것	3,000[kg] 이상

정답 | ③

43 빈출도 ★

소방시설 설치 및 관리에 관한 법률상 스프링클러설비를 설치하여야 할 특정소방대상물에 다음 중 어떤 소방시설을 화재안전기준에 적합하게 설치하면 면제받을 수 있는가?

① 포소화설비
② 물분무소화설비
③ 간이스프링클러설비
④ 이산화탄소소화설비

해설

스프링클러설비를 설치해야 하는 특정소방대상물에 적응성 있는 자동소화장치 또는 물분무등소화설비를 설치한 경우에는 스프링클러설비의 설치가 면제된다.

※ 물분무등소화설비에 포소화설비, 물분무소화설비, 이산화탄소소화설비가 포함되는 것으로 개정되어 복수정답이 인정되었습니다.

정답 | ①, ②, ④

44 빈출도 ★

소방기본법령상 출동한 소방대원에게 폭행 또는 협박을 행사하여 화재진압·인명구조 또는 구급활동을 방해한 사람에 대한 벌칙 기준은?

① 500만 원 이하의 과태료
② 1년 이하의 징역 또는 1,000만 원 이하의 벌금
③ 3년 이하의 징역 또는 3,000만 원 이하의 벌금
④ 5년 이하의 징역 또는 5,000만 원 이하의 벌금

해설

출동한 소방대원에게 폭행 또는 협박을 행사하여 화재진압·인명구조 또는 구급활동을 방해한 사람은 5년 이하의 징역 또는 5,000만원 이하의 벌금에 처한다.

정답 | ④

45 빈출도 ★★

위험물안전관리법령상 제조소 또는 일반취급소에서 취급하는 제4류 위험물의 최대 수량의 합이 지정수량의 480,000배 이상인 사업소의 자체소방대에 두는 화학소방자동차 및 인원기준으로 다음 (   ) 안에 알맞은 것은?

화학소방자동차	자체소방대원의 수
(㉠)	(㉡)

① ㉠: 1대, ㉡: 5인 ② ㉠: 2대, ㉡: 10인
③ ㉠: 3대, ㉡: 15인 ④ ㉠: 4대, ㉡: 20인

해설

제4류 위험물의 최대수량의 합이 지정수량의 48만배 이상인 사업소의 자체소방대에 두는 화학소방자동차 수는 4대, 자체소방대원의 수는 20인이다.

관련개념 자체소방대에 두는 화학소방자동차 및 인원

사업소의 구분		화학소방자동차	자체소방대원의 수
제조소 또는 일반취급소 (제4류 위험물 취급)	지정수량의 3,000배 이상 120,000배 미만	1대	5인
	지정수량의 120,000배 이상 240,000배 미만	2대	10인
	지정수량의 240,000배 이상 480,000배 미만	3대	15인
	지정수량의 480,000배 이상	4대	20인
옥외탱크저장소 (제4류 위험물 저장)	지정수량의 500,000배 이상	2대	10인

정답 | ④

46 빈출도 ★

소방시설 설치 및 관리에 관한 법률상 펄프공장의 작업장, 음료수 공장의 충전을 하는 작업장 등과 같이 화재안전기준을 적용하기 어려운 특정소방대상물에 설치하지 아니할 수 있는 소방시설의 종류가 아닌 것은?

① 상수도소화용수설비
② 스프링클러설비
③ 연결송수관설비
④ 연결살수설비

해설

펄프공장의 작업장, 음료수 공장의 충전을 하는 작업장 등의 특정소방대상물에는 스프링클러설비, 상수도소화용수설비 및 연결살수설비를 설치하지 아니할 수 있다.

관련개념 화재안전기준을 적용하기 어려운 특정소방대상물

특정소방대상물	설치 면제 소방시설
• 펄프공장의 작업장 • 음료수 공장의 세정 또는 충전을 하는 작업장 • 그 밖에 비슷한 용도로 사용하는 것	• 스프링클러설비 • 상수도소화용수설비 • 연결살수설비
• 정수장, 수영장, 목욕장 • 농예 · 축산 · 어류양식용 시설 • 그 밖에 비슷한 용도로 사용되는 것	• 자동화재탐지설비 • 상수도소화용수설비 • 연결살수설비

정답 ③

47 빈출도 ★★

소방기본법의 정의상 소방대상물의 관계인이 아닌 자는?

① 감리자
② 관리자
③ 점유자
④ 소유자

해설

관계인이란 소방대상물의 소유자 · 관리자 또는 점유자를 말한다.

관련개념 감리자(감리원)

소방공사감리업자에 소속된 소방기술자로서 해당 소방시설공사를 감리하는 사람을 말한다.

정답 ①

48 빈출도 ★★★

위험물안전관리법령상 위험물별 성질로서 틀린 것은?

① 제1류: 산화성 고체
② 제2류: 가연성 고체
③ 제4류: 인화성 액체
④ 제6류: 인화성 고체

해설

제6류 위험물은 산화성 액체이다.

관련개념 위험물별 성질

유별	성질
제1류 위험물	산화성 고체
제2류 위험물	가연성 고체
제3류 위험물	자연발화성 물질 및 금수성 물질
제4류 위험물	인화성 액체
제5류 위험물	자기반응성 물질
제6류 위험물	산화성 액체

정답 ④

49 빈출도 ★

소방시설 설치 및 관리에 관한 법령상 시·도지사가 소방시설 등의 자체점검을 하지 아니한 관리업자에게 영업정지를 명할 수 있으나, 이로 인해 국민에게 불편을 줄 때에는 영업정지처분을 갈음하여 과징금 처분을 한다. 과징금의 기준은?

① 1,000만 원 이하   ② 2,000만 원 이하

③ 3,000만 원 이하   ④ 5,000만 원 이하

해설

시·도지사가 영업정지를 명하는 경우로서 그 영업정지가 이용자에게 불편을 주거나 그 밖에 공익을 해칠 우려가 있을 때에는 영업정지처분을 갈음하여 3,000만 원 이하의 과징금을 부과할 수 있다.

정답 | ③

50 빈출도 ★★★

화재의 예방 및 안전관리에 관한 법률상 화재의 예방상 위험하다고 인정되는 행위를 하는 사람에게 행위의 금지 또는 제한 명령을 할 수 있는 사람은?

① 소방본부장   ② 시·도지사

③ 의용소방대원   ④ 소방대상물의 관리자

해설

소방관서장(소방청장, 소방본부장, 소방서장)은 화재 발생 위험이 크거나 소화 활동에 지장을 줄 수 있다고 인정되는 행위나 물건에 대하여 행위 당사자나 그 물건의 소유자, 관리자 또는 점유자에게 행위의 금지 또는 제한 명령을 할 수 있다.

정답 | ①

51 빈출도 ★★

소방기본법령상 소방대장은 화재, 재난·재해 그 밖의 위급한 상황이 발생한 현장에 소방활동구역을 정하여 소방활동에 필요한 자로서 대통령령으로 정하는 사람 외에는 그 구역에의 출입을 제한할 수 있다. 다음 중 소방활동구역에 출입할 수 없는 사람은?

① 소방활동구역 안에 있는 소방대상물의 소유자·관리자 또는 점유자

② 전기·가스·수도·통신·교통의 업무에 종사하는 사람으로서 원활한 소방활동을 위하여 필요한 사람

③ 시·도지사가 소방활동을 위하여 출입을 허가한 사람

④ 의사·간호사 그 밖에 구조·구급업무에 종사하는 사람

해설

소방대장이 소방활동을 위하여 출입을 허가한 사람이 소방활동구역에 출입할 수 있다. 시·도지사는 출입을 허가할 권한이 없다.

관련개념 소방활동구역의 출입이 가능한 사람

㉠ 소방활동구역 안에 있는 소방대상물의 소유자·관리자 또는 점유자
㉡ 전기·가스·수도·통신·교통의 업무에 종사하는 사람으로서 원활한 소방활동을 위하여 필요한 사람
㉢ 의사·간호사 그 밖의 구조·구급업무에 종사하는 사람
㉣ 취재인력 등 보도업무에 종사하는 사람
㉤ 수사업무에 종사하는 사람
㉥ 그 밖에 소방대장이 소방활동을 위하여 출입을 허가한 사람

정답 | ③

52 빈출도 ★★

위험물안전관리법령상 제조소의 위치 · 구조 및 설비의 기준 중 위험물의 최대수량이 지정수량의 10배 이하인 경우 보유하여야 할 공지의 너비 기준은?

① 2[m] 이하 ② 2[m] 이상
③ 3[m] 이하 ④ 3[m] 이상

해설

취급하는 위험물의 최대수량이 지정수량의 10배 이하인 경우 공지의 너비는 3[m] 이상이어야 한다.

관련개념 제조소 보유공지의 너비

취급하는 위험물의 최대수량	공지의 너비
지정수량의 10배 이하	3[m] 이상
지정수량의 10배 초과	5[m] 이상

정답 | ④

53 빈출도 ★★

화재의 예방 및 안전관리에 관한 법률상 화재안전조사위원회의 위원에 해당하지 아니하는 사람은?

① 소방기술사
② 소방시설관리사
③ 소방 관련 분야의 석사 이상 학위를 취득한 사람
④ 소방 관련 법인 또는 단체에서 소방 관련 업무에 3년 이상 종사한 사람

해설

소방 관련 법인 또는 단체에서 소방 관련 업무에 5년 이상 종사한 사람이 화재안전조사위원회의 위원 자격에 해당된다.

관련개념 화재안전조사위원회의 위원

㉠ 과장급 직위 이상의 소방공무원
㉡ 소방기술사
㉢ 소방시설관리사
㉣ 소방 관련 분야의 석사 이상 학위를 취득한 사람
㉤ 소방 관련 법인 또는 단체에서 소방 관련 업무에 5년 이상 종사한 사람
㉥ 소방공무원 교육훈련기관, 학교 또는 연구소에서 소방과 관련한 교육 또는 연구에 5년 이상 종사한 사람

정답 | ④

54 빈출도 ★★★

화재의 예방 및 안전관리에 관한 법률상 특수가연물의 저장 및 취급기준이 아닌 것은? (단, 석탄·목탄류를 발전용으로 저장하는 경우는 제외)

① 품명별로 구분하여 쌓는다.
② 쌓는 높이는 20[m] 이하가 되도록 한다.
③ 쌓는 부분의 바닥면적 사이는 실내의 경우 1.2[m] 이상 또는 쌓는 높이의 $\frac{1}{2}$ 중 큰 값이 되도록 한다.
④ 특수가연물을 저장 또는 취급하는 장소에는 품명·최대저장수량 및 화기취급의 금지표지를 설치해야 한다.

해설

쌓는 높이는 10[m] 이하가 되도록 해야 한다.

관련개념 특수가연물의 저장 및 취급 기준

구분		살수설비를 설치하거나 대형수동식소화기를 설치하는 경우	그 밖의 경우
높이		15[m] 이하	10[m] 이하
쌓는 부분의 바닥면적	석탄·목탄류	300[m²] 이하	200[m²] 이하
	그 외	200[m²] 이하	50[m²] 이하

정답 | ②

55 빈출도 ★★

소방시설 설치 및 관리에 관한 법률상 소화설비를 구성하는 제품 또는 기기에 해당하지 않는 것은?

① 가스누설경보기
② 소방호스
③ 스프링클러헤드
④ 분말자동소화장치

해설

가스누설경보기는 경보설비에 해당한다.

관련개념 소화설비를 구성하는 제품 또는 기기

㉠ 소화기구
㉡ 자동소화장치
㉢ 소화설비를 구성하는 소화전, 관창, 소방호스
㉣ 스프링클러헤드, 기동용 수압개폐장치, 유수제어밸브 및 가스관선택밸브

정답 | ①

56 빈출도 ★★

소방시설공사업법령상 하자보수를 하여야 하는 소방시설 중 하자보수 보증기간이 3년이 아닌 것은?

① 자동소화장치
② 비상방송설비
③ 스프링클러설비
④ 상수도소화용수설비

해설

비상방송설비는 하자보수 보증기간이 2년이다.

관련개념 하자보수 보증기간

보증기간	소방시설	
2년	• 피난기구 • 유도등 • 유도표지 • 비상경보설비	• 비상조명등 • 비상방송설비 • 무선통신보조설비
3년	• 자동소화장치 • 옥내소화전설비 • 스프링클러설비 • 간이스프링클러설비 • 물분무등소화설비	• 옥외소화전설비 • 자동화재탐지설비 • 상수도소화용수설비 • 소화활동설비(무선통신보조설비 제외)

정답 | ②

57 빈출도 ★

위험물안전관리법령상 소화난이도등급 I 의 옥내탱크저장소에서 황만을 저장·취급할 경우 설치하여야 하는 소화설비로 옳은 것은?

① 물분무소화설비　　② 스프링클러설비
③ 포소화설비　　　　④ 옥내소화전설비

해설

위험물안전관리법령상 소화난이도등급 I 의 옥내탱크저장소에서 황만을 저장·취급할 경우 설치하여야 하는 소화설비는 **물분무소화설비**이다.

관련개념 소화난이도등급 I 의 옥내탱크저장소에 설치해야 하는 소화설비

	황만을 저장·취급하는 것	물분무소화설비
옥내탱크저장소	인화점 70[℃] 이상의 제4류 위험물만을 저장·취급하는 것	• 물분무소화설비 • 고정식 포소화설비 • 이동식 이외의 불활성가스소화설비 • 이동식 이외의 할로젠화합물소화설비 • 이동식 이외의 분말소화설비
	그 밖의 것	• 고정식 포소화설비 • 이동식 이외의 불활성가스소화설비 • 이동식 이외의 할로젠화합물소화설비 • 이동식 이외의 분말소화설비

정답 | ①

58 빈출도 ★

소방시설 설치 및 관리에 관한 법률상 대통령령 또는 화재안전기준이 변경되어 그 기준이 강화되는 경우 기존 특정소방대상물의 소방시설 중 강화된 기준을 설치장소와 관계없이 항상 적용하여야 하는 것은? (단, 건축물의 신축·개축·재축·이전 및 대수선 중인 특정소방대상물을 포함한다.)

① 제연설비
② 비상경보설비
③ 옥내소화전설비
④ 화재조기진압용 스프링클러설비

해설

강화된 기준을 적용하여야 하는 소방시설은 비상경보설비이다.

관련개념 강화된 기준 적용 대상 소방시설

㉠ 소화기구
㉡ 비상경보설비
㉢ 자동화재탐지설비
㉣ 자동화재속보설비
㉤ 피난구조설비

정답 | ②

59 빈출도 ★★★

소방시설 설치 및 관리에 관한 법률상 소방시설 등의 종합점검 대상 기준에 맞게 (   )에 들어갈 내용으로 옳은 것은?

물분무등소화설비(호스릴방식의 물분무등소화설비만을 설치한 경우 제외)가 설치된 연면적 (   )[m²] 이상인 특정소방대상물(위험물제조소등 제외)

① 2,000 　　　　　　② 3,000

③ 4,000 　　　　　　④ 5,000

해설

물분무등소화설비(호스릴방식의 물분무등소화설비만을 설치한 경우 제외)가 설치된 연면적 **5,000[m²]** 이상인 특정소방대상물(위험물제조소등 제외)은 종합점검 대상이다.

관련개념 **종합점검 대상**

㉠ 스프링클러설비가 설치된 특정소방대상물
㉡ 물분무등소화설비(호스릴방식의 물분무등소화설비만을 설치한 경우 제외)가 설치된 연면적 5,000[m²] 이상인 특정소방대상물(위험물제조소등 제외)
㉢ 다중이용업의 영업장이 설치된 특정소방대상물로서 연면적이 2,000[m²] 이상인 것
㉣ 제연설비가 설치된 터널
㉤ 공공기관 중 연면적이 1,000[m²] 이상인 것으로서 옥내소화전설비 또는 자동화재탐지설비가 설치된 것(소방대가 근무하는 공공기관 제외)

정답 | ④

60 빈출도 ★★★

소방시설 설치 및 관리에 관한 법률상 건축허가 등의 동의대상물의 범위로 틀린 것은?

① 항공기격납고
② 방송용 송수신탑
③ 연면적이 400[m²] 이상인 건축물
④ 지하층 또는 무창층이 있는 건축물로서 바닥면적이 50[m²] 이상인 층이 있는 것

해설

지하층, 무창층이 있는 건축물로서 바닥면적이 **150[m²]** 이상인 층이 있는 건축물이 건축허가 등의 동의대상물이다.

관련개념 **동의대상물의 범위**

㉠ 연면적 400[m²] 이상 건축물이나 시설
㉡ 다음 표에서 제시된 기준 연면적 이상의 건축물이나 시설

구분	기준
학교시설	100[m²] 이상
─ 노유자시설 ─ 수련시설	200[m²] 이상
─ 정신의료기관 ─ 장애인 의료재활시설	300[m²] 이상

㉢ 지하층, 무창층이 있는 건축물로서 바닥면적이 150[m²](공연장 100[m²]) 이상인 층이 있는 것
㉣ 차고, 주차장 또는 주차용도로 사용되는 시설
　　─ 차고 · 주차장으로 사용되는 바닥면적이 200[m²] 이상인 층이 있는 건축물이나 주차시설
　　─ 승강기 등 기계장치에 의한 주차시설로서 자동차 20대 이상을 주차할 수 있는 시설
㉤ 층수가 6층 이상인 건축물
㉥ 항공기격납고, 관망탑, 항공관제탑, 방송용 송수신탑
㉦ 특정소방대상물 중 위험물 저장 및 처리시설, 지하구

정답 | ④

61 빈출도 ★

소방시설용 비상전원수전설비의 화재안전기술기준(NFTC 602)에 따라 일반전기사업자로부터 특별고압 또는 고압으로 수전하는 비상전원수전설비의 종류에 해당하지 않는 것은?

① 큐비클형
② 축전지형
③ 방화구획형
④ 옥외개방형

해설

축전지형은 일반전기사업자로부터 특별고압 또는 고압으로 수전하는 비상전원수전설비의 종류에 해당하지 않는다.

관련개념 특별고압 또는 고압으로 수전하는 비상전원수전설비

㉠ 큐비클형
㉡ 방화구획형
㉢ 옥외개방형

정답 ②

62 빈출도 ★★

비상콘센트설비의 성능인증 및 제품검사의 기술기준에 따른 비상콘센트설비 표시등의 구조 및 기능에 대한 설명으로 틀린 것은?

① 발광다이오드에는 적당한 보호커버를 설치하여야 한다.
② 소켓은 접속이 확실하여야 하며 쉽게 전구를 교체할 수 있도록 부착하여야 한다.
③ 적색으로 표시되어야 하며 주위의 밝기가 300[lx] 이상인 장소에서 측정하여 앞면으로부터 3[m] 떨어진 곳에서 켜진 등이 확실히 식별되어야 한다.
④ 전구는 사용전압의 130[%]인 교류 전압을 20시간 연속하여 가하는 경우 단선, 현저한 광속변화, 흑화, 전류의 저하 등이 발생하지 아니하여야 한다.

해설

비상콘센트설비 표시등의 전구에는 적당한 보호커버를 설치하여야 한다.(발광다이오드 제외)

정답 ①

63 빈출도 ★

비상방송설비의 화재안전기술기준(NFTC 202)에 따라 부속회로의 전로와 대지 사이 및 배선 상호 간의 절연저항은 1경계구역마다 직류 250[V]의 절연저항 측정기를 사용하여 측정한 절연저항이 몇 [MΩ] 이상이 되도록 하여야 하는가?

① 0.1
② 0.2
③ 10
④ 20

해설

비상방송설비 부속회로의 전로와 대지 사이 및 배선 상호 간의 절연저항은 1경계구역마다 직류 250[V]의 절연저항측정기를 사용하여 측정한 절연저항이 0.1[MΩ] 이상이 되도록 해야 한다.

정답 | ①

64 빈출도 ★★

자동화재탐지설비 및 시각경보장치의 화재안전기술기준(NFTC 203)에 따라 환경상태가 현저하게 고온으로 되어 연기감지기를 설치할 수 없는 건조실 또는 살균실 등에 적응성 있는 열감지기가 아닌 것은?

① 정온식 1종
② 정온식 특종
③ 열아날로그식
④ 보상식 스포트형 1종

해설

보상식 스포트형 1종은 건조실 또는 살균실 등에 적응성이 없다.

관련개념 현저하게 고온으로 되는 장소에 적응성이 있는 감지기

㉠ 정온식 1종
㉡ 정온식 특종
㉢ 열아날로그식

정답 | ④

65 빈출도 ★

자동화재속보설비의 속보기의 성능인증 및 제품검사의 기술기준에 명시된 데이터 및 코드전송방식 신고 부분 프로토콜 정의서에서 정하는 전송규칙으로 올바른 것은?

① 전송방식: HTTPS, 전송형식: XML
② 전송방식: HTTP, 전송형식: HTML
③ 전송방식: HTTP, 전송형식: XML
④ 전송방식: HTTPS, 전송형식: HTML

해설

속보기에 데이터 또는 코드전송방식 등을 이용한 속보기능을 부가로 설치할 때 전송방식은 HTTP, 전송형식은 XML을 따른다.

정답 | ③

66 빈출도 ★★

유도등 및 유도표지의 화재안전기술기준(NFTC 303)에 따른 객석유도등의 설치기준이다. 다음 (   )에 들어갈 내용으로 옳은 것은?

객석유도등은 객석의 (㉠), (㉡) 또는 (㉢)에 설치하여야 한다.

① ㉠: 통로, ㉡: 바닥, ㉢: 벽
② ㉠: 바닥, ㉡: 천장, ㉢: 벽
③ ㉠: 통로, ㉡: 바닥, ㉢: 천장
④ ㉠: 바닥, ㉡: 통로, ㉢: 출입구

해설

객석유도등은 객석의 통로, 바닥 또는 벽에 설치하여야 한다.

정답 | ①

67 빈출도 ★★

누전경보기의 형식승인 및 제품검사의 기술기준에 따라 외함은 불연성 또는 난연성 재질로 만들어져야 하며, 누전경보기의 외함의 두께는 몇 [mm] 이상이어야 하는가? (단, 직접 벽면에 접하여 벽 속에 매립되는 외함의 부분은 제외한다.)

① 1
② 1.2
③ 2.5
④ 3

해설

누전경보기의 외함은 두께 1.0[mm](직접 벽면에 접하여 벽 속에 매립되는 외함의 부분은 1.6[mm]) 이상이어야 한다.

관련개념 누전경보기의 외함 두께

구분	두께
일반적인 경우	1.0[mm] 이상
직접 벽면에 접하여 벽 속에 매립 되는 외함의 부분	1.6[mm] 이상

정답 | ①

68 빈출도 ★★★

비상콘센트설비의 화재안전기술기준(NFTC 504)에 따라 비상콘센트설비의 전원부와 외함 사이의 절연저항은 전원부와 외함 사이를 500[V] 절연저항계로 측정할 때 몇 [MΩ] 이상이어야 하는가?

① 10
② 20
③ 30
④ 50

해설

비상콘센트설비의 전원부와 외함 사이의 절연저항은 전원부와 외함 사이를 500[V] 절연저항계로 측정할 때 20[MΩ] 이상이어야 한다.

관련개념 전원부와 외함 사이의 절연저항 및 절연내력 기준

㉠ 절연저항: 전원부와 외함 사이를 500[V] 절연저항계로 측정할 때 20[MΩ] 이상
㉡ 절연내력

전압 구분	실효전압
150[V] 이하	1,000[V]
150[V] 이상	정격전압×2+1,000[V]

정답 | ②

69 빈출도 ★★★

자동화재탐지설비 및 시각경보장치의 화재안전기술기준(NFTC 203)에 따라 자동화재탐지설비의 감지기 설치에 있어서 부착높이가 20[m] 이상일 때 적합한 감지기 종류는?

① 불꽃감지기   ② 연기복합형
③ 차동식 분포형   ④ 이온화식 1종

해설

부착높이가 20[m] 이상인 경우 적응성이 있는 감지기는 불꽃감지기, 광전식(분리형, 공기흡입형) 중 아날로그방식 감지기이다.

관련개념 부착높이에 따른 감지기의 종류

부착높이	감지기의 종류	
4[m] 미만	• 차동식(스포트형, 분포형) • 보상식 스포트형 • 정온식(스포트형, 감지선형)	• 이온화식 또는 광전식 (스포트형, 분리형, 공기흡입형) • 열복합형 • 연기복합형 • 열연기복합형 • 불꽃감지기
4[m] 이상 8[m] 미만	• 차동식(스포트형, 분포형) • 보상식 스포트형 • 정온식(스포트형, 감지선형) 특종 또는 1종 • 이온화식 1종 또는 2종	• 광전식(스포트형, 분리형, 공기흡입형) 1종 또는 2종 • 열복합형 • 연기복합형 • 열연기복합형 • 불꽃감지기
8[m] 이상 15[m] 미만	• 차동식 분포형 • 이온화식 1종 또는 2종	• 광전식(스포트형, 분리형, 공기흡입형) 1종 또는 2종 • 연기복합형 • 불꽃감지기
15[m] 이상 20[m] 미만	• 이온화식 1종 • 광전식(스포트형, 분리형, 공기흡입형) 1종	• 연기복합형 • 불꽃감지기
20[m] 이상	• 불꽃감지기	• 광전식(분리형, 공기흡입형) 중 아날로그 방식

정답 ①

70 빈출도 ★★★

비상경보설비 및 단독경보형 감지기의 화재안전기술기준(NFTC 201)에 따른 비상벨설비에 대한 설명으로 옳은 것은?

① 비상벨설비는 화재발생 상황을 사이렌으로 경보하는 설비를 말한다.
② 비상벨설비는 부식성가스 또는 습기 등으로 인하여 부식의 우려가 없는 장소에 설치하여야 한다.
③ 음향장치의 음향의 크기는 부착된 음향장치의 중심으로부터 1[m] 떨어진 위치에서 60[dB] 이상이 되는 것으로 하여야 한다.
④ 발신기는 특정소방대상물의 층마다 설치하되, 해당 층의 각 부분으로부터 하나의 발신기까지의 수평거리가 30[m] 이하가 되도록 하여야 한다.

해설

비상벨설비 또는 자동식사이렌설비는 부식성가스 또는 습기 등으로 인하여 부식의 우려가 없는 장소에 설치해야 한다.

선지분석

① 비상벨설비는 화재발생 상황을 경종으로 경보하는 설비를 말한다.
③ 음향장치의 음향의 크기는 부착된 음향장치의 중심으로부터 1[m] 떨어진 위치에서 90[dB] 이상이 되는 것으로 하여야 한다.
④ 발신기는 특정소방대상물의 층마다 설치하되, 해당 층의 각 부분으로부터 하나의 발신기까지의 수평거리가 25[m] 이하가 되도록 하여야 한다.

정답 ②

71 빈출도 ★ ★ ★

비상방송설비의 화재안전기술기준(NFTC 202)에 따라 비상방송설비가 기동장치에 따른 화재신고를 수신한 후 필요한 음량으로 화재발생상황 및 피난에 유효한 방송이 자동으로 개시될 때까지의 소요시간은 몇 초 이하로 하여야 하는가?

① 5   ② 10

③ 20   ④ 30

해설

비상방송설비가 기동장치에 따른 화재신호를 수신한 후 필요한 음량으로 화재발생상황 및 피난에 유효한 방송이 자동으로 개시될 때까지의 소요시간은 **10초** 이내로 해야 한다.

정답 | ②

72 빈출도 ★

누전경보기의 형식승인 및 제품검사의 기술기준에 따라 감도조정장치를 갖는 누전경보기에 있어서 감도조정장치의 조정범위는 최대치가 몇 [A]이어야 하는가?

① 0.2   ② 1.0

③ 1.5   ④ 2.0

해설

감도조정장치를 갖는 누전경보기에 있어서 감도조정장치의 조정범위는 최대치가 **1[A]**이어야 한다.

정답 | ②

73 빈출도 ★ ★ ★

자동화재탐지설비 및 시각경보장치의 화재안전기술기준(NFTC 203)에 따른 배선의 시설기준으로 틀린 것은?

① 감지기 사이의 회로의 배선은 송배선식으로 할 것
② 감지기 회로의 도통시험을 위한 종단저항은 감지기 회로의 끝부분에 설치할 것
③ 피(P)형 수신기의 감지기 회로의 배선에 있어서 하나의 공통선에 접속할 수 있는 경계구역은 5개 이하로 할 것
④ 수신기의 각 회로별 종단에 설치되는 감지기에 접속되는 배선의 전압은 감지기 정격전압의 80[%] 이상이어야 할 것

해설

P형 수신기 및 GP형 수신기의 감지기 회로의 배선에 있어서 하나의 공통선에 접속할 수 있는 경계구역은 **7개** 이하로 해야 한다.

정답 | ③

74 빈출도 ★★★

무선통신보조설비의 화재안전기술기준(NFTC 505)에 따른 용어의 정의로 옳은 것은?

① "혼합기"는 신호의 전송로가 분기되는 장소에 설치하는 장치를 말한다.
② "분배기"는 서로 다른 주파수의 합성된 신호를 분리하기 위해서 사용하는 장치를 말한다.
③ "증폭기"는 두 개 이상의 입력신호를 원하는 비율로 조합한 출력이 발생되도록 하는 장치를 말한다.
④ "누설동축케이블"은 동축케이블의 외부도체에 가느다란 홈을 만들어서 전파가 외부로 새어나갈 수 있도록 한 케이블을 말한다.

해설

누설동축케이블은 동축케이블의 외부도체에 가느다란 홈을 만들어서 전파가 외부로 새어나갈 수 있도록 한 케이블이다.

선지분석

① 혼합기: 2 이상의 입력신호를 원하는 비율로 조합한 출력이 발생하도록 하는 장치이다.
② 분배기: 신호의 전송로가 분기되는 장소에 설치하는 것으로 임피던스 매칭(Matching)과 신호 균등분배를 위해 사용하는 장치이다.
③ 증폭기: 전압·전류의 진폭을 늘려 감도 등을 개선하는 장치이다.

정답 | ④

75 빈출도 ★★

비상조명등의 화재안전기술기준(NFTC 304)에 따라 비상조명등의 조도는 비상조명등이 설치된 장소의 각 부분의 바닥에서 몇 [lx] 이상이 되도록 하여야 하는가?

① 1   ② 3
③ 5   ④ 10

해설

비상조명등의 조도는 비상조명등이 설치된 장소의 각 부분의 바닥에서 1[lx] 이상이 되도록 해야 한다.

정답 | ①

76 빈출도 ★★★

화재안전기술기준(NFTC)에 따른 비상전원 및 건전지의 유효사용시간에 대한 최소 기준이 가장 긴 것은?

① 휴대용비상조명등의 건전지 용량
② 무선통신보조설비 증폭기의 비상전원
③ 지하층을 제외한 층수가 11층 미만의 층인 특정소방대상물에 설치되는 유도등의 비상전원
④ 지하층을 제외한 층수가 11층 미만의 층인 특정소방대상물에 설치되는 비상조명등의 비상전원

해설

설비명	휴대용 비상조명등	무선통신 보조설비	유도등	비상조명등
전원	건전지	비상전원	비상전원	비상전원
용량	20분	30분	20분(60분)	20분(60분)

* ( )는 지하층을 제외한 층수가 11층 이상의 층 또는 지하층 또는 무창층으로서 용도가 도매시장·소매시장·여객자동차터미널·지하역사 또는 지하상가에 적용됨

정답 | ②

77 빈출도 ★★★

비상경보설비 및 단독경보형 감지기의 화재안전기술기준(NFTC 201)에 따른 단독경보형 감지기의 시설 기준에 대한 내용이다. 다음 (   )에 들어갈 내용으로 옳은 것은?

> 단독경보형 감지기는 바닥면적이 (㉠)[m²]를 초과하는 경우에는 (㉡)[m²]마다 1개 이상 설치하여야 한다.

① ㉠: 100, ㉡: 100
② ㉠: 100, ㉡: 150
③ ㉠: 150, ㉡: 150
④ ㉠: 150, ㉡: 200

해설

단독경보형 감지기는 각 실마다 설치하되, 바닥면적이 150[m²]를 초과하는 경우에는 150[m²]마다 1개 이상 설치해야 한다.

정답 | ③

78 빈출도 ★★★

무선통신보조설비의 화재안전기술기준(NFTC 505)에 따라 무선통신보조설비의 누설동축케이블 및 안테나는 고압의 전로로부터 1.5[m] 이상 떨어진 위치에 설치해야 하나 그렇게 하지 않아도 되는 경우는?

① 끝부분에 무반사 종단저항을 설치한 경우
② 불연재료로 구획된 반자 안에 설치한 경우
③ 해당 전로에 정전기 차폐장치를 유효하게 설치한 경우
④ 금속제 등의 지지금구로 일정한 간격으로 고정한 경우

해설

해당 전로에 정전기 차폐장치를 유효하게 설치한 경우에는 무선통신보조설비의 누설동축케이블 및 안테나는 고압의 전로로부터 1.5[m] 이상 떨어진 위치에 설치하지 않아도 된다.

정답 | ③

79 빈출도 ★★

유도등 및 유도표지의 화재안전기술기준(NFTC 303)에 따라 유도표지는 각 층마다 복도 및 통로의 각 부분으로부터 하나의 유도표지까지의 보행거리가 몇 [m]이하가 되는 곳과 구부러진 모퉁이의 벽에 설치하여야 하는가? (단, 계단에 설치하는 것은 제외한다.)

① 5   ② 10
③ 15   ④ 25

해설

유도표지는 각 층마다 복도 및 통로의 각 부분으로부터 하나의 유도표지까지의 보행거리가 15[m] 이하가 되는 곳과 구부러진 모퉁이의 벽에 설치해야 한다.

관련개념 유도등 및 유도표지 설치기준

구분	통로유도등	계단통로유도등	유도표지
설치	보행거리 20[m]마다	각 층의 경사로 참 또는 계단참마다	보행거리 15[m] 이하

정답 | ③

80 빈출도 ★★

자동화재탐지설비 및 시각경보장치의 화재안전기술기준(NFTC 203)에 따른 발신기의 시설기준에 대한 내용이다. 다음 (   )에 들어갈 내용으로 옳은 것은?

> 발신기의 위치를 표시하는 표시등은 함의 상부에 설치하되, 그 불빛은 부착면으로부터 (㉠)°이상의 범위 안에서 부착지점으로부터 (㉡)[m]이내의 어느 곳에서도 쉽게 식별할 수 있는 적색등으로 하여야 한다.

① ㉠: 10, ㉡: 10
② ㉠: 15, ㉡: 10
③ ㉠: 25, ㉡: 15
④ ㉠: 25, ㉡: 20

해설

발신기의 위치표시등은 함의 상부에 설치하되, 그 불빛은 부착면으로부터 15° 이상의 범위 안에서 부착지점으로부터 10[m] 이내의 어느 곳에서도 쉽게 식별할 수 있는 적색등으로 해야 한다.

정답 | ②

자동채점

소방원론

01 빈출도 ★

소화기구 및 자동소화장치의 화재안전성능기준에 따르면 소화기구(자동확산소화기는 제외)는 거주자 등이 손쉽게 사용할 수 있는 장소에 바닥으로부터 높이 몇 [m] 이하의 곳에 비치하여야 하는가?

① 0.5   ② 1.0
③ 1.5   ④ 2.0

해설

소화기구(자동확산소화기 제외)는 거주자 등이 손쉽게 사용할 수 있는 장소에 바닥으로부터 높이 1.5[m] 이하의 곳에 비치하고, 소화기구의 종류를 표시한 표지를 보기 쉬운 곳에 부착해야 한다.

정답 | ③

02 빈출도 ★★★

화재의 분류방법 중 유류화재를 나타낸 것은?

① A급 화재   ② B급 화재
③ C급 화재   ④ D급 화재

해설

유류화재는 B급 화재이다.

관련개념 화재의 분류

급수	화재 종류	표시색	소화방법
A급	일반화재	백색	냉각
B급	유류화재	황색	질식
C급	전기화재	청색	질식
D급	금속화재	무색	질식
K급	주방화재 (식용유화재)	—	비누화 · 냉각 · 질식
E급	가스화재	황색	제거 · 질식

정답 | ②

03 빈출도 ★★

가시거리가 20~30[m]이고 연기감지기가 작동할 정도에 해당하는 감광계수는 얼마인가?

① 0.1[m⁻¹]
② 1.0[m⁻¹]
③ 2.0[m⁻¹]
④ 10[m⁻¹]

해설

감광계수 [m⁻¹]	가시거리 [m]	현상
0.1	20~30	연기감지기가 동작할 정도
0.3	5	건물 내부에 익숙한 사람이 피난할 때 지장을 받는 정도
0.5	3	어두움을 느낄 정도
1	1~2	거의 앞이 보이지 않을 정도
10	0.2~0.5	화재의 최성기에 해당, 유도등이 보이지 않을 정도
30	―	출화 시의 연기가 분출할 때의 농도

정답 | ①

04 빈출도 ★★

소화약제로 사용되는 물에 관한 소화성능 및 물성에 대한 설명으로 틀린 것은?

① 비열과 증발잠열이 커서 냉각소화 효과가 우수하다.
② 물(15[℃])의 비열은 약 1[cal/g·℃]이다.
③ 물(100[℃])의 증발잠열은 439.6[kcal/g]이다.
④ 물의 기화에 의한 팽창된 수증기는 질식소화 작용을 할 수 있다.

해설

물의 기화(증발) 잠열은 539[cal/g]이다.

관련개념

얼음·물(H₂O)은 분자의 단순한 구조와 수소결합으로 인해 분자 간 결합이 강하므로 타 물질보다 비열, 융해잠열 및 증발잠열이 크다.

정답 | ③

05 빈출도 ★★

소화에 필요한 CO_2의 이론소화농도가 공기 중에서 37[vol%] 일 때 한계산소농도는 약 몇 [vol%] 인가?

① 13.2
② 14.5
③ 15.5
④ 16.5

해설

산소 21[%], 이산화탄소 0[%]인 공기에 이산화탄소 소화약제가 추가되어 이산화탄소의 농도는 37[%]가 되었다.

$$\frac{x}{100+x}=\frac{37}{100}$$

따라서 추가된 이산화탄소 소화약제의 양 x는 58.73이며, 이때 전체 중 산소의 농도는

$$\frac{21}{100+x}=\frac{21}{100+58.73}≒0.1323=13.23[\%]$$ 이다.

관련개념

㉠ 소화약제 방출 전 공기의 양을 100으로 두고 풀이하면 된다.
㉡ 분모의 x는 공학용 계산기의 SOLVE 기능을 활용하면 쉽다.

정답 | ①

06 빈출도 ★★

물리적 소화방법이 아닌 것은?

① 연쇄반응의 억제에 의한 방법
② 냉각에 의한 방법
③ 공기와의 접촉 차단에 의한 방법
④ 가연물 제거에 의한 방법

해설

연쇄반응을 억제하는 방법은 억제소화로 연소의 요소 중 연쇄적 산화반응을 약화시켜 연소의 계속을 불가능하게 하므로 화학적 방법에 의한 소화에 해당한다.

관련개념 소화의 분류

㉠ 물리적 소화: 냉각 · 질식 · 제거 · 희석소화
㉡ 화학적 소화: 부촉매소화(억제소화)

정답 | ①

07 빈출도 ★★

Halon 1211의 화학식에 해당하는 것은?

① CH_2BrCl ② CF_2ClBr
③ CH_2BrF ④ CF_2HBr

해설

Halon 1211 소화약제의 화학식은 CF_2ClBr이다.
Cl과 Br의 위치는 바꾸어 표기하여도 동일한 화합물이다.

관련개념 할론 소화약제 명명의 방식

㉠ 제일 앞에 Halon이란 명칭을 쓴다.
㉡ 이후 구성 원소들의 수를 C, F, Cl, Br의 순서대로 쓰되 없는 경우 0으로 한다.
㉢ 마지막 0은 생략할 수 있다.

정답 | ②

08 빈출도 ★★★

마그네슘의 화재에 주수하였을 때 물과 마그네슘의 반응으로 인하여 생성되는 가스는?

① 산소   ② 수소
③ 일산화탄소   ④ 이산화탄소

해설

마그네슘(Mg)과 물이 반응하면 수소(H_2)가 발생한다.
$Mg + 2H_2O \rightarrow Mg(OH)_2 + H_2 \uparrow$

정답 | ②

09 빈출도 ★★★

제2종 분말 소화약제의 주성분으로 옳은 것은?

① NaH_2PO_4
② KH_2PO_4
③ $NaHCO_3$
④ $KHCO_3$

해설

제2종 분말 소화약제의 주성분은 탄산수소칼륨($KHCO_3$)이다.

관련개념 분말 소화약제

구분	주성분	색상	적응화재
제1종	탄산수소나트륨 ($NaHCO_3$)	백색	B급 화재 C급 화재
제2종	탄산수소칼륨 ($KHCO_3$)	담자색 (보라색)	B급 화재 C급 화재
제3종	제1인산암모늄 ($NH_4H_2PO_4$)	담홍색	A급 화재 B급 화재 C급 화재
제4종	탄산수소칼륨＋요소 [$KHCO_3+CO(NH_2)_2$]	회색	B급 화재 C급 화재

정답 | ④

10 빈출도 ★★

조연성 가스로만 나열되어 있는 것은?

① 질소, 불소, 수증기
② 산소, 불소, 염소
③ 산소, 이산화탄소, 오존
④ 질소, 이산화탄소, 염소

해설

조연성(지연성) 가스는 스스로 연소하지 않지만 연소를 도와주는 물질로 산소, 불소, 염소, 오존 등이 있다.

선지분석

① 질소, 수증기는 불연성 가스이다.
③ 이산화탄소는 불연성 가스이다.
④ 질소, 이산화탄소는 불연성 가스이다.

정답 | ②

11 빈출도 ★★★

위험물안전관리법령상 자기반응성 물질에 해당하지 않는 것은?

① 니트로화합물
② 할로젠간화합물
③ 질산에스테르류
④ 히드록실아민염류

해설

할로젠간화합물은 제6류 위험물(산화성 액체)이다.
자기반응성 물질은 제5류 위험물이다.

정답 | ②

12 빈출도 ★★

건축물 화재에서 플래쉬 오버(Flash over) 현상이 일어나는 시기는?

① 초기에서 성장기로 넘어가는 시기
② 성장기에서 최성기로 넘어가는 시기
③ 최성기에서 감쇠기로 넘어가는 시기
④ 감쇠기에서 종기로 넘어가는 시기

해설

플래쉬 오버는 성장기~최성기에 발생한다.

관련개념

플래쉬 오버(flash over) 현상이란 화점 주위에서 화재가 서서히 진행하다가 어느 정도 시간이 경과함에 따라 대류와 복사현상에 의해 일정 공간 안에 있는 가연물이 발화점까지 가열되어 일순간에 걸쳐 동시 발화되는 현상이다.

정답 | ②

13 빈출도 ★★★

물과 반응하였을 때 가연성 가스를 발생하여 화재의 위험성이 증가하는 것은?

① 과산화칼슘
② 메테인올
③ 칼륨
④ 과산화수소

해설

물과 반응하였을 때 가연성 가스를 발생하여 화재의 위험성이 증가하는 것은 칼륨(K)이다.

$$2K + 2H_2O \rightarrow 2KOH + H_2 \uparrow$$

정답 | ③

14 빈출도 ★★★

인화칼슘과 물이 반응할 때 생성되는 가스는?

① 아세틸렌
② 황화수소
③ 황산
④ 포스핀

해설

인화칼슘(Ca_3P_2)과 물이 반응하면 포스핀(PH_3)이 발생한다.

$$Ca_3P_2 + 6H_2O \rightarrow 3Ca(OH)_2 + 2PH_3 \uparrow$$

정답 | ④

15 빈출도 ★★★

다음 중 공기에서의 연소범위를 기준으로 하였을 때 위험도(H) 값이 가장 큰 것은?

① 디에틸에테르
② 수소
③ 에틸렌
④ 뷰테인

해설

디에틸에테르($C_2H_5OC_2H_5$)의 위험도가 $\dfrac{48-1.9}{1.9} \fallingdotseq 24.3$으로 가장 크다.

관련개념 주요 가연성 가스의 연소범위와 위험도

가연성 가스	하한계 [vol%]	상한계 [vol%]	위험도
아세틸렌(C_2H_2)	2.5	81	31.4
수소(H_2)	4	75	17.8
일산화탄소(CO)	12.5	74	4.9
에테르($C_2H_5OC_2H_5$)	1.9	48	24.3
이황화탄소(CS_2)	1.2	44	35.7
에틸렌(C_2H_4)	2.7	36	12.3
암모니아(NH_3)	15	28	0.9
메테인(CH_4)	5	15	2
에테인(C_2H_6)	3	12.4	3.1
프로페인(C_3H_8)	2.1	9.5	3.5
뷰테인(C_4H_{10})	1.8	8.4	3.7

정답 | ①

16 빈출도 ★★★

소화약제로 사용되는 이산화탄소에 대한 설명으로 옳은 것은?

① 산소와 반응 시 흡열반응을 일으킨다.
② 산소와 반응하여 불연성 물질을 발생시킨다.
③ 산화하지 않으나 산소와는 반응한다.
④ 산소와 반응하지 않는다.

해설

이산화탄소는 탄소의 최종 생성물로 더 이상 연소반응을 일으키지 않는다.

정답 | ④

17 빈출도 ★

다음 중 피난자의 집중으로 패닉 현상이 일어날 우려가 가장 큰 형태는?

① T형   ② X형
③ Z형   ④ H형

해설

피난방향은 간단 명료해야 한다. H형 방향의 경우 중앙 복도에 피난자들이 집중될 수 있으므로 패닉(panic) 현상이 발생할 수 있다.

정답 | ④

18 빈출도 ★★

물리적 폭발에 해당하는 것은?

① 분해 폭발   ② 분진 폭발
③ 중합 폭발   ④ 수증기 폭발

해설

물질의 물리적 변화에서 기인한 폭발을 물리적 폭발이라고 한다. 수증기 폭발은 액체상태의 물이 기체상태의 수증기로 변화하며 생기는 순간적인 부피 차이로 발생하는 물리적 폭발이다.

선지분석

① 분해 폭발은 물질이 다른 둘 이상의 물질로 분해되면서 생기는 부피 차이로 발생하는 화학적 폭발이다.
② 분진 폭발은 물질이 가루 상태일 때 더 빠르게 일어나는 화학 반응으로 인해 생기는 부피 차이로 발생하는 화학적 폭발이다.
③ 중합 폭발은 저분자의 물질이 고분자의 물질로 합성되며 생기는 부피 차이로 발생하는 화학적 폭발이다.

정답 | ④

19 빈출도 ★★★

다음 중 착화온도가 가장 낮은 것은?

① 아세톤   ② 휘발유
③ 이황화탄소   ④ 벤젠

해설

선지 중 이황화탄소의 착화점(발화점)이 가장 낮다.

관련개념 **물질의 발화점과 인화점**

물질	발화점[℃]	인화점[℃]
프로필렌	497	−107
산화프로필렌	449	−37
가솔린	300	−43
이황화탄소	100	−30
아세톤	538	−18
메틸알코올	385	11
에틸알코올	423	13
벤젠	498	−11
톨루엔	480	4.4
등유	210	43~72
경유	200	50~70
적린	260	−
황린	30	20

정답 | ③

20 빈출도 ★

건물화재 시 패닉(panic)의 발생원인과 직접적으로 관련이 없는 것은?

① 연기에 의한 시계 제한
② 유독가스에 의한 호흡 장애
③ 외부와 단절되어 고립
④ 불연내장재의 사용

해설

불연내장재의 사용은 화재의 진행과정과 관련이 있으며, 피난 시 패닉 발생과는 관련이 없다.

정답 | ④

21 빈출도 ★★

단상 반파의 정류회로로 평균 26[V]의 직류 전압을 출력하려고 할 때, 정류 다이오드에 인가되는 역방향 최대 전압은 약 몇 [V]인가? (단, 직류 측에 평활회로(필터)가 없는 정류회로이고, 다이오드 순방향 전압은 무시한다.)

① 26

② 37

③ 58

④ 82

해설

단상 반파 정류회로에서 직류의 평균 전압
$$E_{av} = 0.45E \rightarrow E = \frac{E_{av}}{0.45} = \frac{26}{0.45} = 57.78[V]$$
최대 역전압
$$PIV = \sqrt{2}E = \sqrt{2} \times 57.78 = 81.71[V]$$

관련개념 최대 역전압(PIV)

다이오드에 걸리는 역방향 전압의 최댓값을 최대 역전압이라고 한다.

정답 | ④

22 빈출도 ★★★

시퀀스회로를 논리식으로 표현하면?

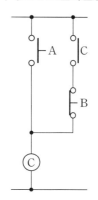

① $C = A + \overline{B} \cdot C$

② $C = A \cdot \overline{B} + C$

③ $C = A \cdot C + \overline{B}$

④ $C = A \cdot C + \overline{B} \cdot C$

해설

C(a접점)와 B(b접점)가 직렬로 연결되어 있고, A(a접점)와 병렬로 연결되어 있으므로
$$C = A + \overline{B} \cdot C$$

정답 | ①

23 빈출도 ★

제어량에 따른 제어방식의 분류 중 온도, 유량, 압력 등의 일반적인 공업 프로세스의 상태량을 제어량으로 하는 제어계로서 외란의 억제를 주목적으로 하는 제어방식은?

① 서보기구   ② 자동조정
③ 추종제어   ④ 프로세스 제어

해설

프로세스 제어는 공정제어라고도 하며, 플랜트나 생산 공정 등의 상태량을 제어량으로 하는 제어이다.
예) 온도, 압력, 유량, 액면(액위), 농도, 밀도, 효율 등

선지분석

① 서보기구: 기계적 변위를 제어량으로 목푯값의 임의의 변화에 추종하도록 구성된 제어계이다.
② 자동조정: 기계적 물리량을 제어량으로 하는 제어이다.
③ 추종제어: 제어량에 의한 분류 중 서보 기구에 해당하는 값을 제어한다.

정답 | ④

24 빈출도 ★★★

반도체를 이용한 화재감지기 중 서미스터(thermistor)는 무엇을 측정하기 위한 반도체 소자인가?

① 온도   ② 연기 농도
③ 가스 농도   ④ 불꽃의 스펙트럼 강도

해설

서미스터는 저항기의 한 종류로서 온도에 따라서 물질의 저항이 변화하는 성질을 이용하며 온도보상용, 온도계측용, 온도보정용 등으로 사용된다.

정답 | ①

25 빈출도 ★

회로에서 a와 b 사이의 합성저항[Ω]은?

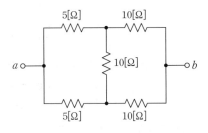

① 5   ② 7.5
③ 15   ④ 30

해설

그림의 회로는 휘트스톤 브리지 평형조건을 만족하므로 가운데 저항 10[Ω]을 생략할 수 있다.

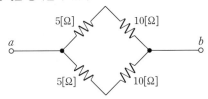

a, b사이의 합성저항은
$$R = \frac{(5+10)(5+10)}{(5+10)+(5+10)} = \frac{225}{30} = 7.5[\Omega]$$

정답 | ②

26 빈출도 ★★

1개의 용량의 25[W]인 객석유도등 10개가 설치되어 있다. 회로에 흐르는 전류는 약 몇 [A]인가? (단, 전원 전압은 220[V]이고, 기타 선로손실 등은 무시한다.)

① 0.88   ② 1.14
③ 1.25   ④ 1.36

해설

소비전력 $P = 25[W] \times 10 = 250[W]$
$$I = \frac{P}{V} = \frac{250}{220} = 1.14[A]$$

정답 | ②

27 빈출도 ★★

PD(비례미분)제어 동작의 특징으로 옳은 것은?

① 잔류편차 제거   ② 간헐현상 제거

③ 불연속 제어   ④ 속응성 개선

해설

PD(비례미분)제어의 특징은 다음과 같다.

㉠ 목푯값이 급격한 변화를 보이며, 응답 속응성이 개선(응답이 빠름), 오차가 커지는 것을 방지한다.

㉡ 시간 지연은 개선되지만 잔류편차는 발생한다.

정답 | ④

28 빈출도 ★

회로에서 저항 20[Ω]에 흐르는 전류[A]는?

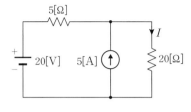

① 0.8   ② 1.0

③ 1.8   ④ 2.8

해설

전압원만 고려할 경우 전류원은 개방한다.

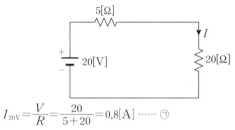

$$I_{20V} = \frac{V}{R} = \frac{20}{5+20} = 0.8[A] \cdots\cdots ㉠$$

전류원만 고려할 경우 전압원은 단락한다.

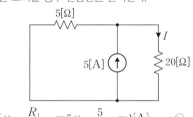

$$I_{5A} = I \times \frac{R_1}{R_1+R_2} = 5 \times \frac{5}{5+20} = 1[A] \cdots\cdots ㉡$$

저항 20[Ω]에 흐르는 전류는 ㉠과 ㉡의 합과 같다.

$$\therefore I = I_{20V} + I_{5A} = 0.8 + 1 = 1.8[A]$$

정답 | ③

29 빈출도 ★★

간격이 1[cm]인 평행 왕복전선에 25[A]의 전류가 흐른다면 전선 사이에 작용하는 단위 길이당 힘[N/m]은?

① 2.5×10^{-2}[N/m](반발력)
② 1.25×10^{-2}[N/m](반발력)
③ 2.5×10^{-2}[N/m](흡인력)
④ 1.25×10^{-2}[N/m](흡인력)

해설

$$F = 2 \times 10^{-7} \times \frac{I_1 \cdot I_2}{r} = 2 \times 10^{-7} \times \frac{25 \times 25}{1 \times 10^{-2}}$$
$$= 1.25 \times 10^{-2}[N/m]$$

두 도체에서 전류가 반대 방향으로 흐를 경우 두 도체 사이에는 반발력이 발생한다.

관련개념 평행도체 사이에 작용하는 힘

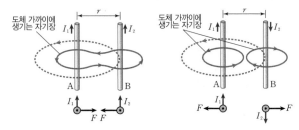

$$F = 2 \times 10^{-7} \times \frac{I_1 \cdot I_2}{r}[N/m]$$

정답 | ②

30 빈출도 ★★

0.5[kVA]의 수신기용 변압기가 있다. 이 변압기의 철손은 7.5[W]이고, 전부하동손은 16[W]라고 한다. 화재가 발생하여 처음 2시간은 전부하로 운전되고, 그 다음 2시간은 1/2의 부하로 운전되었다고 한다. 4시간 동안 걸친 이 변압기의 전손실 전력량은 몇 [Wh] 인가?

① 62　　　　　② 70
③ 78　　　　　④ 94

해설

전손실 전력량(전부하 손실 $+\frac{1}{m}$ 부하 손실)

$$= (P_i + P_c)t + \left(P_i + \left(\frac{1}{m}\right)^2 P_c\right)t$$
$$= (7.5 + 16) \times 2 + \left(7.5 + \left(\frac{1}{2}\right)^2 \times 16\right) \times 2 = 70[Wh]$$

정답 | ②

31 빈출도 ★★

테브난의 정리를 이용하여 그림(a) 회로를 그림 (b)와 같은 등가회로로 만들고자 할 때 V_{th}[V]와 R_{th}[Ω]은?

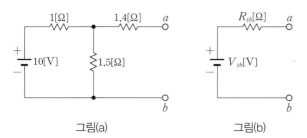

그림(a)   그림(b)

① 5[V], 2[Ω]   ② 5[V], 3[Ω]
③ 6[V], 2[Ω]   ④ 6[V], 3[Ω]

해설

테브난 등가전압을 구하기 위한 등가회로는 다음과 같다.

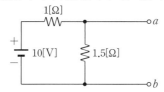

$$\therefore V_{th} = \frac{1.5}{1+1.5} \times 10 = 6[V]$$

테브난 등가저항을 구하기 위한 등가회로는 다음과 같다.

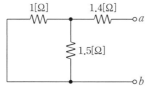

저항 1[Ω]과 1.5[Ω]은 병렬관계이므로 합성저항을 구하면

$$R = \frac{1 \times 1.5}{1+1.5} = \frac{1.5}{2.5} = 0.6[Ω]$$

a, b 단자에서 본 테브난 등가저항은
$$\therefore R_{th} = 1.4 + 0.6 = 2[Ω]$$

정답 ③

32 빈출도 ★★★

블록선도에서 외란 $D(s)$의 입력에 대한 출력 $C(s)$의 전달함수 $\dfrac{C(s)}{D(s)}$ 는?

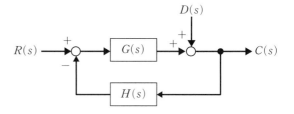

① $\dfrac{G(s)}{H(s)}$ ② $\dfrac{1}{1+G(s)H(s)}$

③ $\dfrac{H(s)}{G(s)}$ ④ $\dfrac{G(s)}{1+G(s)H(s)}$

해설

$$\frac{C(s)}{D(s)} = \frac{경로}{1-폐로} = \frac{1}{1+G(s)H(s)}$$

관련개념 경로와 폐로

㉠ 경로: 입력에서부터 출력까지 가는 경로에 있는 소자들의 곱
㉡ 폐로: 출력 중 입력으로 돌아가는 경로에 있는 소자들의 곱

정답 ②

33 빈출도 ★★★

회로에서 전압계 Ⓥ가 지시하는 전압의 크기는 몇 [V]인가?

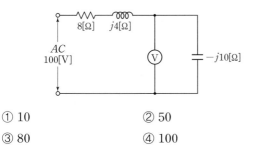

① 10
② 50
③ 80
④ 100

해설

합성 임피던스 $Z = 8 + j4 - j10 = 8 - j6[\Omega]$

회로에 흐르는 전류 $I = \dfrac{V}{Z} = \dfrac{100}{\sqrt{8^2 + 6^2}} = 10[A]$이므로

전압계 Ⓥ가 지시하는 크기

$|V| = |10 \times (-j10)| = |-j100| = 100[V]$

정답 | ④

34 빈출도 ★★

지시계기에 대한 동작원리가 아닌 것은?

① 열전형 계기: 대전된 도체 사이에 작용하는 정전력을 이용
② 가동 철편형 계기: 전류에 의한 자기장에서 고정 철편과 가동 철편 사이에 작용하는 힘을 이용
③ 전류력계형 계기: 고정 코일에 흐르는 전류에 의한 자기장과 가동 코일에 흐르는 전류 사이에 작용하는 힘을 이용
④ 유도형 계기: 회전 자기장 또는 이동 자기장과 이것에 의한 유도 전류와의 상호작용을 이용

해설

대전된 도체 사이에 작용하는 정전력을 이용하는 장치는 정전형 계기이다.

관련개념 지시계기의 종류

종류	기호	동작 원리
열전형		전류의 열작용에 의한 금속선의 팽창 또는 종류가 다른 금속의 접합점의 온도차에 의한 열기전력을 이용하는 계기이다.
가동철편형		고정 코일에 흐르는 전류에 의해 발생한 자기장이 연철편에 작용하는 구동 토크를 이용하는 계기이다.
전류력계형		고정 코일에 피측정 전류를 흘려 발생하는 자계 내에 가동 코일을 설치하고, 가동 코일에도 피측정 전류를 흘려 이 전류와 자계 사이에 작용하는 전자력을 구동 토크로 이용하는 계기이다.
유도형		회전 자계나 이동 자계의 전자 유도에 의한 유도 전류와의 상호작용을 이용하는 계기이다.

정답 | ①

35 빈출도 ★

선간전압의 크기가 $100\sqrt{3}[\text{V}]$인 대칭 3상 전원에 각 상의 임피던스가 $Z=30+j40[\Omega]$인 Y결선의 부하가 연결되었을 때 이 부하로 흐르는 선전류$[\text{A}]$의 크기는?

① 2
② $2\sqrt{3}$
③ 5
④ $5\sqrt{3}$

해설

Y결선의 상전압 $V_p=\dfrac{V_l}{\sqrt{3}}=\dfrac{100\sqrt{3}}{\sqrt{3}}=100[\text{V}]$

상전류는 선전류와 같으므로

$I_p=I_l=\dfrac{V_p}{Z}=\dfrac{100}{\sqrt{30^2+40^2}}=2[\text{A}]$

정답 | ①

36 빈출도 ★★

자유공간에서 무한히 넓은 평면에 면전하밀도 $\sigma[\text{C/m}^2]$가 균일하게 분포되어 있는 경우 전계의 세기(E)는 몇 $[\text{V/m}]$인가? (단, ε_0는 진공의 유전율이다.)

① $E=\dfrac{\sigma}{\varepsilon_0}$
② $E=\dfrac{\sigma}{2\varepsilon_0}$
③ $E=\dfrac{\sigma}{2\pi\varepsilon_0}$
④ $E=\dfrac{\sigma}{4\pi\varepsilon_0}$

해설

대전된 무한 평판의 전계의 세기 $E=\dfrac{\sigma}{2\varepsilon_0}[\text{V/m}]$

관련개념 전계의 세기

구분	도체 표면	무한 평판
전계	$E=\dfrac{\sigma}{\varepsilon_0}[\text{V/m}]$	$E=\dfrac{\sigma}{2\varepsilon_0}[\text{V/m}]$

정답 | ②

37 빈출도 ★★★

주파수가 50[Hz]일 경우 유도성 리액턴스가 4[Ω]인 인덕터, 용량성 리액턴스가 1[Ω]인 커패시터, 4[Ω]의 저항이 모두 직렬 연결이다. 이 회로에 100[V], 50[Hz]의 교류 전압을 인가했을 때 무효전력[Var]은?

① 1,000
② 1,200
③ 1,400
④ 1,600

해설

임피던스 $Z=R+jX=4+j4-j1=4+j3[\Omega]$

무효전력 $P_r=I^2X=\left(\dfrac{V}{Z}\right)^2 X=\left(\dfrac{100}{\sqrt{4^2+3^2}}\right)^2\times 3$
$=1,200[\text{Var}]$

정답 | ②

38 빈출도 ★★★

다음 단상 유도전동기 중에서 기동 토크가 가장 큰 것은?

① 셰이딩 코일형
② 콘덴서 기동형
③ 분상 기동형
④ 반발 기동형

해설

단상 유도 전동기의 기동 토크 순서
반발 기동형>반발 유도형>콘덴서 기동형>분상 기동형>셰이딩 코일형

정답 | ④

39 빈출도 ★★

무한장 솔레노이드에서 자계의 세기에 대한 설명으로 틀린 것은?

① 솔레노이드 내부에서의 자계의 세기는 전류의 세기에 비례한다.
② 솔레노이드 내부에서의 자계의 세기는 코일의 권수에 비례한다.
③ 솔레노이드 내부에서의 자계의 세기는 위치에 관계없이 일정한 평등 자계이다.
④ 자계의 방향과 암페어 적분 경로가 서로 수직인 경우 자계의 세기가 최대이다.

해설

무한장 솔레노이드에서 자계의 세기는 자계의 방향과 무관하다.

관련개념 무한장 솔레노이드에서의 자계

㉠ 내부자계 $H_i = n_o I [\text{AT/m}]$
 (n_0: 단위미터당 감긴 코일의 횟수)
㉡ 외부자계 $H_o = 0$

정답 | ④

40 빈출도 ★★★

다음의 논리식을 간소화하면?

$$Y = (\overline{\overline{A}+B}) \cdot \overline{\overline{B}}$$

① $Y = A + B$ 　　　② $Y = \overline{A} + B$
③ $Y = A + \overline{B}$ 　　④ $Y = \overline{A} + \overline{B}$

해설

$Y = (\overline{\overline{A}+B}) \cdot \overline{\overline{B}}$
$\quad = (\overline{\overline{A}+B}) + \overline{\overline{B}}$ ← 드 모르간의 정리
$\quad = (\overline{\overline{A}} \cdot \overline{B}) + \overline{\overline{B}}$ ← 드 모르간의 정리
$\quad = A \cdot \overline{B} + B$
$\quad = A + B$ ← 흡수법칙

관련개념 드 모르간의 정리

㉠ $\overline{A+B} = \overline{A} \cdot \overline{B}$
㉡ $\overline{A \cdot B} = \overline{A} + \overline{B}$

불대수 연산 예

결합법칙	· $A+(B+C)=(A+B)+C$ · $A \cdot (B \cdot C)=(A \cdot B) \cdot C$
분배법칙	· $A \cdot (B+C)=A \cdot B+A \cdot C$ · $A+(B \cdot C)=(A+B) \cdot (A+C)$
흡수법칙	· $A+A \cdot B=A$ · $A+\overline{A}B=A+B$ · $A \cdot (A+B)=A$

정답 | ①

소방관계법규

41 빈출도 ★★

다음 위험물안전관리법령의 자체소방대 기준에 대한 설명으로 틀린 것은?

> 다량의 위험물을 저장·취급하는 제조소등으로서 대통령령이 정하는 제조소등이 있는 동일한 사업소에서 대통령령이 정하는 수량 이상의 위험물을 저장 또는 취급하는 경우 당해 사업소의 관계인은 대통령령이 정하는 바에 따라 당해 사업소에 자체소방대를 설치하여야 한다.

① "대통령령이 정하는 제조소등"은 제4류 위험물을 취급하는 제조소를 포함한다.
② "대통령령이 정하는 제조소등"은 제4류 위험물을 취급하는 일반취급소를 포함한다.
③ "대통령령이 정하는 수량 이상의 위험물"은 제4류 위험물의 최대수량의 합이 지정수량의 3,000배 이상인 것을 포함한다.
④ "대통령령이 정하는 제조소등"은 보일러로 위험물을 소비하는 일반취급소를 포함한다.

해설

보일러로 위험물을 소비하는 일반취급소는 "대통령령이 정하는 제조소등"에서 제외된다.

관련개념

㉠ 대통령령이 정하는 제조소 등
 – 제4류 위험물을 취급하는 제조소 또는 일반취급소(보일러로 위험물을 소비하는 일반취급소 등 행정안전부령으로 정하는 일반취급소 제외)
 – 제4류 위험물을 저장하는 옥외탱크저장소
㉡ 대통령령이 정하는 수량 이상의 위험물
 – 제조소 또는 일반취급소에서 취급하는 제4류 위험물의 최대수량의 합이 지정수량의 3,000배 이상
 – 옥외탱크저장소에 저장하는 제4류 위험물의 최대수량이 지정수량의 500,000배 이상

정답 | ④

42 빈출도 ★★

위험물안전관리법령상 제조소등에 설치하여야 할 자동화재탐지설비의 설치기준 중 (   ) 안에 알맞은 내용은? (단, 광전식 분리형 감지기 설치는 제외한다.)

> 하나의 경계구역의 면적은 (㉠   )[m²] 이하로 하고 그 한 변의 길이는 (㉡   )[m] 이하로 할 것. 다만, 당해 건축물 그 밖의 공작물의 주요한 출입구에서 그 내부의 전체를 볼 수 있는 경우에 있어서는 그 면적을 1,000[m²] 이하로 할 수 있다.

① ㉠: 300, ㉡: 20
② ㉠: 400, ㉡: 30
③ ㉠: 500, ㉡: 40
④ ㉠: 600, ㉡: 50

해설

하나의 경계구역의 면적은 600[m²] 이하로 하고 그 한 변의 길이는 50[m](광전식 분리형 감지기를 설치할 경우에는 100[m]) 이하로 해야 한다.

정답 | ④

43 빈출도 ★

소방시설공사업법령상 전문소방시설공사업의 등록기준 및 영업범위의 기준에 대한 설명으로 틀린 것은?

① 법인인 경우 자본금은 최소 1억 원 이상이다.
② 개인인 경우 자산평가액은 최소 1억 원 이상이다.
③ 주된 기술인력 최소 1명 이상, 보조기술인력 최소 3명 이상을 둔다.
④ 영업범위는 특정소방대상물에 설치되는 기계분야 및 전기분야 소방시설의 공사·개설·이전 및 정비이다.

해설

전문소방시설공사업의 등록기준에 필요한 기술인력은 주된 기술인력 최소 1명 이상, 보조기술인력 2명 이상이다.

관련개념 전문소방시설공사업의 등록기준 및 영업범위

기술인력	• 주된 기술인력: 소방기술사 또는 기계분야와 전기분야의 소방설비기사 각 1명 이상 • 보조기술인력: 2명 이상
자본금	• 법인: 1억 원 이상 • 개인: 자산평가액 1억 원 이상
영업범위	특정소방대상물에 설치되는 기계분야 및 전기분야 소방시설의 공사·개설·이전 및 정비

정답 | ③

44 빈출도 ★★★

소방시설 설치 및 관리에 관한 법률상 특정소방대상물의 관계인이 특정소방대상물의 규모·용도 및 수용인원 등을 고려하여 갖추어야 하는 소방시설의 종류에 대한 기준 중 다음 (   ) 안에 알맞은 것은?

> 화재안전기준에 따라 소화기구를 설치하여야 하는 특정소방대상물은 연면적 (㉠)[m²] 이상인 것. 다만, 노유자시설의 경우에는 투척용 소화용구 등을 화재안전기준에 따라 산정된 소화기 수량의 (㉡) 이상으로 설치할 수 있다.

① ㉠: 33, ㉡: $\frac{1}{2}$ ② ㉠: 33, ㉡: $\frac{1}{5}$

③ ㉠: 50, ㉡: $\frac{1}{2}$ ④ ㉠: 50, ㉡: $\frac{1}{5}$

해설

화재안전기준에 따라 소화기구를 설치하여야 하는 특정소방대상물은 연면적 33[m²] 이상인 것이다. 다만, 노유자시설의 경우에는 투척용 소화용구 등을 화재안전기준에 따라 산정된 소화기 수량의 $\frac{1}{2}$ 이상으로 설치할 수 있다.

정답 | ①

45 빈출도 ★

화재의 예방 및 안전관리에 관한 법률상 천재지변 및 그 밖에 대통령령으로 정하는 사유로 화재안전조사를 받기 곤란하여 화재안전조사의 연기를 신청하려는 자는 화재안전조사 시작 최대 며칠 전까지 연기신청서 및 증명서류를 제출해야 하는가?

① 3   ② 5
③ 7   ④ 10

해설

화재안전조사의 연기를 신청하려는 관계인은 화재안전조사 시작 3일 전까지 연기신청서 및 증명서류를 제출해야 한다.

정답 | ①

46 빈출도 ★★

위험물안전관리법령상 정기점검의 대상인 제조소등의 기준으로 틀린 것은?

① 지하탱크저장소
② 이동탱크저장소
③ 지정수량의 10배 이상의 위험물을 취급하는 제조소
④ 지정수량의 20배 이상의 위험물을 저장하는 옥외탱크저장소

정기점검의 대상인 제조소는 지정수량의 200배 이상의 위험물을 저장하는 옥외탱크저장소이다.

관련개념 **정기점검의 대상인 제조소**

시설	취급 또는 저장량
제조소	지정수량의 10배 이상
옥외저장소	지정수량의 100배 이상
옥내저장소	지정수량의 150배 이상
옥외탱크저장소	지정수량의 200배 이상
암반탱크저장소	전체
이송취급소	전체
일반취급소	• 지정수량의 10배 이상 • 제4류 위험물(특수인화물 제외)만을 지정수량의 50배 이하로 취급하는 일반취급소(제1석유류 · 알코올류의 취급량이 지정수량의 10배 이하인 경우에 한함)로서 다음의 경우 제외 – 보일러 · 버너 또는 이와 비슷한 것으로서 위험물을 소비하는 장치로 이루어진 일반취급소 – 위험물을 용기에 옮겨 담거나 차량에 고정된 탱크에 주입하는 일반취급소
지하탱크저장소	전체
이동탱크저장소	전체
제조소, 주유취급소 또는 일반취급소	위험물을 취급하는 탱크로서 지하에 매설된 탱크가 있는 것

정답 | ④

47 빈출도 ★★★

위험물안전관리법령상 제4류 위험물 중 경유의 지정수량은 몇 [L]인가?

① 500   ② 1,000
③ 1,500   ④ 2,000

경유(제2석유류 비수용성)의 지정수량은 1,000[L]이다.

관련개념 **제4류 위험물 및 지정수량**

위험물	품명		지정수량
제4류 (인화성액체)	특수인화물		50[L]
	제1석유류	비수용성	200[L]
		수용성	400[L]
	알코올류		
	제2석유류	비수용성	1,000[L]
		수용성	2,000[L]
	제3석유류	비수용성	
		수용성	4,000[L]
	제4석유류		6,000[L]
	동식물유류		10,000[L]

정답 | ②

48 빈출도 ★

화재의 예방 및 안전관리에 관한 법률상 1급 소방안전관리대상물의 소방안전관리자 선임대상 기준 중 (   ) 안에 알맞은 내용은?

> 산업안전기사 또는 산업안전산업기사의 자격을 취득한 후 (   ) 2급 소방안전관리대상물 또는 3급 소방안전관리대상물의 소방안전관리자로 근무한 실무경력이 있는 사람 중 1급 소방안전관리자 시험에 합격한 사람

① 1년 이상   ② 2년 이상
③ 3년 이상   ④ 5년 이상

해설

산업안전기사 또는 산업안전산업기사의 자격을 취득한 후 2년 이상 2급 소방안전관리대상물 또는 3급 소방안전관리대상물의 소방안전관리자로 근무한 실무경력이 있는 사람 중 1급 소방안전관리자 시험에 합격한 사람은 1급 소방안전관리대상물의 소방안전관리자로 선임이 가능하다.

정답 | ②

49 빈출도 ★

소방시설 설치 및 관리에 관한 법령상 용어의 정의 중 (   ) 안에 알맞은 것은?

> 특정소방대상물이란 소방시설을 설치하여야 하는 소방대상물로서 (   )으로 정하는 것을 말한다.

① 대통령령   ② 국토교통부령
③ 행정안전부령   ④ 고용노동부령

해설

특정소방대상물이란 건축물 등의 규모·용도 및 수용인원 등을 고려하여 소방시설을 설치하여야 하는 소방대상물로서 대통령령으로 정하는 것을 말한다.

정답 | ①

50 빈출도 ★

소방기본법 제1장 총칙에서 정하는 목적의 내용으로 거리가 먼 것은?

① 구조, 구급 활동 등을 통하여 공공의 안녕 및 질서 유지
② 풍수해의 예방, 경계, 진압에 관한 계획, 예산 지원 활동
③ 구조, 구급 활동 등을 통하여 국민의 생명·신체 및 재산 보호
④ 화재, 재난·재해, 그 밖의 위급한 상황에서의 구조·구급 활동

해설

풍수해의 예방, 경계, 진압에 관한 계획, 예산 지원 활동은 소방기본법의 목적이 아니다.

관련개념 **소방기본법의 목적**
㉠ 화재를 예방·경계하거나 진압
㉡ 화재, 재난·재해, 그 밖의 위급한 상황에서의 구조·구급 활동
㉢ 국민의 생명·신체 및 재산을 보호함으로써 공공의 안녕 및 질서 유지와 복리 증진에 이바지

정답 | ②

51 빈출도 ★★

소방기본법령상 소방본부 종합상황실의 실장이 서면·팩스 또는 컴퓨터통신 등으로 소방청 종합상황실에 보고하여야 하는 화재의 기준이 아닌 것은?

① 이재민이 100인 이상 발생한 화재
② 재산피해액이 50억 원 이상 발생한 화재
③ 사망자가 3인 이상 발생하거나 사상자가 5인 이상 발생한 화재
④ 층수가 5층 이상이거나 병상이 30개 이상인 종합병원에서 발생한 화재

해설

사망자가 5인 이상 또는 사상자가 10인 이상 발생한 화재의 경우 소방청 종합상황실에 보고하여야 한다.

관련개념 실장의 상황 보고

㉠ 사망자 5인 이상 또는 사상자 10인 이상 발생 화재
㉡ 이재민 100인 이상 발생 화재
㉢ 재산피해액 50억원 이상 발생 화재
㉣ 관공서·학교·정부미도정공장·문화재·지하철·지하구 발생 화재
㉤ 관광호텔, 11층 이상인 건축물, 지하상가, 시장, 백화점 발생 화재
㉥ 지정수량의 3,000배 이상 위험물의 제조소·저장소·취급소 발생 화재
㉦ 5층 이상 또는 객실이 30실 이상인 숙박시설 발생 화재
㉧ 5층 이상 또는 병상이 30개 이상인 종합병원·정신병원·한방병원·요양소 발생 화재
㉨ 연면적 15,000[m²] 이상인 공장 발생 화재
㉩ 화재예방강화지구 발생 화재
㉪ 철도차량, 항구에 매어둔 1,000[t] 이상 선박, 항공기, 발전소, 변전소 발생 화재
㉫ 가스 및 화약류 폭발에 의한 화재
㉬ 다중이용업소 발생 화재

정답 ③

52 빈출도 ★★

소방시설 설치 및 관리에 관한 법률상 관리업자가 소방시설 등의 점검을 마친 후 점검기록표에 기록하고 이를 해당 특정소방대상물에 부착하여야 하나 이를 위반하고 점검기록표를 기록하지 아니하거나 특정소방대상물의 출입자가 쉽게 볼 수 있는 장소에 게시하지 아니하였을 경우 벌칙 기준은?

① 100만 원 이하의 과태료
② 200만 원 이하의 과태료
③ 300만 원 이하의 과태료
④ 500만 원 이하의 과태료

해설

관리업자가 점검기록표를 기록하지 아니하거나 특정소방대상물의 출입자가 쉽게 볼 수 있는 장소에 게시하지 아니하였을 경우 300만 원 이하의 과태료를 부과한다.

정답 ③

53 빈출도 ★★

소방시설 설치 및 관리에 관한 법률상 분말형태의 소화약제를 사용하는 소화기의 내용연수로 옳은 것은? (단, 소방용품의 성능을 확인받아 그 사용기한을 연장하는 경우는 제외한다.)

① 3년　　② 5년
③ 7년　　④ 10년

해설

분말형태의 소화약제를 사용하는 소화기의 내용연수는 10년이다.

정답 ④

54 빈출도 ★

소방시설공사업법령상 소방시설공사업자가 소속 소방기술자를 소방시설공사 현장에 배치하지 않았을 경우의 과태료 기준은?

① 100만 원 이하

② 200만 원 이하

③ 300만 원 이하

④ 400만 원 이하

해설

소방기술자를 소방시설공사 현장에 배치하지 아니한 경우 200만 원 이하의 과태료를 부과한다.

정답 | ②

55 빈출도 ★★

화재의 예방 및 안전관리에 관한 법률상 옮긴 물건 등의 보관기간은 소방본부 또는 소방서의 인터넷 홈페이지에 공고하는 기간의 종료일 다음 날부터 며칠로 하는가?

① 3

② 4

③ 5

④ 7

해설

옮긴 물건 등의 보관기간은 공고기간의 종료일 다음 날부터 7일까지로 한다.

관련개념 옮긴 물건 등의 공고일 및 보관기간

인터넷 홈페이지 공고일	14일
보관기관	7일

정답 | ④

56 빈출도 ★

소방기본법령상 소방활동장비와 설비의 구입 및 설치 시 국고보조의 대상이 아닌 것은?

① 소방자동차

② 사무용 집기

③ 소방헬리콥터 및 소방정

④ 소방전용통신설비 및 전산설비

해설

사무용 집기의 구입은 국고보조 대상이 아니다.

관련개념 국고보조 대상 사업의 범위

소방활동장비와 설비의 구입 및 설치	• 소방자동차 • 소방헬리콥터 및 소방정 • 소방전용통신설비 및 전산설비 • 그 밖에 방화복 등 소방활동에 필요한 소방장비
소방관서용 청사의 건축	—

정답 | ②

57 빈출도 ★★

화재의 예방 및 안전관리에 관한 법률상 특정소방대상물의 관계인은 소방안전관리자를 기준일로부터 30일 이내에 선임하여야 한다. 다음 중 기준일로 틀린 것은?

① 소방안전관리자를 해임한 경우: 소방안전관리자를 해임한 날
② 특정소방대상물을 양수하여 관계인의 권리를 취득한 경우: 해당 권리를 취득한 날
③ 신축으로 해당 특정소방대상물의 소방안전관리자를 신규로 선임하여야 하는 경우: 해당 특정소방대상물의 완공일
④ 증축으로 인하여 특정소방대상물이 소방안전관리 대상물로 된 경우: 증축공사의 개시일

해설

증축으로 인하여 특정소방대상물이 소방안전관리대상물로 된 경우 증축공사의 사용승인일 또는 용도변경 사실을 건축물관리대장에 기재한 날이 기준일이다.

관련개념 소방안전관리자 선임 기준일(30일 이내 선임)

구분	기준일
신축 · 증축 · 개축 · 재축 · 대수선 또는 용도변경으로 해당 특정소방대상물의 소방안전관리자를 신규로 선임해야 하는 경우	해당 특정소방대상물의 사용승인일
• 증축 또는 용도변경으로 특정소방대상물이 소방안전관리대상물로 된 경우 • 특정소방대상물의 소방안전관리 등급이 변경된 경우	• 증축공사의 사용승인일 • 용도변경 사실을 건축물관리대장에 기재한 날
소방안전관리자의 해임, 퇴직 등으로 해당 소방안전관리자의 업무가 종료된 경우	소방안전관리자가 해임된 날, 퇴직한 날 등 근무를 종료한 날
소방안전관리업무를 대행하는 자를 감독하는 자를 소방안전관리자로 선임한 경우로서 그 업무대행 계약이 해지 또는 종료된 경우	소방안전관리업무 대행이 끝난 날
소방안전관리자 자격이 정지 또는 취소된 경우	소방안전관리자 자격이 정지 또는 취소된 날

정답 | ④

58 빈출도 ★

위험물안전관리법령상 위험물을 취급함에 있어서 정전기가 발생할 우려가 있는 설비에 설치할 수 있는 정전기 제거설비 방법이 아닌 것은?

① 접지에 의한 방법
② 공기를 이온화하는 방법
③ 자동적으로 압력의 상승을 정지시키는 방법
④ 공기 중의 상대습도를 70[%] 이상으로 하는 방법

해설

자동적으로 압력의 상승을 정지시키는 방법으로는 정전기를 제거할 수 없다.

관련개념 정전기 제거방법

㉠ 접지에 의한 방법
㉡ 공기 중의 상대습도를 70[%] 이상으로 하는 방법
㉢ 공기를 이온화 하는 방법

정답 | ③

59 빈출도 ★★★

화재의 예방 및 안전관리에 관한 법률상 특수가연물의 수량 기준으로 옳은 것은?

① 면화류: 200[kg] 이상
② 가연성 고체류: 500[kg] 이상
③ 나무껍질 및 대팻밥: 300[kg] 이상
④ 넝마 및 종이부스러기: 400[kg] 이상

면화류의 기준수량은 200[kg] 이상이다.

선지분석
② 가연성 고체류: 3,000[kg] 이상
③ 나무껍질 및 대팻밥: 400[kg] 이상
④ 넝마 및 종이부스러기: 1,000[kg] 이상

관련개념 **특수가연물별 기준수량**

품명		수량
면화류		200[kg] 이상
나무껍질 및 대팻밥		400[kg] 이상
넝마 및 종이부스러기		
사류(絲類)		1,000[kg] 이상
볏짚류		
가연성 고체류		3,000[kg] 이상
석탄·목탄류		10,000[kg] 이상
가연성 액체류		2[m³] 이상
목재가공품 및 나무부스러기		10[m³] 이상
고무류·플라스틱류	발포시킨 것	20[m³] 이상
	그 밖의 것	3,000[kg] 이상

정답 | ①

60 빈출도 ★

화재의 예방 및 안전관리에 관한 법률상 소방관서장은 화재안전조사를 실시하려는 경우 사전에 조사대상, 조사기간 및 조사사유 등을 소방청, 소방본부 또는 소방서의 인터넷 홈페이지나 전산시스템을 통해 며칠 이상 공개해야 하는가? (단, 긴급하게 조사할 필요가 있는 경우와 사전에 통지하면 조사목적을 달성할 수 없다고 인정되는 경우는 제외한다.)

① 7   ② 10
③ 12   ④ 14

해설
소방관서장은 화재안전조사를 실시하려는 경우 사전에 조사대상, 조사기간 및 조사사유 등을 소방청, 소방본부 또는 소방서의 인터넷 홈페이지나 전산시스템 등을 통해 7일 이상 공개해야 한다.

정답 | ①

61 빈출도 ★

감지기의 형식승인 및 제품검사의 기술기준에 따라 단독경보형 감지기를 스위치 조작에 의하여 화재경보를 정지시킬 경우 화재경보 정지 후 몇 분 이내에 화재경보 정지기능이 자동적으로 해제되어 정상상태로 복귀되어야 하는가?

① 3　　　　　　　　　　② 5
③ 10　　　　　　　　　④ 15

해설

스위치 조작에 의한 단독경보형 감지기의 경보 정지기능은 화재경보 정지 후 **15분** 이내에 화재경보 정지기능이 자동적으로 해제되어 단독경보형 감지기가 정상상태로 복귀되어야 한다.

정답 ┃ ④

62 빈출도 ★

비상콘센트설비의 화재안전기술기준(NFTC 504)에 따라 하나의 전용회로에 설치하는 비상콘센트는 몇 개 이하로 하여야 하는가?

① 2　　　　　　　　　　② 3
③ 10　　　　　　　　　④ 20

해설

하나의 전용회로에 설치하는 비상콘센트는 **10개** 이하로 해야 한다.

정답 ┃ ③

63 빈출도 ★★

자동화재속보설비의 속보기의 성능인증 및 제품검사의 기술기준에 따라 속보기는 작동신호를 수신하거나 수동으로 동작시키는 경우 20초 이내에 소방관서에 자동적으로 신호를 발하여 통보하되, 몇 회 이상 속보할 수 있어야 하는가?

① 1　　　　　　　　　　② 2
③ 3　　　　　　　　　　④ 4

해설

속보기는 작동신호를 수신하거나 수동으로 동작시키는 경우 **20초** 이내에 소방관서에 자동적으로 신호를 발하여 알리되, **3회** 이상 속보할 수 있어야 한다.

정답 ┃ ③

64 빈출도 ★

자동화재탐지설비 및 시각경보장치의 화재안전기술기준(NFTC 203)에 따른 감지기의 설치 제외 장소가 아닌 것은?

① 실내의 용적이 20[m³] 이하인 장소
② 부식성가스가 체류하고 있는 장소
③ 목욕실·욕조나 샤워시설이 있는 화장실·기타 이와 유사한 장소
④ 고온도 및 저온도로서 감지기의 기능이 정지되기 쉽거나 감지기의 유지관리가 어려운 장소

해설

실내의 용적이 20[m³] 이하인 장소는 감지기의 설치 제외 장소가 아니다.

관련개념 감지기의 설치 제외 장소

㉠ 천장 또는 반자의 높이가 20[m] 이상인 장소
㉡ 헛간 등 외부와 기류가 통하는 장소로서 감지기에 따라 화재 발생을 유효하게 감지할 수 없는 장소
㉢ 부식성가스가 체류하고 있는 장소
㉣ 고온도 및 저온도로서 감지기의 기능이 정지되기 쉽거나 감지기의 유지관리가 어려운 장소
㉤ 목욕실·욕조나 샤워시설이 있는 화장실·기타 이와 유사한 장소
㉥ 파이프덕트 등 그 밖의 이와 비슷한 것으로서 2개 층마다 방화구획된 것이나 수평단면적이 5[m²] 이하인 것
㉦ 먼지·가루 또는 수증기가 다량으로 체류하는 장소 또는 주방 등 평상시 연기가 발생하는 장소(연기감지기에 한함)
㉧ 프레스공장·주조공장 등 화재 발생의 위험이 적은 장소로서 감지기의 유지관리가 어려운 장소

정답 | ①

65 빈출도 ★★★

비상콘센트의 배치와 설치에 대한 현장 사항이 비상콘센트설비의 화재안전기술기준(NFTC 504)에 적합하지 않은 것은?

① 전원회로의 배선은 내화배선으로 되어 있다.
② 보호함에는 쉽게 개폐할 수 있는 문을 설치하였다.
③ 보호함 표면에 "비상콘센트"라고 표시한 표지를 붙였다.
④ 3상 교류 200[V] 전원회로에 대해 비접지형 3극 플러그 접속기를 사용하였다.

해설

비상콘센트설비의 전원회로는 단상 교류 220[V]인 것으로 접지형 2극 플러그 접속기를 사용해야 한다.

정답 | ④

66 빈출도 ★★

자동화재탐지설비 및 시각경보장치의 화재안전기술기준(NFTC 203)에 따라 제2종 연기감지기를 부착높이가 4[m] 미만인 장소에 설치 시 기준 바닥면적은?

① 30[m²]
② 50[m²]
③ 75[m²]
④ 150[m²]

해설

제2종 연기감지기를 부착높이 4[m] 미만인 장소에 설치 시 기준 바닥면적은 150[m²]이다.

관련개념 연기감지기의 설치기준

㉠ 부착높이에 따른 설치기준

부착 높이	감지기의 종류[m²]	
	1종 및 2종	3종
4[m] 미만	150	50
4[m] 이상 20[m] 미만	75	—

㉡ 장소에 따른 설치기준

구분	감지기의 종류	
	1종 및 2종	3종
복도 및 통로	보행거리 30[m]마다	보행거리 20[m]마다
계단 및 경사로	수직거리 15[m]마다	수직거리 10[m]마다

㉢ 천장 또는 반자가 낮은 실내 또는 좁은 실내에 있어서는 출입구의 가까운 부분에 설치할 것
㉣ 천장 또는 반자 부근에 배기구가 있는 경우에는 그 부근에 설치할 것
㉤ 감지기는 벽 또는 보로부터 0.6[m] 이상 떨어진 곳에 설치할 것

정답 | ④

67 빈출도 ★

아래 그림은 자동화재탐지설비의 배선도이다. 추가로 구획된 공간이 생겨 가, 나, 다, 라 감지기를 증설했을 경우, 자동화재탐지설비 및 시각경보장치의 화재안전기술기준(NFTC 203)에 적합하게 설치한 것은?

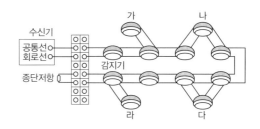

① 가
② 나
③ 다
④ 라

해설

감지기 사이 회로의 배선은 **송배선식**으로 해야 한다. 송배선식은 배선 중간에 분기하지 않으므로 (가), (다), (라)는 송배선식으로 적합하지 않다.

관련개념 송배선식 배선

도통시험을 용이하게 하기 위해 배선 중간에 분기하지 않는 배선 방식이다.

정답 | ②

68 빈출도 ★★★

비상방송설비의 화재안전기술기준(NFTC 202)에 따라 비상방송설비 음향장치의 설치기준 중 다음 ( )에 들어갈 내용으로 옳은 것은?

> 층수가 (㉠)층(공동주택의 경우 (㉡)층) 이상인 특정소방대상물의 1층에서 발화한 때에는 발화층·그 직상 4개층 및 지하층에 경보를 발할 수 있도록 하여야 한다.

① ㉠: 11, ㉡: 5
② ㉠: 5, ㉡: 11
③ ㉠: 11, ㉡: 16
④ ㉠: 16, ㉡: 11

해설

층수가 11층(공동주택의 경우에는 16층) 이상의 특정소방대상물의 경보 기준

층수	경보층
2층 이상	발화층, 직상 4개층
1층	발화층, 직상 4개층, 지하층
지하층	발화층, 직상층, 기타 지하층

정답 | ③

69 빈출도 ★

유도등의 형식승인 및 제품검사의 기술기준에 따른 용어의 정의에서 "유도등에 있어서 표시면 외 조명에 사용되는 면"을 말하는 것은?

① 조사면   ② 피난면
③ 조도면   ④ 광속면

해설

조사면은 유도등에 있어서 표시면 외 조명에 사용되는 면이다.

정답 | ①

70 빈출도 ★

자동화재탐지설비 및 시각경보장치의 화재안전기술 기준(NFTC 203)에 따라 부착높이 20[m] 이상에 설치되는 광전식 중 아날로그방식의 감지기는 공칭감지 농도 하한값이 감광률 몇 [%/m] 미만인 것으로 하는가?

① 3   ② 5
③ 7   ④ 10

해설

부착높이 20[m] 이상에 설치되는 광전식 중 아날로그방식의 감지기는 공칭감지농도 하한값이 감광률 5[%/m] 미만이어야 한다.

정답 | ②

71 빈출도 ★

비상조명등의 우수품질인증 기술기준에 따라 인출선인 경우 전선의 굵기는 몇 [mm²] 이상이어야 하는가?

① 0.5   ② 0.75
③ 1.5   ④ 2.5

해설

비상조명등 전선의 굵기는 인출선인 경우에는 단면적이 0.75[mm²] 이상, 인출선 외의 경우에는 면적이 0.5[mm²] 이상이어야 한다.

정답 | ②

72 빈출도 ★

누전경보기의 형식승인 및 제품검사의 기술기준에 따른 과누전시험에 대한 내용이다. 다음 (   )에 들어갈 내용으로 옳은 것은?

변류기는 1개의 전선을 변류기에 부착시킨 회로를 설치하고 출력단자에 부하저항을 접속한 상태로 당해 1개의 전선에 변류기의 정격전압의 (㉠)[%]에 해당하는 수치의 전류를 (㉡)분간 흘리는 경우 그 구조 또는 기능에 이상이 생기지 아니하여야 한다.

① ㉠: 20, ㉡: 5
② ㉠: 30, ㉡: 10
③ ㉠: 50, ㉡: 15
④ ㉠: 80, ㉡: 20

해설

누전경보기의 변류기는 1개의 전선을 변류기에 부착시킨 회로를 설치하고 출력단자에 부하저항을 접속한 상태로 당해 1개의 전선에 변류기의 정격전압의 20[%]에 해당하는 수치의 전류를 5분간 흘리는 경우 그 구조 또는 기능에 이상이 생기지 아니하여야 한다.

정답 ①

73 빈출도 ★ ★ ★

비상방송설비의 화재안전기술기준(NFTC 202)에 따른 비상방송설비의 음향장치에 대한 설치기준으로 틀린 것은?

① 다른 전기회로에 따라 유도장애가 생기지 아니하도록 할 것
② 음향장치는 자동화재속보설비의 작동과 연동하여 작동할 수 있는 것으로 할 것
③ 다른 방송설비와 공용하는 것에 있어서는 화재 시 비상경보 외의 방송을 차단할 수 있는 구조로 할 것
④ 증폭기 및 조작부는 수위실 등 상시 사람이 근무하는 장소로서 점검이 편리하고 방화 상 유효한 곳에 설치할 것

해설

비상방송설비의 음향장치는 자동화재탐지설비의 작동과 연동하여 작동할 수 있는 것으로 해야 한다.

정답 ②

74 빈출도 ★★★

무선통신보조설비의 화재안전기술기준(NFTC 505)에 따른 용어의 정의 중 감시제어반 등에 설치된 무선 중계기의 입력과 출력포트에 연결되어 송수신 신호를 원활하게 방사·수신하기 위해 옥외에 설치하는 장치를 말하는 것은?

① 혼합기   ② 분파기
③ 증폭기   ④ 옥외안테나

해설

옥외안테나는 감시제어반 등에 설치된 무선중계기의 입력과 출력 포트에 연결되어 송수신 신호를 원활하게 방사·수신하기 위해 옥외에 설치하는 장치이다.

선지분석

① 혼합기: 2 이상의 입력신호를 원하는 비율로 조합한 출력이 발생하도록 하는 장치이다.
② 분파기: 서로 다른 주파수의 합성된 신호를 분리하기 위한 장치이다.
③ 증폭기: 전압·전류의 진폭을 늘려 감도 등을 개선하는 장치이다.

정답 | ④

75 빈출도 ★★★

무선통신보조설비의 화재안전기술기준(NFTC 505)에 따라 무선통신보조설비의 누설동축케이블 또는 동축 케이블의 임피던스는 몇 [Ω]으로 하여야 하는가?

① 5   ② 10
③ 50   ④ 100

해설

무선통신보조설비의 누설동축케이블 및 동축케이블의 임피던스는 50[Ω]으로 하고, 이에 접속하는 안테나·분배기 기타의 장치는 해당 임피던스에 적합한 것으로 해야 한다.

정답 | ③

76 빈출도 ★★

비상경보설비 및 단독경보형 감지기의 화재안전기술기준(NFTC 201)에 따른 단독경보형 감지기에 대한 내용이다. 다음 (   )에 들어갈 내용으로 옳은 것은?

> 이웃하는 실내의 바닥면적이 각각 (   )[m²] 미만 이고 벽체의 상부의 전부 또는 일부가 개방되어 이웃하는 실내와 공기가 상호 유통되는 경우에는 이를 1개의 실로 본다.

① 30   ② 50
③ 100   ④ 150

해설

단독경보형 감지기 설치 시 이웃하는 실내의 바닥면적이 각각 30[m²] 미만이고 벽체의 상부의 전부 또는 일부가 개방되어 이웃하는 실내와 공기가 상호 유통되는 경우에는 이를 1개의 실로 본다.

정답 | ①

77 빈출도 ★

소방시설용 비상전원수전설비의 화재안전기술기준(NFTC 602)에 따른 용어의 정의에서 소방부하에 전원을 공급하는 전기회로를 말하는 것은?

① 수전설비   ② 일반회로
③ 소방회로   ④ 변전설비

해설

소방회로는 소방부하에 전원을 공급하는 전기회로이다.

관련개념

㉠ 수전설비: 전력수급용 계기용변성기·주차단장치 및 그 부속기기이다.
㉡ 일반회로: 소방회로 이외의 전기회로이다.
㉢ 변전설비: 전력용변압기 및 그 부속장치이다.

정답 | ③

78 빈출도 ★★

누전경보기의 형식승인 및 제품검사의 기술기준에 따라 누전경보기의 변류기는 직류 500[V]의 절연저항계로 절연된 1차권선과 2차권선 간의 절연저항시험을 할 때 몇 [MΩ] 이상이어야 하는가?

① 0.1
② 5
③ 10
④ 20

해설

누전경보기의 변류기는 절연저항을 DC 500[V]의 절연저항계로 절연된 1차권선과 2차권선 간의 절연저항을 측정하는 경우 5[MΩ] 이상이어야 한다.

정답 | ②

79 빈출도 ★

소방시설용 비상전원수전설비의 화재안전기술기준 (NFTC 602)에 따라 소방시설용 비상전원수전설비의 인입구 배선은 옥내소화전설비의 화재안전기술기준 (NFTC 102)에 따른 어떤 배선으로 하여야 하는가?

① 나전선
② 내열배선
③ 내화배선
④ 차폐배선

해설

소방시설용 비상전원수전설비의 인입구 배선은 내화배선으로 해야 한다.

정답 | ③

80 빈출도 ★★

유도등 및 유도표지의 화재안전기술기준(NFTC 303)에 따라 설치하는 유도표지는 계단에 설치하는 것을 제외하고는 각 층마다 복도 및 통로의 각 부분으로부터 하나의 유도표지까지의 보행거리가 몇 [m] 이하가 되는 곳과 구부러진 모퉁이의 벽에 설치하여야 하는가?

① 10
② 15
③ 20
④ 25

해설

유도표지는 각 층마다 복도 및 통로의 각 부분으로부터 하나의 유도표지까지의 보행거리가 15[m] 이하가 되는 곳과 구부러진 모퉁이의 벽에 설치해야 한다.

관련개념 유도등 및 유도표지 설치기준

구분	통로유도등	계단통로유도등	유도표지
설치	보행거리 20[m]마다	각 층의 경사로 참 또는 계단참마다	보행거리 15[m] 이하

정답 | ②

꿈을 끝까지 추구할 용기가 있다면
우리의 꿈은 모두 실현될 수 있다.

– 월트 디즈니(Walt Disney)

소방원론

01 빈출도 ★★★

0[℃], 1기압에서 부피가 44.8[m³]인 이산화탄소를 액화하여 얻을 수 있는 액화탄산 가스의 무게는 약 몇 [kg]인가?

① 88
② 44
③ 22
④ 11

해설

0[℃], 1기압에서 22.4[L]의 기체 속에는 1[mol]의 기체 분자가 들어 있다. 따라서 0[℃], 1기압, 44.8[m³]의 기체 속에는 2[kmol]의 이산화탄소가 들어 있다.
$22.4[L] : 1[mol] = 44.8[m^3] : 2[kmol]$

이산화탄소의 분자량은 44[g/mol]이므로, 2[kmol]의 이산화탄소는 88[kg]의 질량을 가진다.
$2[kmol] \times 44[g/mol] = 88[kg]$

정답 | ①

02 빈출도 ★★

제거소화의 예에 해당하지 않는 것은?

① 밀폐 공간에서의 화재 시 공기를 제거한다.
② 가연성 가스 화재 시 가스의 밸브를 닫는다.
③ 산림화재 시 확산을 막기 위하여 산림의 일부를 벌목한다.
④ 유류탱크 화재 시 연소되지 않은 기름을 다른 탱크로 이동시킨다.

해설

제거소화는 연소의 요소를 구성하는 가연물질을 안전한 장소나 점화원이 없는 장소로 신속하게 이동시켜서 소화하는 방법이다. 연소에 필요한 산소의 공급을 차단시키는 방법은 질식소화에 해당한다.

정답 | ①

03 빈출도 ★

다음 중 소화에 필요한 이산화탄소 소화약제의 최소 설계농도 값이 가장 높은 물질은?

① 메테인
② 에틸렌
③ 천연가스
④ 아세틸렌

해설

이산화탄소 소화약제의 최소설계농도 값이 가장 높은 물질은 아세틸렌(C_2H_2)이다.

관련개념 방호대상물별 최소설계농도

방호대상물	설계농도[%]
수소(Hydrogen)	75
아세틸렌(Acetylene)	66
일산화탄소(Carbon Monooxide)	64
산화에틸렌(Ethylene Oxide)	53
에틸렌(Ethylene)	49
에테인(Ethane)	40
석탄가스, 천연가스(Coal gas, Natural gas)	37
사이크로 프로페인(Cycle Propane)	37
이소뷰테인(Iso Butane)	36
프로페인(Propane)	36
뷰테인(Butane)	34
메테인(Methane)	34

정답 | ④

04 빈출도 ★★★

인화알루미늄의 화재에 주수소화 시 발생하는 물질은?

① 수소
② 메테인
③ 포스핀
④ 아세틸렌

해설

인화알루미늄(AlP)과 물이 반응하면 포스핀(PH_3)이 발생한다.
$$AlP + 3H_2O \rightarrow Al(OH)_3 + PH_3\uparrow$$

정답 | ③

05 빈출도 ★★★

다음 물질을 저장하는 창고에서 화재가 발생하였을 때 주수소화를 할 수 없는 물질은?

① 부틸리튬
② 질산에틸
③ 나이트로셀룰로스
④ 적린

해설

부틸리튬(C_4H_9Li)과 물이 반응하면 뷰테인(C_4H_{10})이 발생하므로 주수소화가 적합하지 않다.
$$C_4H_9Li + H_2O \rightarrow LiOH + C_4H_{10}$$

선지분석

② 질산에틸(질산에스터류, 5류), ③ 나이트로셀룰로스(5류), ④ 적린(2류) 모두 물에 녹지 않고 가라앉으므로 주수소화를 하여 물에 의한 냉각소화를 할 수 있다.

정답 | ①

06 빈출도 ★★★

이산화탄소에 대한 설명으로 틀린 것은?

① 임계온도는 97.5[℃]이다.
② 고체의 형태로 존재할 수 있다.
③ 불연성 가스로 공기보다 무겁다.
④ 드라이아이스와 분자식이 동일하다.

해설

이산화탄소의 임계온도는 약 31.4[℃]이다.

관련개념 이산화탄소의 일반적 성질

㉠ 상온에서 무색·무취·무미의 기체로서 독성이 없다.
㉡ 임계온도는 약 31.4[℃]이고, 비중이 약 1.52로 공기보다 무겁다.
㉢ 압축 및 냉각 시 쉽게 액화할 수 있으며, 더욱 압축냉각하면 드라이아이스가 된다.

정답 | ①

07 빈출도 ★★

실내 화재 시 발생한 연기로 인한 감광계수[m^{-1}]와 가시거리에 대한 설명 중 틀린 것은?

① 감광계수가 0.1일 때 가시거리는 20~30[m]이다.
② 감광계수가 0.3일 때 가시거리는 15~20[m]이다.
③ 감광계수가 1.0일 때 가시거리는 1~2[m]이다.
④ 감광계수가 10일 때 가시거리는 0.2~0.5[m]이다.

해설

감광계수 [m^{-1}]	가시거리 [m]	현상
0.1	20~30	연기감지기가 동작할 정도
0.3	5	건물 내부에 익숙한 사람이 피난할 때 지장을 받는 정도
0.5	3	어두움을 느낄 정도
1	1~2	거의 앞이 보이지 않을 정도
10	0.2~0.5	화재의 최성기에 해당. 유도등이 보이지 않을 정도
30	—	출화 시의 연기가 분출할 때의 농도

정답 | ②

08 빈출도 ★★★

물질의 화재 위험성에 대한 설명으로 틀린 것은?

① 인화점 및 착화점이 낮을수록 위험
② 착화에너지가 작을수록 위험
③ 비점 및 융점이 높을수록 위험
④ 연소범위가 넓을수록 위험

해설

비점이 낮을수록 가연성 물질이 기체로 존재할 확률이 높아지므로 연소범위 내에 도달할 확률이 높아져 화재 위험성이 높다.
고체 또는 액체 상태에서도 연소가 시작될 수 있으나 표면연소나 증발연소의 조건이 갖추어져야 하므로 화재 위험성은 기체 상태일 때보다 낮다.

선지분석

① 인화점 및 착화점이 낮을수록 낮은 온도에서 연소가 시작되므로 화재 위험성이 높다.
② 착화에너지가 작을수록 더 적은 에너지로 연소가 시작되므로 화재 위험성이 높다.
④ 연소범위는 연소가 시작될 수 있는 기체의 농도 범위를 의미하므로 그 범위가 넓을수록 화재 위험성이 높다.

정답 | ③

09 빈출도 ★★★

이산화탄소의 증기비중은 약 얼마인가? (단, 공기의 분자량은 29이다.)

① 0.81
② 1.52
③ 2.02
④ 2.51

해설

이산화탄소의 분자량은 44[g/mol]이므로 증기비중은

$\dfrac{\text{이산화탄소의 분자량}}{\text{공기의 평균 분자량}} = \dfrac{44}{29} ≒ 1.52$이다.

관련개념 이산화탄소의 일반적 성질

㉠ 상온에서 무색·무취·무미의 기체로서 독성이 없다.
㉡ 임계온도는 약 31.4[℃]이고, 비중이 약 1.52로 공기보다 무겁다.
㉢ 압축 및 냉각 시 쉽게 액화할 수 있으며, 더욱 압축냉각하면 드라이아이스가 된다.

정답 | ②

10 빈출도 ★★★

위험물안전관리법령상 제2석유류에 해당하는 것으로 나열된 것은?

① 아세톤, 벤젠
② 중유, 아닐린
③ 에테르, 이황화탄소
④ 아세트산, 아크릴산

해설

제4류 위험물 제2석유류에 해당하는 것은 아세트산과 아크릴산이다.

선지분석

① 아세톤과 벤젠은 제4류 위험물 제1석유류이다.
② 중유와 아닐린은 제4류 위험물 제3석유류이다.
③ 에테르와 이황화탄소는 제4류 위험물 특수인화물이다.

정답 | ④

11 빈출도 ★★★

다음 중 연소범위를 근거로 계산한 위험도 값이 가장 큰 물질은?

① 이황화탄소　　　② 메테인
③ 수소　　　　　　④ 일산화탄소

해설

이황화탄소(CS_2)의 위험도가 $\dfrac{44-1.2}{1.2}≒35.7$로 가장 크다.

관련개념 주요 가연성 가스의 연소범위와 위험도

가연성 가스	하한계 [vol%]	상한계 [vol%]	위험도
아세틸렌(C_2H_2)	2.5	81	31.4
수소(H_2)	4	75	17.8
일산화탄소(CO)	12.5	74	4.9
에테르($C_2H_5OC_2H_5$)	1.9	48	24.3
이황화탄소(CS_2)	1.2	44	35.7
에틸렌(C_2H_4)	2.7	36	12.3
암모니아(NH_3)	15	28	0.9
메테인(CH_4)	5	15	2
에테인(C_2H_6)	3	12.4	3.1
프로페인(C_3H_8)	2.1	9.5	3.5
뷰테인(C_4H_{10})	1.8	8.4	3.7

정답 | ①

12 빈출도 ★

가연물의 연소가 되기 쉬운 구비조건으로 틀린 것은?

① 열전도율이 클 것
② 산소와 화학적으로 친화력이 클 것
③ 표면적이 클 것
④ 활성화 에너지가 작을 것

해설

열전도율이 크면 가연물 내부에 열이 축적되지 못해 화재로 이어지지 못한다.

관련개념 가연물이 되기 쉬운 조건

㉠ 수분이 적고, 표면적이 넓다.
㉡ 화학적으로 산소와 친화력이 크다.
㉢ 발열 반응을 하며, 발열량이 크다.
㉣ 열전도율과 활성화 에너지가 작다.
㉤ 가연물끼리 서로 영향을 주어 연소를 시켜주는 연쇄반응을 일으킨다.

정답 | ①

13 빈출도 ★★

유류탱크 화재 시 기름 표면에 물을 살수하면 기름이 탱크 밖으로 비산하여 화재가 확대되는 현상은?

① 슬롭 오버(Slop Over)
② 플래쉬 오버(Flash Over)
③ 프로스 오버(Froth Over)
④ 블레비(BLEVE)

해설

화재가 발생한 유류저장탱크의 고온의 유류 표면에 물이 주입되어 급격히 증발하며 유류가 탱크 밖으로 넘치게 되는 현상을 슬롭 오버(Slop Over)라고 한다.

정답 | ①

14 빈출도 ★★

화재 시 나타나는 인간의 피난특성으로 볼 수 없는 것은?

① 어두운 곳으로 대피한다.
② 최초로 행동한 사람을 따른다.
③ 발화지점의 반대방향으로 이동한다.
④ 평소에 사용하던 문, 통로를 사용한다.

해설

화재 시 밝은 곳으로 대피한다. 이를 지광본능이라 한다.

관련개념 **화재 시 인간의 피난특성**

지광본능	밝은 곳으로 대비한다.
추종본능	최초로 행동한 사람을 따른다.
퇴피본능	발화지점의 반대방향으로 이동한다.
귀소본능	평소에 사용하던 문, 통로를 사용한다.
좌회본능	오른손잡이는 오른손이나 오른발을 이용하여 왼쪽으로 회전(좌회전)한다.

정답 ① ①

15 빈출도 ★★★

종이, 나무, 섬유류 등에 의한 화재에 해당하는 것은?

① A급 화재
② B급 화재
③ C급 화재
④ D급 화재

해설

종이, 나무, 섬유류 화재는 A급 화재(일반화재)에 해당한다.

관련개념 **A급 화재(일반화재) 대상물**

㉠ 일반가연물: 섬유(면화)류, 종이, 고무, 석탄, 목재 등
㉡ 합성고분자: 폴리에스테르, 폴리에틸렌, 폴리우레탄 등

정답 ① ①

16 빈출도 ★★★

$NH_4H_2PO_4$를 주성분으로 한 분말 소화약제는 제 몇 종 분말 소화약제인가?

① 제1종
② 제2종
③ 제3종
④ 제4종

해설

제3종 분말 소화약제의 주성분은 제1인산암모늄($NH_4H_2PO_4$)이다.

관련개념 **분말 소화약제**

구분	주성분	색상	적응화재
제1종	탄산수소나트륨 ($NaHCO_3$)	백색	B급 화재 C급 화재
제2종	탄산수소칼륨 ($KHCO_3$)	담자색 (보라색)	B급 화재 C급 화재
제3종	제1인산암모늄 ($NH_4H_2PO_4$)	담홍색	A급 화재 B급 화재 C급 화재
제4종	탄산수소칼륨+요소 [$KHCO_3+CO(NH_2)_2$]	회색	B급 화재 C급 화재

정답 ③ ③

17 빈출도 ★

다음 물질 중 연소하였을 때 시안화수소를 가장 많이 발생시키는 물질은?

① Polyethylene
② Polyurethane
③ Polyvinyl Chloride
④ Polystyrene

해설

연소 시 시안화수소(HCN)를 발생시키는 물질로 요소, 멜라민, 아닐린, 폴리우레탄 등이 있다.

선지분석

①, ③, ④는 분자 내 질소(N)를 포함하고 있지 않으므로 연소하더라도 시안화수소(HCN)를 발생시킬 수 없다.

정답 ② ②

18 빈출도 ★★

산소의 농도를 낮추어 소화하는 방법은?

① 냉각소화 ② 질식소화

③ 제거소화 ④ 억제소화

질식소화는 연소하고 있는 가연물이 들어있는 용기를 기계적으로 밀폐하여 외부와 차단하거나 타고 있는 가연물의 표면을 거품 또는 불연성의 액체로 덮어서 연소에 필요한 산소의 공급을 차단시켜 소화하는 것을 말한다.

정답 ②

19 빈출도 ★

다음 중 상온, 상압에서 액체인 것은?

① 탄산가스 ② 할론 1301

③ 할론 2402 ④ 할론 1211

상온, 상압에서 액체상태로 존재하는 물질은 할론 2402이다.

관련개념

탄산가스($HOCOOH$)는 이산화탄소가 물에 녹아 생성된 물질을 말한다.

$CO_2 + H_2O \leftrightarrow H_2CO_3$

정답 ③

20 빈출도 ★

밀폐된 내화건물의 실내에 화재가 발생하였을 때 그 실내의 환경변화에 대한 설명 중 틀린 것은?

① 기압이 급강하한다.

② 산소가 감소한다.

③ 일산화탄소가 증가한다.

④ 이산화탄소가 증가한다.

가연물에 따라 기압은 상승할 수도 하강할 수도 있다.

선지분석

② 연소반응은 가연물이 산소와 결합하여 연소생성물을 배출하는 반응이므로 산소는 감소한다.

③ 불완전 연소가 일어날 경우 연소생성물 중 일산화탄소가 포함된다.

④ 완전 연소가 일어날 경우 연소생성물 중 주요 생성물은 이산화탄소이다.

관련개념

연소반응 전후의 기압변화는 반응물과 생성물의 분자수 차이에 의해 발생한다. 일반적으로 가연성 기체인 탄화수소(C_mH_n)가 연소할 경우

$$C_mH_n + \left(m + \frac{n}{4}\right)O_2 \rightarrow mCO_2 + \frac{n}{2}H_2O$$

$$\left(m + \frac{n}{2}\right) - \left(1 + m + \frac{n}{4}\right) = \frac{n}{4} - 1$$

$\left(\frac{n}{4} - 1\right)$에 대응하는 만큼 기압이 상승하거나 하강할 것을 예상할 수 있다.

정답 ①

21 빈출도 ★

인덕턴스가 $0.5[\mathrm{H}]$인 코일의 리액턴스가 $753.6[\Omega]$일 때 주파수는 약 몇 $[\mathrm{Hz}]$인가?

① 120   ② 240

③ 360   ④ 480

해설

유도성 리액턴스 $X_L = \omega L = 2\pi f L = 753.6[\Omega]$

$\rightarrow f = \dfrac{753.6}{2\pi L} = \dfrac{753.6}{2\pi \times 0.5} = 240[\mathrm{Hz}]$

정답 | ②

22 빈출도 ★★★

최고 눈금이 $50[\mathrm{mV}]$, 내부 저항이 $100[\Omega]$인 직류 전압계에 $1.2[\mathrm{M\Omega}]$의 배율기를 접속하면 측정할 수 있는 최대 전압은 약 몇 $[\mathrm{V}]$인가?

① 3   ② 60

③ 600   ④ 1,200

해설

배율기 배율 $m = \dfrac{V_0}{V} = 1 + \dfrac{R_m}{R_v}$이므로

$V_0 = V\left(1 + \dfrac{R_m}{R_v}\right) = 50 \times 10^{-3} \times \left(1 + \dfrac{1.2 \times 10^6}{100}\right)$

$\quad = 600.05[\mathrm{V}]$

정답 | ③

23 빈출도 ★★★

그림과 같은 블록선도에서 출력 $C(s)$는?

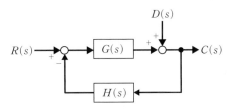

① $\dfrac{G(s)}{1+G(s)H(s)}R(s) + \dfrac{G(s)}{1+G(s)H(s)}D(s)$

② $\dfrac{1}{1+G(s)H(s)}R(s) + \dfrac{1}{1+G(s)H(s)}D(s)$

③ $\dfrac{G(s)}{1+G(s)H(s)}R(s) + \dfrac{1}{1+G(s)H(s)}D(s)$

④ $\dfrac{1}{1+G(s)H(s)}R(s) + \dfrac{G(s)}{1+G(s)H(s)}D(s)$

해설

- 입력 $R(s)$에 의한 전달함수

$\dfrac{C_R(s)}{R(s)} = \dfrac{경로}{1-폐로} = \dfrac{G(s)}{1+G(s)H(s)}$

$\rightarrow C_R(s) = \dfrac{G(s)}{1+G(s)H(s)}R(s)$

- 외란 $D(s)$에 의한 전달함수

$\dfrac{C_D(s)}{D(s)} = \dfrac{경로}{1-폐로} = \dfrac{1}{1+G(s)H(s)}$

$\rightarrow C_D(s) = \dfrac{1}{1+G(s)H(s)}D(s)$

- 블록선도 출력 $C(s) = C_R(s) + C_D(s)$

$\quad = \dfrac{G(s)}{1+G(s)H(s)}R(s) + \dfrac{1}{1+G(s)H(s)}D(s)$

정답 | ③

24 빈출도 ★★

변위를 전압으로 변환시키는 장치가 아닌 것은?

① 포텐셔미터   ② 차동 변압기
③ 전위차계   ④ 측온저항체

해설

측온저항체는 온도를 임피던스로 변환시키는 장치이다.

관련개념 제어기기의 변환요소

변환량	변환 요소
변위 → 전압	포텐셔미터, 차동 변압기, 전위차계
온도 → 임피던스	측온저항(열선, 서미스터, 백금, 니켈)

정답 | ④

25 빈출도 ★★

단상변압기의 권수비가 $a=8$이고, 1차 교류 전압의 실효치는 110[V]이다. 변압기 2차 전압을 단상 반파 정류회로를 이용하여 정류하는 경우 발생하는 직류 전압의 평균치는 약 몇 [V]인가?

① 6.19   ② 6.29
③ 6.39   ④ 6.88

해설

변압기 2차 전압 $E_2 = \dfrac{E_1}{a} = \dfrac{110}{8} = 13.75[\text{V}]$

단상 반파 정류회류에서 직류의 평균 전압
$E_{av} = 0.45 E_2 = 0.45 \times 13.75 = 6.19[\text{V}]$

정답 | ①

26 빈출도 ★★★

그림과 같은 유접점 회로의 논리식은?

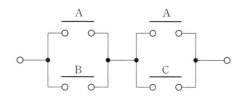

① $A + B \cdot C$ ② $A \cdot B + C$
③ $B + A \cdot C$ ④ $A \cdot B + B \cdot C$

해설

유접점 회로를 논리식으로 나타내면
$(A+B) \cdot (A+C)$이고 분배법칙을 적용하면
$(A+B) \cdot (A+C) = A + (B \cdot C)$

관련개념 불대수 연산 예

결합법칙	• $A+(B+C)=(A+B)+C$ • $A \cdot (B \cdot C)=(A \cdot B) \cdot C$
분배법칙	• $A \cdot (B+C)=A \cdot B+A \cdot C$ • $A+(B \cdot C)=(A+B) \cdot (A+C)$
흡수법칙	• $A+A \cdot B=A$ • $A+\overline{A}B=A+B$ • $A \cdot (A+B)=A$

정답 | ①

27 빈출도 ★

평형 3상 부하의 선간전압이 200[V], 전류가 10[A], 역률이 70.7[%]일 때 무효전력은 약 몇 [Var]인가?

① 2,880　　　　　② 2,450
③ 2,000　　　　　④ 1,410

해설

3상 무효전력 $P_r = \sqrt{3}VI\sin\theta$
$\sin\theta = \sqrt{1-\cos^2\theta} = \sqrt{1-0.707^2} = 0.707$
$\therefore P_r = \sqrt{3}VI\sin\theta = \sqrt{3} \times 200 \times 10 \times 0.707$
　　$= 2,449.12[\text{Var}]$

정답 | ②

28 빈출도 ★★

제어대상에서 제어량을 측정하고 검출하여 주궤환 신호를 만드는 것은?

① 조작부　　　　　② 출력부
③ 검출부　　　　　④ 제어부

해설

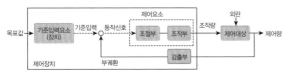

검출부는 제어대상으로부터 제어량을 검출하고 기준입력(주궤환) 신호와 비교하는 요소이다.

정답 | ③

29 빈출도 ★★

복소수로 표시된 전압 $V = 10 - j[\text{V}]$를 어떤 회로에 가하는 경우 $I = 5 + j[\text{A}]$의 전류가 흐르고 있다면 이 회로의 저항은 약 몇 [Ω]인가?

① 1.88　　　　　② 3.6
③ 4.5　　　　　④ 5.46

해설

옴의 법칙 $V = IZ$
$\rightarrow Z = \dfrac{V}{I} = \dfrac{10-j}{5+j} = \dfrac{(10-j)(5-j)}{(5+j)(5-j)}$
　　$= \dfrac{49-j15}{26} = 1.88 - j0.58[\Omega]$

임피던스의 실수부는 저항이므로 회로의 저항은 1.88[Ω]이다.

정답 | ①

30 빈출도 ★★

다음 중 직류전동기의 제동법이 아닌 것은?

① 회생제동　　　　② 정상제동
③ 발전제동　　　　④ 역전제동

해설

정상제동은 직류전동기의 제동법이 아니다.

관련개념 직류전동기의 제동법

㉠ 발전제동: 스위치를 이용하여 운전 중인 전동기를 전원으로부터 분리시키면 전동기가 발전기로서 작동하여 회전자의 운동을 제동하며, 이때 발생한 전기는 저항에서 열로 소비시킨다.
㉡ 회생제동: 발전제동과 마찬가지로 전동기를 전원으로부터 분리시킨 뒤 발생하는 전력을 전원 측에 반환시켜 제동한다.
㉢ 역전제동: 전원에 접속된 전동기의 단자 접속을 반대로 하여, 회전 방향과 반대 방향으로 토크를 발생시켜 제동한다.
㉣ 직류제동: 발전제동과 마찬가지로 전동기를 전원으로부터 분리시킨 뒤 1차 권선에 직류 전류를 흘려 제동 토크를 얻는다.

정답 | ②

31 빈출도 ★

자동화재탐지설비의 감지기 회로의 길이가 $500[\text{m}]$ 이고, 종단에 $8[\text{k}\Omega]$의 저항이 연결되어 있는 회로에 $24[\text{V}]$의 전압이 가해졌을 경우 도통 시험 시 전류는 약 몇$[\text{mA}]$인가? (단, 동선의 단면적은 $2.5[\text{mm}^2]$이고, 동선의 저항률은 $1.69 \times 10^{-8}[\Omega \cdot \text{m}]$이며, 접촉저항 등은 없다고 본다.)

① 2.4   ② 3.0

③ 4.8   ④ 6.0

해설

동선의 저항 $R = \rho \dfrac{l}{S} = 1.69 \times 10^{-8} \times \dfrac{500}{2.5 \times 10^{-6}} = 3.38[\Omega]$

도통 시험 시 전류 $I = \dfrac{\text{시험전압}}{\text{종단 저항} + \text{동선의 저항}}$

$\qquad\qquad\qquad = \dfrac{24}{8 \times 10^3 + 3.38} = 0.003[\text{A}] = 3[\text{mA}]$

정답 | ②

32 빈출도 ★★★

다음의 회로에서 출력되는 전압은 몇 $[\text{V}]$인가? (단, $\text{A} = 5[\text{V}]$, $\text{B} = 0[\text{V}]$인 경우이다.)

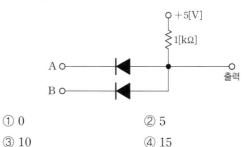

① 0   ② 5

③ 10   ④ 15

해설

그림은 AND 회로이며 A에만 전압이 인가되었으므로 출력되는 전압은 0[V]이다.

관련개념 AND회로

입력 단자 A와 B 모두 ON이 되어야 출력이 ON이 되고, 어느 한 단자라도 OFF되면 출력이 OFF되는 회로이다.

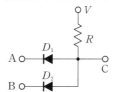

▲ AND 회로의 무접점 회로

입력		출력
A	B	C
0	0	0
0	1	0
1	0	0
1	1	1

▲ AND 회로의 진리표

정답 | ①

33 빈출도 ★★

평행한 왕복 전선에 10[A]의 전류가 흐를 경우 전선 사이에 작용하는 힘[N/m]은? (단, 전선의 간격은 40[cm]이다.)

① 5×10^{-5}[N/m], 서로 반발하는 힘
② 5×10^{-5}[N/m], 서로 흡인하는 힘
③ 7×10^{-5}[N/m], 서로 반발하는 힘
④ 7×10^{-5}[N/m], 서로 흡인하는 힘

해설

$$F = 2 \times 10^{-7} \times \frac{I_1 \cdot I_2}{r} = 2 \times 10^{-7} \times \frac{10 \times 10}{40 \times 10^{-2}}$$
$$= 0.5 \times 10^{-4} = 5 \times 10^{-5}[\text{N/m}]$$

두 도체에서 전류가 반대 방향으로 흐를 경우 두 도체 사이에는 반발력이 발생한다.

관련개념 평행도체 사이에 작용하는 힘

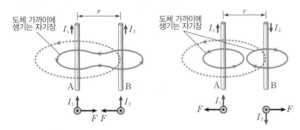

$$F = 2 \times 10^{-7} \times \frac{I_1 \cdot I_2}{r}[\text{N/m}]$$

정답 ①

34 빈출도 ★

수정, 전기석 등의 결정에 압력을 가하여 변형을 주면 변형에 비례하여 전압이 발생하는 현상을 무엇이라 하는가?

① 국부 작용   ② 전기분해
③ 압전 현상   ④ 성극 작용

해설

압전 효과는 압축이나 인장(기계적 변화)을 가하면 전기(전압)가 발생되는 현상을 말한다.

정답 ③

35 빈출도 ★★★

그림과 같이 전류계 A_1, A_2를 접속할 경우 A_1은 25[A], A_2는 5[A]를 지시하였다. 전류계 A_2의 내부 저항은 몇 [Ω]인가?

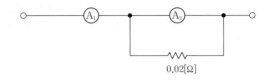

0.02[Ω]

① 0.05   ② 0.08
③ 0.12   ④ 0.15

해설

0.02[Ω] 저항에 흐르는 전류는 $25 - 5 = 20$[A]
저항에 걸리는 전압은 $20 \times 0.02 = 0.4$[V]이고
병렬회로이므로 전류계 A_2에 걸리는 전압과 같다.
따라서 전류계 A_2에 흐르는 전류는 5[A]이므로 내부저항은

$$R = \frac{V}{I} = \frac{0.4}{5} = 0.08[\Omega]$$

정답 ②

36 빈출도 ★★

반지름이 20[cm], 권수 50회인 원형코일에 2[A]의 전류를 흘려주었을 때 코일 중심에서 자계(자기장)의 세기[AT/m]는?

① 70   ② 100
③ 125   ④ 250

해설

원형 코일 중심 자계 $H = \dfrac{NI}{2r} = \dfrac{50 \times 2}{2 \times 20 \times 10^{-2}} = 250[\text{AT/m}]$

정답 ④

37 빈출도 ★★★

그림과 같은 무접점회로의 논리식(Y)은?

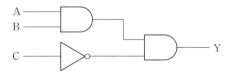

① $A \cdot B + \overline{C}$
② $A + B + \overline{C}$
③ $(A + B) \cdot \overline{C}$
④ $A \cdot B \cdot \overline{C}$

해설

A, B는 AND 회로이므로 논리식 $A \cdot B$이다. C의 부정($\overline{C}$)과 AND 회로이므로 논리곱으로 표현하면 다음과 같다.
$Y = A \cdot B \cdot \overline{C}$

정답 | ④

38 빈출도 ★★

전원의 전압을 일정하게 유지하기 위하여 사용하는 다이오드는?

① 쇼트키 다이오드
② 터널 다이오드
③ 제너 다이오드
④ 버랙터 다이오드

해설

일정한 전압(정전압)을 회로에 공급하기 위해 사용하는 다이오드는 제너 다이오드이다.

선지분석

① 쇼트키 다이오드: 순방향 전압 강하가 낮고 스위칭 속도가 빠르며, 정류, 전압 클램핑 등에 사용된다.
② 터널 다이오드: 고속 스위칭 회로나 논리회로에 주로 사용되는 다이오드로 증폭작용, 발진작용, 개폐작용을 한다.
④ 버랙터 다이오드: 전압의 변화에 따라 발진 주파수를 조절하거나 무선 마이크, 고주파 변조 등에 사용된다.

정답 | ③

39 빈출도 ★

동기발전기의 병렬운전 조건으로 틀린 것은?

① 기전력의 크기가 같을 것
② 기전력의 위상이 같을 것
③ 기전력의 주파수가 같을 것
④ 극수가 같을 것

해설

극수가 같은 것은 동기발전기의 병렬운전 조건이 아니다.

관련개념 동기발전기의 병렬운전 조건

㉠ 기전력의 파형이 같을 것
㉡ 기전력의 크기가 같은 것
㉢ 기전력의 주파수가 같은 것
㉣ 기전력의 위상이 같을 것
㉤ 상회전의 방향이 같을 것

정답 | ④

40 빈출도 ★★

메거(megger)는 어떤 저항을 측정하는 장치인가?

① 절연 저항
② 접지 저항
③ 전지의 내부 저항
④ 궤조 저항

해설

절연 저항 측정에는 메거가 이용된다.

선지분석

② 접지 저항: 접지 저항계(어스테스터, Earth tester)로 측정한다.
③ 전지의 내부 저항: 코올라우시 브리지법으로 측정한다.

정답 | ①

41 빈출도 ★

소방시설공사업법령에 따른 소방시설업 등록이 가능한 사람은?

① 피성년후견인
② 소방관계법규에 따른 금고 이상의 형의 집행유예를 선고받고 그 유예기간 중에 있는 사람
③ 등록하려는 소방시설업 등록이 취소된 날부터 3년이 지난 사람
④ 소방기본법에 따른 금고 이상의 실형을 선고받고 그 집행이 면제된 날부터 1년이 지난 사람

해설

등록하려는 소방시설업 등록이 취소된 날부터 2년이 지났으므로 소방시설업 등록이 가능하다.

관련개념 소방시설업 등록의 결격사유

㉠ 피성년후견인
㉡ 소방관계법규 또는 위험물안전관리법에 따른 금고 이상의 실형을 선고받고 그 집행이 끝나거나(집행이 끝난 것으로 보는 경우 포함) 면제된 날부터 2년이 지나지 아니한 사람
㉢ 소방관계법규 또는 위험물안전관리법에 따른 금고 이상의 형의 집행유예를 선고받고 그 유예기간 중에 있는 사람
㉣ 등록하려는 소방시설업 등록이 취소된 날부터 2년이 지나지 아니한 자(피성년후견인에 해당하여 취소된 경우 제외)
㉤ 법인의 대표자가 ㉠~㉣에 해당하는 경우 그 법인
㉥ 법인의 임원이 ㉡~㉣에 해당하는 경우 그 법인

정답 | ③

42 빈출도 ★★

소방시설 설치 및 관리에 관한 법률상 방염성능기준 이상의 실내장식물 등을 설치해야 하는 특정소방대상물이 아닌 것은?

① 숙박이 가능한 수련시설
② 층수가 11층 이상인 아파트
③ 건축물 옥내에 있는 종교시설
④ 방송통신시설 중 방송국 및 촬영소

해설

11층 이상인 아파트는 방염성능기준 이상의 실내장식물 등을 설치하여야 하는 특정소방대상물이 아니다.

관련개념 방염성능기준 이상의 실내장식물 등을 설치하여야 하는 특정소방대상물

㉠ 근린생활시설
　– 의원, 치과의원, 한의원, 조산원, 산후조리원
　– 체력단련장
　– 공연장 및 종교집회장
㉡ 옥내에 있는 시설
　– 문화 및 집회시설
　– 종교시설
　– 운동시설(수영장 제외)
㉢ 의료시설
㉣ 교육연구시설 중 합숙소
㉤ 숙박이 가능한 수련시설
㉥ 숙박시설
㉦ 방송통신시설 중 방송국 및 촬영소
㉧ 다중이용업소
㉨ 층수가 11층 이상인 것(아파트등 제외)

정답 | ②

43 빈출도 ★★★

소방시설 설치 및 관리에 관한 법률상 건축허가 등의 동의대상물이 아닌 것은?

① 항공기격납고
② 연면적이 50[m²]인 공연장
③ 바닥면적이 300[m²]인 차고
④ 연면적이 300[m²]인 노유자시설

해설

바닥면적 100[m²] 이상인 공연장이 건축허가 등의 동의대상물이다.

관련개념 동의대상물의 범위

㉠ 연면적 400[m²] 이상 건축물이나 시설
㉡ 다음 표에서 제시된 기준 연면적 이상의 건축물이나 시설

구분	기준
학교시설	100[m²] 이상
– 노유자시설 – 수련시설	200[m²] 이상
– 정신의료기관 – 장애인 의료재활시설	300[m²] 이상

㉢ 지하층, 무창층이 있는 건축물로서 바닥면적이 150[m²](공연장 100[m²]) 이상인 층이 있는 것
㉣ 차고, 주차장 또는 주차용도로 사용되는 시설
　– 차고 · 주차장으로 사용되는 바닥면적이 200[m²] 이상인 층이 있는 건축물이나 주차시설
　– 승강기 등 기계장치에 의한 주차시설로서 자동차 20대 이상을 주차할 수 있는 시설
㉤ 층수가 6층 이상인 건축물
㉥ 항공기격납고, 관망탑, 항공관제탑, 방송용 송수신탑
㉦ 특정소방대상물 중 위험물 저장 및 처리시설, 지하구

정답 : ②

44 빈출도 ★★

위험물안전관리법령에 따라 위험물안전관리자를 해임하거나 퇴직한 때에는 해임하거나 퇴직한 날부터 며칠 이내에 다시 안전관리자를 선임하여야 하는가?

① 30일　　　　② 35일
③ 40일　　　　④ 55일

해설

위험물안전관리자를 해임하거나 퇴직한 때에는 해임하거나 퇴직한 날부터 30일 이내에 다시 안전관리자를 선임해야 한다.

정답 : ①

45 빈출도 ★★

소방시설공사업법령상 소방공사감리를 실시함에 있어 용도와 구조에서 특별히 안전성과 보안성이 요구되는 소방대상물로서 소방시설물에 대한 감리를 감리업자가 아닌 자가 감리할 수 있는 장소는?

① 정보기관의 청사
② 교도소 등 교정관련시설
③ 국방 관계시설 설치장소
④ 원자력안전법상 관계시설이 설치되는 장소

해설

감리업자가 아닌 자가 감리할 수 있는 보안성 등이 요구되는 소방대상물의 시공 장소는 원자력안전법상 관계시설이 설치되는 장소이다.

정답 : ④

46 빈출도 ★

위험물안전관리법령상 다음의 규정을 위반하여 위험물의 운송에 관한 기준을 따르지 아니한 자에 대한 과태료 기준은?

> 위험물운송자는 이동탱크저장소에 의하여 위험물을 운송하는 때에는 행정안전부령으로 정하는 기준을 준수하는 등 당해 위험물의 안전확보를 위하여 세심한 주의를 기울여야 한다.

① 50만 원 이하　　　② 100만 원 이하
③ 200만 원 이하　　　④ 500만 원 이하

해설

위험물운송자는 이동탱크저장소에 의하여 위험물을 운송하는 때에는 행정안전부령으로 정하는 기준을 준수하는 등 당해 위험물의 안전확보를 위하여 세심한 주의를 기울여야 한다. 이를 위반한 경우 500만 원 이하의 과태료를 부과한다.

정답 | ④

47 빈출도 ★

위험물안전관리법령상 정기검사를 받아야 하는 특정·준특정옥외탱크저장소의 관계인은 특정·준특정옥외탱크저장소의 설치허가에 따른 완공검사합격확인증을 발급받은 날부터 몇 년 이내에 정밀정기검사를 받아야 하는가?

① 9　　　　　　　　② 10
③ 11　　　　　　　　④ 12

해설

특정·준특정옥외탱크저장소의 설치허가에 따른 완공검사합격확인증을 발급받은 날부터 12년 이내에 정밀정기검사를 받아야 한다.

관련개념 특정·준특정옥외탱크저장소의 정기점검 기한

정밀정기 검사	특정·준특정옥외탱크저장소의 설치허가에 따른 완공검사합격확인증을 발급받은 날부터	12년
	최근의 정밀정기검사를 받은 날부터	11년
중간정기 검사	특정·준특정옥외탱크저장소의 설치허가에 따른 완공검사합격확인증을 발급받은 날부터	4년
	최근의 정밀정기검사 또는 중간정기검사를 받은 날부터	4년

정답 | ④

48 빈출도 ★★

다음 소방시설 중 경보설비가 아닌 것은?

① 통합감시시설　　　② 가스누설경보기
③ 비상콘센트설비　　④ 자동화재속보설비

해설

비상콘센트설비는 소화활동설비에 해당한다.

관련개념 소방시설의 종류

소화설비	• 소화기구 • 자동소화장치 • 옥내소화전설비	• 스프링클러설비등 • 물분무등소화설비 • 옥외소화전설비
경보설비	• 단독경보형 감지기 • 비상경보설비 • 자동화재탐지설비 • 시각경보기 • 화재알림설비	• 비상방송설비 • 자동화재속보설비 • 통합감시시설 • 누전경보기 • 가스누설경보기
피난구조설비	• 피난기구 • 인명구조기구 • 유도등	• 비상조명등 • 휴대용비상조명등
소화용수설비	• 상수도소화용수설비 • 소화수조·저수조	• 그 밖의 소화용수설비
소화활동설비	• 제연설비 • 연결송수관설비 • 연결살수설비	• 비상콘센트설비 • 무선통신보조설비 • 연소방지설비

정답 | ③

49 빈출도 ★

다음 중 화재안전조사의 실시권자가 아닌 것은?

① 소방청장
② 소방대장
③ 소방본부장
④ 소방서장

해설

소방청장, 소방본부장 또는 소방서장은 화재안전조사를 할 수 있다.

정답 | ②

※ 법령 개정으로 인해 수정된 문항입니다.

50 빈출도 ★★★

소방기본법령에 따라 주거지역·상업지역 및 공업지역에 소방용수시설을 설치하는 경우 소방대상물과의 수평거리를 몇 [m] 이하가 되도록 해야 하는가?

① 50
② 100
③ 150
④ 200

해설

소방용수시설을 주거지역, 상업지역, 공업지역에 설치하는 경우 소방대상물과의 수평거리는 **100[m]** 이하가 되도록 해야 한다.

관련개념 소방용수시설을 설치하는 경우 소방대상물과의 수평거리

• 주거지역 • 상업지역 • 공업지역	100[m] 이하
그 외 지역	140[m] 이하

정답 ②

51 빈출도 ★★

화재의 예방 및 안전관리에 관한 법률상 정당한 사유 없이 화재의 예방조치에 관한 명령에 따르지 아니한 경우에 대한 벌칙은?

① 100만 원 이하의 벌금
② 200만 원 이하의 벌금
③ 300만 원 이하의 벌금
④ 500만 원 이하의 벌금

해설

화재의 예방조치에 관한 명령을 정당한 사유 없이 따르지 아니한 경우 **300만 원** 이하의 벌금에 처한다.

정답 ③

52 빈출도 ★★★

화재의 예방 및 안전관리에 관한 법률상 불꽃을 사용하는 용접·용단 기구의 용접 또는 용단 작업장에서 지켜야 하는 사항 중 다음 (   ) 안에 알맞은 것은?

> – 용접 또는 용단 작업장 주변 반경 (㉠   )[m] 이내에 소화기를 갖추어 둘 것
> – 용접 또는 용단 작업장 주변 반경 (㉡   )[m] 이내에는 가연물을 쌓아두거나 놓아두지 말 것. 다만, 가연물의 제거가 곤란하여 방화포 등으로 방호조치를 한 경우는 제외한다.

① ㉠: 3, ㉡: 5
② ㉠: 5, ㉡: 3
③ ㉠: 5, ㉡: 10
④ ㉠: 10, ㉡: 5

해설

㉠ 용접 또는 용단 작업장 주변 반경 **5[m]** 이내에 소화기를 갖추어 두어야 한다.
㉡ 용접 또는 용단 작업장 주변 반경 **10[m]** 이내에는 가연물을 쌓아두거나 놓아두지 말아야 한다(가연물의 제거가 곤란하여 방화포 등으로 방호조치를 한 경우 제외).

정답 ③

53 빈출도 ★★

소방기본법령상 소방업무 상호응원협정 체결 시 포함되어야 하는 사항이 아닌 것은?

① 응원출동의 요청방법
② 응원출동훈련 및 평가
③ 응원출동대상지역 및 규모
④ 응원출동 시 현장지휘에 관한 사항

해설

응원출동 시 현장지휘에 관한 사항은 상호응원협정사항이 아니다.

관련개념 소방업무의 상호응원협정사항

㉠ 소방활동에 관한 사항
  – 화재의 경계 · 진압 활동
  – 구조 · 구급업무의 지원
  – 화재조사활동
㉡ 응원출동대상지역 및 규모
㉢ 소요경비의 부담에 관한 사항
  – 출동대원 수당 · 식사 및 피복의 수선
  – 소방장비 및 기구의 정비와 연료의 보급
㉣ 응원출동의 요청방법
㉤ 응원출동훈련 및 평가

정답 | ④

54 빈출도 ★★★

소방시설 설치 및 관리에 관한 법률상 소방용품의 형식승인을 받지 아니하고 소방용품을 제조하거나 수입한 자에 대한 벌칙 기준은?

① 100만 원 이하의 벌금
② 300만 원 이하의 벌금
③ 1년 이하의 징역 또는 1,000만 원 이하의 벌금
④ 3년 이하의 징역 또는 3,000만 원 이하의 벌금

해설

소방용품의 형식승인을 받지 아니하고 소방용품을 제조하거나 수입한 경우 3년 이하의 징역 또는 3,000만 원 이하의 벌금에 처한다.

정답 | ④

55 빈출도 ★★

위험물안전관리법령상 제조소등의 경보설비 설치기준에 대한 설명으로 틀린 것은?

① 제조소 및 일반취급소의 연면적이 500[m²] 이상인 것에는 자동화재탐지설비를 설치한다.
② 자동신호장치를 갖춘 스프링클러설비 또는 물분무등소화설비를 설치한 제조소등에 있어서는 자동화재탐지설비를 설치한 것으로 본다.
③ 경보설비는 자동화재탐지설비 · 자동화재속보설비 · 비상경보설비(비상벨장치 또는 경종 포함) · 확성장치(휴대용확성기 포함) 및 비상방송설비로 구분한다.
④ 지정수량의 10배 이상의 위험물을 저장 또는 취급하는 제조소등(이동탱크저장소 포함)에는 화재발생시 이를 알릴 수 있는 경보설비를 설치하여야 한다.

해설

지정수량의 10배 이상의 위험물을 저장 또는 취급하는 제조소등(이동탱크저장소 제외)에는 화재발생시 이를 알릴 수 있는 경보설비를 설치하여야 한다.

정답 | ④

56 빈출도 ★★★

소방시설 설치 및 관리에 관한 법률상 소방시설 등에 대한 자체점검 중 종합점검 대상인 것은?

① 제연설비가 설치되지 않은 터널
② 스프링클러설비가 설치된 연면적이 5,000[m²]이고, 12층인 아파트
③ 물분무등소화설비가 설치된 연면적이 5,000[m²]인 위험물제조소
④ 호스릴방식의 물분무등소화설비만을 설치한 연면적 3,000[m²]인 특정소방대상물

해설

스프링클러설비가 설치된 특정소방대상물은 면적과 층수와 무관하게 종합점검 대상이다.

선지분석

① 제연설비가 설치된 터널
③ 물분무등소화설비가 설치된 연면적 5,000[m²] 이상인 특정소방대상물(위험물제조소등 제외)
④ 호스릴방식의 물분무등소화설비만을 설치한 경우 제외

관련개념 종합점검 대상

㉠ 스프링클러설비가 설치된 특정소방대상물
㉡ 물분무등소화설비(호스릴방식의 물분무등소화설비만을 설치한 경우 제외)가 설치된 연면적 5,000[m²] 이상인 특정소방대상물(위험물제조소등 제외)
㉢ 다중이용업의 영업장이 설치된 특정소방대상물로서 연면적이 2,000[m²] 이상인 것
㉣ 제연설비가 설치된 터널
㉤ 공공기관 중 연면적이 1,000[m²] 이상인 것으로서 옥내소화전설비 또는 자동화재탐지설비가 설치된 것(소방대가 근무하는 공공기관 제외)

정답 | ②

57 빈출도 ★

소방시설공사업법령에 따른 소방시설업의 등록권자는?

① 국무총리
② 소방서장
③ 시 · 도지사
④ 한국소방안전협회장

해설

특정소방대상물의 소방시설공사등을 하려는 자는 시 · 도지사에게 소방시설업을 등록하여야 한다.

정답 | ③

58 빈출도 ★★★

소방기본법령에 따른 소방용수시설 급수탑 개폐밸브의 설치기준으로 맞는 것은?

① 지상에서 1.0[m] 이상 1.5[m] 이하
② 지상에서 1.2[m] 이상 1.8[m] 이하
③ 지상에서 1.5[m] 이상 1.7[m] 이하
④ 지상에서 1.5[m] 이상 2.0[m] 이하

해설

급수탑의 개폐밸브는 지상에서 1.5[m] 이상 1.7[m] 이하의 위치에 설치해야 한다.

관련개념 급수탑의 설치기준

급수배관 구경	100[mm] 이상
개폐밸브 설치 높이	지상에서 1.5[m] 이상 1.7[m] 이하

정답 | ③

59 빈출도 ★★

화재의 예방 및 안전관리에 관한 법률상 소방안전관리대상물의 소방안전관리자의 업무가 아닌 것은?

① 소방시설 공사
② 소방훈련 및 교육
③ 소방계획서의 작성 및 시행
④ 자위소방대의 구성 · 운영 · 교육

해설

소방시설 공사는 소방안전관리대상물 소방안전관리자의 업무가 아니다.

관련개념 소방안전관리대상물 소방안전관리자의 업무

㉠ 피난계획과 관한 사항과 소방계획서의 작성 및 시행
㉡ 자위소방대 및 초기대응체계의 구성, 운영 및 교육
㉢ 피난시설, 방화구획 및 방화시설의 관리
㉣ 소방시설이나 그 밖의 소방 관련 시설의 관리
㉤ 소방훈련 및 교육
㉥ 화기 취급의 감독
㉦ 소방안전관리에 관한 업무수행에 관한 기록 · 유지
㉧ 화재발생 시 초기대응
㉨ 그 밖에 소방안전관리에 필요한 업무

정답 | ①

60 빈출도 ★

소방기본법에 따라 화재 등 그 밖의 위급한 상황이 발생한 현장에서 소방활동을 위하여 필요한 때에는 그 관할 구역에 사는 사람 또는 그 현장에 있는 사람으로 하여금 사람을 구출하는 일 또는 불을 끄는 등의 일을 하도록 명령할 수 있는 권한이 없는 사람은?

① 소방서장
② 소방대장
③ 시 · 도지사
④ 소방본부장

해설

소방활동 종사명령은 소방본부장, 소방서장 또는 소방대장의 권한이다.

관련개념 소방본부장, 소방서장, 소방대장의 권한

구분	소방본부장	소방서장	소방대장
소방활동	○	○	×
소방업무 응원요청	○	○	×
소방활동 구역설정	×	×	○
소방활동 종사명령	○	○	○
강제처분 (토지, 차량 등)	○	○	○

정답 | ③

61 빈출도 ★

소방시설용 비상전원수전설비의 화재안전기술기준(NFTC 602)에 따라 소방시설용 비상전원수전설비에서 소방회로 및 일반회로 겸용의 것으로서 수전설비, 변전설비 그 밖의 기기 및 배선을 금속제 외함에 수납한 것은?

① 공용분전반　　　　② 전용배전반
③ 공용큐비클식　　　④ 전용큐비클식

해설

공용큐비클식은 소방회로 및 일반회로 겸용의 것으로 수전설비, 변전설비와 그 밖의 기기 및 배선을 금속제 외함에 수납한 것이다.
㉠ 공용: 소방회로 및 일반회로 겸용
㉡ 전용: 소방회로 전용

관련개념

용어	의미
공용분전반	소방회로 및 일반회로 겸용의 것으로서 분기 개폐기, 분기과전류차단기와 그 밖의 배선용기기 및 배선을 금속제 외함에 수납한 것
전용배전반	소방회로 전용의 것으로서 개폐기, 과전류차단기, 계기와 그 밖의 배선용기기 및 배선을 금속제 외함에 수납한 것
전용큐비클식	소방회로 전용의 것으로서 수전설비, 변전설비와 그 밖의 기기 및 배선을 금속제 외함에 수납한 것

정답 ③

62 빈출도 ★

비상조명등의 화재안전기술기준(NFTC 304)에 따른 비상조명등의 시설기준에 적합하지 않은 것은?

① 조도는 비상조명등이 설치된 장소의 각 부분의 바닥에서 0.5[lx]가 되도록 할 것
② 특정소방대상물의 각 거실과 그로부터 지상에 이르는 복도 · 계단 및 그 밖의 통로에 설치할 것
③ 예비전원을 내장하는 비상조명등에 평상시 점등여부를 확인할 수 있는 점검스위치를 설치할 것
④ 예비전원을 내장하는 비상조명등에 해당 조명등을 유효하게 작동시킬 수 있는 용량의 축전지와 예비전원 충전장치를 내장하도록 할 것

해설

비상조명등의 조도는 비상조명등이 설치된 장소의 각 부분의 바닥에서 1[lx] 이상이 되도록 해야 한다.

정답 ①

63 빈출도 ★

무선통신보조설비의 화재안전기술기준(NFTC 505)에 따라 무선통신보조설비의 주회로 전원이 정상인지 여부를 확인하기 위해 증폭기의 전면에 설치하는 것은?

① 상순계　　　　　　② 전류계
③ 전압계 및 전류계　④ 표시등 및 전압계

해설

무선통신보조설비 증폭기의 전면에는 주회로 전원의 정상 여부를 표시할 수 있는 **표시등** 및 **전압계**를 설치하여야 한다.

정답 ④

64 빈출도 ★

자동화재탐지설비 및 시각경보장치의 화재안전기술기준(NFTC 203)에 따른 공기관식 차동식 분포형 감지기의 설치기준으로 틀린 것은?

① 검출부는 3° 이상 경사되지 아니하도록 부착할 것
② 공기관의 노출부분은 감지구역마다 20[m] 이상이 되도록 할 것
③ 하나의 검출부분에 접속하는 공기관의 길이는 100[m] 이하로 할 것
④ 공기관과 감지구역의 각 변과의 수평거리는 1.5[m] 이하가 되도록 할 것

> **해설**
> 공기관식 차동식 분포형 감지기의 검출부는 5° 이상 경사되지 않도록 부착해야 한다.

정답 | ①

65 빈출도 ★★

유도등 및 유도표지의 화재안전기술기준(NFTC 303)에 따라 지하층을 제외한 층수가 11층 이상인 특정소방대상물의 유도등의 비상전원을 축전지로 설치한다면 피난층에 이르는 부분의 유도등을 몇 분 이상 유효하게 작동시킬 수 있는 용량으로 하여야 하는가?

① 10   ② 20
③ 50   ④ 60

> **해설**
> 유도등의 비상전원은 유도등을 20분 이상 유효하게 작동시킬 수 있는 용량으로 해야 한다. 다만, 다음의 특정소방대상물의 경우에는 그 부분에서 피난층에 이르는 부분의 유도등을 60분 이상 유효하게 작동시킬 수 있는 용량으로 해야 한다.
> ㉠ 지하층을 제외한 층수가 11층 이상의 층
> ㉡ 지하층 또는 무창층으로서 용도가 도매시장·소매시장·여객자동차터미널·지하역사 또는 지하상가

정답 | ④

66 빈출도 ★★★

비상경보설비 및 단독경보형 감지기의 화재안전기술기준(NFTC 201)에 따라 바닥면적이 450[m²]일 경우 단독경보형 감지기의 최소 설치개수는?

① 1개   ② 2개
③ 3개   ④ 4개

> **해설**
> 단독경보형 감지기는 각 실마다 설치하되, 바닥면적이 150[m²]를 초과하는 경우에는 150[m²]마다 1개 이상 설치해야 한다.
> 바닥면적 150[m²]를 초과하므로 450[m²]를 150[m²]로 나누어 감지기의 설치개수를 구한다.
> 설치개수 $= \dfrac{450}{150} = 3$개
> 따라서 단독경보형 감지기는 최소 3개 이상 설치해야 한다.

정답 | ③

67 빈출도 ★

비상방송설비의 배선공사 종류 중 합성수지관공사에 대한 설명으로 틀린 것은?

① 금속관 공사에 비해 중량이 가벼워 시공이 용이하다.
② 절연성이 있어 누전의 우려가 없기 때문에 접지공사가 필요치 않다.
③ 열에 약하며, 기계적 충격 및 중량물에 의한 압력 등 외력에 약하다.
④ 내식성이 있어 부식성 가스가 체류하는 화학공장 등에 적합하며, 금속관과 비교하여 가격이 비싸다.

> **해설**
> ② 합성수지관은 절연성이 있어 누전 등의 우려는 적으나 누전 발생 시 점화원이 될 수 있으므로 접지공사를 하여야 한다.
> ④ 내식성이 있어 부식성 가스가 체류하는 화학공장 등에 적합하며, 금속관과 비교하여 가격이 싸다.

정답 | ②, ④

※ 출제오류로 복수정답이 인정된 문제입니다.

68 빈출도 ★★

자동화재탐지설비 및 시각경보장치의 화재안전기술 기준(NFTC 203)에 따라 다음 괄호 안에 들어갈 내용이 적절하게 짝지어진 것은?

> – 해당 특정소방대상물의 경계구역을 각각 표시할 수 있는 회선 수 (㉠)의 수신기를 설치할 것
> – 해당 특정소방대상물에 가스누설탐지설비가 설치된 경우에는 가스누설탐지설비로부터 가스 누설신호를 (㉡)하여 가스누설경보를 할 수 있는 (㉢)를 설치할 것

① ㉠: 이상, ㉡: 수신, ㉢: 수신기
② ㉠: 이상, ㉡: 수신, ㉢: 발신기
③ ㉠: 이하, ㉡: 발신, ㉢: 수신기
④ ㉠: 이하, ㉡: 발신, ㉢: 발신기

해설

자동화재탐지설비 수신기 설치기준
㉠ 자동화재탐지설비의 수신기는 해당 특정소방대상물의 경계구역을 각각 표시할 수 있는 회선 수 **이상**으로 설치해야 한다.
㉡ 해당 특정소방대상물에 가스누설탐지설비가 설치된 경우에는 가스누설탐지설비로부터 가스누설신호를 **수신**하여 가스누설경보를 할 수 있는 수신기를 설치해야 한다.

정답 | ①

69 빈출도 ★★★

비상방송설비의 화재안전기술기준(NFTC 202)에 따라 비상방송설비에서 기동장치에 따른 화재신호를 수신한 후 필요한 음량으로 화재발생상황 및 피난에 유효한 방송이 자동으로 개시될 때까지의 소요시간은 몇 초 이내로 하여야 하는가?

① 5
② 10
③ 15
④ 20

해설

비상방송설비에서 기동장치에 따른 화재신호를 수신한 후 필요한 음량으로 화재발생상황 및 피난에 유효한 방송이 자동으로 개시될 때까지의 소요시간은 **10초** 이내로 해야 한다.

정답 | ②

70 빈출도 ★

비상경보설비 및 단독경보형 감지기의 화재안전기술 기준(NFTC 201)에 따라 비상경보설비의 발신기 설치 시 복도 또는 별도로 구획된 실로서 보행거리가 몇 [m] 이상일 경우에는 추가로 설치하여야 하는가?

① 25
② 30
③ 40
④ 50

해설

비상경보설비의 발신기는 특정소방대상물의 층마다 설치하되, 해당 층의 각 부분으로부터 하나의 발신기까지의 수평거리가 25[m] 이하가 되도록 해야 한다. 다만, 복도 또는 별도로 구획된 실로서 보행거리가 **40[m]** 이상일 경우에는 추가로 설치해야 한다.

정답 | ③

71 빈출도 ★★★

비상콘센트설비의 화재안전기술기준(NFTC 504)에 따른 비상콘센트의 시설기준에 적합하지 않은 것은?

① 바닥으로부터 높이 1.45[m]에 움직이지 않게 고정시켜 설치된 경우
② 바닥면적이 800[m²]인 층의 계단의 출입구로부터 4[m]에 설치된 경우
③ 바닥면적의 합계가 12,000[m²]인 지하상가의 수평거리 30[m]마다 추가로 설치한 경우
④ 바닥면적의 합계가 2,500[m²]인 지하층의 수평거리 40[m]마다 추가로 설치한 경우

해설

지하상가 또는 지하층의 바닥면적의 합계가 3,000[m²] 이상인 것은 수평거리 25[m] 이하마다 비상콘센트를 추가로 설치해야 한다. 따라서 보기 ③은 바닥면적의 합계가 12,000[m²]이므로 수평거리 30[m]가 아닌 **25[m]** 이하마다 비상콘센트를 추가로 설치해야 한다.

정답 | ③

72 빈출도 ★

무선통신보조설비의 화재안전기술기준(NFTC 505)에 따라 서로 다른 주파수의 합성된 신호를 분리하기 위하여 사용하는 장치는?

① 분배기   ② 혼합기
③ 증폭기   ④ 분파기

해설

분파기는 서로 다른 주파수의 합성된 신호를 분리하기 위해서 사용하는 장치이다.

선지분석

① 분배기: 신호의 전송로가 분기되는 장소에 설치하는 것으로 임피던스 매칭(Matching)과 신호 균등분배를 위해 사용하는 장치이다.
② 혼합기: 2 이상의 입력신호를 원하는 비율로 조합한 출력이 발생하도록 하는 장치이다.
③ 증폭기: 전압·전류의 진폭을 늘려 감도 등을 개선하는 장치이다.

정답 | ④

73 빈출도 ★★

자동화재속보설비 속보기의 성능인증 및 제품검사의 기술기준에 따른 자동화재속보설비의 속보기에 대한 설명이다. 다음 (   )의 ㉠, ㉡에 들어갈 내용으로 옳은 것은?

작동신호를 수신하거나 수동으로 동작시키는 경우 (㉠)초 이내에 소방관서에 자동적으로 신호를 발하여 알리되, (㉡)회 이상 속보할 수 있어야 한다.

① ㉠: 20, ㉡: 3
② ㉠: 20, ㉡: 4
③ ㉠: 30, ㉡: 3
④ ㉠: 30, ㉡: 4

해설

자동화재속보설비의 속보기는 작동신호를 수신하거나 수동으로 동작시키는 경우 **20초** 이내에 소방관서에 자동적으로 신호를 발하여 알리되, **3회** 이상 속보할 수 있어야 한다.

정답 | ①

74 빈출도 ★★★

비상콘센트설비의 화재안전기술기준(NFTC 504)에 따라 비상콘센트설비의 전원부와 외함 사이의 절연저항은 전원부와 외함 사이를 500[V] 절연저항계로 측정할 때 몇 [MΩ] 이상이어야 하는가?

① 20

② 30

③ 40

④ 50

해설

비상콘센트설비의 전원부와 외함 사이의 절연저항은 전원부와 외함 사이를 500[V] 절연저항계로 측정할 때 **20[MΩ]** 이상이어야 한다.

관련개념 전원부와 외함 사이의 절연저항 및 절연내력 기준

㉠ 절연저항: 전원부와 외함 사이를 500[V] 절연저항계로 측정할 때 20[MΩ] 이상

㉡ 절연내력

전압 구분	실효전압
150[V] 이하	1,000[V]
150[V] 이상	정격전압×2＋1,000[V]

정답 | ①

75 빈출도 ★★★

비상경보설비 및 단독경보형 감지기의 화재안전기술기준(NFTC 201)에 따른 비상벨설비 또는 자동식 사이렌설비에 대한 설명이다. 다음 (   )의 ㉠, ㉡에 들어갈 내용으로 옳은 것은?

> 비상벨설비 또는 자동식 사이렌설비에는 그 설비에 대한 감시상태를 (㉠)분간 지속한 후 유효하게 (㉡)분 이상 경보할 수 있는 축전지설비(수신기에 내장하는 경우 포함) 또는 전기저장장치(외부 전기에너지를 저장해 두었다가 필요한 때 전기를 공급하는 장치)를 설치하여야 한다.

① ㉠: 30, ㉡: 10

② ㉠: 60, ㉡: 10

③ ㉠: 30, ㉡: 20

④ ㉠: 60, ㉡: 20

해설

비상벨설비 또는 자동식 사이렌설비에는 그 설비에 대한 감시상태를 **60분**간 지속한 후 유효하게 **10분** 이상 경보할 수 있는 비상전원으로서 축전지설비 또는 전기저장장치를 설치해야 한다.

정답 | ②

2020년 1, 2회

76 빈출도 ★

비상경보설비의 구성요소로 옳은 것은?

① 기동장치, 경종, 화재표시등, 전원
② 전원, 경종, 기동장치, 위치표시등
③ 위치표시등, 경종, 화재표시등, 전원
④ 경종, 기동장치, 화재표시등, 위치표시등

해설

비상경보설비의 구성요소
㉠ 발신기(기동장치)　　　㉡ 표시등
㉢ 수신기　　　　　　　　㉣ 전원
㉤ 음향장치(경종 및 사이렌)　㉥ 배선

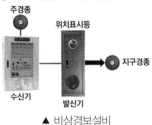

▲ 비상경보설비

정답 | ①, ②, ③, ④

※ 출제 오류로 전항 정답 처리된 문제입니다.

77 빈출도 ★★

누전경보기의 형식승인 및 제품검사의 기술기준에 따라 누전경보기의 수신부는 그 정격전압에서 몇 회의 누전작동시험을 실시하는가?

① 1,000회　　　　　　② 5,000회
③ 10,000회　　　　　 ④ 20,000회

해설

누전경보기의 수신부는 그 정격전압에서 10,000회의 누전작동시험을 실시하는 경우 그 구조 또는 기능에 이상이 생기지 아니하여야 한다.

정답 | ③

78 빈출도 ★★★

자동화재탐지설비 및 시각경보장치의 화재안전기술기준(NFTC 203)에 따라 감지기 회로의 도통시험을 위한 종단저항의 설치기준으로 틀린 것은?

① 동일층 발신기함 외부에 설치할 것
② 점검 및 관리가 쉬운 장소에 설치할 것
③ 전용함을 설치하는 경우 그 설치 높이는 바닥으로부터 1.5[m] 이내로 할 것
④ 종단감지기에 설치할 경우에는 구별이 쉽도록 해당 감지기의 기판 등에 별도의 표시를 할 것

해설

보기 ①은 감지기 회로의 도통시험을 위한 종단저항의 설치기준이 아니다.

관련개념 자동화재탐지설비 감지기 회로의 종단저항 설치기준
㉠ 점검 및 관리가 쉬운 장소에 설치할 것
㉡ 전용함을 설치하는 경우 그 설치 높이는 바닥으로부터 1.5[m] 이내로 할 것
㉢ 감지기 회로의 끝부분에 설치하며, 종단감지기에 설치할 경우에는 구별이 쉽도록 해당 감지기의 기판 및 감지기 외부 등에 별도의 표시를 할 것

정답 | ①

79 빈출도 ★

수신기를 나타내는 소방시설도시기호로 옳은 것은?

① 　　②

③ 　　④

수신기

선지분석 소방시설도시기호

①

배전반

③

부수신기

④

중계기

정답 | ②

80 빈출도 ★★

비상경보설비 및 단독경보형 감지기의 화재안전기술기준(NFTC 201)에 따라 비상벨설비 또는 자동식 사이렌설비의 전원회로 배선 중 내열배선에 사용하는 전선의 종류가 아닌 것은?

① 버스덕트(Bus Duct)
② 600[V] 1종 비닐절연 전선
③ 0.6/1[kV] EP 고무절연 클로로프렌 시스 케이블
④ 450/750[V] 저독성 난연 가교 폴리올레핀 절연 전선

해설

600[V] 1종 비닐절연 전선은 내열배선에 사용하는 전선의 종류가 아니다.

관련개념 내열배선 시 사용전선

㉠ 450/750[V] 저독성 난연 가교 폴리올레핀 절연 전선
㉡ 0.6/1[kV] 가교 폴리에틸렌 절연 저독성 난연 폴리올레핀 시스 전력 케이블
㉢ 6/10[kV] 가교 폴리에틸렌 절연 저독성 난연 폴리올레핀 시스 전력 케이블
㉣ 가교 폴리에틸렌 절연 비닐시스 트레이용 난연 전력 케이블
㉤ 0.6/1[kV] EP 고무절연 클로로프렌 시스 케이블
㉥ 300/500[V] 내열성 실리콘 고무 절연 전선(180[℃])
㉦ 내열성 에틸렌-비닐 아세테이트 고무절연 케이블
㉧ 버스덕트(Bus Duct)

정답 | ②

소방원론

01 빈출도 ★★★

화재의 종류에 따른 분류가 틀린 것은?

① A급: 일반화재　　② B급: 유류화재
③ C급: 가스화재　　④ D급: 금속화재

해설

C급 화재는 전기화재이다.

관련개념 **화재의 분류**

급수	화재 종류	표시색	소화방법
A급	일반화재	백색	냉각
B급	유류화재	황색	질식
C급	전기화재	청색	질식
D급	금속화재	무색	질식
K급	주방화재 (식용유화재)	—	비누화 · 냉각 · 질식
E급	가스화재	황색	제거 · 질식

정답 | ③

02 빈출도 ★★★

고체 가연물이 덩어리보다 가루일 때 연소되기 쉬운 이유로 가장 적합한 것은?

① 발열량이 작아지기 때문이다.
② 공기와 접촉면이 커지기 때문이다.
③ 열전도율이 커지기 때문이다.
④ 활성화에너지가 커지기 때문이다.

해설

덩어리일 때보다 가루일 때 표면적이 넓어져 산소와의 접촉량이 많아지므로 연소되기 쉽다.

관련개념 **발화의 조건**

㉠ 주변 온도가 높고, 발열량이 클수록 발화하기 쉽다.
㉡ 열전도율이 낮을수록 열 축적이 쉬워 발화하기 쉽다.
㉢ 표면적이 넓어 산소와의 접촉량이 많을수록 발화하기 쉽다.
㉣ 분자량, 온도, 습도, 농도, 압력이 클수록 발화하기 쉽다.
㉤ 활성화 에너지가 작을수록 발화하기 쉽다.

정답 | ②

03 빈출도 ★★★

위험물과 위험물안전관리법령에서 정한 지정수량을 옳게 연결한 것은?

① 무기과산화물 — 300[kg]
② 황화인 — 500[kg]
③ 황린 — 20[kg]
④ 과염소산 — 200[kg]

해설

황린(제3류 위험물)의 지정수량은 20[kg]이다.

선지분석

① 무기과산화물(제1류 위험물)의 지정수량은 50[kg]이다.
② 황화인(제2류 위험물)의 지정수량은 100[kg]이다.
④ 과염소산(제6류 위험물)의 지정수량은 300[kg]이다.

정답 | ③

04 빈출도 ★★

다음 중 발화점이 가장 낮은 물질은?

① 휘발유　　　　　② 이황화탄소
③ 적린　　　　　　④ 황린

해설

선지 중 황린의 발화점이 가장 낮다.

관련개념 물질의 발화점과 인화점

물질	발화점[℃]	인화점[℃]
프로필렌	497	−107
산화프로필렌	449	−37
가솔린	300	−43
이황화탄소	100	−30
아세톤	538	−18
메틸알코올	385	11
에틸알코올	423	13
벤젠	498	−11
톨루엔	480	4.4
등유	210	43~72
경유	200	50~70
적린	260	—
황린	30	20

정답 ④

05 빈출도 ★★★

화재 시 발생하는 연소가스 중 인체에서 헤모글로빈과 결합하여 혈액의 산소운반을 저해하고 두통, 근육조절의 장애를 일으키는 것은?

① CO_2　　　　　② CO
③ HCN　　　　　④ H_2S

해설

헤모글로빈과 결합하여 산소결핍 상태를 유발하는 물질은 일산화탄소(CO)이다.

관련개념 일산화탄소

㉠ 무색·무취·무미의 환원성이 강한 가스로 연탄의 연소가스, 자동차 배기가스, 담배 연기, 대형 산불 등에서 발생한다.
㉡ 혈액의 헤모글로빈과 결합력이 산소보다 210배로 매우 커 흡입하면 산소결핍 상태가 되어 질식 또는 사망에 이르게 한다.
㉢ 인체 허용농도는 50[ppm]이다.

정답 ②

06 빈출도 ★

다음 원소 중 전기 음성도가 가장 큰 것은?

① F　　　　　　② Br
③ Cl　　　　　　④ I

해설

전기 음성도는 F > Cl > Br > I 순으로 커진다.

정답 ①

07 빈출도 ★★★

탄화칼슘이 물과 반응 시 발생하는 가연성 가스는?

① 메테인　　　　　② 포스핀
③ 아세틸렌　　　　④ 수소

해설

탄화칼슘(CaC_2)과 물(H_2O)이 반응하면 아세틸렌(C_2H_2)이 발생한다.
$$CaC_2 + 2H_2O \rightarrow Ca(OH)_2 + C_2H_2 \uparrow$$

정답 ③

08 빈출도 ★★★

공기의 평균 분자량이 29일 때 이산화탄소 기체의 증기비중은 얼마인가?

① 1.44
② 1.52
③ 2.88
④ 3.24

해설

이산화탄소의 분자량은 44[g/mol]이므로 증기비중은

$$\frac{\text{이산화탄소의 분자량}}{\text{공기의 평균 분자량}} = \frac{44}{29} = 1.52 \text{이다.}$$

관련개념 이산화탄소의 일반적 성질

㉠ 상온에서 무색·무취·무미의 기체로서 독성이 없다.
㉡ 임계온도는 약 31.4[℃]이고, 비중이 약 1.52로 공기보다 무겁다.
㉢ 압축 및 냉각 시 쉽게 액화할 수 있으며, 더욱 압축냉각하면 드라이아이스가 된다.

정답 | ②

09 빈출도 ★★

밀폐된 공간에 이산화탄소를 방사하여 산소의 부피농도를 12[%]가 되도록 하려면 상대적으로 방사되는 이산화탄소의 농도는 얼마가 되어야 하는가?

① 25.40[%]
② 28.70[%]
③ 38.35[%]
④ 42.86[%]

해설

산소 21[%], 이산화탄소 0[%]인 공기에 이산화탄소 소화약제가 추가되어 산소의 농도는 12[%]가 되어야 한다.

$$\frac{21}{100+x} = \frac{12}{100}$$

따라서 추가된 이산화탄소 소화약제의 양 x는 75이며,
이때 전체 중 이산화탄소의 농도는

$$\frac{x}{100+x} = \frac{75}{100+75} = 0.4286 = 42.86 \text{[%]이다.}$$

관련개념

㉠ 소화약제 방출 전 공기의 양을 100으로 두고 풀이하면 된다.
㉡ 분모의 x는 공학용 계산기의 SOLVE 기능을 활용하면 쉽다.

정답 | ④

10 빈출도 ★

화재하중의 단위로 옳은 것은?

① [kg/m²]
② [℃/m²]
③ [kg·L/m³]
④ [℃·L/m³]

해설

화재하중의 단위는 [kg/m²]이다.

관련개념

화재하중은 단위 면적당 목재로 환산한 가연물의 중량[kg/m²]이다.

정답 | ①

11 빈출도 ★★★

인화점이 20[℃]인 액체 위험물을 보관하는 창고의 인화 위험성에 대한 설명 중 옳은 것은?

① 여름철에 창고 안이 더워질수록 인화의 위험성이 커진다.
② 겨울철에 창고 안이 추워질수록 인화의 위험성이 커진다.
③ 20[℃]에서 가장 안전하고 20[℃]보다 높아지거나 낮아질수록 인화의 위험성이 커진다.
④ 인화의 위험성은 계절의 온도와는 상관없다.

해설

여름철 창고의 온도가 높아질수록 액체 위험물이 기화하는 정도가 커지므로 인화의 위험성이 커진다.

선지분석

② 겨울철 창고의 온도가 낮아질수록 액체 위험물이 기화하는 정도가 작아지므로 인화의 위험성이 작아진다.
③, ④ 온도가 높아질수록 분자의 운동이 활발해지므로 기화하는 정도가 커져 인화의 위험성이 커진다.

정답 | ①

12 빈출도 ★★

소화약제인 IG-541의 성분이 아닌 것은?

① 질소   ② 아르곤
③ 헬륨   ④ 이산화탄소

해설

IG-541은 질소(N_2) 52[%], 아르곤(Ar) 40[%], 이산화탄소(CO_2) 8[%]로 구성된다.

관련개념 불활성기체 소화약제

소화약제	화학식
IG-01	Ar
IG-100	N_2
IG-541	N_2: 52[%], Ar: 40[%], CO_2: 8[%]
IG-55	N_2: 50[%], Ar: 50[%]

정답 ③

13 빈출도 ★★★

이산화탄소 소화약제 저장용기의 설치장소에 대한 설명 중 옳지 않는 것은?

① 반드시 방호구역 내의 장소에 설치한다.
② 온도의 변화가 적은 곳에 설치한다.
③ 방화문으로 구획된 실에 설치한다.
④ 해당 용기가 설치된 곳임을 표시하는 표지를 한다.

해설

저장용기는 방호구역 외의 장소에 설치한다.

관련개념 이산화탄소 소화약제 저장용기의 설치장소

㉠ 방호구역 외의 장소에 설치한다.
㉡ 온도가 40[℃] 이하이고, 온도변화가 작은 곳에 설치한다.
㉢ 직사광선 및 빗물이 침투할 우려가 없는 곳에 설치한다.
㉣ 방화문으로 구획된 실에 설치한다.
㉤ 용기를 설치한 장소에는 해당 용기가 설치된 곳임을 표시하는 표지를 한다.
㉥ 용기 간의 간격은 점검에 지장이 없도록 3[cm] 이상의 간격을 유지한다.
㉦ 저장용기와 집합관을 연결하는 연결배관에는 체크밸브를 설치한다.

정답 ①

14 빈출도 ★★

화재의 소화원리에 따른 소화방법의 적용으로 틀린 것은?

① 냉각소화: 스프링클러설비
② 질식소화: 이산화탄소 소화설비
③ 제거소화: 포 소화설비
④ 억제소화: 할로겐화합물 소화설비

해설

포 소화약제는 질식소화와 냉각소화에 의해 화재를 진압한다.
제거소화는 연소의 요소를 구성하는 가연물질을 안전한 장소나 점화원이 없는 장소로 신속하게 이동시켜서 소화하는 방법이다.

관련개념

포(Foam)는 유류보다 가벼운 미세한 기포의 집합체로 연소물의 표면을 덮어 공기와의 접촉을 차단하여 질식효과를 나타내며 함께 사용된 물에 의해 냉각효과도 나타낸다.

정답 ③

15 빈출도 ★★

건축물의 내화구조에서 바닥의 경우에는 철근콘크리트의 두께가 몇 [cm] 이상이어야 하는가?

① 7 ② 10
③ 12 ④ 15

해설

바닥의 경우 철근콘크리트조 또는 철골철근콘크리트조로서 두께가 10[cm] 이상이어야 내화구조로 적합하다.

관련개념 **바닥의 내화구조 기준**

㉠ 철근콘크리트조 또는 철골철근콘크리트조로서 두께가 10[cm] 이상인 것
㉡ 철재로 보강된 콘크리트블록조·벽돌조 또는 석조로서 철재에 덮은 콘크리트블록등의 두께가 5[cm] 이상인 것
㉢ 철재의 양면을 두께 5[cm] 이상의 철망모르타르 또는 콘크리트로 덮은 것

정답 | ②

16 빈출도 ★

소화효과를 고려하였을 경우 화재 시 사용할 수 있는 물질이 아닌 것은?

① 이산화탄소 ② 아세틸렌
③ Halon 1211 ④ Halon 1301

해설

아세틸렌은 삼중결합을 가진 불안정한 물질로 연소 시 고온의 열을 방출하여 가스 용접 시 주로 사용된다.

선지분석

① 이산화탄소는 질식소화 시 주로 사용되는 불연성 물질이다.
③, ④ 할론 소화약제는 억제소화 시 주로 사용된다.

정답 | ②

17 빈출도 ★★

질식소화 시 공기 중의 산소농도는 일반적으로 약 몇 [vol%] 이하로 하여야 하는가?

① 25 ② 21
③ 19 ④ 15

해설

일반적으로 산소농도가 15[vol%] 이하인 경우 연소속도의 감소 및 질식소화가 가능하다.

정답 | ④

18 빈출도 ★★★

제1종 분말 소화약제의 주성분으로 옳은 것은?

① $KHCO_3$
② $NaHCO_3$
③ $NH_4H_2PO_4$
④ $Al_2(SO_4)_3$

해설

제1종 분말 소화약제의 주성분은 탄산수소나트륨($NaHCO_3$)이다.

관련개념 분말 소화약제

구분	주성분	색상	적응화재
제1종	탄산수소나트륨 ($NaHCO_3$)	백색	B급 화재 C급 화재
제2종	탄산수소칼륨 ($KHCO_3$)	담자색 (보라색)	B급 화재 C급 화재
제3종	제1인산암모늄 ($NH_4H_2PO_4$)	담홍색	A급 화재 B급 화재 C급 화재
제4종	탄산수소칼륨+요소 $[KHCO_3+CO(NH_2)_2]$	회색	B급 화재 C급 화재

정답 | ②

19 빈출도 ★★

Halon 1301의 분자식은?

① CH_3Cl
② CH_3Br
③ CF_3Cl
④ CF_3Br

해설

Halon 1301 소화약제의 분자식은 CF_3Br이다.

관련개념 할론 소화약제 명명의 방식

㉠ 제일 앞에 Halon이란 명칭을 쓴다.
㉡ 이후 구성 원소들의 수를 C, F, Cl, Br의 순서대로 쓰되 없는 경우 0으로 한다.
㉢ 마지막 0은 생략할 수 있다.

정답 | ④

20 빈출도 ★

다음 중 연소와 가장 관련 있는 화학반응은?

① 중화반응
② 치환반응
③ 환원반응
④ 산화반응

해설

연소는 가연물이 산소와 빠르게 결합하여 연소생성물을 배출하는 산화반응의 하나이다.

정답 | ④

21 빈출도 ★★★

최대눈금 200[mA], 내부저항이 0.8[Ω]인 전류계가 있다. 8[mΩ] 저항의 분류기를 사용하여 전류계의 측정범위를 넓히면 몇 [A]까지 측정할 수 있는가?

① 19.6   ② 20.2

③ 21.4   ④ 22.8

해설

분류기의 배율 $m = \dfrac{I_0}{I_A} = \dfrac{I_A + I_S}{I_A} = 1 + \dfrac{I_S}{I_A} = 1 + \dfrac{R_A}{R_S}$

$= 1 + \dfrac{0.8}{8 \times 10^{-3}} = 101$

측정가능한 전류 $I_0 = mI_A = 101 \times 200 \times 10^{-3} = 20.2[A]$

정답 | ②

22 빈출도 ★★★

5[Ω]의 저항, 2[Ω]의 유도성 리액턴스를 직렬 연결로 접속한 회로에 5[A]의 전류를 흘렀을 때 이 회로의 복소전력[VA]은?

① $25 + j10$ ② $10 + j25$

③ $125 + j50$ ④ $50 + j125$

해설

임피던스 $Z = 5 + j2[Ω]$
복소전력 $P = I^2 Z = 5^2(5 + j2) = 125 + j50[VA]$

정답 | ③

23 빈출도 ★★

그림과 같은 회로에서 전압계 Ⓥ가 10[V]일 때 단자 A−B 간의 전압은 몇 [V] 인가?

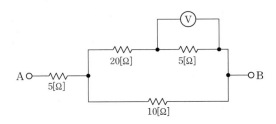

① 50   ② 85

③ 100   ④ 135

해설

병렬회로 위쪽에 흐르는 전류
$I_1 = \dfrac{V}{R} = \dfrac{10}{5} = 2[A]$

병렬회로에 걸리는 전압
$V_1 = IR = 2 \times (20 + 5) = 50[V]$

병렬회로 아래쪽에 흐르는 전류
$I_2 = \dfrac{V_1}{R} = \dfrac{50}{10} = 5[A]$

병렬회로 분기 직전의 전류는 $I_1 + I_2 = 7[A]$이므로
왼쪽 5[Ω]에 걸리는 전압 $V_2 = IR = 7 \times 5 = 35[V]$
∴ A−B간 전압은 $V_1 + V_2 = 35 + 50 = 85[V]$

정답 | ②

24 빈출도 ★★

50[Hz]의 3상 전압을 전파 정류하였을 때 리플(맥동) 주파수[Hz]는?

① 50   ② 100

③ 150   ④ 300

해설

3상 전파 정류의 맥동주파수는 $6f=6 \times 50=300$[Hz]이다.

구분	단상 반파	단상 전파	3상 반파	3상 전파
정류효율[%]	40.6	81.2	96.8	99.8
맥동률[%]	121	48	17	4.2
맥동주파수[Hz]	f	$2f$	$3f$	$6f$

정답 | ④

25 빈출도 ★★

개루프 제어와 비교하였을 때 폐루프 제어에 반드시 필요한 장치는?

① 안정도를 좋게 하는 장치
② 제어대상을 조작하는 장치
③ 동작신호를 조절하는 장치
④ 기준입력신호와 주궤환신호를 비교하는 장치

해설

폐루프 제어계는 기준입력신호와 주궤환신호를 비교하는 장치가 필요하다.

관련개념 폐루프 제어계

출력이 기준입력과 일치하는지를 비교하여 일치하지 않을 경우 일치하지 않는 정도에 비례하는 동작신호를 입력 방향으로 궤환(피드백)시켜 목푯값과 비교하도록 폐회로를 형성하는 제어계이다.

정답 | ④

26 빈출도 ★★★

그림의 시퀀스 회로와 등가인 논리 게이트는?

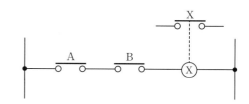

① OR 게이트   ② AND 게이트
③ NOT 게이트   ④ NOR 게이트

해설

입력 A, B와 출력 X 모두 a접점이므로
논리식 $X=A \cdot B$인 AND 게이트이다.

관련개념 AND 게이트

논리기호	논리식
A — [⟩ — $A \cdot B$ — C (B)	$C=A \cdot B$

정답 | ②

27 빈출도 ★★

전압이득이 60[dB]인 증폭기와 궤환율(β)이 0.01인 궤환회로를 부궤환 증폭기로 구성한 경우 전체이득은 약 몇 [dB]인가?

① 20 ② 40
③ 60 ④ 80

해설

증폭기의 이득이 A일 때
전압이득 $60 = 20\log A \rightarrow 3 = \log A$
$A = 10^3 = 1,000$
부궤환 증폭기의 이득
$$A_f = \frac{A}{1+\beta A} = \frac{1,000}{1+(0.01 \times 1,000)} = \frac{1,000}{11}$$
$$= 90.91$$
이득을 [dB]로 환산하기 위해 로그를 취하면
전체이득 $= 20\log 90.91 = 39.17$

관련개념 부궤환 증폭기 기본구성

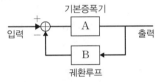

$$A_f = \frac{A}{1+\beta A}$$

A_f: 폐쇄루프이득(Closed-loop Gain) 또는 전체이득
A: 개방 루프 이득 (Open-loop Gain)
β: 궤환율 (Feedback Factor,Feedback Ratio)
$A\beta$: 루프 이득 (Loop Gain)
$1+A\beta$: 궤환량(Amount of Feedback)

정답 | ②

28 빈출도 ★★

지하 1층, 지상 2층, 연면적 1,500[m²]인 기숙사에서 지상 2층에 설치된 차동식 스포트형 감지기가 작동하였을 때 모든 층의 지구경종이 동작되었다. 각 층 지구경종의 정격전류가 60[mA] 이고, 24[V]가 인가되고 있을 때 모든 지구경종에서 소비되는 총 전력[W]은?

① 4.23 ② 4.32
③ 5.67 ④ 5.76

해설

지구경종 설치층: 지하 1층, 지상 1층, 지상 2층
지구경종 개수: 각 층당 1개씩 총 3개
한 개의 지구 경종에서 소비되는 전력
$P = VI = 24 \times 60 \times 10^{-3} = 1.44[W]$
지구경종은 총 3개이므로 소비되는 총 전력
$1.44 \times 3 = 4.32[W]$

정답 | ②

29 빈출도 ★★

진공 중에 놓여진 5[μC]의 점전하로부터 2[m]가 되는 점에서의 전계는 몇 [V/m]인가?

① 11.25×10^3 ② 16.25×10^3
③ 22.25×10^3 ④ 28.25×10^3

해설

$$E = \frac{1}{4\pi\varepsilon_0} \cdot \frac{Q}{r^2}$$
$$= \frac{1}{4\pi \times (8.855 \times 10^{-12})} \cdot \frac{5 \times 10^{-6}}{2^2}$$
$$= 11.25 \times 10^3 [V/m]$$

정답 | ①

30 빈출도 ★

열팽창식 온도계가 아닌 것은?

① 열전대 온도계   ② 유리 온도계

③ 바이메탈 온도계   ④ 압력식 온도계

해설

열전대 온도계는 제벡 효과를 이용하여 넓은 범위의 온도를 측정하는 온도계로 열팽창식 온도계와 관련이 없다.

관련개념 열팽창식 온도계의 종류

㉠ 유리 온도계
㉡ 바이메탈 온도계
㉢ 압력식 온도계
㉣ 수은 온도계
㉤ 알코올 온도계

정답 | ①

31 빈출도 ★★

3상 유도전동기를 Y결선으로 기동할 때 전류의 크기 ($|I_Y|$)와 △결선으로 기동할 때의 전류의 크기($|I_\triangle|$)의 관계로 옳은 것은?

① $|I_Y| = \dfrac{1}{3}|I_\triangle|$ ② $|I_Y| = \sqrt{3}|I_\triangle|$

③ $|I_Y| = \dfrac{1}{\sqrt{3}}|I_\triangle|$ ④ $|I_Y| = \dfrac{\sqrt{3}}{2}|I_\triangle|$

해설

Y결선 기동 시 △결선 기동 전류의 $\dfrac{1}{3}$배가 된다.

$\therefore |I_Y| = \dfrac{1}{3}|I_\triangle|$

관련개념 Y − △ 기동법

㉠ 기동 전류는 $\dfrac{1}{3}$배로 감소
㉡ 기동 전압은 $\dfrac{1}{\sqrt{3}}$배로 감소
㉢ 기동 토크는 $\dfrac{1}{3}$배로 감소

정답 | ①

32 빈출도 ★★★

역률 0.8인 전동기에 200[V] 교류 전압을 가하였더니 10[A]의 전류가 흘렀다. 피상전력은 몇 [VA]인가?

① 1,000   ② 1,200

③ 1,600   ④ 2,000

해설

피상전력 $P_a = VI = 200 \times 10 = 2,000[VA]$

정답 | ④

33 빈출도 ★

다음 중 강자성체에 속하지 않는 것은?

① 니켈   ② 알루미늄

③ 코발트   ④ 철

해설

알루미늄은 상자성체에 속한다.

관련개념 자성체의 종류

㉠ 강자성체: 철, 니켈, 코발트, 망간 등
㉡ 상자성체: 백금, 종이, 알루미늄, 마그네슘, 산소, 주석 등
㉢ 반자성체: 은, 구리, 유리, 플라스틱, 물, 수소 등

정답 | ②

34 빈출도 ★

프로세스 제어의 제어량이 아닌 것은?

① 액위   ② 유량
③ 온도   ④ 자세

해설

자세는 서보제어의 제어량이다.

관련개념 프로세스 제어

프로세스 제어는 공정제어라고도 하며, 플랜트나 생산 공정 등의 상태량을 제어량으로 하는 제어이다.
예 온도, 압력, 유량, 액면(액위), 농도, 밀도, 효율 등

서보제어(추종제어)

기계적 변위를 제어량으로 목푯값의 임의의 변화에 추종하도록 구성된 제어이다.
예 물체의 위치, 방위, 자세, 각도 등

정답 | ④

35 빈출도 ★★★

3상 농형 유도전동기의 기동법이 아닌 것은?

① Y−△ 기동법   ② 기동 보상기법
③ 2차 저항기동법   ④ 리액터 기동법

해설

2차 저항기동법은 권선형 유도 전동기의 기동법으로 비례추이 특성을 이용하여 기동하는 방식이다.

선지분석

① Y−△ 기동법: 5~15[kW] 용량의 농형 유도 전동기에 적용하는 기동법으로 기동 시에는 고정자의 전기자 권선을 Y결선으로 기동시키고 기동 후 운전 시에는 △결선으로 전환하여 운전한다.
② 기동 보상기법: 15[kW] 이상인 대용량 농형 유도 전동기에 적용하는 기종법으로 단권 변압기를 이용하여 기동한다.
④ 리액터 기동법: 15[kW] 이상 용량에 적용하며 전동기의 1차 측에 설치한 리액터를 이용하여 기동한다.

정답 | ③

36 빈출도 ★★

100[V], 500[W]의 전열선 2개를 동일한 전압에서 직렬로 접속하는 경우와 병렬로 접속하는 경우에 각 전열선에서 소비되는 전력은 각각 몇 [W]인가?

① 직렬: 250, 병렬: 500
② 직렬: 250, 병렬: 1,000
③ 직렬: 500, 병렬: 500
④ 직렬: 500, 병렬: 1,000

해설

소비 전력 $P = \dfrac{V^2}{R}$ 에서 전열선 1개의 저항

$R = \dfrac{V^2}{P} = \dfrac{100^2}{500} = 20[\Omega]$

전열선을 직렬로 연결할 때 소비 전력

$P = \dfrac{V^2}{R_{직렬}} = \dfrac{100^2}{20+20} = 250[W]$

전열선을 병렬로 연결할 경우 각 전열선 전력의 합과 같으므로
$P = 500 + 500 = 1,000[W]$

정답 | ②

37 빈출도 ★★★

그림과 같은 논리회로의 출력 Y는?

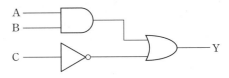

① $AB + \overline{C}$ ② $A + B + \overline{C}$
③ $(A+B)\overline{C}$ ④ $AB\overline{C}$

해설

A, B는 AND 회로이므로 논리곱인 AB이다. C는 NOT(부정) 회로를 통과한 후 OR 회로의 입력이므로 논리식으로 표현하면 다음과 같다.
$Y = AB + \overline{C}$

정답 | ①

38 빈출도 ★

단상 변압기 3대를 △결선하여 부하에 전력을 공급하고 있는 중 변압기 1대가 고장나서 V결선으로 바꾼 경우 고장 전과 비교하여 몇 [%] 출력을 낼 수 있는가?

① 50
② 57.7
③ 70.7
④ 86.6

해설

출력비 $= \dfrac{\text{V결선 출력}}{\triangle\text{결선 출력}} = \dfrac{P_V}{P_\triangle} = \dfrac{\sqrt{3}P}{3P} = 0.577 = 57.7[\%]$

관련개념 V결선의 특징

㉠ 출력: 단상 변압기 용량의 $\sqrt{3}$배이다.
　$P_V = \sqrt{3}P[\text{kVA}]$

㉡ 이용률: 변압기 2대의 출력량과 V결선했을 때 출력량의 비율이다.
　$\dfrac{\text{V결선 허용용량}}{2\text{대 허용용량}} = \dfrac{\sqrt{3}P}{2P} = 0.866 = 86.6[\%]$

㉢ 출력비: △결선했을 때와 V결선했을 때의 비율이다.
　$\dfrac{\text{V결선 출력}}{\triangle\text{결선 출력}} = \dfrac{P_V}{P_\triangle} = \dfrac{\sqrt{3}P}{3P} = 0.577 = 57.7[\%]$

정답 | ②

39 빈출도 ★★

대칭 n상의 환상결선에서 선전류와 상전류(환상전류) 사이의 위상차는?

① $\dfrac{n}{2}\left(1 - \dfrac{2}{\pi}\right)$
② $\dfrac{n}{2}\left(1 - \dfrac{\pi}{2}\right)$
③ $\dfrac{\pi}{2}\left(1 - \dfrac{2}{n}\right)$
④ $\dfrac{\pi}{2}\left(1 - \dfrac{n}{2}\right)$

해설

대칭 n상 환상결선에서 선전류와 상전류의 위상차
$\theta = \dfrac{\pi}{2} - \dfrac{\pi}{n} = \dfrac{\pi}{2}\left(1 - \dfrac{2}{n}\right)$

정답 | ③

40 빈출도 ★

공기 중에서 50[kW] 방사 전력이 안테나에서 사방으로 균일하게 방사될 때, 안테나에서 1[km] 거리에 있는 점에서의 전계의 실횻값은 약 몇 [V/m]인가?

① 0.87
② 1.22
③ 1.73
④ 3.98

해설

특성임피던스 $\dfrac{E}{H} = 377 \rightarrow H = \dfrac{E}{377}$
(E: 전계[V/m], H: 자계[AT/m])

포인팅벡터 $P = \dfrac{W}{4\pi r^2} = EH = \dfrac{E^2}{377}$

$\therefore E = \sqrt{\dfrac{377W}{4\pi r^2}} = \sqrt{\dfrac{377 \times 50 \times 10^3}{4\pi \times (1 \times 10^3)^2}}$
$\qquad = 1.22[\text{V/m}]$

정답 | ②

41 빈출도 ★★★

화재예방강화지구로 지정할 수 있는 대상이 아닌 것은?

① 시장지역
② 소방출동로가 있는 지역
③ 공장 · 창고가 밀집한 지역
④ 목조건물이 밀집한 지역

해설

소방출동로가 있는 지역은 화재예방강화지구의 지정대상이 아니다.

관련개념 **화재예방강화지구의 지정대상**

• 시장지역
• 공장 · 창고가 밀집한 지역
• 목조건물이 밀집한 지역
• 노후 · 불량건축물이 밀집한 지역
• 위험물의 저장 및 처리 시설이 밀집한 지역
• 석유화학제품을 생산하는 공장이 있는 지역
• 산업단지
• 소방시설 · 소방용수시설 또는 소방출동로가 없는 지역
• 물류단지

정답 | ②

※ 법령 개정으로 인해 수정된 문항입니다.

42 빈출도 ★

위험물안전관리법령상 제조소의 기준에 따라 건축물의 외벽 또는 이에 상당하는 공작물의 외측으로부터 제조소의 외벽 또는 이에 상당하는 공작물의 외측까지의 안전거리 기준으로 틀린 것은? (단, 제6류 위험물을 취급하는 제조소를 제외하고, 건축물에 불연재료로 된 방화상 유효한 담 또는 벽을 설치하지 않은 경우이다.)

① 의료법에 의한 종합병원에 있어서는 30[m] 이상
② 도시가스사업법에 의한 가스공급시설에 있어서는 20[m] 이상
③ 사용전압 35,000[V]를 초과하는 특고압가공전선에 있어서는 5[m] 이상
④ 문화유산법에 따른 지정문화유산에 있어서는 30[m] 이상

해설

문화유산법에 따른 지정문화유산에 있어서 건축물의 외벽 또는 이에 상당하는 공작물의 외측으로부터 제조소의 외벽 또는 이에 상당하는 공작물의 외측까지의 안전거리는 50[m] 이상이어야 한다.

관련개념 **제조소의 안전거리(수평거리)**

구분		안전거리
주거용 건축물 · 공작물		10[m] 이상
고압가스, 액화석유가스 또는 도시가스 저장 또는 취급하는 시설		20[m] 이상
학교, 병원급 의료기관(종합병원 포함). 극장		30[m] 이상
지정문화유산 및 천연기념물		50[m] 이상
특고압 가공전선	7[kV] 초과 35[kV] 이하	3[m] 이상
	35[kV] 초과	5[m] 이상

정답 | ④

43 빈출도 ★★

위험물안전관리법령상 허가를 받지 아니하고 당해 제조소등을 설치하거나 그 위치·구조 또는 설비를 변경할 수 있으며, 신고를 하지 아니하고 위험물의 품명·수량 또는 지정수량의 배수를 변경할 수 있는 기준으로 옳은 것은?

① 축산용으로 필요한 건조시설을 위한 지정수량 40배 이하의 저장소
② 수산용으로 필요한 건조시설을 위한 지정수량 30배 이하의 저장소
③ 농예용으로 필요한 난방시설을 위한 지정수량 40배 이하의 저장소
④ 주택의 난방시설(공동주택의 중앙난방시설 제외)을 위한 저장소

해설

주택의 난방시설(공동주택의 중앙난방시설 제외)을 위한 저장소 또는 취급소의 경우 시·도지사의 허가를 받지 않고 당해 제조소 등을 설치하거나 그 위치·구조 또는 설비를 변경할 수 있으며, 신고를 하지 아니하고 위험물의 품명·수량 또는 지정수량의 배수를 변경할 수 있다.

관련개념 시·도지사의 허가를 받지 않고 당해 제조소등을 설치하거나 그 위치·구조 또는 설비를 변경할 수 있으며, 신고를 하지 아니하고 위험물의 품명·수량 또는 지정수량의 배수를 변경할 수 있는 경우

㉠ 주택의 난방시설(공동주택의 중앙난방시설 제외)을 위한 저장소 또는 취급소
㉡ 농예용·축산용 또는 수산용으로 필요한 난방시설 또는 건조시설을 위한 지정수량 20배 이하의 저장소

정답 | ④

44 빈출도 ★★

소방시설공사업법령상 공사감리자 지정 대상 특정소방대상물의 범위가 아닌 것은?

① 제연설비를 신설·개설하거나 제연구역을 증설할 때
② 연소방지설비를 신설·개설하거나 살수구역을 증설할 때
③ 캐비닛형 간이스프링클러설비를 신설·개설하거나 방호·방수구역을 증설할 때
④ 물분무등소화설비(호스릴방식의 소화설비 제외)를 신설·개설하거나 방호·방수구역을 증설할 때

해설

캐비닛형 간이스프링클러설비를 신설·개설하거나 방호·방수구역을 증설할 때에는 공사감리자를 지정할 필요가 없다.

관련개념 공사감리자 지정대상 특정소방대상물의 범위

㉠ 옥내소화전설비를 신설·개설 또는 증설할 때
㉡ 스프링클러설비등(캐비닛형 간이스프링클러설비 제외)을 신설·개설하거나 방호·방수 구역을 증설할 때
㉢ 물분무등소화설비(호스릴방식의 소화설비 제외)를 신설·개설하거나 방호·방수 구역을 증설할 때
㉣ 옥외소화전설비를 신설·개설 또는 증설할 때
㉤ 자동화재탐지설비를 신설 또는 개설할 때
㉥ 비상방송설비를 신설 또는 개설할 때
㉦ 통합감시시설을 신설 또는 개설할 때
㉧ 소화용수설비를 신설 또는 개설할 때
㉨ 다음 소화활동설비에 대하여 시공을 할 때
 – 제연설비를 신설·개설하거나 제연구역을 증설할 때
 – 연결송수관설비를 신설 또는 개설할 때
 – 연결살수설비를 신설·개설하거나 송수구역을 증설할 때
 – 비상콘센트설비를 신설·개설하거나 전용회로를 증설할 때
 – 무선통신보조설비를 신설 또는 개설할 때
 – 연소방지설비를 신설·개설하거나 살수구역을 증설할 때

정답 | ③

45 빈출도 ★★★

다음 중 화재의 예방 및 안전관리에 관한 법률상 특수 가연물에 해당하는 품명별 기준수량으로 틀린 것은?

① 사류: 1,000[kg] 이상
② 면화류: 200[kg] 이상
③ 나무껍질 및 대팻밥: 400[kg] 이상
④ 넝마 및 종이부스러기: 500[kg] 이상

해설

넝마 및 종이부스러기의 기준수량은 1,000[kg] 이상이다.

관련개념 특수가연물별 기준수량

품명		수량
면화류		200[kg] 이상
나무껍질 및 대팻밥		400[kg] 이상
넝마 및 종이부스러기		
사류(絲類)		1,000[kg] 이상
볏짚류		
가연성 고체류		3,000[kg] 이상
석탄·목탄류		10,000[kg] 이상
가연성 액체류		2[m³] 이상
목재가공품 및 나무부스러기		10[m³] 이상
고무류·플라스틱류	발포시킨 것	20[m³] 이상
	그 밖의 것	3,000[kg] 이상

정답 | ④

46 빈출도 ★

소방기본법령상 소방대장의 권한이 아닌 것은?

① 화재 현장에 대통령령으로 정하는 사람 외에는 그 구역에 출입하는 것을 제한할 수 있다.
② 화재 진압 등 소방활동을 위하여 필요할 때에는 소방용수 외에 댐·저수지 등의 물을 사용할 수 있다.
③ 국민의 안전의식을 높이기 위하여 소방박물관 및 소방체험관을 설립하여 운영할 수 있다.
④ 불이 번지는 것을 막기 위하여 필요할 때에는 불이 번질 우려가 있는 소방대상물 및 토지를 일시적으로 사용할 수 있다.

해설

소방박물관과 소방체험관의 설립·운영권자는 각각 소방청장과 시·도지사이며 소방대장의 권한이 아니다.

관련개념 소방대장의 권한

㉠ 소방활동구역의 설정(출입 제한)
㉡ 소방활동 종사명령
㉢ 소방활동에 필요한 처분(강제처분)
㉣ 피난명령
㉤ 위험시설 등에 대한 긴급조치

정답 | ③

47 빈출도 ★★★

소방시설 설치 및 관리에 관한 법률상 단독경보형 감지기를 설치하여야 하는 특정소방대상물의 기준으로 틀린 것은?

① 숙박시설이 없는 수련시설
② 연면적 400[m²] 미만의 유치원
③ 수련시설 내에 있는 합숙소로서 연면적 2,000[m²] 미만인 것
④ 교육연구시설 내에 있는 기숙사로서 연면적 2,000[m²] 미만인 것

해설

숙박시설이 없는 수련시설은 단독경보형 감지기를 설치하지 않아도 된다.

관련개념 단독경보형 감지기를 설치해야 하는 특정소방대상물

시설	대상
기숙사 또는 합숙소	• 교육연구시설 내에 있는 것으로서 연면적 2,000[m²] 미만 • 수련시설 내에 있는 것으로서 연면적 2,000[m²] 미만
수련시설	수용인원 100명 미만인 숙박시설이 있는 것
유치원	연면적 400[m²] 미만
연립주택 및 다세대 주택*	전체

*연립주택 및 다세대 주택인 경우 연동형으로 설치할 것

정답 | ①

48 빈출도 ★★

소방기본법령상 시장지역에서 화재로 오인할 만한 우려가 있는 불을 피우거나 연막소독을 하려는 자가 신고를 하지 아니하여 소방자동차를 출동하게 한 자에 대한 과태료 부과 · 징수권자는?

① 국무총리
② 시 · 도지사
③ 행정안전부장관
④ 소방본부장 또는 소방서장

해설

화재로 오인할 만한 우려가 있는 불을 피우거나 연막소독을 하려는 자가 신고를 하지 아니하여 소방자동차를 출동하게 한 자에 대한 과태료는 관할 소방본부장 또는 소방서장이 부과 · 징수한다.

정답 | ④

49 빈출도 ★★★

소방시설 설치 및 관리에 관한 법률상 지하가 중 터널로서 길이가 1,000[m]일 때 설치하지 않아도 되는 소방시설은?

① 인명구조기구
② 옥내소화전설비
③ 연결송수관설비
④ 무선통신보조설비

해설

인명구조기구는 터널길이와 무관하게 설치하지 않아도 된다.

관련개념 터널길이에 따라 설치해야 하는 소방시설

터널길이	소방시설
500[m] 이상	• 비상경보설비 • 비상조명등 • 비상콘센트설비 • 무선통신보조설비
1,000[m] 이상	• 옥내소화전설비 • 자동화재탐지설비 • 연결송수관설비

정답 | ①

50 빈출도 ★★

화재의 예방 및 안전관리에 관한 법률상 1급 소방안전 관리대상물에 해당하는 건축물은?

① 지하구
② 층수가 15층인 공공업무시설
③ 연면적 15,000[m²] 이상인 동물원
④ 층수가 20층이고, 지상으로부터 높이가 100[m]인 아파트

해설

층수가 15층인 공공업무시설(특정소방대상물)은 1급 소방안전관리대상물에 해당한다.

선지분석

① 지하구는 2급 소방안전관리 대상물이다.
③ 동물원은 면적과 관계없이 특급, 1급 소방안전관리대상물에서 제외한다.
④ 층수가 30층 이상(지하층 제외)이거나 지상으로부터 높이가 120[m] 이상인 아파트가 1급 소방안전관리대상물의 기준이다.

관련개념 1급 소방안전관리대상물

시설	대상
아파트	• 30층 이상(지하층 제외) • 지상으로부터 높이 120[m] 이상
특정소방대상물 (아파트 제외)	• 연면적 15,000[m²] 이상 • 지상층의 층수가 11층 이상
가연성 가스 저장·취급 시설	1,000[t] 이상 저장·취급

• 제외대상: 동·식물원, 철강 등 불연성 물품을 저장·취급하는 창고, 위험물 저장 및 처리 시설 중 제조소등과 지하구

정답 | ②

51 빈출도 ★★★

소방시설 설치 및 관리에 관한 법률상 수용인원 산정 방법 중 침대가 없는 숙박시설로서 해당 특정소방 대상물의 종사자의 수는 5명, 복도, 계단 및 화장실의 바닥면적을 제외한 바닥면적이 158[m²]인 경우의 수용 인원은 약 몇 명인가?

① 37
② 45
③ 58
④ 84

해설

$$종사자 \ 수 + \frac{바닥면적의 \ 합계}{3[m^2]}$$

$$= 5 + \frac{158}{3} = 57.67 → 58명(소수점 반올림)$$

관련개념 수용인원의 산정방법

구분		산정방법
숙박 시설	침대가 있는 숙박시설	종사자 수 + 침대 수(2인용 침대는 2개)
	침대가 없는 숙박시설	종사자 수 + $\dfrac{바닥면적의 \ 합계}{3[m^2]}$
강의실·교무실· 상담실·실습실· 휴게실 용도로 쓰이 는 특정소방대상물		$\dfrac{바닥면적의 \ 합계}{1.9[m^2]}$
강당, 문화 및 집회시설, 운동시설, 종교시설		$\dfrac{바닥면적의 \ 합계}{4.6[m^2]}$
그 밖의 특정소방대상물		$\dfrac{바닥면적의 \ 합계}{3[m^2]}$

* 계산 결과 소수점 이하의 수는 반올림한다.
* 복도(준불연재료 이상의 것), 화장실, 계단은 면적에서 제외한다.

정답 | ③

52 빈출도 ★★★

화재의 예방 및 안전관리에 관한 법률상 화재안전조사 결과 소방대상물의 위치 상황이 화재 예방을 위하여 보완될 필요가 있을 것으로 예상되는 때에 소방대상물의 개수·이전·제거, 그 밖의 필요한 조치를 관계인에게 명령할 수 있는 사람은?

① 소방서장　　　　　② 경찰청장
③ 시·도지사　　　　④ 해당 구청장

해설

화재 예방을 위하여 보완될 필요가 있을 것으로 예상되는 때 소방대상물의 개수·이전·제거, 그 밖의 필요한 조치를 관계인에게 명령할 수 있는 사람은 소방관서장(소방청장, 소방본부장, 소방서장)이다.

관련개념 화재안전조사 결과에 따른 조치명령

소방관서장(소방청장, 소방본부장, 소방서장)은 화재안전조사 결과에 따른 소방대상물의 위치·구조·설비 또는 관리의 상황이 화재 예방을 위하여 보완될 필요가 있거나 화재가 발생하면 인명 또는 재산의 피해가 클 것으로 예상되는 때에는 행정안전부령으로 정하는 바에 따라 관계인에게 그 소방대상물의 개수·이전·제거, 사용의 금지 또는 제한, 사용폐쇄, 공사의 정지 또는 중지, 그 밖에 필요한 조치를 명할 수 있다.

정답 | ①

53 빈출도 ★★

소방시설공사업법령상 소방시설공사의 하자보수 보증기간이 3년이 아닌 것은?

① 자동소화장치　　　② 무선통신보조설비
③ 자동화재탐지설비　④ 간이스프링클러설비

해설

무선통신보조설비의 하자보수 보증기간은 2년이다.

관련개념 하자보수 보증기간

보증기간	소방시설	
2년	• 피난기구 • 유도등 • 유도표지 • 비상경보설비	• 비상조명등 • 비상방송설비 • 무선통신보조설비
3년	• 자동소화장치 • 옥내소화전설비 • 스프링클러설비 • 간이스프링클러설비 • 물분무등소화설비	• 옥외소화전설비 • 자동화재탐지설비 • 상수도소화용수설비 • 소화활동설비(무선통신 　보조설비 제외)

정답 | ②

54 빈출도 ★

위험물안전관리법령상 위험물취급소의 구분에 해당하지 않는 것은?

① 이송취급소
② 관리취급소
③ 판매취급소
④ 일반취급소

해설

관리취급소는 위험물취급소의 구분에 해당하지 않는다.

관련개념 위험물취급소의 구분

㉠ 주유취급소
㉡ 판매취급소
㉢ 이송취급소
㉣ 일반취급소

정답 | ②

55 빈출도 ★★★

소방시설 설치 및 관리에 관한 법률상 스프링클러설비를 설치하여야 하는 특정소방대상물의 기준으로 틀린 것은? (단, 위험물 저장 및 처리 시설 중 가스시설 또는 지하구는 제외한다.)

① 복합건축물로서 연면적 3,500[m²] 이상인 경우에는 모든 층
② 창고시설(물류터미널 제외)로서 바닥면적 합계가 5,000[m²] 이상인 경우에는 모든 층
③ 숙박이 가능한 수련시설 용도로 사용되는 시설의 바닥면적의 합계가 600[m²] 이상인 것은 모든 층
④ 판매시설, 운수시설 및 창고시설(물류터미널에 한정)로서 바닥면적의 합계가 5,000[m²] 이상이거나 수용인원이 500명 이상인 경우에는 모든 층

해설

복합건축물로서 연면적 5,000[m²] 이상인 경우에는 모든 층에 스프링클러설비를 설치해야 한다.

정답 | ①

56 빈출도 ★

국민의 안전의식과 화재에 대한 경각심을 높이고 안전문화를 정착시키기 위한 소방의 날은 몇 월 며칠인가?

① 1월 19일
② 10월 9일
③ 11월 9일
④ 12월 19일

해설

국민의 안전의식과 화재에 대한 경각심을 높이고 안전문화를 정착시키기 위하여 매년 11월 9일을 소방의 날로 정하여 기념행사를 한다.

정답 | ③

57 빈출도 ★★

위험물안전관리법령상 위험물시설의 설치 및 변경 등에 관한 기준 중 다음 (   ) 안에 들어갈 내용으로 옳은 것은?

> 제조소등의 위치 · 구조 또는 설비의 변경 없이 당해 제조소등에서 저장하거나 취급하는 위험물의 품명 · 수량 또는 지정수량의 배수를 변경하고자 하는 자는 변경하고자 하는 날의 (㉠)일 전까지 (㉡)이 정하는 바에 따라 (㉢)에게 신고하여야 한다.

① ㉠: 1, ㉡: 대통령령, ㉢: 소방본부장
② ㉠: 1, ㉡: 행정안전부령, ㉢: 시 · 도지사
③ ㉠: 14, ㉡: 대통령령, ㉢: 소방서장
④ ㉠: 14, ㉡: 행정안전부령, ㉢: 시 · 도지사

해설

제조소등의 위치 · 구조 또는 설비의 변경 없이 당해 제조소등에서 저장하거나 취급하는 위험물의 품명 · 수량 또는 지정수량의 배수를 변경하고자 하는 자는 변경하고자 하는 날의 1일 전까지 행정안전부령이 정하는 바에 따라 시 · 도지사에게 신고하여야 한다.

정답 | ②

58 빈출도 ★★★

소방시설 설치 및 관리에 관한 법령상 1년 이하의 징역 또는 1,000만 원 이하의 벌금 기준에 해당하는 경우는?

① 소방용품의 형식승인을 받지 아니하고 소방용품을 제조하거나 수입한 자
② 형식승인을 받은 소방용품에 대하여 제품검사를 받지 아니한 자
③ 거짓이나 그 밖의 부정한 방법으로 제품검사 전문기관으로 지정을 받은 자
④ 소방용품에 대하여 형상 등의 일부를 변경한 후 형식승인의 변경승인을 받지 아니한 자

해설

소방용품에 대하여 형상 등의 일부를 변경 시 형식승인의 변경승인을 받지 아니한 자는 **1년 이하의 징역 또는 1,000만 원 이하의 벌금**에 처한다.

선지분석

①, ②, ③은 3년 이하의 징역 또는 3,000만 원 이하의 벌금 기준에 해당한다.

정답 | ④

59 빈출도 ★★

시·도지사가 소방시설업의 등록취소처분이나 영업정지처분을 하고자 할 경우 실시하여야 하는 것은?

① 청문을 실시하여야 한다.
② 징계위원회의 개최를 요구하여야 한다.
③ 직권으로 취소 처분을 결정하여야 한다.
④ 소방기술심의위원회의 개최를 요구하여야 한다.

해설

소방시설업 등록취소처분이나 영업정지처분 또는 소방기술 인정 자격취소처분을 하려면 **청문**을 하여야 한다.

정답 | ①

60 빈출도 ★

다음 중 소방시설 설치 및 관리에 관한 법령상 소방시설관리업을 등록할 수 있는 자는?

① 피성년후견인
② 소방시설관리업의 등록이 취소된 날부터 2년이 경과된 자
③ 금고 이상의 형의 집행유예를 선고받고 그 유예기간 중에 있는 자
④ 금고 이상의 실형을 선고받고 그 집행이 면제된 날부터 2년이 지나지 아니한 자

해설

소방시설관리업의 등록이 취소된 날부터 2년이 경과된 자는 소방시설관리업을 등록할 수 있다.

관련개념 소방시설관리업 등록의 결격사유

㉠ 피성년후견인
㉡ 소방관계법규 또는 위험물안전관리법을 위반하여 금고 이상의 실형을 선고받고 그 집행이 끝나거나 집행이 면제된 날부터 2년이 지나지 아니한 사람
㉢ 소방관계법규 또는 위험물안전관리법을 위반하여 금고 이상의 형의 집행유예를 선고받고 그 유예기간 중에 있는 사람
㉣ 관리업의 등록이 취소(피성년후견인에 해당하여 취소된 경우 제외)된 날부터 2년이 지나지 아니한 자
㉤ 임원 중에 위 4가지 사항 중 어느 하나에 해당하는 사람이 있는 법인

정답 | ②

61 빈출도 ★

자동화재속보설비 속보기의 성능인증 및 제품검사의 기술기준에 따라 교류입력 측과 외함 간의 절연저항은 직류 500[V]의 절연저항계로 측정한 값이 몇 [MΩ] 이상이어야 하는가?

① 5 ② 10
③ 20 ④ 50

해설

자동화재속보설비 속보기의 절연저항(직류 500[V]의 절연저항계로 측정한 값)

측정 위치	절연저항
절연된 충전부와 외함 간	5[MΩ] 이상
교류입력 측과 외함 간	20[MΩ] 이상
절연된 선로 간	20[MΩ] 이상

정답 | ③

62 빈출도 ★★★

무선통신보조설비의 화재안전기술기준(NFTC 505)에 따라 금속제 지지금구를 사용하여 무선통신보조설비의 누설동축케이블을 벽에 고정시키고자 하는 경우 몇 [m] 이내마다 고정시켜야 하는가? (단, 불연재료로 구획된 반자 안에 설치하는 경우는 제외한다.)

① 2 ② 3
③ 4 ④ 5

해설

무선통신보조설비의 누설동축케이블 및 동축케이블은 화재에 따라 해당 케이블의 피복이 소실된 경우에 케이블 본체가 떨어지지 않도록 4[m] 이내마다 금속제 또는 자기제 등의 지지금구로 벽·천장·기둥 등에 견고하게 고정해야 한다.

정답 | ③

63 빈출도 ★★

비상경보설비 및 단독경보형 감지기의 화재안전기술기준(NFTC 201)에 따라 비상벨설비 음향장치의 음향 크기는 부착된 음향장치의 중심으로부터 1[m] 떨어진 위치에서 몇 [dB] 이상이 되는 것으로 하여야 하는가?

① 60 ② 70
③ 80 ④ 90

해설

비상벨설비 음향장치의 음향 크기는 부착된 음향장치의 중심으로부터 1[m] 떨어진 위치에서 음압이 90[dB] 이상이 되는 것으로 해야 한다.

정답 | ④

64 빈출도 ★★★

자동화재탐지설비 및 시각경보장치의 화재안전기술기준(NFTC 203)에 따라 외기에 면하여 상시 개방된 부분이 있는 차고·주차장·창고 등에 있어서는 외기에 면하는 각 부분으로부터 몇 [m] 미만의 범위 안에 있는 부분은 경계구역의 면적에 산입하지 아니 하는가?

① 1   ② 3
③ 5   ④ 10

해설

자동화재탐지설비 및 시각경보장치의 화재안전기술기준(NFTC 203)에 따라 외기에 면하여 상시 개방된 부분이 있는 차고·주차장·창고 등에 있어서는 외기에 면하는 각 부분으로부터 **5[m]** 미만의 범위 안에 있는 부분은 경계구역의 면적에 산입하지 않는다.

정답 | ③

66 빈출도 ★★★

비상방송설비의 화재안전기술기준(NFTC 202)에 따른 음향장치의 구조 및 성능에 대한 기준이다. 다음 (　　)에 들어갈 내용으로 옳은 것은?

> 가. 정격전압의 (㉠)[%] 전압에서 음향을 발할 수 있는 것으로 할 것
> 나. (㉡)의 작동과 연동하여 작동할 수 있는 것으로 할 것

① ㉠: 65, ㉡: 자동화재탐지설비
② ㉠: 80, ㉡: 자동화재탐지설비
③ ㉠: 65, ㉡: 단독경보형 감지기
④ ㉠: 80, ㉡: 단독경보형 감지기

해설

비상방송설비 음향장치의 구조 및 성능 기준
㉠ 정격전압의 **80[%]** 전압에서 음향을 발할 수 있는 것으로 할 것
㉡ **자동화재탐지설비**의 작동과 연동하여 작동할 수 있는 것으로 할 것

정답 | ②

65 빈출도 ★

누전경보기의 형식승인 및 제품검사의 기술기준에 따른 누전경보기 수신부의 기능검사 항목이 아닌 것은?

① 충격시험
② 진공가압시험
③ 과입력전압시험
④ 전원전압변동시험

해설

진공가압시험은 누전경보기 수신부의 기능검사가 아니다.

관련개념 누전경보기 수신부의 기능검사

㉠ 전원전압변동시험	㉡ 진동시험
㉢ 온도특성시험	㉣ 충격시험
㉤ 과입력전압시험	㉥ 방수시험
㉦ 개폐기의 조작시험	㉧ 절연저항시험
㉨ 반복시험	㉩ 절연내력시험
㉪ 충격파내전압시험	

67 빈출도 ★★

비상조명등의 화재안전기술기준(NFTC 304)에 따라 조도는 비상조명등이 설치된 장소의 각 부분의 바닥에서 몇 [lx] 이상이 되도록 하여야 하는가?

① 1   ② 3
③ 5   ④ 10

해설

비상조명등의 조도는 비상조명등이 설치된 장소의 각 부분의 바닥에서 **1[lx]** 이상이 되도록 해야 한다.

정답 | ①

정답 | ②

68 빈출도 ★★

비상방송설비의 화재안전기술기준(NFTC 202)에 따른 용어의 정의에서 소리를 크게하여 멀리까지 전달될 수 있도록 하는 장치로써 일명 "스피커"를 말하는 것은?

① 확성기
② 증폭기
③ 사이렌
④ 음량조절기

해설

확성기는 소리를 크게 하여 멀리까지 전달될 수 있도록 하는 장치로써 일명 스피커를 말한다.

관련개념

㉠ 증폭기: 전압·전류의 진폭을 늘려 감도를 좋게 하고 미약한 음성전류를 커다란 음성전류로 변화시켜 소리를 크게 하는 장치이다.
㉡ 음량조절기: 가변저항을 이용하여 전류를 변화시켜 음량을 크게 하거나 작게 조절할 수 있는 장치이다.

정답 | ①

69 빈출도 ★★

자동화재탐지설비 및 시각경보장치의 화재안전기술기준(NFTC 203)에 따른 중계기에 대한 시설기준으로 틀린 것은?

① 조작 및 점검에 편리하고 화재 및 침수 등의 재해로 인한 피해를 받을 우려가 없는 장소에 설치할 것
② 수신기에서 직접 감지기 회로의 도통시험을 행하지 않는 것에 있어서는 수신기와 발신기 사이에 설치할 것
③ 수신기에 따라 감시되지 아니하는 배선을 통하여 전력을 공급받는 것에 있어서는 전원입력 측의 배선에 과전류차단기를 설치할 것
④ 수신기에 따라 감시되는 아니하는 배선을 통하여 전력을 공급받는 것에 있어서는 해당 전원의 정전이 즉시 수신기에 표시되는 것으로 할 것

해설

자동화재탐지설비 중계기는 수신기에서 직접 감지기 회로의 도통시험을 하지 않는 것에 있어서는 수신기와 감지기 사이에 설치해야 한다.

정답 | ②

70 빈출도 ★★

비상콘센트설비의 화재안전기술기준(NFTC 504)에 따라 비상콘센트용의 풀박스 등은 방청도장을 한 것으로서, 두께 몇 [mm] 이상의 철판으로 하여야 하는가?

① 1.2
② 1.6
③ 2.0
④ 2.4

해설

비상콘센트용의 풀박스 등은 방청도장을 한 것으로서, 두께 1.6[mm] 이상의 철판으로 해야 한다.

정답 | ②

71 빈출도 ★

누전경보기의 형식승인 및 제품검사의 기술기준에 따라 누전경보기의 변류기는 경계전로에 정격전류를 흘리는 경우, 그 경계전로의 전압강하는 몇 [V] 이하이어야 하는가? (단, 경계전로의 전선을 그 변류기에 관통시키는 것은 제외한다.)

① 0.3
② 0.5
③ 1.0
④ 3.0

해설

누전경보기의 변류기는 경계전로에 정격전류를 흘리는 경우, 그 경계전로의 전압강하는 0.5[V] 이하이어야 한다.

정답 | ②

72 빈출도 ★★★

자동화재탐지설비 및 시각경보장치의 화재안전기술기준(NFTC 203)에 따른 배선의 시설기준으로 틀린 것은?

① 감지기 사이의 회로의 배선은 송배선식으로 할 것
② 자동화재탐지설비의 감지기 회로의 전로저항은 50[Ω] 이하가 되도록 할 것
③ 수신기의 각 회로별 종단에 설치되는 감지기에 접속되는 배선의 전압은 감지기 정격전압의 80[%] 이상이어야 할 것
④ 피(P)형 수신기 및 지피(GP)형 수신기의 감지기 회로의 배선에 있어서 하나의 공통선에 접속할 수 있는 경계구역은 10개 이하로 할 것

해설

P형 수신기 및 GP형 수신기의 감지기 회로의 배선에 있어서 하나의 공통선에 접속할 수 있는 경계구역은 **7개** 이하로 해야 한다.

정답 ④

73 빈출도 ★

예비전원의 성능인증 및 제품검사의 기술기준에 따른 예비전원의 구조 및 성능에 대한 설명으로 틀린 것은?

① 예비전원을 병렬로 접속하는 경우에는 역충전방지 등의 조치를 강구하여야 한다.
② 배선은 충분한 전류 용량을 갖는 것으로서 배선의 접속이 적합하여야 한다.
③ 예비전원에 연결되는 배선의 경우 양극은 청색, 음극은 적색으로 오접속방지 조치를 하여야 한다.
④ 축전지를 직렬 또는 병렬로 사용하는 경우에는 용량 (전압, 전류)이 균일한 축전지를 사용하여야 한다.

해설

예비전원에 연결되는 배선의 경우 양극은 **적색**, 음극은 **청색** 또는 **흑색**으로 오접속방지 조치를 하여야 한다.

정답 ③

74 빈출도 ★

비상콘센트설비의 성능인증 및 제품검사의 기술기준에 따라 비상콘센트설비에 사용되는 부품에 대한 설명으로 틀린 것은?

① 진공차단기는 KS C 8321(진공차단기)에 적합하여야 한다.
② 접속기는 KS C 8305(배선용 꽂음접속기)에 적합하여야 한다.
③ 표시등의 소켓은 접속이 확실하여야 하며 쉽게 전구를 교체할 수 있도록 부착하여야 한다.
④ 단자는 충분한 전류용량을 갖는 것으로 하여야 하며 단자의 접속이 정확하고 확실하여야 한다.

해설

진공차단기는 특고압 또는 고압 배전선로에 설치하여 과전류 또는 단락 사고 등으로 이상 전류 발생 시 계통을 차단하는 장치로 비상콘센트설비와는 관련이 없다.

관련개념 비상콘센트설비의 배선용 차단기

배선용 차단기는 KS C 8321(배선용 차단기)에 적합하여야 한다.

정답 ①

75 빈출도 ★

소방시설용 비상전원수전설비의 화재안전기술기준 (NFTC 602)에 따른 제1종 배전반 및 제1종 분전반의 시설기준으로 틀린 것은?

① 전선의 인입구 및 입출구는 외함에 노출하여 설치하면 아니 된다.
② 외함의 문은 2.3[mm] 이상의 강판과 이와 동등 이상의 강도와 내화성능이 있는 것으로 제작하여야 한다.
③ 공용배전반 및 공용분전반의 경우 소방회로와 일반회로에 사용하는 배선 및 배선용 기기는 불연재료로 구획되어야 한다.
④ 외함은 금속관 또는 금속제 가요전선관을 쉽게 접속할 수 있도록 하고, 당해 접속부분에는 단열조치를 하여야 한다.

해설

제1종 배전반 및 제1종 분전반 전선의 인입구 및 입출구는 외함에 노출하여 설치할 수 있다.

정답 | ①

76 빈출도 ★★

비상경보설비 및 단독경보형 감지기의 화재안전기술기준(NFTC 201)에 따른 발신기의 시설기준으로 틀린 것은?

① 발신기의 위치표시등은 함의 하부에 설치한다.
② 조작스위치는 바닥으로부터 0.8[m] 이상 1.5[m] 이하의 높이에 설치한다.
③ 복도 또는 별도로 구획된 실로서 보행거리가 40[m] 이상일 경우에는 추가로 설치하여야 한다.
④ 특정소방대상물의 층마다 설치하되, 해당 특정소방대상물의 각 부분으로부터 하나의 발신기까지의 수평거리가 25[m] 이하가 되도록 해야 한다.

해설

발신기의 위치표시등은 함의 상부에 설치한다.

정답 | ①

77 빈출도 ★★

유도등의 형식승인 및 제품검사의 기술기준에 따른 유도등의 일반구조에 대한 설명으로 틀린 것은?

① 축전지에 배선 등을 직접 납땜하지 아니하여야 한다.
② 충전부가 노출되지 아니한 것은 300[V]를 초과할 수 있다.
③ 예비전원을 직렬로 접속하는 경우는 역충전방지 등의 조치를 강구하여야 한다.
④ 유도등에는 점멸, 음성 또는 이와 유사한 방식 등에 의한 유도장치를 설치할 수 있다.

해설

유도등의 예비전원을 병렬로 접속하는 경우는 역충전방지 등의 조치를 강구하여야 한다.

정답 | ③

78 빈출도 ★★

자동화재탐지설비 및 시각경보장치의 화재안전기술기준(NFTC 203)에 따라 지하층·무창층 등으로써 환기가 잘되지 아니하거나 실내면적이 40[m²] 미만인 장소에 설치하여야 하는 적응성이 있는 감지기가 아닌 것은?

① 불꽃감지기
② 광전식 분리형 감지기
③ 정온식 스포트형 감지기
④ 아날로그방식의 감지기

해설

정온식 스포트형 감지기는 해당 환경에 적응성이 없다.

관련개념 지하층, 무창층 등으로서 환기가 잘되지 아니하거나 실내면적이 40[m²] 미만인 장소, 감지기의 부착면과 실내 바닥과의 거리가 2.3[m] 이하인 곳으로서 일시적으로 발생한 열·연기 또는 먼지 등으로 인하여 화재신호를 발신할 우려가 있는 장소에 적응성이 있는 감지기

㉠ 불꽃감지기
㉡ 정온식 감지선형 감지기
㉢ 분포형 감지기
㉣ 복합형 감지기
㉤ 광전식 분리형 감지기
㉥ 아날로그방식의 감지기
㉦ 다신호방식의 감지기
㉧ 축적방식의 감지기

정답 ③

79 빈출도 ★★★

무선통신보조설비 누설동축케이블의 설치기준에 따라 다음 괄호 안에 들어갈 내용이 적절하게 짝지어진 것은?

– 누설동축케이블 및 안테나는 고압의 전로로부터
(㉠)[m] 이상 떨어진 위치에 설치해야 한다.
– 누설동축케이블 및 동축케이블의 임피던스는
(㉡)[Ω]으로 해야 한다.

① ㉠: 1.5, ㉡: 150
② ㉠: 1.5, ㉡: 50
③ ㉠: 2, ㉡: 50
④ ㉠: 2, ㉡: 150

해설

무선통신보조설비 누설동축케이블의 설치기준
㉠ 누설동축케이블 및 안테나는 고압의 전로로부터 1.5[m] 이상 떨어진 위치에 설치해야 한다.
㉡ 누설동축케이블 및 동축케이블의 임피던스는 50[Ω]으로 해야 한다.

정답 ②

※ 법령 개정으로 인해 수정된 문제입니다.

80 빈출도 ★

유도등 및 유도표지의 화재안전기술기준(NFTC 303)에 따른 피난구유도등의 설치장소로 틀린 것은?

① 직통계단
② 직통계단의 계단실
③ 안전구획된 거실로 통하는 출입구
④ 옥외로부터 직접 지하로 통하는 출입구

해설

옥외로부터 직접 지하로 통하는 출입구는 피난구유도등의 설치장소가 아니다.

관련개념 피난구유도등의 설치장소

㉠ 옥내로부터 직접 지상으로 통하는 출입구 및 그 부속실의 출입구
㉡ 직통계단·직통계단의 계단실 및 그 부속실의 출입구
㉢ 출입구에 이르는 복도 또는 통로로 통하는 출입구
㉣ 안전구획된 거실로 통하는 출입구

정답 ④

소방원론

01 빈출도 ★

일반적인 플라스틱 분류상 열경화성 플라스틱에 해당하는 것은?

① 폴리에틸렌   ② 폴리염화비닐
③ 페놀수지   ④ 폴리스티렌

해설

페놀수지는 열경화성 플라스틱이다.

관련개념 열가소성, 열경화성

㉠ 열가소성: 열을 가하면 분자 간 결합이 약해지면서 물질이 물러지는 성질
㉡ 열경화성: 열을 가할수록 단단해지는 성질

일반적으로 물질의 명칭이 '폴리—'로 이루어진 경우 열가소성인 경우가 많다.

정답 | ③

02 빈출도 ★★★

공기 중에서 수소의 연소범위로 옳은 것은?

① 0.4~4[vol%]   ② 1~12.5[vol%]
③ 4~75[vol%]   ④ 67~92[vol%]

해설

수소의 연소범위는 4~75[vol%]이다.

관련개념 주요 가연성 가스의 연소범위와 위험도

가연성 가스	하한계 [vol%]	상한계 [vol%]	위험도
아세틸렌(C_2H_2)	2.5	81	31.4
수소(H_2)	4	75	17.8
일산화탄소(CO)	12.5	74	4.9
에테르($C_2H_5OC_2H_5$)	1.9	48	24.3
이황화탄소(CS_2)	1.2	44	35.7
에틸렌(C_2H_4)	2.7	36	12.3
암모니아(NH_3)	15	28	0.9
메테인(CH_4)	5	15	2
에테인(C_2H_6)	3	12.4	3.1
프로페인(C_3H_8)	2.1	9.5	3.5
뷰테인(C_4H_{10})	1.8	8.4	3.7

정답 | ③

03 빈출도 ★★

건물 내 피난동선의 조건으로 옳지 않은 것은?

① 2개 이상의 방향으로 피난할 수 있어야 한다.
② 가급적 단순한 형태로 한다.
③ 통로의 말단은 안전한 장소이어야 한다.
④ 수직동선은 금하고 수평동선만 고려한다.

해설

피난동선은 수직동선도 고려하여 구성해야 한다.

관련개념 **화재 시 피난동선의 조건**

㉠ 피난동선은 가급적 단순한 형태로 한다.
㉡ 2 이상의 피난동선을 확보한다.
㉢ 피난통로는 불연재료로 구성한다.
㉣ 인간의 본능을 고려하여 동선을 구성한다.
㉤ 계단은 직통계단으로 한다.
㉥ 피난통로의 종착지는 안전한 장소여야 한다.
㉦ 수평동선과 수직동선을 구분하여 구성한다.

정답 ④

04 빈출도 ★★

증발잠열을 이용하여 가연물의 온도를 떨어뜨려 화재를 진압하는 소화방법은?

① 제거소화
② 억제소화
③ 질식소화
④ 냉각소화

해설

냉각소화는 연소 중인 가연물질의 온도를 인화점 이하로 냉각시켜 소화하는 것을 말한다.

정답 ④

05 빈출도 ★

열분해에 의하여 가연물 표면에 유리상의 메타인산 피막을 형성하고 연소에 필요한 산소의 유입을 차단하는 분말약제는?

① 요소
② 탄산수소칼륨
③ 제1인산암모늄
④ 탄산수소나트륨

해설

제1인산암모늄은 360[℃] 이상의 온도에서 열분해하는 과정 중에 생성되는 메타인산이 가연물 표면에 유리상의 피막을 형성하여 산소 공급을 차단시킨다.

정답 ③

06 빈출도 ★★

화재를 소화하는 방법 중 물리적 방법에 의한 소화가 아닌 것은?

① 억제소화
② 제거소화
③ 질식소화
④ 냉각소화

해설

억제소화는 연소의 요소 중 연쇄적 산화반응을 약화시켜 연소의 계속을 불가능하게 하므로 화학적 방법에 의한 소화에 해당한다.

관련개념 **소화의 분류**

㉠ 물리적 소화: 냉각·질식·제거·희석소화
㉡ 화학적 소화: 부촉매소화(억제소화)

정답 ①

07 빈출도 ★★★

물과 반응하여 가연성 기체를 발생하지 않는 것은?

① 칼륨   ② 인화알루미늄
③ 산화칼슘   ④ 탄화알루미늄

해설

산화칼슘(CaO)은 물과 반응하였을 때 수산화칼슘($Ca(OH)_2$)을 생성한다.

선지분석

① $2K + 2H_2O \rightarrow 2KOH + H_2 \uparrow$
② $AlP + 3H_2O \rightarrow Al(OH)_3 + PH_3 \uparrow$
④ $Al_4C_3 + 12H_2O \rightarrow 4Al(OH)_3 + 3CH_4 \uparrow$

정답 | ③

09 빈출도 ★

과산화수소와 과염소산의 공통성질이 아닌 것은?

① 산화성 액체이다.   ② 유기화합물이다.
③ 불연성 물질이다.   ④ 비중이 1보다 크다.

해설

과산화수소(H_2O_2)와 과염소산($HClO_4$) 모두 무기화합물이다.

선지분석

① 제6류 위험물(산화성 액체)이다.
③ 직접 연소하지 않는 불연성 물질이며 산소를 함유하고 있어 조연성 물질이기도 하다.
④ 물보다 무거워 비중이 1보다 크다.

관련개념

유기화합물은 기본 구조가 탄소(C) 원자로 이루어진 물질이다.

정답 | ②

08 빈출도 ★★★

다음 물질을 저장하고 있는 장소에서 화재가 발생하였을 때 주수소화가 적합하지 않은 것은?

① 적린   ② 마그네슘 분말
③ 과염소산칼륨   ④ 유황

해설

마그네슘 분말(Mg)과 물(H_2O)이 반응하면 수소(H_2)가 발생하므로 주수소화가 적합하지 않다.
$Mg + 2H_2O \rightarrow Mg(OH)_2 + H_2 \uparrow$

정답 | ②

10 빈출도 ★

다음 중 가연성 가스가 아닌 것은?

① 일산화탄소   ② 프로페인
③ 아르곤   ④ 메테인

해설

아르곤(Ar)은 주기율표상 18족 원소인 불활성기체로 연소하지 않는다.

정답 | ③

11 빈출도 ★★

화재 발생 시 인간의 피난 특성으로 틀린 것은?

① 본능적으로 평상시 사용하는 출입구를 사용한다.
② 최초로 행동을 개시한 사람을 따라서 움직인다.
③ 공포감으로 인해서 빛을 피하여 어두운 곳으로 몸을 숨긴다.
④ 무의식중에 발화 장소의 반대쪽으로 이동한다.

해설

화재 시 밝은 곳으로 대피한다. 이를 지광본능이라 한다.

관련개념 화재 시 인간의 피난특성

지광본능	밝은 곳으로 대비한다.
추종본능	최초로 행동한 사람을 따른다.
퇴피본능	발화지점의 반대방향으로 이동한다.
귀소본능	평소에 사용하던 문. 통로를 사용한다.
좌회본능	오른손잡이는 오른손이나 오른발을 이용하여 왼쪽으로 회전(좌회전)한다.

정답 ③

12 빈출도 ★★

실내화재에서 화재의 최성기에 돌입하기 전에 다량의 가연성 가스가 동시에 연소되면서 급격한 온도상승을 유발하는 현상은?

① 패닉(Panic) 현상
② 스택(Stack) 현상
③ 화이어 볼(Fire Ball) 현상
④ 플래쉬 오버(Flash Over) 현상

해설

플래쉬 오버(Flash Over) 현상이란 화점 주위에서 화재가 서서히 진행하다가 어느 정도 시간이 경과함에 따라 대류와 복사현상에 의해 일정 공간 안에 있는 가연물이 발화점까지 가열되어 일순간에 걸쳐 동시 발화되는 현상이다.

정답 ④

13 빈출도 ★★

다음 원소 중 할로겐족 원소인 것은?

① Ne
② Ar
③ Cl
④ Xe

해설

염소(Cl)는 주기율표상 17족 원소로 할로겐족 원소이다.

선지분석

네온(Ne), 아르곤(Ar), 제논(Xe)은 주기율표상 18족 원소로 불활성(비활성)기체이다.

정답 ③

14 빈출도 ★★

피난 시 하나의 수단이 고장 등으로 사용이 불가능하더라도 다른 수단 및 방법을 통해서 피난할 수 있도록 하는 것으로 2방향 이상의 피난통로를 확보하는 피난대책의 일반 원칙은?

① Risk-down 원칙
② Feed-back 원칙
③ Fool-proof 원칙
④ Fail-safe 원칙

해설

하나의 수단에 문제가 생겨 작동하지 않더라도(Fail) 차선책을 활용해 목적을 달성(Safe)할 수 있도록 하는 원칙은 Fail-safe 원칙이다.

정답 ④

15 빈출도 ★★

목재건축물의 화재 진행과정을 순서대로 나열한 것은?

① 무염착화 – 발염착화 – 발화 – 최성기
② 무염착화 – 최성기 – 발염착화 – 발화
③ 발염착화 – 발화 – 최성기 – 무염착화
④ 발염착화 – 최성기 – 무염착화 – 발화

해설

목조건축물의 화재 진행 과정은 다음과 같은 순서로 진행된다.
화재의 원인 – 무염착화 – 발염착화 – 발화 – 성장기 – 최성기 – 연소낙하 – 소화

정답 | ①

16 빈출도 ★★★

탄산수소나트륨이 주성분인 분말 소화약제는?

① 제1종 분말
② 제2종 분말
③ 제3종 분말
④ 제4종 분말

해설

제1종 분말 소화약제의 주성분은 탄산수소나트륨($NaHCO_3$)이다.

관련개념 분말 소화약제

구분	주성분	색상	적응화재
제1종	탄산수소나트륨 ($NaHCO_3$)	백색	B급 화재 C급 화재
제2종	탄산수소칼륨 ($KHCO_3$)	담자색 (보라색)	B급 화재 C급 화재
제3종	제1인산암모늄 ($NH_4H_2PO_4$)	담홍색	A급 화재 B급 화재 C급 화재
제4종	탄산수소칼륨+요소 [$KHCO_3$+$CO(NH_2)_2$]	회색	B급 화재 C급 화재

정답 | ①

17 빈출도 ★★★

공기와 Halon 1301의 혼합기체에서 Halon 1301에 비해 공기의 확산속도는 약 몇 배인가? (단, 공기의 평균분자량은 29, 할론 1301의 분자량은 149이다.)

① 2.27배
② 3.85배
③ 5.17배
④ 6.46배

해설

같은 온도와 압력에서 두 기체의 확산속도의 비는 두 기체 분자량의 제곱근의 비와 같다.

$$\frac{v_a}{v_b} = \sqrt{\frac{M_b}{M_a}} = \sqrt{\frac{149}{29}} \fallingdotseq 2.27$$

관련개념 그레이엄의 법칙

$$\frac{v_a}{v_b} = \sqrt{\frac{M_b}{M_a}}$$

v_a: a기체의 확산속도 [m/s], v_b: b기체의 확산속도 [m/s], M_a: a기체의 분자량, M_b: b기체의 분자량

정답 | ①

18 빈출도 ★★

불연성 기체나 고체 등으로 연소물을 감싸 산소공급을 차단하는 소화방법은?

① 질식소화 ② 냉각소화
③ 연쇄반응차단소화 ④ 제거소화

해설

질식소화는 연소하고 있는 가연물이 들어있는 용기를 기계적으로 밀폐하여 외부와 차단하거나 타고 있는 가연물의 표면을 거품 또는 불연성의 액체로 덮어서 연소에 필요한 공기의 공급을 차단시켜 소화하는 것을 말한다.

정답 ┃ ①

19 빈출도 ★★★

공기 중의 산소의 농도는 약 몇 [vol%] 인가?

① 10 ② 13
③ 17 ④ 21

해설

공기 중 산소의 농도는 21[vol%]이다.

관련개념 공기의 구성성분과 분자량

약 78[%]의 질소(N_2), 21[%]의 산소(O_2), 1[%]의 아르곤(Ar)으로 구성된다.
질소, 산소, 아르곤의 원자량은 각각 14, 16, 40으로 공기의 평균 분자량은 다음과 같다.
$(14 \times 2 \times 0.78) + (16 \times 2 \times 0.21) + (40 \times 0.01) \fallingdotseq 29$

정답 ┃ ④

20 빈출도 ★★★

자연발화 방지대책에 대한 설명 중 틀린 것은?

① 저장실의 온도를 낮게 유지한다.
② 저장실의 환기를 원활히 시킨다.
③ 촉매물질과의 접촉을 피한다.
④ 저장실의 습도를 높게 유지한다.

해설

수분은 비열이 높아 많은 열을 축적할 수 있으므로 습도가 낮아야 자연발화를 방지할 수 있다.

관련개념 발화의 조건

㉠ 주변 온도가 높고, 발열량이 클수록 발화하기 쉽다.
㉡ 열전도율이 낮을수록 열 축적이 쉬워 발화하기 쉽다.
㉢ 표면적이 넓어 산소와의 접촉량이 많을수록 발화하기 쉽다.
㉣ 분자량, 온도, 습도, 농도, 압력이 클수록 발화하기 쉽다.
㉤ 활성화 에너지가 작을수록 발화하기 쉽다.

정답 ┃ ④

21 빈출도 ★★★

다음 중 쌍방향성 전력용 반도체 소자인 것은?

① SCR   ② IGBT
③ TRIAC   ④ DIODE

해설

TRIAC은 양(쌍)방향 3단자 사이리스터로 양방향 도통이 가능한 반도체 소자이다.

선지분석

① SCR은 단방향성 사이리스터로 PNPN의 4층 구조의 3단자 반도체 소자이다.
② IGBT는 MOSFET과 BJT 장점을 조합한 소재로 단방향성 전력용 트랜지스터이다.
④ DIODE(다이오드)는 단방향성 소자로 정류작용을 한다.

정답 | ③

22 빈출도 ★★★

그림의 시퀀스(계전기 접점) 회로를 논리식으로 표현하면?

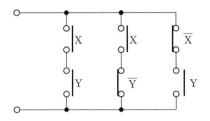

① $X+Y$

② $XY+(X\overline{Y})(\overline{X}Y)$

③ $(X+Y)(X+\overline{Y})(\overline{X}+Y)$

④ $(X+Y)+(X+\overline{Y})+(\overline{X}+Y)$

해설

왼쪽의 회로를 논리식으로 나타내면 XY
중간의 회로를 논리식으로 나타내면 $X\overline{Y}$
오른쪽의 회로를 논리식으로 나타내면 $\overline{X}Y$
따라서 회로의 논리식을 정리하면 다음과 같다.

$$XY+X\overline{Y}+\overline{X}Y=X(Y+\overline{Y})+\overline{X}Y$$
$$=X+\overline{X}Y \leftarrow \text{흡수법칙}$$
$$=X+Y$$

관련개념 불대수 연산 예

결합법칙	• $A+(B+C)=(A+B)+C$ • $A\cdot(B\cdot C)=(A\cdot B)\cdot C$
분배법칙	• $A\cdot(B+C)=A\cdot B+A\cdot C$ • $A+(B\cdot C)=(A+B)\cdot(A+C)$
흡수법칙	• $A+A\cdot B=A$ • $A+\overline{A}B=A+B$ • $A\cdot(A+B)=A$

정답 | ①

23 빈출도 ★★★

아래 블록선도와 동일하게 표현되는 제어 시스템의 전달함수 $G(s)$는?

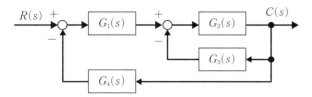

① $\dfrac{G_1(s)G_2(s)}{1+G_2(s)G_3(s)+G_1(s)G_2(s)G_4(s)}$

② $\dfrac{G_3(s)G_4(s)}{1+G_2(s)G_3(s)+G_1(s)G_2(s)G_4(s)}$

③ $\dfrac{G_1(s)G_2(s)}{1+G_1(s)G_2(s)+G_1(s)G_2(s)G_3(s)}$

④ $\dfrac{G_3(s)G_4(s)}{1+G_1(s)G_2(s)+G_1(s)G_2(s)G_3(s)}$

해설

$$\dfrac{C(s)}{R(s)}=\dfrac{경로}{1-폐로}$$

$$=\dfrac{G_1(s)G_2(s)}{1+G_2(s)G_3(s)+G_1(s)G_2(s)G_4(s)}$$

경로: $G_1(s)G_2(s)$

폐로: ① $-G_2(s)G_3(s)$, ② $-G_1(s)G_2(s)G_4(s)$

관련개념 경로와 폐로

㉠ 경로: 입력에서부터 출력까지 가는 경로에 있는 소자들의 곱
㉡ 폐로: 출력 중 입력으로 돌아가는 경로에 있는 소자들의 곱

정답 ┃ ①

24 빈출도 ★

조작기기는 직접 제어대상에 작용하는 장치이고 빠른 응답이 요구된다. 전기식 조작기기가 아닌 것은?

① 서보 전동기
② 전동 밸브
③ 다이어프램 밸브
④ 전자 밸브

해설

다이어프램 밸브는 기계식 조작기기이다.

관련개념 전기식 조작기기

㉠ 서보 전동기
㉡ 전동 밸브
㉢ 전자 밸브

정답 ┃ ③

25 빈출도 ★★★

전기자 제어 직류 서보 전동기에 대한 설명으로 옳은 것은?

① 교류 서보 전동기에 비하여 구조가 간단하여 소형이고 출력이 비교적 낮다.
② 제어 권선과 콘덴서가 부착된 여자 권선으로 구성된다.
③ 전기적 신호를 계자 권선의 입력 전압으로 한다.
④ 계자 권선의 전류가 일정하다.

해설

전기자 제어 직류 서보 전동기는 계자 권선의 전류가 일정하다.

선지분석

① 교류 서보 전동기에 비하여 구조가 간단하여 소형이고 출력이 비교적 높다.
② 제어 권선과 콘덴서가 부착된 여자 권선으로 구성된 전동기는 교류 서보 전동기이다.
③ 전기적 신호를 계자 권선의 입력 전압으로 하는 방식은 교류 서보 전동기이다.

정답 ┃ ④

26 빈출도 ★★

절연 저항을 측정할 때 사용하는 계기는?

① 전류계　　　　② 전위차계
③ 메거　　　　　④ 휘트스톤 브리지

해설

절연 저항 측정에는 메거가 이용된다.

선지분석

① 전류계: 회로에서 부하와 직렬로 연결하여 전류를 측정한다.
② 전위차계: 회로의 전압을 측정한다.
④ 휘트스톤 브리지: 검류계의 내부 저항을 측정한다.

정답 | ③

27 빈출도 ★★

$R=10[\Omega]$, $\omega L=20[\Omega]$인 직렬회로에 $220\angle0°[\mathrm{V}]$ 교류 전압을 가하는 경우 이 회로에 흐르는 전류는 약 몇 $[\mathrm{A}]$인가?

① $24.5\angle-26.5°$　　② $9.8\angle-63.4°$
③ $12.2\angle-13.2°$　　④ $73.6\angle-79.6°$

해설

페이저로 표현한 임피던스

$$Z=\sqrt{R^2+\omega L^2}\angle\tan^{-1}\left(\frac{\omega L}{R}\right)$$
$$=\sqrt{10^2+20^2}\angle\tan^{-1}\left(\frac{20}{10}\right)$$
$$=22.36\angle63.43°[\Omega]$$

전류 $I=\dfrac{V}{Z}=\dfrac{220\angle0°}{22.36\angle63.43°}$
$$=9.84\angle-63.43°[\mathrm{A}]$$

정답 | ②

28 빈출도 ★★★

다음의 논리식 중 틀린 것은?

① $(\overline{A}+B)\cdot(A+B)=B$
② $(A+B)\cdot\overline{B}=A\overline{B}$
③ $\overline{AB+AC}+\overline{A}=\overline{A}+\overline{B}\,\overline{C}$
④ $\overline{(\overline{A}+B)}+CD=A\overline{B}(C+D)$

해설

$$\overline{(\overline{A}+B)+CD}=\overline{\overline{A}+B}\cdot\overline{CD}$$
$$=\overline{\overline{A}}\,\overline{B}\cdot(\overline{C}+\overline{D})$$
$$=A\overline{B}\cdot(\overline{C}+\overline{D})$$

선지분석

① 분배법칙
　$(\overline{A}+B)\cdot(A+B)=B+(\overline{A}A)=B(\because \overline{A}A=0)$
② $(A+B)\cdot\overline{B}=A\overline{B}+B\overline{B}=A\overline{B}(\because B\overline{B}=0)$
③ 드 모르간의 정리
　$\overline{AB+AC}+\overline{A}=\overline{AB}\cdot\overline{AC}+\overline{A}$
$$=(\overline{A}+\overline{B})\cdot(\overline{A}+\overline{C})+\overline{A}$$
$$=\overline{A}+\overline{B}\,\overline{C}+\overline{A}$$
$$=\overline{A}+\overline{B}\,\overline{C}$$

정답 | ④

29 빈출도 ★

$R=4[\Omega]$, $\dfrac{1}{\omega C}=9[\Omega]$인 RC 직렬회로에 전압 $e(t)$를 인가할 때, 제3고조파 전류의 실횻값은 몇 $[\mathrm{A}]$인가? (단, $e(t)=50+10\sqrt{2}\sin\omega t+120\sqrt{2}\sin3\omega t[\mathrm{V}]$)

① 4.4　　　　② 12.2
③ 24　　　　④ 34

해설

제3고조파 임피던스

$$Z_3=R+\frac{1}{jn\omega C}=4-j\frac{1}{3}\times9=4-j3[\Omega]$$

제3고조파 전압(실횻값)

$$V_3=\frac{120\sqrt{2}}{\sqrt{2}}=120[\mathrm{V}]$$

제3고조파 전류

$$I_3=\frac{V_3}{Z_3}=\frac{120}{\sqrt{4^2+3^2}}=\frac{120}{5}=24[\mathrm{A}]$$

정답 | ③

30 빈출도 ★ ★ ★

분류기를 사용하여 전류를 측정하는 경우에 전류계의 내부 저항이 $0.28[\Omega]$이고 분류기의 저항이 $0.07[\Omega]$이라면, 이 분류기의 배율은?

① 4

② 5

③ 6

④ 7

해설

분류기 배율 $m = \dfrac{I_0}{I_a} = 1 + \dfrac{R_a}{R_s} = 1 + \dfrac{0.28}{0.07} = 5$

관련개념 **분류기**

전류계의 측정 범위를 넓히기 위하여 전류계와 병렬로 연결하는 저항이다.

정답 | ②

31 빈출도 ★ ★

옴의 법칙에 대한 설명으로 옳은 것은?

① 전압은 저항에 반비례한다.

② 전압은 전류에 비례한다.

③ 전압은 전류에 반비례한다.

④ 전압은 전류의 제곱에 비례한다.

해설

옴의 법칙 $V = IR[V]$에서 전압은 전류와 저항에 비례한다.

정답 | ②

32 빈출도 ★ ★

3상 직권 정류자 전동기에서 고정자 권선과 회전자 권선 사이에 중간 변압기를 사용하는 주요한 이유가 아닌 것은?

① 경부하 시 속도의 이상 상승 방지

② 철심을 포화시켜 회전자 상수를 감소

③ 중간 변압기의 권수비를 바꾸어서 전동기 특성을 조정

④ 전원전압의 크기에 관계없이 정류에 알맞은 회전자 전압 선택

해설

철심을 포화시켜 속도 상승을 제한할 수 있다.

선지분석

① 중간 변압기를 사용하여 철심을 포화시켜 경부하 시 속도 상승을 억제할 수 있다.

③ 중간 변압기의 권수비를 조정하여 전동기의 특성이 조정 가능하다.

④ 전원 전압의 크기에 관계없이 회전자 전압을 정류작용에 알맞은 값으로 선정할 수 있다.

정답 | ②

33 빈출도 ★★

공기 중에 10[μC]과 20[μC]인 두 개의 점전하를 1[m] 간격으로 놓았을 때 발생되는 정전기력은 몇 [N]인가?

① 1.2   ② 1.8

③ 2.4   ④ 3.0

해설

$$F = \frac{1}{4\pi\varepsilon} \cdot \frac{Q_1 \cdot Q_2}{r^2}$$
$$= \frac{1}{4\pi \times (8.855 \times 10^{-12})} \cdot \frac{(10 \times 10^{-6}) \cdot (20 \times 10^{-6})}{1^2}$$
$$= 1.8[\mathrm{N}]$$

관련개념 쿨롱의 법칙

두 점전하 사이에 작용하는 전기력의 크기 F는 두 점전하가 띤 전하량 q_1, q_2의 곱에 비례하고, 두 점전하 사이의 거리 r의 제곱에 반비례한다.

$$F = k\frac{Q_1 \cdot Q_2}{r^2} = \frac{1}{4\pi\varepsilon} \cdot \frac{Q_1 \cdot Q_2}{r^2}[N]$$

쿨롱상수 $k = \frac{1}{4\pi\varepsilon} = 9 \times 10^9[\mathrm{N \cdot m^2/C^2}]$

정답 | ②

34 빈출도 ★

교류 회로에 연결되어 있는 부하의 역률을 측정하는 경우 필요한 계측기의 구성은?

① 전압계, 전력계, 회전계

② 상순계, 전력계, 전류계

③ 전압계, 전류계, 전력계

④ 전류계, 전압계, 주파수계

해설

교류 회로에 연결되어 있는 부하의 역률을 측정하기 위해 필요한 계측기는 전압계, 전류계, 전력계이다.

정답 | ③

35 빈출도 ★

평형 3상 회로에서 선간전압과 전류의 실횻값이 각각 28.87[V], 10[A]이고, 역률이 0.8인 경우 3상 무효전력의 크기는 약 몇 [Var]인가?

① 400   ② 300

③ 231   ④ 173

해설

3상 무효전력 $P_r = \sqrt{3}\,VI\sin\theta$
$\sin\theta = \sqrt{1-\cos^2\theta} = \sqrt{1-0.8^2} = 0.6$
$\therefore P_r = \sqrt{3} \times 28.87 \times 10 \times 0.6 = 300.03[\mathrm{Var}]$

정답 | ②

36 빈출도 ★★

회로에서 a, b 사이의 합성 저항은 몇 Ω인가?

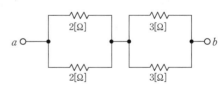

① 2.5   ② 5

③ 7.5   ④ 10

해설

왼쪽 병렬회로의 합성 저항 $R = \frac{2 \times 2}{2+2} = 1[\Omega]$

오른쪽 병렬회로의 합성 저항 $R = \frac{3 \times 3}{3+3} = 1.5[\Omega]$

a, b 사이의 합성저항 $R = 1 + 1.5 = 2.5[\Omega]$

정답 | ①

37 빈출도 ★★

60[Hz]의 3상 전압을 전파 정류하였을 때 리플(맥동) 주파수[Hz]는?

① 120
② 180
③ 360
④ 720

해설

3상 전파 정류의 맥동주파수는 $6f = 6 \times 60 = 360$[Hz]

구분	단상 반파	단상 전파	3상 반파	3상 전파
정류효율[%]	40.6	81.2	96.8	99.8
맥동률[%]	121	48	17	4.2
맥동주파수[Hz]	f	$2f$	$3f$	$6f$

정답 | ③

38 빈출도 ★★★

두 개의 입력신호 중 하나의 입력만 1일 때 출력신호가 1이 되는 논리게이트는?

① EXCLUSIVE NOR
② NAND
③ EXCLUSIVE OR
④ AND

해설

Exclusive OR 회로(배타적 논리회로)는 입력 단자 A와 B 중 어느 한 단자라도 ON이면 출력이 ON이 되고, 두 단자 모두 ON이거나 OFF일 때에는 출력이 OFF가 되는 회로이다. 즉, 입력이 같으면 0, 다르면 1이 출력된다.

관련개념 XOR 게이트

논리기호	논리식
A ─⟩D─ C B	$C = A \oplus B = \overline{A}B + A\overline{B}$

정답 | ③

39 빈출도 ★★

진공 중 대전된 도체 표면에 면전하밀도 σ[C/m²]가 균일하게 분포되어 있을 때, 이 도체 표면에서 전계의 세기 E[V/m]는? (단, ε_0는 진공의 유전율이다.)

① $E = \dfrac{\sigma}{\varepsilon_0}$
② $E = \dfrac{\sigma}{2\varepsilon_0}$
③ $E = \dfrac{\sigma}{2\pi\varepsilon_0}$
④ $E = \dfrac{\sigma}{4\pi\varepsilon_0}$

해설

대전된 도체 표면의 전계의 세기 $E = \dfrac{\sigma}{\varepsilon_0}$[V/m]

관련개념 전계의 세기

구분	도체 표면	무한 평판
전계	$E = \dfrac{\sigma}{\varepsilon_0}$[V/m]	$E = \dfrac{\sigma}{2\varepsilon_0}$[V/m]

정답 | ①

40 빈출도 ★★★

3상 유도 전동기의 출력이 25[HP], 전압이 220[V], 효율이 85[%], 역률이 85[%]일 때, 전동기로 흐르는 전류는 약 몇 [A] 인가? (단, 1[HP]=0.746[kW])

① 40
② 45
③ 68
④ 70

해설

3상 유도기의 출력
$P = 25 \times 0.746 = 18.65$[kW]
3상 유도기에 흐르는 전류
$I = \dfrac{P}{\sqrt{3} V \cos\theta \times \eta} = \dfrac{18.65 \times 10^3}{\sqrt{3} \times 220 \times 0.85 \times 0.85}$
$= 67.74$[A]

정답 | ③

소방관계법규

41 빈출도 ★★★

위험물안전관리법령상 위험물 중 제1석유류에 속하는 것은?

① 경유   ② 등유
③ 중유   ④ 아세톤

해설

아세톤은 제1석유류에 속한다.

관련개념 석유류의 분류

구분	종류
제1석유류	휘발유, 아세톤 등
제2석유류	경유, 등유 등
제3석유류	중유, 크레오소트유 등
제4석유류	기어유, 실린더유 등

정답 | ④

42 빈출도 ★★

화재의 예방 및 안전관리에 관한 법률상 특수가연물의 저장 및 취급 기준을 위반한 경우 과태료 부과기준은?

① 50만 원   ② 100만 원
③ 150만 원   ④ 200만 원

해설

특수가연물의 저장 및 취급 기준을 위반한 경우 200만 원 이하의 과태료를 부과한다.

정답 | ④

43 빈출도 ★★★

소방시설 설치 및 관리에 관한 법률상 소방시설 등의 자체점검 중 종합점검을 받아야 하는 특정소방대상물 대상 기준으로 틀린 것은?

① 제연설비가 설치된 터널
② 스프링클러설비가 설치된 특정소방대상물
③ 공공기관 중 연면적이 $1,000[m^2]$ 이상인 것으로서 옥내소화전설비 또는 자동화재탐지설비가 설치된 것(소방대가 근무하는 공공기관 제외)
④ 호스릴방식의 물분무등소화설비만이 설치된 연면적 $5,000[m^2]$ 이상인 특정소방대상물(위험물제조소등 제외)

해설

호스릴방식의 물분무등소화설비만이 설치된 특정소방대상물은 종합점검을 받아야 하는 대상이 아니다.

관련개념 종합점검 대상

㉠ 스프링클러설비가 설치된 특정소방대상물
㉡ 물분무등소화설비(호스릴방식의 물분무등소화설비만을 설치한 경우 제외)가 설치된 연면적 $5,000[m^2]$ 이상인 특정소방대상물(위험물제조소등 제외)
㉢ 다중이용업의 영업장이 설치된 특정소방대상물로서 연면적이 $2,000[m^2]$ 이상인 것
㉣ 제연설비가 설치된 터널
㉤ 공공기관 중 연면적이 $1,000[m^2]$ 이상인 것으로서 옥내소화전설비 또는 자동화재탐지설비가 설치된 것(소방대가 근무하는 공공기관 제외)

정답 | ④

44 빈출도 ★★

소방기본법상 소방대장의 권한이 아닌 것은?

① 소방활동을 할 때에 긴급한 경우에는 이웃한 소방 본부장 또는 소방서장에게 소방업무의 응원을 요청할 수 있다.

② 화재, 재난·재해, 그 밖의 위급한 상황이 발생한 현장에서 소방활동을 위하여 필요할 때에는 그 관할 구역에 사는 사람 또는 그 현장에 있는 사람으로 하여금 사람을 구출하는 일 또는 불을 끄거나 불이 번지지 아니하도록 하는 일을 하게 할 수 있다.

③ 사람을 구출하거나 불이 번지는 것을 막기 위하여 필요할 때에는 화재가 발생하거나 불이 번질 우려가 있는 소방대상물 및 토지를 일시적으로 사용하거나 그 사용의 제한 또는 소방활동에 필요한 처분을 할 수 있다.

④ 소방활동을 위하여 긴급하게 출동할 때에는 소방 자동차의 통행과 소방활동에 방해가 되는 주차 또는 정차된 차량 및 물건 등을 제거하거나 이동시킬 수 있다.

해설

소방활동을 할 때에 긴급한 경우 이웃한 소방본부장 또는 소방서장에게 소방업무의 응원을 요청할 수 있는 사람은 소방본부장이나 소방서장이다.
소방대장은 소방업무의 응원을 요청할 수 있는 권한이 없다.

관련개념 소방대장의 권한
㉠ 소방활동구역의 설정(출입 제한)
㉡ 소방활동 종사명령
㉢ 소방활동에 필요한 처분(강제처분)
㉣ 피난명령
㉤ 위험시설 등에 대한 긴급조치

정답 ①

45 빈출도 ★★

위험물안전관리법령상 제조소등이 아닌 장소에서 지정 수량 이상의 위험물을 취급할 수 있는 경우에 대한 기준으로 맞는 것은? (단, 시·도의 조례가 정하는 바에 따른다.)

① 관할 소방서장의 승인을 받아 지정수량 이상의 위험물을 60일 이내의 기간 동안 임시로 저장 또는 취급하는 경우

② 관할 소방대장의 승인을 받아 지정수량 이상의 위험물을 60일 이내의 기간 동안 임시로 저장 또는 취급하는 경우

③ 관할 소방서장의 승인을 받아 지정수량 이상의 위험물을 90일 이내의 기간 동안 임시로 저장 또는 취급하는 경우

④ 관할 소방대장의 승인을 받아 지정수량 이상의 위험물을 90일 이내의 기간 동안 임시로 저장 또는 취급하는 경우

해설

관할 소방서장의 승인을 받아 지정수량 이상의 위험물을 90일 이내의 기간 동안 임시로 저장 또는 취급하는 경우 제조소등이 아닌 장소에서 지정수량 이상의 위험물을 취급할 수 있다.

정답 ③

46 빈출도 ★★★

위험물안전관리법령상 제4류 위험물별 지정수량 기준의 연결이 틀린 것은?

① 특수인화물 – 50[L]
② 알코올류 – 400[L]
③ 동식물유류 – 1,000[L]
④ 제4석유류 – 6,000[L]

해설

동식물유류의 지정수량은 10,000[L]이다.

관련개념 제4류 위험물 및 지정수량

위험물	품명		지정수량
제4류 (인화성액체)	특수인화물		50[L]
	제1석유류	비수용성	200[L]
		수용성	400[L]
	알코올류		
	제2석유류	비수용성	1,000[L]
		수용성	2,000[L]
	제3석유류	비수용성	
		수용성	4,000[L]
	제4석유류		6,000[L]
	동식물유류		10,000[L]

정답 | ③

47 빈출도 ★★★

화재의 예방 및 안전관리에 관한 법률상 화재예방강화지구의 지정권자는?

① 소방서장
② 시 · 도지사
③ 소방본부장
④ 행정안전부장관

해설

시 · 도지사는 화재예방강화지구의 지정권자이다.

정답 | ②

48 빈출도 ★★

위험물안전관리법령상 관계인이 예방규정을 정하여야 하는 위험물을 취급하는 제조소의 지정수량 기준으로 옳은 것은?

① 지정수량의 10배 이상
② 지정수량의 100배 이상
③ 지정수량의 150배 이상
④ 지정수량의 200배 이상

해설

지정수량의 10배 이상의 위험물을 취급하는 제조소는 관계인이 예방규정을 정해야 한다.

관련개념 관계인이 예방규정을 정해야 하는 제조소등

시설	저장 또는 취급량
제조소	지정수량의 10배 이상
옥외저장소	지정수량의 100배 이상
옥내저장소	지정수량의 150배 이상
옥외탱크저장소	지정수량의 200배 이상
암반탱크저장소	전체
이송취급소	전체
일반취급소	• 지정수량의 10배 이상 • 제4류 위험물(특수인화물 제외)만을 지정수량의 50배 이하로 취급하는 일반취급소(제1석유류 · 알코올류의 취급량이 지정수량의 10배 이하인 경우에 한함)로서 다음 경우 제외 　– 보일러 · 버너 또는 이와 비슷한 것으로서 위험물을 소비하는 장치로 이루어진 일반취급소 　– 위험물을 용기에 옮겨 담거나 차량에 고정된 탱크에 주입하는 일반취급소

정답 | ①

49 빈출도 ★

소방시설 설치 및 관리에 관한 법령상 주택의 소유자가 소방시설을 설치하여야 하는 대상이 아닌 것은?

① 아파트
② 연립주택
③ 다세대주택
④ 다가구주택

해설

아파트는 주택의 소유자가 소방시설을 설치하여야 하는 대상이 아니다.
단독주택과 공동주택(아파트, 기숙사 제외)의 소유자는 소화기 등의 소방시설을 설치하여야 한다.

관련개념 **주택의 분류**

단독주택	— 단독주택 — 다중주택 — 다가구주택
공동주택	— 아파트 — 연립주택 — 다세대주택 — 기숙사

정답 ①

50 빈출도 ★★

소방시설 설치 및 관리에 관한 법률상 정당한 사유 없이 피난시설, 방화구획 및 방화시설의 유지·관리에 필요한 조치 명령을 위반한 경우 이에 대한 벌칙 기준으로 옳은 것은?

① 200만 원 이하의 벌금
② 300만 원 이하의 벌금
③ 1년 이하의 징역 또는 1,000만 원 이하의 벌금
④ 3년 이하의 징역 또는 3,000만 원 이하의 벌금

해설

정당한 사유 없이 피난시설, 방화구획 및 방화시설의 유지·관리에 필요한 조치 명령을 위반한 경우 3년 이하의 징역 또는 3,000만 원 이하의 벌금에 처한다.

정답 ④

51 빈출도 ★

소방시설공사업법령상 정의된 업종 중 소방시설업의 종류에 해당되지 않는 것은?

① 소방시설설계업
② 소방시설공사업
③ 소방시설정비업
④ 소방공사감리업

해설

소방시설정비업은 소방시설업의 종류가 아니다.

관련개념 **소방시설업의 종류**

㉠ 소방시설설계업
㉡ 소방시설공사업
㉢ 소방공사감리업
㉣ 방염처리업

정답 ③

52 빈출도 ★★

소방시설 설치 및 관리에 관한 법률상 특정소방대상물로서 숙박시설에 해당되지 않는 것은?

① 오피스텔
② 일반형 숙박시설
③ 생활형 숙박시설
④ 근린생활시설에 해당하지 않는 고시원

해설

오피스텔은 업무시설 중 일반업무시설이다.

관련개념 **특정소방대상물(숙박시설)**

㉠ 일반형 숙박시설(취사시설이 제외된 숙박업의 시설)
㉡ 생활형 숙박시설(취사시설이 포함된 숙박업의 시설)
㉢ 고시원(근린생활시설에 해당하지 않는 것)

정답 ①

53 빈출도 ★★★

소방시설 설치 및 관리에 관한 법률상 수용인원 산정 방법 중 다음과 같은 시설의 수용인원은 몇 명인가?

> 숙박시설이 있는 특정소방대상물로서 종사자 수는 5명, 숙박시설은 모두 2인용 침대이며 침대 수량은 50개이다.

① 55
② 75
③ 85
④ 105

해설

종사자 수＋침대 수(2인용 침대는 2개)
＝5＋50×2＝105명

관련개념 수용인원의 산정방법

구분		산정방법
숙박시설	침대가 있는 숙박시설	종사자 수＋침대 수(2인용 침대는 2개)
	침대가 없는 숙박시설	종사자 수＋$\dfrac{\text{바닥면적의 합계}}{3[\text{m}^2]}$
강의실·교무실·상담실·실습실·휴게실 용도로 쓰이는 특정소방대상물		$\dfrac{\text{바닥면적의 합계}}{1.9[\text{m}^2]}$
강당, 문화 및 집회시설, 운동시설, 종교시설		$\dfrac{\text{바닥면적의 합계}}{4.6[\text{m}^2]}$
그 밖의 특정소방대상물		$\dfrac{\text{바닥면적의 합계}}{3[\text{m}^2]}$

* 계산 결과 소수점 이하의 수는 반올림한다.
* 복도(준불연재료 이상의 것), 화장실, 계단은 면적에서 제외한다.

정답 | ④

54 빈출도 ★★★

소방시설 설치 및 관리에 관한 법령상 소방시설등에 대하여 스스로 점검을 하지 아니하거나 관리업자등으로 하여금 정기적으로 점검하게 하지 아니한 자에 대한 벌칙 기준으로 옳은 것은?

① 6개월 이하의 징역 또는 1,000만 원 이하의 벌금
② 1년 이하의 징역 또는 1,000만 원 이하의 벌금
③ 3년 이하의 징역 또는 1,500만 원 이하의 벌금
④ 3년 이하의 징역 또는 3,000만 원 이하의 벌금

해설

소방시설등에 대하여 스스로 점검을 하지 아니하거나 관리업자등으로 하여금 정기적으로 점검하게 하지 아니한 자는 1년 이하의 징역 또는 1,000만 원 이하의 벌금에 처한다.

정답 | ②

55 빈출도 ★★

소방시설 설치 및 관리에 관한 법령상 소방시설이 아닌 것은?

① 소화설비
② 경보설비
③ 방화설비
④ 소화활동설비

해설

방화설비는 소방시설이 아니다.

관련개념 소방시설의 종류

㉠ 소화설비
㉡ 경보설비
㉢ 피난구조설비
㉣ 소화용수설비
㉤ 소화활동설비

정답 | ③

56 빈출도 ★ ★ ★

화재의 예방 및 안전관리에 관한 법률상 화재예방강화지구의 지정대상이 아닌 것은? (단, 소방청장·소방본부장 또는 소방서장이 화재예방강화지구로 지정할 필요가 있다고 인정하는 지역은 제외한다.)

① 시장지역
② 농촌지역
③ 목조건물이 밀집한 지역
④ 공장·창고가 밀집한 지역

해설

농촌지역은 화재예방강화지구의 지정대상이 아니다.

관련개념 화재예방강화지구의 지정대상

㉠ 시장지역
㉡ 공장·창고가 밀집한 지역
㉢ 목조건물이 밀집한 지역
㉣ 노후·불량건축물이 밀집한 지역
㉤ 위험물의 저장 및 처리 시설이 밀집한 지역
㉥ 석유화학제품을 생산하는 공장이 있는 지역
㉦ 산업단지
㉧ 소방시설·소방용수시설 또는 소방출동로가 없는 지역
㉨ 물류단지

정답 | ②

57 빈출도 ★ ★ ★

화재의 예방 및 안전관리에 관한 법률상 특수가연물의 품명과 지정수량 기준의 연결이 틀린 것은?

① 사류 – 1,000[kg] 이상
② 볏짚류 – 300[kg] 이상
③ 석탄·목탄류 – 10,000[kg] 이상
④ 플라스틱류 중 발포시킨 것 – 20[m³] 이상

해설

볏짚류의 기준수량은 1,000[kg] 이상이다.

관련개념 특수가연물별 기준수량

품명		수량
면화류		200[kg] 이상
나무껍질 및 대팻밥		400[kg] 이상
넝마 및 종이부스러기		
사류(絲類)		1,000[kg] 이상
볏짚류		
가연성 고체류		3,000[kg] 이상
석탄·목탄류		10,000[kg] 이상
가연성 액체류		2[m³] 이상
목재가공품 및 나무부스러기		10[m³] 이상
고무류·플라스틱류	발포시킨 것	20[m³] 이상
	그 밖의 것	3,000[kg] 이상

정답 | ②

58 빈출도 ★

소방기본법령상 소방안전교육사의 배치대상별 배치기준으로 틀린 것은?

① 소방청: 2명 이상 배치
② 소방서: 1명 이상 배치
③ 소방본부: 2명 이상 배치
④ 한국소방안전원(본회): 1명 이상 배치

해설

한국소방안전원(본회)은 소방안전교육사를 2명 이상 배치해야 한다.

관련개념 소방안전교육사의 배치대상 및 기준

배치대상	배치기준
소방청	2명 이상
소방본부	2명 이상
소방서	1명 이상
한국소방안전원	• 본회: 2명 이상 • 시 · 도지부: 1명 이상
한국소방산업기술원	2명 이상

정답 | ④

59 빈출도 ★★

소방시설공사업법상 도급을 받은 자가 제3자에게 소방시설의 시공을 다시 하도급한 경우에 대한 벌칙 기준으로 옳은 것은? (단, 대통령령으로 정하는 경우는 제외한다.)

① 100만 원 이하의 벌금
② 300만 원 이하의 벌금
③ 1년 이하의 징역 또는 1,000만 원 이하의 벌금
④ 3년 이하의 징역 또는 1,500만 원 이하의 벌금

해설

도급을 받은 자가 제3자에게 소방시설의 시공을 다시 하도급한 경우 1년 이하의 징역 또는 1,000만 원 이하의 벌금에 처한다.

정답 | ③

60 빈출도 ★★

화재의 예방 및 안전관리에 관한 법률상 총괄소방안전관리자를 선임해야 하는 특정소방대상물이 아닌 것은?

① 판매시설 중 도매시장 및 소매시장
② 복합건축물로서 층수가 11층 이상인 것
③ 지하층을 제외한 층수가 7층 이상인 고층 건축물
④ 복합건축물로서 연면적이 30,000[m²] 이상인 것

해설

지하층을 제외한 층수가 7층 이상인 고층 건축물은 총괄소방안전관리자를 선임해야 하는 특정소방대상물이 아니다.

관련개념 총괄소방안전관리자 선임 대상 특정소방대상물

시설	대상
복합건축물	• 지하층을 제외한 층수가 11층 이상 • 연면적 30,000[m²] 이상
지하가	지하의 인공구조물 안에 설치된 상점 및 사무실 그 밖에 이와 비슷한 시설이 연속하여 지하도에 접하여 설치된 것과 그 지하도를 합한 것
판매시설	• 도매시장 • 소매시장 및 전통시장

정답 | ③

61 빈출도 ★

비상경보설비 및 단독경보형 감지기의 화재안전기술기준(NFTC 201)에 따라 화재신호 및 상태신호 등을 송수신하는 방식으로 옳은 것은?

① 자동식   ② 수동식

③ 반자동식   ④ 유·무선식

해설

비상경보설비 및 단독경보형 감지기의 화재신호 및 상태신호 등을 송수신하는 방식은 다음과 같다.
㉠ 유선식: 화재신호 등을 배선으로 송수신하는 방식
㉡ 무선식: 화재신호 등을 전파에 의해 송수신하는 방식
㉢ 유·무선식: 유선식과 무선식을 겸용으로 사용하는 방식

정답 | ④

62 빈출도 ★

감지기의 형식승인 및 제품검사의 기술기준에 따른 연기감지기의 종류로 옳은 것은?

① 연복합형

② 공기흡입형

③ 차동식 스포트형

④ 보상식 스포트형

해설

연기감지기의 종류
㉠ 이온화식 스포트형
㉡ 광전식 스포트형
㉢ 광전식 분리형
㉣ 공기흡입형

정답 | ②

63 빈출도 ★★

비상콘센트설비의 화재안전기술기준(NFTC 504)에 따른 비상콘센트설비의 전원회로(비상콘센트에 전력을 공급하는 회로)의 시설기준으로 옳은 것은?

① 하나의 전용회로에 설치하는 비상콘센트는 12개 이하로 할 것

② 전원회로는 단상교류 220[V]인 것으로서, 그 공급용량은 1.0[kVA] 이상인 것으로 할 것

③ 비상콘센트용의 풀박스 등은 방청도장을 한 것으로서, 두께 1.2[mm] 이상의 철판으로 할 것

④ 전원으로부터 각 층의 비상콘센트에 분기되는 경우에는 분기배선용 차단기를 보호함 안에 설치할 것

해설

비상콘센트설비의 전원회로는 전원으로부터 각 층의 비상콘센트에 분기되는 경우에는 분기배선용 차단기를 보호함 안에 설치해야 한다.

선지분석

① 하나의 전용회로에 설치하는 비상콘센트는 10개 이하로 할 것

② 비상콘센트설비의 전원회로는 단상교류 220[V]인 것으로서, 그 공급용량은 1.5[kVA] 이상인 것으로 할 것

③ 비상콘센트용의 풀박스 등은 방청도장을 한 것으로서, 두께 1.6[mm] 이상의 철판으로 할 것

정답 | ④

64 빈출도 ★★★

비상방송설비의 화재안전기술기준(NFTC 202)에 따라 기동장치에 따른 화재신호를 수신한 후 필요한 음량으로 화재발생 상황 및 피난에 유효한 방송이 자동으로 개시될 때까지의 소요시간은 몇 초 이하로 하여야 하는가?

① 3   ② 5
③ 7   ④ 10

해설

비상방송설비의 기동장치에 따른 화재신호를 수신한 후 필요한 음량으로 화재발생 상황 및 피난에 유효한 방송이 자동으로 개시될 때까지의 소요시간은 10초 이내로 해야 한다.

정답 | ④

65 빈출도 ★★★

비상조명등의 화재안전기술기준(NFTC 304)에 따른 휴대용비상조명등의 설치기준이다. 다음 (   )에 들어갈 내용으로 옳은 것은?

> 지하상가 및 지하역사에는 보행거리 (ⓐ)[m] 이내마다 (ⓑ)개 이상 설치할 것

① ⓐ: 25, ⓑ: 1
② ⓐ: 25, ⓑ: 3
③ ⓐ: 50, ⓑ: 1
④ ⓐ: 50, ⓑ: 3

해설

휴대용비상조명등은 지하상가 및 지하역사에는 보행거리 25[m] 이내마다 3개 이상 설치해야 한다.

정답 | ②

66 빈출도 ★★

자동화재탐지설비 및 시각경보장치의 화재안전기술 기준(NFTC 203)에 따른 자동화재탐지설비의 중계기의 시설기준으로 틀린 것은?

① 조작 및 점검에 편리하고 화재 및 침수 등의 재해로 인한 피해를 받을 우려가 없는 장소에 설치할 것
② 수신기에서 직접 감지기 회로의 도통시험을 하지 않는 것에 있어서는 수신기와 감지기 사이에 설치할 것
③ 감지기에 따라 감시되지 않는 배선을 통하여 전력을 공급받는 것에 있어서는 전원입력 측의 배선에 누전경보기를 설치할 것
④ 수신기에 따라 감시되지 않는 배선을 통하여 전력을 공급받는 것에 있어서는 해당 전원의 정전이 즉시 수신기에 표시되는 것으로 할 것

해설

자동화재탐지설비 중계기는 수신기에 따라 감시되지 않는 배선을 통하여 전력을 공급받는 것에 있어서는 전원입력 측의 배선에 **과전류 차단기**를 설치해야 한다.

관련개념 자동화재탐지설비 중계기의 시설기준

㉠ 수신기에서 직접 감지기 회로의 도통시험을 하지 않는 것에 있어서는 수신기와 감지기 사이에 설치할 것
㉡ 조작 및 점검에 편리하고 화재 및 침수 등의 재해로 인한 피해를 받을 우려가 없는 장소에 설치할 것
㉢ 수신기에 따라 감시되지 않는 배선을 통하여 전력을 공급받는 것에 있어서는 전원입력 측의 배선에 과전류차단기를 설치하고 해당 전원의 정전이 즉시 수신기에 표시되는 것으로 하며, 상용전원 및 예비전원의 시험을 할 수 있도록 할 것

정답 | ③

67 빈출도 ★★★

자동화재탐지설비 및 시각경보장치의 화재안전기술기준(NFTC 203)에 따라 부착높이 8[m] 이상 15[m] 미만에 설치 가능한 감지기가 아닌 것은?

① 불꽃감지기
② 보상식 분포형 감지기
③ 차동식 분포형 감지기
④ 광전식 분리형 1종 감지기

해설

보상식 분포형 감지기는 해당 높이에 적응성이 없다.

관련개념 부착높이에 따른 감지기의 종류

부착높이	감지기의 종류	
4[m] 미만	• 차동식(스포트형, 분포형) • 보상식 스포트형 • 정온식(스포트형, 감지선형)	• 이온화식 또는 광전식 (스포트형, 분리형, 공기흡입형) • 열복합형 • 연기복합형 • 열연기복합형 • 불꽃감지기
4[m] 이상 8[m] 미만	• 차동식(스포트형, 분포형) • 보상식 스포트형 • 정온식(스포트형, 감지선형) 특종 또는 1종 • 이온화식 1종 또는 2종	• 광전식(스포트형, 분리형, 공기흡입형) 1종 또는 2종 • 열복합형 • 연기복합형 • 열연기복합형 • 불꽃감지기
8[m] 이상 15[m] 미만	• 차동식 분포형 • 이온화식 1종 또는 2종	• 광전식(스포트형, 분리형, 공기흡입형) 1종 또는 2종 • 연기복합형 • 불꽃감지기
15[m] 이상 20[m] 미만	• 이온화식 1종 • 광전식(스포트형, 분리형, 공기흡입형) 1종	• 연기복합형 • 불꽃감지기
20[m] 이상	• 불꽃감지기	• 광전식(분리형, 공기흡입형) 중 아날로그 방식

정답 | ②

68 빈출도 ★

예비전원의 성능인증 및 제품검사의 기술기준에서 정의하는 "예비전원"에 해당하지 않는 것은?

① 리튬계 2차 축전지
② 알칼리계 2차 축전지
③ 용융염 전해질 연료전지
④ 무보수 밀폐형 연축전지

해설

용융염 전해질 연료전지는 예비전원에 해당하지 않는다.

관련개념 예비전원의 종류

㉠ 리튬계 2차 축전지
㉡ 알칼리계 2차 축전지
㉢ 무보수 밀폐형 연축전지

정답 | ③

69 빈출도 ★★★

누전경보기의 형식승인 및 제품검사의 기술기준에 따라 누전경보기에서 사용되는 표시등에 대한 설명으로 틀린 것은?

① 지구등은 녹색으로 표시되어야 한다.
② 전구는 2개 이상을 병렬로 접속하여야 한다.
③ 주위의 밝기가 300[lx]인 장소에서 측정하여 앞면으로부터 3[m] 떨어진 곳에서 켜진 등이 확실히 식별되어야 한다.
④ 전구에는 적당한 보호덮개를 설치하여야 한다.

해설

누전경보기의 지구등은 적색으로 표시되어야 한다.

정답 | ①

70 빈출도 ★★★

비상콘센트설비의 화재안전기술기준(NFTC 504)에 따라 바닥면적이 1,000[m²] 미만인 층은 비상콘센트를 계단의 출입구로부터 몇 [m] 이내에 설치해야 하는가? (단, 계단의 부속실을 포함하며 계단이 2 이상 있는 경우에는 그 중 1개의 계단을 말한다.)

① 10
② 8
③ 5
④ 3

해설

바닥면적이 1,000[m²] 미만인 층은 비상콘센트를 계단의 출입구로부터 5[m] 이내에 설치해야 한다.

정답 | ③

71 빈출도 ★★★

무선통신보조설비의 화재안전기술기준(NFTC 505)에 따른 설치 제외에 대한 내용이다. 다음 (   )에 들어갈 내용으로 옳은 것은?

> (ⓐ)으로서 특정소방대상물의 바닥부분 2면 이상이 지표면과 동일하거나 지표면으로부터의 깊이가 (ⓑ)[m] 이하인 경우에는 해당 층에 한하여 무선통신보조설비를 설치하지 아니할 수 있다.

① ⓐ: 지하층, ⓑ: 1
② ⓐ: 지하층, ⓑ: 2
③ ⓐ: 무창층, ⓑ: 1
④ ⓐ: 무창층, ⓑ: 2

해설

지하층으로서 특정소방대상물의 바닥부분 2면 이상이 지표면과 동일하거나 지표면으로부터의 깊이가 1[m] 이하인 경우에는 해당 층에 한해 무선통신보조설비를 설치하지 아니할 수 있다.

정답 | ①

72 빈출도 ★

비상방송설비의 화재안전기술기준(NFTC 202)에 따른 정의에서 가변저항을 이용하여 전류를 변화시켜 음량을 크게 하거나 작게 조절할 수 있는 장치를 말하는 것은?

① 증폭기
② 변류기
③ 중계기
④ 음량조절기

해설

음량조절기는 가변저항을 이용하여 전류를 변화시켜 음량을 크게 하거나 작게 조절할 수 있는 장치이다.

관련개념

㉠ 증폭기: 전압·전류의 진폭을 늘려 감도를 좋게 하고 미약한 음성전류를 커다란 음성전류로 변화시켜 소리를 크게 하는 장치이다.
㉡ 변류기: 경계전로의 누설전류를 자동적으로 검출하여 이를 누전경보기의 수신부에 송신하는 장치이다. 누전경보기에 사용한다.
㉢ 중계기: 감지기·발신기 또는 전기적인 접점 등의 작동에 따른 신호를 받아 이를 수신기에 전송하는 장치이다. 무선통신보조설비, 자동화재탐지설비에 사용한다.

정답 | ④

73 빈출도 ★★

소방시설용 비상전원수전설비의 화재안전기술기준(NFTC 602)에 따라 큐비클형의 시설기준으로 틀린 것은?

① 전용큐비클 또는 공용큐비클식으로 설치할 것
② 외함은 건축물의 바닥 등에 견고하게 고정할 것
③ 자연환기구에 따라 충분히 환기할 수 없는 경우에는 환기설비를 설치할 것
④ 공용큐비클식의 소방회로와 일반회로에 사용되는 배선 및 배선용기기는 난연재료로 구획할 것

해설

공용큐비클식의 소방회로와 일반회로에 사용되는 배선 및 배선용기기는 **불연재료**로 구획해야 한다.

정답 | ④

74 빈출도 ★★

비상경보설비 및 단독경보형 감지기의 화재안전기술기준(NFTC 201)에 따른 발신기의 시설기준에 대한 내용이다. 다음 (   )에 들어갈 내용으로 옳은 것은?

> 조작이 쉬운 장소에 설치하고, 조작스위치는 바닥으로부터 (ⓐ)[m] 이상, (ⓑ)[m] 이하의 높이에 설치할 것

① ⓐ: 0.6, ⓑ: 1.2
② ⓐ: 0.8, ⓑ: 1.5
③ ⓐ: 1.0, ⓑ: 1.8
④ ⓐ: 1.2, ⓑ: 2.0

해설

비상경보설비의 발신기는 조작이 쉬운 장소에 설치하고, 조작스위치는 바닥으로부터 **0.8[m]** 이상 **1.5[m]** 이하의 높이에 설치해야 한다.

정답 | ②

75 빈출도 ★

누전경보기의 형식승인 및 제품검사의 기술기준에 따라 누전경보기에 차단기구를 설치하는 경우 차단기구에 대한 설명으로 틀린 것은?

① 개폐부는 정지점이 명확하여야 한다.
② 개폐부는 원활하고 확실하게 작동하여야 한다.
③ 개폐부는 KS C 8321(배선용 차단기)에 적합한 것이어야 한다.
④ 개폐부는 수동으로 개폐되어야 하며 자동적으로 복귀하지 아니하여야 한다.

누전경보기의 개폐부는 KS C 4613(누전차단기)에 적합한 것이어야 한다.

관련개념 누전경보기 차단기구의 설치기준

㉠ 개폐부는 원활하고 확실하게 작동하여야 하며 정지점이 명확하여야 한다.
㉡ 개폐부는 수동으로 개폐되어야 하며 자동적으로 복귀하지 아니하여야 한다.
㉢ 개폐부는 KS C 4613(누전차단기)에 적합한 것이어야 한다.

정답 | ③

76 빈출도 ★★

감지기의 형식승인 및 제품검사의 기술기준에 따른 단독경보형 감지기(주전원이 교류전원 또는 건전지인 것 포함)의 일반기능에 대한 설명으로 틀린 것은?

① 작동되는 경우 작동표시등에 의하여 화재의 발생을 표시할 수 있는 기능이 있어야 한다.
② 작동되는 경우 내장된 음향장치에 의하여 화재경보음을 발할 수 있는 기능이 있어야 한다.
③ 전원의 정상상태를 표시하는 전원표시등의 섬광주기는 3초 이내의 점등과 60초 이내의 소등으로 이루어져야 한다.
④ 자동복귀형 스위치(자동적으로 정위치에 복귀될 수 있는 스위치)에 의하여 수동으로 작동시험을 할 수 있는 기능이 있어야 한다.

해설

단독경보형 감지기 전원의 정상상태를 표시하는 전원표시등의 섬광주기는 1초 이내의 점등과 30초에서 60초 이내의 소등으로 이루어져야 한다.

정답 | ③

77 빈출도 ★

자동화재속보설비의 속보기의 성능인증 및 제품검사의 기술기준에 따라 자동화재속보설비의 속보기가 소방관서에 자동적으로 통신망을 통해 통보하는 신호의 내용으로 옳은 것은?

① 해당 소방대상물의 위치 및 규모
② 해당 소방대상물의 위치 및 용도
③ 해당 화재발생 및 해당 소방대상물의 위치
④ 해당 고장발생 및 해당 소방대상물의 위치

해설

자동화재속보설비의 속보기는 수동작동 및 자동화재탐지설비 수신기의 화재신호와 연동으로 작동하여 화재발생을 경보하고 소방관서에 자동적으로 통신망을 통한 해당 화재발생, 해당 소방대상물의 위치 등을 음성으로 통보하여 주는 장치이다.

정답 | ③

78 빈출도 ★★

유도등의 우수품질인증 기술기준에 따른 유도등의 일반 구조에 대한 내용이다. 다음 (   )에 들어갈 내용으로 옳은 것은?

전선의 굵기는 인출선인 경우에는 단면적이
(ⓐ)[mm²] 이상, 인출선 외의 경우에는 면적이
(ⓑ)[mm²] 이상이어야 한다.

① ⓐ: 0.75, ⓑ: 0.5
② ⓐ: 0.75, ⓑ: 0.75
③ ⓐ: 1.5, ⓑ: 0.75
④ ⓐ: 2.5, ⓑ: 1.5

해설

유도등 전선의 굵기는 인출선인 경우에는 단면적이 0.75[mm²] 이상, 인출선 외의 경우에는 면적이 0.5[mm²] 이상이어야 한다.

정답 | ①

79 빈출도 ★

유도등 및 유도표지의 화재안전기술기준(NFTC 303)에 따라 객석유도등을 설치하여야 하는 장소로 틀린 것은?

① 벽
② 천장
③ 바닥
④ 객석의 통로

해설

천장은 객석유도등의 설치 장소가 아니다.

관련개념 객석유도등의 설치장소
㉠ 객석의 통로
㉡ 바닥
㉢ 벽

정답 | ②

80 빈출도 ★★★

무선통신보조설비의 화재안전기술기준(NFTC 505)에 따라 누설동축케이블 또는 동축케이블의 임피던스는 몇 [Ω]인가?

① 5
② 10
③ 30
④ 50

해설

무선통신보조설비 누설동축케이블 및 동축케이블의 임피던스는 50[Ω]으로 한다.

정답 | ④

당신이 인생의 주인공이기 때문이다.
그 사실을 잊지마라.
지금까지 당신이 만들어온 의식적
그리고 무의식적 선택으로 인해
지금의 당신이 있는 것이다.

– 바바라 홀(Barbara Hall)

소방원론

01 빈출도 ★★★

공기와 접촉되었을 때 위험도(H)가 가장 큰 것은?

① 에테르   ② 수소
③ 에틸렌   ④ 뷰테인

해설

에테르($C_2H_5OC_2H_5$)의 위험도가 $\dfrac{48-1.9}{1.9}$≒24.3으로 가장 크다.

관련개념 주요 가연성 가스의 연소범위와 위험도

가연성 가스	하한계 [vol%]	상한계 [vol%]	위험도
아세틸렌(C_2H_2)	2.5	81	31.4
수소(H_2)	4	75	17.8
일산화탄소(CO)	12.5	74	4.9
에테르($C_2H_5OC_2H_5$)	1.9	48	24.3
이황화탄소(CS_2)	1.2	44	35.7
에틸렌(C_2H_4)	2.7	36	12.3
암모니아(NH_3)	15	28	0.9
메테인(CH_4)	5	15	2
에테인(C_2H_6)	3	12.4	3.1
프로페인(C_3H_8)	2.1	9.5	3.5
뷰테인(C_4H_{10})	1.8	8.4	3.7

정답 | ①

02 빈출도 ★

연면적이 1,000[m²] 이상인 목조건축물은 그 외벽 및 처마 밑의 연소할 우려가 있는 부분을 방화구조로 하여야 하는데 이때 연소우려가 있는 부분은? (단, 동일한 대지 안에 2동 이상의 건물이 있는 경우이며, 공원·광장·하천의 공지나 수면 또는 내화구조의 벽 기타 이와 유사한 것에 접하는 부분을 제외한다.)

① 상호의 외벽 간 중심선으로부터 1층은 3[m] 이내의 부분
② 상호의 외벽 간 중심선으로부터 2층은 7[m] 이내의 부분
③ 상호의 외벽 간 중심선으로부터 3층은 11[m] 이내의 부분
④ 상호의 외벽 간 중심선으로부터 4층은 13[m] 이내의 부분

해설

상호의 외벽 간의 중심선으로부터 1층은 3[m] 이내, 2층 이상의 층은 5[m] 이내의 거리에 있는 부분을 연소할 우려가 있는 부분이라고 한다.

관련개념 연소할 우려가 있는 부분

건축물방화구조규칙에 따르면 연면적이 1,000[m²] 이상인 목조의 건축물은 그 외벽 및 처마밑의 연소할 우려가 있는 부분을 방화구조로 하고 지붕은 불연재료로 하여야 한다.

연소할 우려가 있는 부분은 2동 이상의 건축물 외벽 간의 중심선으로부터 1층은 3[m] 이내, 2층 이상의 층은 5[m] 이내의 거리에 있는 건축물의 각 부분을 말한다.

정답 | ①

03 빈출도 ★

주요구조부가 내화구조로 된 건축물에서 거실 각 부분으로부터 하나의 직통계단에 이르는 보행거리는 피난자의 안전상 몇 [m] 이하이어야 하는가?

① 50
② 60
③ 70
④ 80

해설

거실의 각 부분으로부터 직통계단에 이르는 보행거리는 일반구조의 경우 30[m] 이하, 내화구조의 경우 50[m] 이하가 되어야 한다.

관련개념

건축법 시행령에 따르면 건축물의 피난층 외의 층에서 피난층 또는 지상으로 통하는 직통계단은 거실의 각 부분으로부터 계단에 이르는 보행거리가 30[m] 이하가 되도록 설치해야 한다. 다만, 건축물의 주요구조부가 내화구조 또는 불연재료로 된 건축물은 그 보행거리가 50[m] 이하가 되도록 설치할 수 있다.

정답 | ①

04 빈출도 ★★★

제2류 위험물에 해당하지 않는 것은?

① 유황
② 황화린
③ 적린
④ 황린

해설

황린은 제3류 위험물(자연발화성 및 금수성 물질)이다.

정답 | ④

05 빈출도 ★

화재에 관련된 국제적인 규정을 제정하는 단체는?

① IMO(International Matritime Organization)
② SFPE(Society of Fire Protection Engineers)
③ NFPA(Nation Fire Protection Association)
④ ISO(International Organization for Standardization) TC 92

해설

화재 관련 국제적인 규정을 제정하는 단체는 ISO/TC92이다.

선지분석

① IMO는 국제해사기구로 해운과 관련된 국제적인 문제를 협의하는 단체이다.
② SFPE는 세계적으로 소방 기술 분야를 다루는 학회이다.
③ NFPA는 미국화재예방협회이다.

정답 | ④

06 빈출도 ★★★

이산화탄소 소화약제의 임계온도로 옳은 것은?

① 24.4[℃]
② 31.4[℃]
③ 56.4[℃]
④ 78.2[℃]

해설

이산화탄소의 임계온도는 약 31.4[℃]이다.

관련개념 이산화탄소의 일반적 성질

㉠ 상온에서 무색·무취·무미의 기체로서 독성이 없다.
㉡ 임계온도는 약 31.4[℃]이고, 비중이 약 1.52로 공기보다 무겁다.
㉢ 압축 및 냉각 시 쉽게 액화할 수 있으며, 더욱 압축냉각하면 드라이아이스가 된다.

정답 | ②

07 빈출도 ★★★

위험물안전관리법령상 위험물의 지정수량이 틀린 것은?

① 과산화나트륨 — 50[kg]
② 적린 — 100[kg]
③ 과산화수소 — 300[kg]
④ 탄화알루미늄 — 400[kg]

> **해설**
>
> 탄화알루미늄(제3류 위험물, 칼슘 또는 알루미늄의 탄화물)의 지정수량은 300[kg]이다.

> **선지분석**
>
> ① 과산화나트륨(제1류 위험물, 무기과산화물)의 지정수량은 50[kg]이다.
> ② 적린(제2류 위험물)의 지정수량은 100[kg]이다.
> ③ 과산화수소(제6류 위험물)의 지정수량은 300[kg]이다.

정답 | ④

08 빈출도 ★★

물질의 취급 또는 위험성에 대한 설명 중 틀린 것은?

① 융해열은 점화원이다.
② 질산은 물과 반응시 발열 반응하므로 주의를 해야 한다.
③ 네온, 이산화탄소, 질소는 불연성 물질로 취급한다.
④ 암모니아를 충전하는 공업용 용기의 색상은 백색이다.

> **해설**
>
> 융해는 고체가 액체로 변화하는 현상이다. 주변의 열을 흡수하며 융해가 일어나므로 점화원이 될 수 없다.

정답 | ①

09 빈출도 ★★

인화점이 40[℃] 이하인 위험물을 저장, 취급하는 장소에 설치하는 전기설비는 방폭구조로 설치하는데, 용기의 내부에 기체를 압입하여 압력을 유지하도록 함으로써 폭발성 가스가 침입하는 것을 방지하는 구조는?

① 압력방폭구조
② 유입방폭구조
③ 안전증방폭구조
④ 본질안전방폭구조

> **해설**
>
> 용기의 내부에 기체를 압입하여 폭발성 가스가 침입하는 것을 방지하는 구조는 압력방폭구조이다.

> **관련개념** **방폭구조**
>
> 폭발성 분위기에서 점화되지 않도록 하기 위하여 전기기기에 적용되는 특수한 조치를 방폭구조라고 한다.
>
> ㉠ 내압방폭구조: 점화원에 의해 용기 내부에서 폭발이 발생할 경우에 용기가 폭발압력에 견딜 수 있고, 화염이 용기 외부의 폭발성 분위기로 전파되지 않도록 한 방폭구조
> ㉡ 압력방폭구조: 전기설비의 용기 내부에 외부보다 높은 압력을 형성시켜 용기 내부로 가연성 물질이 유입되지 못하도록 한 방폭구조
> ㉢ 안전증방폭구조: 전기기기의 과도한 온도 상승, 아크 또는 불꽃 발생의 위험을 방지하기 위하여 추가적인 안전조치를 통한 안전도를 증가시킨 방폭구조
> ㉣ 유입방폭구조: 유체 상부 또는 용기 외부에 존재할 수 있는 폭발성 분위기가 발화할 수 없도록 전기설비 또는 전기설비의 부품을 보호액에 함침시키는 방폭구조
> ㉤ 본질안전방폭구조: 전기에너지에 의한 발화가 불가능하다는 것을 시험을 통해 확인할 수 있는 방폭구조
> ㉥ 특수방폭구조: 전기기기의 구조, 재료, 사용장소 또는 사용방법 등을 고려하여 적용대상인 폭발성 가스 분위기를 점화시키지 않도록 한 방폭구조

정답 | ①

10 빈출도 ★★★

화재의 분류방법 중 유류화재를 나타낸 것은?

① A급 화재
② B급 화재
③ C급 화재
④ D급 화재

유류화재는 B급 화재이다.

관련개념 화재의 분류

급수	화재 종류	표시색	소화방법
A급	일반화재	백색	냉각
B급	유류화재	황색	질식
C급	전기화재	청색	질식
D급	금속화재	무색	질식
K급	주방화재 (식용유화재)	—	비누화 · 냉각 · 질식
E급	가스화재	황색	제거 · 질식

정답 | ②

11 빈출도 ★★★

마그네슘의 화재에 주수하였을 때 물과 마그네슘의 반응으로 인하여 생성되는 가스는?

① 산소
② 수소
③ 일산화탄소
④ 이산화탄소

해설

마그네슘(Mg)과 물이 반응하면 수소(H_2)가 발생한다.
$Mg + 2H_2O \rightarrow Mg(OH)_2 + H_2 \uparrow$

정답 | ②

12 빈출도 ★★

물의 기화열이 539.6[cal/g]인 것은 어떤 의미인가?

① 0[℃]의 물 1[g]이 얼음으로 변화하는 데 539.6[cal]의 열량이 필요하다.
② 0[℃]의 물 1[g]이 물로 변화하는 데 539.6[cal]의 열량이 필요하다.
③ 0[℃]의 물 1[g]이 100[℃]의 물로 변화하는 데 539.6[cal]의 열량이 필요하다.
④ 100[℃]의 물 1[g]이 수증기로 변화하는 데 539.6[cal]의 열량이 필요하다.

해설

기화열은 기화(증발) 잠열이라고 하며 액체상태인 물 1[g]이 기화점 100[℃]에서 기체상태인 수증기로 변화하는 데 필요한 열량이 539.6[cal]이라는 것을 의미한다.

관련개념 기화(증발) 잠열

기화 시 액체가 기체로 변화하는 동안에는 온도가 상승하지 않고 일정하게 유지되는데, 이와 같이 온도의 변화 없이 어떤 물질의 상태를 변화시킬 때 필요한 열량을 잠열이라고 한다.

정답 | ④

13 빈출도 ★

방화구획의 설치기준 중 스프링클러 기타 이와 유사한 자동식소화설비를 설치한 10층 이하의 층은 몇 [m²] 이내마다 구획하여야 하는가?

① 1,000
② 1,500
③ 2,000
④ 3,000

해설

스프링클러를 설치한 경우 10층 이하의 층은 바닥면적 3,000[m²]마다 방화구획하여야 한다.

관련개념 방화구획 설치기준

㉠ 10층 이하의 층은 바닥면적 1,000[m²](스프링클러를 설치한 경우 3,000[m²]) 이내마다 구획할 것
㉡ 매 층마다 구획할 것
㉢ 11층 이상의 층은 바닥면적 200[m²](스프링클러를 설치한 경우 600[m²]) 이내마다 구획할 것
㉣ 11층 이상의 층 중에서 실내에 접하는 부분이 불연재료인 경우 바닥면적 500[m²](스프링클러를 설치한 경우 1,500[m²]) 이내마다 구획할 것

정답 | ④

14 빈출도 ★

불활성 가스에 해당하는 것은?

① 수증기
② 일산화탄소
③ 아르곤
④ 아세틸렌

해설

아르곤(Ar)은 주기율표상 18족 원소인 불활성기체로 연소하지 않는다.

정답 | ③

15 빈출도 ★

이산화탄소의 질식 및 냉각효과에 대한 설명 중 틀린 것은?

① 이산화탄소의 증기비중이 산소보다 크기 때문에 가연물과 산소의 접촉을 방해한다.
② 액체 이산화탄소가 기화되는 과정에서 열을 흡수한다.
③ 이산화탄소는 불연성 가스로서 가연물의 연소반응을 방해한다.
④ 이산화탄소는 산소와 반응하며 이 과정에서 발생한 연소열을 흡수하므로 냉각효과를 나타낸다.

해설

이산화탄소는 산소와 반응하지 않으며 가연물 표면을 덮어 연소에 필요한 산소의 공급을 차단시키는 질식소화에 사용된다.

선지분석

① 이산화탄소의 질식효과에 대한 설명이다.
② 액체 이산화탄소의 냉각효과에 대한 설명이다.
③ 이산화탄소의 질식효과에 대한 설명이다.

정답 | ④

16 빈출도 ★

분말 소화약제 분말입도의 소화성능에 관한 설명으로 옳은 것은?

① 미세할수록 소화성능이 우수하다.
② 입도가 클수록 소화성능이 우수하다.
③ 입도와 소화성능과는 관련이 없다.
④ 입도가 너무 미세하거나 너무 커도 소화성능은 저하된다.

해설

소화성능이 최대가 되는 분말의 입도는 $20 \sim 25[\mu\mathrm{m}]$ 정도이므로 입도가 너무 미세하거나 크면 소화성능은 저하된다.

정답 | ④

17 빈출도 ★

화재하중에 대한 설명 중 틀린 것은?

① 화재하중이 크면 단위 면적당의 발열량이 크다.
② 화재하중이 크다는 것은 화재구획의 공간이 넓다는 것이다.
③ 화재하중이 같더라도 물질의 상태에 따라 가혹도는 달라진다.
④ 화재하중은 화재구획실 내의 가연물 총량을 목재 중량당비로 환산하여 면적으로 나눈 수치이다.

해설

화재하중이 크다는 것은 단위 면적당 목재로 환산한 가연물의 중량이 크다는 의미이다.

관련개념

화재하중은 단위 면적당 목재로 환산한 가연물의 중량[kg/m²]이다.

정답 | ②

18 빈출도 ★★★

분말 소화약제 중 A급, B급, C급 화재에 모두 사용할 수 있는 것은?

① $NaCO_3$
② $NH_4H_2PO_4$
③ $KHCO_3$
④ $NaHCO_3$

해설

제3종 분말 소화약제는 A, B, C급 화재에 모두 적응성이 있다.

관련개념 분말 소화약제

구분	주성분	색상	적응화재
제1종	탄산수소나트륨 ($NaHCO_3$)	백색	B급 화재 C급 화재
제2종	탄산수소칼륨 ($KHCO_3$)	담자색 (보라색)	B급 화재 C급 화재
제3종	제1인산암모늄 ($NH_4H_2PO_4$)	담홍색	A급 화재 B급 화재 C급 화재
제4종	탄산수소칼륨＋요소 $[KHCO_3+CO(NH_2)_2]$	회색	B급 화재 C급 화재

정답 | ②

19 빈출도 ★

증기비중의 정의로 옳은 것은? (단, 분자, 분모의 단위는 모두 [g/mol]이다.)

① 분자량/22.4
② 분자량/29
③ 분자량/44.8
④ 분자량/100

해설

증기비중은 공기 분자량에 대한 증기의 분자량의 비이다.

$$증기비중 = \frac{분자량}{29}$$

정답 | ②

20 빈출도 ★★★

탄화칼슘의 화재 시 물을 주수하였을 때 발생하는 가스로 옳은 것은?

① C_2H_2
② H_2
③ O_2
④ C_2H_6

해설

탄화칼슘(CaC_2)과 물(H_2O)이 반응하면 아세틸렌(C_2H_2)이 발생한다.
$$CaC_2 + 2H_2O \rightarrow Ca(OH)_2 + C_2H_2 \uparrow$$

정답 | ①

21 빈출도 ★★★

$R=10[\Omega]$, $C=33[\mu\mathrm{F}]$, $L=20[\mathrm{mH}]$이 직렬로 연결된 회로의 공진주파수는 약 몇 [Hz]인가?

① 169

② 176

③ 196

④ 206

해설

공진주파수 $f=\dfrac{1}{2\pi\sqrt{LC}}=\dfrac{1}{2\pi\sqrt{(20\times10^{-3})\times(33\times10^{-6})}}$
$\qquad\quad =196[\mathrm{Hz}]$

정답 | ③

22 빈출도 ★★★

PNPN 4층 구조로 되어 있는 소자가 아닌 것은?

① SCR

② TRIAC

③ Diode

④ GTO

해설

다이오드(Diode)는 PN의 2층 구조로 되어 있다.
① SCR, ② TRIAC, ④ GTO는 모두 사이리스터의 종류에 포함되는 소자이다. 사이리스터는 PNPN의 4층 구조로서 3개의 PN접합과 애노드(Anode), 캐소드(Cathode), 게이트(Gate) 3개의 전극으로 구성된다.
사이리스터의 종류에는 SCR, TRIAC, DIAC, GTO, SSS, IGBT가 있다.

정답 | ③

23 빈출도 ★★★

역률이 $80[\%]$, 유효전력이 $80[\mathrm{kW}]$일 때, 무효전력 $[\mathrm{kVar}]$은?

① 10

② 16

③ 60

④ 64

해설

무효전력 $P_r=VI\sin\theta=P_a\sin\theta$
$\sin\theta=\sqrt{1-\cos^2\theta}=\sqrt{1-0.8^2}=0.6$
$\cos\theta=\dfrac{P}{P_a}\rightarrow P_a=\dfrac{P}{\cos\theta}=\dfrac{80}{0.8}=100[\mathrm{kVA}]$
$\therefore P_r=P_a\sin\theta=100\times0.6=60[\mathrm{kVar}]$

정답 | ③

24 빈출도 ★★★

전자회로에서 온도보상용으로 많이 사용되는 소자는?

① 저항
② 리액터
③ 콘덴서
④ 서미스터

해설

서미스터는 저항기의 한 종류로서 온도에 따라서 물질의 저항이 변화하는 성질을 이용하며 온도보상용, 온도계측용, 온도보정용 등으로 사용된다.

정답 | ④

25 빈출도 ★★★

서보 전동기는 제어기기의 어디에 속하는가?

① 검출부
② 조절부
③ 증폭부
④ 조작부

해설

서보 전동기는 서보기구의 조작부로 제어신호에 의해 부하를 구동하는 장치이다.

관련개념 서보 전동기의 특징

㉠ 직류(DC)와 교류(AC) 서보 전동기가 있다.
㉡ 저속으로 원활한 운전이 가능하다.
㉢ 급가속이나 급감속이 용이하다.
㉣ 정회전이나 역회전이 가능하다.

정답 | ④

26 빈출도 ★

자동제어계를 제어 목적에 의해 분류하는 경우, 틀린 것은?

① 정치 제어: 제어량을 주어진 일정목표로 유지시키기 위한 제어
② 추종 제어: 목표치가 시간에 따라 변화하는 제어
③ 프로그램 제어: 목표치가 프로그램대로 변하는 제어
④ 서보 제어: 선박의 방향제어계인 서보제어는 정치 제어와 같은 성질

해설

서보 제어는 목적이 아닌 제어량에 의한 분류에 포함된다.
자동제어계를 제어 목적에 의해 분류하면 정치 제어와 추치 제어로 구분할 수 있으며, 추치 제어에는 추종 제어, 프로그램 제어, 비율 제어가 포함된다.

관련개념 자동 제어의 분류

기준	제어
제어량	프로세스 제어
	서보 제어
	자동조정 제어
목푯값	정치 제어
	추치 제어(추종 제어, 프로그램 제어, 비율 제어)
제어 동작	불연속 제어
	연속 제어

정답 | ④

27 빈출도 ★★★

그림의 논리기호를 표시한 것으로 옳은 식은?

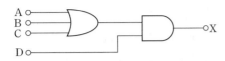

① $X = (A \cdot B \cdot C) \cdot D$
② $X = (A + B + C) \cdot D$
③ $X = (A \cdot B \cdot C) + D$
④ $X = A + B + C + D$

해설

A, B, C는 OR 회로이므로 논리합으로 표현하면 $(A + B + C)$이다. D와는 AND 회로이므로 논리곱으로 표현하면 다음과 같다.
$X = (A + B + C) \cdot D$

정답 | ②

28 빈출도 ★★

20[Ω]과 40[Ω] 저항의 병렬 회로에서 20[Ω] 저항에 흐르는 전류가 10[A]라면, 회로에 흐르는 총 전류는 몇 [A]인가?

① 5   ② 10
③ 15   ④ 20

해설

병렬 회로의 전류 분배 법칙을 이용하여 20[Ω]에 흐르는 전류를 I_1이라 하면 다음과 같다.
$$I_1 = \frac{R_2}{R_1 + R_2} I$$
이를 I에 대하여 풀면,
$$I = I_1 \frac{R_1 + R_2}{R_2} = 10 \times \frac{20 + 40}{40} = 15[A]$$

정답 | ③

29 빈출도 ★★★

3상 유도전동기가 중부하로 운전되던 중 1선이 절단되면 어떻게 되는가?

① 전류가 감소한 상태에서 회전이 계속된다.
② 전류가 증가한 상태에서 회전이 계속된다.
③ 속도가 증가하고 부하전류가 급상승한다.
④ 속도가 감소하고 부하전류가 급상승한다.

해설

중부하 운전 중에 1선이 절단되면 속도가 감소하고 부하전류가 급상승하게 된다.
경부하 운전 중에 1선이 절단되면 전류가 증가한 상태에서 계속 회전하게 된다.

정답 | ④

30 빈출도 ★★★

SCR의 양극 전류가 10[A]일 때 게이트 전류를 $\frac{1}{2}$로 줄이면 양극 전류는 몇 [A]인가?

① 20   ② 10
③ 5   ④ 0.1

해설

SCR은 대전류 스위칭 소자로서 게이트 전류를 바꿈으로서 출력 전압의 조정이 가능하다. 도통되기 전까지는 게이트 전류에 의해 양극 전류가 변화되지만 완전 도통이 된 이후에는 게이트 전류에 관계없이 양극 전류가 일정하게 유지된다.
따라서, 게이트 전류를 반으로 줄이더라도 양극 전류 10[A]에 변화는 없다.

정답 | ②

31 빈출도 ★★

비례＋적분＋미분동작(PID동작)식을 바르게 나타낸 것은?

① $x_0 = K_p \left(x_i + \dfrac{1}{T_I} \int x_i dt + T_D \dfrac{dx_i}{dt} \right)$

② $x_0 = K_p \left(x_i - \dfrac{1}{T_I} \int x_i dt - T_D \dfrac{dx_i}{dt} \right)$

③ $x_0 = K_p \left(x_i + \dfrac{1}{T_I} \int x_i dt + T_D \dfrac{dt}{dx_i} \right)$

④ $x_0 = K_p \left(x_i - \dfrac{1}{T_I} \int x_i dt - T_D \dfrac{dt}{dx_i} \right)$

해설

비례적분미분동작(PID동작)식은 다음과 같다.

$$x_0 = K_p \left(x_i + \dfrac{1}{T_I} \int x_i dt + T_D \dfrac{dx_i}{dt} \right)$$

비례적분미분(PID) 동작은 시간지연을 향상시키고, 잔류편차도 제거한 가장 안정적인 제어이다.

관련개념 비례동작(P동작)식

$x_0 = K_p x_i$

비례적분동작(PI동작)식

$x_0 = K_p \left(x_i + \dfrac{1}{T_I} \int x_i dt \right)$

비례미분동작(PD동작)식

$x_0 = K_p \left(x_i + T_D \dfrac{dx_i}{dt} \right)$

정답 ① ①

32 빈출도 ★★★

그림과 같은 회로에서 분류기의 배율은? (단, 전류계 A의 내부 저항은 R_A이며 R_S는 분류기 저항이다.)

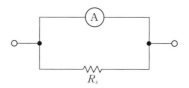

① $\dfrac{R_A}{R_A + R_S}$ ② $\dfrac{R_S}{R_A + R_S}$

③ $\dfrac{R_A + R_S}{R_S}$ ④ $\dfrac{R_A + R_S}{R_A}$

해설

분류기의 배율 $m = \dfrac{I_0}{I_A} = \dfrac{I_A + I_S}{I_A} = 1 + \dfrac{I_S}{I_A} = 1 + \dfrac{R_A}{R_S}$

$= \dfrac{R_A + R_S}{R_S}$

관련개념 분류기

전류계의 측정 범위를 넓히기 위하여 전류계와 병렬로 연결하는 저항이다.

정답 ③

33 빈출도 ★★

어떤 옥내배선에 $380[\text{V}]$의 전압을 가하였더니 $0.2[\text{mA}]$의 누설전류가 흘렀다. 배선의 절연저항은 몇 $[\text{M}\Omega]$인가?

① 0.2 ② 1.9

③ 3.8 ④ 7.6

해설

$$R = \dfrac{V}{I} = \dfrac{380}{0.2 \times 10^{-3}} = 1,900,000[\Omega] = 1.9[\text{M}\Omega]$$

정답 ②

34 빈출도 ★

변류기에 결선된 전류계의 고장으로 교체하는 경우 옳은 방법은?

① 변류기의 2차를 개방시키고 전류계를 교체한다.
② 변류기의 2차를 단락시키고 전류계를 교체한다.
③ 변류기의 2차를 접지시키고 전류계를 교체한다.
④ 변류기에 피뢰기를 연결하고 전류계를 교체한다.

해설

변류기 2차 측을 개방할 경우 1차 측 부하전류가 여자전류로 되어 2차 측에 고전압이 유기된다. 이로 인해 절연이 파괴될 가능성이 생기므로 반드시 변류기의 2차를 단락시킨 뒤 작업을 해야 한다.

정답 | ②

35 빈출도 ★★

두 콘덴서 C_1, C_2를 병렬로 접속하여 전압을 인가한 후 전체 전하량이 $Q[C]$으로 되었다. C_2에 충전되는 전하량은?

① $\dfrac{C_1}{C_1+C_2}Q$

② $\dfrac{C_1+C_2}{C_1}Q$

③ $\dfrac{C_1+C_2}{C_2}Q$

④ $\dfrac{C_2}{C_1+C_2}Q$

해설

콘덴서를 병렬 접속 시 전하량 분배

$$Q_1=C_1V=\frac{C_1}{C_1+C_2}Q$$
$$Q_2=C_2V=\frac{C_2}{C_1+C_2}Q$$

정답 | ④

36 빈출도 ★★★

논리식 $\overline{X}+XY$를 간략화한 것은?

① $\overline{X}+Y$

② $X+\overline{Y}$

③ $\overline{XY}$

④ $X\overline{Y}$

해설

$$\overline{X}+XY=(\overline{X}+X)\cdot(\overline{X}+Y)$$
$$=1\cdot(\overline{X}+Y)=\overline{X}+Y$$

정답 | ①

37 빈출도 ★

전기화재의 원인이 되는 누설전류를 검출하기 위해 사용되는 것은?

① 접지계전기
② 영상변류기
③ 계기용변압기
④ 과전류계전기

해설

영상변류기(ZCT)는 누설전류 또는 지락전류를 검출하기 위하여 사용된다. 지락계전기와 함께 사용하여 누전 시 회로를 차단하여 보호하는 역할을 한다.

선지분석

① 접지계전기: 지락계전기라고도 하며, 지락사고 시 지락전류에 의해 동작한다. 영상변류기(ZCT)와 함께 사용한다.
④ 과전류계전기: 전류의 크기가 기준 이상(과전류)일 때 동작한다.

정답 | ②

38 빈출도 ★★

공기 중 2[m]의 거리에 10[μC], 20[μC]인 두 개의 점전하가 존재할 때 두 전하 사이에 작용하는 정전력은 약 몇 [N]인가?

① 0.45
② 0.9
③ 1.8
④ 3.6

해설

$$F = \frac{1}{4\pi\varepsilon} \cdot \frac{Q_1 \cdot Q_2}{r^2}$$
$$= \frac{1}{4\pi \times (8.855 \times 10^{-12})} \cdot \frac{(10 \times 10^{-6}) \cdot (20 \times 10^{-6})}{2^2}$$
$$= 0.45[N]$$

관련개념 쿨롱의 법칙

두 점전하 사이에 작용하는 전기력의 크기 F는 두 점전하가 띤 전하량 q_1, q_2의 곱에 비례하고, 두 점전하 사이의 거리 r의 제곱에 반비례한다.

$$F = k \frac{Q_1 \cdot Q_2}{r^2} = \frac{1}{4\pi\varepsilon} \cdot \frac{Q_1 \cdot Q_2}{r^2}[N]$$

쿨롱상수 $k = \frac{1}{4\pi\varepsilon} = 9 \times 10^9 [N \cdot m^2/C^2]$

정답 | ①

39 빈출도 ★★

100[V], 1[kW]의 니크롬선을 $\frac{3}{4}$의 길이로 잘라서 사용할 때 소비전력은 약 몇 [W]인가?

① 1,000
② 1,333
③ 1,430
④ 2,000

해설

소비전력 $P = I^2R = \frac{V^2}{R}$

$\rightarrow R = \frac{V^2}{P} = \frac{100^2}{1 \times 10^3} = 10[\Omega]$

10[Ω]의 저항을 $\frac{3}{4}$의 길이로 잘라 사용하는 것이므로 저항은 $\frac{30}{4}[\Omega]$이다.

$$P = \frac{V^2}{R} = \frac{100^2}{\frac{30}{4}} = 1,333[W]$$

정답 | ②

40 빈출도 ★★

줄의 법칙에 관한 수식으로 틀린 것은?

① $H = I^2Rt[J]$
② $H = 0.24I^2Rt[cal]$
③ $H = 0.12VIt[J]$
④ $H = \frac{1}{4.2}I^2Rt[cal]$

해설

줄의 법칙은 전류의 발열 작용을 기술하는 식이다. 저항에 전류가 흐르면 열이 발생하고, 이때 발생하는 열량 H는 다음과 같다.
$$H = Pt[J] = VIt[J] = I^2Rt[J]$$
이때, $1[J] = \frac{1}{4.2}[cal] = 0.24[cal]$이므로 열량 H를 [cal]로 표현하면 다음과 같다.
$$H = 0.24Pt[cal] = 0.24VIt[cal] = 0.24I^2Rt[cal]$$

정답 | ③

41 빈출도 ★★★

아파트로 층수가 20층인 특정소방대상물에서 스프링클러 설비를 하여야 하는 층수는? (단, 아파트는 신축을 실시하는 경우이다.)

① 모든 층   ② 15층 이상
③ 11층 이상   ④ 6층 이상

> **해설**

층수가 6층 이상인 특정소방대상물의 경우에는 모든 층에 스프링클러 설비를 설치해야 한다.

정답 | ①

42 빈출도 ★★

1급 소방안전관리대상물이 아닌 것은?

① 15층인 특정소방대상물(아파트 제외)
② 가연성 가스를 2,000[t] 저장·취급하는 시설
③ 21층인 아파트로서 300세대인 것
④ 연면적 20,000[m²]인 문화집회 및 운동시설

> **해설**

층수가 30층 이상(지하층 제외)이거나 지상으로부터 높이가 120[m] 이상인 아파트가 1급 소방안전관리대상물의 기준이다.

> **관련개념** **1급 소방안전관리대상물**

시설	대상
아파트	• 30층 이상(지하층 제외) • 지상으로부터 높이 120[m] 이상
특정소방대상물 (아파트 제외)	• 연면적 15,000[m²] 이상 • 지상층의 층수가 11층 이상
가연성 가스 저장·취급 시설	1,000[t] 이상 저장·취급

• 제외대상: 동·식물원, 철강 등 불연성 물품을 저장·취급하는 창고, 위험물 저장 및 처리 시설 중 제조소등과 지하구

정답 | ③

43 빈출도 ★★

다음 중 중급기술자의 학력·경력자에 대한 기준으로 옳은 것은? (단, 학력·경력자란 고등학교·대학 또는 이와 같은 수준 이상의 교육기관의 소방관련학과의 정해진 교육 과정을 이수하고 졸업하거나 그 밖의 관계 법령에 따라 국내 또는 외국에서 이와 같은 수준 이상의 학력이 있다고 인정되는 사람을 말한다.)

① 고등학교를 졸업 후 10년 이상 소방 관련 업무를 수행한 자

② 학사학위를 취득한 후 6년 이상 소방 관련 업무를 수행한 자

③ 석사학위를 취득한 후 2년 이상 소방 관련 업무를 수행한 자

④ 박사학위를 취득한 후 1년 이상 소방 관련 업무를 수행한 자

해설

석사학위를 취득한 후 2년 이상 소방 관련 업무를 수행한 사람인 경우 중급기술자의 학력·경력자 기준을 충족한다.

관련개념 중급기술자의 학력·경력자 기준

㉠ 박사학위를 취득한 사람
㉡ 석사학위
  → 취득한 후 2년 이상 소방관련 업무 수행
㉢ 학사학위
  → 취득한 후 5년 이상 소방관련 업무 수행
㉣ 전문학사학위
  → 취득한 후 8년 이상 소방관련 업무 수행
㉤ 고등학교 소방학과
  → 졸업한 후 10년 이상 소방관련 업무 수행
㉥ 고등학교
  → 졸업한 후 12년 이상 소방관련 업무 수행

정답 | ③

44 빈출도 ★★★

화재안전조사 결과에 따른 조치명령으로 손실을 입어 손실을 보상하는 경우 그 손실을 입은 자는 누구와 손실보상을 협의하여야 하는가?

① 소방서장
② 시·도지사
③ 소방본부장
④ 행정안전부장관

해설

소방청장 또는 시·도지사는 화재안전조사 결과에 따른 조치명령으로 손실을 입은 자가 있는 경우에는 대통령령으로 정하는 바에 따라 보상해야 한다.

정답 | ②

45 빈출도 ★★★

화재의 예방 및 안전관리에 관한 법률상 특수가연물의 저장 및 취급 기준 중 석탄·목탄류를 저장하는 경우 쌓는 부분의 바닥면적은 몇 [m²] 이하인가? (단, 살수설비를 설치하거나 방사능력 범위에 해당 특수가연물이 포함되도록 대형수동식소화기를 설치하는 경우이다.)

① 200
② 250
③ 300
④ 350

해설

살수설비를 설치하거나 방사능력 범위에 해당 특수가연물이 포함되도록 대형수동식소화기를 설치하는 경우 석탄·목탄류를 저장할 때 쌓는 부분의 바닥면적은 300[m²] 이하이다.

정답 | ③

46 빈출도 ★

소방기본법상 명령권자가 소방본부장, 소방서장 또는 소방대장에게 있는 사항은?

① 소방활동을 할 때에 긴급한 경우에는 이웃한 소방 본부장 또는 소방서장에게 소방 업무의 응원을 요청할 수 있다.

② 화재, 재난·재해, 그 밖의 위급한 상황이 발생한 현장에서 소방활동을 위하여 필요할 때에는 그 관할 구역에 사는 사람 또는 그 현장에 있는 사람으로 하여금 사람을 구출하는 일 또는 불을 끄거나 불이 번지지 아니하도록 하는 일을 하게 할 수 있다.

③ 수사기관이 방화 또는 실화의 혐의가 있어서 이미 피의자를 체포하였거나 증거물을 압수하였을 때에 화재조사를 위하여 필요한 경우에는 수사에 지장을 주지 아니하는 범위에서 그 피의자 또는 압수된 증거물에 대한 조사를 할 수 있다.

④ 화재, 재난·재해, 그 밖의 위급한 상황이 발생하였을 때에는 소방대를 현장에 신속하게 출동시켜 화재 진압과 인명구조, 구급 등 소방에 필요한 활동을 하게 하여야 한다.

해설

소방본부장, 소방서장 또는 소방대장은 화재, 재난·재해, 그 밖의 위급한 상황이 발생한 현장에서 소방활동을 위하여 필요할 때에는 그 관할구역에 사는 사람 또는 그 현장에 있는 사람으로 하여금 사람을 구출하는 일 또는 불을 끄거나 불이 번지지 아니하도록 하는 일을 하게 할 수 있다.

관련개념 소방본부장, 소방서장, 소방대장의 권한

구분	소방본부장	소방서장	소방대장
소방활동	○	○	×
소방업무 응원요청	○	○	×
소방활동 구역설정	×	×	○
소방활동 종사명령	○	○	○
강제처분 (토지, 차량 등)	○	○	○

정답 | ②

47 빈출도 ★★★

경유의 저장량이 2,000[L], 중유의 저장량이 4,000[L], 등유의 저장량이 2,000[L]인 저장소에 있어서 지정수량 배수의 합은?

① 8배　　　　　② 6배
③ 3배　　　　　④ 2배

해설

$$\frac{\text{A품목의 저장수량}}{\text{A품목의 지정수량}} + \frac{\text{B품목의 저장수량}}{\text{B품목의 지정수량}} + \cdots + \frac{n\text{품목의 저장수량}}{n\text{품목의 지정수량}}$$

$$\frac{2,000}{1,000(경유)} + \frac{4,000}{2,000(중유)} + \frac{2,000}{1,000(등유)}$$
$$= 2 + 2 + 2 = 6$$

관련개념 제4류 위험물 및 지정수량

위험물	품명		지정수량
제4류 (인화성액체)	특수인화물		50[L]
	제1석유류	비수용성	200[L]
		수용성	400[L]
	알코올류		
	제2석유류	비수용성	1,000[L]
		수용성	2,000[L]
	제3석유류	비수용성	
		수용성	4,000[L]
	제4석유류		6,000[L]
	동식물유류		10,000[L]

정답 | ②

48 빈출도 ★★★

소방용수시설 중 소화전과 급수탑의 설치기준으로 틀린 것은?

① 급수탑 급수배관의 구경은 100[mm] 이상으로 할 것
② 소화전은 상수도와 연결하여 지하식 또는 지상식의 구조로 할 것
③ 소방용 호스와 연결하는 소화전의 연결금속구의 구경은 65[mm]로 할 것
④ 급수탑의 개폐밸브는 지상에서 1.5[m] 이상 1.8[m] 이하의 위치에 설치할 것

해설

급수탑의 개폐밸브는 지상에서 1.5[m] 이상 1.7[m] 이하의 위치에 설치해야 한다.

관련개념 소화전의 설치기준

㉠ 상수도와 연결하여 지하식 또는 지상식의 구조로 할 것
㉡ 연결금속구의 구경: 65[mm]

급수탑의 설치기준

㉠ 급수배관의 구경: 100[mm] 이상
㉡ 개폐밸브: 지상에서 1.5[m] 이상 1.7[m] 이하

정답 | ④

49 빈출도 ★★

특정소방대상물의 관계인이 소방안전관리자를 해임한 경우 재선임을 해야 하는 기준은? (단, 해임한 날부터를 기준일로 한다.)

① 10일 이내
② 20일 이내
③ 30일 이내
④ 40일 이내

해설

소방안전관리자를 해임한 날부터 30일 이내 재선임 신고를 해야 한다.

정답 | ③

50 빈출도 ★★

화재의 예방 및 안전관리에 관한 법률상 소방안전관리대상물의 소방안전관리자 업무가 아닌 것은?

① 소방훈련 및 교육
② 소방시설 공사
③ 자위소방대 및 초기대응체계의 구성 · 운영 · 교육
④ 피난계획에 관한 사항과 대통령령으로 정하는 사항이 포함된 소방계획서의 작성 및 시행

해설

소방시설 공사는 소방안전관리대상물 소방안전관리자의 업무가 아니다.

관련개념 소방안전관리대상물 소방안전관리자의 업무

㉠ 피난계획에 관한 사항과 소방계획서의 작성 및 시행
㉡ 자위소방대 및 초기대응체계의 구성, 운영 및 교육
㉢ 피난시설, 방화구획 및 방화시설의 관리
㉣ 소방시설이나 그 밖의 소방 관련 시설의 관리
㉤ 소방훈련 및 교육
㉥ 화기 취급의 감독
㉦ 소방안전관리에 관한 업무수행에 관한 기록 · 유지
㉧ 화재발생 시 초기대응
㉨ 그 밖에 소방안전관리에 필요한 업무

정답 | ②

51 빈출도 ★

문화유산법에 따른 지정문화유산에 있어서는 제조소와의 수평거리를 몇 [m] 이상 유지하여야 하는가?

① 20   ② 30
③ 50   ④ 70

해설

문화유산법에 따른 지정문화유산에 있어서 건축물의 외벽 또는 이에 상당하는 공작물의 외측으로부터 제조소의 외벽 또는 이에 상당하는 공작물의 외측까지의 안전거리는 50[m] 이상이어야 한다.

관련개념 제조소의 안전거리(수평거리)

구분		안전거리
주거용 건축물 · 공작물		10[m] 이상
고압가스, 액화석유가스 또는 도시가스 저장 또는 취급하는 시설		20[m] 이상
학교, 병원급 의료기관(종합병원 포함), 극장		30[m] 이상
지정문화유산 및 천연기념물		50[m] 이상
특고압 가공전선	7[kV] 초과 35[kV] 이하	3[m] 이상
	35[kV] 초과	5[m] 이상

정답 | ③

52 빈출도 ★★★

소방시설 설치 및 관리에 관한 법률상 소방시설등에 대하여 스스로 점검을 하지 아니하거나 관리업자등으로 하여금 정기적으로 점검하게 하지 아니한 자에 대한 벌칙 기준으로 옳은 것은?

① 1년 이하의 징역 또는 1,000만 원 이하의 벌금
② 3년 이하의 징역 또는 1,500만 원 이하의 벌금
③ 3년 이하의 징역 또는 3,000만 원 이하의 벌금
④ 6개월 이하의 징역 또는 1,000만 원 이하의 벌금

해설

소방시설등에 대하여 스스로 점검을 하지 아니하거나 관리업자등으로 하여금 정기적으로 점검하게 하지 아니한 자는 1년 이하의 징역 또는 1,000만 원 이하의 벌금에 처한다.

정답 | ①

53 빈출도 ★★

소방기본법령상 소방본부 종합상황실 실장이 소방청의 종합상황실에 서면 · 팩스 또는 컴퓨터통신 등으로 보고하여야 하는 화재의 기준에 해당하지 않는 것은?

① 항구에 매어둔 총 톤수가 1,000[t] 이상인 선박에서 발생한 화재
② 연면적 15,000[m²] 이상인 공장 또는 화재예방강화지구에서 발생한 화재
③ 지정수량의 1,000배 이상의 위험물의 제조소 · 저장소 · 취급소에서 발생한 화재
④ 층수가 5층 이상이거나 병상이 30개 이상인 종합병원 · 정신병원 · 한방병원 · 요양소에서 발생한 화재

해설

지정수량의 3,000배 이상 위험물의 제조소 · 저장소 · 취급소 발생 화재의 경우 소방청 종합상황실에 보고하여야 한다.

관련개념 실장의 상황 보고

㉠ 사망자 5인 이상 또는 사상자 10인 이상 발생 화재
㉡ 이재민 100인 이상 발생 화재
㉢ 재산피해액 50억 원 이상 발생 화재
㉣ 관공서 · 학교 · 정부미도정공장 · 문화재 · 지하철 · 지하구 발생 화재
㉤ 관광호텔, 11층 이상인 건축물, 지하상가, 시장, 백화점 발생 화재
㉥ 지정수량의 3,000배 이상 위험물의 제조소 · 저장소 · 취급소 발생 화재
㉦ 5층 이상 또는 객실이 30실 이상인 숙박시설 발생 화재
㉧ 5층 이상 또는 병상이 30개 이상인 종합병원 · 정신병원 · 한방병원 · 요양소 발생 화재
㉨ 연면적 15,000[m²] 이상인 공장 발생 화재
㉩ 화재예방강화지구 발생 화재
㉪ 철도차량, 항구에 매어둔 1,000[t] 이상 선박, 항공기, 발전소, 변전소 발생 화재
㉫ 가스 및 화약류 폭발에 의한 화재
㉬ 다중이용업소 발생 화재

정답 | ③

54 빈출도 ★★

소방시설공사업법령상 상주공사감리 대상 기준 중 다음 ㉠, ㉡, ㉢에 알맞은 것은?

> - 연면적 (㉠)[m²] 이상의 특정소방대상물 (아파트 제외)에 대한 소방시설의 공사
> - 지하층을 포함한 층수가 (㉡)층 이상으로서 (㉢)세대 이상인 아파트에 대한 소방시설의 공사

① ㉠: 10,000, ㉡: 11, ㉢: 600
② ㉠: 10,000, ㉡: 16, ㉢: 500
③ ㉠: 30,000, ㉡: 11, ㉢: 600
④ ㉠: 30,000, ㉡: 16, ㉢: 500

해설

상주공사감리 대상 기준
㉠ 연면적 **30,000[m²]** 이상의 특정소방대상물(아파트 제외)에 대한 소방시설의 공사
㉡ 지하층을 포함한 층수가 **16층** 이상으로서 **500세대** 이상인 아파트에 대한 소방시설의 공사

정답 | ④

55 빈출도 ★★

위험물운송자 자격을 취득하지 아니한 자가 위험물 이동탱크저장소 운전 시의 벌칙으로 옳은 것은?

① 100만 원 이하의 벌금
② 300만 원 이하의 벌금
③ 500만 원 이하의 벌금
④ 1,000만 원 이하의 벌금

해설

위험물운송자 자격을 취득하지 아니한 자가 위험물 이동탱크저장소 운전 시 **1,000만 원 이하의 벌금**에 처한다.

정답 | ④

56 빈출도 ★★

화재의 예방 및 안전관리에 관한 법률상 화재안전조사위원회의 위원에 해당하지 아니하는 사람은?

① 소방기술사
② 소방시설관리사
③ 소방 관련 분야의 석사 이상 학위를 취득한 사람
④ 소방 관련 법인 또는 단체에서 소방 관련 업무에 3년 이상 종사한 사람

해설

소방 관련 법인 또는 단체에서 소방 관련 업무에 **5년** 이상 종사한 사람이 화재안전조사위원회의 위원에 해당된다.

관련개념 화재안전조사위원회의 위원
㉠ 과장급 직위 이상의 소방공무원
㉡ 소방기술사
㉢ 소방시설관리사
㉣ 소방 관련 분야의 석사 이상 학위를 취득한 사람
㉤ 소방 관련 법인 또는 단체에서 소방 관련 업무에 5년 이상 종사한 사람
㉥ 소방공무원 교육훈련기관, 학교 또는 연구소에서 소방과 관련한 교육 또는 연구에 5년 이상 종사한 사람

정답 | ④

57 빈출도 ★

제3류 위험물 중 금수성 물품에 적응성이 있는 소화약제는?

① 물
② 강화액
③ 팽창질석
④ 인산염류분말

해설

금수성 물품에 적응성이 있는 소화약제는 **팽창질석**이다.

관련개념 금수성 물품에 적응성이 있는 소화약제
㉠ 건조사
㉡ 팽창질석
㉢ 팽창진주암

정답 | ③

58 빈출도 ★★★

화재가 발생하는 경우 인명 또는 재산의 피해가 클 것으로 예상되는 때 소방대상물의 개수·이전·제거, 사용금지 등의 필요한 조치를 명할 수 있는 자는?

① 시·도지사
② 의용소방대장
③ 기초자치단체장
④ 소방본부장 또는 소방서장

해설

화재가 발생하는 경우 인명 또는 재산의 피해가 클 것으로 예상되는 때 소방대상물의 개수·이전·제거, 그 밖의 필요한 조치를 관계인에게 명령할 수 있는 사람은 소방관서장(소방청장, 소방본부장, 소방서장) 이다.

관련개념 화재안전조사 결과에 따른 조치명령

소방관서장(소방청장, 소방본부장, 소방서장)은 화재안전조사 결과에 따른 소방대상물의 위치·구조·설비 또는 관리의 상황이 화재 예방을 위하여 보완될 필요가 있거나 화재가 발생하면 인명 또는 재산의 피해가 클 것으로 예상되는 때에는 행정안전부령으로 정하는 바에 따라 관계인에게 그 소방대상물의 개수·이전·제거, 사용의 금지 또는 제한, 사용폐쇄, 공사의 정지 또는 중지, 그 밖에 필요한 조치를 명할 수 있다.

정답 | ④

59 빈출도 ★★

화재의 예방 및 안전관리에 관한 법률상 소방본부장 또는 소방서장은 소방상 필요한 훈련 및 교육을 실시하고자 하는 때에는 화재예방강화지구 안의 관계인에게 훈련 또는 교육 며칠 전까지 그 사실을 통보하여야 하는가?

① 5   ② 7
③ 10   ④ 14

해설

소방관서장은 소방상 필요한 훈련 및 교육을 실시하려는 경우에는 화재예방강화지구 안의 관계인에게 훈련 또는 교육 10일 전까지 그 사실을 통보해야 한다.

정답 | ③

60 빈출도 ★★★

화재의 예방 및 안전관리에 관한 법률상 보일러, 난로, 건조설비, 가스·전기시설, 그 밖에 화재 발생 우려가 있는 설비 또는 기구 등의 위치·구조 및 관리와 화재 예방을 위하여 불을 사용할 때 지켜야 하는 사항은 무엇으로 정하는가?

① 총리령
② 대통령령
③ 시·도 조례
④ 행정안전부령

해설

화재 예방을 위하여 불을 사용할 때 지켜야 하는 사항은 대통령령 으로 정한다.

정답 | ②

소방전기시설의 구조 및 원리

61 빈출도 ★★

경계전로의 누설전류를 자동적으로 검출하여 이를 누전경보기의 수신부에 송신하는 것을 무엇이라고 하는가?

① 수신부
② 확성기
③ 변류기
④ 증폭기

해설

변류기는 경계전로의 누설전류를 자동적으로 검출하여 이를 누전경보기의 수신부에 송신하는 장치이다.

선지분석

① 수신부: 변류기로부터 검출된 신호를 수신하여 누전의 발생을 해당 특정소방대상물의 관계인에게 경보하여 주는 장치
② 확성기: 소리를 크게 하여 멀리까지 전달될 수 있도록 하는 장치(스피커)
④ 증폭기: 전압·전류의 진폭을 늘려 감도 등을 개선하는 장치

정답 ③

62 빈출도 ★

누전경보기의 5~10회로까지 사용할 수 있는 집합형 수신기 내부결선도에서 구성요소가 아닌 것은?

① 제어부
② 증폭부
③ 조작부
④ 자동입력절환부

해설

조작부는 수신기 외부에서 수신기를 조작하는 부분이므로 내부결선도의 구성요소가 아니다.

관련개념 집합형 수신기의 내부 구성요소

㉠ 자동입력절환부
㉡ 회로접합부
㉢ 증폭부
㉣ 전원부
㉤ 제어부
㉥ 동작회로표시부
㉦ 도통시험 및 동작시험부

정답 ③

63 빈출도 ★★

비상콘센트설비의 화재안전기술기준에서 정하고 있는 저압의 정의는?

① 직류는 1.5[kV] 이하, 교류는 1[kV] 이하인 것
② 직류는 1.2[kV] 이하, 교류는 1[kV] 이하인 것
③ 직류는 1.2[kV]를, 교류는 1[kV]를 넘고 7,000[V] 이하인 것
④ 직류는 1.5[kV]를, 교류는 1[kV]를 넘고 7,000[V] 이하인 것

해설

전압의 구분

구분	직류	교류
저압	1.5[kV] 이하	1[kV] 이하
고압	1.5[kV] 초과 7[kV] 이하	1[kV] 초과 7[kV] 이하
특고압	7[kV] 초과	

정답 | ①

64 빈출도 ★★★

비상방송설비의 음향장치는 정격전압의 몇 [%] 전압에서 음향을 발할 수 있는 것으로 하여야 하는가?

① 80
② 90
③ 100
④ 110

해설

비상방송설비의 음향장치
㉠ 정격전압의 80[%]의 전압에서 음향을 발할 수 있는 것이어야 한다.
㉡ 자동화재탐지설비의 작동과 연동하여 작동할 수 있는 것이어야 한다.

정답 | ①

65 빈출도 ★

자가발전설비, 비상전원수전설비, 축전지설비 또는 전기저장장치(외부 전기에너지를 저장해 두었다가 필요한 때 전기를 공급하는 장치)를 비상콘센트설비의 비상전원으로 설치하여야 하는 특정소방대상물로 옳은 것은?

① 지하층을 제외한 층수가 4층 이상으로서 연면적 600[m²] 이상인 특정소방대상물
② 지하층을 제외한 층수가 5층 이상으로서 연면적 1,000[m²] 이상인 특정소방대상물
③ 지하층을 제외한 층수가 6층 이상으로서 연면적 1,500[m²] 이상인 특정소방대상물
④ 지하층을 제외한 층수가 7층 이상으로서 연면적 2,000[m²] 이상인 특정소방대상물

해설

비상콘센트설비의 비상전원 설치대상
㉠ 지하층을 제외한 층수가 7층 이상으로서 연면적이 2,000[m²] 이상인 특정소방대상물
㉡ 지하층의 바닥면적의 합계가 3,000[m²] 이상인 특정소방대상물

정답 | ④

66 빈출도 ★★★

불꽃감지기의 설치기준으로 틀린 것은?

① 수분이 많이 발생할 우려가 있는 장소에는 방수형으로 설치할 것
② 감지기를 천장에 설치하는 경우에는 감지기는 천장을 향하여 설치할 것
③ 감지기는 화재감지를 유효하게 감지할 수 있는 모서리 또는 벽 등에 설치할 것
④ 감지기는 공칭감시거리와 공칭시야각을 기준으로 감시구역이 모두 포용될 수 있도록 설치할 것

불꽃감지기를 천장에 설치하는 경우에는 감지기는 천장이 아닌 바닥을 향하여 설치해야 한다.

관련개념 불꽃감지기의 설치기준
㉠ 감지기는 공칭감시거리와 공칭시야각을 기준으로 감시구역이 모두 포용될 수 있도록 설치할 것
㉡ 감지기는 화재감지를 유효하게 감지할 수 있는 모서리 또는 벽 등에 설치할 것
㉢ 감지기를 천장에 설치하는 경우에는 감지기는 바닥을 향하여 설치할 것
㉣ 수분이 많이 발생할 우려가 있는 장소에는 방수형으로 설치할 것

정답 ②

67 빈출도 ★★★

감시제어반 등에 설치된 무선중계기의 입력과 출력포트에 연결되어 송수신 신호를 원활하게 방사·수신하기 위해 옥외에 설치하는 장치는 무엇인가?

① 분파기
② 무선중계기
③ 옥외안테나
④ 혼합기

옥외안테나는 감시제어반 등에 설치된 무선중계기의 입력과 출력포트에 연결되어 송수신 신호를 원활하게 방사·수신하기 위해 옥외에 설치하는 장치이다.

선지분석
① 분파기: 서로 다른 주파수의 합성된 신호를 분리하기 위해서 사용하는 장치이다.
② 무선중계기: 안테나를 통하여 수신된 무전기 신호를 증폭한 후 음영지역에 재방사하여 무전기 상호 간 송수신이 가능하도록 하는 장치이다.
④ 혼합기: 두 개 이상의 입력신호를 원하는 비율로 조합한 출력이 발생하도록 하는 장치이다.

정답 ③

68 빈출도 ★★

정온식 감지선형 감지기에 관한 설명으로 옳은 것은?

① 일국소의 주위온도 변화에 따라서 차동 및 정온식의 성능을 갖는 것을 말한다.
② 일국소의 주위온도가 일정한 온도 이상이 되는 경우에 작동하는 것으로서 외관이 전선과 같이 선형으로 되어 있는 것을 말한다.
③ 그 주위온도가 일정한 온도상승률 이상이 되었을 때 작동하는 것을 말한다.
④ 그 주위온도가 일정한 온도상승률 이상이 되었을 때 작동하는 것으로서 광범위한 열효과의 누적에 의하여 동작하는 것을 말한다.

해설

보기 ②가 정온식 감지선형 감지기에 대한 올바른 설명이다.

선지분석

① 일국소의 주위온도 변화에 따라서 차동 및 정온식의 성능을 갖는 것 → 보상식 스포트형 감지기
③ 그 주위온도가 일정한 온도상승률 이상이 되었을 때 작동하는 것 → 차동식 스포트형 감지기
④ 그 주위온도가 일정한 온도상승률 이상이 되었을 때 작동하는 것으로서 광범위한 열효과의 누적에 의하여 동작하는 것 → 차동식 분포형 감지기

정답 | ②

69 빈출도 ★★★

축전지의 자기방전을 보충함과 동시에 상용부하에 대한 전력공급은 충전기가 부담하도록 하되, 충전기가 부담하기 어려운 일시적인 대전류 부하는 축전지로 하여금 부담하게 하는 충전방식은?

① 과충전방식
② 균등충전방식
③ 부동충전방식
④ 세류충전방식

해설

부동충전방식은 축전지의 자기방전을 보충함과 동시에 상용부하에 대한 전력공급은 충전기가 부담하도록 하되, 충전기가 부담하기 어려운 일시적인 대전류 부하는 축전지로 하여금 부담하게 하는 충전방식이다.

관련개념

㉠ 균등충전방식: 각 전해조에 일어나는 전위차를 보정하기 위해 일정주기(1~3개월)마다 1회씩 정전압으로 충전하는 방식
㉡ 세류충전방식: 자기 방전량만을 충전하는 방식

정답 | ③

70 빈출도 ★

자동화재탐지설비의 화재안전성능기준에서 사용하는 용어가 아닌 것은?

① 중계기
② 경계구역
③ 시각경보장치
④ 단독경보형 감지기

해설

단독경보형 감지기는 화재발생 상황을 단독으로 감지하여 자체에 내장된 음향장치로 경보하는 감지기로, 자동화재탐지설비에 포함되지 않는다.

관련개념

㉠ 중계기: 감지기·발신기 또는 전기적인 접점 등의 작동에 따른 신호를 받아 이를 수신기에 전송하는 장치
㉡ 경계구역: 특정소방대상물 중 화재신호를 발신하고 그 신호를 수신 및 유효하게 제어할 수 있는 구역
㉢ 시각경보장치: 자동화재탐지설비에서 발하는 화재신호를 시각경보기에 전달하여 청각장애인에게 점멸형태의 시각경보를 하는 장치

정답 | ④

71 빈출도 ★★

단독경보형 감지기 중 연동식 감지기의 무선기능에 대한 설명으로 옳은 것은?

① 화재신호를 수신한 단독경보형 감지기는 60초 이내에 경보를 발해야 한다.
② 무선통신점검은 단독경보형 감지기가 서로 송수신하는 방식으로 한다.
③ 작동한 단독경보형 감지기는 화재경보가 정지하기 전까지 100초 이내 주기마다 화재신호를 발신해야 한다.
④ 무선통신점검은 168시간 이내에 자동으로 실시하고 이때 통신이상이 발생하는 경우에는 300초 이내에 통신이상 상태의 단독경보형 감지기를 확인할 수 있도록 표시 및 경보를 해야 한다.

해설

단독경보형 감지기(연동식)의 무선통신점검은 단독경보형 감지기가 서로 송수신하는 방식으로 한다.

선지분석

① 화재신호를 수신한 단독경보형 감지기는 **10초** 이내에 경보를 발하여야 한다.
③ 작동한 단독경보형 감지기는 화재경보가 정지하기 전까지 **60초** 이내 주기마다 화재신호를 발신하여야 한다.
④ 무선통신점검은 **24시간** 이내에 자동으로 실시하고 이때 통신이상이 발생하는 경우에는 **200초** 이내에 통신이상 상태의 단독경보형 감지기를 확인할 수 있도록 표시 및 경보를 하여야 한다.

정답 | ②

72 빈출도 ★★

정온식 감지기의 설치 시 공칭작동온도가 최고주위온도보다 최소 몇 [℃] 이상 높은 것으로 설치하여야 하나?

① 10
② 20
③ 30
④ 40

해설

정온식 감지기는 공칭작동온도가 최고주위온도보다 **20[℃]** 이상 높은 것으로 설치해야 한다.

정답 | ②

73 빈출도 ★★★

무선통신보조설비 누설동축케이블의 설치기준으로 틀린 것은?

① 끝부분에는 반사 종단저항을 견고하게 설치할 것
② 고압의 전로로부터 1.5[m] 이상 떨어진 위치에 설치할 것
③ 금속판 등에 따라 전파의 복사 또는 특성이 현저하게 저하되지 아니하는 위치에 설치할 것
④ 불연 또는 난연성의 것으로서 습기에 따라 전기의 특성이 변질되지 아니하는 것으로 설치할 것

해설

무선통신보조설비 누설동축케이블의 끝부분에는 **무반사 종단저항**을 견고하게 설치해야 한다.

정답 | ①

74 빈출도 ★★

소화활동 시 안내방송에 사용하는 증폭기의 종류로 옳은 것은?

① 탁상형　　　　② 휴대형
③ Desk형　　　　④ Rack형

해설

증폭기의 종류

종류		특징
이동형	휴대형	소화활동 시 안내방송에 사용
	탁상형	소규모 방송설비에 사용
고정형	Desk형	책상식의 형태
	Rack형	유닛화되어 유지보수가 편함

정답 | ②

75 빈출도 ★

계단통로유도등은 각 층의 경사로 참 또는 계단참마다 설치하도록 하고 있는데 1개 층에 경사로 참 또는 계단참이 2 이상 있는 경우에는 몇 개의 계단참마다 계단통로유도등을 설치하여야 하는가?

① 2개　　　　② 3개
③ 4개　　　　④ 5개

해설

계단통로유도등의 설치기준
㉠ 각층의 경사로 참 또는 계단참마다(1개 층에 경사로 참 또는 계단참이 2 이상 있는 경우에는 **2개**의 계단참마다) 설치해야 한다.
㉡ 바닥으로부터 높이 1[m] 이하의 위치에 설치해야 한다.

정답 | ①

76 빈출도 ★★★

자동화재탐지설비 수신기의 각 회로별 종단에 설치되는 감지기에 접속되는 배선의 전압은 감지기 정격전압의 최소 몇 [%] 이상이어야 하는가?

① 50　　　　② 60
③ 70　　　　④ 80

해설

자동화재탐지설비 수신기의 각 회로별 종단에 설치되는 감지기에 접속되는 배선의 전압은 감지기 정격전압의 **80[%]** 이상이어야 한다.

정답 | ④

77 빈출도 ★★

비상벨설비 또는 자동식사이렌설비에는 그 설비에 대한 감시상태를 몇 시간 지속한 후 유효하게 10분 이상 경보할 수 있는 축전지설비(수신기에 내장하는 경우 포함)를 설치하여야 하는가?

① 1시간　　　　② 2시간
③ 4시간　　　　④ 6시간

해설

비상벨설비 또는 자동식사이렌설비에는 그 설비에 대한 감시상태를 **60분**간 지속한 후 유효하게 **10분** 이상 경보할 수 있는 비상전원으로서 축전지설비 또는 전기저장장치를 설치해야 한다.

정답 | ①

78 빈출도 ★★

자동화재속보설비의 설치기준으로 틀린 것은?

① 조작스위치는 바닥으로부터 1[m] 이상 1.5[m] 이하의 높이에 설치해야 한다.
② 속보기는 소방관서에 통신망으로 통보하도록 하며, 데이터 또는 코드전송방식을 부가적으로 설치할 수 있다.
③ 자동화재탐지설비와 연동으로 작동하여 자동적으로 화재신호를 소방관서에 전달되는 것으로 해야 한다.
④ 속보기는 소방청장이 정하여 고시한 「자동화재속보설비의 속보기의 성능인증 및 제품검사의 기술기준」에 적합한 것으로 설치하여야 한다.

해설

자동화재속보설비의 조작스위치는 바닥으로부터 0.8[m] 이상 1.5[m] 이하의 높이에 설치해야 한다.

정답 | ①

79 빈출도 ★★★

휴대용비상조명등의 설치 높이는?

① 0.8[m]~1.0[m]　　② 0.8[m]~1.5[m]
③ 1.0[m]~1.5[m]　　④ 1.0[m]~1.8[m]

해설

휴대용비상조명등의 설치 높이는 바닥으로부터 0.8[m] 이상 1.5[m] 이하의 높이에 설치해야 한다.

정답 | ②

80 빈출도 ★★★

비상경보설비를 설치하여야 할 특정소방대상물로 옳은 것은? (단, 지하구, 모래·석재 등 불연재료 창고 및 위험물 저장·처리 시설 중 가스시설은 제외한다.)

① 지하가 중 터널로서 길이가 400[m] 이상인 것
② 30명 이상의 근로자가 작업하는 옥내작업장
③ 지하층 또는 무창층의 바닥면적이 150[m²](공연장의 경우 100[m²]) 이상인 것
④ 연면적 300[m²](지하가 중 터널 또는 사람이 거주하지 않거나 벽이 없는 축사 등 동·식물 관련시설은 제외) 이상인 것

해설

지하층 또는 무창층의 바닥면적이 150[m²](공연장의 경우 100[m²]) 이상인 특정소방대상물에는 모든 층에 비상경보설비를 설치해야 한다.

선지분석

① 지하가 중 터널로서 길이가 500[m] 이상인 것
② 50명 이상의 근로자가 작업하는 옥내작업장
④ 연면적 400[m²](지하가 중 터널 또는 사람이 거주하지 않거나 벽이 없는 축사 등 동·식물 관련 시설 제외) 이상인 것

관련개념 비상경보설비 설치대상

특정소방대상물	구분
건축물	연면적 400[m²] 이상인 것
지하층·무창층	바닥면적이 150[m²](공연장은 100[m²]) 이상인 것
지하가 중 터널	길이 500[m] 이상인 것
옥내작업장	50명 이상의 근로자가 작업하는 곳

정답 | ③

소방원론

01 빈출도 ★

건축물의 화재를 확산시키는 요인이라 볼 수 없는 것은?

① 비화(飛火)　　　　② 복사열(輻射熱)
③ 자연발화(自然發火)　④ 접염(接炎)

해설

자연발화는 물질이 스스로 연소를 시작하는 것을 말한다.

선지분석

① 비화: 불씨가 날아가 다른 건축물에 옮겨붙는 것을 말한다.
② 복사열: 복사파에 의해 열이 높은 온도에서 낮은 온도로 이동하는 것을 말한다.
④ 접염: 건축물과 건축물이 연결되어 불이 옮겨붙는 것을 말한다.

정답 | ③

02 빈출도 ★

화재의 일반적 특성으로 틀린 것은?

① 확대성　　　　② 정형성
③ 우발성　　　　④ 불안정성

해설

화재는 우발성, 확대성, 비정형성, 불안정성의 특성이 있다.

관련개념 화재의 특성

우발성	• 화재는 우발적으로 발생한다. • 인위적인 화재(방화 등)를 제외하고는 예측이 어려우며, 사람의 의도와 관계없이 발생한다.
확대성	화재가 발생하면 확대가 가능하다.
비정형성	화재의 형태는 비정형성으로 정해져 있지 않다.
불안정성	화재가 발생한 후 연소는 기상상태, 가연물의 종류·형태, 건축물의 위치·구조 등의 조건이 가해지면서 복잡한 현상으로 진행된다.

정답 | ②

03 빈출도 ★★

다음 중 가연물의 제거를 통한 소화방법과 무관한 것은?

① 산불의 확산방지를 위하여 산림의 일부를 벌채한다.
② 화학반응기의 화재 시 원료 공급관의 밸브를 잠근다.
③ 전기실 화재 시 IG−541 약제를 방출한다.
④ 유류탱크 화재 시 주변에 있는 유류탱크의 유류를 다른 곳으로 이동시킨다.

해설

제거소화는 연소의 요소를 구성하는 가연물질을 안전한 장소나 점화원이 없는 장소로 신속하게 이동시켜서 소화하는 방법이다.
IG−541과 같은 불활성기체 소화약제를 방출하는 것은 연소에 필요한 산소의 공급을 차단시키는 질식소화에 해당한다.

정답 | ③

04 빈출도 ★★

물의 소화능력에 관한 설명 중 틀린 것은?

① 다른 물질보다 비열이 크다.
② 다른 물질보다 융해잠열이 작다.
③ 다른 물질보다 증발잠열이 크다.
④ 밀폐된 장소에서 증발가열되면 산소희석작용을 한다.

해설

얼음·물(H_2O)은 분자의 단순한 구조와 수소결합으로 인해 분자 간 결합이 강하므로 타 물질보다 비열, 융해잠열 및 증발잠열이 크다.

관련개념

물의 비열은 다른 물질의 비열보다 높은데 이는 물이 소화제로 사용되는 이유 중 하나이다.

정답 | ②

05 빈출도 ★★

탱크화재 시 발생되는 보일 오버(Boil Over)의 방지 방법으로 틀린 것은?

① 탱크 내용물의 기계적 교반
② 물의 배출
③ 과열 방지
④ 위험물 탱크 내의 하부에 냉각수 저장

해설

화재가 발생한 유류저장탱크의 하부에 고여 있던 물이 급격하게 증발하며 유류를 밀어 올려 탱크 밖으로 넘치게 되는 현상을 보일 오버(Boil Over)라고 한다.
따라서 유류저장탱크의 하부에 냉각수를 저장하는 것은 적절하지 않다.

정답 | ④

06 빈출도 ★

물 소화약제를 어떠한 상태로 주수할 경우 전기화재의 진압에서도 소화능력을 발휘할 수 있는가?

① 물에 의한 봉상주수
② 물에 의한 적상주수
③ 물에 의한 무상주수
④ 어떤 상태의 주수에 의해서도 효과가 없다.

해설

전기화재의 소화에 적합한 방식은 물에 의한 무상주수이다.

관련개념 무상주수

주수방법	• 고압으로 방수할 때 나타나는 안개 형태의 주수 방법 • 물방울의 평균 직경은 0.01[mm]~1.0[mm] 정도 • 전기의 전도성이 없어 전기화재의 소화에도 적합
적용 소화설비	• 물소화기(분무노즐 사용) • 옥내·옥외소화전설비(분무노즐 사용) • 물분무·미분무소화설비

정답 | ③

07 빈출도 ★★

화재 시 CO_2를 방사하여 산소농도를 11[vol%]로 낮추어 소화하려면 공기 중 CO_2의 농도는 약 몇 [vol%]가 증가 되어야 하는가?

① 47.6
② 42.9
③ 37.9
④ 34.5

해설

산소 21[%], 이산화탄소 0[%]인 공기에 이산화탄소 소화약제가 추가되어 산소의 농도는 11[%]가 되어야 한다.

$$\frac{21}{100+x}=\frac{11}{100}$$

따라서 추가된 이산화탄소 소화약제의 양 x는 90.91이며,
이때 전체 중 이산화탄소의 농도는

$$\frac{x}{100+x}=\frac{90.91}{100+90.91}≒0.4762=47.62[\%]이다.$$

관련개념

㉠ 소화약제 방출 전 공기의 양을 100으로 두고 풀이하면 된다.
㉡ 분모의 x는 공학용 계산기의 SOLVE 기능을 활용하면 쉽다.

정답 | ①

08 빈출도 ★★★

분말 소화약제의 취급 시 주의사항으로 틀린 것은?

① 습도가 높은 공기 중에 노출되면 고화되므로 항상 주의를 기울인다.

② 충진 시 다른 소화약제와의 혼합을 피하기 위하여 종별로 각각 다른 색으로 착색되어 있다.

③ 실내에서 다량으로 방사하는 경우 분말을 흡입하지 않도록 한다.

④ 분말 소화약제와 수성막포를 함께 사용할 경우 포의 소포 현상을 발생시키므로 병용해서는 안 된다.

해설

분말 소화약제와 수성막포는 함께 사용할 수 있다.

관련개념

분말 소화약제는 빠른 소화능력을 가지고 있으며, 포 소화약제는 낮은 재착화의 위험을 가지고 있으므로 두가지 소화약제의 장점을 모두 취하는 방식을 사용하기도 한다.

정답 | ④

09 빈출도 ★

화재실의 연기를 옥외로 배출시키는 제연방식으로 효과가 가장 적은 것은?

① 자연 제연방식

② 스모크 타워 제연방식

③ 기계식 제연방식

④ 냉난방설비를 이용한 제연방식

해설

제연방식에는 밀폐 제연방식, 자연 제연방식, 스모크 타워 제연방식, 기계식 제연방식이 있다.

정답 | ④

10 빈출도 ★★★

다음 위험물 중 특수인화물이 아닌 것은?

① 아세톤

② 디에틸에테르

③ 산화프로필렌

④ 아세트알데히드

해설

아세톤은 제4류 위험물 제1석유류 수용성액체이다.

정답 | ①

11 빈출도 ★★

목조건축물의 화재 진행상황에 관한 설명으로 옳은 것은?

① 화원－발염착화－무염착화－출화－최성기－소화

② 화원－발염착화－무염착화－소화－연소낙화

③ 화원－무염착화－발염착화－출화－최성기－소화

④ 화원－무염착화－출화－발염착화－최성기－소화

해설

목조건축물의 화재 진행 과정은 다음과 같은 순서로 진행된다.
화재의 원인 － 무염착화 － 발염착화 － 발화 － 성장기 － 최성기 － 연소낙하 － 소화

정답 | ③

12 빈출도 ★

방호공간 안에서 화재의 세기를 나타내고 화재가 진행되는 과정에서 온도에 따라 변하는 것으로 온도 – 시간 곡선으로 표시할 수 있는 것은?

① 화재저항
② 화재가혹도
③ 화재하중
④ 화재플럼

해설

화재의 발생으로 건물과 그 내부의 수용재산 등을 파괴하거나 손상을 입히는 능력의 정도를 화재가혹도라 한다.
온도 – 시간의 개념 곡선을 통해 화재가혹도를 나타낼 수 있다.

정답 | ②

13 빈출도 ★★

다음 중 동일한 조건에서 증발잠열[kJ/kg]이 가장 큰 것은?

① 질소
② 할론 1301
③ 이산화탄소
④ 물

해설

얼음·물(H_2O)은 분자의 단순한 구조와 수소결합으로 인해 분자 간 결합이 강하므로 타 물질보다 비열, 융해잠열 및 증발잠열이 크다.

정답 | ④

14 빈출도 ★★

화재 표면온도(절대온도)가 2배가 되면 복사에너지는 몇 배로 증가되는가?

① 2
② 4
③ 8
④ 16

해설

복사열은 절대온도의 4제곱에 비례하므로, 복사에너지는 $2^4 = 16$ 배 증가한다.

관련개념 복사

복사는 열에너지가 매질을 통하지 않고 전자기파의 형태로 전달되는 현상이다.
슈테판 – 볼츠만 법칙에 의해 복사열은 절대온도의 4제곱에 비례한다.

$$Q \propto \sigma T^4$$

Q: 열전달량[W/m^2], σ: 슈테판 – 볼츠만 상수(5.67×10^{-8})[$W/m^2 \cdot K^4$], T: 절대온도[K]

정답 | ④

15 빈출도 ★★

연면적이 $1,000[m^2]$ 이상인 건축물에 설치하는 방화벽이 갖추어야 할 기준으로 틀린 것은?

① 내화구조로서 설 수 있는 구조일 것
② 방화벽의 양쪽 끝과 위쪽 끝을 건축물의 외벽면 및 지붕면으로부터 0.1[m] 이상 튀어나오게 할 것
③ 방화벽에 설치하는 출입문의 너비는 2.5[m] 이하로 할 것
④ 방화벽에 설치하는 출입문의 높이는 2.5[m] 이하로 할 것

해설

방화벽의 양쪽 끝과 위쪽 끝을 건축물의 외벽면 및 지붕면으로부터 0.5[m] 이상 튀어 나오게 하여야 한다.

관련개념 방화벽의 구조

㉠ 내화구조로서 홀로 설 수 있는 구조일 것
㉡ 방화벽의 양쪽 끝과 위쪽 끝을 건축물의 외벽면 및 지붕면으로부터 0.5[m] 이상 튀어 나오게 할 것
㉢ 방화벽에 설치하는 출입문의 너비 및 높이는 각각 2.5[m] 이하로 하고, 해당 출입문에는 60분＋ 방화문 또는 60분 방화문을 설치할 것

정답 | ②

16 빈출도 ★

도장작업 공정에서의 위험도를 설명한 것으로 틀린 것은?

① 도장작업 그 자체 못지않게 건조공정도 위험하다.
② 도장작업에서는 인화성 용제가 쓰이지 않으므로 폭발의 위험이 없다.
③ 도장작업장은 폭발 시를 대비하여 지붕을 시공한다.
④ 도장실은 환기덕트를 주기적으로 청소하여 도료가 덕트 내에 부착되지 않게 한다.

해설

도장작업에서 사용되는 기름 용매에는 시너와 같은 인화성 용매가 쓰이기도 한다.

관련개념 도장작업

도장작업은 물 또는 기름 용매에 기능성을 갖는 도료를 희석시켜 대상물에 칠하는 작업을 말한다.
도장작업이 끝난 후 건조공정에서는 인화성 물질인 용매가 기화하므로 화재 및 폭발의 위험이 있다.

정답 | ②

17 빈출도 ★★

공기의 부피 비율이 질소 79[%], 산소 21[%]인 전기실에 화재가 발생하여 이산화탄소소화약제를 방출하여 소화하였다. 이때 산소의 부피농도가 14[%]이었다면 이 혼합 공기의 분자량은 약 얼마인가? (단, 화재 시 발생한 연소가스는 무시한다.)

① 28.9

② 30.9

③ 33.9

④ 35.9

해설

산소 21[%], 이산화탄소 0[%]인 공기에 이산화탄소 소화약제가 추가되어 산소의 농도는 14[%]가 되어야 한다.

$$\frac{21}{100+x} = \frac{14}{100}$$

따라서 추가된 이산화탄소 소화약제의 양 x는 50이다.
질소, 산소, 이산화탄소의 분자량은 각각 28, 32, 44이므로 혼합 공기의 분자량은 다음과 같다.

$$\left(28 \times \frac{79}{150}\right) + \left(32 \times \frac{21}{150}\right) + \left(44 \times \frac{50}{150}\right) ≒ 33.89$$

관련개념

㉠ 소화약제 방출 전 공기의 양을 100으로 두고 풀이하면 된다.
㉡ 분모의 x는 공학용 계산기의 SOLVE 기능을 활용하면 쉽다.

정답 │ ③

18 빈출도 ★★★

산불화재의 형태로 틀린 것은?

① 지중화 형태

② 수평화 형태

③ 지표화 형태

④ 수관화 형태

해설

산림화재의 형태로 수간화, 수관화, 지표화, 지중화가 있다.

관련개념 산림화재의 형태

수간화	수목에서 화재가 발생하는 현상으로, 나무의 기둥부분부터 화재가 발생하는 것
수관화	나무의 가지 또는 잎에서 화재가 발생하는 현상
지표화	지표면의 습도가 50[%] 이하일 때 낙엽 등이 연소하여 화재가 발생하는 현상
지중화	지중(땅속)에 있는 유기물층에서 화재가 발생하는 현상

정답 │ ②

19 빈출도 ★★★

석유, 고무, 동물의 털, 가죽 등과 같이 황성분을 함유하고 있는 물질이 불완전 연소될 때 발생하는 연소가스로 계란 썩는 듯한 냄새가 나는 기체는?

① 아황산가스

② 시안화수소

③ 황화수소

④ 암모니아

해설

황화수소(H_2S)는 황을 포함하고 있는 유기화합물이 불완전 연소하면 발생하며, 계란이 썩는 악취가 나는 무색의 유독성 기체이다. 자극성이 심하고, 인체 허용농도는 10[ppm]이다.

정답 │ ③

20 빈출도 ★★

다음 가연성 기체 1몰이 완전 연소하는 데 필요한 이론 공기량으로 틀린 것은? (단, 체적비로 계산하며 공기 중 산소의 농도를 21[vol%]로 한다.)

① 수소 — 약 2.38몰

② 메테인 — 약 9.52몰

③ 아세틸렌 — 약 16.97몰

④ 프로페인 — 약 23.81몰

해설

아세틸렌의 연소반응식은 다음과 같다.
$C_2H_2 + 2.5O_2 \rightarrow 2CO_2 + H_2O$
아세틸렌 1[mol]이 완전 연소하는 데 필요한 산소의 양은 2.5[mol]이며, 공기 중 산소의 농도는 21[vol%]이므로

필요한 이론 공기량은 $\frac{2.5[mol]}{0.21} ≒ 11.9[mol]$이다.

관련개념 탄화수소의 연소반응식

$$C_mH_n + \left(m + \frac{n}{4}\right)O_2 \rightarrow mCO_2 + H_2O$$

정답 │ ③

21 빈출도 ★★

전기기기에서 생기는 손실 중 권선의 저항에 의하여 생기는 손실은?

① 철손   ② 동손

③ 표유부하손   ④ 히스테리시스손

해설

부하 전류가 흐를 때 권선의 저항에 의해 생기는 손실은 동손이다.

선지분석

① 철손: 변압기 철심에서 교번 자계에 의해 발생한다.

③ 표유부하손: 변압기에 부하 전류가 흐르는 경우 권선 외의 철심, 외함 등에서 누설 자속에 의해 발생한다.

④ 히스테리시스손: 와류손과 함께 철손에 포함되는 손실이다.

정답 | ②

22 빈출도 ★

부궤환 증폭기의 장점에 해당되는 것은?

① 전력이 절약된다.

② 안정도가 증진된다.

③ 증폭도가 증가된다.

④ 능률이 증대된다.

해설

부궤환 증폭기는 출력의 일부를 역상으로 입력에 되돌려 비교함으로써 출력을 제어할 수 있게 한 증폭기이다. 이득은 감소하지만 안정도가 증진되는 등 특성 향상이 가능하다.

㉠ 이득의 감도를 낮춤

㉡ 선형 작동의 증대

㉢ 입출력 임피던스 제어

㉣ 간섭비 감소로 잡음 감소

㉤ 증폭기 대역폭 늘림

정답 | ②

23 빈출도 ★★

아래 회로에서 A−B 단자에 나타나는 전압은 몇 [V] 인가?

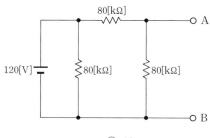

① 20
② 40
③ 60
④ 80

해설

그림과 같이 회로를 단순화하여 해결한다.

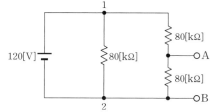

$$V_{A-B} = \frac{R_{80\Omega}}{R_{80\Omega} + R_{80\Omega}} V_{120V}$$

$$= \frac{80}{80+80} \times 120[V]$$

$$= 60[V]$$

관련개념 전류 분배 법칙

병렬 접속된 저항에 각각 흐르는 전류는 다른 저항의 크기에 비례한다.

$$I_1 = \frac{R_2}{R_1 + R_2} I \qquad I_2 = \frac{R_1}{R_1 + R_2} I$$

정답 ③

24 빈출도 ★★★

그림과 같은 무접점회로는 어떤 논리회로인가?

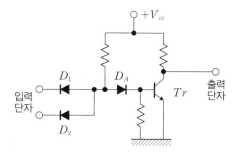

① NOR
② OR
③ NAND
④ AND

해설

NAND 회로는 입력 단자 A와 B 모두 ON인 경우 출력이 OFF 되고, 두 단자 중 어느 한 단자라도 OFF인 경우 출력이 ON되는 회로이다.
$$C = \overline{A \cdot B} = \overline{A} + \overline{B}$$

선지분석

① NOR 회로의 무접점 회로

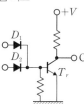

② OR 회로의 무접점 회로

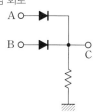

④ AND 회로의 무접점 회로

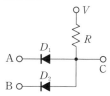

정답 ③

25 빈출도 ★★★

열감지기의 온도감지용으로 사용하는 소자는?

① 서미스터   ② 바리스터
③ 제너다이오드   ④ 발광다이오드

해설

서미스터는 저항기의 한 종류로서 온도에 따라서 물질의 저항이 변화하는 성질을 이용하며 온도보상용, 온도계측용, 온도보정용 등으로 사용된다.

선지분석

② 바리스터: 불꽃을 소거하거나, 서지 전압으로부터 회로를 보호하는 용도로 사용된다.
③ 제너 다이오드: 정전압 전원 회로에 사용된다.
④ 발광 다이오드: 전기 신호를 빛 신호로 변환한다.

정답 | ①

26 빈출도 ★★★

그림과 같은 회로에서 각 계기의 지시값이 Ⓥ는 180[V], Ⓐ는 5[A], W는 720[W]라면 이 회로의 무효전력[Var]은?

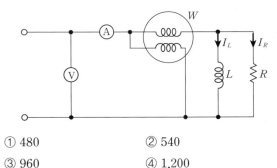

① 480   ② 540
③ 960   ④ 1,200

해설

피상전력 $P_a[\text{VA}]$는 전원에서 공급되는 전력으로 유효전력 $P[\text{W}]$와 무효전력 $P_r[\text{Var}]$의 합으로 표현한다.

$$P_a = P + jP_r = \sqrt{P^2 + P_r^2} = VI$$
$$= 180 \times 5 = 900[\text{VA}]$$
$$\to P_r^2 = P_a^2 - P^2$$
$$\to P_r = \sqrt{P_a^2 - P^2} = \sqrt{900^2 - 720^2} = 540[\text{Var}]$$

정답 | ②

27 빈출도 ★

정현파 신호 $\sin t$의 전달함수는?

① $\dfrac{1}{s^2+1}$ ② $\dfrac{1}{s^2-1}$
③ $\dfrac{s}{s^2+1}$ ④ $\dfrac{s}{s^2-1}$

해설

$$\mathcal{L}\{\sin t\} = \frac{1}{s^2+1}$$

관련개념 전달함수 라플라스 변환

$$\mathcal{L}\{\sin \omega t\} = \frac{\omega}{s^2+\omega^2} \qquad \mathcal{L}\{\cos \omega t\} = \frac{s}{s^2+\omega^2}$$

정답 | ①

28 빈출도 ★

제어량이 압력, 온도 및 유량과 같은 공업량일 경우의 제어는?

① 시퀀스 제어   ② 프로세스 제어
③ 추종제어   ④ 프로그램 제어

해설

프로세스 제어는 공정제어라고도 하며, 플랜트나 생산 공정 등의 상태량을 제어량으로 하는 제어이다.
예 온도, 압력, 유량, 액면, 농도, 밀도, 효율 등

관련개념 서보제어(추종제어)

기계적 변위를 제어량으로 목푯값의 임의의 변화에 추종하도록 구성된 제어이다.
예 물체의 위치, 방위, 자세, 각도 등

자동조정 제어(정치제어)

전기적, 기계적 물리량을 제어량으로 하는 제어이다.
예 전압, 전류, 주파수, 회전수, 힘 등

정답 | ②

29 빈출도 ★★★

SCR를 턴온시킨 후에 게이트 전류를 0으로 하여도 온(ON)상태를 유지하기 위한 최소의 애노드 전류를 무엇이라 하는가?

① 래칭 전류
② 스텐드 온 전류
③ 최대 전류
④ 순시 전류

해설

SCR에서 트리거 신호가 제거된 직후에도 SCR을 ON 상태로 유지하기 위한 최소의 전류는 래칭 전류이다.

관련개념 유지 전류

SCR이 ON 상태가 된 이후 ON 상태를 유지하기 위해 필요한 최소의 전류이다.

정답 | ①

30 빈출도 ★★★

정전용량이 $0.2[\mu F]$인 콘덴서와 인덕턴스가 $1[H]$인 코일을 직렬로 접속할 때 이 회로의 공진주파수는 약 몇 [Hz]인가?

① 89
② 178
③ 267
④ 356

해설

직렬 공진회로에서 C가 일정하여도 $\omega L = \dfrac{1}{\omega C}$ 이 되는 주파수를 공진주파수 f라고 한다.

$$f = \frac{1}{2\pi\sqrt{LC}} = \frac{1}{2\pi\sqrt{1 \times (0.2 \times 10^{-6})}} = 356[\text{Hz}]$$

정답 | ④

31 빈출도 ★★

단상 반파 정류회로에서 교류 실횻값 $220[V]$를 정류하면 직류 평균 전압은 약 몇 [V]인가? (단, 정류기의 전압강하는 무시한다.)

① 58
② 73
③ 88
④ 99

해설

단상 반파 정류회로에서 직류의 평균 전압
$E_{av} = 0.45E = 0.45 \times 220 = 99[V]$

관련개념 파형별 직류 전압

구분	직류 전압 E_{av}
단상 반파	$0.45E$
단상 전파	$0.9E$
3상 반파	$1.17E$
3상 전파	$1.35E$

정답 | ④

32 빈출도 ★★★

논리식 $X + \overline{X}Y$를 간단히 하면?

① X
② $X\overline{Y}$
③ $\overline{X}Y$
④ $X + Y$

해설

$$X + \overline{X}Y = (X + \overline{X}) \cdot (X + Y)$$
$$= 1 \cdot (X + Y) = X + Y$$

관련개념 불대수 연산 예

결합법칙	• $A + (B + C) = (A + B) + C$ • $A \cdot (B \cdot C) = (A \cdot B) \cdot C$
분배법칙	• $A \cdot (B + C) = A \cdot B + A \cdot C$ • $A + (B \cdot C) = (A + B) \cdot (A + C)$
흡수법칙	• $A + A \cdot B = A$ • $A + \overline{A}B = A + B$ • $A \cdot (A + B) = A$

정답 | ④

33 빈출도 ★

온도 $t[°C]$에서 저항이 R_1, R_2이고 저항의 온도계수가 각각 α_1, α_2인 두 개의 저항을 직렬로 접속했을 때 합성 저항 온도계수는?

① $\dfrac{R_1\alpha_2+R_2\alpha_1}{R_1+R_2}$ ② $\dfrac{R_1\alpha_1+R_2\alpha_2}{R_1R_2}$

③ $\dfrac{R_1\alpha_1+R_2\alpha_2}{R_1+R_2}$ ④ $\dfrac{R_1\alpha_2+R_2\alpha_1}{R_1R_2}$

해설

저항의 온도계수는 온도에 따른 저항의 변화 비율이다.

합성 저항 $R=R_1+R_2$

$R\alpha t=(R_1\alpha_1+R_2\alpha_2)t$

$\to \alpha=\dfrac{R_1\alpha_1+R_2\alpha_2}{R}=\dfrac{R_1\alpha_1+R_2\alpha_2}{R_1+R_2}$

정답 | ③

34 빈출도 ★★

단상전력을 간접적으로 측정하기 위해 3전압계법을 사용하는 경우 단상 교류전력 $P[W]$는?

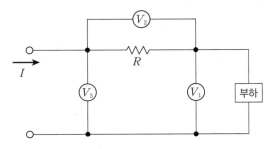

① $P=\dfrac{1}{2R}(V_3-V_2-V_1)^2$

② $P=\dfrac{1}{R}(V_3{}^2-V_1{}^2-V_2{}^2)$

③ $P=\dfrac{1}{2R}(V_3{}^2-V_1{}^2-V_2{}^2)$

④ $P=V_3I\cos\theta$

해설

3전압계법은 3개의 전압계와 하나의 저항을 연결하여 단상 교류전력을 측정하는 방법이다.

$P=\dfrac{1}{2R}(V_3{}^2-V_1{}^2-V_2{}^2)$

관련개념 3전류계법

3개의 전류계와 하나의 저항을 연결하여 단상 교류전력을 측정하는 방법이다.

$P=\dfrac{R}{2}(I_3{}^2-I_2{}^2-I_1{}^2)$

정답 | ③

35 빈출도 ★★★

그림과 같은 RL직렬회로에서 소비되는 전력은 몇 [W]인가?

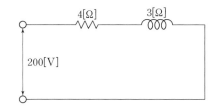

① 6,400

② 8,800

③ 10,000

④ 12,000

해설

전류 $I = \dfrac{V}{Z} = \dfrac{V}{\sqrt{R^2 + X_L{}^2}} = \dfrac{200}{\sqrt{4^2 + 3^2}} = 40[\mathrm{A}]$

소비전력 $P = I^2 R = 40^2 \times 4 = 6,400[\mathrm{W}]$

정답 : ①

36 빈출도 ★

선간전압 $E[\mathrm{V}]$의 3상 평형전원에 대칭 3상 저항부하 $R[\Omega]$이 그림과 같이 접속되었을 때 a, b 두 상 간에 접속된 전력계의 지시값이 $W[\mathrm{W}]$라면 c상의 전류는?

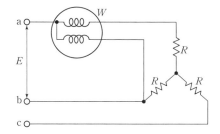

① $\dfrac{2W}{\sqrt{3}E}$

② $\dfrac{3W}{\sqrt{3}E}$

③ $\dfrac{W}{\sqrt{3}E}$

④ $\dfrac{\sqrt{3}W}{\sqrt{E}}$

해설

3상 전력 측정법 중 1전력계법의 접속도이다.
Y결선일 때 선전류는 상전류와 같고 $I_l = I_p$,
선간전압은 $V_l = \sqrt{3}\,V_p \angle 30°$이다.

이때 전력 $W = EI_p \cos 30° = EI_p \times \dfrac{\sqrt{3}}{2}$

$\rightarrow I_p = \dfrac{2W}{\sqrt{3}E}$

관련개념 2전력계법 전류

$I = \dfrac{W_1 + W_2}{\sqrt{3}E}$

관련개념 3전력계법 전류

$I = \dfrac{W_1 + W_2 + W_3}{\sqrt{3}E}$

정답 ①

37 빈출도 ★

교류 전력 변환 장치로 사용되는 인버터 회로에 대한 설명으로 옳지 않은 것은?

① 직류 전력에서 교류 전력으로 변환시키는 장치를 인버터라고 한다.
② 전류형 인버터와 전압형 인버터로 구분할 수 있다.
③ 전류 방식에 따라서 타려식과 자려식으로 구분할 수 있다.
④ 인버터의 부하장치에는 직류 직권 전동기를 사용할 수 있다.

인버터의 부하장치에는 교류 직권 전동기를 사용할 수 있다.

① 인버터는 전기적으로 직류 전력을 교류 전력으로 변환시키는 전력 변환기로서 공급된 전력을 자체 내에서 전압과 주파수를 가변시켜 전동기에 공급함으로서 전동기의 속도를 고효율로 제어하는 장치이다.
② 인버터는 전류형 인버터와 전압형 인버터로 나뉘며, 전류형은 전류원의 직류를 교류로 변환하는 방식이고, 전압형은 전압원의 직류를 교류로 변환하는 방식이다.
③ 인버터를 동작 방식으로 분류하면 자려식과 타려식으로 구분된다.

정답 | ④

38 빈출도 ★★

다이오드를 사용한 정류회로에서 과전압 방지를 위한 대책으로 가장 알맞은 것은?

① 다이오드를 직렬로 추가한다.
② 다이오드를 병렬로 추가한다.
③ 다이오드의 양단에 일정 값의 저항을 추가한다.
④ 다이오드의 양단에 일정 값의 콘덴서를 추가한다.

다이오드를 직렬로 연결하면 전압이 분배되므로 과전압으로부터 회로를 보호할 수 있다.

과전류 방지 대책
다이오드를 병렬 연결한다.

정답 | ①

39 빈출도 ★★

이미터 전류를 1[mA] 증가시켰더니 컬렉터 전류는 0.98[mA] 증가되었다. 이 트랜지스터의 증폭률 β는?

① 4.9 ② 9.8

③ 49.0 ④ 98.0

해설

이미터 접지 전류 증폭 정수(β)

$$\beta = \frac{I_C}{I_B} = \frac{I_C}{I_E - I_C} = \frac{0.98}{1 - 0.98} = 49$$

관련개념 베이스 접지 전류 증폭 정수(α)

$$\alpha = \frac{I_C}{I_E} = \frac{I_C}{I_B + I_C}$$

정답 | ③

40 빈출도 ★★★

4[Ω]의 저항과 인덕턴스가 8[mH]인 코일을 직렬로 연결하고 100[V], 60[Hz]인 전압을 공급하는 경우 유효전력은 약 몇 [kW]인가?

① 0.8 ② 1.2

③ 1.6 ④ 2.0

해설

리액턴스 $X_L = 2\pi f L$
$$= 2\pi \times 60 \times (8 \times 10^{-3}) = 3[\Omega]$$

유효전력 $P = I^2 R = \left(\dfrac{V}{\sqrt{R^2 + X_L^{\,2}}}\right)^2 R$

$$= \left(\frac{100}{\sqrt{4^2 + 3^2}}\right)^2 \times 4 = \left(\frac{100}{5}\right)^2 \times 4$$

$$= 1,600 = 1.6[\text{kW}]$$

정답 | ③

41 빈출도 ★★

소방본부장 또는 소방서장은 건축허가 등의 동의요구 서류를 접수한 날부터 최대 며칠 이내에 건축허가 등의 동의여부를 회신하여야 하는가? (단, 허가 신청한 건축물은 지상으로부터 높이가 200[m]인 아파트이다.)

① 5일   ② 7일
③ 10일   ④ 15일

해설

지상으로부터 높이가 200[m]인 아파트는 특급 소방안전관리대상물로 구분되며 이 경우 건축허가 등의 요구서류를 접수한 날부터 10일 이내에 건축허가 등의 동의여부를 회신하여야 한다.

관련개념 건축허가 등의 동의

구분	회신기간	대상물
특급 소방안전관리 대상물	10일 이내	• 50층 이상(지하층 제외)이거나 지상으로부터 높이가 200[m] 이상인 아파트 • 30층 이상(지하층 포함)이거나 지상으로부터 높이가 120[m] 이상인 특정소방대상물(아파트 제외) • 연면적 100,000[m²] 이상인 특정소방대상물(아파트 제외)
그 외	5일 이내	건축허가 등의 동의대상 특정소방대상물

정답 | ③

42 빈출도 ★★

소방기본법령상 소방활동구역의 출입자에 해당되지 않는 자는?

① 소방활동구역 안에 있는 소방대상물의 소유자·관리자 또는 점유자
② 전기·가스·수도·통신·교통의 업무에 종사하는 사람으로서 원활한 소방활동을 위하여 필요한 사람
③ 화재건물과 관련 있는 부동산업자
④ 취재인력 등 보도업무에 종사하는 사람

해설

화재건물과 관련 있는 부동산업자는 소방활동구역의 출입자에 해당되지 않는다.

관련개념 소방활동구역의 출입이 가능한 사람

㉠ 소방활동구역 안에 있는 소방대상물의 소유자·관리자 또는 점유자
㉡ 전기·가스·수도·통신·교통의 업무에 종사하는 사람으로서 원활한 소방활동을 위하여 필요한 사람
㉢ 의사·간호사 그 밖의 구조·구급업무에 종사하는 사람
㉣ 취재인력 등 보도업무에 종사하는 사람
㉤ 수사업무에 종사하는 사람
㉥ 그 밖에 소방대장이 소방활동을 위하여 출입을 허가한 사람

정답 | ③

43 빈출도 ★

소방기본법상 화재 현상에서의 피난 등을 체험할 수 있는 소방체험관의 설립 · 운영권자는?

① 시 · 도지사
② 행정안전부장관
③ 소방본부장 또는 소방서장
④ 소방청장

해설

시 · 도지사는 소방체험관을 설립하여 운영할 수 있다.

관련개념 소방박물관 · 소방체험관의 설립 및 운영

구분	소방박물관	소방체험관
설립 및 운영권자	소방청장	시 · 도지사
설립 및 운영에 필요한 사항	행정안전부령	시 · 도의 조례

정답 | ①

44 빈출도 ★

지정수량의 최소 몇 배 이상의 위험물을 취급하는 제조소에는 피뢰침을 설치해야 하는가? (단, 제6류 위험물을 취급하는 위험물제조소는 제외하고, 제조소 주위의 상황에 따라 안전상 지장이 없는 경우도 제외한다.)

① 5배
② 10배
③ 50배
④ 100배

해설

지정수량의 **10배** 이상의 위험물을 취급하는 제조소(제6류 위험물을 취급하는 위험물제조소 제외)에는 피뢰침을 설치하여야 한다.

정답 | ②

45 빈출도 ★★★

산화성고체인 제1류 위험물에 해당되는 것은?

① 질산염류
② 특수인화물
③ 과염소산
④ 유기과산화물

해설

질산염류는 제1류 위험물에 해당된다.

선지분석

② 특수인화물: 제4류 위험물
③ 과염소산: 제6류 위험물
④ 유기과산화물: 제5류 위험물

관련개념 제1류 위험물 및 지정수량

위험물	품명	지정수량
제1류 (산화성고체)	아염소산염류	50[kg]
	염소산염류	
	과염소산염류	
	무기과산화물	
	브로민산염류	300[kg]
	질산염류	
	아이오딘산염류	
	과망가니즈산염류	1,000[kg]
	다이크로뮴산염류	

정답 | ①

46 빈출도 ★

소방시설관리업자가 기술인력을 변경하는 경우, 시·도지사에게 제출하여야 하는 서류로 틀린 것은?

① 소방시설관리업 등록수첩
② 변경된 기술인력의 기술자격증(자격수첩)
③ 소방기술인력대장
④ 사업자등록증 사본

해설

사업자등록증 사본은 기술인력 변경 시 제출해야 하는 서류가 아니다.

관련개념 소방시설관리업 등록사항의 변경신고

기술인력이 변경된 경우 다음의 서류를 첨부하여 시·도지사에게 제출하여야 한다.
㉠ 소방시설관리업 등록수첩
㉡ 변경된 기술인력의 기술자격증(경력수첩 포함)
㉢ 소방기술인력대장

정답 | ④

47 빈출도 ★★

소방대라 함은 화재를 진압하고 화재, 재난·재해 그 밖의 위급한 상황에서 구조·구급 활동 등을 하기 위하여 구성된 조직체를 말한다. 소방대의 구성원으로 틀린 것은?

① 소방공무원
② 소방안전관리원
③ 의무소방원
④ 의용소방대원

해설

소방대의 조직구성원
㉠ 소방공무원
㉡ 의무소방원
㉢ 의용소방대원

정답 | ②

48 빈출도 ★★

소방기본법령상 인접하고 있는 시·도 간 소방업무의 상호응원협정을 체결하고자 할 때, 포함되어야 하는 사항으로 틀린 것은?

① 소방교육·훈련의 종류에 관한 사항
② 화재의 경계·진압 활동에 관한 사항
③ 출동대원의 수당·식사 및 피복의 수선의 소요경비의 부담에 관한 사항
④ 화재조사활동에 관한 사항

해설

소방교육·훈련의 종류에 관한 사항은 상호응원협정사항이 아니다.

관련개념 소방업무의 상호응원협정사항

㉠ 소방활동에 관한 사항
 - 화재의 경계·진압 활동
 - 구조·구급업무의 지원
 - 화재조사활동
㉡ 응원출동대상지역 및 규모
㉢ 소요경비의 부담에 관한 사항
 - 출동대원 수당·식사 및 피복의 수선
 - 소방장비 및 기구의 정비와 연료의 보급
㉣ 응원출동의 요청방법
㉤ 응원출동훈련 및 평가

정답 | ①

49 빈출도 ★★

소방시설 설치 및 관리에 관한 법률상 건축허가 등의 동의를 요구한 기관이 그 건축허가 등을 취소하였을 때, 취소한 날부터 최대 며칠 이내에 건축물 등의 시공지 또는 소재지를 관할하는 소방본부장 또는 소방서장에게 그 사실을 통보하여야 하는가?

① 3일   ② 4일
③ 7일   ④ 10일

> **해설**
>
> 건축허가 등의 동의를 요구한 기관이 그 건축허가 등을 취소했을 때에는 취소한 날부터 **7일** 이내에 건축물 등의 시공지 또는 소재지를 관할하는 소방본부장 또는 소방서장에게 그 사실을 통보해야 한다.

정답 ③

50 빈출도 ★★

다음 중 300만 원 이하의 벌금에 해당되지 않는 것은?

① 등록수첩을 다른 자에게 빌려준 자
② 소방시설공사의 완공검사를 받지 아니한 자
③ 소방기술자가 동시에 둘 이상의 업체에 취업한 사람
④ 소방시설공사 현장에 감리원을 배치하지 아니한 자

> **해설**
>
> 소방시설공사의 완공검사를 받지 아니한 자는 **200만 원** 이하의 과태료에 처한다.

정답 ②

51 빈출도 ★★

소방시설 설치 및 관리에 관한 법률상 특정소방대상물 중 오피스텔은 어느 시설에 해당하는가?

① 숙박시설   ② 일반업무시설
③ 공동주택   ④ 근린생활시설

> **해설**
>
> 오피스텔은 업무시설 중 일반업무시설이다.

> **관련개념** 특정소방대상물(업무시설)
>
> ㉠ 공공업무시설: 국가 또는 지방자치단체의 청사와 외국공관의 건축물로서 근린생활시설에 해당하지 않는 것
> ㉡ 일반업무시설: 금융업소, 사무소, 신문사, 오피스텔로서 근린생활시설에 해당하지 않는 것
> ㉢ 주민자치센터(동사무소), 경찰서, 지구대, 파출소, 소방서, 119 안전센터, 우체국, 보건소, 공공도서관, 국민건강보험공단

정답 ②

52 빈출도 ★

제4류 위험물을 저장·취급하는 제조소에 "화기엄금"이란 주의사항을 표시하는 게시판을 설치할 경우 게시판의 색상은?

① 청색 바탕에 백색 문자
② 적색 바탕에 백색 문자
③ 백색 바탕에 적색 문자
④ 백색 바탕에 흑색 문자

> **해설**
>
> "화기엄금" 게시판의 색상은 적색 바탕에 백색 문자이다.

> **관련개념** 주의사항 게시판 색상

구분	바탕	문자
화기주의 화기엄금	적색	백색
물기엄금	청색	백색

정답 ②

53 빈출도 ★★★

소방시설 설치 및 관리에 관한 법률상 종사자 수가 5명이고, 숙박시설이 모두 2인용 침대이며 침대수량은 50개인 청소년 시설에서 수용인원은 몇 명인가?

① 55
② 75
③ 85
④ 105

해설

종사자 수＋침대 수(2인용 침대는 2개)
＝5＋50×2＝105명

관련개념 수용인원의 산정방법

구분		산정방법
숙박시설	침대가 있는 숙박시설	종사자 수＋침대 수(2인용 침대는 2개)
	침대가 없는 숙박시설	종사자 수＋$\dfrac{\text{바닥면적의 합계}}{3[\text{m}^2]}$
강의실·교무실·상담실·실습실·휴게실 용도로 쓰이는 특정소방대상물		$\dfrac{\text{바닥면적의 합계}}{1.9[\text{m}^2]}$
강당, 문화 및 집회시설, 운동시설, 종교시설		$\dfrac{\text{바닥면적의 합계}}{4.6[\text{m}^2]}$
그 밖의 특정소방대상물		$\dfrac{\text{바닥면적의 합계}}{3[\text{m}^2]}$

* 계산 결과 소수점 이하의 수는 반올림한다.
* 복도(준불연재료 이상의 것), 화장실, 계단은 면적에서 제외한다.

정답 | ④

54 빈출도 ★★

다음 중 고급기술자에 해당하는 학력·경력 기준으로 옳은 것은?

① 박사학위를 취득한 후 1년 이상 소방 관련 업무를 수행한 사람
② 석사학위를 취득한 후 6년 이상 소방 관련 업무를 수행한 사람
③ 학사학위를 취득한 후 8년 이상 소방 관련 업무를 수행한 사람
④ 고등학교를 취득한 후 10년 이상 소방 관련 업무를 수행한 사람

해설

박사학위를 취득한 후 1년 이상 소방 관련 업무를 수행한 사람이 고급기술자의 학력·경력자 기준이다.

관련개념 고급기술자의 학력·경력자 기준

㉠ 박사학위
→ 취득한 후 1년 이상 소방관련 업무 수행
㉡ 석사학위
→ 취득한 후 4년 이상 소방관련 업무 수행
㉢ 학사학위
→ 취득한 후 7년 이상 소방관련 업무 수행
㉣ 전문학사학위
→ 취득한 후 10년 이상 소방관련 업무 수행
㉤ 고등학교 소방학과
→ 졸업한 후 13년 이상 소방관련 업무 수행
㉥ 고등학교
→ 졸업한 후 15년 이상 소방관련 업무 수행

정답 | ①

55 빈출도 ★★★

화재안전조사 결과 소방대상물의 위치·구조·설비 또는 관리의 상황이 화재예방을 위하여 보완될 필요가 있거나 화재가 발생하면 인명 또는 재산의 피해가 클 것으로 예상되는 때에 관계인에게 그 소방대상물의 개수·이전·제거, 사용의 금지 또는 제한, 사용폐쇄, 공사의 정지 또는 중지, 그 밖의 필요한 조치를 명할 수 있는 자로 틀린 것은?

① 시·도지사　　　② 소방서장
③ 소방청장　　　④ 소방본부장

시·도지사는 조치를 명할 수 있는 자(소방관서장)가 아니다.

관련개념 화재안전조사 결과에 따른 조치명령

소방관서장(소방청장, 소방본부장, 소방서장)은 화재안전조사 결과에 따른 소방대상물의 위치·구조·설비 또는 관리의 상황이 화재예방을 위하여 보완될 필요가 있거나 화재가 발생하면 인명 또는 재산의 피해가 클 것으로 예상되는 때에는 행정안전부령으로 정하는 바에 따라 관계인에게 그 소방대상물의 개수·이전·제거, 사용의 금지 또는 제한, 사용폐쇄, 공사의 정지 또는 중지, 그 밖에 필요한 조치를 명할 수 있다.

정답 ①

56 빈출도 ★

다음 중 품질이 우수하다고 인정되는 소방용품에 대하여 우수품질인증을 할 수 있는 자는?

① 산업통상자원부장관
② 시·도지사
③ 소방청장
④ 소방본부장 또는 소방서장

소방청장은 형식승인의 대상이 되는 소방용품 중 품질이 우수하다고 인정하는 소방용품에 대하여 우수품질인증을 할 수 있다.

정답 ③

57 빈출도 ★★

화재의 예방 및 안전관리에 관한 법률상 옮긴 물건 등의 보관기간은 소방본부 또는 소방서의 인터넷 홈페이지에 공고하는 기간의 종료일 다음 날부터 며칠로 하는가?

① 3일　　　② 5일
③ 7일　　　④ 14일

옮긴 물건 등의 보관기간은 공고기간의 종료일 다음 날부터 7일까지로 한다.

관련개념 옮긴 물건 등의 공고일 및 보관기간

인터넷 홈페이지 공고일	14일
보관기관	7일

정답 ③

58 빈출도 ★

소방시설 설치 및 관리에 관한 법률상 둘 이상의 특정 소방대상물이 내화구조로 된 연결통로가 벽이 없는 구조로서 그 길이가 몇 [m] 이하인 경우 하나의 소방대상물로 보는가?

① 6   ② 9
③ 10   ④ 12

해설

둘 이상의 특정소방대상물이 내화구조로 된 연결통로가 벽이 없는 구조로서 그 길이가 6[m] 이하인 경우 하나의 특정소방대상물로 본다.

관련개념 하나의 특정소방대상물로 보는 경우

㉠ 내화구조로 된 연결통로가 다음의 어느 하나에 해당되는 경우
  – 벽이 없는 구조로서 그 길이가 6[m] 이하인 경우
  – 벽이 있는 구조로서 그 길이가 10[m] 이하인 경우
㉡ 내화구조가 아닌 연결통로로 연결된 경우
㉢ 지하보도, 지하상가, 지하가로 연결된 경우

정답 | ①

59 빈출도 ★

위험물안전관리법상 청문을 실시하여 처분해야 하는 것은?

① 제조소등 설치허가의 취소
② 제조소등 영업정지 처분
③ 탱크시험자의 영업정지 처분
④ 과징금 부과 처분

해설

제조소등 설치허가의 취소를 하는 경우 청문을 실시하여 처분해야 한다.

관련개념

시·도지사, 소방본부장 또는 소방서장은 다음 어느 하나에 해당하는 처분을 하고자 하는 경우에는 청문(처분을 하기 전에 이해관계인의 의견을 직접 듣고 증거를 조사하는 절차)을 실시하여야 한다.
㉠ 제조소등 설치허가의 취소
㉡ 탱크시험자의 등록취소

정답 | ①

60 빈출도 ★★

소방시설을 구분하는 경우 소화설비에 해당되지 않는 것은?

① 스프링클러설비   ② 제연설비
③ 자동확산소화기   ④ 옥외소화전설비

해설

제연설비는 소화활동설비에 해당한다.
자동확산소화기는 소화기구에 포함된다.

관련개념 소방시설의 종류

소화설비	• 소화기구 • 자동소화장치 • 옥내소화전설비	• 스프링클러설비 등 • 물분무등소화설비 • 옥외소화전설비
경보설비	• 단독경보형 감지기 • 비상경보설비 • 자동화재탐지설비 • 시각경보기 • 화재알림설비	• 비상방송설비 • 자동화재속보설비 • 통합감시시설 • 누전경보기 • 가스누설경보기
피난구조설비	• 피난기구 • 인명구조기구 • 유도등	• 비상조명등 • 휴대용비상조명등
소화용수설비	• 상수도소화용수설비 • 소화수조·저수조	• 그 밖의 소화용수설비
소화활동설비	• 제연설비 • 연결송수관설비 • 연결살수설비	• 비상콘센트설비 • 무선통신보조설비 • 연소방지설비

정답 | ②

소방전기시설의 구조 및 원리

61 빈출도 ★★★

무선통신보조설비의 증폭기에는 비상전원이 부착된 것으로 하고 비상전원의 용량은 무선통신보조설비를 유효하게 몇 분 이상 작동시킬 수 있는 것이어야 하는가?

① 10분 ② 20분
③ 30분 ④ 40분

해설

무선통신보조설비의 증폭기는 비상전원이 부착된 것으로 하고 해당 비상전원 용량은 무선통신보조설비를 유효하게 **30분** 이상 작동시킬 수 있는 것으로 해야 한다.

정답 | ③

62 빈출도 ★★

비상방송설비의 배선에 대한 설치기준으로 틀린 것은?

① 배선은 다른 용도의 전선과 동일한 관, 덕트, 몰드 또는 풀박스 등에 설치할 것
② 전원회로의 배선은 「옥내소화전설비의 화재안전기술기준」에 따른 내화배선으로 설치할 것
③ 화재로 인하여 하나의 층의 확성기 또는 배선이 단락 또는 단선되어도 다른 층의 화재통보에 지장이 없도록 할 것
④ 부속회로의 전로와 대지 사이 및 배선 상호 간의 절연저항은 1경계구역마다 직류 250[V]의 절연저항 측정기를 사용하여 측정한 절연저항이 0.1[MΩ] 이상이 되도록 할 것

해설

비상방송설비의 배선은 다른 전선과 **별도의** 관·덕트 몰드 또는 풀박스 등에 설치해야 한다.

정답 | ①

63 빈출도 ★★★

비상콘센트설비의 설치기준으로 틀린 것은?

① 개폐기에는 "비상콘센트"라고 표시한 표지를 할 것
② 하나의 전용회로에 설치하는 비상콘센트는 10개 이하로 할 것
③ 비상전원을 실내에 설치하는 때에는 그 실내에 비상조명등을 설치할 것
④ 비상전원은 비상콘센트설비를 유효하게 10분 이상 작동시킬 수 있는 용량으로 할 것

비상콘센트설비의 비상전원은 비상콘센트설비를 유효하게 **20분** 이상 작동시킬 수 있는 용량으로 해야 한다.

정답 | ④

64 빈출도 ★★★

비상전원이 비상조명등을 60분 이상 유효하게 작동시킬 수 있는 용량으로 하지 않아도 되는 특정소방대상물은?

① 지하상가
② 숙박시설
③ 무창층으로서 용도가 소매시장
④ 지하층을 제외한 층수가 11층 이상의 층

비상전원은 비상조명등을 20분 이상 유효하게 작동시킬 수 있는 용량으로 해야 한다. 다만, 다음의 특정소방대상물의 경우에는 그 부분에서 피난층에 이르는 부분의 비상조명등을 **60분** 이상 유효하게 작동시킬 수 있는 용량으로 해야 한다.
㉠ 지하층을 제외한 층수가 11층 이상의 층
㉡ 지하층 또는 **무창층**으로서 용도가 도매시장·**소매시장**·여객자동차터미널·지하역사 또는 **지하상가**

관련개념 비상조명등의 비상전원 용량

구분	용량
일반적인 경우	20분 이상
11층 이상의 층(지하층 제외)	60분 이상
지하층 또는 무창층으로서 용도가 도매시장·소매시장·여객자동차터미널·지하역사 또는 지하상가	

정답 | ②

65 빈출도 ★★

일국소의 주위온도가 일정한 온도 이상이 되는 경우에 작동하는 것으로서 외관이 전선과 같이 선형으로 되어 있는 감지기는 어떤 것인가?

① 공기흡입형
② 광전식 분리형
③ 차동식 스포트형
④ 정온식 감지선형

해설

정온식 감지선형 감지기는 일국소의 주위온도가 일정한 온도 이상이 되는 경우에 작동하는 것으로서 외관이 전선과 같이 선형으로 되어 있는 감지기이다.

선지분석

① 공기흡입형: 감지기 내부에 장착된 공기흡입장치로 감지하고자 하는 위치의 공기를 흡입하고 흡입된 공기에 일정한 농도의 연기가 포함된 경우 작동하는 감지기
② 광전식 분리형: 발광부와 수광부로 분리되어 구성된 구조로 발광부와 수광부 사이의 공간에 일정한 농도의 연기를 포함하게 되는 경우에 작동하는 감지기
③ 차동식 스포트형: 주위온도가 일정 상승률 이상이 되는 경우에 작동하는 것으로서 일국소에서의 열 효과에 의하여 작동되는 감지기

정답 ┃ ④

66 빈출도 ★

비상콘센트를 보호하기 위한 비상콘센트 보호함의 설치기준으로 틀린 것은?

① 비상콘센트 보호함에는 쉽게 개폐할 수 있는 문을 설치하여야 한다.
② 비상콘센트 보호함 상부에 적색의 표시등을 설치하여야 한다.
③ 비상콘센트 보호함에는 그 내부에 "비상콘센트"라고 표시한 표식을 하여야 한다.
④ 비상콘센트 보호함을 옥내소화전함 등과 접속하여 설치하는 경우에는 옥내소화전함 등의 표시등과 겸용할 수 있다.

해설

비상콘센트 보호함에는 표면에 "비상콘센트"라고 표시한 표지를 해야 한다.

관련개념 비상콘센트설비 보호함의 설치기준

㉠ 보호함에는 쉽게 개폐할 수 있는 문을 설치할 것
㉡ 보호함 표면에 "비상콘센트"라고 표시한 표지를 할 것
㉢ 보호함 상부에 적색의 표시등을 설치할 것(비상콘센트의 보호함을 옥내소화전함 등과 접속하여 설치하는 경우에는 옥내소화전함 등의 표시등과 겸용 가능)

정답 ┃ ③

67 빈출도 ★

소방회로용의 것으로 수전설비, 변전설비 그 밖의 기기 및 배선을 금속제 외함에 수납한 것으로 정의되는 것은?

① 전용분전반　　　② 공용분전반
③ 공용큐비클식　　　④ 전용큐비클식

해설

전용큐비클식은 소방회로용의 것으로 수전설비, 변전설비와 그 밖의 기기 및 배선을 금속제 외함에 수납한 것이다.

관련개념

용어	의미
전용분전반	소방회로 전용의 것으로서 분기 개폐기, 분기 과전류차단기와 그 밖의 배선용기기 및 배선을 금속제 외함에 수납한 것
공용분전반	소방회로 및 일반회로 겸용의 것으로서 분기 개폐기, 분기과전류차단기와 그 밖의 배선용기기 및 배선을 금속제 외함에 수납한 것
공용큐비클식	소방회로 및 일반회로 겸용의 것으로서 수전설비, 변전설비와 그 밖의 기기 및 배선을 금속제 외함에 수납한 것

정답 | ④

68 빈출도 ★★★

비상방송설비 음향장치에 대한 설치기준으로 옳은 것은?

① 다른 전기회로에 따라 유도장애가 생기지 않도록 한다.
② 음량조정기를 설치하는 경우 음량조정기의 배선은 2선식으로 한다.
③ 다른 방송설비와 공용하는 것에 있어서는 화재 시 비상경보 외의 방송을 차단하는 구조가 아니어야 한다.
④ 기동장치에 따른 화재신고를 수신한 후 필요한 음량으로 화재발생 상황 및 피난에 유효한 방송이 자동으로 개시될 때까지의 소요시간은 60초 이하로 한다.

해설

비상방송설비의 음향장치를 설치할 경우 다른 전기회로에 따라 유도장애가 생기지 않도록 해야 한다.

선지분석

② 음량조정기를 설치하는 경우 음량조정기의 배선은 3선식으로 한다.
③ 다른 방송설비와 공용하는 것에 있어서는 화재 시 비상경보 외의 방송을 차단할 수 있는 구조로 해야 한다.
④ 기동장치에 따른 화재신호를 수신한 후 필요한 음량으로 화재발생 상황 및 피난에 유효한 방송이 자동으로 개시될 때까지의 소요시간은 10초 이내로 해야 한다.

정답 | ①

69 빈출도 ★★★

객석 내 통로 직선 부분의 길이가 85[m]이다. 객석 유도등을 몇 개 설치하여야 하는가?

① 17개 ② 19개
③ 21개 ④ 22개

해설

객석 내의 통로가 경사로 또는 수평로로 되어 있는 부분은 다음 식에 따라 산출한 개수(소수점 이하의 수는 1로 봄)의 유도등을 설치해야 한다.

$$\frac{\text{객석통로의 직선 부분 길이[m]}}{4} - 1$$

$\frac{85}{4} - 1 = 20.25 \rightarrow 21$개(소수점 이하 절상)

정답 ③

70 빈출도 ★★★

자동화재탐지설비의 감지기 회로에 설치하는 종단저항의 설치기준으로 틀린 것은?

① 감지기 회로 끝부분에 설치한다.
② 점검 및 관리가 쉬운 장소에 설치하여야 한다.
③ 전용함을 설치하는 경우 그 설치 높이는 바닥으로부터 0.8[m] 이내에 설치하여야 한다.
④ 종단감지기에 설치할 경우에는 구별이 쉽도록 해당 감지기의 기판 및 감지기 외부 등에 별도의 표시를 하여야 한다.

해설

종단저항의 전용함을 설치하는 경우 그 설치 높이는 바닥으로부터 1.5[m] 이내로 해야 한다.

관련개념 감지기 회로의 종단저항 설치기준

㉠ 점검 및 관리가 쉬운 장소에 설치할 것
㉡ 전용함을 설치하는 경우 그 설치 높이는 바닥으로부터 1.5[m] 이내로 할 것
㉢ 감지기 회로의 끝부분에 설치하며, 종단감지기에 설치할 경우에는 구별이 쉽도록 해당 감지기의 기판 및 감지기 외부 등에 별도의 표시를 할 것

정답 ③

71 빈출도 ★

비상경보설비 축전지설비의 구조에 대한 설명으로 틀린 것은?

① 예비전원을 병렬로 접속하는 경우에는 역충전방지 등의 조치를 하여야 한다.
② 내부에 주전원의 양극을 동시에 개폐할 수 있는 전원 스위치를 설치하여야 한다.
③ 축전지설비는 접지전극에 교류전류를 통하는 회로 방식을 사용하여서는 아니 된다.
④ 예비전원은 축전지설비용 예비전원과 외부부하 공급용 예비전원을 별도로 설치하여야 한다.

해설

비상경보설비의 축전지설비는 접지전극에 직류전류를 통하는 회로 방식을 사용하여서는 아니 된다.

정답 ③

72 빈출도 ★★

신호의 전송로가 분기되는 장소에 설치하는 것으로 임피던스 매칭과 신호 균등분배를 위해 사용되는 장치는?

① 혼합기 ② 분배기
③ 증폭기 ④ 분파기

해설

분배기는 신호의 전송로가 분기되는 장소에 설치하는 것으로 임피던스 매칭(Matching)과 신호 균등분배를 위해 사용하는 장치이다.

정답 ②

73 빈출도 ★★

부착 높이 3[m], 바닥면적 50[m²]인 주요구조부를 내화구조로한 특정소방대상물에 1종 열반도체식 차동식 분포형 감지기를 설치하고자 할 때 감지부의 최소 설치개수는?

① 1개   ② 2개

③ 3개   ④ 4개

해설

열반도체식 차동식 분포형 감지기 설치기준

부착 높이 및 특정소방대상물의 구분		감지기의 종류[m²]	
		1종	2종
8[m] 미만	내화구조	65	36
	기타구조	40	23
8[m] 이상 15[m] 미만	내화구조	50	36
	기타구조	30	23

부착 높이가 8[m] 미만인 경우 1종 열반도체식 차동식 분포형 감지기의 감지부는 65[m²]마다 1개 이상으로 하여야 한다.
문제에서 주어진 바닥면적이 50[m²]이므로 감지부의 최소 설치개수는 1개이다.

정답 | ①

74 빈출도 ★

3선식 배선에 따라 상시 충전되는 유도등의 전기회로에 점멸기를 설치하는 경우 유도등이 자동으로 점등되어야 할 경우로 관계없는 것은?

① 제연설비가 작동한 때
② 자동소화설비가 작동한 때
③ 비상경보설비의 발신기가 작동한 때
④ 자동화재탐지설비의 감지기가 작동한 때

해설

제연설비가 작동한 때는 유도등이 자동으로 점등되어야 하는 경우가 아니다.

관련개념 3선식 배선으로 상시 충전되는 유도등의 전기회로에 점멸기를 설치하는 경우 자동으로 점등되도록 해야 하는 경우

㉠ 자동화재탐지설비의 감지기 또는 발신기가 작동되는 때
㉡ 비상경보설비의 발신기가 작동되는 때
㉢ 상용전원이 정전되거나 전원선이 단선되는 때
㉣ 방재업무를 통제하는 곳 또는 전기실의 배전반에서 수동으로 점등하는 때
㉤ 자동소화설비가 작동되는 때

정답 | ①

75 빈출도 ★★

누전경보기의 전원은 분전반으로부터 전용회로로 하고 각 극에 개폐기와 몇 [A] 이하의 과전류차단기를 설치하여야 하는가?

① 15   ② 20

③ 25   ④ 30

해설

전원은 분전반으로부터 전용회로로 하고, 각 극에 개폐기 및 15[A] 이하의 과전류차단기를 설치해야 한다.

관련개념 과전류차단기의 규격

「한국전기설비규정」에서 과전류차단기는 16[A]를, 「누전경보기의 화재안전기술기준(NFTC 205)」에서 과전류차단기는 15[A] 규격을 사용한다. 소방설비기사 시험에서는 화재안전기술기준을 우선으로 적용하므로 15[A]를 사용한다.

정답 | ①

76 빈출도 ★★

자동화재속보설비의 설치기준으로 틀린 것은?

① 조작스위치는 바닥으로부터 0.8[m] 이상 1.5[m] 이하의 높이에 설치한다.
② 비상경보설비와 연동으로 작동하여 자동적으로 화재 발생 상황을 소방관서에 전달되도록 한다.
③ 속보기는 소방관서에 통신망으로 통보하도록 하며, 데이터 또는 코드전송방식을 부가적으로 설치할 수 있다.
④ 속보기는 소방청장이 정하여 고시한「자동화재속보설비의 속보기의 성능인증 및 제품검사의 기술기준」에 적합한 것으로 설치하여야 한다.

해설

자동화재속보설비는 **자동화재탐지설비**와 연동으로 작동하여 자동적으로 화재신호를 소방관서에 전달되도록 해야 한다.

정답 ②

77 빈출도 ★

다음 비상경보설비 및 비상방송설비에 사용되는 용어 설명 중 틀린 것은?

① "비상벨설비"라 함은 화재발생 상황을 경종으로 경보하는 설비를 말한다.
② "증폭기"라 함은 전압·전류의 주파수를 늘려 감도를 좋게 하고 소리를 크게 하는 장치를 말한다.
③ "확성기"라 함은 소리를 크게 하여 멀리까지 전달될 수 있도록 하는 장치로써 일명 스피커를 말한다.
④ "음량조절기"라 함은 가변저항을 이용하여 전류를 변화시켜 음량을 크게 하거나 작게 조절할 수 있는 장치를 말한다.

해설

증폭기는 전압·전류의 **진폭**을 늘려 감도를 좋게 하고 미약한 음성전류를 커다란 음성전류로 변화시켜 소리를 크게 하는 장치이다.

정답 ②

78 빈출도 ★

다음 ( ) 안에 들어갈 내용으로 옳은 것은?

누전경보기란 ( ) 이하인 경계전로의 누설전류를 검출하여 당해 소방대상물의 관계자에게 경보를 발하는 설비로서 변류기와 수신부로 구성된 것을 말한다.

① 사용전압 220[V]
② 사용전압 380[V]
③ 사용전압 600[V]
④ 사용전압 750[V]

해설

누전경보기는 사용전압 **600[V]** 이하인 경계전로의 누설전류를 검출하여 당해 소방대상물의 관계자에게 경보를 발하는 설비로서 변류기와 수신부로 구성된 것을 말한다.

정답 ③

79 빈출도 ★★★

부착높이가 11[m]인 장소에 적응성 있는 감지기는?

① 차동식 분포형 ② 정온식 스포트형
③ 차동식 스포트형 ④ 정온식 감지선형

해설

부착높이가 11[m]인 장소에 적응성 있는 감지기는 차동식 분포형 감지기이다.

관련개념 부착높이에 따른 감지기의 종류

부착높이	감지기의 종류	
4[m] 미만	• 차동식(스포트형, 분포형) • 보상식 스포트형 • 정온식(스포트형, 감지선형)	• 이온화식 또는 광전식(스포트형, 분리형, 공기흡입형) • 열복합형 • 연기복합형 • 열연기복합형 • 불꽃감지기
4[m] 이상 8[m] 미만	• 차동식(스포트형, 분포형) • 보상식 스포트형 • 정온식(스포트형, 감지선형) 특종 또는 1종 • 이온화식 1종 또는 2종	• 광전식(스포트형, 분리형, 공기흡입형) 1종 또는 2종 • 열복합형 • 연기복합형 • 열연기복합형 • 불꽃감지기
8[m] 이상 15[m] 미만	• 차동식 분포형 • 이온화식 1종 또는 2종	• 광전식(스포트형, 분리형, 공기흡입형) 1종 또는 2종 • 연기복합형 • 불꽃감지기
15[m] 이상 20[m] 미만	• 이온화식 1종 • 광전식(스포트형, 분리형, 공기흡입형) 1종	• 연기복합형 • 불꽃감지기
20[m] 이상	• 불꽃감지기	• 광전식(분리형, 공기흡입형) 중 아날로그 방식

정답 | ①

80 빈출도 ★

비상콘센트설비 상용전원회로의 배선이 고압수전 또는 특고압수전인 경우의 설치기준은?

① 인입개폐기의 직전에서 분기하여 전용배선으로 할 것
② 인입개폐기의 직후에서 분기하여 전용배선으로 할 것
③ 전력용변압기 1차 측의 주차단기 2차 측에서 분기하여 전용배선으로 할 것
④ 전력용변압기 2차 측의 주차단기 1차 측 또는 2차 측에서 분기하여 전용배선으로 할 것

해설

상용전원회로의 배선 설치기준

전압의 구분	배선
저압	인입개폐기의 직후에서 분기하여 전용배선으로 한다.
고압 및 특고압	전력용변압기 2차 측의 주차단기 1차 측 또는 2차 측에서 분기하여 전용배선으로 한다.

정답 | ④

소방원론

01 빈출도 ★★

소화원리에 대한 설명으로 틀린 것은?

① 냉각소화: 물의 증발잠열에 의해서 가연물의 온도를 저하시키는 소화방법

② 제거효과: 가연성 가스의 분출화재 시 연료공급을 차단시키는 소화방법

③ 질식소화: 포소화약제 또는 불연성 가스를 이용해서 공기 중의 산소공급을 차단하여 소화하는 방법

④ 억제소화: 불활성기체를 방출하여 연소범위 이하로 낮추어 소화하는 방법

해설

억제소화는 연소의 요소 중 연쇄적 산화반응을 약화시켜 연소의 지속을 불가능하게 하는 방법이다.
가연물질 내 함유되어 있는 수소·산소로부터 생성되는 수소기($H\cdot$)·수산기($\cdot OH$)를 화학적으로 제조된 부촉매제(분말 소화약제, 할론가스 등)와 반응하게 하여 더 이상 연소생성물인 이산화탄소·수증기 등의 생성을 억제시킨다.

관련개념

연소범위 이하로 낮추어 소화하는 방법은 희석소화에 대한 설명이며, 불활성기체 뿐만 아니라 연료와 섞이는 소화약제면 가능하다.

정답 | ④

02 빈출도 ★

할로겐화합물 소화약제는 일반적으로 열을 받으면 할로겐족이 분해되어 가연물질의 연소 과정에서 발생하는 활성종과 화합하여 연소의 연쇄반응을 차단한다. 연쇄반응의 차단과 가장 거리가 먼 소화약제는?

① FC-3-1-10

② HFC-125

③ IG-541

④ FIC-1311

해설

IG-541은 질소(N_2), 아르곤(Ar), 이산화탄소(CO_2)로 구성된 불활성기체 소화약제이다.

관련개념 할로겐화합물 소화약제

소화약제	화학식
FC-3-1-10	C_4F_{10}
FK-5-1-12	$CF_3CF_2C(O)CF(CF_3)_2$
HCFC BLEND A	• HCFC-123($CHCl_2CF_3$): 4.75[%] • HCFC-22($CHClF_2$): 82[%] • HCFC-124($CHClFCF_3$): 9.5[%] • $C_{10}H_{16}$: 3.75[%]
HCFC-124	$CHClFCF_3$
HFC-125	CHF_2CF_3
HFC-227ea	CF_3CHFCF_3
HFC-23	CHF_3
HFC-236fa	$CF_3CH_2CF_3$
FIC-13I1	CF_3I

정답 | ③

03 빈출도 ★

물의 소화력을 증대시키기 위하여 첨가하는 첨가제 중 물의 유실을 방지하고 건물, 임야 등의 입체 면에 오랫동안 잔류하게 하기 위한 것은?

① 증점제　　　　　　② 강화액
③ 침투제　　　　　　④ 유화제

해설

물 소화약제의 첨가제 중 물 소화약제의 점착성을 증가시켜 소방대상물에 소화약제를 오래 잔류시키기 위한 물질은 증점제이다.

정답 | ①

04 빈출도 ★★

화재 시 이산화탄소를 방출하여 산소의 농도를 13[vol%]로 낮추어 소화하기 위한 이산화탄소의 공기 중 농도는 약 몇 [vol%]인가?

① 9.5　　　　　　② 25.8
③ 38.1　　　　　　④ 61.5

해설

산소 21[%], 이산화탄소 0[%]인 공기에 이산화탄소 소화약제가 추가되어 산소의 농도는 13[%]가 되어야 한다.

$$\frac{21}{100+x}=\frac{13}{100}$$

따라서 추가된 이산화탄소 소화약제의 양 x는 61.54이며, 이때 전체 중 이산화탄소의 농도는

$$\frac{x}{100+x}=\frac{61.54}{100+61.54}≒0.3809=38.1[\%]$$이다.

관련개념

㉠ 소화약제 방출 전 공기의 양을 100으로 두고 풀이하면 된다.
㉡ 분모의 x는 공학용 계산기의 SOLVE 기능을 활용하면 쉽다.

정답 | ③

05 빈출도 ★

다음 중 인명구조기구에 속하지 않는 것은?

① 방열복　　　　　　② 공기안전매트
③ 공기호흡기　　　　④ 인공소생기

해설

공기안전매트는 소방용품이다.

관련개념

인명구조기구에는 방열복, 방화복(안전모, 보호장갑, 안전화 포함), 공기호흡기, 인공소생기가 있다.

정답 | ②

06 빈출도 ★★

다음 중 인화점이 가장 낮은 물질은?

① 산화프로필렌　　　② 이황화탄소
③ 메틸알코올　　　　④ 등유

해설

선지 중 산화프로필렌의 인화점이 가장 낮다.

관련개념 물질의 발화점과 인화점

물질	발화점[℃]	인화점[℃]
프로필렌	497	−107
산화프로필렌	449	−37
가솔린	300	−43
이황화탄소	100	−30
아세톤	538	−18
메틸알코올	385	11
에틸알코올	423	13
벤젠	498	−11
톨루엔	480	4.4
등유	210	43~72
경유	200	50~70
적린	260	−
황린	30	20

정답 | ①

07 빈출도 ★★

화재의 지속시간 및 온도에 따라 목재건축물과 내화건축물을 비교하였을 때, 목재건물의 화재성상으로 가장 적합한 것은?

① 저온장기형이다.　　② 저온단기형이다.
③ 고온장기형이다.　　④ 고온단기형이다.

해설

내화건축물과 비교하여 목조건축물은 고온, 단시간형이다.

관련개념 목재 연소의 특징

목재의 열전도율은 콘크리트에 비해 작기 때문에 열이 축적되어 더 높은 온도에서 연소된다.

정답 | ④

08 빈출도 ★★

방화벽의 구조 기준 중 다음 (　　) 안에 알맞은 것은?

- 방화벽의 양쪽 끝과 위쪽 끝을 건축물의 외벽면 및 지붕면으로부터 (㉠)[m] 이상 튀어 나오게 할 것
- 방화벽에 설치하는 출입문의 너비 및 높이는 각각 (㉡)[m] 이하로 하고, 해당 출입문에는 60분＋ 방화문 또는 60분 방화문을 설치할 것

① ㉠ 0.3　㉡ 2.5
② ㉠ 0.3　㉡ 3.0
③ ㉠ 0.5　㉡ 2.5
④ ㉠ 0.5　㉡ 3.0

해설

방화벽의 양쪽 끝과 위쪽 끝을 건축물의 외벽면 및 지붕면으로부터 0.5[m] 이상 튀어 나오게 하여야 한다.
방화벽에 설치하는 출입문의 너비 및 높이는 각각 2.5[m] 이하로 하고, 해당 출입문에는 60분＋ 방화문 또는 60분 방화문을 설치하여야 한다.

관련개념 방화벽의 구조

㉠ 내화구조로서 홀로 설 수 있는 구조일 것
㉡ 방화벽의 양쪽 끝과 위쪽 끝을 건축물의 외벽면 및 지붕면으로부터 0.5[m] 이상 튀어 나오게 할 것
㉢ 방화벽에 설치하는 출입문의 너비 및 높이는 각각 2.5[m] 이하로 하고, 해당 출입문에는 60분＋ 방화문 또는 60분 방화문을 설치할 것

정답 | ③

09 빈출도 ★

에테르, 케톤, 에스테르, 알데히드, 카르복실산, 아민 등과 같은 가연성인 수용성 용매에 유효한 포소화약제는?

① 단백포　　　　　　② 수성막포
③ 불화단백포　　　　④ 내알코올포

해설

수용성인 가연성 물질의 화재 진압에 적합한 포소화약제는 내알코올포이다.

정답 | ④

10 빈출도 ★

특정소방대상물(소방안전관리대상물은 제외)의 관계인과 소방안전관리대상물의 소방안전관리자의 공통업무가 아닌 것은?

① 화기 취급의 감독
② 자위소방대의 운용
③ 소방 관련 시설의 유지 · 관리
④ 피난시설, 방화구획 및 방화시설의 유지 · 관리

해설

자위소방대의 운용은 관계인이 아닌 소방안전관리자의 업무이다.

관련개념 소방안전관리자 및 관계인의 업무

업무	관계인	소방안전관리자
소방계획서의 작성 및 시행		○
자위소방대 및 초기대응체계의 구성, 운영 및 교육		○
피난시설, 방화구획 및 방화시설의 관리	○	○
소방시설이나 그 밖의 소방 관련 시설의 관리	○	○
소방훈련 및 교육		○
화기 취급의 감독	○	○
소방안전관리에 관한 업무수행에 관한 기록 · 유지		○
화재 발생 시 초기대응	○	○
그 밖에 소방안전관리에 필요한 업무	○	○

정답 | ②

11 빈출도 ★★★

화재의 유형별 특성에 관한 설명으로 옳은 것은?

① A급 화재는 무색으로 표시하며, 감전의 위험이 있으므로 주수소화를 엄금한다.
② B급 화재는 황색으로 표시하며, 질식소화를 통해 화재를 진압한다.
③ C급 화재는 백색으로 표시하며, 가연성이 강한 금속의 화재이다.
④ D급 화재는 청색으로 표시하며, 연소 후에 재를 남긴다.

해설

급수	화재 종류	표시색	소화방법
A급	일반화재	백색	냉각
B급	유류화재	황색	질식
C급	전기화재	청색	질식
D급	금속화재	무색	질식
K급	주방화재 (식용유화재)	—	비누화 · 냉각 · 질식
E급	가스화재	황색	제거 · 질식

정답 | ②

12 빈출도 ★

화재 발생 시 인명피해 방지를 위한 건물로 적합한 것은?

① 피난설비가 없는 건물
② 특별피난계단의 구조로 된 건물
③ 피난기구가 관리되고 있지 않은 건물
④ 피난구 폐쇄 및 피난구유도등이 미비되어 있는 건물

해설

피난설비 · 기구가 잘 관리되며, 피난구가 항상 개방되어 있는 건물이 인명피해 방지를 위한 건물이라고 할 수 있다.

정답 | ②

13 빈출도 ★★★

프로페인가스의 연소범위[vol%]에 가장 가까운 것은?

① 9.8~28.4　　　　　② 2.5~81

③ 4.0~75　　　　　　④ 2.1~9.5

해설

프로페인가스의 연소범위는 2.1~9.5[vol%]이다.

관련개념 주요 가연성 가스의 연소범위와 위험도

가연성 가스	하한계 [vol%]	상한계 [vol%]	위험도
아세틸렌(C_2H_2)	2.5	81	31.4
수소(H_2)	4	75	17.8
일산화탄소(CO)	12.5	74	4.9
에테르($C_2H_5OC_2H_5$)	1.9	48	24.3
이황화탄소(CS_2)	1.2	44	35.7
에틸렌(C_2H_4)	2.7	36	12.3
암모니아(NH_3)	15	28	0.9
메테인(CH_4)	5	15	2
에테인(C_2H_6)	3	12.4	3.1
프로페인(C_3H_8)	2.1	9.5	3.5
뷰테인(C_4H_{10})	1.8	8.4	3.7

정답 ④

14 빈출도 ★★★

불포화 섬유지나 석탄이 자연발화하는 원인은?

① 분해열　　　　　② 산화열

③ 발효열　　　　　④ 중합열

해설

불포화 섬유지나 석탄은 산소, 수분 등에 장시간 노출되면 산화가 진행되며 산화열이 발생한다. 산화열을 충분히 배출하지 못하면 점점 축적되어 온도가 상승하게 되고, 기름의 발화점에 도달하면 자연발화가 일어난다.

정답 ②

15 빈출도 ★★

CF_3Br 소화약제의 명칭을 옳게 나타낸 것은?

① 할론 1011　　　　② 할론 1211

③ 할론 1301　　　　④ 할론 2402

해설

CF_3Br 소화약제의 명칭은 할론 1301이다.
Cl과 Br의 위치는 바꾸어 표기하여도 동일한 화합물이다.

관련개념 할론 소화약제 명명의 방식

㉠ 제일 앞에 Halon이란 명칭을 쓴다.
㉡ 이후 구성 원소들의 수를 C, F, Cl, Br의 순서대로 쓰되 없는 경우 0으로 한다.
㉢ 마지막 0은 생략할 수 있다.

정답 ③

16 빈출도 ★

다음 설비 중에서 전산실, 통신기기실 등의 화재에 가장 적합한 것은?

① 스프링클러설비
② 옥내소화전설비
③ 분말 소화설비
④ 할로겐화합물 및 불활성기체 소화설비

해설

전산실, 통신기기실 등의 전기화재에 적합한 소화방법은 가스계 소화약제(이산화탄소, 할론, 할로겐화합물 및 불활성기체)의 질식 효과를 이용한 소화방법이다.

선지분석

①, ② 전기 전도성을 가진 물 등으로 소화 시 감전 및 과전류로 인한 피연소물질의 피해가 우려되므로 적합하지 않다.
③ 분말 소화약제는 전기화재에 적응성이 우수하나 피연소물질에 소화약제가 남아 피해를 줄 수 있으므로 가장 적합한 방법은 아니다.

정답 | ④

17 빈출도 ★★

가연물의 제거와 가장 관련이 없는 소화방법은?

① 유류화재 시 유류공급 밸브를 잠근다.
② 산불화재 시 나무를 잘라 없앤다.
③ 팽창 진주암을 사용하여 진화한다.
④ 가스화재 시 중간밸브를 잠근다.

해설

제거소화는 연소의 요소를 구성하는 가연물질을 안전한 장소나 점화원이 없는 장소로 신속하게 이동시켜서 소화하는 방법이다. 팽창 진주암으로 가연물을 덮는 것은 연소에 필요한 산소의 공급을 차단시키는 질식소화에 해당한다.

정답 | ③

18 빈출도 ★

독성이 매우 높은 가스로서 석유제품, 유지(油脂) 등이 연소할 때 생성되는 알데히드 계통의 가스는?

① 시안화수소   ② 암모니아
③ 포스겐   ④ 아크롤레인

해설

아크롤레인은 석유제품, 유지류 등이 연소할 때 발생하며, 포스겐보다 독성이 강한 물질이다.

정답 | ④

19 빈출도 ★

BLEVE 현상을 설명한 것으로 가장 옳은 것은?

① 물이 뜨거운 기름표면 아래에서 끓을 때 화재를 수반하지 않고 over flow 되는 현상
② 물이 연소유의 뜨거운 표면에 들어갈 때 발생되는 over flow 현상
③ 탱크 바닥에 물과 기름의 에멀젼이 섞여있을 때 물의 비등으로 인하여 급격하게 over flow 되는 현상
④ 탱크 주위 화재로 탱크 내 인화성 액체가 비등하고 가스부분의 압력이 상승하여 탱크가 파괴되고 폭발을 일으키는 현상

해설

블레비(BLEVE) 현상은 고압의 액화가스용기 등이 외부 화재에 의해 가열되어 탱크 내 액체가 비등하고 증기가 팽창하면서 폭발을 일으키는 현상이다.

선지분석

① 프로스 오버
② 슬롭 오버
③ 보일 오버

정답 | ④

20 빈출도 ★

화재강도(Fire Intensity)와 관계가 없는 것은?

① 가연물의 비표면적
② 발화원의 온도
③ 화재실의 구조
④ 가연물의 발열량

해설

발화원의 온도는 화재의 발생과 관련이 있으며 화재강도와는 관련이 없다.

관련개념 화재강도의 관련 요인

가연물의 연소열	물질의 종류에 따른 특성치로서 연소열은 물질의 종류별로 다양하며 연소열이 큰 물질이 존재할수록 발열량이 크므로 화재강도가 크다.
가연물의 비표면적	물질의 단위질량당 표면적을 말하며 통나무와 대팻밥같이 물질의 형상에 따라 달라진다. 비표면적이 크면 공기와의 접촉면적이 크게 되어 가연물의 연소속도가 빨라져 열축적률이 커지므로 화재강도가 커진다
공기(산소)의 공급	개구부 계수가 클수록, 즉 환기계수가 크고 벽 등의 면적은 작을 때 온도곡선은 가파르게 상승하며 지속시간도 짧다. 이는 공기의 공급이 화재 시 온도의 상승곡선의 기울기에 결정적 영향을 미친다고 볼 수 있다.
화재실의 벽·천장·바닥 등의 단열성	화재실의 열은 개구부를 통해서도 외부로 빠져 나가지만 실을 둘러싸는 벽, 바닥, 천장 등을 통해 열전도에 의해서도 빠져나간다. 따라서 구조물이 갖는 단열효과가 클수록 열의 외부 유출이 용이치 않고 화재실 내에 축적상태로 유지되어 화재강도가 커진다.

정답 | ②

21 빈출도 ★

변압기의 임피던스 전압을 구하기 위하여 시행하는 시험은?

① 단락 시험
② 유도저항 시험
③ 무부하 통전 시험
④ 무극성 시험

해설

변압기의 임피던스로 인해 발생하는 변압기 내부의 전압 강하를 임피던스 전압이라고 하며, 임피던스 전압을 측정하기 위해서는 변압기의 한 쪽 권선을 단락시키고 다른 권선에 전압을 인가한다. 즉, 단락 시험을 한다.

관련개념 퍼센트 임피던스

임피던스 전압의 정격전압에 대한 비[%]이다.

정답 ①

22 빈출도 ★★

50[F] 콘덴서 2개를 직렬 연결하면 합성 정전용량은 몇 [F]인가?

① 25
② 50
③ 100
④ 1,000

해설

2개의 콘덴서 C_1, C_2를 직렬로 연결했을 때 전체 합성 정전용량 C는 다음과 같다.

$$C = \frac{1}{\frac{1}{C_1} + \frac{1}{C_2}} = \frac{C_1 C_2}{C_1 + C_2} = \frac{50 \times 50}{50 + 50} = 25[F]$$

관련개념 콘덴서의 병렬 연결

2개의 콘덴서 C_1, C_2를 병렬로 연결했을 때 전체 합성 용량 C는 다음과 같다.

$$C = C_1 + C_2$$

정답 ①

23 빈출도 ★★★

다음과 같은 블록선도의 전체 전달함수는?

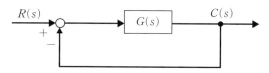

① $\dfrac{C(s)}{R(s)} = \dfrac{G(s)}{1+G(s)}$

② $\dfrac{C(s)}{R(s)} = \dfrac{G(s)}{1-G(s)}$

③ $\dfrac{C(s)}{R(s)} = 1+G(s)$

④ $\dfrac{C(s)}{R(s)} = 1-G(s)$

해설

$$\dfrac{C(s)}{R(s)} = \dfrac{경로}{1-폐로} = \dfrac{G(s)}{1+G(s)}$$

관련개념 경로와 폐로

㉠ 경로: 입력에서부터 출력까지 가는 경로에 있는 소자들의 곱
㉡ 폐로: 출력 중 입력으로 돌아가는 경로에 있는 소자들의 곱

정답 | ①

24 빈출도 ★

변압기의 내부 보호에 사용되는 계전기는?

① 비율차동계전기　　② 부족전압계전기
③ 역전류계전기　　　④ 온도계전기

해설

비율차동계전기는 총 입력 전류와 총 출력 전류의 차이가 총 입력 전류 대비 일정비율 이상이 되었을 때 동작하는 계전기로 발전기나 변압기의 내부 고장 보호용으로 사용한다.

선지분석

② 부족전압계전기: 전압의 크기가 기준 이하(부족전압)일 때 동작하는 계전기이다.
③ 역전류계전기: 역전류 검출용으로 사용된다.
④ 온도계전기: 온도가 일정치 이상이 되면 동작하는 계전기로 기기의 과부하 또는 과열방지 등에 이용된다.

정답 | ①

25 빈출도 ★★

제어요소의 구성으로 옳은 것은?

① 조절부와 조작부
② 비교부와 검출부
③ 설정부와 검출부
④ 설정부와 비교부

해설

제어요소는 동작신호를 조작량으로 변환시키는 요소로 조절부와 조작부로 구성된다.

관련개념 검출부

제어대상으로부터 제어량을 검출하고 기준입력신호와 비교하는 요소이다.

정답 | ①

26 빈출도 ★★★

SCR(silicon−controlled rectifier)에 대한 설명으로 틀린 것은?

① PNPN 소자이다.
② 스위칭 반도체 소자이다.
③ 양방향 사이리스터이다.
④ 교류의 전력제어용으로 사용된다.

해설

SCR은 단방향성 사이리스터이다.

선지분석

① SCR은 PNPN의 4층 구조의 3단자 반도체 소자이다.
② SCR은 대전류 스위칭 소자로 제어가 가능한 정류 소자이다.
④ 게이트 전류를 바꿈으로써 출력 전압을 조정할 수 있어 전력
　제어용으로 사용된다.

관련개념 SCR의 특징

㉠ 게이트 전류를 바꿈으로써 출력 전압을 조정할 수 있다.
㉡ OFF 상태의 저항이 매우 높고, 특성 곡선에는 부저항 부분이
　있다.
㉢ 직류 및 교류의 전력 제어용으로 사용하고, 열의 발생이 적은
　편이다.
㉣ 과전압에 비교적 약하고, 게이트 신호를 인가한 때부터 도통시
　까지의 시간이 짧다.

정답 | ③

27 빈출도 ★★

배선의 절연 저항은 어떤 측정기로 측정하는가?

① 전압계 　　　　　② 전류계
③ 메거 　　　　　④ 서미스터

해설

절연 저항 측정에는 메거가 이용된다.

선지분석

① 전압계: 회로에서 부하와 병렬로 연결하여 전압을 측정한다.
② 전류계: 회로에서 부하와 직렬로 연결하여 전류를 측정한다.
④ 서미스터: 저항기의 한 종류로서 온도에 따라 물질의 저항이
　변화하는 성질을 이용하며 온도보상용, 온도계측용, 온도보정
　용 등으로 사용된다.

정답 | ③

28 빈출도 ★★★

다음 논리식 중 틀린 것은?

① $X + X = X$ 　　　　　② $X \cdot X = X$
③ $X + \overline{X} = 1$ 　　　　　④ $X \cdot \overline{X} = 1$

해설

$X \cdot \overline{X} = 0$

관련개념 연산 예

항등법칙	$\cdot A + 0 = A$ $\cdot A + 1 = 1$	$\cdot A \cdot 0 = 0$ $\cdot A \cdot 1 = A$
동일법칙	$\cdot A + A = A$	$\cdot A \cdot A = A$
보수법칙	$\cdot A + \overline{A} = 1$	$\cdot A \cdot \overline{A} = 0$

정답 | ④

29 빈출도 ★★★

논리식 $X \cdot (X + Y)$를 간략화하면?

① X
② Y
③ X + Y
④ X · Y

$$X \cdot (X + Y) = (X \cdot X) + (X \cdot Y) \quad \leftarrow 분배법칙$$
$$= X + X \cdot Y \quad \leftarrow X \cdot X = X$$
$$= X \cdot 1 + X \cdot Y \quad \leftarrow X = X \cdot 1$$
$$= X \cdot (1 + Y) \quad \leftarrow 분배법칙$$
$$= X \cdot 1 \quad \leftarrow 1 + Y = 1$$
$$= X$$

관련개념 분배법칙

㉠ $A \cdot (B + C) = A \cdot B + A \cdot C$
㉡ $A + (B \cdot C) = (A + B) \cdot (A + C)$

정답 | ①

30 빈출도 ★

상순이 a, b, c인 경우 V_a, V_b, V_c를 3상 불평형 전압이라 하면 정상전압은? (단, $\alpha = e^{j\frac{2}{3}\pi} = 1\angle 120°$)

① $\frac{1}{3}(V_a + V_b + V_c)$

② $\frac{1}{3}(V_a + \alpha V_b + \alpha^2 V_c)$

③ $\frac{1}{3}(V_a + \alpha^2 V_b + \alpha V_c)$

④ $\frac{1}{3}(V_a + \alpha V_b + \alpha V_c)$

V_a, V_b, V_c가 불평형일 때 벡터 연산자 α를 이용하여 각 전압을 V_1, V_2, V_3으로 분해하여 해석할 수 있다.

영상 전압 $V_0 = \frac{1}{3}(V_a + V_b + V_c)$

정상 전압 $V_1 = \frac{1}{3}(V_a + \alpha V_b + \alpha^2 V_c)$

역상 전압 $V_2 = \frac{1}{3}(V_a + \alpha^2 V_b + \alpha V_c)$

정답 | ②

31 빈출도 ★★

가동철편형 계기의 구조 형태가 아닌 것은?

① 흡인형
② 회전자장형
③ 반발형
④ 반발흡인형

가동철편형 계기는 지시계기의 한 종류로서 고정 코일에 흐르는 전류에 의해 발생하는 자기장이 연철편에 작용하는 구동 토크를 이용한다. 이 구동 토크가 발생하는 방법에 따라 흡인식, 반발식, 반발흡인식으로 구분한다.

정답 | ②

32 빈출도 ★★★

어떤 회로에 $v(t)=150\sin\omega t[\text{V}]$의 전압을 가하니 $i(t)=6\sin(\omega t-30°)[\text{A}]$의 전류가 흘렀다. 회로의 소비전력(유효전력)은 약 몇 [W] 인가?

① 390 ② 450

③ 780 ④ 900

해설

전압과 전류를 유효전력과 같은 cos으로 변경하면 다음과 같다.

$v(t)=150\sin\omega t=150\cos(\omega t+90°)$

$i(t)=6\sin(\omega t-30°)=6\cos(\omega t+90°-30°)=6\cos(\omega t+60°)$

전압과 전류의 최댓값은 각 실횻값에 $\sqrt{2}$배한 것과 같으므로 실횻값은 다음과 같다.

$V=\dfrac{150}{\sqrt{2}},\ I=\dfrac{6}{\sqrt{2}}$

유효전력은 실제 소비되는 전력으로 전압의 실횻값 V와 유효전류 $I\cos\theta$의 곱으로 표현한다.

$P=VI\cos\theta=\dfrac{150}{\sqrt{2}}\times\dfrac{6}{\sqrt{2}}\cos(90°-60°)$

$\quad=389.7[\text{W}]$

관련개념 무효전력

$P_r=VI\sin\theta[\text{Var}]$

피상전력

$P_a=VI$

정답 | ①

33 빈출도 ★★

1[W·s]와 같은 것은?

① 1[J] ② 1[kg·m]

③ 1[kWh] ④ 860[kcal]

해설

[W·s]는 전력량의 단위로 [J] 또는 [Wh]를 사용하기도 한다.

관련개념 전력량

일정 시간 동안 소비하거나 생산된 전기 에너지의 양이다.

정답 | ①

34 빈출도 ★

반파 정류회로를 통해 정현파를 정류하여 얻은 반파 정류파의 최댓값이 1일 때, 실횻값과 평균값은?

① $\frac{1}{\sqrt{2}}, \frac{2}{\pi}$

② $\frac{1}{2}, \frac{\pi}{2}$

③ $\frac{1}{\sqrt{2}}, \frac{\pi}{2\sqrt{2}}$

④ $\frac{1}{2}, \frac{1}{\pi}$

해설

반파정현파에서 실횻값과 평균값은 각각 $\frac{V_m}{2}, \frac{V_m}{\pi}$이다.

최댓값 $V_m = 1$이므로 실횻값과 평균값은 $\frac{1}{2}, \frac{1}{\pi}$이 된다.

관련개념 파형별 최댓값, 실횻값, 평균값, 파고율, 파형률

파형	최댓값	실횻값	평균값	파고율	파형률
구형파	V_m	V_m	V_m	1	1
반파 구형파	V_m	$\frac{V_m}{\sqrt{2}}$	$\frac{V_m}{2}$	$\sqrt{2}$	$\sqrt{2}$
정현파	V_m	$\frac{V_m}{\sqrt{2}}$	$\frac{2V_m}{\pi}$	$\sqrt{2}$	$\frac{\pi}{2\sqrt{2}}$
반파 정현파	V_m	$\frac{V_m}{2}$	$\frac{V_m}{\pi}$	2	$\frac{\pi}{2}$
삼각파	V_m	$\frac{V_m}{\sqrt{3}}$	$\frac{V_m}{2}$	$\sqrt{3}$	$\frac{2}{\sqrt{3}}$

정답 | ④

35 빈출도 ★

수신기에 내장된 축전지의 용량이 6[A h]인 경우 0.4[A]의 부하전류로는 몇 시간을 사용할 수 있는가?

① 2.4시간

② 15시간

③ 24시간

④ 30시간

해설

축전지 용량 $C = \frac{1}{L}KI$[Ah]에서 용량 환산 시간인 K를 구하는 문제이다.

보수율 L이 주어지지 않은 경우에는 $L = 1$로 계산한다. 따라서,

$K = \frac{CL}{I} = \frac{6}{0.4} = 15$

정답 | ②

36 빈출도 ★★★

내부저항이 200[Ω]이며 직류 120[mA]인 전류계를 6[A]까지 측정할 수 있는 전류계로 사용하고자 한다. 어떻게 하면 되겠는가?

① 24[Ω]의 저항을 전류계와 직렬로 연결한다.
② 12[Ω]의 저항을 전류계와 병렬로 연결한다.
③ 약 6.24[Ω]의 저항을 전류계와 직렬로 연결한다.
④ 약 4.08[Ω]의 저항을 전류계와 병렬로 연결한다.

해설

분류기는 전류계의 측정 범위를 넓히기 위하여 전류계와 병렬로 연결하는 저항이다.

분류기의 저항 $R_s = \dfrac{R_a}{m-1}$이고,

분류기 배율 $m = \dfrac{I_0}{I_a} = \dfrac{6}{0.12} = 50$이므로

$R_s = \dfrac{R_a}{m-1} = \dfrac{200}{50-1} = 4.08[\Omega]$

따라서, 4.08[Ω]의 저항을 전류계와 병렬로 연결하면 6[A]까지 측정할 수 있는 전류계로 사용이 가능하다.

관련개념 배율기

전압계의 측정 범위를 넓히기 위하여 전압계와 직렬로 연결하는 저항이다.

배율기의 저항 $R_m = R_v(m-1)$

배율기 배율 $m = \dfrac{V_0}{V}$

정답 | ④

37 빈출도 ★★

제연용으로 사용되는 3상 유도전동기를 Y−△ 기동 방식으로 할 때, 기동을 위해 제어회로에서 사용되는 것과 거리가 먼 것은?

① 타이머   ② 영상변류기
③ 전자접촉기   ④ 열동계전기

해설

영상변류기(ZCT)는 누설전류 또는 지락전류를 검출하기 위하여 사용된다. 지락계전기와 함께 사용하여 누전 시 회로를 차단하여 보호하는 역할을 한다.

선지분석

Y−△ 기동 방식의 회로구성품으로는 타이머, 열동계전기, 전자접촉기, 푸시버튼 스위치, 배선용 차단기가 있다.
①, ③ 전원 인가 후 타이머와 전자접촉기가 여자되며 타이머의 보조 접점에 의해 자기유지가 된다.
④ 열동계전기는 과부하계전기라고도 하며, 부하와 전선의 과열을 방지하는데 사용한다.

정답 | ②

38 빈출도 ★★

직류회로에서 도체를 균일한 체적으로 길이를 10배 늘이면 도체의 저항은 몇 배가 되는가?

① 10
② 20
③ 100
④ 120

해설

도선의 전기 저항 값은 도선의 길이 l에 비례하고, 단면적 S에 반비례한다. $R = \rho\dfrac{l}{S}$

체적은 (면적)×(길이)로, 체적을 균일하게 유지하며 길이를 10배 늘이면 면적은 $\dfrac{1}{10}$배로 줄어든다.

$$R' = \rho\frac{10l}{\frac{1}{10}S} = 100 \times \rho\frac{l}{S} = 100R$$

정답 | ③

39 빈출도 ★★★

바리스터(varistor)의 용도는?

① 정전류 제어용
② 정전압 제어용
③ 과도한 전류로부터 회로보호
④ 과도한 전압으로부터 회로보호

해설

바리스터는 비선형 반도체 저항 소자로서 계전기 접점의 불꽃을 소거하거나, 서지 전압으로부터 회로를 보호하기 위해 사용되며, 회로에 병렬로 연결한다.

관련개념 바리스터의 기호

정답 | ④

40 빈출도 ★★

교류 전압계의 지침이 지시하는 전압은 다음 중 어느 것인가?

① 실횻값
② 평균값
③ 최댓값
④ 순싯값

해설

실횻값은 교류를 인가하였을 때 저항에 발생하는 열량과 직류를 인가하였을 때 저항에 발생하는 열량이 같다고 가정하여 직류에 흐르는 전류의 크기를 의미하며, 교류 전압계의 지침이 지시하는 값이다.

선지분석
② 평균값: 순싯값의 반주기에 대한 산술적인 평균값
③ 최댓값: 교류 파형의 순싯값에서 진폭이 최대인 값
④ 순싯값: 시간의 변화에 따라 순간순간 나타나는 정현파의 값

정답 | ①

소방관계법규

41 빈출도 ★★

소방기본법상 소방대의 구성원에 속하지 않는 자는?

① 소방공무원법에 따른 소방공무원
② 의용소방대 설치 및 운영에 관한 법률에 따른 의용소방대원
③ 위험물안전관리법에 따른 자체소방대원
④ 의무소방대설치법에 따라 임용된 의무소방원

> **해설**
>
> 소방대의 조직구성원
> ㉠ 소방공무원
> ㉡ 의무소방원
> ㉢ 의용소방대원

정답 | ③

42 빈출도 ★★

소방안전관리자 및 소방안전관리보조자에 대한 실무교육의 교육대상, 교육일정 등 실무교육에 필요한 계획을 수립하여 실시하는 자로 옳은 것은?

① 한국소방안전원장　② 소방본부장
③ 소방청장　④ 시 · 도지사

> **해설**
>
> 소방청장은 실무교육의 대상 · 일정 · 횟수 등을 포함한 실무교육의 실시 계획을 매년 수립 · 시행해야 한다.

정답 | ③

43 빈출도 ★★

소방시설 설치 및 관리에 관한 법률상 분말형태의 소화약제를 사용하는 소화기의 내용연수로 옳은 것은? (단, 소방용품의 성능을 확인받아 그 사용기한을 연장하는 경우는 제외한다.)

① 3년　② 5년
③ 7년　④ 10년

> **해설**
>
> 분말형태의 소화약제를 사용하는 소화기의 내용연수는 10년이다.

정답 | ④

44 빈출도 ★★

항공기격납고는 특정소방대상물 중 어느 시설에 해당하는가?

① 위험물 저장 및 처리 시설
② 항공기 및 자동차 관련 시설
③ 창고시설
④ 업무시설

> **해설**
>
> 항공기격납고는 특정소방대상물 중 항공기 및 자동차 관련 시설에 해당한다.

정답 | ②

45 빈출도 ★★

소방대상물의 방염 등과 관련하여 방염성능기준은 무엇으로 정하는가?

① 대통령령　　　　　② 행정안전부령

③ 소방청훈령　　　　④ 소방청예규

해설

방염성능기준은 대통령령으로 정한다.

관련개념 방염규정 및 소관 법령

규정	소관 법령
방염성능기준	대통령령
방염성능검사의 방법과 합격 표시	행정안전부령

정답 | ①

46 빈출도 ★★

위험물안전관리법령상 제조소등이 아닌 장소에서 지정수량 이상의 위험물을 취급할 수 있는 기준 중 다음 (　　) 안에 알맞은 것은?

> 시 · 도의 조례가 정하는 바에 따라 관할 소방서장의 승인을 받아 지정수량 이상의 위험물을 (　　　)일 이내의 기간 동안 임시로 저장 또는 취급하는 경우

① 15　　　　　　　② 30

③ 60　　　　　　　④ 90

해설

시 · 도의 조례가 정하는 바에 따라 관할 소방서장의 승인을 받아 지정수량 이상의 위험물을 90일 이내의 기간 동안 임시로 저장 또는 취급하는 경우 제조소 등이 아닌 장소에서 지정수량 이상의 위험물을 취급할 수 있다.

정답 | ④

47 빈출도 ★★

위험물안전관리법령상 제조소등의 관계인은 위험물의 안전관리에 관한 직무를 수행하게 하기 위하여 제조소등마다 위험물의 취급에 관한 자격이 있는 자를 위험물안전관리자로 선임하여야 한다. 이 경우 제조소등의 관계인이 지켜야 할 기준으로 틀린 것은?

① 제조소등의 관계인은 안전관리자를 해임하거나 안전관리자가 퇴직한 때에는 해임하거나 퇴직한 날부터 15일 이내에 다시 안전관리자를 선임하여야 한다.

② 제조소등의 관계인이 안전관리자를 선임한 경우에는 선임한 날부터 14일 이내에 소방본부장 또는 소방 서장에게 신고하여야 한다.

③ 제조소등의 관계인은 안전관리자가 여행 · 질병 그 밖의 사유로 인하여 일시적으로 직무를 수행할 수 없는 경우에는 국가기술자격법에 따른 위험물의 취급에 관한 자격취득자 또는 위험물안전에 관한 기본 지식과 경험이 있는 자를 대리자로 지정하여 그 직무를 대행하게 하여야 한다. 이 경우 대행하는 기간은 30일을 초과할 수 없다.

④ 안전관리자는 위험물을 취급하는 작업을 하는 때에는 작업자에게 안전관리에 관한 필요한 지시를 하는 등 위험물의 취급에 관한 안전관리와 감독을 하여야 하고, 제조소등의 관계인은 안전관리자의 위험물 안전관리에 관한 의견을 존중하고 그 권고에 따라야 한다.

해설

제조소등의 관계인은 안전관리자를 해임하거나 안전관리자가 퇴직한 때에는 해임하거나 퇴직한 날부터 30일 이내에 다시 안전관리자를 선임하고 14일 이내에 소방본부장 또는 소방서장에게 신고하여야 한다.

정답 | ①

48 빈출도 ★★

다음 중 상주 공사감리를 하여야 할 대상의 기준으로 옳은 것은?

① 지하층을 포함한 층수가 16층 이상으로서 300세대 이상인 아파트에 대한 소방시설의 공사
② 지하층을 포함한 층수가 16층 이상으로서 500세대 이상인 아파트에 대한 소방시설의 공사
③ 지하층을 포함하지 않은 층수가 16층 이상으로서 300세대 이상인 아파트에 대한 소방시설의 공사
④ 지하층을 포함하지 않은 층수가 16층 이상으로서 500세대 이상인 아파트에 대한 소방시설의 공사

해설

지하층을 포함한 층수가 16층 이상으로서 500세대 이상인 아파트에 대한 소방시설의 공사는 상주 공사감리 대상이다.

관련개념 상주 공사감리 대상

㉠ 연면적 30,000[m²] 이상의 특정소방대상물(아파트 제외)에 대한 소방시설의 공사
㉡ 지하층을 포함한 층수가 16층 이상으로서 500세대 이상인 아파트에 대한 소방시설의 공사

정답 | ②

49 빈출도 ★★★

화재의 예방 및 안전관리에 관한 법률상 소방대상물의 개수·이전·제거, 사용의 금지 또는 제한, 사용폐쇄, 공사의 정지 또는 중지, 그 밖의 필요한 조치로 인하여 손실을 받은 자가 손실보상 청구서에 첨부하여야 하는 서류로 틀린 것은?

① 손실보상 합의서
② 손실을 증명할 수 있는 사진
③ 손실을 증명할 수 있는 증빙자료
④ 소방대상물의 관계인임을 증명할 수 있는 서류(건축물대장 제외)

해설

손실보상 합의서는 손실보상 청구서에 첨부하여야 하는 서류가 아니다.

관련개념 손실보상 청구 시 제출 서류

㉠ 소방대상물의 관계인임을 증명할 수 있는 서류(건축물대장 제외)
㉡ 손실을 증명할 수 있는 사진 및 그 밖의 증빙자료

정답 | ①

50 빈출도 ★★★

제6류 위험물에 속하지 않는 것은?

① 질산
② 과산화수소
③ 과염소산
④ 과염소산염류

해설

과염소산염류는 제1류 위험물로 제6류 위험물에 속하지 않는다.

관련개념 제6류 위험물 및 지정수량

위험물	품명	지정수량
산화성액체 (제6류)	과염소산	300[kg]
	과산화수소	
	질산	

정답 | ④

51 빈출도 ★

화재의 예방 및 안전관리에 관한 법률상 소방청장, 소방본부장 또는 소방서장은 관할구역에 있는 소방대상물에 대하여 화재안전조사를 실시할 수 있다. 화재안전조사 대상과 거리가 먼 것은? (단, 개인 주거에 대하여는 관계인의 승낙한 경우이다.)

① 화재예방강화지구에 대한 화재안전조사 등 다른 법률에서 화재안전조사를 실시하도록 한 경우
② 관계인이 법령에 따라 실시하는 소방시설등, 방화시설, 피난시설 등에 대한 자체점검 등이 불성실하거나 불완전하다고 인정되는 경우
③ 화재가 발생할 우려는 없으나 소방대상물의 정기점검이 필요한 경우
④ 국가적 행사 등 주요행사가 개최되는 장소에 대하여 소방안전관리 실태를 점검할 필요가 있는 경우

해설

화재가 발생할 우려는 없으나 소방대상물의 정기점검이 필요한 경우는 화재안전조사 대상이 아니다.

관련개념 화재안전조사 대상

㉠ 자체점검이 불성실하거나 불완전하다고 인정되는 경우
㉡ 화재예방강화지구 등 법령에서 화재안전조사를 하도록 규정되어 있는 경우
㉢ 화재예방안전진단이 불성실하거나 불완전하다고 인정되는 경우
㉣ 국가적 행사 등 주요 행사가 개최되는 장소 및 그 주변의 관계지역에 대하여 소방안전관리 실태를 조사할 필요가 있는 경우
㉤ 화재가 자주 발생하였거나 발생할 우려가 뚜렷한 곳에 대한 조사가 필요한 경우
㉥ 재난예측정보, 기상예보 등을 분석한 결과 소방대상물에 화재의 발생 위험이 크다고 판단되는 경우
㉦ 그 밖의 긴급한 상황이 발생할 경우 인명 또는 재산 피해의 우려가 현저하다고 판단되는 경우

정답 ③

52 빈출도 ★★

소방본부장 또는 소방서장은 화재예방강화지구 안의 관계인에 대하여 소방상 필요한 훈련 및 교육은 연 몇 회 이상 실시할 수 있는가?

① 1   ② 2
③ 3   ④ 4

해설

소방관서장은 화재예방강화지구 안의 관계인에 대하여 소방에 필요한 훈련 및 교육을 연 1회 이상 실시할 수 있다.

정답 ①

53 빈출도 ★★★

소방시설 설치 및 관리에 관한 법률상 소방시설등의 자체점검 시 점검인력 배치기준 중 종합점검에 대한 점검인력 1단위가 하루 동안 점검할 수 있는 특정소방대상물의 연면적 기준으로 옳은 것은?

① $3,500[m^2]$ ② $7,000[m^2]$
③ $8,000[m^2]$ ④ $12,000[m^2]$

해설

종합점검 시 보조인력이 없는 경우 점검인력 1단위가 하루 동안 점검할 수 있는 면적은 $8,000[m^2]$이다.

관련개념 점검한도 면적

구분	점검한도 면적	보조인력 추가 시
종합점검	$8,000[m^2]$	보조인력 1명 추가 시 점검한도 면적 $2,000[m^2]$ 증가
작동점검	$10,000[m^2]$	보조인력 1명 추가 시 점검한도 면적 $2,500[m^2]$ 증가

정답 ③

54 빈출도 ★

다음 중 한국소방안전원의 업무에 해당하지 않는 것은?

① 소방용 기계·기구의 형식승인
② 소방업무에 관하여 행정기관이 위탁하는 업무
③ 화재 예방과 안전관리의식 고취를 위한 대국민 홍보
④ 소방기술과 안전관리에 관한 교육, 조사·연구 및 각종 간행물 발간

> **해설**
>
> 소방용 기계·기구의 형식승인은 한국소방산업기술원의 업무로 한국소방안전원의 업무가 아니다.

> **관련개념** 한국소방안전원의 업무
>
> ㉠ 소방기술과 안전관리에 관한 교육 및 조사·연구
> ㉡ 소방기술과 안전관리에 관한 각종 간행물 발간
> ㉢ 화재 예방과 안전관리의식 고취를 위한 대국민 홍보
> ㉣ 소방업무에 관하여 행정기관이 위탁하는 업무
> ㉤ 소방안전에 관한 국제협력
> ㉥ 그 밖에 회원에 대한 기술지원 등 정관으로 정하는 사항

정답 | ①

55 빈출도 ★

소방기본법령상 국고보조 대상사업의 범위 중 소방활동 장비와 설비에 해당하지 않는 것은?

① 소방자동차
② 소방헬리콥터 및 소방정
③ 소화용수설비 및 피난구조설비
④ 방화복 등 소방활동에 필요한 소방장비

> **해설**
>
> 소화용수설비 및 피난구조설비는 국고보조 대상사업에 해당하지 않는다.

> **관련개념** 국고보조 대상사업의 범위

소방활동장비와 설비의 구입 및 설치	• 소방자동차 • 소방헬리콥터 및 소방정 • 소방전용통신설비 및 전산설비 • 그 밖에 방화복 등 소방활동에 필요한 소방장비
소방관서용 청사의 건축	—

정답 | ③

56 빈출도 ★★★

소방시설 설치 및 관리에 관한 법률상 간이스프링클러설비를 설치하여야 하는 특정소방대상물의 기준으로 옳은 것은?

① 근린생활시설로 사용하는 부분의 바닥면적 합계가 1,000[m²] 이상인 것은 모든 층
② 교육연구시설 내에 있는 합숙소로서 연면적 500[m²] 이상인 것
③ 정신병원과 의료재활시설을 제외한 요양병원으로 사용되는 바닥면적의 합계가 300[m²] 이상 600[m²] 미만인 시설
④ 정신의료기관 또는 의료재활시설로 사용되는 바닥면적의 합계가 600[m²] 미만인 시설

해설

근린생활시설로 사용하는 부분의 바닥면적 합계가 1,000[m²] 이상인 것은 모든 층에 간이스프링클러설비를 설치하여야 한다.

선지분석

② 교육연구시설 내에 있는 합숙소로서 연면적 100[m²] 이상인 것
③ 정신병원과 의료재활시설을 제외한 요양병원으로 사용되는 바닥면적의 합계가 600[m²] 미만인 시설
④ 정신의료기관 또는 의료재활시설로 사용되는 바닥면적의 합계가 300[m²] 이상 600[m²] 미만인 시설

정답 | ①

57 빈출도 ★★

제조소등의 위치·구조 또는 설비의 변경 없이 당해 제조소등에서 저장하거나 취급하는 위험물의 품명·수량 또는 지정수량의 배수를 변경하고자 할 때는 누구에게 신고해야 하는가?

① 국무총리
② 시·도지사
③ 관할소방서장
④ 행정안전부장관

해설

제조소등의 위치·구조 또는 설비의 변경 없이 당해 제조소등에서 저장하거나 취급하는 위험물의 품명·수량 또는 지정수량의 배수를 변경하고자 하는 자는 변경하고자 하는 날의 1일 전까지 행정안전부령이 정하는 바에 따라 시·도지사에게 신고하여야 한다.

정답 | ②

58 빈출도 ★★

화재의 예방 및 안전관리에 관한 법률상 정당한 사유 없이 화재안전조사 결과에 따른 조치명령을 위반한 자에 대한 벌칙으로 옳은 것은?

① 100만 원 이하의 벌금
② 300만 원 이하의 벌금
③ 1년 이하의 징역 또는 1천만 원 이하의 벌금
④ 3년 이하의 징역 또는 3천만 원 이하의 벌금

해설

정당한 사유 없이 화재안전조사 결과에 따른 조치명령을 위반한 자는 3년 이하의 징역 또는 3천만 원 이하의 벌금에 처한다.

정답 | ④

59 빈출도 ★★★

화재예방강화지구로 지정할 수 있는 대상이 아닌 것은?

① 시장지역
② 소방출동로가 있는 지역
③ 공장 · 창고가 밀집한 지역
④ 목조건물이 밀집한 지역

소방출동로가 있는 지역은 화재예방강화지구의 지정대상이 아니다.

관련개념 **화재예방강화지구의 지정대상**

㉠ 시장지역
㉡ 공장 · 창고가 밀집한 지역
㉢ 목조건물이 밀집한 지역
㉣ 노후 · 불량건축물이 밀집한 지역
㉤ 위험물의 저장 및 처리 시설이 밀집한 지역
㉥ 석유화학제품을 생산하는 공장이 있는 지역
㉦ 산업단지
㉧ 소방시설 · 소방용수시설 또는 소방출동로가 없는 지역
㉨ 물류단지

정답 | ②

60 빈출도 ★★★

다음 조건을 참고하여 숙박시설이 있는 특정소방대상물의 수용인원 산정 수로 옳은 것은?

> 침대가 있는 숙박시설로서 1인용 침대의 수는 20개이고, 2인용 침대의 수는 10개이며, 종업원의 수는 3명이다.

① 33명
② 40명
③ 43명
④ 46명

종사자 수＋침대 수
＝3＋20(1인용 침대)＋10(2인용 침대)×2
＝43명

관련개념 **수용인원의 산정방법**

구분		산정방법
숙박시설	침대가 있는 숙박시설	종사자 수＋침대 수(2인용 침대는 2개)
	침대가 없는 숙박시설	종사자 수＋$\dfrac{\text{바닥면적의 합계}}{3[\text{m}^2]}$
강의실 · 교무실 · 상담실 · 실습실 · 휴게실 용도로 쓰이는 특정소방대상물		$\dfrac{\text{바닥면적의 합계}}{1.9[\text{m}^2]}$
강당, 문화 및 집회시설, 운동시설, 종교시설		$\dfrac{\text{바닥면적의 합계}}{4.6[\text{m}^2]}$
그 밖의 특정소방대상물		$\dfrac{\text{바닥면적의 합계}}{3[\text{m}^2]}$

* 계산 결과 소수점 이하의 수는 반올림한다.
* 복도(준불연재료 이상의 것), 화장실, 계단은 면적에서 제외한다.

정답 | ③

61 빈출도 ★★★

자동화재탐지설비 및 시각경보장치의 화재안전기술기준(NFTC 203)에 따른 경계구역에 관한 기준이다. 다음 (　　)에 들어갈 내용으로 옳은 것은?

> 하나의 경계구역의 면적은 (　㉮　) 이하로 하고 한 변의 길이는 (　㉯　) 이하로 하여야 한다.

① ㉮: 600[m²], ㉯: 50[m]
② ㉮: 600[m²], ㉯: 100[m]
③ ㉮: 1,200[m²], ㉯: 50[m]
④ ㉮: 1,200[m²], ㉯: 100[m]

해설

「자동화재탐지설비 및 시각경보장치의 화재안전기술기준(NFTC 203)」상 하나의 경계구역의 면적은 600[m²] 이하로 하고 한 변의 길이는 50[m] 이하로 하여야 한다.

관련개념 경계구역 설정기준

㉠ 하나의 경계구역이 2 이상의 건축물에 미치지 않도록 할 것
㉡ 하나의 경계구역이 2 이상의 층에 미치지 않도록 할 것 (500[m²] 이하의 범위 안에서는 2개의 층을 하나의 경계구역으로 할 수 있음)
㉢ 하나의 경계구역의 면적은 600[m²] 이하로 하고 한 변의 길이는 50[m] 이하로 할 것(해당 특정소방대상물의 주된 출입구에서 그 내부 전체가 보이는 것에 있어서는 한 변의 길이가 50[m]의 범위 내에서 1,000[m²] 이하로 할 수 있음)

정답 | ①

62 빈출도 ★

차동식 분포형 감지기의 동작방식이 아닌 것은?

① 공기관식
② 열전대식
③ 열반도체식
④ 불꽃자외선식

해설

불꽃자외선식은 차동식 분포형 감지기의 동작방식이 아니다.

관련개념 차동식 분포형 감지기의 동작방식

㉠ 공기관식
㉡ 열전대식
㉢ 열반도체식

정답 | ④

63 빈출도 ★★

비상방송설비의 화재안전기술기준(NFTC 202)에 따라 다음 (　　)의 ㉠, ㉡에 들어갈 내용으로 옳은 것은?

> 비상방송설비에는 그 설비에 대한 감시상태를 (　㉠　)분간 지속한 후 유효하게 (　㉡　)분 이상 경보할 수 있는 축전지설비(수신기에 내장하는 경우 포함)를 설치하여야 한다.

① ㉠: 30, ㉡: 5
② ㉠: 30, ㉡: 10
③ ㉠: 60, ㉡: 5
④ ㉠: 60, ㉡: 10

해설

비상방송설비에는 그 설비에 대한 감시상태를 60분간 지속한 후 유효하게 10분 이상 경보할 수 있는 비상전원으로서 축전지설비 또는 전기저장장치를 설치해야 한다.

정답 | ④

64 빈출도 ★

누전경보기의 형식승인 및 제품검사의 기술기준에 따라 누전경보기의 경보기구에 내장하는 음향장치는 사용전압의 몇 [%]인 전압에서 소리를 내어야 하는가?

① 40   ② 60
③ 80   ④ 100

해설

누전경보기의 경보기구에 내장하는 음향장치는 사용전압의 80[%]인 전압에서 소리를 내어야 한다.

정답 | ③

65 빈출도 ★★

자동화재속보설비의 속보기의 성능인증 및 제품검사의 기술기준에 따라 자동화재속보설비 속보기의 외함에 합성수지를 사용할 경우 외함의 최소두께[mm]는?

① 1.2   ② 3
③ 6.4   ④ 7

해설

자동화재속보설비 속보기의 외함에 합성수지를 사용할 경우 외함의 두께는 3[mm] 이상이어야 한다.

관련개념 자동화재속보설비 속보기의 외함 두께

외함 재질	두께
강판	1.2[mm] 이상
합성수지	3[mm] 이상

정답 | ②

66 빈출도 ★★

소방시설용 비상전원수전설비의 화재안전기술기준 (NFTC 602)에 따라 일반전기사업자로부터 특고압 또는 고압으로 수전하는 비상전원수전설비의 경우에 있어 소방회로배선과 일반회로배선을 몇 [cm] 이상 떨어져 설치하는 경우 불연성 벽으로 구획하지 않을 수 있는가?

① 5   ② 10
③ 15   ④ 20

해설

일반전기사업자로부터 특고압 또는 고압으로 수전하는 비상전원수전설비의 경우에 있어 소방회로배선과 일반회로배선을 15[cm] 이상 떨어져 설치한 경우는 불연성의 격벽으로 구획하지 않을 수 있다.

관련개념 특고압 또는 고압으로 수전하는 비상전원수전설비

㉠ 방화구획형, 옥외개방형 또는 큐비클형으로 설치할 것
㉡ 전용의 방화구획 내에 설치할 것
㉢ 소방회로배선은 일반회로배선과 불연성의 격벽으로 구획할 것 (소방회로배선과 일반회로배선을 15[cm] 이상 떨어져 설치한 경우 제외)
㉣ 일반회로에서 과부하, 지락사고 또는 단락사고가 발생한 경우에도 이에 영향을 받지 아니하고 계속하여 소방회로에 전원을 공급시켜 줄 수 있어야 할 것
㉤ 소방회로용 개폐기 및 과전류차단기에는 "소방시설용"이라 표시할 것

정답 | ③

67 빈출도 ★★

비상콘센트설비의 화재안전기술기준(NFTC 504)에 따라 비상콘센트설비의 전원회로(비상콘센트에 전력을 공급하는 회로)에 대한 전압과 공급용량으로 옳은 것은?

① 전압: 단상교류 110[V], 공급용량: 1.5[kVA] 이상
② 전압: 단상교류 220[V], 공급용량: 1.5[kVA] 이상
③ 전압: 단상교류 110[V], 공급용량: 3[kVA] 이상
④ 전압: 단상교류 220[V], 공급용량: 3[kVA] 이상

해설

비상콘센트설비의 전원회로는 단상교류 220[V]인 것으로서, 그 공급용량은 1.5[kVA] 이상인 것으로 해야 한다.

정답 | ②

68 빈출도 ★★

비상콘센트설비의 화재안전기술기준(NFTC 504)에 따른 용어의 정의 중 옳은 것은?

① "저압"이란 직류는 1.5[kV] 이하, 교류는 1[kV] 이하인 것을 말한다.
② "저압"이란 직류는 1.0[kV] 이하, 교류는 1.5[kV] 이하인 것을 말한다.
③ "고압"이란 직류는 1.0[kV]를, 교류는 1.5[kV]를 초과하는 것을 말한다.
④ "특고압"이란 직류는 1.5[kV]를, 교류는 1[kV]를 초과하는 것을 말한다.

해설

전압의 구분

구분	직류	교류
저압	1.5[kV] 이하	1[kV] 이하
고압	1.5[kV] 초과 7[kV] 이하	1[kV] 초과 7[kV] 이하
특고압	7[kV] 초과	

정답 | ①

69 빈출도 ★★

유도등 및 유도표지의 화재안전기술기준(NFTC 303)에 따른 통로유도등의 설치기준에 대한 설명으로 틀린 것은?

① 복도·거실통로유도등은 구부러진 모퉁이 및 보행거리 20[m]마다 설치
② 복도·계단통로유도등은 바닥으로부터 높이 1[m] 이하의 위치에 설치
③ 통로유도등은 녹색 바탕에 백색으로 피난방향을 표시한 등으로 할 것
④ 거실통로유도등은 바닥으로부터 높이 1.5[m] 이상의 위치에 설치

해설

통로유도등의 표시면 색상은 백색 바탕에 녹색 문자이다.

관련개념 유도표지의 표시면 색상

피난구유도등	통로유도등
녹색 바탕, 백색 문자	백색 바탕, 녹색 문자

정답 | ③

70 빈출도 ★

유도등 및 유도표지의 화재안전기술기준(NFTC 303)에 따라 운동시설에 설치하지 아니할 수 있는 유도등은?

① 통로유도등
② 객석유도등
③ 대형피난구유도등
④ 중형피난구유도등

해설

운동시설에 설치해야 하는 통로유도등, 객석유도등, 대형피난구유도등이다.
중형피난구유도등은 운동시설에 설치하지 않아도 된다.

관련개념 설치장소별 유도등 및 유도표지의 종류

설치장소	유도등 및 유도표지의 종류
공연장, 집회장, 관람장, 운동시설	• 대형피난구유도등 • 통로유도등 • 객석유도등
유흥주점영업시설	
위락시설, 판매시설, 운수시설, 관광숙박업, 의료시설, 장례식장, 지하철 역사	• 대형피난구유도등 • 통로유도등
숙박시설, 오피스텔	• 중형피난구유도등 • 통로유도등
지하층·무창층 또는 층수가 11층 이상인 특정소방대상물	
근린생활시설, 노유자시설, 업무시설, 발전시설, 종교시설, 수련시설, 공장, 다중이용업소, 복합건축물	• 소형피난구유도등 • 통로유도등
그 밖의 것	• 피난구유도표지 • 통로유도표지

정답 | ④

71 빈출도 ★★

자동화재탐지설비 및 시각경보장치의 화재안전기술기준(NFTC 203)에 따른 감지기의 설치기준으로 틀린 것은?

① 스포트형 감지기는 45° 이상 경사되지 아니하도록 부착할 것
② 감지기(차동식 분포형의 것 제외)는 실내로의 공기 유입구로부터 1.5[m] 이상 떨어진 위치에 설치할 것
③ 보상식 스포트형 감지기는 정온점이 감지기 주위의 평상시 최고온도보다 10[℃] 이상 높은 것으로 설치할 것
④ 정온식 감지기는 주방·보일러실 등으로서 다량의 화기를 취급하는 장소에 설치하되 공칭작동온도가 최고주위온도보다 20[℃] 이상 높은 것으로 설치할 것

해설

보상식 스포트형 감지기는 정온점이 감지기 주위의 평상시 최고온도보다 20[℃] 이상 높은 것으로 설치해야 한다.

정답 | ③

72 빈출도 ★★★

무선통신보조설비의 화재안전기술기준(NFTC 505)에 따라 무선통신보조설비 누설동축케이블의 설치기준으로 틀린 것은?

① 누설동축케이블은 불연 또는 난연성으로 할 것
② 누설동축케이블의 중간 부분에는 무반사 종단저항을 견고하게 설치할 것
③ 누설동축케이블 및 안테나는 고압의 전로로부터 1.5[m] 이상 떨어진 위치에 설치할 것
④ 누설동축케이블과 이에 접속하는 안테나 또는 동축케이블과 이에 접속하는 안테나로 구성할 것

해설

무선통신보조설비 누설동축케이블의 **끝부분**에는 무반사 종단저항을 견고하게 설치해야 한다.

정답 | ②

73 빈출도 ★

누전경보기의 화재안전기술기준(NFTC 205)의 용어 정의에 따라 변류기로부터 검출된 신호를 수신하여 누전의 발생을 해당 특정소방대상물의 관계인에게 경보하여 주는 것은?

① 축전기　　　　　② 수신부
③ 경보기　　　　　④ 음향장치

해설

수신부는 변류기로부터 검출된 신호를 수신하여 누전의 발생을 해당 특정소방대상물의 관계인에게 경보하여 주는 장치이다.

정답 | ②

74 빈출도 ★★★

비상조명등의 화재안전기술기준(NFTC 304)에 따라 비상조명등의 비상전원을 설치하는 데 있어서 어떤 특정소방대상물의 경우에는 그 부분에서 피난층에 이르는 부분의 비상조명등을 60분 이상 유효하게 작동시킬 수 있는 용량으로 하여야 한다. 이 특정소방대상물에 해당하지 않는 것은?

① 무창층인 지하역사
② 무창층인 소매시장
③ 지하층인 관람시설
④ 지하층을 제외한 층수가 11층 이상의 층

해설

비상전원은 비상조명등을 20분 이상 유효하게 작동시킬 수 있는 용량으로 해야 한다. 다만, 다음의 특정소방대상물의 경우에는 그 부분에서 피난층에 이르는 부분의 비상조명등을 **60분** 이상 유효하게 작동시킬 수 있는 용량으로 해야 한다.

㉠ 지하층을 제외한 층수가 11층 이상의 층
㉡ 지하층 또는 **무창층**으로서 용도가 도매시장·**소매시장**·여객자동차터미널·**지하역사** 또는 지하상가

관련개념 비상조명등 비상전원의 용량

구분	용량
일반적인 경우	20분 이상
11층 이상의 층(지하층 제외)	60분 이상
지하층 또는 무창층으로서 용도가 도매시장·소매시장·여객자동차터미널·지하역사 또는 지하상가	

정답 | ③

75 빈출도 ★★★

자동화재탐지설비 발신기의 설치기준에 따라 다음 괄호 안에 들어갈 내용이 적절하게 짝지어진 것은?

> – 조작이 쉬운 장소에 설치하고 스위치는 바닥으로부터 (㉠)[m] 이상 (㉡)[m] 이하의 높이에 설치해야 한다.
> – 특정소방대상물의 층마다 설치하되 해당 층의 각 부분으로부터 하나의 발신기까지의 수평거리가 (㉢)[m] 이하가 되도록 해야 한다.

① ㉠: 0.8, ㉡: 1.5, ㉢: 15
② ㉠: 1.0, ㉡: 1.6, ㉢: 25
③ ㉠: 1.0, ㉡: 1.6, ㉢: 15
④ ㉠: 0.8, ㉡: 1.5, ㉢: 25

해설

자동화재탐지설비 발신기의 설치기준
㉠ 조작이 쉬운 장소에 설치하고 스위치는 바닥으로부터 0.8[m] 이상 1.5[m] 이하의 높이에 설치해야 한다.
㉡ 특정소방대상물의 층마다 설치하되 해당 층의 각 부분으로부터 하나의 발신기까지의 수평거리가 25[m] 이하가 되도록 해야 한다.

정답 | ④

76 빈출도 ★★★

비상방송설비의 화재안전기술기준(NFTC 202)에 따라 비상방송설비 음향장치의 정격전압이 220[V]인 경우 최소 몇 [V] 이상에서 음향을 발할 수 있어야 하는가?

① 165
② 176
③ 187
④ 198

해설

비상방송설비의 음향장치는 정격전압의 80[%]의 전압에서 음향을 발할 수 있어야 한다.
따라서 220[V] × 0.8 = 176[V] 이상에서 음향을 발할 수 있어야 한다.

정답 | ②

77 빈출도 ★★

유도등 및 유도표지의 화재안전기술기준(NFTC 303)에 따라 광원점등방식 피난유도선의 설치기준으로 틀린 것은?

① 구획된 각 실로부터 주출입구 또는 비상구까지 설치할 것
② 피난유도 표시부는 바닥으로부터 높이 1[m] 이하의 위치 또는 바닥면에 설치할 것
③ 피난유도 제어부는 조작 및 관리가 용이하도록 바닥으로부터 0.8[m] 이상 1.5[m] 이하의 높이에 설치할 것
④ 피난유도 표시부는 50[cm] 이내의 간격으로 연속되도록 설치하되 실내장식물 등으로 설치가 곤란할 경우 2[m] 이내로 설치할 것

해설

피난유도 표시부는 50[cm] 이내의 간격으로 연속되도록 설치하되 실내장식물 등으로 설치가 곤란할 경우 1[m] 이내로 설치해야 한다.

정답 | ④

78 빈출도 ★★

예비전원의 성능인증 및 제품검사의 기술기준에 따라 다음의 (   )에 들어갈 내용으로 옳은 것은?

> 예비전원은 $\frac{1}{5}$[C] 이상 1[C] 이하의 전류로 역충전하는 경우 (   )시간 이내에 안전장치가 작동하여야 하며, 외관이 부풀어 오르거나 누액 등이 없어야 한다.

① 1
② 3
③ 5
④ 10

예비전원은 $\frac{1}{5}$[C] 이상 1[C] 이하의 전류로 역충전하는 경우 5시간 이내에 안전장치가 작동하여야 하며, 외관이 부풀어 오르거나 누액 등이 없어야 한다.

정답 ③

79 빈출도 ★

비상경보설비 및 단독경보형 감지기의 화재안전기술기준(NFTC 201)에 따라 비상벨설비 또는 자동식사이렌설비의 지구음향장치는 특정소방대상물의 층마다 설치하되, 해당 층의 각 부분으로부터 하나의 음향장치까지의 수평거리가 몇 [m] 이하가 되도록 하여야 하는가?

① 15
② 25
③ 40
④ 50

비상벨설비 또는 자동식사이렌설비의 지구음향장치는 특정소방대상물의 층마다 설치하되, 해당 층의 각 부분으로부터 하나의 음향장치까지의 수평거리가 25[m] 이하가 되도록 설치해야 한다.

정답 ②

80 빈출도 ★★★

무선통신보조설비의 화재안전기술기준(NFTC 505)에 따라 지하층으로서 특정소방대상물의 바닥부분 2면 이상이 지표면과 동일하거나 지표면으로부터 깊이가 몇 [m] 이하인 경우에는 해당 층에 한하여 무선통신보조설비를 설치하지 않을 수 있는가?

① 0.5
② 1.0
③ 1.5
④ 2.0

지하층으로서 특정소방대상물의 바닥부분 2면 이상이 지표면과 동일하거나 지표면으로부터의 깊이가 1[m] 이하인 경우에는 해당 층에 한해 무선통신보조설비를 설치하지 아니할 수 있다.

정답 ②

어떻게 에베레스트 산을 올라갔느냐구요?
뭐 간단합니다. 한 발, 한 발 걸어서 올라갔지요.

진정으로 바라는 사람은 이룰 때까지 합니다.
안된다고 좌절하는 것이 아니라 방법을 달리합니다.
방법을 달리해도 안 될 때는 그 원인을 분석합니다.
분석해도 안 될 때는 연구합니다.
이쯤 되면 운명이 손을 들어주기 시작합니다.

– 에드먼드 힐러리 경(Sir Edmund Hillary, 1953년 인류 최초 에베레스트 산 등반자)

소방원론

01 빈출도 ★★★

다음의 가연성 물질 중 위험도가 가장 높은 것은?

① 수소
② 에틸렌
③ 아세틸렌
④ 이황화탄소

해설

이황화탄소(CS_2)의 위험도가 $\frac{44-1.2}{1.2} ≒ 35.7$로 가장 높다.

관련개념 주요 가연성 가스의 연소범위와 위험도

가연성 가스	하한계 [vol%]	상한계 [vol%]	위험도
아세틸렌(C_2H_2)	2.5	81	31.4
수소(H_2)	4	75	17.8
일산화탄소(CO)	12.5	74	4.9
에테르($C_2H_5OC_2H_5$)	1.9	48	24.3
이황화탄소(CS_2)	1.2	44	35.7
에틸렌(C_2H_4)	2.7	36	12.3
암모니아(NH_3)	15	28	0.9
메테인(CH_4)	5	15	2
에테인(C_2H_6)	3	12.4	3.1
프로페인(C_3H_8)	2.1	9.5	3.5
뷰테인(C_4H_{10})	1.8	8.4	3.7

정답 | ④

02 빈출도 ★

상온, 상압에서 액체인 물질은?

① CO_2
② Halon 1301
③ Halon 1211
④ Halon 2402

해설

상온, 상압에서 액체상태로 존재하는 물질은 할론 2402이다.

정답 | ④

03 빈출도 ★★

0[℃], 1[atm] 상태에서 뷰테인(C_4H_{10}) 1[mol]을 완전 연소시키기 위해 필요한 산소의 [mol] 수는?

① 2
② 4
③ 5.5
④ 6.5

해설

뷰테인의 연소반응식은 다음과 같다.
$C_4H_{10} + 6.5O_2 \rightarrow 4CO_2 + 5H_2O$
뷰테인 1[mol]이 완전 연소하는 데 필요한 산소의 양은 6.5[mol]이다.

관련개념 탄화수소의 연소반응식

$$C_mH_n + \left(m+\frac{n}{4}\right)O_2 \rightarrow mCO_2 + H_2O$$

정답 | ④

04 빈출도 ★★

다음 그림에서 목조 건물의 표준 화재 온도 시간 곡선
으로 옳은 것은?

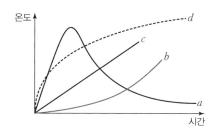

① a ② b
③ c ④ d

해설

목재의 열전도율은 콘크리트에 비해 작기 때문에 열이 축적되어
수분증발, 목재분해의 과정에서 더 높은 온도로 올라간다.
곡선 b는 실내건축물의 화재 온도 시간 곡선이다.

정답 | ①

05 빈출도 ★

포 소화약제가 갖추어야 할 조건이 아닌 것은?

① 부착성이 있을 것
② 유동성과 내열성이 있을 것
③ 응집성과 안정성이 있을 것
④ 소포성이 있고 기화가 용이할 것

해설

포 소화약제는 미세한 기포로 연소물의 표면을 덮어 공기를 차단
(질식효과)하며 함께 사용한 물에 의한 냉각효과로 화재를 진압한
다. 따라서 거품이 꺼지는 성질(소포성)은 없을수록, 기화는 어려
울수록 좋다.

관련개념 **포 소화약제의 구비조건**

내열성	• 화염 밑 화열에 대한 내력이 강해야 화재 시 포 (Foam)가 파괴되지 않는다. • 발포 배율이 낮을수록 환원시간이 길수록 내열성이 우수하다.
내유성	• 포가 유류에 오염되어 파괴되지 않아야 한다. • 특히 표면하주입식의 경우는 포(Foam)가 유류에 오염될 경우 적용할 수 없다.
유동성	포가 연소하는 유면 위를 자유로이 유동하여 확산되어야 소화가 원활해진다.
점착성	포가 표면에 잘 흡착하여야 질식의 효과를 극대화시킬 수 있으며, 점착성이 불량할 경우 바람에 의하여 포가 날아가게 된다.

정답 | ④

06 빈출도 ★★

건축물 내 방화벽에 설치하는 출입문의 너비 및 높이의 기준은 각각 몇 [m] 이하인가?

① 2.5 ② 3.0
③ 3.5 ④ 4.0

해설

방화벽에 설치하는 출입문의 너비 및 높이는 각각 2.5[m] 이하로 하여야 한다.

관련개념 방화벽의 구조

㉠ 내화구조로서 홀로 설 수 있는 구조일 것
㉡ 방화벽의 양쪽 끝과 위쪽 끝을 건축물의 외벽면 및 지붕면으로부터 0.5[m] 이상 튀어 나오게 할 것
㉢ 방화벽에 설치하는 출입문의 너비 및 높이는 각각 2.5[m] 이하로 하고, 해당 출입문에는 60분＋ 방화문 또는 60분 방화문을 설치할 것

정답 | ①

07 빈출도 ★

건축물의 바깥쪽에 설치하는 피난계단의 구조 기준 중 계단의 유효너비는 몇 [m] 이상으로 하여야 하는가?

① 0.6 ② 0.7
③ 0.8 ④ 0.9

해설

건축물의 바깥쪽에 설치하는 피난계단의 유효너비는 0.9[m] 이상으로 하여야 한다.

관련개념 건축물의 바깥쪽에 설치하는 피난계단의 구조

㉠ 계단은 그 계단으로 통하는 출입구 외의 창문 등(면적이 1[m²] 이하인 것 제외)으로부터 2[m] 이상의 거리를 두고 설치할 것
㉡ 건축물의 내부에서 계단으로 통하는 출입구에는 60분＋ 방화문 또는 60분 방화문을 설치할 것
㉢ 계단의 유효너비는 0.9[m] 이상으로 할 것
㉣ 계단은 내화구조로 하고 지상까지 직접 연결되도록 할 것

정답 | ④

08 빈출도 ★★

소화약제로 물을 사용하는 주된 이유는?

① 촉매역할을 하기 때문에
② 증발잠열이 크기 때문에
③ 연소작용을 하기 때문에
④ 제거작용을 하기 때문에

해설

얼음 · 물(H_2O)은 분자의 단순한 구조와 수소결합으로 인해 분자 간 결합이 강하므로 타 물질보다 비열, 융해잠열 및 증발잠열이 크다.

정답 | ②

09 빈출도 ★

MOC(Minimum Oxygen Concentration: 최소 산소 농도)가 가장 작은 물질은?

① 메테인   ② 에테인
③ 프로페인   ④ 뷰테인

해설

MOC(Minimum Oxygen Concentration)는 어떤 물질이 완전 연소하는 데 필요한 산소의 농도를 의미한다.

① 메테인의 연소반응식은 다음과 같다.

$$CH_4 + 2O_2 \rightarrow CO_2 + 2H_2O$$

메테인 1[mol]이 완전 연소하는 데 필요한 산소는 2[mol]이므로 메테인의 최소 산소 농도는 연소하한계인 5[vol%]에 비례하여 5[vol%]×2=10[vol%]이다.

② 에테인의 연소반응식은 다음과 같다.

$$C_2H_6 + 3.5O_2 \rightarrow 2CO_2 + 3H_2O$$

에테인 1[mol]이 완전 연소하는 데 필요한 산소는 3.5[mol]이므로 에테인의 최소 산소 농도는 연소하한계인 3[vol%]에 비례하여 3[vol%]×3.5=10.5[vol%]이다.

③ 프로페인의 연소반응식은 다음과 같다.

$$C_3H_8 + 5O_2 \rightarrow 3CO_2 + 4H_2O$$

프로페인 1[mol]이 완전 연소하는 데 필요한 산소는 5[mol]이므로 프로페인의 최소 산소 농도는 연소하한계인 2.1[vol%]에 비례하여 2.1[vol%]×5=10.5[vol%]이다.

④ 뷰테인의 연소반응식은 다음과 같다.

$$C_4H_{10} + 6.5O_2 \rightarrow 4CO_2 + 5H_2O$$

뷰테인 1[mol]이 완전 연소하는 데 필요한 산소는 6.5[mol]이므로 뷰테인의 최소 산소 농도는 연소하한계인 1.8[vol%]에 비례하여 1.8[vol%]×6.5=11.7[vol%]이다.

관련개념 주요 가연성 가스의 연소범위와 위험도

가연성 가스	하한계 [vol%]	상한계 [vol%]	위험도
아세틸렌(C_2H_2)	2.5	81	31.4
수소(H_2)	4	75	17.8
일산화탄소(CO)	12.5	74	4.9
에테르($C_2H_5OC_2H_5$)	1.9	48	24.3
이황화탄소(CS_2)	1.2	44	35.7
에틸렌(C_2H_4)	2.7	36	12.3
암모니아(NH_3)	15	28	0.9
메테인(CH_4)	5	15	2
에테인(C_2H_6)	3	12.4	3.1
프로페인(C_3H_8)	2.1	9.5	3.5
뷰테인(C_4H_{10})	1.8	8.4	3.7

정답 | ①

10 빈출도 ★★

소화의 방법으로 틀린 것은?

① 가연성 물질을 제거한다.
② 불연성 가스의 공기 중 농도를 높인다.
③ 산소의 공급을 원활히 한다.
④ 가연성 물질을 냉각시킨다.

해설

산소의 공급을 차단시켜 소화하는 방법을 질식소화라고 한다. 산소의 공급을 원활히 하면 연소반응이 더욱 활성화되어 소화가 어려워진다.

관련개념 소화효과

㉠ 제거소화(제거효과): 화재현장 주위의 물체를 치우고 연료를 제거하여 소화하는 방법
㉡ 억제소화(부촉매효과): 화재의 연쇄반응을 차단하여 소화하는 방법
㉢ 질식소화(피복효과): 산소의 공급을 차단하여 소화하는 방법
㉣ 냉각소화(냉각효과): 연소하는 가연물의 온도를 인화점 아래로 떨어뜨려 소화하는 방법

정답 | ③

11 빈출도 ★★

다음 중 발화점이 가장 낮은 물질은?

① 휘발유
② 이황화탄소
③ 적린
④ 황린

해설

선지 중 황린의 발화점이 가장 낮다.

관련개념 물질의 발화점과 인화점

물질	발화점[℃]	인화점[℃]
프로필렌	497	−107
산화프로필렌	449	−37
가솔린	300	−43
이황화탄소	100	−30
아세톤	538	−18
메틸알코올	385	11
에틸알코올	423	13
벤젠	498	−11
톨루엔	480	4.4
등유	210	43~72
경유	200	50~70
적린	260	−
황린	30	20

정답 | ④

12 빈출도 ★★★

탄화칼슘이 물과 반응 시 발생하는 가연성 가스는?

① 메테인
② 포스핀
③ 아세틸렌
④ 수소

해설

탄화칼슘(CaC_2)과 물(H_2O)이 반응하면 아세틸렌(C_2H_2)이 발생한다.
$CaC_2 + 2H_2O \rightarrow Ca(OH)_2 + C_2H_2 \uparrow$

정답 | ③

13 빈출도 ★

수성막포 소화약제의 특성에 대한 설명으로 틀린 것은?

① 내열성이 우수하여 고온에서 수성막의 형성이 용이하다.
② 기름에 의한 오염이 적다.
③ 다른 소화약제와 병용하여 사용이 가능하다.
④ 불소계 계면활성제가 주성분이다.

해설

수성막포 소화약제는 내열성이 약해 윤화(Ring Fire) 현상이 일어날 수 있다.

관련개념 수성막포

성분	불소계 계면활성제가 주성분으로 탄화불소계 계면활성제의 소수기에 붙어있는 수소원자의 그 일부 또는 전부를 불소 원자로 치환한 계면활성제가 주체이다.
적응 화재	유류화재(B급 화재)
장점	• 초기 소화속도가 빠르다. • 분말 소화약제와 함께 소화작업을 할 수 있다. • 장기 보존이 가능하다. • 포·막의 차단효과로 재연방지에 효과가 있다.
단점	• 내열성이 약해 윤화(Ring Fire) 현상이 일어날 수 있다. • 표면장력이 적어 금속 및 페인트칠에 대한 부식성이 크다.

정답 | ①

14 빈출도 ★★

Fourier법칙(전도)에 대한 설명으로 틀린 것은?

① 이동열량은 전열체의 단면적에 비례한다.
② 이동열량은 전열체의 두께에 비례한다.
③ 이동열량은 전열체의 열전도도에 비례한다.
④ 이동열량은 전열체 내·외부의 온도차에 비례한다.

해설

이동열량은 전열체의 두께에 반비례한다.

관련개념 푸리에의 전도법칙

$$Q = kA\frac{(T_2 - T_1)}{l}$$

Q: 열전달량[W], k: 열전도율[W/m·℃], A: 열전달 부분 면적 [m²], $(T_2 - T_1)$: 온도 차이[℃], l: 벽의 두께[m]

열전도(이동열량)는 열전도도(열전도 계수), 단면적, 온도차에 비례하고, 두께에 반비례한다.

정답 ②

15 빈출도 ★★★

대두유가 침적된 기름걸레를 쓰레기통에 오래 방치한 결과 자연발화에 의해 화재가 발생한 경우 그 이유로 옳은 것은?

① 분해열 축적
② 산화열 축적
③ 흡착열 축적
④ 발효열 축적

해설

기름 속 지방산은 산소, 수분 등에 오래 노출시키게 되면 산화가 진행되며 산화열이 발생한다. 산화열을 충분히 배출하지 못하면 점점 축적되어 온도가 상승하게 되고, 기름의 발화점에 도달하면 자연발화가 일어난다.

정답 ②

16 빈출도 ★★

분진 폭발의 위험성이 가장 낮은 것은?

① 알루미늄분
② 유황
③ 팽창질석
④ 소맥분

해설

팽창질석은 암석으로 연소반응이 일어나지 않는다. 따라서 연소 중인 가연물을 덮어 공기의 공급을 차단시키는 데 쓰인다.

정답 ③

17 빈출도 ★★

1기압 상태에서, 100[℃]의 물 1[g]이 모두 기체로 변할 때 필요한 열량은 몇 [cal]인가?

① 429
② 499
③ 539
④ 639

해설

물의 기화(증발) 잠열은 539[cal/g]이다.

관련개념 기화(증발) 잠열

기화 시 액체가 기체로 변화하는 동안에는 온도가 상승하지 않고 일정하게 유지되는데, 이와 같이 온도의 변화 없이 어떤 물질의 상태를 변화시킬 때 필요한 열량을 잠열이라고 한다.

정답 ③

18 빈출도 ★★★

pH9 정도의 물을 보호액으로 하여 보호액 속에 저장하는 물질은?

① 나트륨
② 탄화칼슘
③ 칼륨
④ 황린

해설

황린은 자연발화의 위험이 있으므로 보호액(물) 속에 저장해야 한다. 나머지 물질들은 물과 접촉 시 가연성 물질을 내어 놓는다.

선지분석

① $Na + 2H_2O \rightarrow Na(OH)_2 + H_2 \uparrow$
② $CaC_2 + 2H_2O \rightarrow Ca(OH)_2 + C_2H_2 \uparrow$
③ $2K + 2H_2O \rightarrow 2KOH + H_2 \uparrow$

정답 | ④

19 빈출도 ★

「위험물안전관리법령」에서 정하는 위험물의 한계에 대한 정의로 틀린 것은?

① 유황은 순도가 60 중량퍼센트 이상인 것
② 인화성고체는 고형알코올 그 밖에 1기압에서 인화점이 섭씨 40도 미만인 고체
③ 과산화수소는 그 농도가 35 중량퍼센트 이상인 것
④ 제1석유류는 아세톤, 휘발유 그 밖에 1기압에서 인화점이 섭씨 21도 미만인 것

해설

과산화수소는 그 농도가 36[wt%] 이상인 것이다.

관련개념 「위험물안전관리법령」상 위험물

㉠ 황은 순도가 60[wt%] 이상인 것을 말하며, 순도측정을 하는 경우 불순물은 활석 등 불연성물질과 수분으로 한정한다.
㉡ 인화성고체는 고형알코올 그 밖에 1기압에서 인화점이 40[℃] 미만인 고체를 말한다.
㉢ 과산화수소는 그 농도가 36[wt%] 이상인 것에 한한다.
㉣ 제1석유류는 아세톤, 휘발유 그 밖에 1기압에서 인화점이 21[℃] 미만인 것을 말한다.

정답 | ③

20 빈출도 ★

고분자 재료와 열적 특성의 연결이 옳은 것은?

① 폴리염화비닐 수지 — 열가소성
② 페놀 수지 — 열가소성
③ 폴리에틸렌 수지 — 열경화성
④ 멜라민 수지 — 열가소성

해설

폴리염화비닐(PVC) 수지는 사슬구조로 이루어져 있어 열에 약하다.

관련개념 열가소성, 열경화성

㉠ 열가소성: 열을 가하면 분자 간 결합이 약해지면서 물질이 물러지는 성질
㉡ 열경화성: 열을 가할수록 단단해지는 성질

일반적으로 물질의 명칭이 '폴리―'로 이루어진 경우 열가소성인 경우가 많다.

정답 | ①

21 빈출도 ★

다음과 같은 결합회로의 합성 인덕턴스로 옳은 것은?

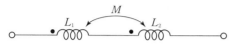

① L_1+L_2+2M ② L_1+L_2-2M
③ L_1+L_2-M ④ L_1+L_2+M

해설

가동접속 합성 인덕턴스 $L_0=L_1+L_2+2M$

관련개념 가동접속

상호 자속이 서로 동일한 방향이다.

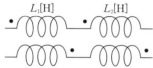

가동접속 합성 인덕턴스 $L_0=L_1+L_2+2M$

차동접속

상호 자속이 서로 반대 방향이다.

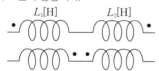

차동접속 합성 인덕턴스 $L_0=L_1+L_2-2M$

정답 | ①

22 빈출도 ★★

그림과 같이 전압계 V_1, V_2, V_3와 5[Ω]의 저항 R을 접속하였다. 전압계의 값이 $V_1=20[V]$, $V_2=40[V]$, $V_3=50[V]$라면 부하전력은 몇 [W]인가?

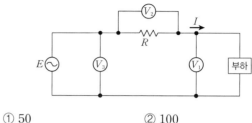

① 50   ② 100
③ 150   ④ 200

해설

3전압계법은 3개의 전압계와 하나의 저항을 연결하여 단상 교류전력을 측정하는 방법이다.

$$P=\frac{1}{2R}(V_3^2-V_1^2-V_2^2)$$

$$P=\frac{1}{2\times 5}(50^2-40^2-20^2)=50[W]$$

관련개념 3전류계법

3개의 전류계와 하나의 저항을 연결하여 단상 교류전력을 측정하는 방법이다.

$$P=\frac{R}{2}(I_3^2-I_2^2-I_1^2)$$

정답 | ①

23 빈출도 ★★

권선수가 100회인 코일이 200회로 증가하면 코일에 유기되는 유도기전력은 어떻게 변화하는가?

① 1/2로 감소　　　　② 1/4로 감소
③ 2배로 증가　　　　④ 4배로 증가

> **해설**

유도기전력 $e = -L\dfrac{di}{dt}[\text{V}] \rightarrow e \propto L$

인덕턴스 $L = \dfrac{N\phi}{I} = \dfrac{\mu A N^2}{l} \rightarrow L \propto N^2$

따라서 $e \propto N^2$이므로 권선수가 2배로 증가하면 유도기전력은 4배로 증가한다.

정답 | ④

24 빈출도 ★★★

회로의 전압과 전류를 측정하기 위한 계측기의 연결 방법으로 옳은 것은?

① 전압계: 부하와 직렬, 전류계: 부하와 병렬
② 전압계: 부하와 직렬, 전류계: 부하와 직렬
③ 전압계: 부하와 병렬, 전류계: 부하와 병렬
④ 전압계: 부하와 병렬, 전류계: 부하와 직렬

> **해설**

전압계: 회로에서 부하와 병렬로 연결하여 전압을 측정한다.
전류계: 회로에서 부하와 직렬로 연결하여 전류를 측정한다.

정답 | ④

25 빈출도 ★★

3상 유도전동기 Y−△ 기동회로의 제어요소가 아닌 것은?

① MCCB　　　　② THR
③ MC　　　　　　④ ZCT

> **해설**

영상변류기(ZCT)는 누설전류 또는 지락전류를 검출하기 위하여 사용하며 3상 유도전동기 Y−△ 기동회로의 제어요소와 관련이 없다.

> **선지분석**

① 배선용 차단기(MCCB): 전류 이상(과전류 등)을 감지하여 선로를 차단하여 주는 배선 보호용 기기이다.
② 열동계전기(THR): 전동기 등의 과부하 보호용으로 사용하는 기기이다.
③ 전자접촉기(MC): 부하들을 동작(ON) 또는 멈춤(OFF)을 시킬 때 사용되는 기기이다.

정답 | ④

26 빈출도 ★★

제어동작에 따른 제어계의 분류에 대한 설명 중 틀린 것은?

① 미분동작: D동작 또는 rate동작이라고도 부르며, 동작신호의 기울기에 비례한 조작신호를 만든다.
② 적분동작: I동작 또는 리셋동작이라고도 부르며, 적분값의 크기에 비례하여 조절신호를 만든다.
③ 2위치제어: on/off 동작이라고도 하며, 제어량이 목푯값보다 작은지 큰지에 따라서 조작량을 on 또는 off의 두 가지 값의 조절 신호를 발생한다.
④ 비례동작: P동작이라고도 부르며, 제어동작신호에 반비례하는 조절신호를 만드는 제어동작이다.

> **해설**

비례제어(동작)는 P제어(동작)라고도 부르며, 제어동작신호에 비례하는 조절신호를 만드는 제어동작이다.

정답 | ④

27 빈출도 ★★

용량 $0.02[\mu F]$인 콘덴서 2개와 $0.01[\mu F]$인 콘덴서 1개를 병렬로 접속하여 $24[V]$의 전압을 가하였다. 합성 용량은 몇 $[\mu F]$이며, $0.01[\mu F]$ 콘덴서에 축적되는 전하량은 몇 $[C]$인가?

① 합성용량: 0.05, 전하량: 0.12×10^{-6}

② 합성용량: 0.05, 전하량: 0.24×10^{-6}

③ 합성용량: 0.03, 전하량: 0.12×10^{-6}

④ 합성용량: 0.03, 전하량: 0.24×10^{-6}

해설

회로를 그림으로 표현하면 다음과 같다.

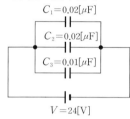

$C_1 = 0.02[\mu F]$, $C_2 = 0.02[\mu F]$, $C_3 = 0.01[\mu F]$라 하면 합성 정전용량 $C_{eq} = C_1 + C_2 + C_3 = 0.05[\mu F]$ 병렬회로에 걸리는 전압은 $24[V]$이므로 $0.01[\mu F]$에 축적되는 전하량은 $Q = C_3 V = 0.01 \times 10^{-6} \times 24 = 0.24 \times 10^{-6}[C]$

정답 | ②

28 빈출도 ★★★

불대수의 기본정리에 관한 설명으로 틀린 것은?

① $A + A = A$

② $A + 1 = 1$

③ $A \cdot 0 = 1$

④ $A + 0 = A$

해설

$A \cdot 0 = 0$이다.

관련개념 불대수 연산

항등법칙	• $A + 0 = A$ • $A \cdot 0 = 0$ • $A + 1 = 1$ • $A \cdot 1 = A$
동일법칙	• $A + A = A$ • $A \cdot A = A$
보수법칙	• $A + \overline{A} = 1$ • $A \cdot \overline{A} = 0$

정답 | ③

29 빈출도 ★

RLC 직렬공진회로에서 제n고조파의 공진주파수 (f_n)는?

① $\dfrac{1}{2\pi n \sqrt{LC}}$

② $\dfrac{1}{\pi n \sqrt{LC}}$

③ $\dfrac{1}{2\pi \sqrt{LC}}$

④ $\dfrac{n}{2\pi \sqrt{LC}}$

해설

제n고조파의 공진주파수

$f_n = \dfrac{1}{2\pi n \sqrt{LC}}$

정답 | ①

30 빈출도 ★

대칭 3상 Y부하에서 각 상의 임피던스는 20[Ω]이고, 부하 전류가 8[A]일 때 부하의 선간전압은 약 몇 [V]인가?

① 160

② 226

③ 277

④ 480

해설

Y결선의 상전압 $V_p = I_p Z = 8 \times 20 = 160[V]$
선간전압(V_l)은 상전압(V_p)의 $\sqrt{3}$배이므로
$V_l = \sqrt{3} V_p = \sqrt{3} \times 160 = 277.13[V]$

정답 ③

31 빈출도 ★★

$R = 10[\Omega]$, $\omega L = 20[\Omega]$인 직렬회로에 $220\angle 0°[V]$의 교류 전압을 가하는 경우 이 회로에 흐르는 전류는 약 몇 [A]인가?

① $24.5\angle -26.5°$

② $9.8\angle -63.4°$

③ $12.2\angle -13.2°$

④ $73.6\angle -79.6°$

해설

페이저로 표현한 임피던스
$$Z = \sqrt{R^2 + \omega L^2} \angle \tan^{-1}\left(\frac{\omega L}{R}\right)$$
$$= \sqrt{10^2 + 20^2} \angle \tan^{-1}\left(\frac{20}{10}\right)$$
$$= 22.36 \angle 63.4°[\Omega]$$
전류 $I = \dfrac{V}{Z} = \dfrac{220\angle 0°}{22.36\angle 63.4°}$
$$= 9.84 \angle -63.4°[A]$$

정답 ②

32 빈출도 ★★

터널 다이오드를 사용하는 목적이 아닌 것은?

① 스위칭작용

② 증폭작용

③ 발진작용

④ 정전압 정류작용

해설

정전압 정류작용을 위해 사용하는 것은 제너 다이오드이다.
터널 다이오드는 고속 스위칭 회로나 논리회로에 주로 사용되는 다이오드로 증폭작용, 발진작용, 개폐(스위칭)작용을 한다.

정답 ④

33 빈출도 ★★★

집적회로(IC)의 특징으로 옳은 것은?

① 시스템이 대형화된다.
② 신뢰성이 높으나, 부품의 교체가 어렵다.
③ 열에 강하다.
④ 마찰에 의한 정전기 영향에 주의해야 한다.

해설

집적회로는 미소 전압만으로도 소자가 파괴될 수 있다. 그러므로 마찰에 의한 정전기 영향에 반드시 주의해야 한다.

관련개념 집적회로의 특징

장점	단점
• 기능이 확대된다. • 가격이 저렴하고, 기기가 소형이 된다. • 신뢰성이 좋고 수리가 간단하다.	• 열이나, 전압 및 전류에 약하다. • 발진이나 잡음이 나기 쉽다. • 정전기를 고려해야 하는 등 취급에 주의가 필요하다.

정답 ④

34 빈출도 ★

PB−on 스위치와 병렬로 접속된 보조접점 X−a의 역할은?

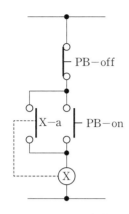

① 인터록 회로   ② 자기유지회로

③ 전원차단회로   ④ 램프점등회로

해설

PB−on 스위치를 누르면 X릴레이가 여자된다. 이후 PB−on 스위치가 복구되어도 X가 계속 동작되어야 하므로 보조접점 X−a를 병렬로 설치하여 자기유지가 가능한 회로를 만든다.

관련개념 **자기유지회로**

스스로 동작을 기억하는 회로로 순간 동작으로 만들어진 입력신호가 계전기에 가해지면 입력신호가 제거되더라도 계전기의 동작이 계속 유지되는 회로이다.

인터록 회로

2개 이상의 회로에서 한 개 회로만 동작을 시키고 나머지 회로는 동작이 될 수 없도록 하여 주는 회로이다.

정답 | ②

---

35 빈출도 ★★

1차 권선수는 10회, 2차 권선수는 300회인 변압기에 2차 단자전압으로 1,500[V]가 유도되기 위한 1차 단자전압은 몇 [V]인가?

① 30   ② 50

③ 120   ④ 150

해설

권수비 $a = \dfrac{N_1}{N_2} = \dfrac{E_1}{E_2}$

$\rightarrow E_1 = E_2 \times \dfrac{N_1}{N_2} = 1,500 \times \dfrac{10}{300} = 50 [\text{V}]$

정답 | ②

---

36 빈출도 ★

교류에서 파형의 개략적인 모습을 알기 위해 사용하는 파고율과 파형률에 대한 설명으로 옳은 것은?

① 파고율 $= \dfrac{\text{실횻값}}{\text{평균값}}$, 파형률 $= \dfrac{\text{평균값}}{\text{실횻값}}$

② 파고율 $= \dfrac{\text{최댓값}}{\text{실횻값}}$, 파형률 $= \dfrac{\text{실횻값}}{\text{평균값}}$

③ 파고율 $= \dfrac{\text{실횻값}}{\text{최댓값}}$, 파형률 $= \dfrac{\text{평균값}}{\text{실횻값}}$

④ 파고율 $= \dfrac{\text{최댓값}}{\text{평균값}}$, 파형률 $= \dfrac{\text{평균값}}{\text{실횻값}}$

해설

파고율 $= \dfrac{\text{최댓값}}{\text{실횻값}}$, 파형률 $= \dfrac{\text{실횻값}}{\text{평균값}}$ 이다.

관련개념 **파형별 최댓값, 실횻값, 평균값, 파고율, 파형률**

파형	최댓값	실횻값	평균값	파고율	파형률
구형파	V_m	V_m	V_m	1	1
반파 구형파	V_m	$\dfrac{V_m}{\sqrt{2}}$	$\dfrac{V_m}{2}$	$\sqrt{2}$	$\sqrt{2}$
정현파	V_m	$\dfrac{V_m}{\sqrt{2}}$	$\dfrac{2V_m}{\pi}$	$\sqrt{2}$	$\dfrac{\pi}{2\sqrt{2}}$
반파 정현파	V_m	$\dfrac{V_m}{2}$	$\dfrac{V_m}{\pi}$	2	$\dfrac{\pi}{2}$
삼각파	V_m	$\dfrac{V_m}{\sqrt{3}}$	$\dfrac{V_m}{2}$	$\sqrt{3}$	$\dfrac{2}{\sqrt{3}}$

정답 | ②

37 빈출도 ★★

배전선에 6,000[V]의 전압을 가하였더니 2[mA]의 누설전류가 흘렀다. 이 배전선의 절연저항은 몇 [MΩ]인가?

① 3

② 6

③ 8

④ 12

해설

절연저항 $R = \dfrac{V}{I} = \dfrac{6 \times 10^3}{2 \times 10^{-3}} = 3 \times 10^6 [\Omega] = 3 [M\Omega]$

정답 | ①

38 빈출도 ★

자동화재탐지설비의 수신기에서 교류 전압 220[V]를 직류 24[V]로 정류 시 필요한 구성요소가 아닌 것은?

① 변압기

② 트랜지스터

③ 정류 다이오드

④ 평활 콘덴서

해설

교류를 직류로 정류하는 정류회로에는 변압기, 콘덴서(평활 콘덴서), 정류 다이오드가 필요하다.

정답 | ②

39 빈출도 ★★★

다음 그림과 같은 계통의 전달함수는?

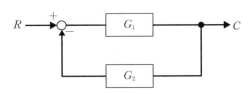

① $\dfrac{G_1}{1 + G_2}$

② $\dfrac{G_2}{1 + G_1}$

③ $\dfrac{G_2}{1 + G_1 G_2}$

④ $\dfrac{G_1}{1 + G_1 G_2}$

해설

$\dfrac{C}{R} = \dfrac{경로}{1 - 폐로} = \dfrac{G_1}{1 + G_1 G_2}$

관련개념 경로와 폐로

㉠ 경로: 입력에서부터 출력까지 가는 경로에 있는 소자들의 곱

㉡ 폐로: 출력 중 입력으로 돌아가는 경로에 있는 소자들의 곱

정답 | ④

40 빈출도 ★★★

단상 유도전동기의 Slip은 5.5[%], 회전자의 속도가 1,700[rpm]인 경우 동기속도(N_s)는?

① 3,090[rpm]

② 9,350[rpm]

③ 1,799[rpm]

④ 1,750[rpm]

해설

$s = \dfrac{N_s - N}{N_s} = 0.055 \rightarrow N_s - N = 0.055 N_s$

동기속도 $N_s = \dfrac{N}{0.945} = \dfrac{1,700}{0.945} = 1,799 [rpm]$

관련개념 동기속도와 슬립

$s = \dfrac{N_s - N}{N_s}, \ N_s = \dfrac{N}{1 - s}$

정답 | ③

41 빈출도 ★★

소방시설공사업법령상 소방시설공사 완공검사를 위한 현장 확인 대상 특정소방대상물의 범위가 아닌 것은?

① 위락시설　　　　　② 판매시설
③ 운동시설　　　　　④ 창고시설

해설

위락시설은 소방시설공사 완공검사를 위한 현장 확인 대상 특정소방대상물이 아니다.

관련개념 완공검사를 위한 현장 확인 대상 특정소방대상물

㉠ 문화 및 집회시설, 종교시설, 판매시설
㉡ 노유자시설, 수련시설, 운동시설
㉢ 숙박시설, 창고시설, 지하상가 및 다중이용업소
㉣ 스프링클러설비등
㉤ 물분무등소화설비(호스릴방식의 소화설비 제외)
㉥ 연면적 10,000[m²] 이상이거나 11층 이상인 특정소방대상물 (아파트 제외)
㉦ 가연성 가스를 제조·저장 또는 취급하는 시설 중 지상에 노출된 가연성 가스탱크의 저장용량 합계가 1,000[t] 이상인 시설

정답 | ①

42 빈출도 ★★★

화재의 예방 및 안전관리에 관한 법률상 특수가연물의 저장 및 취급의 기준 중 다음 (　　) 안에 알맞은 것은? (단, 석탄·목탄류를 발전용으로 저장하는 경우는 제외한다.)

> 살수설비를 설치하거나, 방사능력 범위에 해당 특수가연물이 포함되도록 대형수동식소화기를 설치하는 경우에는 쌓는 높이를 (　㉠　)[m] 이하, 석탄·목탄류의 경우에는 쌓는 부분의 바닥면적을 (　㉡　)[m²] 이하로 할 수 있다.

① ㉠: 10, ㉡: 50　　　　② ㉠: 10, ㉡: 200
③ ㉠: 15, ㉡: 200　　　④ ㉠: 15, ㉡: 300

해설

살수설비를 설치하거나, 방사능력 범위에 해당 특수가연물이 포함되도록 대형수동식소화기를 설치하는 경우에는 쌓는 높이를 15[m] 이하, 석탄·목탄류의 경우에는 쌓는 부분의 바닥면적을 300[m²] 이하로 할 수 있다.

관련개념 특수가연물의 저장 및 취급 기준

구분		살수설비를 설치하거나 대형수동식소화기를 설치하는 경우	그 밖의 경우
높이		15[m] 이하	10[m] 이하
쌓는 부분의 바닥면적	석탄·목탄류	300[m²] 이하	200[m²] 이하
	그 외	200[m²] 이하	50[m²] 이하

정답 | ④

43 빈출도 ★★

위험물안전관리법상 시·도지사의 허가를 받지 아니하고 당해 제조소등을 설치할 수 있는 기준 중 다음 (   ) 안에 알맞은 것은?

> 농예용·축산용 또는 수산용으로 필요한 난방시설 또는 건조시설을 위한 지정수량 (   )배 이하의 저장소

① 20　　　　　　② 30
③ 40　　　　　　④ 50

농예용·축산용 또는 수산용으로 필요한 난방시설 또는 건조시설을 위한 지정수량 20배 이하의 저장소인 경우 시·도지사의 허가를 받지 아니하고 당해 제조소등을 설치할 수 있다.

정답 │ ①

44 빈출도 ★★★

소방시설 설치 및 관리에 관한 법률상 단독경보형 감지기를 설치하여야 하는 특정소방대상물의 기준 중 옳은 것은?

① 연면적 600[m²] 미만의 아파트 등
② 연면적 400[m²] 미만의 유치원
③ 연면적 1,000[m²] 미만의 숙박시설
④ 교육연구시설 또는 수련시설 내에 있는 합숙소 또는 기숙사로서 연면적 1,000[m²] 미만인 것

연면적 400[m²] 미만의 유치원에 단독경보형 감지기를 설치해야 한다.

관련개념 단독경보형 감지기를 설치해야 하는 특정소방대상물

시설	대상
기숙사 또는 합숙소	• 교육연구시설 내에 있는 것으로서 연면적 2,000[m²] 미만 • 수련시설 내에 있는 것으로서 연면적 2,000[m²] 미만
수련시설	수용인원 100명 미만인 숙박시설이 있는 것
유치원	연면적 400[m²] 미만
연립주택 및 다세대 주택*	전체

*연립주택 및 다세대 주택인 경우 연동형으로 설치할 것

정답 │ ②

45 빈출도 ★★★

화재의 예방 및 안전관리에 관한 법률상 일반음식점에서 조리를 위하여 불을 사용하는 설비를 설치하는 경우 지켜야 하는 사항 중 다음 (   ) 안에 알맞은 것은?

- 주방설비에 부속된 배출덕트는 (㉠)[mm] 이상의 아연도금강판 또는 이와 동등 이상의 내식성 불연재료로 설치할 것
- 열을 발생하는 조리기구로부터 (㉡)[m] 이내의 거리에 있는 가연성 주요구조부는 석면판 또는 단열성이 있는 불연재료로 덮어씌울 것

① ㉠: 0.5, ㉡: 0.15   ② ㉠: 0.5, ㉡: 0.6
③ ㉠: 0.6, ㉡: 0.15   ④ ㉠: 0.6, ㉡: 0.5

해설

㉠ 주방설비에 부속된 배출덕트(공기배출통로)는 **0.5[mm]** 이상의 아연도금강판 또는 이와 같거나 그 이상의 내식성 불연재료로 설치해야 한다.
㉡ 열을 발생하는 조리기구로부터 **0.15[m]** 이내의 거리에 있는 가연성 주요구조부는 석면판 또는 단열성이 있는 불연재료로 덮어씌워야 한다.

정답 | ①

46 빈출도 ★★★

화재의 예방 및 안전관리에 관한 법률상 특수가연물의 품명별 수량 기준으로 틀린 것은?

① 합성수지류(발포시킨 것): 20[m³] 이상
② 가연성 액체류: 2[m³] 이상
③ 넝마 및 종이부스러기: 400[kg] 이상
④ 볏짚류: 1,000[kg] 이상

해설

넝마 및 종이부스러기의 기준수량은 1,000[kg] 이상이다.

관련개념 특수가연물별 기준수량

품명		수량
면화류		200[kg] 이상
나무껍질 및 대팻밥		400[kg] 이상
넝마 및 종이부스러기		1,000[kg] 이상
사류(絲類)		1,000[kg] 이상
볏짚류		1,000[kg] 이상
가연성 고체류		3,000[kg] 이상
석탄·목탄류		10,000[kg] 이상
가연성 액체류		2[m³] 이상
목재가공품 및 나무부스러기		10[m³] 이상
고무류·플라스틱류	발포시킨 것	20[m³] 이상
	그 밖의 것	3,000[kg] 이상

정답 | ③

47 빈출도 ★

소방시설 설치 및 관리에 관한 법률상 용어의 정의 중 다음 (   ) 안에 알맞은 것은?

> 특정소방대상물이란 소방시설을 설치하여야 하는 소방대상물로서 (   )으로 정하는 것을 말한다.

① 행정안전부령
② 국토교통부령
③ 고용노동부령
④ 대통령령

해설

특정소방대상물이란 건축물 등의 규모·용도 및 수용인원 등을 고려하여 소방시설을 설치하여야 하는 소방대상물로서 **대통령령**으로 정하는 것을 말한다.

정답 | ④

48 빈출도 ★★★

소방시설 설치 및 관리에 관한 법률상 종합점검 실시 대상이 되는 특정소방대상물의 기준 중 다음 (   ) 안에 알맞은 것은?

> - 물분무등소화설비가 설치된 연면적 (㉠) [m²] 이상인 특정소방대상물
> - 다중이용업의 영업장이 설치된 특정소방대상물로서 연면적이 (㉡)[m²] 이상인 것
> - 공공기관 중 연면적이 (㉢)[m²] 이상인 것으로서 옥내소화전설비 또는 자동화재탐지설비가 설치된 것

① ㉠: 5,000, ㉡: 1,000, ㉢: 2,000
② ㉠: 5,000, ㉡: 2,000, ㉢: 1,000
③ ㉠: 2,000, ㉡: 1,000, ㉢: 1,000
④ ㉠: 1,000, ㉡: 2,000, ㉢: 2,000

해설

종합 점검 대상	㉠ 스프링클러설비가 설치된 특정소방대상물 ㉡ 물분무등소화설비(호스릴방식의 물분무등소화설비만을 설치한 경우는 제외)가 설치된 연면적 **5,000[m²]** 이상인 특정소방대상물(제조소등 제외) ㉢ 다중이용업의 영업장이 설치된 특정소방대상물로서 연면적이 **2,000[m²]** 이상인 것 ㉣ 제연설비가 설치된 터널 ㉤ **공공기관 중 연면적이 1,000[m²] 이상인 것으로서 옥내소화전설비 또는 자동화재탐지설비가 설치된 것**(소방대가 근무하는 공공기관 제외)

정답 | ②

49 빈출도 ★

소방시설공사업법상 특정소방대상물의 관계인 또는 발주자가 해당 도급계약의 수급인을 도급계약 해지할 수 있는 경우의 기준 중 틀린 것은?

① 하도급 계약의 적정성 심사 결과 하수급인 또는 하도급 계약 내용의 변경 요구에 정당한 사유 없이 따르지 아니하는 경우
② 정당한 사유 없이 15일 이상 소방시설공사를 계속하지 아니하는 경우
③ 소방시설업이 등록 취소되거나 영업 정지된 경우
④ 소방시설업을 휴업하거나 폐업한 경우

해설

정당한 사유 없이 **30일** 이상 소방시설공사를 계속하지 아니한 경우 도급 계약을 해지할 수 있다.

관련개념 도급계약의 해지 기준

㉠ 소방시설업이 등록 취소되거나 영업 정지된 경우
㉡ 소방시설업을 휴업하거나 폐업한 경우
㉢ 정당한 사유 없이 30일 이상 소방시설공사를 계속하지 아니하는 경우
㉣ 적정성 심사에 따른 하도급 계약내용의 변경 요구에 정당한 사유 없이 따르지 아니하는 경우

정답 | ②

50 빈출도 ★★

위험물안전관리법령상 인화성액체위험물(이황화탄소 제외)의 옥외탱크저장소의 탱크 주위에 설치하여야 하는 방유제의 설치기준 중 틀린 것은?

① 방유제 내의 면적은 60,000[m²] 이하로 하여야 한다.
② 방유제는 높이 0.5[m] 이상 3[m] 이하, 두께 0.2[m] 이상, 지하매설깊이 1[m] 이상으로 하여야 한다. 다만, 방유제와 옥외저장탱크 사이의 지반면 아래에 불침윤성 구조물을 설치하는 경우에는 지하매설 깊이를 해당 불침윤성 구조물까지로 할 수 있다.
③ 방유제의 용량은 방유제 안에 설치된 탱크가 하나 인 때에는 그 탱크 용량의 110[%] 이상, 2기 이상 인 때에는 그 탱크 중 용량이 최대인 것의 용량의 110[%] 이상으로 하여야 한다.
④ 방유제는 철근콘크리트로 하고, 방유제와 옥외저장탱크 사이의 지표면은 불연성과 불침윤성이 있는 구조 (철근콘크리트 등)로 하여야 한다. 다만, 누출된 위 험물을 수용할 수 있는 전용유조 및 펌프 등의 설비를 갖춘 경우에는 방유제와 옥외저장탱크 사이의 지표면을 흙으로 할 수 있다.

해설

옥외탱크저장소의 탱크 주위에 설치하여야 하는 방유제 내의 면적은 80,000[m²] 이하로 하여야 한다.

관련개념 방유제 설치기준(옥외탱크저장소)
㉠ 높이: 0.5[m] 이상 3[m] 이하
㉡ 두께: 0.2[m] 이상
㉢ 지하매설깊이: 1[m] 이상
㉣ 면적: 80,000[m²] 이하
㉤ 방유제 용량

구분	방유제 용량
방유제 내 탱크가 1기일 경우	• 인화성액체위험물: 탱크 용량의 110[%] 이상 • 인화성이 없는 위험물: 탱크 용량의 100[%] 이상
방유제 내 탱크가 2기 이상일 경우	• 인화성 액체위험물: 용량이 최대인 탱크 용량의 110[%] 이상 • 인화성이 없는 위험물: 용량이 최대인 탱 크용량의 100[%] 이상

정답 | ①

51 빈출도 ★★★

화재의 예방 및 안전관리에 관한 법률상 시·도지사가 화재예방강화지구로 지정할 필요가 있는 지역을 화재 예방강화지구로 지정하지 아니하는 경우 해당 시·도지사 에게 해당 지역의 화재예방강화지구 지정을 요청할 수 있는 자는?

① 행정안전부장관   ② 소방청장
③ 소방본부장   ④ 소방서장

해설

소방청장은 해당 시·도지사에게 해당 지역의 화재예방강화지구 지정을 요청할 수 있다.

정답 | ②

52 빈출도 ★★

화재의 예방 및 안전관리에 관한 법률상 소방안전 특별 관리시설물의 대상 기준 중 틀린 것은?

① 수련시설
② 항만시설
③ 전력용 및 통신용 지하구
④ 지정문화유산인 시설(시설이 아닌 지정문화유산을 보호하거나 소장하고 있는 시설을 포함)

해설

수련시설은 소방안전 특별관리시설물의 대상이 아니다.

정답 | ①

53 빈출도 ★★★

소방기본법령상 소방용수시설별 설치기준 중 옳은 것은?

① 저수조는 지면으로부터의 낙차가 4.5[m] 이상일 것
② 소화전은 상수도와 연결하여 지하식 또는 지상식의 구조로 하고, 소방용 호스와 연결하는 소화전의 연결금속구의 구경은 50[mm]로 할 것
③ 저수조 흡수관의 투입구가 사각형의 경우에는 한 변의 길이가 60[cm] 이상일 것
④ 급수탑 급수배관의 구경은 65[mm] 이상으로 하고, 개폐밸브는 지상에서 0.8[m] 이상, 1.5[m] 이하의 위치에 설치하도록 할 것

저수조 흡수관의 투입구가 사각형의 경우에는 한 변의 길이가 60[cm] 이상이어야 한다.

선지분석

① 저수조는 지면으로부터 낙차가 4.5[m] 이하일 것
② 소화전은 상수도와 연결하여 지하식 또는 지상식의 구조로 하고, 소방용 호스와 연결하는 소화전의 연결금속구의 구경은 65[mm]로 할 것
④ 급수탑 급수배관의 구경은 100[mm] 이상으로 하고, 개폐밸브는 지상에서 1.5[m] 이상, 1.7[m] 이하의 위치에 설치하도록 할 것

관련개념 **소화전의 설치기준**

㉠ 상수도와 연결하여 지하식 또는 지상식의 구조로 할 것
㉡ 연결금속구의 구경: 65[mm]

급수탑의 설치기준

㉠ 급수배관의 구경: 100[mm] 이상
㉡ 개폐밸브: 지상에서 1.5[m] 이상 1.7[m] 이하

저수조의 설치기준

㉠ 지면으로부터 낙차: 4.5[m] 이하
㉡ 흡수부분의 수심: 0.5[m] 이상
㉢ 흡수관의 투입구

사각형	한 변의 길이 60[cm] 이상
원형	지름 60[cm] 이상

정답 | ③

54 빈출도 ★★

위험물안전관리법상 업무상 과실로 제조소등에서 위험물을 유출·방출 또는 확산시켜 사람의 생명·신체 또는 재산에 대하여 위험을 발생시킨 자에 대한 벌칙 기준으로 옳은 것은?

① 10년 이하의 징역 또는 금고나 1억 원 이하의 벌금
② 7년 이하의 금고 또는 7천만 원 이하의 벌금
③ 5년 이하의 징역 또는 1억 원 이하의 벌금
④ 3년 이하의 징역 또는 3천만 원 이하의 벌금

업무상 과실로 제조소등에서 위험물을 유출·방출 또는 확산시켜 사람의 생명·신체 또는 재산에 대하여 위험을 발생시킨 자는 7년 이하의 금고 또는 7,000만 원 이하(사상자 발생시 10년 이하의 징역 또는 금고나 1억 원 이하)의 벌금에 처한다.

정답 | ②

55 빈출도 ★★

소방기본법상 소방업무의 응원에 대한 설명 중 틀린 것은?

① 소방본부장이나 소방서장은 소방활동을 할 때에 긴급한 경우에는 이웃한 소방본부장 또는 소방서장에게 소방업무의 응원을 요청할 수 있다.
② 소방업무의 응원 요청을 받은 소방본부장 또는 소방서장은 정당한 사유 없이 그 요청을 거절하여서는 아니 된다.
③ 소방업무의 응원을 위하여 파견된 소방대원은 응원을 요청한 소방본부장 또는 소방서장의 지휘에 따라야 한다.
④ 시·도지사는 소방업무의 응원을 요청하는 경우를 대비하여 출동 대상지역 및 규모와 필요한 경비의 부담 등에 관하여 필요한 사항을 대통령령으로 정하는 바에 따라 이웃하는 시·도지사와 협의하여 미리 규약으로 정하여야 한다.

시·도지사는 소방업무의 응원을 요청하는 경우를 대비하여 출동 대상지역 및 규모와 필요한 경비의 부담 등에 관하여 필요한 사항을 행정안전부령으로 정하는 바에 따라 이웃하는 시·도지사와 협의하여 미리 규약으로 정하여야 한다.

정답 | ④

56 빈출도 ★

소방시설 설치 및 관리에 관한 법률상 중앙소방기술심의위원회의 심의사항이 아닌 것은?

① 화재안전기준에 관한 사항
② 소방시설의 설계 및 공사감리의 방법에 관한 사항
③ 소방시설에 하자가 있는지의 판단에 관한 사항
④ 소방시설공사의 하자를 판단하는 기준에 관한 사항

해설

소방시설에 하자가 있는지의 판단에 관한 사항은 지방소방기술심의위원회의 심의사항이다.

관련개념 중앙소방기술심의위원회 심의사항

㉠ 화재안전기준에 관한 사항
㉡ 소방시설의 구조 및 원리 등에서 공법이 특수한 설계 및 시공에 관한 사항
㉢ 소방시설의 설계 및 공사감리의 방법에 관한 사항
㉣ 소방시설공사의 하자를 판단하는 기준에 관한 사항
㉤ 연면적 100,000[m²] 이상의 특정소방대상물에 설치된 소방시설의 설계·시공·감리의 하자 유무에 관한 사항
㉥ 새로운 소방시설과 소방용품 등의 도입 여부에 관한 사항
㉦ 그 밖에 소방기술과 관련하여 소방청장이 소방기술심의위원회의 심의에 부치는 사항

정답 | ③

57 빈출도 ★★

위험물안전관리법령상 제조소의 위치·구조 및 설비의 기준 중 위험물을 취급하는 건축물 그 밖의 시설의 주위에는 그 취급하는 위험물을 최대수량이 지정수량의 10배 이하인 경우 보유하여야 할 공지의 너비는 몇 [m] 이상이어야 하는가?

① 3   ② 5
③ 8   ④ 10

해설

취급하는 위험물의 최대수량이 지정수량의 10배 이하인 경우 공지의 너비는 3[m] 이상이어야 한다.

관련개념 제조소 보유공지의 너비

취급하는 위험물의 최대수량	공지의 너비
지정수량의 10배 이하	3[m] 이상
지정수량의 10배 초과	5[m] 이상

정답 | ①

58 빈출도 ★

소방시설 설치 및 관리에 관한 법률상 화재안전기준을 달리 적용하여야 하는 특수한 용도 또는 구조를 가진 특정소방대상물인 원자력발전소에 설치하지 아니할 수 있는 소방시설은?

① 물분무등소화설비   ② 스프링클러설비
③ 상수도소화용수설비   ④ 연결살수설비

해설

화재안전기준을 다르게 적용하여야 하는 특수한 용도 또는 구조를 가진 특정소방대상물인 원자력발전소에 설치하지 아니할 수 있는 소방시설은 연결송수관설비 및 연결살수설비이다.

관련개념 화재안전기준을 다르게 적용해야 하는 특수한 용도·구조를 가진 특정소방대상물

특정소방대상물	소방시설
원자력발전소, 핵폐기물처리시설	• 연결송수관설비 • 연결살수설비

정답 | ④

59 빈출도 ★★

화재의 예방 및 안전관리에 관한 법률상 소방안전관리대상물의 소방안전관리자가 소방훈련 및 교육을 하지 않은 경우 1차 위반 시 과태료 금액 기준으로 옳은 것은?

① 300만 원   ② 100만 원
③ 50만 원   ④ 30만 원

해설

소방안전관리대상물의 소방안전관리자가 소방훈련 및 교육을 하지 않은 경우 1차 위반 시 100만원 이하의 과태료를 부과한다.

관련개념 **소방훈련 및 교육을 하지 아니한 자의 위반 차수별 과태료**

1차	2차	3차
100만원 이하	200만원 이하	300만원 이하

정답 | ②

---

60 빈출도 ★★

화재의 예방 및 안전관리에 관한 법률상 총괄소방안전관리자 선임대상 특정소방대상물의 기준 중 틀린 것은?

① 판매시설 중 도매시장
② 고층 건축물(지하층을 제외한 층수가 7층 이상인 건축물만 해당)
③ 지하가(지하의 인공구조물 안에 설치된 상점 및 사무실, 그 밖에 이와 비슷한 시설이 연속하여 지하도에 접하여 설치된 것과 그 지하도를 합한 것)
④ 복합건축물로서 연면적이 30,000[m²] 이상인 것 또는 지하층을 제외한 층수가 11층 이상인 것

해설

고층 건축물(지하층을 제외한 층수가 7층 이상인 건축물만 해당)은 총괄소방안전관리자 선임대상 특정소방대상물의 기준이 아니다.

관련개념 **총괄소방안전관리자 선임대상 특정소방대상물**

시설	대상
복합건축물	• 지하층을 제외한 층수가 11층 이상 • 연면적 30,000[m²] 이상
지하가	지하의 인공구조물 안에 설치된 상점 및 사무실 그 밖에 이와 비슷한 시설이 연속하여 지하도에 접하여 설치된 것과 그 지하도를 합한 것
판매시설	• 도매시장 • 소매시장 및 전통시장

정답 | ②

61 빈출도 ★

누전경보기를 설치하여야 하는 특정소방대상물의 기준 중 다음 (　　) 안에 알맞은 것은? (단, 위험물 저장 및 처리 시설 중 가스시설, 지하가 중 터널 또는 지하구의 경우는 제외한다.)

> 누전경보기는 계약전류용량이 (　　)[A]를 초과하는 특정소방대상물(내화구조가 아닌 건축물로서 벽 · 바닥 또는 반자의 전부나 일부를 불연재료 또는 준불연재료가 아닌 재료에 철망을 넣어 만든 것만 해당)에 설치하여야 한다.

① 60　　　　　　　　② 100

③ 200　　　　　　　④ 300

해설

누전경보기는 계약전류용량이 **100[A]**를 초과하는 특정소방대상물 (내화구조가 아닌 건축물로서 벽 · 바닥 또는 반자의 전부나 일부를 불연재료 또는 준불연재료가 아닌 재료에 철망을 넣어 만든 것만 해당)에 설치해야 한다.

정답 | ②

62 빈출도 ★

복도통로유도등의 식별도기준 중 다음 (　　) 안에 알맞은 것은?

> 복도통로유도등에 있어서 사용전원으로 등을 켜는 경우에는 직선거리 (　㉠　)[m]의 위치에서, 비상전원으로 등을 켜는 경우에는 직선거리 (　㉡　)[m]의 위치에서 보통시력에 의하여 표시면의 화살표가 쉽게 식별되어야 한다.

① ㉠: 15, ㉡: 20

② ㉠: 20, ㉡: 15

③ ㉠: 30, ㉡: 20

④ ㉠: 20, ㉡: 30

해설

복도통로유도등에 있어서 사용전원으로 등을 켜는 경우에는 직선거리 **20[m]**의 위치에서, 비상전원으로 등을 켜는 경우에는 직선거리 **15[m]**의 위치에서 보통시력에 의하여 표시면의 화살표가 쉽게 식별되어야 한다.

정답 | ②

63 빈출도 ★

지하층을 제외한 층수가 7층 이상으로서 연면적이 2,000[m²] 이상이거나 지하층의 바닥면적의 합계가 3,000[m²] 이상인 특정소방대상물의 비상콘센트설비에 설치하여야 할 비상전원의 종류가 아닌 것은?

① 비상전원수전설비　　② 자가발전설비
③ 전기저장장치　　　　④ 고압수전설비

해설

비상콘센트설비에 설치해야 할 비상전원의 종류
㉠ 비상전원수전설비
㉡ 자가발전설비
㉢ 전기저장장치
㉣ 축전지설비

정답 | ④

64 빈출도 ★

특정소방대상물의 비상방송설비 설치의 면제 기준 중 다음 (　　) 안에 알맞은 것은?

> 비상방송설비를 설치해야 하는 특정소방대상물에 (　　) 또는 비상경보설비와 같은 수준 이상의 음향을 발하는 장치를 부설한 방송설비를 화재안전기준에 적합하게 설치한 경우에는 그 설비의 유효범위에서 설치가 면제된다.

① 자동화재속보설비
② 시각경보기
③ 단독경보형 감지기
④ 자동화재탐지설비

해설

비상방송설비를 설치해야 하는 특정소방대상물에 자동화재탐지설비 또는 비상경보설비와 같은 수준 이상의 음향을 발하는 장치를 부설한 방송설비를 화재안전기준에 적합하게 설치한 경우에는 그 설비의 유효범위에서 설치가 면제된다.

정답 | ④

65 빈출도 ★

수신기의 구조 및 일반기능에 대한 설명 중 틀린 것은? (단, 간이형수신기는 제외한다.)

① 수신기(1회선용은 제외)는 2회선이 동시에 작동하여도 화재표시가 되어야 하며, 감지기의 감지 또는 발신기의 발신개시로부터 P형, P형복합식, GP형, GP형복합식, R형, R형복합식 수신기의 수신완료까지의 소요시간은 5초 이내이어야 한다.
② 수신기의 외부배선 연결용 단자에 있어서 공통신호선용 단자는 10개 회로마다 1개 이상 설치하여야 한다.
③ 화재신호를 수신하는 경우 P형, P형복합식, GP형, GP형복합식, R형, R형복합식, GR형 또는 GR형복합식의 수신기에 있어서는 2이상의 지구표시장치에 의하여 각각 화재를 표시할 수 있어야 한다.
④ 정격전압이 60[V]를 넘는 기구의 금속제 외함에는 접지단자를 설치하여야 한다.

해설

수신기의 외부배선 연결용 단자에 있어서 공통신호선용 단자는 7개 회로마다 1개 이상 설치하여야 한다.

정답 | ②

66 빈출도 ★★★

비상벨설비 또는 자동식사이렌설비의 설치기준 중 틀린 것은?

① 상용전원은 전기가 정상적으로 공급되는 축전지설비, 전기저장장치 또는 교류 전압의 옥내 간선으로 하고, 전원까지의 배선은 전용으로 설치하여야 한다.

② 비상벨설비 또는 자동식사이렌설비에는 그 설비에 대한 감시상태를 60분간 지속한 후 유효하게 10분 이상 경보할 수 있는 축전지설비(수신기에 내장하는 경우 포함) 또는 전기저장장치를 설치하여야 한다.

③ 특정소방대상물의 층마다 설치하되, 해당 특정소방대상물의 각 부분으로부터 하나의 발신기까지의 수평거리가 25[m] 이하가 되도록 해야 한다. 다만, 복도 또는 별도로 구획된 실로서 보행거리가 40[m] 이상일 경우에는 추가로 설치하여야 한다.

④ 발신기의 위치표시등은 함의 상부에 설치하되, 그 불빛은 부착면으로부터 45° 이상의 범위 안에서 부착 지점으로부터 10[m] 이내의 어느 곳에서도 쉽게 식별할 수 있는 적색등으로 설치하여야 한다.

해설

비상벨설비 또는 자동식사이렌설비 발신기의 위치표시등은 함의 상부에 설치하되, 그 불빛은 부착면으로부터 **15°** 이상의 범위 안에서 부착지점으로부터 10[m] 이내의 어느 곳에서도 쉽게 식별할 수 있는 적색등으로 설치해야 한다.

정답 | ④

67 빈출도 ★★★

비상방송설비 음향장치의 설치기준 중 옳은 것은?

① 확성기는 각 층마다 설치하되, 그 층의 각 부분으로부터 하나의 확성기까지의 수평거리가 15[m] 이하가 되도록 하고, 해당 층의 각 부분에 유효하게 경보를 발할 수 있도록 설치할 것

② 층수가 5층 이상인 특정소방대상물의 지하층에서 발화한 때에는 직상층에만 경보를 발할 것

③ 음향장치는 자동화재탐지설비의 작동과 연동하여 작동할 수 있는 것으로 할 것

④ 음향장치는 정격전압의 60[%] 전압에서 음향을 발할 수 있는 것으로 할 것

해설

음향장치는 자동화재탐지설비의 작동과 연동하여 작동할 수 있는 것으로 해야 한다.

선지분석

① 확성기는 각 층마다 설치하되, 그 층의 각 부분으로부터 하나의 확성기까지의 수평거리가 **25[m]** 이하가 되도록 하고, 해당 층의 각 부분에 유효하게 경보를 발할 수 있도록 설치할 것

② 층수가 **11층**(공동주택의 경우에는 16층) 이상의 특정소방대상물의 경보 기준

층수	경보층
2층 이상	발화층, 직상 4개층
1층	발화층, 직상 4개층, 지하층
지하층	발화층, 직상층, 기타 지하층

④ 음향장치는 정격전압의 **80[%]** 전압에서 음향을 발할 수 있는 것으로 할 것

정답 | ③

68 빈출도 ★★★

자동화재속보설비 속보기의 기능에 대한 기준 중 틀린 것은?

① 작동신호를 수신하거나 수동으로 동작시키는 경우 30초 이내에 소방관서에 자동적으로 신호를 발하여 알리되, 3회 이상 속보할 수 있어야 한다.

② 예비전원을 병렬로 접속하는 경우에는 역충전방지 등의 조치를 하여야 한다.

③ 연동 또는 수동으로 소방관서에 화재발생 음성정보를 속보 중인 경우에도 송수화장치를 이용한 통화가 우선적으로 가능하여야 한다.

④ 속보기의 송수화장치가 정상위치가 아닌 경우에도 연동 또는 수동으로 속보가 가능하여야 한다.

해설

자동화재속보설비 속보기는 작동신호를 수신하거나 수동으로 동작시키는 경우 **20초** 이내에 소방관서에 자동적으로 신호를 발하여 알리되, **3회** 이상 속보할 수 있어야 한다.

정답 | ①

69 빈출도 ★

피난기구 설치 개수의 기준 중 다음 ( ) 안에 알맞은 것은?

> 층마다 설치하되, 숙박시설·노유자시설 및 의료시설로 사용되는 층에 있어서는 그 층의 바닥면적 (㉠)[m²]마다, 위락시설·판매시설로 사용되는 층 또는 복합용도의 층에 있어서는 그 층의 바닥면적 (㉡)[m²]마다, 계단실형 아파트에 있어서는 각 세대마다, 그 밖의 용도의 층에 있어서는 그 층의 바닥면적 (㉢)[m²]마다 1개 이상 설치할 것

① ㉠: 300, ㉡: 500, ㉢: 1,000
② ㉠: 500, ㉡: 800, ㉢: 1,000
③ ㉠: 300, ㉡: 500, ㉢: 1,500
④ ㉠: 500, ㉡: 800, ㉢: 1,500

해설

피난기구는 층마다 설치하되, 숙박시설·노유자시설 및 의료시설로 사용되는 층에 있어서는 **그 층의 바닥면적 500[m²]마다**, 위락시설·문화집회 및 운동시설·판매시설로 사용되는 층 또는 복합용도의 층에 있어서는 **그 층의 바닥면적 800[m²]마다**, 계단실형 아파트에 있어서는 각 세대마다, 그 밖의 용도의 층에 있어서는 **그 층의 바닥면적 1,000[m²]마다** 1개 이상 설치해야 한다.

정답 | ②

※ 출제기준이 개정되어 피난기구는 시험범위에서 제외되었습니다.

70 빈출도 ★★★

비상조명등의 비상전원은 지하층 또는 무창층으로서 용도가 도매시장·소매시장·여객자동차터미널·지하역사 또는 지하상가인 경우 그 부분에서 피난층에 이르는 부분의 비상조명등을 몇 분 이상 유효하게 작동시킬 수 있는 용량으로 하여야 하는가?

① 10 ② 20

③ 30 ④ 60

해설

비상전원은 비상조명등을 20분 이상 유효하게 작동시킬 수 있는 용량으로 해야 한다. 다만, 다음의 특정소방대상물의 경우에는 그 부분에서 피난층에 이르는 부분의 비상조명등을 60분 이상 유효하게 작동시킬 수 있는 용량으로 해야 한다.
㉠ 지하층을 제외한 층수가 11층 이상의 층
㉡ 지하층 또는 무창층으로서 용도가 도매시장·소매시장·여객자동차터미널·지하역사 또는 지하상가

관련개념 비상조명등의 비상전원 용량

구분	용량
일반적인 경우	20분 이상
11층 이상의 층(지하층 제외)	60분 이상
지하층 또는 무창층으로서 용도가 도매시장·소매시장·여객자동차터미널·지하역사 또는 지하상가	

정답 | ④

71 빈출도 ★★★

무선통신보조설비를 설치하지 아니할 수 있는 기준 중 다음 (   ) 안에 알맞은 것은?

(㉠)으로서 특정소방대상물의 바닥부분 2면 이상이 지표면과 동일하거나 지표면으로부터의 깊이가 (㉡)[m] 이하인 경우에는 해당 층에 한하여 무선통신보조설비를 설치하지 아니할 수 있다.

① ㉠: 지하층, ㉡: 1
② ㉠: 지하층, ㉡: 2
③ ㉠: 무창층, ㉡: 1
④ ㉠: 무창층, ㉡: 2

해설

지하층으로서 특정소방대상물의 바닥부분 2면 이상이 지표면과 동일하거나 지표면으로부터의 깊이가 1[m] 이하인 경우에는 해당 층에 한해 무선통신보조설비를 설치하지 아니할 수 있다.

정답 | ①

72 빈출도 ★★

일시적으로 발생한 열, 연기 또는 먼지 등으로 인하여 화재신호를 발신할 우려가 있는 장소의 설치장소별 감지기 적응성 기준 중 격납고, 높은 천장의 창고 등 감지기 부착 높이가 8[m] 이상의 장소에 적응성을 갖는 감지기가 아닌 것은? (단, 연기감지기를 설치할 수 있는 장소이며, 설치장소는 넓은 공간으로 천장이 높아 열 및 연기가 확산하는 환경상태이다.)

① 광전식 스포트형 감지기
② 차동식 분포형 감지기
③ 광전식 분리형 감지기
④ 불꽃감지기

해설

체육관, 항공기격납고, 높은 천장의 창고 등 감지기 부착 높이가 8[m] 이상인 장소에 적응성을 갖는 감지기
㉠ 차동식 분포형
㉡ 광전식 분리형
㉢ 광전아날로그식 분리형
㉣ 불꽃감지기

정답 | ①

73 빈출도 ★★

비상벨설비 음향장치 음향의 크기는 부착된 음향장치의 중심으로부터 1[m] 떨어진 위치에서 몇 [dB] 이상이 되는 것으로 하여야 하는가?

① 90   ② 80
③ 70   ④ 60

해설

비상벨설비 음향장치 음향의 크기는 부착된 음향장치의 중심으로부터 1[m] 떨어진 위치에서 음압이 90[dB] 이상이 되는 것으로 해야 한다.

정답 | ①

74 빈출도 ★

소방대상물의 설치장소별 피난기구의 적응성 기준 중 다음 (   ) 안에 알맞은 것은?

> 간이완강기의 적응성은 숙박시설의 (㉠)층 이상에 있는 객실에, 공기안전매트의 적응성은 (㉡)에 추가로 설치하는 경우에 한한다.

① ㉠: 3, ㉡: 공동주택
② ㉠: 4, ㉡: 공동주택
③ ㉠: 3, ㉡: 단독주택
④ ㉠: 4, ㉡: 단독주택

해설

간이완강기의 적응성은 숙박시설의 3층 이상에 있는 객실에, 공기안전매트의 적응성은 공동주택에 추가로 설치하는 경우에 한한다.

정답 | ①

※ 출제기준이 개정되어 피난기구는 시험범위에서 제외되었습니다.

75 빈출도 ★

승강식피난기 및 하향식 피난구용 내림식 사다리의 설치기준 중 틀린 것은?

① 착지점과 하강구는 상호 수평거리 15[cm] 이상의 간격을 두어야 한다.

② 대피실 출입문이 개방되거나, 피난기구 작동 시 해당층 및 직상층 거실에 설치된 표시등 및 경보장치가 작동되고, 감시 제어반에서는 피난기구의 작동을 확인할 수 있어야 한다.

③ 하강구 내측에는 기구의 연결 금속구 등이 없어야 하며 전개된 피난기구는 하강구 수평투영면적 공간 내의 범위를 침범하지 않는 구조여야 한다. 단, 직경 60[cm] 크기의 범위를 벗어난 경우이거나, 직하층의 바닥면으로부터 높이 50[cm] 이하의 범위는 제외한다.

④ 대피실 내에는 비상조명등을 설치하여야 한다.

해설

대피실 출입문이 개방되거나, 피난기구 작동 시 **해당층 및 직하층** 거실에 설치된 표시등 및 경보장치가 작동되고, 감시 제어반에서는 피난기구의 작동을 확인할 수 있어야 한다.

정답 │ ②

※ 출제기준이 개정되어 피난기구는 시험범위에서 제외되었습니다.

76 빈출도 ★★

비상콘센트설비의 전원부와 외함 사이의 절연내력 기준 중 다음 (   ) 안에 알맞은 것은?

전원부와 외함 사이에 정격전압이 150[V] 이상인 경우에는 그 정격전압에 (㉠)을/를 곱하여 (㉡)을 더한 실효전압을 가하는 시험에서 1분 이상 견디는 것으로 할 것

① ㉠: 2, ㉡: 1,500
② ㉠: 3, ㉡: 1,500
③ ㉠: 2, ㉡: 1,000
④ ㉠: 3, ㉡: 1,000

해설

비상콘센트설비의 전원부와 외함 사이의 절연내력은 정격전압이 150[V] 이하인 경우에는 1,000[V]의 실효전압을, 정격전압이 150[V] 이상인 경우에는 그 정격전압에 **2**를 곱하여 **1,000**을 더한 실효전압을 가하는 시험에서 1분 이상 견디는 것으로 해야 한다.

관련개념 비상콘센트설비의 전원부와 외함 사이의 절연내력

전압 구분	실효전압
150[V] 이하	1,000[V]
150[V] 이상	정격전압×2+1,000[V]

※ 법령에는 150[V] 이하, 150[V] 이상으로 중복 구분되어 있지만, 일반적으로 현장에서는 150[V] 이하, 150[V] 초과로 구분한다.

정답 │ ③

77 빈출도 ★★

누전경보기 수신부의 구조 기준 중 옳은 것은?

① 감도조정장치와 감도조정부는 외함의 바깥쪽에 노출되지 아니하여야 한다.
② 2급 수신부는 전원을 표시하는 장치를 설치하여야 한다.
③ 전원입력 및 외부부하에 직접 전원을 송출하도록 구성된 회로에는 퓨즈 또는 브레이커 등을 설치하여야 한다.
④ 2급 수신부에는 전원 입력 측의 회로에 단락이 생기는 경우에는 유효하게 보호되는 조치를 강구하여야 한다.

해설

누전경보기 수신부 전원입력 및 외부부하에 직접 전원을 송출하도록 구성된 회로에는 퓨즈 또는 브레이커 등을 설치하여야 한다.

선지분석

① 감도조정장치를 제외하고 감도조정부는 외함의 바깥쪽에 노출되지 아니하여야 한다.
② 수신부는 전원을 표시하는 장치를 설치하여야 한다.(2급 수신부 제외)
④ 수신부는 전원 입력 측의 회로에 단락이 생기는 경우에는 유효하게 보호되는 조치를 강구하여야 한다.(2급 수신부 제외)

정답 | ③

78 빈출도 ★★★

자동화재탐지설비 배선의 설치기준 중 옳은 것은?

① 감지기 사이의 회로의 배선은 교차회로 방식으로 설치하여야 한다.
② 피(P)형 수신기 및 지피(GP)형 수신기의 감지기 회로의 배선에 있어서 하나의 공통선에 접속할 수 있는 경계구역은 10개 이하로 설치하여야 한다.
③ 자동화재탐지설비의 감지기 회로의 전로저항은 80[Ω] 이하가 되도록 하여야 하며, 수신기의 각 회로별 종단에 설치되는 감지기에 접속되는 배선의 전압은 감지기 정격전압의 50[%] 이상이어야 한다.
④ 자동화재탐지설비의 배선은 다른 전선과 별도의 관·덕트·몰드 또는 풀박스 등에 설치해야 한다. 다만, 60[V] 미만의 약전류회로에 사용하는 전선으로서 각각의 전압이 같을 때에는 그러하지 아니하다.

해설

자동화재탐지설비의 배선은 다른 전선과 별도의 관·덕트·몰드 또는 풀박스 등에 설치해야 한다. 다만, 60[V] 미만의 약전류회로에 사용하는 전선으로서 각각의 전압이 같을 때에는 그러하지 아니하다.

선지분석

① 감지기 사이의 회로의 배선은 송배선식으로 할 것
② P형 수신기 및 GP형 수신기의 감지기 회로의 배선에 있어서 하나의 공통선에 접속할 수 있는 경계구역은 7개 이하로 할 것
③ 자동화재탐지설비의 감지기 회로의 전로저항은 50[Ω] 이하가 되도록 해야 하며, 수신기의 각 회로별 종단에 설치되는 감지기에 접속되는 배선의 전압은 감지기 정격전압의 80[%] 이상이어야 할 것

정답 | ④

79 빈출도 ★

비상조명등의 일반구조 기준 중 틀린 것은?

① 상용전원전압의 130[%] 범위 안에서는 비상조명등 내부의 온도상승이 그 기능에 지장을 주거나 위해를 발생시킬 염려가 없어야 한다.
② 사용전압은 300[V] 이하이어야 한다. 다만, 충전부가 노출되지 아니한 것은 300[V]를 초과할 수 있다.
③ 전선의 굵기가 인출선인 경우에는 단면적이 0.75[mm²] 이상이어야 한다.
④ 인출선의 길이는 전선인출 부분으로부터 150[mm] 이상이어야 한다. 다만, 인출선으로 하지 아니할 경우에는 풀어지지 아니하는 방법으로 전선을 쉽고 확실하게 부착할 수 있도록 접속단자를 설치하여야 한다.

해설

상용전원전압의 **110[%]** 범위 안에서는 비상조명등 내부의 온도상승이 그 기능에 지장을 주거나 위해를 발생시킬 염려가 없어야 한다.

정답 | ①

80 빈출도 ★★★

광전식 분리형 감지기의 설치기준 중 틀린 것은?

① 감지기의 수광면은 햇빛을 직접 받지 않도록 설치할 것
② 광축은 나란한 벽으로부터 0.6[m] 이상 이격하여 설치할 것
③ 감지기의 송광부와 수광부는 설치된 뒷벽으로부터 0.5[m] 이내 위치에 설치할 것
④ 광축의 높이는 천장 등 높이의 80[%] 이상일 것

해설

광전식 분리형 감지기의 송광부와 수광부는 설치된 뒷벽으로부터 **1[m]** 이내의 위치에 설치해야 한다.

관련개념 광전식 분리형 감지기의 설치기준

㉠ 감지기의 수광면은 햇빛을 직접 받지 않도록 설치할 것
㉡ 광축(송광면과 수광면의 중심을 연결한 선)은 나란한 벽으로부터 0.6[m] 이상 이격하여 설치할 것
㉢ 감지기의 송광부와 수광부는 설치된 뒷벽으로부터 1[m] 이내의 위치에 설치할 것
㉣ 광축의 높이는 천장 등(천장의 실내에 면한 부분 또는 상층의 바닥하부면) 높이의 80[%] 이상일 것
㉤ 감지기의 광축의 길이는 공칭감시거리 범위 이내일 것

정답 | ③

소방원론

01 빈출도 ★

액화석유가스(LPG)에 대한 성질로 틀린 것은?

① 주성분은 프로페인, 뷰테인이다.
② 천연고무를 잘 녹인다.
③ 물에 녹지 않으나 유기용매에 용해된다.
④ 공기보다 1.5배 가볍다.

해설

액화석유가스(LPG)는 기화 시 공기보다 1.5배 이상 무겁다.

관련개념

액화석유가스(LPG)의 주성분은 프로페인과 뷰테인이다. 구성비율에 따라 44~58[g/mol]의 분자량을 가져 기화 시 29[g/mol]의 분자량을 가지는 공기보다 무겁다. 소수성인 탄화수소로 이루어져 있어 물에는 녹지 않지만 유기용매에는 녹으며, 이소프렌의 중합체인 천연고무도 잘 녹인다.

정답 | ④

02 빈출도 ★★

다음의 소화약제 중 오존파괴지수(ODP)가 가장 큰 것은?

① 할론 104   ② 할론 1301
③ 할론 1211   ④ 할론 2402

해설

오존파괴지수가 가장 큰 물질은 할론 1301이다.

관련개념 오존파괴지수

약제별 오존파괴정도를 나타낸 지수로 CFC-11(CFCl₃)의 오존파괴정도를 1로 두었을 때 상대적인 파괴정도를 의미한다.

구분	오존파괴지수
Halon 104	1.1
Halon 1211	3
Halon 1301	10
Halon 2402	6

정답 | ②

03 빈출도 ★

건축물에 설치하는 방화구획의 설치기준 중 스프링클러설비를 설치한 11층 이상의 층은 바닥면적 몇 [m²] 이내마다 방화구획을 하여야 하는가? (단, 벽 및 반자의 실내에 접하는 부분의 마감은 불연재료가 아닌 경우이다.)

① 200
② 600
③ 1,000
④ 3,000

해설

스프링클러를 설치한 경우 11층 이상의 층은 바닥면적 600[m²]마다 방화구획하여야 한다.

관련개념 방화구획 설치기준

㉠ 10층 이하의 층은 바닥면적 1,000[m²](스프링클러를 설치한 경우 3,000[m²]) 이내마다 구획할 것
㉡ 매 층마다 구획할 것
㉢ 11층 이상의 층은 바닥면적 200[m²](스프링클러를 설치한 경우 600[m²]) 이내마다 구획할 것
㉣ 11층 이상의 층 중에서 실내에 접하는 부분이 불연재료인 경우 바닥면적 500[m²](스프링클러를 설치한 경우 1,500[m²]) 이내마다 구획할 것

정답 ②

04 빈출도 ★

삼림화재 시 소화효과를 증대시키기 위해 물에 첨가하는 증점제로서 적합한 것은?

① Ethylene Glycol
② Potassium Carbonate
③ Ammonium Phosphate
④ Sodium Carboxy Methyl Cellulose

해설

물 소화약제에서 증점제로 많이 사용되는 물질은 Sodium Carboxy Methyl Cellulose이다.

선지분석

① 물 소화약제에 첨가되어 동파를 방지하는 역할을 하며 주로 자동차 부동액으로 사용된다.
② 증점제가 아닌 강화액 소화약제의 첨가물로 사용된다.
③ 증점제가 아닌 강화액 소화약제의 첨가물로 사용된다.
④ 물에 녹아 수용액의 점도를 높이는 역할을 하며 주로 식품에 첨가되어 수분을 유지하는 데 사용된다.

정답 ④

05 빈출도 ★★

소화방법 중 제거소화에 해당되지 않는 것은?

① 산불이 발생하면 화재의 진행방향을 앞질러 벌목
② 방 안에서 화재가 발생하면 이불이나 담요로 덮음
③ 가스 화재 시 밸브를 잠궈 가스흐름을 차단
④ 불타고 있는 장작더미 속에서 아직 타지 않은 것을 안전한 곳으로 운반

해설

제거소화는 연소의 요소를 구성하는 가연물질을 안전한 장소나 점화원이 없는 장소로 신속하게 이동시켜서 소화하는 방법이다. 이불이나 담요로 가연물을 덮는 것은 연소에 필요한 산소의 공급을 차단시키는 질식소화에 해당한다.

정답 ②

06 빈출도 ★

포 소화약제의 적응성이 있는 것은?

① 칼륨 화재
② 알킬리튬 화재
③ 가솔린 화재
④ 인화알루미늄 화재

해설

포 소화약제는 유류화재에 적응성이 있다.
포(Foam)와 함께 물이 함께 방출되므로 물과 접촉 시 가연성 물질을 생성하는 ①, ②, ④에는 적응성이 없다.

관련개념

포(Foam)는 유류보다 가벼운 미세한 기포의 집합체로 연소물의 표면을 덮어 공기와의 접촉을 차단하여 질식효과를 나타내며 함께 사용된 물에 의해 냉각효과도 나타낸다.

정답 ③

07 빈출도 ★★★

제2류 위험물에 해당하는 것은?

① 유황
② 질산칼륨
③ 칼륨
④ 톨루엔

해설

유황은 제2류 위험물(가연성 고체)이다.

선지분석

② 질산칼륨은 질산염류로 제1류 위험물(산화성 고체)이다.
③ 칼륨은 제3류 위험물(자연발화성 및 금수성 물질)이다.
④ 톨루엔은 제4류 위험물(인화성 액체) 제1석유류 비수용성액체이다.

정답 | ①

08 빈출도 ★★★

주수소화 시 가연물에 따라 발생하는 가연성 가스의 연결이 틀린 것은?

① 탄화칼슘 − 아세틸렌
② 탄화알루미늄 − 프로페인
③ 인화칼슘 − 포스핀
④ 수소화리튬 − 수소

해설

탄화알루미늄(Al_4C_3)과 물이 반응하면 메테인(CH_4)이 발생한다.
$Al_4C_3 + 12H_2O \rightarrow 4Al(OH)_3 + 3CH_4 \uparrow$

선지분석

① $CaC_2 + 2H_2O \rightarrow Ca(OH)_2 + C_2H_2 \uparrow$
③ $Ca_3P_2 + 6H_2O \rightarrow 3Ca(OH)_2 + 2PH_3 \uparrow$
④ $LiH + H_2O \rightarrow LiOH + H_2 \uparrow$

정답 | ②

09 빈출도 ★★

물리적 폭발에 해당하는 것은?

① 분해 폭발
② 분진 폭발
③ 중합 폭발
④ 수증기 폭발

해설

물질의 물리적 변화에서 기인한 폭발을 물리적 폭발이라고 한다. 수증기 폭발은 액체상태의 물이 기체상태의 수증기로 변화하며 생기는 순간적인 부피 차이로 발생하는 물리적 폭발이다.

선지분석

① 분해 폭발은 물질이 다른 둘 이상의 물질로 분해되면서 생기는 부피 차이로 발생하는 화학적 폭발이다.
② 분진 폭발은 물질이 가루 상태일 때 더 빠르게 일어나는 화학반응으로 인해 생기는 부피 차이로 발생하는 화학적 폭발이다.
③ 중합 폭발은 저분자의 물질이 고분자의 물질로 합성되며 생기는 부피 차이로 발생하는 화학적 폭발이다.

정답 | ④

10 빈출도 ★

위험물안전관리법령상 지정된 동식물유류의 성질에 대한 설명으로 틀린 것은?

① 요오드가가 작을수록 자연발화의 위험성이 크다.
② 상온에서 모두 액체이다.
③ 물에 불용성이지만 에테르 및 벤젠 등의 유기용매에는 잘 녹는다.
④ 인화점은 1기압하에서 250[℃] 미만이다.

해설

요오드값이 클수록 불포화도가 크며 불안정하므로 반응성이 커져 자연발화성이 높다.

관련개념 제4류 위험물 동식물유류

㉠ 상온에서 안정적인 액체 상태로 존재하며, 비전도성을 갖는다.
㉡ 물보다 가볍고 대부분 물에 녹지 않는 비수용성이다.
㉢ 1기압에서 인화점이 250[℃] 미만이다.

정답 | ①

11 빈출도 ★★

피난계획의 일반원칙 Fool Proof 원칙에 대한 설명으로 옳은 것은?

① 1가지가 고장이 나도 다른 수단을 이용하는 원칙
② 2방향의 피난동선을 항상 확보하는 원칙
③ 피난수단을 이동식 시설로 하는 원칙
④ 피난수단을 조작이 간편한 원시적 방법으로 하는 원칙

해설

피난 중 실수(Fool)가 발생하더라도 사고로 이어지지 않도록(Proof) 하는 원칙을 Fool Proof 원칙이라고 한다.
인간이 실수를 줄일 수 있도록 피난수단을 조작이 간편한 방식으로 설계하는 것은 Fool Proof 원칙에 해당한다.

관련개념 화재 시 피난동선의 조건

㉠ 피난동선은 가급적 단순한 형태로 한다.
㉡ 2 이상의 피난동선을 확보한다.
㉢ 피난통로는 불연재료로 구성한다.
㉣ 인간의 본능을 고려하여 동선을 구성한다.
㉤ 계단은 직통계단으로 한다.
㉥ 피난통로의 종착지는 안전한 장소여야 한다.
㉦ 수평동선과 수직동선을 구분하여 구성한다.

정답 | ④

12 빈출도 ★★

인화점이 낮은 것부터 높은 순서로 옳게 나열된 것은?

① 에틸알코올<이황화탄소<아세톤
② 이황화탄소<에틸알코올<아세톤
③ 에틸알코올<아세톤<이황화탄소
④ 이황화탄소<아세톤<에틸알코올

해설

인화점은 이황화탄소, 아세톤, 에틸알코올 순으로 높아진다.

관련개념 물질의 발화점과 인화점

물질	발화점[°C]	인화점[°C]
프로필렌	497	−107
산화프로필렌	449	−37
가솔린	300	−43
이황화탄소	100	−30
아세톤	538	−18
메틸알코올	385	11
에틸알코올	423	13
벤젠	498	−11
톨루엔	480	4.4
등유	210	43~72
경유	200	50~70
적린	260	−
황린	30	20

정답 | ④

13 빈출도 ★★

화재 발생 시 발생하는 연기에 대한 설명으로 틀린 것은?

① 연기의 유동속도는 수평방향이 수직방향보다 빠르다.
② 동일한 가연물에서 환기지배형 화재가 연료지배형 화재에 비하여 연기발생량이 많다.
③ 고온 상태의 연기는 유동확산이 빨라 화재전파의 원인이 되기도 한다.
④ 연기는 일반적으로 불완전 연소 시에 발생한 고체, 액체, 기체 생성물의 집합체이다.

해설

연기의 유동속도는 수직 이동속도(2~3[m/s])가 수평 이동속도(0.5~1[m/s])보다 빠르다.

선지분석

② 환기지배형 화재는 공기(산소)의 공급에 영향을 받는 화재를 말하며, 연료지배형 화재는 가연물의 영향을 받는 화재를 말한다. 환기지배형 화재일수록 공기(산소)의 공급상태에 따라 불완전 연소의 가능성이 높아 연기발생량이 많다.
③ 고온 상태일수록 주변 공기와의 밀도차이가 커지므로 공기의 순환이 빠르게 이루어지며 연기의 유동확산이 빨라진다.
④ 연기는 완전히 연소되지 않은 고체 또는 액체의 미립자가 공기 중에 부유하고 있는 것이다.

정답 | ①

14 빈출도 ★★★

물과 반응하여 가연성 기체를 발생하지 않는 것은?

① 칼륨 ② 인화알루미늄
③ 산화칼슘 ④ 탄화알루미늄

해설

산화칼슘(CaO)은 물과 반응하였을 때 수산화칼슘($Ca(OH)_2$)을 생성한다.

선지분석

① $2K + 2H_2O \rightarrow 2KOH + H_2 \uparrow$
② $AlP + 3H_2O \rightarrow Al(OH)_3 + PH_3 \uparrow$
④ $Al_4C_3 + 12H_2O \rightarrow 4Al(OH)_3 + 3CH_4 \uparrow$

정답 | ③

15 빈출도 ★★

건축물의 화재 발생 시 인간의 피난 특성으로 틀린 것은?

① 평상시 사용하는 출입구나 통로를 사용하는 경향이 있다.
② 화재의 공포감으로 인하여 빛을 피해 어두운 곳으로 몸을 숨기는 경향이 있다.
③ 화염, 연기에 대한 공포감으로 발화지점의 반대방향으로 이동하는 경향이 있다.
④ 화재 시 최초로 행동을 개시한 사람을 따라 전체가 움직이는 경향이 있다.

해설

화재 시 밝은 곳으로 대피한다. 이를 지광본능이라 한다.

관련개념 화재 시 인간의 피난특성

지광본능	밝은 곳으로 대비한다.
추종본능	최초로 행동한 사람을 따른다.
퇴피본능	발화지점의 반대방향으로 이동한다.
귀소본능	평소에 사용하던 문, 통로를 사용한다.
좌회본능	오른손잡이는 오른손이나 오른발을 이용하여 왼쪽으로 회전(좌회전)한다.

정답 | ②

16 빈출도 ★★

물체의 표면온도가 250[℃]에서 650[℃]로 상승하면 열 복사량은 약 몇 배 정도 상승하는가?

① 2.5   ② 5.7

③ 7.5   ④ 9.7

해설

복사열은 절대온도의 4제곱에 비례하므로, 복사에너지는 9.7배 증가한다.

$$\frac{q_2}{q_1} = \frac{\sigma T_2^{\,4}}{\sigma T_1^{\,4}} = \frac{(273+650)^4}{(273+250)^4} = \left(\frac{923}{523}\right)^4 \fallingdotseq 9.7$$

관련개념 복사

복사는 열에너지가 매질을 통하지 않고 전자기파의 형태로 전달되는 현상이다.
슈테판－볼츠만 법칙에 의해 복사열은 절대온도의 4제곱에 비례한다.

$$Q \propto \sigma T^4$$

Q: 열전달량$[W/m^2]$, σ: 슈테판－볼츠만
상수$(5.67 \times 10^{-8})[W/m^2 \cdot K^4]$, T: 절대온도$[K]$

정답 ┃ ④

17 빈출도 ★★

조연성 가스에 해당하는 것은?

① 일산화탄소   ② 산소

③ 수소   ④ 뷰테인

해설

조연성(지연성) 가스는 스스로 연소하지 않지만 연소를 도와주는 물질로 산소, 불소, 염소, 오존 등이 있다.

선지분석

①, ③, ④ 모두 가연성 가스이다.

정답 ┃ ②

18 빈출도 ★★★

자연발화 방지대책에 대한 설명 중 틀린 것은?

① 저장실의 온도를 낮게 유지한다.
② 저장실의 환기를 원활히 시킨다.
③ 촉매물질과의 접촉을 피한다.
④ 저장실의 습도를 높게 유지한다.

해설

수분은 비열이 높아 많은 열을 축적할 수 있으므로 습도가 낮아야 자연발화를 방지할 수 있다.

관련개념 발화의 조건

㉠ 주변 온도가 높고, 발열량이 클수록 발화하기 쉽다.
㉡ 열전도율이 낮을수록 열 축적이 쉬워 발화하기 쉽다.
㉢ 표면적이 넓어 산소와의 접촉량이 많을수록 발화하기 쉽다.
㉣ 분자량, 온도, 습도, 농도, 압력이 클수록 발화하기 쉽다.
㉤ 활성화 에너지가 작을수록 발화하기 쉽다.

정답 ┃ ④

19 빈출도 ★★★

분말 소화약제로서 ABC급 화재에 적응성이 있는 소화약제의 종류는?

① $NH_4H_2PO_4$ ② $NaHCO_3$
③ Na_2CO_3 ④ $KHCO_3$

제3종 분말 소화약제는 A, B, C급 화재에 모두 적응성이 있다.

관련개념 **분말 소화약제**

구분	주성분	색상	적응화재
제1종	탄산수소나트륨 ($NaHCO_3$)	백색	B급 화재 C급 화재
제2종	탄산수소칼륨 ($KHCO_3$)	담자색 (보라색)	B급 화재 C급 화재
제3종	제1인산암모늄 ($NH_4H_2PO_4$)	담홍색	A급 화재 B급 화재 C급 화재
제4종	탄산수소칼륨+요소 $[KHCO_3+CO(NH_2)_2]$	회색	B급 화재 C급 화재

정답 | ①

20 빈출도 ★★★

과산화칼륨이 물과 접촉하였을 때 발생하는 것은?

① 산소 ② 수소
③ 메테인 ④ 아세틸렌

과산화칼륨(K_2O_2)과 물이 반응하면 산소(O_2)가 발생한다.
$2K_2O_2+2H_2O \rightarrow 4KOH+O_2\uparrow$

정답 | ①

21 빈출도 ★

다음 그림과 같은 브리지 회로의 평형조건은?

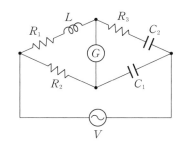

① $R_1C_1=R_2C_2$, $R_2R_3=C_1L$
② $R_1C_1=R_2C_2$, $R_2R_3C_1=L$
③ $R_1C_2=R_2C_1$, $R_2R_3=C_1L$
④ $R_1C_2=R_2C_1$, $L=R_2R_3C_1$

해설

브리지 평형 조건을 만족해야 하므로

$(R_1+j\omega L)\times \dfrac{1}{j\omega C_1}=\left(R_3+\dfrac{1}{j\omega C_2}\right)\times R_2$

$\rightarrow \dfrac{R_1}{j\omega C_1}+\dfrac{L}{C_1}=R_2R_3+\dfrac{R_2}{j\omega C_2}$

실수부는 실수부끼리, 허수부는 허수부끼리 같아야 하므로

$\dfrac{L}{C_1}=R_2R_3 \rightarrow L=R_2R_3C_1$

$\dfrac{R_1}{j\omega C_1}=\dfrac{R_2}{j\omega C_2} \rightarrow \dfrac{R_1}{C_1}=\dfrac{R_2}{C_2} \rightarrow R_1C_2=R_2C_1$

정답 | ④

22 빈출도 ★ ★ ★

RC 직렬회로에서 저항 R을 고정시키고 X_c를 0에서 ∞까지 변화시킬 때 어드미턴스 궤적은?

① 1사분면의 내의 반원이다.
② 1사분면의 내의 직선이다.
③ 4사분면의 내의 반원이다.
④ 4사분면의 내의 직선이다.

해설

RC 직렬회로의 어드미턴스 $Y=\dfrac{1}{Z}=\dfrac{1}{\left(R-\dfrac{1}{jX_c}\right)}$

X_c가 0에서 ∞까지 변화할 때 어드미턴스 궤적은 지름이 $\dfrac{1}{R}$인 1사분면의 내의 반원을 그린다.

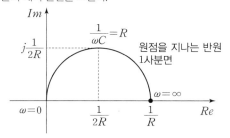

정답 | ①

23 빈출도 ★★

비투자율 $\mu_s=500$, 평균 자로의 길이 1[m]의 환상 철심 자기회로에 2[mm]의 공극을 내면 전체의 자기 저항은 공극이 없을 때의 약 몇 배가 되는가?

① 5   ② 2.5

③ 2   ④ 0.5

해설

공극이 없는 철심의 자기저항

$R_1=\dfrac{l}{\mu A}[\mathrm{AT/Wb}]$

공극이 있는 철심의 자기저항

$R_2=\dfrac{l}{\mu A}\left(1+\dfrac{l_g}{l}\mu_s\right)[\mathrm{AT/Wb}]$

$\therefore \dfrac{R_2}{R_1}=1+\dfrac{l_g}{l}\mu_s=1+\dfrac{2\times10^{-3}}{1}\times500=2$

정답 | ③

24 빈출도 ★★

1개의 용량이 25[W]인 객석유도등 10개가 연결되어 있다. 회로에 흐르는 전류는 약 몇 [A] 인가? (단, 전원 전압은 220[V]이고 기타 선로손실 등은 무시한다.)

① 0.88[A]   ② 1.14[A]

③ 1.25[A]   ④ 1.36[A]

해설

소비전력 $P=VI=25\times10=250[\mathrm{W}]$

$I=\dfrac{P}{V}=\dfrac{250}{220}=1.14[\mathrm{A}]$

정답 | ②

25 빈출도 ★★★

분류기를 사용해서 배율을 9로 하기 위한 분류기의 저항은 전류계 내부저항의 몇 배인가?

① 1/8   ② 1/9

③ 8   ④ 9

해설

분류기의 배율 $m=\dfrac{I_0}{I_A}=\dfrac{I_A+I_S}{I_A}=1+\dfrac{I_S}{I_A}=1+\dfrac{R_A}{R_S}=9$

$\therefore \dfrac{R_A}{R_S}=8 \rightarrow R_S=\dfrac{1}{8}R_A$

정답 | ①

26 빈출도 ★★★

RL 직렬회로의 설명으로 옳은 것은?

① v, i는 서로 다른 주파수를 가지는 정현파이다.

② v는 i보다 위상이 $\theta=\tan^{-1}\left(\dfrac{\omega L}{R}\right)$만큼 앞선다.

③ v와 i의 최댓값과 실횻값의 비는 $\sqrt{R^2+\left(\dfrac{1}{X_L}\right)^2}$이 다.

④ 용량성 회로이다.

해설

RL 직렬회로의 위상차 θ는 $\theta=\tan^{-1}\left(\dfrac{\omega L}{R}\right)$이다.

선지분석

① v, i의 위상은 다르나 주파수는 같은 정현파이다.

③ v와 i의 최댓값의 비와 실횻값의 비는 임피던스이며 그 크기는

$\dfrac{V_m}{I_m}=\dfrac{V_{rms}}{I_{rms}}=Z=\sqrt{R^2+X_L^2}[\Omega]$이다.

④ RL 회로이므로 유도성 회로이다.

정답 | ②

27 빈출도 ★★

두 코일 L_1과 L_2를 동일방향으로 직렬 접속하였을 때의 합성 인덕턴스는 140[mH]이고, 반대방향으로 접속하였더니 합성 인덕턴스는 20[mH]가 되었다. 이때, $L_1=40[\text{mH}]$이면 결합계수 k는?

① 0.38   ② 0.5

③ 0.75   ④ 1.3

해설

가동접속 시 합성 인덕턴스
$L_1+L_2+2M=140[\text{mH}]$ ······ ㉠
차동접속 시 합성 인덕턴스
$L_1+L_2-2M=20[\text{mH}]$ ······ ㉡
식 ㉠, ㉡으로부터 상호인덕턴스 값을 구할 수 있다.
$4M=120[\text{mH}]$, $M=30[\text{mH}]$
$L_1=40[\text{mH}]$이므로 식 ㉠으로부터 L_2를 구하면
$L_2=140-2M-L_1=140-2\times30-40=40[\text{mH}]$
∴ 결합계수 $k=\dfrac{M}{\sqrt{L_1 L_2}}=\dfrac{30}{\sqrt{40\times40}}=0.75$

정답 ┃ ③

28 빈출도 ★

삼각파의 파형률 및 파고율은?

① 1.0, 1.0   ② 1.04, 1.226

③ 1.11, 1.414   ④ 1.155, 1.732

해설

삼각파의 파형률 $=\dfrac{\text{실횻값}}{\text{평균값}}=\dfrac{\dfrac{V_m}{\sqrt{3}}}{\dfrac{V_m}{2}}=\dfrac{2}{\sqrt{3}}=1.155$

삼각파의 파고율 $=\dfrac{\text{최댓값}}{\text{실횻값}}=\dfrac{V_m}{\dfrac{V_m}{\sqrt{3}}}=\sqrt{3}=1.732$

관련개념 파형별 최댓값, 실횻값, 평균값, 파고율, 파형률

파형	최댓값	실횻값	평균값	파고율	파형률
구형파	V_m	V_m	V_m	1	1
반파 구형파	V_m	$\dfrac{V_m}{\sqrt{2}}$	$\dfrac{V_m}{2}$	$\sqrt{2}$	$\sqrt{2}$
정현파	V_m	$\dfrac{V_m}{\sqrt{2}}$	$\dfrac{2V_m}{\pi}$	$\sqrt{2}$	$\dfrac{\pi}{2\sqrt{2}}$
반파 정현파	V_m	$\dfrac{V_m}{2}$	$\dfrac{V_m}{\pi}$	2	$\dfrac{\pi}{2}$
삼각파	V_m	$\dfrac{V_m}{\sqrt{3}}$	$\dfrac{V_m}{2}$	$\sqrt{3}$	$\dfrac{2}{\sqrt{3}}$

정답 ┃ ④

29 빈출도 ★

P형 반도체에 첨가된 불순물에 관한 설명으로 옳은 것은?

① 5개의 가전자를 갖는다.
② 억셉터 불순물이라 한다.
③ 과잉전자를 만든다.
④ 게르마늄에는 첨가할 수 있으나 실리콘에는 첨가가 되지 않는다.

해설

P형 반도체는 진성 반도체에 억셉터 불순물이 미소량 첨가되는 반도체이다.

관련개념 P형 반도체

㉠ 진성 반도체에 억셉터 불순물이 미소량 첨가되는 반도체이다.
㉡ 억셉터: 원자가 전자가 3개인 붕소(B), 알루미늄(Al), 인듐(In), 갈륨(Ga), 탈륨(Ti) 등이 있다.
㉢ 억셉터 주변 최외각 전자는 7개로 안정적인 상태보다 하나의 전자가 부족한 상태가 되면서 (+) 전하를 갖는 정공(전자가 들어갈 수 있는 구멍)을 갖게 된다.
㉣ 양공에 전자가 채워지는 것은 양공이 (−) 극으로 이동한 것과 같은 효과로서 전류를 흐르게 한다.

정답 | ②

30 빈출도 ★★★

그림과 같은 게이트의 명칭은?

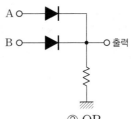

① AND   ② OR
③ NOR   ④ NAND

해설

2개의 입력 중 1개라도 입력이 존재할 경우 출력값이 나타나는 OR 게이트의 무접점 회로이다.

관련개념 OR 게이트

입력 단자 A와 B 모두 OFF일 때에만 출력이 OFF되고, 두 단자 중 어느 하나라도 ON이면 출력이 ON이 되는 회로이다.

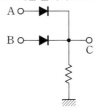

▲ OR 회로의 무접점 회로

입력		출력
A	B	C
0	0	0
0	1	1
1	0	1
1	1	1

▲ OR 회로의 진리표

정답 | ②

31 빈출도 ★ ★ ★

어떤 코일의 임피던스를 측정하려 직류 전압 30[V]를 가했더니 300[W]가 소비되고, 교류 전압 100[V]를 가했더니 1,200[W]가 소비되고 있었다. 이 코일의 리액턴스는 몇 [Ω]인가?

① 2   ② 4
③ 6   ④ 8

해설

직류 전압 인가 시 $P = \dfrac{V^2}{R} = 300[\text{W}]$

$\rightarrow R = \dfrac{V^2}{P} = \dfrac{30^2}{300} = 3[\Omega]$

교류 전압 인가 시 $P = P_a \cos\theta = \dfrac{V^2}{Z} \times \dfrac{R}{Z} = 1{,}200[\text{W}]$

$\rightarrow Z^2 = \dfrac{V^2 R}{P} = \dfrac{100^2 \times 3}{1{,}200} = 25$

$\therefore$ 임피던스 $Z = 5[\Omega]$

리액턴스 $X = \sqrt{Z^2 - R^2} = \sqrt{5^2 - 3^2} = 4[\Omega]$

정답 | ②

32 빈출도 ★ ★ ★

저항 6[Ω]과 유도리액턴스 8[Ω]이 직렬로 접속되는 회로에 100[V]의 교류 전압을 가하면 흐르는 전류의 크기는 몇 [A]인가?

① 10   ② 20
③ 50   ④ 80

해설

RL 직렬회로에서 임피던스

$Z = \sqrt{R^2 + X_L{}^2} = \sqrt{6^2 + 8^2} = 10[\Omega]$

전류 $I = \dfrac{V}{Z} = \dfrac{100}{10} = 10[\text{A}]$

정답 | ①

33 빈출도 ★

백열전등의 점등스위치로는 다음 중 어떤 스위치를 사용하는 것이 적합한가?

① 복귀형 a접점 스위치
② 복귀형 b접점 스위치
③ 유지형 스위치
④ 전자 접촉기

해설

실내에서 사용하는 백열전등의 스위치를 조작할 경우 복구되지 않는 유지형 스위치를 사용하여야 한다.

정답 | ③

34 빈출도 ★★★

LC 직렬회로에서 직류 전압 E를 $t=0$에서 인가할 때 흐르는 전류는?

① $\dfrac{E}{\sqrt{L/C}}\cos\dfrac{1}{\sqrt{LC}}t$ ② $\dfrac{E}{\sqrt{L/C}}\sin\dfrac{1}{\sqrt{LC}}t$

③ $\dfrac{E}{\sqrt{C/L}}\cos\dfrac{1}{\sqrt{LC}}t$ ④ $\dfrac{E}{\sqrt{C/L}}\sin\dfrac{1}{\sqrt{LC}}t$

해설

LC 회로의 전하 및 전류

$q(t)=CE(1-\cos\omega t)=CE\left(1-\cos\dfrac{1}{\sqrt{LC}}t\right)[\text{C}]$

$I(t)=\dfrac{dq}{dt}=\omega CE\sin\omega t=\dfrac{E}{\sqrt{L/C}}\sin\dfrac{1}{\sqrt{LC}}t[\text{A}]$

정답 | ②

35 빈출도 ★★

피드백 제어계에 대한 설명 중 틀린 것은?

① 대역폭이 증가한다.
② 정확성이 있다.
③ 비선형에 대한 효과가 증대된다.
④ 발진을 일으키는 경향이 있다.

해설

피드백 제어계는 비선형과 왜형에 대한 효과가 감소한다.

관련개념 피드백 제어계의 특징

㉠ 구조가 복잡하고 설치비용이 비싼 편이다.
㉡ 정확성과 대역폭이 증가한다.
㉢ 외란에 대한 영향을 줄여 제어계의 특성을 향상시킬 수 있다.
㉣ 계의 특성변화에 대한 입력 대 출력비에 대한 감도가 감소한다.
㉤ 비선형과 왜형에 대한 효과는 감소한다.
㉥ 발진을 일으키는 경향이 있다.

정답 | ③

36 빈출도 ★★

어떤 계를 표시하는 미분 방정식이 아래와 같을 때 $x(t)$는 입력신호, $y(t)$는 출력신호라고 하면 이 계의 전달 함수는?

$$5\dfrac{d^2}{dt^2}y(t)+3\dfrac{d}{dt}y(t)-2y(t)=x(t)$$

① $\dfrac{1}{(5s-2)(s+1)}$ ② $\dfrac{1}{(5s+2)(s-1)}$

③ $\dfrac{1}{(5s-1)(s+2)}$ ④ $\dfrac{1}{(5s+1)(s-2)}$

해설

미분 방정식을 라플라스 변환하면

$5s^2Y(s)+3sY(s)-2Y(s)=X(s)$

$Y(s)(5s^2+3s-2)=X(s)$

∴ 전달함수 $\dfrac{Y(s)}{X(s)}=\dfrac{1}{5s^2+3s-2}$

$=\dfrac{1}{(5s-2)(s+1)}$

정답 | ①

37 빈출도 ★★★

측정기의 측정범위를 확대하기 위한 방법으로 틀린 것은?

① 전류의 측정범위 확대를 위해 분류기를 사용하고, 전압의 측정범위 확대를 위해 배율기를 사용한다.
② 분류기는 계기에 직렬, 배율기는 병렬로 접속한다.
③ 측정기 내부저항을 R_a, 분류기 저항을 R_s라 할 때, 분류기의 배율은 $1+\dfrac{R_a}{R_s}$로 표시된다.
④ 측정기 내부저항을 R_v, 배율기 저항을 R_m라 할 때, 배율기의 배율은 $1+\dfrac{R_m}{R_v}$로 표시된다.

해설

분류기는 전류계의 측정 범위를 넓히기 위하여 전류계와 병렬로 연결하고, 배율기는 전압계의 측정 범위를 넓히기 위하여 전압계와 직렬로 연결한다.

선지분석

① 분류기를 사용하여 전류의 측정 범위를 확대하고, 배율기를 사용하여 전압의 측정범위를 확대한다.
③ 분류기의 배율 $m=\dfrac{I_0}{I_a}=\dfrac{I_a+I_s}{I_a}=1+\dfrac{I_s}{I_a}=1+\dfrac{R_a}{R_s}$
④ 배율기의 배율 $m=\dfrac{V_0}{V}=\dfrac{I_v(R_m+R_v)}{I_vR_v}=1+\dfrac{R_m}{R_v}$

정답 | ②

38 빈출도 ★★★

논리식 $X=AB\overline{C}+\overline{A}BC+\overline{A}B\overline{C}$를 간소화하면?

① $B(\overline{A}+\overline{C})$　　　　② $B(\overline{A}+A\overline{C})$
③ $B(\overline{A}C+\overline{C})$　　　　④ $B(A+C)$

해설

$X=AB\overline{C}+\overline{A}BC+\overline{A}B\overline{C}$
$\quad=B\overline{C}(A+\overline{A})+\overline{A}BC$
$\quad=B\overline{C}+\overline{A}BC$
$\quad=B(\overline{C}+\overline{A}C)$　← 흡수법칙
$\quad=B(\overline{A}+\overline{C})$

관련개념 불대수 연산 예

결합법칙	• $A+(B+C)=(A+B)+C$ • $A\cdot(B\cdot C)=(A\cdot B)\cdot C$
분배법칙	• $A\cdot(B+C)=A\cdot B+A\cdot C$ • $A+(B\cdot C)=(A+B)\cdot(A+C)$
흡수법칙	• $A+A\cdot B=A$ • $A+\overline{A}B=A+B$ • $A\cdot(A+B)=A$

정답 | ①

39 빈출도 ★★

원형 단면적이 $S[\text{m}^2]$, 평균자로의 길이가 $l[\text{m}]$, $1[\text{m}]$당 권선수가 N회인 공심 환상솔레노이드에 $I[\text{A}]$의 전류를 흘릴 때 철심 내의 자속은?

① $\dfrac{NI}{l}$ 　　　　② $\dfrac{\mu_0 SNI}{l}$

③ $\mu_0 SNI$ 　　　　④ $\dfrac{\mu_0 SN^2 I}{l}$

해설

환상 솔레노이드의 자속 $\phi = \dfrac{NI}{R_m}$

자기저항 $R_m = \dfrac{l}{\mu_0 S}$이므로

자속 $\phi = \dfrac{NI}{\dfrac{l}{\mu_0 S}} = \dfrac{\mu_0 SNI}{l}[\text{Wb}]$($N$: 전체 코일에 감은 횟수)

문제 조건에서 단위 길이당 권선수를 N이라 하였으므로

$N = \dfrac{\text{전체 감은 횟수}}{\text{자로길이}}$가 된다.

따라서 자속 $\phi = \mu_0 SNI[\text{Wb}]$

정답 | ③

40 빈출도 ★★

무한장 솔레노이드에서 자계의 세기에 대한 설명으로 틀린 것은?

① 전류의 세기에 비례한다.
② 코일의 권수에 비례한다.
③ 솔레노이드 내부에서의 자계의 세기는 위치에 관계없이 일정한 평등자계이다.
④ 자계의 방향과 암페어 경로 간에 서로 수직인 경우 자계의 세기가 최고이다.

해설

무한장 솔레노이드에서 자계의 세기는 자계의 방향과 무관하다.

관련개념 무한장 솔레노이드에서의 자계

㉠ 내부자계 $H_i = n_0 I[\text{AT/m}]$
　(n_0: 단위미터당 감긴 코일의 횟수)
㉡ 외부자계 $H_0 = 0$

정답 | ④

41 빈출도 ★★

소방기본법령상 소방본부 종합상황실 실장이 소방청의 종합상황실에 서면·팩스 또는 컴퓨터통신 등으로 보고하여야 하는 화재의 기준 중 틀린 것은?

① 항구에 매어둔 총 톤수가 1,000[t] 이상인 선박에서 발생한 화재

② 층수가 5층 이상이거나 병상이 30개 이상인 종합병원·한방병원·요양소에서 발생한 화재

③ 지정수량의 1,000배 이상의 위험물의 제조소·저장소·취급소에서 발생한 화재

④ 연면적 15,000[m²] 이상인 공장 또는 화재예방강화지구에서 발생한 화재

해설

지정수량의 3,000배 이상 위험물의 제조소·저장소·취급소 발생 화재의 경우 소방청 종합상황실에 보고하여야 한다.

관련개념 실장의 상황 보고

㉠ 사망자 5인 이상 또는 사상자 10인 이상 발생 화재

㉡ 이재민 100인 이상 발생 화재

㉢ 재산피해액 50억원 이상 발생 화재

㉣ 관공서·학교·정부미도정공장·문화재·지하철·지하구 발생 화재

㉤ 관광호텔, 11층 이상인 건축물, 지하상가, 시장, 백화점 발생 화재

㉥ 지정수량의 3,000배 이상 위험물의 제조소·저장소·취급소 발생 화재

㉦ 5층 이상 또는 객실이 30실 이상인 숙박시설 발생 화재

㉧ 5층 이상 또는 병상이 30개 이상인 종합병원·정신병원·한방병원·요양소 발생 화재

㉨ 연면적 15,000[m²] 이상인 공장 발생 화재

㉩ 화재예방강화지구 발생 화재

㉪ 철도차량, 항구에 매어둔 1,000[t] 이상 선박, 항공기, 발전소, 변전소 발생 화재

㉫ 가스 및 화약류 폭발에 의한 화재

㉬ 다중이용업소 발생 화재

정답 ③

42 빈출도 ★★★

소방기본법령상 소방용수시설별 설치기준 중 틀린 것은?

① 급수탑 개폐밸브는 지상에서 1.5[m] 이상 1.7[m] 이하의 위치에 설치하도록 할 것

② 소화전은 상수도와 연결하여 지하식 또는 지상식의 구조로 하고, 소방용 호스와 연결하는 소화전의 연결금속구의 구경은 100[mm]로 할 것

③ 저수조 흡수관의 투입구가 사각형의 경우에는 한 변의 길이가 60[cm] 이상, 원형의 경우에는 지름이 60[cm] 이상일 것

④ 저수조는 지면으로부터의 낙차가 4.5[m] 이하일 것

해설

소화전은 상수도와 연결하여 지하식 또는 지상식의 구조로 하고, 소방용 호스와 연결하는 소화전의 연결금속구의 구경은 65[mm]로 해야 한다.

관련개념 소화전의 설치기준

㉠ 상수도와 연결하여 지하식 또는 지상식의 구조로 할 것

㉡ 연결금속구의 구경: 65[mm]

급수탑의 설치기준

㉠ 급수배관의 구경: 100[mm] 이상

㉡ 개폐밸브: 지상에서 1.5[m] 이상 1.7[m] 이하

저수조의 설치기준

㉠ 지면으로부터 낙차: 4.5[m] 이하

㉡ 흡수부분의 수심: 0.5[m] 이상

㉢ 흡수관의 투입구

사각형	한 변의 길이 60[cm] 이상
원형	지름 60[cm] 이상

정답 ②

43 빈출도 ★★

소방기본법상 소방본부장, 소방서장 또는 소방대장의 권한이 아닌 것은?

① 화재, 재난·재해, 그 밖의 위급한 상황이 발생한 현장에서 소방활동을 위하여 필요할 때에는 그 관할 구역에 사는 사람 또는 그 현장에 있는 사람으로 하여금 사람을 구출하는 일 또는 불을 끄거나 불이 번지지 아니하도록 하는 일을 하게 할 수 있다.

② 소방활동을 할 때에 긴급한 경우에는 이웃한 소방본부장 또는 소방서장에게 소방업무와 응원을 요청할 수 있다.

③ 사람을 구출하거나 불이 번지는 것을 막기 위하여 필요할 때에는 화재가 발생하거나 불이 번질 우려가 있는 소방대상물 및 토지를 일시적으로 사용하거나 그 사용의 제한 또는 소방활동에 필요한 처분을 할 수 있다.

④ 소방활동을 위하여 긴급하게 출동할 때에는 소방자동차의 통행과 소방활동에 방해가 되는 주차 또는 정차된 차량 및 물건 등을 제거하거나 이동시킬 수 있다.

해설

소방본부장이나 소방서장은 소방활동을 할 때에 긴급한 경우에는 이웃한 소방본부장 또는 소방서장에게 소방업무의 응원을 요청할 수 있다.
소방대장은 소방업무의 응원을 요청할 수 있는 권한이 없다.

관련개념 소방본부장, 소방서장, 소방대장의 권한

구분	소방본부장	소방서장	소방대장
소방활동	○	○	×
소방업무 응원요청	○	○	×
소방활동 구역설정	×	×	○
소방활동 종사명령	○	○	○
강제처분 (토지, 차량 등)	○	○	○

정답 | ②

44 빈출도 ★

위험물안전관리법령상 위험물의 안전관리와 관련된 업무를 수행하는 자로서 소방청장이 실시하는 안전교육 대상자가 아닌 것은?

① 안전관리자로 선임된 자
② 탱크시험자의 기술인력으로 종사하는 자
③ 위험물운송자로 종사하는 자
④ 제조소등의 관계인

해설

제조소등의 관계인은 위험물 안전교육대상자가 아니다.

관련개념 위험물 안전교육대상자

㉠ 안전관리자로 선임된 자
㉡ 탱크시험자의 기술인력으로 종사하는 자
㉢ 위험물운반자로 종사하는 자
㉣ 위험물운송자로 종사하는 자

정답 | ④

45 빈출도 ★★

화재의 예방 및 안전관리에 관한 법률상 소방안전관리 대상물의 소방안전관리자 업무가 아닌 것은?

① 소방훈련 및 교육
② 자위소방대 및 초기 대응체계의 구성 · 운영 · 교육
③ 소방시설공사
④ 피난계획에 관한 사항과 대통령령으로 정하는 사항이 포함된 소방계획서의 작성 및 시행

해설

소방시설공사는 소방안전관리대상물의 소방안전관리자의 업무가 아니다.

관련개념 소방안전관리대상물 소방안전관리자의 업무

㉠ 피난계획에 관한 사항과 소방계획서의 작성 및 시행
㉡ 자위소방대 및 초기대응체계의 구성, 운영 및 교육
㉢ 피난시설, 방화구획 및 방화시설의 관리
㉣ 소방시설이나 그 밖의 소방 관련 시설의 관리
㉤ 소방훈련 및 교육
㉥ 화기 취급의 감독
㉦ 소방안전관리에 관한 업무수행에 관한 기록 · 유지
㉧ 화재발생 시 초기대응
㉨ 그 밖에 소방안전관리에 필요한 업무

정답 | ③

46 빈출도 ★

소방시설 설치 및 관리에 관한 법률상 소방용품이 아닌 것은?

① 소화약제 외의 것을 이용한 간이소화용구
② 자동소화장치
③ 가스누설 경보기
④ 소화용으로 사용하는 방염제

해설

소화약제 외의 것을 이용한 간이소화용구는 소방용품이 아니다.

정답 | ①

47 빈출도 ★★★

소방시설 설치 및 관리에 관한 법률상 스프링클러설비를 설치하여야 하는 특정소방대상물의 기준 중 틀린 것은? (단, 위험물 저장 및 처리 시설 중 가스시설 또는 지하구는 제외한다.)

① 숙박이 가능한 수련시설 용도로 사용되는 시설의 바닥면적의 합계가 600[m²] 이상인 것은 모든 층
② 창고시설(물류터미널은 제외)로서 바닥면적 합계가 5,000[m²] 이상인 경우에는 모든 층
③ 판매시설, 운수시설 및 창고시설(물류터미널에 한정)로서 바닥면적의 합계가 5,000[m] 이상이거나 수용인원이 500명 이상인 경우에는 모든 층
④ 복합건축물로서 연면적이 3,000[m²] 이상인 경우에는 모든 층

해설

복합건축물로서 연면적 5,000[m²] 이상인 경우에는 모든 층에 스프링클러설비를 설치해야 한다.

정답 | ④

48 빈출도 ★★★

화재의 예방 및 안전관리에 관한 법률상 특수가연물의 저장 및 취급기준 중 다음 (   ) 안에 알맞은 것은?

> 살수설비를 설치하거나, 방사능력 범위에 해당 특수가연물이 포함되도록 대형수동식 소화기를 설치하는 경우에는 쌓는 높이를 (㉠   )[m] 이하, 쌓는 부분의 바닥면적을 (㉡   )[m²] 이하로 할 수 있다.

① ㉠: 10, ㉡: 30   ② ㉠: 10, ㉡: 50
③ ㉠: 15, ㉡: 100   ④ ㉠: 15, ㉡: 200

해설

살수설비를 설치하거나, 방사능력 범위에 해당 특수가연물이 포함되도록 대형수동식 소화기를 설치하는 경우에는 쌓는 높이를 **15[m]** 이하, 쌓는 부분의 바닥면적을 **200[m²]** 이하로 할 수 있다.

관련개념 특수가연물의 저장 및 취급 기준

구분		살수설비를 설치하거나 대형수동식소화기를 설치하는 경우	그 밖의 경우
높이		**15[m] 이하**	10[m] 이하
쌓는 부분의 바닥면적	석탄·목탄류	300[m²] 이하	200[m²] 이하
	그 외	**200[m²] 이하**	50[m²] 이하

정답 | ④

49 빈출도 ★★

위험물안전관리법상 위험시설의 설치 및 변경 등에 관한 기준 중 다음 (   ) 안에 알맞은 것은?

> 제조소등의 위치·구조 또는 설비의 변경 없이 당해 제조소등에서 저장하거나 취급하는 위험물의 품명·수량 또는 지정수량의 배수를 변경하고자 하는 자는 변경하고자 하는 날의 (㉠   )일 전까지 (㉡   )이 정하는 바에 따라 (㉢   )에게 신고하여야 한다.

① ㉠: 1, ㉡: 행정안전부령, ㉢: 시·도지사
② ㉠: 1, ㉡: 대통령령, ㉢: 소방본부장·소방서장
③ ㉠: 14, ㉡: 행정안전부령, ㉢: 시·도지사
④ ㉠: 14, ㉡: 대통령령, ㉢: 소방본부장·소방서장

해설

제조소등의 위치·구조 또는 설비의 변경없이 당해 제조소등에서 저장하거나 취급하는 위험물의 품명·수량 또는 지정수량의 배수를 변경하고자 하는 자는 변경하고자 하는 날의 **1일** 전까지 **행정안전부령**이 정하는 바에 따라 **시·도지사**에게 신고하여야 한다.

정답 | ①

50 빈출도 ★★

화재의 예방 및 안전관리에 관한 법률상 소방안전관리대상물의 소방계획서에 포함되어야 하는 사항이 아닌 것은?

① 예방규정을 정하는 제조소등의 위험물 저장·취급에 관한 사항
② 소방시설·피난시설 및 방화시설의 점검·정비계획
③ 소방안전관리대상물의 근무자 및 거주자의 자위소방대 조직과 대원의 임무에 관한 사항
④ 방화구획, 제연구획, 건축물의 내부 마감재료 및 방염대상물품의 사용현황과 그 밖의 방화구조 및 설비의 유지·관리계획

해설

예방규정을 정하는 제조소등의 위험물 저장·취급에 관한 사항은 소방계획서에 포함되는 내용이 아니다.

정답 | ①

51 빈출도 ★★

소방공사업법령상 공사감리자 지정대상 특정소방대상물의 범위가 아닌 것은?

① 캐비닛형 간이스프링클러설비를 신설·개설하거나 방호·방수 구역을 증설할 때
② 물분무등소화설비(호스릴방식의 소화설비는 제외)를 신설·개설하거나 방호·방수 구역을 증설할 때
③ 제연설비를 신설·개설하거나 방호·방수 구역을 증설할 때
④ 연소방지설비를 신설·개설하거나 살수구역을 증설할 때

해설

캐비닛형 간이스프링클러설비를 신설·개설하거나 방호·방수 구역을 증설할 때에는 공사감리자를 지정할 필요가 없다.

관련개념 **공사감리자 지정대상 특정소방대상물의 범위**

㉠ 옥내소화전설비를 신설·개설 또는 증설할 때
㉡ 스프링클러설비등(캐비닛형 간이스프링클러설비는 제외)을 신설·개설하거나 방호·방수 구역을 증설할 때
㉢ 물분무등소화설비(호스릴방식의 소화설비 제외)를 신설·개설하거나 방호·방수 구역을 증설할 때
㉣ 옥외소화전설비를 신설·개설 또는 증설할 때
㉤ 자동화재탐지설비를 신설 또는 개설할 때
㉥ 비상방송설비를 신설 또는 개설할 때
㉦ 통합감시시설을 신설 또는 개설할 때
㉧ 소화용수설비를 신설 또는 개설할 때
㉨ 다음 소화활동설비에 대하여 시공을 할 때
　－ 제연설비를 신설·개설하거나 제연구역을 증설할 때
　－ 연결송수관설비를 신설 또는 개설할 때
　－ 연결살수설비를 신설·개설하거나 송수구역을 증설할 때
　－ 비상콘센트설비를 신설·개설하거나 전용회로를 증설할 때
　－ 무선통신보조설비를 신설 또는 개설할 때
　－ 연소방지설비를 신설·개설하거나 살수구역을 증설할 때

정답 | ①

52 빈출도 ★

소방시설 설치 및 관리에 관한 법률상 특정소방대상물에 소방시설이 화재안전기준에 따라 설치 유지·관리되어 있지 아니할 때에는 해당 특정소방대상물의 관계인에게 필요한 조치를 명할 수 있는 자는?

① 소방본부장
② 소방청장
③ 시·도지사
④ 행정안전부장관

해설

소방본부장이나 소방서장은 소방시설이 화재안전기준에 따라 설치 또는 유지·관리되어 있지 아니할 때에는 해당 특정소방대상물의 관계인에게 필요한 조치를 명할 수 있다.

정답 | ①

53 빈출도 ★★

위험물안전관리법상 업무상 과실로 제조소등에서 위험물을 유출·방출 또는 확산시켜 사람의 생명·신체 또는 재산에 대하여 위험을 발생시킨 자에 대한 벌칙 기준으로 옳은 것은?

① 5년 이하의 금고 또는 2,000만 원 이하의 벌금
② 5년 이하의 금고 또는 7,000만 원 이하의 벌금
③ 7년 이하의 금고 또는 2,000만 원 이하의 벌금
④ 7년 이하의 금고 또는 7,000만 원 이하의 벌금

해설

업무상 과실로 제조소등에서 위험물을 유출·방출 또는 확산시켜 사람의 생명·신체 또는 재산에 대하여 위험을 발생시킨 자는 7년 이하의 금고 또는 7,000만 원 이하(사상자 발생시 10년 이하의 징역 또는 금고나 1억 원 이하)의 벌금에 처한다.

정답 | ④

54 빈출도 ★★★

소방시설 설치 및 관리에 관한 법률상 소방시설등에 대하여 스스로 점검을 하지 아니하거나 관리업자등으로 하여금 정기적으로 점검하게 아니한 자에 대한 벌칙 기준으로 옳은 것은?

① 6개월 이하의 징역 또는 1,000만 원 이하의 벌금
② 1년 이하의 징역 또는 1,000만 원 이하의 벌금
③ 3년 이하의 징역 또는 1,500만 원 이하의 벌금
④ 3년 이하의 징역 또는 3,000만 원 이하의 벌금

해설

소방시설등에 대하여 자체점검을 하지 아니하거나 관리업자등으로 하여금 정기적으로 점검하게 하지 아니한 자는 1년 이하의 징역 또는 1천만 원 이하의 벌금에 처한다.

정답 | ②

55 빈출도 ★★

소방기본법상 소방활동구역의 설정권자로 옳은 것은?

① 소방본부장
② 소방서장
③ 소방대장
④ 시·도지사

해설

소방활동구역의 설정권자는 소방대장이다.

관련개념 소방본부장, 소방서장, 소방대장의 권한

구분	소방본부장	소방서장	소방대장
소방활동	○	○	×
소방업무 응원요청	○	○	×
소방활동 구역설정	×	×	○
소방활동 종사명령	○	○	○
강제처분 (토지, 차량 등)	○	○	○

정답 | ③

56 빈출도 ★★

화재의 예방 및 안전관리에 관한 법률상 옮긴 물건 등의 보관기간은 소방본부 또는 소방서의 인터넷 홈페이지에 공고하는 기간의 종료일 다음 날부터 며칠로 하는가?

① 3
② 4
③ 5
④ 7

해설

옮긴 물건 등의 보관기간은 공고기간의 종료일 다음 날부터 7일까지로 한다.

관련개념 옮긴 물건 등의 공고일 및 보관기간

인터넷 홈페이지 공고일	14일
보관기관	7일

정답 | ④

57 빈출도 ★★

위험물안전관리법상 지정수량 미만인 위험물의 저장 또는 취급에 관한 기술상의 기준은 무엇으로 정하는가?

① 대통령령
② 총리령
③ 시·도의 조례
④ 행정안전부령

해설

지정수량 미만인 위험물의 저장 또는 취급에 관한 기술상의 기준은 시·도의 조례로 정한다.

정답 | ③

58 빈출도 ★★★

소방시설 설치 및 관리에 관한 법률상 비상경보설비를 설치하여야 할 특정소방대상물의 기준 중 옳은 것은? (단, 지하구 모래·석재 등 불연재료 창고 및 위험물 저장·처리 시설 중 가스시설은 제외한다.)

① 지하층 또는 무창층의 바닥면적이 50[m²] 이상인 것
② 연면적이 400[m²] 이상인 것
③ 지하가 중 터널로서 길이가 300[m] 이상인 것
④ 30명 이상의 근로자가 작업하는 옥내 작업장

해설

연면적이 400[m²] 이상인 특정소방대상물은 모든 층에 비상경보설비를 설치해야 한다.

관련개념 비상경보설비를 설치해야 하는 특정소방대상물

시설	대상
건축물	• 연면적 400[m²] 이상 • 지하층 또는 무창층의 바닥면적이 150[m²] 　(공연장의 경우 100[m²]) 이상
터널	길이 500[m] 이상
옥내 작업장	50명 이상의 근로자가 작업

정답 │ ②

59 빈출도 ★★

소방시설 설치 및 관리에 관한 법률상 특정소방대상물의 피난시설, 방화구획 또는 방화시설에 폐쇄·훼손·변경 등의 행위를 한 자에 대한 과태료 기준으로 옳은 것은?

① 200만 원 이하의 과태료
② 300만 원 이하의 과태료
③ 500만 원 이하의 과태료
④ 600만 원 이하의 과태료

해설

특정소방대상물의 피난시설, 방화구획 또는 방화시설에 폐쇄·훼손·변경 등의 행위를 한 자는 300만 원 이하의 과태료에 처한다.

정답 │ ②

60 빈출도 ★★

소방시설공사업법령상 상주공사감리 대상 기준 중 다음 (　　) 안에 알맞은 것은?

> – 연면적 (　㉠　)[m²] 이상의 특정소방대상물 (아파트 제외)에 대한 소방시설의 공사
> – 지하층을 포함한 층수가 (　㉡　)층 이상으로서 (　㉢　)세대 이상인 아파트에 대한 소방시설의 공사

① ㉠: 10,000, ㉡: 11, ㉢: 600
② ㉠: 10,000, ㉡: 16, ㉢: 500
③ ㉠: 30,000, ㉡: 11, ㉢: 600
④ ㉠: 30,000, ㉡: 16, ㉢: 500

해설

상주공사감리 대상 기준
㉠ 연면적 30,000[m²] 이상의 특정소방대상물(아파트 제외)에 대한 소방시설의 공사
㉡ 지하층을 포함한 층수가 16층 이상으로서 500세대 이상인 아파트에 대한 소방시설의 공사

정답 │ ④

61 빈출도 ★★

비상콘센트설비 전원회로의 설치기준 중 틀린 것은?

① 전원회로는 3상 교류 380[V] 이상인 것으로서, 그 공급용량은 3[kVA] 이상인 것으로 하여야 한다.

② 전원회로는 각 층에 2 이상이 되도록 설치해야 한다. 다만, 설치하여야 할 층의 비상콘센트가 1개인 때에는 하나의 회로로 할 수 있다.

③ 비상콘센트용의 풀박스 등은 방청도장을 한 것으로서, 두께 1.6[mm] 이상의 철판으로 하여야 한다.

④ 하나의 전용회로에 설치하는 비상콘센트는 10개 이하로 해야 한다. 이 경우 전선의 용량은 각 비상콘센트(비상콘센트가 3개 이상인 경우에는 3개)의 공급용량을 합한 용량 이상의 것으로 하여야 한다.

해설

비상콘센트설비의 전원회로는 단상 교류 220[V]인 것으로서, 그 공급용량은 1.5[kVA] 이상인 것으로 해야 한다.

정답 | ①

62 빈출도 ★★★

불꽃감지기 중 도로형의 최대시야각 기준으로 옳은 것은?

① 30° 이상
② 45° 이상
③ 90° 이상
④ 180° 이상

해설

불꽃감지기 중 도로형은 최대시야각이 180° 이상이어야 한다.

정답 | ④

63 빈출도 ★★★

비상경보설비를 설치하여야 하는 특정소방대상물의 기준으로 옳은 것은? (단, 지하구, 모래·석재 등 불연재료 창고 및 위험물 저장·처리 시설 중 가스시설은 제외한다.)

① 공연장의 경우 지하층 또는 무창층의 바닥면적이 100[m²] 이상인 것

② 지하층을 제외한 층수가 11층 이상인 것

③ 지하층의 층수가 3층 이상인 것

④ 30명 이상의 근로자가 작업하는 옥내작업장

해설

지하층 또는 무창층의 바닥면적이 150[m²](공연장의 경우 100[m²]) 이상인 것은 모든 층에 비상경보설비를 설치하여야 한다.

관련개념 비상경보설비를 설치해야 하는 특정소방대상물

특정소방대상물	구분
건축물	연면적 400[m²] 이상인 것
지하층·무창층	바닥면적이 150[m²](공연장은 100[m²]) 이상인 것
지하가 중 터널	길이 500[m] 이상인 것
옥내작업장	50명 이상의 근로자가 작업하는 곳

정답 | ①

64 빈출도 ★★★

휴대용비상조명등의 설치기준 중 틀린 것은?

① 대규모점포(지하상가 및 지하역사 제외)와 영화상영관에는 보행거리 50[m] 이내마다 3개 이상 설치할 것
② 사용 시 수동으로 점등되는 구조일 것
③ 건전지 및 충전식 배터리의 용량은 20분 이상 유효하게 사용할 수 있는 것으로 할 것
④ 지하상가 및 지하역사에서는 보행거리 25[m] 이내마다 3개 이상 설치할 것

해설

휴대용비상조명등은 사용 시 **자동**으로 점등되는 구조이어야 한다.

정답 | ②

65 빈출도 ★★★

객석 내의 통로가 경사로 또는 수평로로 되어 있는 부분에 설치하여야 하는 객석유도등의 설치개수 산출 공식으로 옳은 것은?

① $\dfrac{\text{객석통로의 직선부분 길이[m]}}{3} - 1$

② $\dfrac{\text{객석통로의 직선부분 길이[m]}}{4} - 1$

③ $\dfrac{\text{객석통로의 넓이[m}^2\text{]}}{3} - 1$

④ $\dfrac{\text{객석통로의 넓이[m}^2\text{]}}{4} - 1$

해설

객석 내의 통로가 경사로 또는 수평로로 되어 있는 부분은 다음 식에 따라 산출한 개수(소수점 이하의 수는 1로 봄)의 유도등을 설치해야 한다.

$$\dfrac{\text{객석통로의 직선부분 길이[m]}}{4} - 1$$

정답 | ②

66 빈출도 ★★★

객석유도등을 설치하지 아니하는 경우의 기준 중 다음 ( ) 안에 알맞은 것은?

> 거실 등의 각 부분으로부터 하나의 거실 출입구에 이르는 보행거리가 ( )[m] 이하인 객석의 통로로서 그 통로에 통로유도등이 설치된 객석

① 15 ② 20
③ 30 ④ 50

해설

객석유도등을 설치하지 않을 수 있는 경우
㉠ 주간에만 사용하는 장소로서 채광이 충분한 객석
㉡ 거실 등의 각 부분으로부터 하나의 거실 출입구에 이르는 보행거리가 **20[m]** 이하인 객석의 통로로서 그 통로에 통로유도등이 설치된 객석

정답 | ②

67 빈출도 ★★★

비상벨설비의 설치기준 중 다음 ( ) 안에 알맞은 것은?

> 비상벨설비에는 그 설비에 대한 감시상태를 (㉠)분간 지속한 후 유효하게 (㉡)분 이상 경보할 수 있는 축전지설비 또는 전기저장장치를 설치하여야 한다.

① ㉠: 30, ㉡: 10
② ㉠: 10, ㉡: 30
③ ㉠: 60, ㉡: 10
④ ㉠: 10, ㉡: 60

해설

비상벨설비 또는 자동식사이렌설비에는 그 설비에 대한 감시상태를 **60분**간 지속한 후 유효하게 **10분** 이상 경보할 수 있는 비상전원으로서 축전지설비 또는 전기저장장치를 설치해야 한다.

정답 | ③

68 빈출도 ★★

누전경보기 변류기의 절연저항시험 부위가 아닌 것은?

① 절연된 1차권선과 단자판 사이
② 절연된 1차권선과 외부금속부 사이
③ 절연된 1차권선과 2차권선 사이
④ 절연된 2차권선과 외부금속부 사이

해설

절연된 1차권선과 단자판 사이는 누전경보기 변류기의 절연저항시험 부위가 아니다.

관련개념 누전경보기 변류기의 절연저항시험

누전경보기 변류기는 DC 500[V]의 절연저항계로 다음 시험을 하는 경우 5[MΩ] 이상이어야 한다.
㉠ 절연된 1차권선과 2차권선 간의 절연저항
㉡ 절연된 1차권선과 외부금속부 간의 절연저항
㉢ 절연된 2차권선과 외부금속부 간의 절연저항

정답 | ①

69 빈출도 ★★★

비상방송설비 음향장치의 구조 및 성능 기준 중 다음 (   ) 안에 알맞은 것은?

- 정격전압의 (㉠)[%] 전압에서 음향을 발할 수 있는 것을 할 것
- (㉡)의 작동과 연동하여 작동할 수 있는 것으로 할 것

① ㉠: 65, ㉡: 자동화재탐지설비
② ㉠: 80, ㉡: 자동화재탐지설비
③ ㉠: 65, ㉡: 단독경보형 감지기
④ ㉠: 80, ㉡: 단독경보형 감지기

해설

비상방송설비 음향장치의 구조 및 성능 기준
㉠ 정격전압의 80[%] 전압에서 음향을 발할 수 있는 것으로 해야 한다.
㉡ 자동화재탐지설비의 작동과 연동하여 작동할 수 있는 것으로 해야 한다.

정답 | ②

70 빈출도 ★

피난기구의 설치기준 중 틀린 것은?

① 피난기구를 설치하는 개구부는 서로 동일 직선상이 아닌 위치에 있어야 한다. 다만, 피난교·피난용트랩·간이완강기·아파트에 설치되는 피난기구(다수인 피난장비 제외) 기타 피난 상 지장이 없는 것에 있어서는 그러하지 아니하다.
② 4층 이상의 층에 하향식 피난구용 내림식 사다리를 설치하는 경우에는 금속성 고정사다리를 설치하고, 당해 고정사다리에는 쉽게 피난할 수 있는 구조의 노대를 설치하여야 한다.
③ 다수인피난장비 보관실은 건물 외측보다 돌출되지 아니하고, 빗물·먼지 등으로부터 장비를 보호할 수 있는 구조이어야 한다.
④ 승강식 피난기 및 하향식 피난구용 내림식 사다리의 착지점과 하강구는 상호 수평거리 15[cm] 이상의 간격을 두어야 한다.

해설

4층 이상의 층에 피난사다리(하향식 피난구용 내림식 사다리 제외)를 설치하는 경우에는 금속성 고정사다리를 설치하고, 당해 고정사다리에는 쉽게 피난할 수 있는 구조의 노대를 설치해야 한다.

정답 | ②

※ 출제기준이 개정되어 피난기구는 시험범위에서 제외되었습니다.

71 빈출도 ★

소방시설용 비상전원수전설비에서 전력수급용 계기용변성기·주차단장치 및 그 부속기기로 정의되는 것은?

① 큐비클설비 ② 배전반설비
③ 수전설비 ④ 변전설비

해설

수전설비는 전력수급용 계기용변성기·주차단장치 및 그 부속기기를 말한다.

관련개념

용어	의미
큐비클형	수전설비를 큐비클 내에 수납하여 설치하는 방식
배전반	전력생산시설 등으로부터 직접 전력을 공급받아 분전반에 전력을 공급해주는 장치
변전설비	전력용변압기 및 그 부속장치

정답 | ③

72 빈출도 ★★

무선통신보조설비를 설치하여야 할 특정소방대상물의 기준 중 다음 (   ) 안에 알맞은 것은?

층수가 30층 이상인 것으로서 (   )층 이상 부분의 모든 층

① 11 ② 15
③ 16 ④ 20

해설

층수가 30층 이상인 것으로서 **16층** 이상 부분의 층에는 무선통신보조설비를 설치해야 한다.

정답 | ③

73 빈출도 ★★

비상콘센트설비의 설치기준 중 다음 (   ) 안에 알맞은 것은?

도로터널의 비상콘센트설비는 주행차로의 우측 측벽에 (   )[m] 이내의 간격으로 바닥으로부터 0.8[m] 이상 1.5[m] 이하의 높이에 설치할 것

① 15 ② 25
③ 30 ④ 50

해설

도로터널의 비상콘센트설비는 주행차로의 우측 측벽에 50[m] 이내의 간격으로 바닥으로부터 0.8[m] 이상 1.5[m] 이하의 높이에 설치해야 한다.

정답 | ④

74 빈출도 ★★

자동화재탐지설비의 화재안전기술기준(NFTC 203)의 수신기 설치기준에 따라 다음 괄호 안에 들어갈 내용이 적절하게 짝지어진 것은?

수신기의 조작스위치는 바닥으로부터의 높이가 (㉠)[m] 이상 (㉡)[m] 이하인 장소에 설치해야 한다.

① ㉠: 0.8, ㉡: 1.5
② ㉠: 0.8, ㉡: 1.6
③ ㉠: 1.0, ㉡: 1.6
④ ㉠: 1.0, ㉡: 1.5

해설

자동화재탐지설비 수신기의 조작스위치는 바닥으로부터의 높이가 0.8[m] 이상 1.5[m] 이하인 장소에 설치해야 한다.

정답 | ①

75 빈출도 ★★

자동화재속보설비 속보기 예비전원의 주위온도 충방전 시험 기준 중 다음 (   ) 안에 알맞은 것은?

> 무보수 밀폐형 연축전지는 방전종지전압 상태에서 0.1[C]로 48시간 충전한 다음 1시간 방치 후 0.05[C]로 방전시킬 때 정격용량의 95[%] 용량을 지속하는 시간이 (   )분 이상이어야 하며, 외관이 부풀어 오르거나 누액 등이 생기지 아니하여야 한다.

① 10　　　　　　　② 25
③ 30　　　　　　　④ 40

해설

무보수 밀폐형 연축전지는 방전종지전압 상태에서 0.1[C]로 48시간 충전한 다음 1시간 방치 후 0.05[C]로 방전시킬 때 정격용량의 95[%] 용량을 지속하는 시간이 30분 이상이어야 하며, 외관이 부풀어 오르거나 누액 등이 생기지 아니하여야 한다.

관련개념 속보기 예비전원의 시험별 특성

구분	상온 충방전시험	주위온도 충방전시험
충전전류	0.1[C], 48시간 충전	
방치시간	1시간 방치	
방전전류	1[C] 45분 이상	0.05[C] 95[%] 용량 지속 30분 이상

정답 | ③

76 빈출도 ★★★

비상방송설비 음향장치 설치기준 중 층수가 11층 이상 (공동주택의 경우 16층)으로서 특정소방대상물의 1층에서 발화한 때의 경보 기준으로 옳은 것은?

① 발화층에 경보를 발할 것
② 발화층 및 그 직상 4개층에 경보를 발할 것
③ 발화층·그 직상층 및 기타의 지하층에 경보를 발할 것
④ 발화층·그 직상 4개층 및 지하층에 경보를 발할 것

해설

층수가 11층(공동주택의 경우에는 16층) 이상의 특정소방대상물의 경보 기준

층수	경보층
2층 이상	발화층, 직상 4개층
1층	발화층, 직상 4개층, 지하층
지하층	발화층, 직상층, 기타 지하층

관련개념 경보방식

㉠ 우선경보방식: 발화층의 상하층 위주로 경보가 발령되어 우선 대피하도록 하는 방식이다.
㉡ 일제경보방식: 어떤 층에서 발화하더라도 모든 층에 경보를 울리는 방식이다.

정답 | ④

77 빈출도 ★★

자동화재속보설비의 속보기의 성능인증 및 제품검사의 기술기준에 따라 자동화재속보설비의 속보기의 외함에 강판을 사용할 경우 외함의 최소 두께[mm]는?

① 0.6   ② 1.2
③ 1.8   ④ 3

해설

자동화재속보설비 속보기의 외함에 강판을 사용할 경우 외함의 두께는 **1.2[mm]** 이상이어야 한다.

정답 | ②

78 빈출도 ★

자동화재탐지설비의 감지기 중 연기를 감지하는 감지기는 감시챔버로 몇 [mm] 크기의 물체가 침입할 수 없는 구조이어야 하는가?

① 1.3±0.05   ② 1.5±0.05
③ 1.8±0.05   ④ 2.0±0.05

해설

자동화재탐지설비의 감지기 중 연기를 감지하는 감지기는 감시챔버로 **(1.3±0.05)[mm]** 크기의 물체가 침입할 수 없는 구조이어야 한다.

정답 | ①

79 빈출도 ★★★

무선통신보조설비 증폭기의 비상전원 용량은 무선통신보조설비를 유효하게 몇 분 이상 작동시킬 수 있는 것으로 설치하여야 하는가?

① 10   ② 20
③ 30   ④ 60

해설

무선통신보조설비 증폭기의 비상전원 용량은 무선통신보조설비를 유효하게 **30분** 이상 작동시킬 수 있는 것으로 해야 한다.

정답 | ③

80 빈출도 ★★★

광전식 분리형 감지기의 설치기준 중 옳은 것은?

① 감지기의 수광면은 햇빛을 직접 받도록 설치할 것
② 광축(송광면과 수광면의 중심을 연결한 선)은 나란한 벽으로부터 1.5[m] 이상 이격하여 설치할 것
③ 감지기의 송광부와 수광부는 설치된 뒷벽으로부터 0.6[m] 이내 위치에 설치할 것
④ 광축의 높이는 천장 등(천장의 실내에 면한 부분 또는 상층의 바닥하부면) 높이의 80[%] 이상일 것

해설

광전식 분리형 감지기 광축의 높이는 천장 등(천장의 실내에 면한 부분 또는 상층의 바닥하부면) 높이의 **80[%]** 이상이어야 한다.

선지분석

① 감지기의 수광면은 햇빛을 직접 받지 않도록 설치할 것
② 광축(송광면과 수광면의 중심을 연결한 선)은 나란한 벽으로부터 **0.6[m]** 이상 이격하여 설치할 것
③ 감지기의 송광부와 수광부는 설치된 뒷벽으로부터 **1[m]** 이내의 위치에 설치할 것

정답 | ④

소방원론

01 빈출도 ★

방화문에 대한 기준으로 틀린 것은?

① 30분 방화문: 연기 및 불꽃을 차단할 수 있는 시간이 30분 이상 60분 미만인 방화문
② 30분＋ 방화문: 연기 및 불꽃을 차단할 수 있는 시간이 30분 이상 60분 미만이고, 열을 차단할 수 있는 시간이 30분 이상인 방화문
③ 60분 방화문: 연기 및 불꽃을 차단할 수 있는 시간이 60분 이상인 방화문
④ 60분＋ 방화문: 연기 및 불꽃을 차단할 수 있는 시간이 60분 이상이고, 열을 차단할 수 있는 시간이 30분 이상인 방화문

해설

30분＋ 방화문은 없으며 30분 방화문, 60분 방화문, 60분＋ 방화문은 옳은 설명이다.

정답 | ②

02 빈출도 ★

염소산염류, 과염소산염류, 알칼리금속의 과산화물, 질산염류, 과망가니즈산염류의 특징과 화재 시 소화방법에 대한 설명 중 틀린 것은?

① 가열 등에 의해 분해하여 산소를 발생하고 화재 시 산소의 공급원 역할을 한다.
② 가연물, 유기물, 기타 산화하기 쉬운 물질과 혼합물은 가열, 충격, 마찰 등에 의해 폭발하는 수도 있다.
③ 알칼리금속의 과산화물을 제외하고 다량의 물로 냉각소화한다.
④ 그 자체가 가연성이며 폭발성을 지니고 있어 화약류 취급 시와 같이 주의를 요한다.

해설

염소산염류, 과염소산염류, 알칼리금속의 과산화물, 질산염류, 과망가니즈산염류는 제1류 위험물(산화성 고체, 강산화성 물질)이다. 제1류 위험물은 불연성 물질로서 연소하지 않지만 다른 가연물의 연소를 돕는 조연성을 갖는다.

관련개념 제1류 위험물(산화성 고체)

㉠ 상온에서 분말 상태의 고체이며, 반응 속도가 매우 빠르다.
㉡ 산소를 다량으로 함유한 강력한 산화제로 가열·충격 등 약간의 기계적 점화 에너지에 의해 분해되어 산소를 쉽게 방출한다.
㉢ 다른 화학 물질과 접촉 시에도 분해되어 산소를 방출한다.
㉣ 자신은 불연성 물질로 연소하지 않지만 다른 가연물의 연소를 돕는 조연성을 갖는다.
㉤ 물보다 무거우며 물에 녹는 성질인 조해성이 있다. 물에 녹은 수용액 상태에서도 산화성이 있다.

정답 | ④

03 빈출도 ★★

비열이 가장 큰 물질은?

① 구리   ② 수은

③ 물   ④ 철

해설

얼음·물(H_2O)은 분자의 단순한 구조와 수소결합으로 인해 분자 간 결합이 강하므로 타 물질보다 비열, 융해잠열 및 증발잠열이 크다.

관련개념

물의 비열은 다른 물질의 비열보다 높은데 이는 물이 소화제로 사용되는 이유 중 하나이다.

정답 │ ③

04 빈출도 ★

건축물의 피난·방화구조 등의 기준에 관한 규칙에 따른 철망모르타르로서 그 바름두께가 최소 몇 [cm] 이상인 것을 방화구조로 규정하는가?

① 2   ② 2.5

③ 3   ④ 3.5

해설

건축물방화구조규칙에서는 철망모르타르로서 그 바름두께가 2[cm] 이상인 것을 방화구조로 적합하다고 규정한다.

관련개념 건축물방화구조규칙에서 규정하는 방화구조

㉠ 철망모르타르로서 그 바름두께가 2[cm] 이상인 것
㉡ 석고판 위에 시멘트모르타르 또는 회반죽을 바른 것으로서 그 두께의 합계가 2.5[cm] 이상인 것
㉢ 시멘트모르타르 위에 타일을 붙인 것으로서 그 두께의 합계가 2.5[cm] 이상인 것
㉣ 심벽에 흙으로 맞벽치기한 것
㉤ 한국산업표준에 따라 시험한 결과 방화 2급 이상에 해당하는 것

정답 │ ①

05 빈출도 ★★★

제3종 분말 소화약제에 대한 설명으로 틀린 것은?

① A, B, C급 화재에 모두 적용한다.

② 주성분은 탄산수소칼륨과 요소이다.

③ 열분해시 발생되는 불연성 가스에 의한 질식효과가 있다.

④ 분말운무에 의한 열방사를 차단하는 효과가 있다.

해설

제3종 분말 소화약제의 주성분은 제1인산암모늄이다.
열분해 과정에서 발생하는 기체상태의 암모니아, 수증기가 산소 농도를 한계 이하로 희석시켜 질식소화를 한다.
방출 시 화염과 가연물 사이에 분말의 운무를 형성하여 화염으로부터의 방사열을 차단하며, 가연물질의 온도가 저하되어 연소가 지속되지 못한다.

관련개념 분말 소화약제

구분	주성분	색상	적응화재
제1종	탄산수소나트륨 ($NaHCO_3$)	백색	B급 화재 C급 화재
제2종	탄산수소칼륨 ($KHCO_3$)	담자색 (보라색)	B급 화재 C급 화재
제3종	제1인산암모늄 ($NH_4H_2PO_4$)	담홍색	A급 화재 B급 화재 C급 화재
제4종	탄산수소칼륨＋요소 [$KHCO_3＋CO(NH_2)_2$]	회색	B급 화재 C급 화재

정답 │ ②

06 빈출도 ★★★

어떤 유기화합물을 원소 분석한 결과 중량백분율이 C: 39.9[%], H: 6.7[%], O: 53.4[%] 인 경우에 이 화합물의 분자식은? (단, 원자량은 C=12, O=16, H=1이다.)

① $C_3H_8O_2$ ② $C_2H_4O_2$

③ C_2H_4O ④ $C_2H_6O_2$

해설

어떤 유기화합물에서 탄소, 수소, 산소 원자의 질량비가 39.9 : 6.7 : 53.4 일 때, 각 원자의 원자량으로 나누면 원자 수의 비율로 나타낼 수 있다.

$$\frac{39.9}{12} : \frac{6.7}{1} : \frac{53.4}{16} = = 3.325 : 6.7 : 3.3375$$

이는 약 1 : 2 : 1의 비율로 나누어지며 이 비율로 구성할 수 있는 분자식은 $C_2H_4O_2$이다.

정답 | ②

07 빈출도 ★★

제4류 위험물의 물리·화학적 특성에 대한 설명으로 틀린 것은?

① 증기비중은 공기보다 크다.
② 정전기에 의한 화재 발생위험이 있다.
③ 인화성 액체이다.
④ 인화점이 높을수록 증기발생이 용이하다.

해설

인화점이 높다는 것은 상대적으로 높은 온도에서 연소가 시작된다는 의미이고, 온도가 높아져야 연소가 시작되기에 충분한 증기가 발생한다는 의미이다.
따라서 인화점이 높을수록 증기발생이 어렵다.

관련개념 제4류 위험물(인화성 액체)

㉠ 상온에서 안정적인 액체 상태로 존재하며, 비전도성을 갖는다.
㉡ 물보다 가볍고 대부분 물에 녹지 않는 비수용성이다.
㉢ 인화성 증기를 발생시킨다.
㉣ 폭발하한계와 발화점이 낮은 편이지만, 약간의 자극으로 쉽게 폭발하지 않는다.
㉤ 대부분의 증기는 유기화합물이며, 공기보다 무겁다.

정답 | ④

08 빈출도 ★★

유류 탱크의 화재 시 탱크 저부의 물이 뜨거운 열류층에 의하여 수증기로 변하면서 급작스런 부피 팽창을 일으켜 유류가 탱크 외부로 분출하는 현상은?

① 슬롭 오버(Slop Over)
② 블레비(BLEVE)
③ 보일 오버(Boil Over)
④ 파이어 볼(Fire Ball)

해설

화재가 발생한 유류저장탱크의 하부에 고여 있던 물이 급격히 증발하며 유류가 탱크 밖으로 넘치게 되는 현상을 보일 오버(Boil Over)라고 한다.

정답 | ③

09 빈출도 ★

소방시설 설치 및 관리에 관한 법령에 따른 개구부의 기준으로 틀린 것은?

① 해당 층의 바닥면으로부터 개구부 밑부분까지의 높이가 1.5[m] 이내일 것
② 크기는 지름 50[cm] 이상의 원이 통과할 수 있을 것
③ 도로 또는 차량이 진입할 수 있는 빈터를 향할 것
④ 내부 또는 외부에서 쉽게 부수거나 열 수 있을 것

해설

해당 층의 바닥면으로부터 개구부 밑부분까지의 높이가 1.2[m] 이내이어야 한다.

관련개념 개구부의 조건

㉠ 크기는 지름 50[cm] 이상의 원이 통과할 수 있을 것
㉡ 해당 층의 바닥면으로부터 개구부 밑부분까지의 높이가 1.2[m] 이내일 것
㉢ 도로 또는 차량이 진입할 수 있는 빈터를 향할 것
㉣ 화재 시 건축물로부터 쉽게 피난할 수 있도록 창살이나 그 밖의 장애물이 설치되지 않을 것
㉤ 내부 또는 외부에서 쉽게 부수거나 열 수 있을 것

정답 | ①

10 빈출도 ★★★

소화약제로 사용할 수 없는 것은?

① $KHCO_3$
② $NaHCO_3$
③ CO_2
④ NH_3

해설

암모니아(NH_3)는 위험물로 분류되지는 않지만 인화점 132[℃], 발화점 651[℃], 연소범위 15~28[%]를 갖는 가연성 물질이다.

선지분석

① 제2종 분말 소화약제로 사용된다.
② 제1종 분말 소화약제로 사용된다.
③ 이산화탄소 소화약제로 사용된다.

정답 | ④

11 빈출도 ★★★

어떤 기체가 0[℃], 1기압에서 부피가 11.2[L], 기체 질량이 22[g]이었다면 이 기체의 분자량은? (단, 이상기체로 가정한다.)

① 22
② 35
③ 44
④ 56

해설

0[℃], 1기압에서 22.4[L]의 기체 속에는 1[mol]의 기체 분자가 들어 있다. 따라서 0[℃], 1기압, 11.2[L]의 기체 속에는 0.5[mol]의 기체가 들어 있다.

22.4[L] : 1[mol] = 11.2[L] : 0.5[mol]

기체의 질량은 22[g]이므로,

기체의 분자량은 $\dfrac{22[g]}{0.5[mol]} = 44[g/mol]$이다.

정답 | ③

12 빈출도 ★★

다음 중 분진 폭발의 위험성이 가장 낮은 것은?

① 소석회
② 알루미늄분
③ 석탄분말
④ 밀가루

해설

소석회($Ca(OH)_2$)는 시멘트의 주요 구성성분으로 불이 붙지 않는다. 따라서 소석회나 시멘트가루만으로는 분진 폭발이 발생하지 않는다.

정답 | ①

13 빈출도 ★

폭연에서 폭굉으로 전이되기 위한 조건에 대한 설명으로 틀린 것은?

① 정상연소속도가 작은 가스일수록 폭굉으로 전이가 용이하다.
② 배관내에 장애물이 존재할 경우 폭굉으로 전이가 용이하다.
③ 배관의 관경이 가늘수록 폭굉으로 전이가 용이하다.
④ 배관내 압력이 높을수록 폭굉으로 전이가 용이하다.

해설

정상연소속도가 큰 가스일수록 폭연에서 폭굉으로 전이가 용이하다.

관련개념

폭연과 폭굉은 충격파의 존재 유무로 구분한다. 폭발의 전파속도가 음속(340[m/s])보다 작은 경우 폭연(0.1~10[m/s]), 음속보다 커서 강한 충격파를 발생하는 경우 폭굉(1,000~3,500[m/s])이다.

정답 | ①

14 빈출도 ★★

연소의 4요소 중 자유활성기(free radical)의 생성을 저하시켜 연쇄반응을 중지시키는 소화방법은?

① 제거소화   ② 냉각소화
③ 질식소화   ④ 억제소화

해설

억제소화는 연소의 요소 중 연쇄적 산화반응을 약화시켜 연소의 지속을 불가능하게 하는 방법이다.
가연물질 내 함유되어 있는 수소·산소로부터 생성되는 수소기(H·)·수산기(·OH)를 화학적으로 제조된 부촉매제(분말 소화약제, 할론가스 등)와 반응하게 하여 더 이상 연소생성물인 이산화탄소·수증기 등의 생성을 억제시킨다.

정답 | ④

15 빈출도 ★★

내화구조에 해당하지 않는 것은?

① 철근콘크리트조로 두께가 10[cm] 이상인 벽
② 철근콘크리트조로 두께가 5[cm] 이상인 외벽 중 비내력벽
③ 벽돌조로서 두께가 19[cm] 이상인 벽
④ 철골철근콘크리트조로서 두께가 10[cm] 이상인 벽

해설

외벽 중 비내력벽은 철근콘크리트조로 두께가 7[cm] 이상이어야 내화구조에 해당한다.

관련개념 내화구조 기준

① 벽의 경우
   ㉠ 철근콘크리트조 또는 철골철근콘크리트조로서 두께가 10[cm] 이상인 것
   ㉡ 골구를 철골조로 하고 그 양면을 두께 4[cm] 이상의 철망모르타르 또는 두께 5[cm] 이상의 콘크리트블록·벽돌 또는 석재로 덮은 것
   ㉢ 철재로 보강된 콘크리트블록조·벽돌조 또는 석조로서 철재에 덮은 콘크리트블록등의 두께가 5[cm] 이상인 것
   ㉣ 벽돌조로서 두께가 19[cm] 이상인 것
   ㉤ 고온·고압의 증기로 양생된 경량기포 콘크리트패널 또는 경량기포 콘크리트블록조로서 두께가 10[cm] 이상인 것
② 외벽 중 비내력벽인 경우
   ㉠ 철근콘크리트조 또는 철골철근콘크리트조로서 두께가 7[cm] 이상인 것
   ㉡ 골구를 철골조로 하고 그 양면을 두께 3[cm] 이상의 철망모르타르 또는 두께 4[cm] 이상의 콘크리트블록·벽돌 또는 석재로 덮은 것
   ㉢ 철재로 보강된 콘크리트블록조·벽돌조 또는 석조로서 철재에 덮은 콘크리트블록등의 두께가 4[cm] 이상인 것
   ㉣ 무근콘크리트조·콘크리트블록조·벽돌조 또는 석조로서 그 두께가 7[cm] 이상인 것

정답 | ②

16 빈출도 ★

피난로의 안전구획 중 2차 안전구획에 속하는 것은?

① 복도
② 계단부속실(계단전실)
③ 계단
④ 피난층에서 외부와 직면한 현관

해설

피난계단의 부속실은 2차 안전구획에 속한다.

관련개념 안전구획

안전구획은 사람을 화재로부터 보호하면서 안전하게 피난계단까지 안내하는 공간이다.
거실에서부터 복도, 부속실을 거쳐 피난계단에 이르게 되는데 이때 복도를 1차 안전구획, 피난계단의 부속실을 2차 안전구획이라고 한다.

정답 ②

17 빈출도 ★★

경유화재가 발생했을 때 주수소화가 오히려 위험할 수 있는 이유는?

① 경유는 물과 반응하여 유독가스를 발생하므로
② 경유의 연소열로 인하여 산소가 방출되어 연소를 돕기 때문에
③ 경유는 물보다 비중이 작아 화재면의 확대 우려가 있으므로
④ 경유가 연소할 때 수소가스를 발생하여 연소를 돕기 때문에

해설

제4류 위험물(인화성 액체)인 경유는 액체 표면에서 증발연소를 한다. 이때 주수소화를 하게 되면 물보다 가벼운 가연물이 물 위를 떠다니며 계속해서 연소반응이 일어나게 되고 화재면이 확대될 수 있다.

선지분석

① 경유는 물과 반응하지 않는다.
② 경유는 탄소와 수소로 이루어져 산소를 방출하지 않는다.
④ 경유가 연소하게 되면 이산화탄소(CO_2)와 물(H_2O)을 발생시키며 불완전 연소 시 일산화탄소(CO)가 발생할 수 있다.

정답 ③

18 빈출도 ★★★

TLV(Threshold Limit Value) 값이 가장 높은 가스는?

① 시안화수소
② 포스겐
③ 일산화탄소
④ 이산화탄소

해설

선지 중 인체 허용농도(TLV)가 가장 높은 물질은 이산화탄소(CO_2)이다.

관련개념 인체 허용농도(TLV, Threshold limit value)

연소생성물	인체 허용농도[ppm]
일산화탄소(CO)	50
이산화탄소(CO_2)	5,000
포스겐($COCl_2$)	0.1
황화수소(H_2S)	10
이산화황(SO_2)	10
시안화수소(HCN)	10
아크롤레인(CH_2CHCHO)	0.1
암모니아(NH_3)	25
염화수소(HCl)	5

정답 ④

19 빈출도 ★

할론계 소화약제의 주된 소화효과 및 방법에 대한 설명으로 옳은 것은?

① 소화약제의 증발잠열에 의한 소화방법이다.

② 산소의 농도를 15[%] 이하로 낮게 하는 소화방법이다.

③ 소화약제의 열분해에 의해 발생하는 이산화탄소에 의한 소화방법이다.

④ 자유활성기(free radical)의 생성을 억제하는 소화방법이다.

할론소화약제가 가지고 있는 할로겐족 원소인 불소(F), 염소(Cl) 및 브롬(Br)이 가연물질을 구성하고 있는 수소, 산소로부터 생성된 수소기($H \cdot$), 수산기($\cdot OH$)와 작용하여 가연물질의 연쇄반응을 차단·억제시켜 더 이상 화재를 진행하지 못하게 한다.

선지분석

① 냉각소화에 대한 설명으로 주로 물 소화약제가 해당된다.

② 질식소화에 대한 설명으로 주로 포 소화약제, 이산화탄소 소화약제가 해당된다.

③ 질식소화에 해당하며 제1, 2, 4종 분말 소화약제의 소화방법에 대한 설명이다.

정답 | ④

20 빈출도 ★

소방시설 중 피난설비에 해당하지 않는 것은?

① 무선통신보조설비 ② 완강기

③ 구조대 ④ 공기안전매트

해설

피난기구에는 피난사다리, 구조대, 완강기, 간이완강기, 미끄럼대, 피난교, 피난용트랩, 공기안전매트, 다수인 피난장비, 승강식 피난기 등이 있다.

정답 | ①

21 빈출도 ★★

정현파 전압의 평균값이 150[V]이면 최댓값은 약 몇 [V]인가?

① 235.6
② 212.1
③ 106.1
④ 95.5

해설

정현파 전압의 평균값 $V_{av} = \dfrac{2}{\pi} \times$ 전압의 최댓값 $= \dfrac{2}{\pi} V_m$

$\therefore V_m = \dfrac{\pi}{2} V_{av} = \dfrac{\pi}{2} \times 150 = 235.62[V]$

정답 | ①

22 빈출도 ★★

변위를 압력으로 변환하는 소자로 옳은 것은?

① 다이어프램
② 가변 저항기
③ 벨로우즈
④ 노즐 플래퍼

해설

노즐 플래퍼는 변위를 압력으로 변환하는 장치이다.

선지분석

① 다이어프램: 압력을 변위로 변환하는 장치이다.
② 가변 저항기: 변위를 임피던스로 변환하는 장치이다.
③ 벨로우즈: 압력을 변위로 변환하는 장치이다.

관련개념 제어기기의 변환요소

변환량	변환 요소
압력 → 변위	벨로우즈, 다이어프램, 스프링
변위 → 압력	노즐 플래퍼, 유압 분사관, 스프링

정답 | ④

23 빈출도 ★★★

그림과 같은 다이오드 게이트 회로에서 출력전압은?
(단, 다이오드 내의 전압강하는 무시한다.)

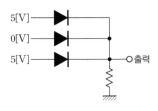

① 10[V] ② 5[V]
③ 1[V] ④ 0[V]

해설

3개의 입력 중 1개라도 입력(+5[V])이 존재할 경우 5[V]가 출력되는 OR 게이트의 무접점 회로이다.

관련개념 OR 게이트

입력 단자 A와 B 모두 OFF일 때에만 출력이 OFF되고, 두 단자 중 어느 하나라도 ON이면 출력이 ON이 되는 회로이다.

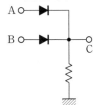

▲ OR 게이트의 무접점 회로

입력		출력
A	B	C
0	0	0
0	1	1
1	0	1
1	1	1

▲ OR 게이트의 진리표

정답 | ②

24 빈출도 ★★

전지의 내부 저항이나 전해액의 도전율 측정에 사용되는 것은?

① 접지 저항계 ② 캘빈 더블 브리지법
③ 콜라우시 브리지법 ④ 메거

해설

전지의 내부 저항이나 전해액의 도전율은 콜라우시 브리지법으로 측정한다.

선지분석

① 접지저항계: 접지 저항 값을 측정하는 데 사용한다.
② 캘빈 더블 브리지법: 1[Ω] 이하의 낮은 저항을 정밀 측정할 때 사용한다.
④ 메거: 절연 저항을 측정할 때 사용한다.

정답 | ③

25 빈출도 ★

전자유도현상에서 코일에 유도되는 기전력의 방향을 정의한 법칙은?

① 플레밍의 오른손법칙
② 플레밍의 왼손법칙
③ 렌츠의 법칙
④ 패러데이의 법칙

해설

렌츠의 법칙은 전자유도에 의해 발생하는 유도기전력의 방향을 결정하는 법칙이다.

관련개념 패러데이 법칙

유도기전력의 크기를 결정하는 법칙이다.

정답 | ③

26 빈출도 ★

반도체에 빛을 쬐이면 전자가 방출되는 현상은?

① 홀 효과
② 광전 효과
③ 펠티어 효과
④ 압전기 효과

해설

광전효과는 금속 등의 물질에 일정 진동수 이상의 빛(에너지)을 비추었을 때 표면에서 전자가 방출되는 현상이다.

선지분석

① 홀 효과: 전류가 흐르고 있는 도체 또는 반도체 내부에 전하의 이동 방향과 수직한 방향으로 자기장(자계)을 가하면, 금속 내부에 전하 흐름에 수직한 방향으로 전위차가 생기는 현상이다.

③ 펠티에 효과: 서로 다른 두 종류의 금속이나 반도체를 폐회로가 되도록 접속하고, 전류를 흘려주면 양 접점에서 발열 또는 흡열이 일어나는 현상이다. 즉, 한 쪽의 접점은 냉각이 되고, 다른 쪽의 접점은 가열이 된다.

④ 압전기 효과: 압축이나 인장(기계적 변화)을 가하면 전기가 발생되는 현상이다.

정답 ② ②

27 빈출도 ★

입력신호와 출력신호가 모두 직류(DC)로서 출력이 최대 5[kW]까지로 견고성이 좋고 토크가 에너지원이 되는 전기식 증폭기기는?

① 계전기
② SCR
③ 자기증폭기
④ 앰플리다인

해설

앰플리다인은 증폭 발전기의 한 종류로 계자 전류를 변화시켜 출력을 증폭시키는 직류 발전기이다.

정답 ④

28 빈출도 ★

시퀀스 제어에 관한 설명 중 틀린 것은?

① 기계적 계전기접점이 사용된다.
② 논리회로가 조합 사용된다.
③ 시간 지연요소가 사용된다.
④ 전체시스템에 연결된 접점들이 일시에 동작할 수 있다.

해설

시퀀스 제어는 미리 정해진 순서에 따라 각 단계별로 순차적으로 진행되는 제어방식을 말한다. 따라서 전체시스템에 연결된 접점들이 일시에 동작할 수 없다.

정답 ④

29 빈출도 ★★

그림과 같은 회로에서 전압계 3개로 단상전력을 측정하고자 할 때의 유효전력은?

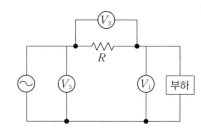

① $P = \dfrac{R}{2}(V_3^2 - V_1^2 - V_2^2)$

② $P = \dfrac{1}{2R}(V_3^2 - V_1^2 - V_2^2)$

③ $P = \dfrac{R}{2}(V_3^2 + V_1^2 + V_2^2)$

④ $P = \dfrac{1}{2R}(V_3^2 + V_1^2 + V_2^2)$

해설

3전압계법은 3개의 전압계와 하나의 저항을 연결하여 단상 교류전력을 측정하는 방법이다.

$$P = \dfrac{1}{2R}(V_3^2 - V_1^2 - V_2^2)$$

관련개념 3전류계법

3개의 전류계와 하나의 저항을 연결하여 단상 교류전력을 측정하는 방법이다.

$$P = \dfrac{R}{2}(I_3^2 - I_2^2 - I_1^2)$$

정답 ②

30 빈출도 ★★

어느 도선의 길이를 2배로 하고 저항을 5배로 하려면 도선의 단면적은 몇 배로 되는가?

① 10배   ② 0.4배

③ 2배   ④ 2.5배

해설

저항 $R = \rho\dfrac{l}{S} \rightarrow R \propto l \propto \dfrac{1}{S}$

저항은 길이에 비례하고 단면적에 반비례한다. 길이를 2배 늘린 상태에서 저항을 5배로 하려면 단면적은 0.4배가 되어야 한다.

$$R' = \rho\dfrac{2l}{0.4S} = 5\rho\dfrac{l}{S} = 5R$$

정답 ②

31 빈출도 ★

각 전류의 대칭분 I_0, I_1, I_2가 모두 같게 되는 고장의 종류는?

① 1선 지락   ② 2선 지락
③ 2선 단락   ④ 3선 단락

해설

각 전류의 대칭분 I_0(영상전류), I_1(정상전류), I_2(역상전류)가 모두 같게 되는 고장은 1선 지락이다.

정답 ①

32 빈출도 ★★

입력 $r(t)$, 출력 $c(t)$인 시스템에서 전달함수 $G(s)$는?
(단, 초기값은 0이다.)

$$\frac{d^2c(t)}{dt^2}+3\frac{dc(t)}{dt}+2c(t)=\frac{dr(t)}{dt}+3r(t)$$

① $\dfrac{3s+1}{2s^2+3s+1}$ ② $\dfrac{s^2+3s+2}{s+3}$

③ $\dfrac{s+1}{s^2+3s+2}$ ④ $\dfrac{s+3}{s^2+3s+2}$

해설

보기의 식을 라플라스 변환하면
$s^2C(s)+3sC(s)+2C(s)=sR(s)+3R(s)$
$C(s)(s^2+3s+2)=R(s)(s+3)$
전달함수 $G(s)=\dfrac{C(s)}{R(s)}=\dfrac{s+3}{s^2+3s+2}$

정답 | ④

33 빈출도 ★★★

다음 단상 유도전동기 중 기동 토크가 가장 큰 것은?

① 세이딩 코일형 ② 콘덴서 기동형
③ 분상 기동형 ④ 반발 기동형

해설

단상 유도 전동기의 기동 토크 순서는 다음과 같다.
반발 기동형 > 반발 유도형 > 콘덴서 기동형 > 분상 기동형 > 세이딩 코일형

정답 | ④

34 빈출도 ★★★

$X=A\overline{B}C+\overline{A}BC+\overline{A}\,\overline{B}C+\overline{A}\,\overline{B}\,\overline{C}+AB\overline{C}$를 가장
간소화한 것은?

① $\overline{A}BC+\overline{B}$ ② $B+\overline{A}C$
③ $\overline{B}+\overline{A}C$ ④ $\overline{A}\,\overline{B}\,\overline{C}+B$

해설

$X=A\overline{B}C+\overline{A}BC+\overline{A}\,\overline{B}C+\overline{A}\,\overline{B}\,\overline{C}+AB\overline{C}$
$=\overline{B}(AC+\overline{A}C+\overline{A}C+\overline{A}\,\overline{C})+ABC$
$=\overline{B}+B\overline{A}C$ ← 흡수법칙($\overline{A}C$를 하나로 본다.)
$=\overline{B}+\overline{A}C$

관련개념 불대수 연산 예

결합법칙	$A+(B+C)=(A+B)+C$
	$A\cdot(B\cdot C)=(A\cdot B)\cdot C$
분배법칙	$A\cdot(B+C)=A\cdot B+A\cdot C$
	$A+(B\cdot C)=(A+B)\cdot(A+C)$
흡수법칙	$A+A\cdot B=A$
	$A+\overline{A}B=A+B$
	$A\cdot(A+B)=A$

정답 | ③

35 빈출도 ★

상의 임피던스가 $Z=16+j12[\Omega]$인 Y결선 부하에
대칭 3상 선간전압 380[V]를 가할 때 유효전력은 약
몇 [kW]인가?

① 5.8 ② 7.2
③ 17.3 ④ 21.6

해설

임피던스 $Z=\sqrt{16^2+12^2}=20[\Omega]$
상전압 $V_p=\dfrac{V_l}{\sqrt{3}}=\dfrac{380}{\sqrt{3}}=219.39[V]$
상전류 $I_p=\dfrac{V_p}{Z}=\dfrac{219.39}{20}=10.97[A]$
유효전력 $P=I_p^2R=10.97^2\times16=1{,}925.45[W]$
∴ 3상 유효전력 $P=1{,}925.45\times3=5{,}776.35[W]=5.78[kW]$

정답 | ①

36 빈출도 ★

10[μF]인 콘덴서를 60[Hz] 전원에 사용할 때 용량 리액턴스는 약 몇 [Ω]인가?

① 250.5 ② 265.3
③ 350.5 ④ 465.3

해설

용량 리액턴스 $X_c = \dfrac{1}{2\pi fC} = \dfrac{1}{2\pi \times 60 \times 10 \times 10^{-6}} = 265.26[\Omega]$

정답 | ②

38 빈출도 ★★

용량 10[kVA]의 단권변압기를 그림 처럼 접속하면 역률 80[%]의 부하에 몇 [kW]의 전력을 공급할 수 있는가?

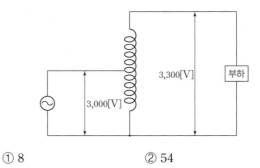

① 8 ② 54
③ 80 ④ 88

해설

$\dfrac{\text{부하용량}}{\text{자기용량}} = \dfrac{V_2}{V_2 - V_1} = \dfrac{3,300}{3,300 - 3,000} = 11$

부하용량 = 자기용량 × 11 = 10 × 11 = 110[kVA]

부하에 공급 가능한 전력

$P = P_a \cos\theta = 110 \times 0.8 = 88[kW]$

관련개념 단권변압기의 특징

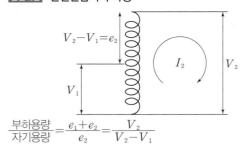

$\dfrac{\text{부하용량}}{\text{자기용량}} = \dfrac{e_1 + e_2}{e_2} = \dfrac{V_2}{V_2 - V_1}$

정답 | ④

37 빈출도 ★★★

다음 소자 중에서 온도 보상용으로 쓰이는 것은?

① 서미스터 ② 바리스터
③ 제너 다이오드 ④ 터널 다이오드

해설

서미스터는 저항기의 한 종류로서 온도에 따라서 물질의 저항이 변화하는 성질을 이용하며 온도보상용, 온도계측용, 온도보정용 등으로 사용된다.

정답 | ①

39 빈출도 ★★

간격이 1[cm]인 평행 왕복전선에 25[A]의 전류가 흐른다면 전선 사이에 작용하는 전자력은 몇 [N/m]이며, 이것은 어떤 힘인가?

① 2.5×10^{-2}, 반발력
② 1.25×10^{-2}, 반발력
③ 2.5×10^{-2}, 흡인력
④ 1.25×10^{-2}, 흡인력

해설

$$F = 2 \times 10^{-7} \times \frac{I_1 \cdot I_2}{r} = 2 \times 10^{-7} \times \frac{25 \times 25}{1 \times 10^{-2}}$$

$$= 1.25 \times 10^{-2}[\text{N/m}]$$

두 도체에서 전류가 반대 방향으로 흐를 경우 두 도체 사이에는 반발력이 발생한다.

관련개념 평행도체 사이에 작용하는 힘

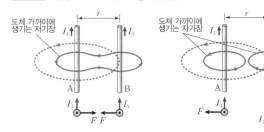

$$F = 2 \times 10^{-7} \times \frac{I_1 \cdot I_2}{r}[\text{N/m}]$$

정답 ②

40 빈출도 ★★★

그림과 같은 계전기 접점회로의 논리식은?

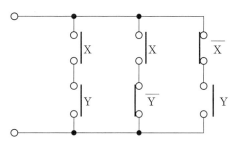

① $(X+Y)(X+\overline{Y})(\overline{X}+Y)$
② $(X+Y)+(X+\overline{Y})+(\overline{X}+Y)$
③ $(XY)+(X\overline{Y})+(\overline{X}Y)$
④ $(XY)(X\overline{Y})(\overline{X}Y)$

해설

왼쪽의 회로를 논리식으로 나타내면 XY
중간의 회로를 논리식으로 나타내면 $X\overline{Y}$
오른쪽의 회로를 논리식으로 나타내면 $\overline{X}Y$
따라서 회로의 논리식은 $XY+X\overline{Y}+\overline{X}Y$

정답 ③

41 빈출도 ★

소방시설공사업법령에 따른 성능위주설계를 할 수 있는 자의 설계범위 기준 중 틀린 것은?

① 연면적 30,000[m²] 이상인 특정소방대상물로서 공항시설
② 연면적 100,000[m²] 이상인 특정소방대상물 (아파트등 제외)
③ 지하층을 포함한 층수가 30층 이상인 특정소방대상물 (아파트등 제외)
④ 하나의 건축물에 영화상영관이 10개 이상인 특정소방대상물

해설

연면적 100,000[m²] 이상인 특정소방대상물(아파트 등)은 성능위주설계를 할 수 있는 자의 설계범위가 아니다.

관련개념 성능위주설계 특정소방대상물

시설	대상
특정소방대상물 (아파트등 제외)	• 연면적 200,000[m²] 이상 • 30층 이상(지하층 포함) • 지상으로부터 높이가 120[m] 이상 • 하나의 건축물에 영화상영관이 10개 이상 • 지하연계 복합건축물
아파트등	• 50층 이상(지하층 제외) • 지상으로부터 높이가 200[m] 이상
철도 및 도시철도, 공항시설	연면적 30,000[m²] 이상
창고시설	• 연면적 100,000[m²] 이상 • 지하층의 층수가 2개 층 이상이고 지하층의 바닥면적의 합계가 30,000[m²] 이상
터널	• 수저터널 • 길이 5,000[m] 이상

정답 | ②

42 빈출도 ★★

위험물안전관리법령에 따른 인화성액체위험물(이황화탄소 제외)의 옥외탱크저장소의 탱크 주위에 설치하는 방유제의 설치기준 중 옳은 것은?

① 방유제의 높이는 0.5[m] 이상 2.0[m] 이하로 할 것
② 방유제 내의 면적은 100,000[m²] 이하로 할 것
③ 방유제의 용량은 방유제 안에 설치된 탱크가 2기 이상인 때에는 그 탱크 중 용량이 최대인 것의 용량의 120[%] 이상으로 할 것
④ 높이가 1[m]를 넘는 방유제 및 간막이 둑의 안팎에는 방유제 내에 출입하기 위한 계단 또는 경사로를 약 50[m]마다 설치할 것

해설

방유제는 높이가 1[m]를 넘는 방유제 및 간막이 둑의 안팎에는 방유제 내에 출입하기 위한 계단 또는 경사로를 약 50[m]마다 설치하여야 한다.

선지분석

① 방유제의 높이는 0.5[m] 이상 3[m] 이하로 할 것
② 방유제내의 면적은 80,000[m²] 이하로 할 것
③ 방유제의 용량은 방유제 안에 설치된 탱크가 2기 이상인 때에는 그 탱크 중 용량이 최대인 것의 용량의 110[%] 이상으로 할 것

정답 | ④

43 빈출도 ★

소방기본법에 따른 소방력의 기준에 따라 관할구역의 소방력을 확충하기 위하여 필요한 계획을 수립하여 시행하여야 하는 자는?

① 소방서장
② 소방본부장
③ 시 · 도지사
④ 행정안전부장관

해설

시 · 도지사는 소방력의 기준에 따라 관할구역의 소방력을 확충하기 위하여 필요한 계획을 수립하여 시행하여야 한다.

정답 | ③

44 빈출도 ★★★

화재의 예방 및 안전관리에 관한 법률에 따른 용접 또는 용단 작업장에서 불꽃을 사용하는 용접 · 용단기구 사용에 있어서 작업장 주변 반경 몇 [m] 이내에 소화기를 갖추어야 하는가? (단, 산업안전보건법에 따른 안전조치의 적용을 받는 사업장의 경우는 제외한다.)

① 1
② 3
③ 5
④ 7

해설

용접 또는 용단 작업장 주변 반경 5[m] 이내에 소화기를 갖추어야 한다.

정답 | ③

45 빈출도 ★

소방기본법에 따른 벌칙의 기준이 다른 것은?

① 정당한 사유 없이 불장난, 모닥불, 흡연, 화기 취급, 풍등 등 소형 열기구 날리기, 그 밖에 화재예방상 위험하다고 인정되는 행위의 금지 또는 제한에 따른 명령에 따르지 아니하거나 이를 방해한 사람
② 소방활동 종사 명령에 따른 사람을 구출하는 일 또는 불을 끄거나 번지지 아니 하도록 하는 일을 방해한 사람
③ 정당한 사유 없이 소방용수시설 또는 비상소화장치를 사용하거나 소방용수시설 또는 비상소화장치의 효용을 해치거나 그 정당한 사용을 방해한 사람
④ 출동한 소방대의 소방장비를 파손하거나 그 효용을 해하여 화재진압 · 인명구조 또는 구급활동을 방해하는 행위를 한 사람

해설

화재예방강화지구 및 이에 준하는 장소에서 불장난, 모닥불, 흡연, 화기 취급, 풍등 등 소형 열기구 날리기, 용접 · 용단 등 불꽃을 발생시키는 행위 등을 하는 사람은 300만 원 이하의 과태료를 부과한다.

정답 | ①

46 빈출도 ★

소방기본법령에 따른 소방대원에게 실시할 교육 · 훈련 횟수 및 기간의 기준 중 다음 (   ) 안에 알맞은 것은?

횟수	기간
(㉠)년마다 1회	(㉡)주 이상

① ㉠: 2, ㉡: 2
② ㉠: 2, ㉡: 4
③ ㉠: 1, ㉡: 2
④ ㉠: 1, ㉡: 4

해설

횟수	2년마다 1회
기간	2주 이상

정답 | ①

47 빈출도 ★

소방시설 설치 및 관리에 관한 법률에 따른 화재안전기준을 달리 적용하여야 하는 특수한 용도 또는 구조를 가진 특정소방대상물 중 핵폐기물처리시설에 설치하지 아니할 수 있는 소방시설은?

① 소화용수설비
② 옥외소화전설비
③ 물분무등소화설비
④ 연결송수관설비 및 연결살수설비

해설

화재안전기준을 다르게 적용하여야 하는 특수한 용도 또는 구조를 가진 특정소방대상물인 핵폐기물처리시설에 설치하지 아니할 수 있는 소방시설은 연결송수관설비 및 연결살수설비이다.

관련개념 **화재안전기준을 다르게 적용해야 하는 특수한 용도·구조를 가진 특정소방대상물**

특정소방대상물	소방시설
원자력발전소, 핵폐기물처리시설	• 연결송수관설비 • 연결살수설비

정답 | ④

48 빈출도 ★★

소방시설 설치 및 관리에 관한 법률에 따른 특정소방대상물 중 의료시설에 해당하지 않는 것은?

① 요양병원
② 마약진료소
③ 한방병원
④ 노인의료복지시설

해설

노인의료복지시설은 노유자시설에 해당한다.

관련개념 **특정소방대상물(의료시설)**

㉠ 병원: 종합병원, 병원, 치과병원, 한방병원, 요양병원
㉡ 격리병원: 전염병원, 마약진료소, 그 밖에 이와 비슷한 것
㉢ 정신의료기관
㉣ 장애인 의료재활시설

정답 | ④

49 빈출도 ★★★

소방시설 설치 및 관리에 관한 법률에 따른 특정소방대상물의 수용인원의 산정방법 기준 중 틀린 것은?

① 침대가 있는 숙박시설의 경우는 해당 특정소방대상물의 종사자 수에 침대 수(2인용 침대는 2인으로 산정)를 합한 수

② 침대가 없는 숙박시설의 경우는 해당 특정소방대상물의 종사자 수에 숙박시설 바닥면적의 합계를 3[m²]로 나누어 얻은 수를 합한 수

③ 강의실 용도로 쓰이는 특정소방대상물의 경우는 해당 용도로 사용하는 바닥면적의 합계를 1.9[m²]로 나누어 얻은 수

④ 문화 및 집회시설의 경우는 해당 용도로 사용하는 바닥면적의 합계를 2.6[m²]로 나누어 얻은 수

해설

문화 및 집회시설의 경우는 해당 용도로 사용하는 바닥면적의 합계를 4.6[m²]로 나누어 얻은 수로 한다.

관련개념 수용인원의 산정방법

구분		산정방법
숙박시설	침대가 있는 숙박시설	종사자 수+침대 수(2인용 침대는 2개)
	침대가 없는 숙박시설	종사자 수+$\dfrac{\text{바닥면적의 합계}}{3[\text{m}^2]}$
강의실·교무실·상담실·실습실·휴게실 용도로 쓰이는 특정소방대상물		$\dfrac{\text{바닥면적의 합계}}{1.9[\text{m}^2]}$
강당, 문화 및 집회시설, 운동시설, 종교시설		$\dfrac{\text{바닥면적의 합계}}{4.6[\text{m}^2]}$
그 밖의 특정소방대상물		$\dfrac{\text{바닥면적의 합계}}{3[\text{m}^2]}$

* 계산 결과 소수점 이하의 수는 반올림한다.

* 복도(준불연재료 이상의 것), 화장실, 계단은 면적에서 제외한다.

정답 | ④

50 빈출도 ★★★

소방시설 설치 및 관리에 관한 법률에 따른 소방안전관리대상물의 관계인이 자체점검을 실시한 경우 며칠 이내에 소방시설등 자체점검 실시결과 보고서를 소방본부장 또는 소방서장에게 제출하여야 하는가?

① 7일

② 15일

③ 30일

④ 60일

해설

스스로 자체점검을 실시한 관계인은 자체점검이 끝난 날부터 15일 이내에 소방시설등 자체점검 실시결과 보고서를 소방본부장 또는 소방서장에게 서면이나 소방청장이 지정하는 전산망을 통하여 보고해야 한다.

정답 | ②

51 빈출도 ★

소방시설 설치 및 관리에 관한 법률에 따른 임시소방 시설 중 간이소화장치를 설치하여야 하는 공사의 작업 현장의 규모의 기준 중 다음 (　　) 안에 알맞은 것은?

- 연면적 (　㉠　)[m²] 이상
- 지하층, 무창층 또는 (　㉡　)층 이상의 층인 경우 해당 층의 바닥면적이 (　㉢　)[m²] 이상 인 경우만 해당

① ㉠: 1,000, ㉡: 6, ㉢: 150
② ㉠: 1,000, ㉡: 6, ㉢: 600
③ ㉠: 3,000, ㉡: 4, ㉢: 150
④ ㉠: 3,000, ㉡: 4, ㉢: 600

해설

간이소화장치를 설치하여야 하는 공사의 작업 현장의 규모의 기준
㉠ 연면적 3,000[m²] 이상
㉡ 지하층, 무창층 또는 4층 이상의 층(해당 층의 바닥면적이 600[m²] 이상인 경우만 해당)

관련개념 임시소방시설 설치 대상 공사의 종류와 규모

소화기	건축허가 등을 할 때 소방본부장 또는 소방서장의 동의를 받아야 하는 특정소방대상물의 건축·대수선·용도변경 또는 설치 등을 위한 공사 중 화재위험작업을 하는 현장에 설치
간이소화장치	• 연면적 3천[m²] 이상 • 지하층, 무창층 또는 4층 이상의 층(해당 층의 바닥면적이 600[m²] 이상인 경우만 해당)
비상경보장치	• 연면적 400[m²] 이상 • 지하층 또는 무창층(해당 층의 바닥면적이 150[m²] 이상인 경우만 해당)
간이피난유도선	바닥면적이 150[m²] 이상인 지하층 또는 무창층의 작업현장에 설치

정답 | ④

52 빈출도 ★★

소방시설 설치 및 관리에 관한 법률에 따른 방염성능 기준 이상의 실내장식물 등을 설치하여야 하는 특정 소방대상물의 기준 중 틀린 것은?

① 건축물의 옥내에 있는 시설로서 종교시설
② 층수가 11층 이상인 아파트
③ 의료시설 중 종합병원
④ 노유자시설

해설

11층 이상인 아파트는 방염성능기준 이상의 실내장식물 등을 설치 하여야 하는 특정소방대상물이 아니다.

관련개념 방염성능기준 이상의 실내장식물 등을 설치하여야 하는 특정소방대상물

㉠ 근린생활시설
　- 의원, 치과의원, 한의원, 조산원, 산후조리원
　- 체력단련장
　- 공연장 및 종교집회장
㉡ 옥내에 있는 시설
　- 문화 및 집회시설
　- 종교시설
　- 운동시설(수영장 제외)
㉢ 의료시설
㉣ 교육연구시설 중 합숙소
㉤ 숙박이 가능한 수련시설
㉥ 숙박시설
㉦ 방송통신시설 중 방송국 및 촬영소
㉧ 다중이용업소
㉨ 층수가 11층 이상인 것(아파트등 제외)

정답 | ②

53 빈출도 ★★

소방시설공사업법령에 따른 소방시설공사 중 특정소방 대상물에 설치된 소방시설등을 구성하는 것의 전부 또는 일부를 개설, 이전 또는 정비하는 공사의 착공신고 대상이 아닌 것은?

① 수신반
② 소화펌프
③ 동력(감시)제어반
④ 제연설비의 제연구역

해설

제연설비의 제연구역은 착공신고 대상이 아니다.

관련개념 특정소방대상물에 설치된 소방시설등을 구성하는 것의 전부 또는 일부를 개설, 이전 또는 정비하는 공사의 착공 신고 대상

㉠ 수신반
㉡ 소화펌프
㉢ 동력(감시)제어반

정답 | ④

54 빈출도 ★

위험물안전관리법령에 따른 소화난이도등급I의 옥내 탱크저장소에서 황만을 저장·취급할 경우 설치하여야 하는 소화설비로 옳은 것은?

① 물분무소화설비
② 스프링클러설비
③ 포소화설비
④ 옥내소화전설비

해설

위험물안전관리법령상 소화난이도등급 I 의 옥내탱크저장소에서 황만을 저장·취급할 경우 설치하여야 하는 소화설비는 **물분무소화설비**이다.

관련개념 소화난이도등급 I 의 옥내탱크저장소에 설치해야 하는 소화설비

옥내탱크저장소	황만을 저장·취급하는 것	물분무소화설비
	인화점 70[℃] 이상의 제4류 위험물만을 저장·취급하는 것	• 물분무소화설비 • 고정식 포소화설비 • 이동식 이외의 불활성가스소화설비 • 이동식 이외의 할로젠화합물소화설비 • 이동식 이외의 분말소화설비
	그 밖의 것	• 고정식 포소화설비 • 이동식 이외의 불활성가스소화설비 • 이동식 이외의 할로젠화합물소화설비 • 이동식 이외의 분말소화설비

정답 | ①

55 빈출도 ★★

피난시설, 방화구획 또는 방화시설을 폐쇄 · 훼손 · 변경 등의 행위를 3차 이상 위반한 경우에 대한 과태료 부과 기준으로 옳은 것은?

① 200만 원
② 300만 원
③ 500만 원
④ 1,000만 원

해설

피난시설, 방화구획 또는 방화시설을 폐쇄 · 훼손 · 변경 등의 행위를 3차 이상 위반한 경우 **300만 원**의 과태료를 부과한다.

관련개념 위반회차별 과태료 부과 기준

구분	1차	2차	3차 이상
피난시설, 방화구획 또는 방화시설의 폐쇄 · 훼손 · 변경 등의 행위를 한 자	100만 원	200만 원	300만 원

정답 | ②

56 빈출도 ★★

화재의 예방 및 안전관리에 관한 법률에 따른 총괄소방 안전관리자를 선임하여야 하는 특정소방대상물 중 복합건축물은 지하층을 제외한 층수가 몇 층 이상인 건축물만 해당되는가?

① 6층
② 11층
③ 20층
④ 30층

해설

총괄소방안전관리자를 선임해야 하는 복합건축물은 지하층을 제외한 층수가 **11층** 이상 또는 연면적 30,000[m²] 이상인 건축물 이다.

정답 | ②

57 빈출도 ★

위험물안전관리법령에 따른 위험물제조소의 옥외에 있는 위험물취급탱크 용량이 $100[m^3]$ 및 $180[m^3]$인 2개의 취급탱크 주위에 하나의 방유제를 설치하는 경우 방유제의 최소 용량은 몇 $[m^3]$이어야 하는가?

① 100
② 140
③ 180
④ 280

해설

최대 탱크용량의 50[%] 이상＋나머지 탱크용량의 10[%] 이상
＝180×0.5＋100×0.1
＝90＋10＝100[m³]

관련개념 방유제 설치기준(제조소)

구분	방유제 용량
방유제 내 탱크 1기일 경우	탱크용량의 50[%] 이상
방유제 내 탱크가 2기 이상일 경우	최대 탱크용량의 50[%] 이상 ＋ 나머지 탱크용량의 10[%] 이상

정답 | ①

58 빈출도 ★★

화재의 예방 및 안전관리에 관한 법률에 따른 소방안전특별관리시설물의 안전관리에 대상 전통시장의 기준 중 다음 (   ) 안에 알맞은 것은?

> 전통시장으로서 대통령령으로 정하는 전통시장
> → 점포가 (   )개 이상인 전통시장

① 100　　　　　　　② 300
③ 500　　　　　　　④ 600

해설

대통령령으로 정하는 전통시장이란 점포가 **500개** 이상인 전통시장을 말한다.

정답 | ③

59 빈출도 ★★

위험물안전관리법령에 따른 정기점검의 대상인 제조소등의 기준 중 틀린 것은?

① 암반탱크저장소
② 지하탱크저장소
③ 이동탱크저장소
④ 지정수량의 150배 이상의 위험물을 저장하는 옥외탱크저장소

해설

정기점검의 대상인 제조소는 지정수량의 200배 이상의 위험물을 저장하는 옥외탱크저장소이다.

정답 | ④

60 빈출도 ★★

화재의 예방 및 안전관리에 관한 법률에 따른 화재예방강화지구의 관리기준 중 다음 (   ) 안에 알맞은 것은?

> – 소방관서장은 화재예방강화지구 안의 소방대상물의 위치·구조 및 설비 등에 대한 화재안전조사를 (㉠)회 이상 실시하여야 한다.
> – 소방관서장은 소방상 필요한 훈련 및 교육을 실시하고자 하는 때에는 화재예방강화지구 안의 관계인에게 훈련 또는 교육 (㉡)일 전까지 그 사실을 통보하여야 한다.

① ㉠: 월 1, ㉡: 7　　② ㉠: 월 1, ㉡: 10
③ ㉠: 연 1, ㉡: 7　　④ ㉠: 연 1, ㉡: 10

해설

㉠ 소방관서장은 화재예방강화지구 안의 소방대상물의 위치·구조 및 설비 등에 대한 화재안전조사를 **연 1회** 이상 실시해야 한다.
㉡ 소방관서장은 소방상 필요한 훈련 및 교육을 실시하려는 경우에는 화재예방강화지구 안의 관계인에게 훈련 또는 교육 **10일** 전까지 그 사실을 통보해야 한다.

정답 | ④

61 빈출도 ★

무선통신보조설비의 분배기·분파기 및 혼합기의 설치기준 중 틀린 것은?

① 먼지·습기 및 부식 등에 따라 기능에 이상을 가져오지 아니하도록 할 것
② 임피던스는 50[Ω]의 것으로 할 것
③ 전원은 전기가 정상적으로 공급되는 축전지, 전기 저장장치 또는 교류 전압 옥내간선으로 하고, 전원까지의 배선은 전용으로 할 것
④ 점검에 편리하고 화재 등의 재해로 인한 피해의 우려가 없는 장소에 설치할 것

해설

보기 ③은 무선통신보조설비 증폭기의 설치기준이다.

관련개념 무선통신보조설비의 분배기·분파기 및 혼합기의 설치기준

㉠ 먼지·습기 및 부식 등에 따라 기능에 이상을 가져오지 않도록 할 것
㉡ 임피던스는 50[Ω]의 것으로 할 것
㉢ 점검에 편리하고 화재 등의 재해로 인한 피해의 우려가 없는 장소에 설치할 것

정답 ┃ ③

62 빈출도 ★

피난기구의 용어의 정의 중 다음 ( ) 안에 알맞은 것은?

( )란 사용자의 몸무게에 따라 자동적으로 내려올 수 있는 기구 중 사용자가 연속적으로 사용할 수 없는 것을 말한다.

① 구조대
② 완강기
③ 간이완강기
④ 다수인피난장비

해설

간이완강기란 사용자의 몸무게에 따라 자동적으로 내려올 수 있는 기구 중 사용자가 연속적으로 사용할 수 없는 것을 말한다.

정답 ┃ ③

※ 출제기준이 개정되어 피난기구는 시험범위에서 제외되었습니다.

63 빈출도 ★

청각장애인용 시각경보장치는 천장의 높이가 2[m] 이하인 경우에는 천장으로부터 몇 [m] 이내의 장소에 설치하여야 하는가?

① 0.1
② 0.15
③ 1.0
④ 1.5

해설

청각장애인용 시각경보장치의 설치 높이

구분	설치 높이
일반적인 경우	2[m] 이상 2.5[m] 이하
천장 높이가 2[m] 이하인 경우	천장으로부터 0.15[m] 이내

정답 ┃ ②

64 빈출도 ★★★

자동화재탐지설비의 연기복합형 감지기를 설치할 수 없는 부착높이는?

① 4[m] 이상 8[m] 미만
② 8[m] 이상 15[m] 미만
③ 15[m] 이상 20[m] 미만
④ 20[m] 이상

해설

부착높이에 따른 감지기의 종류

부착높이	감지기의 종류	
4[m] 미만	• 차동식(스포트형, 분포형) • 보상식 스포트형 • 정온식(스포트형, 감지선형)	• 이온화식 또는 광전식 (스포트형, 분리형, 공기흡입형) • 열복합형 • **연기복합형** • 열연기복합형 • 불꽃감지기
4[m] 이상 8[m] 미만	• 차동식(스포트형, 분포형) • 보상식 스포트형 • 정온식(스포트형, 감지선형) 특종 또는 1종 • 이온화식 1종 또는 2종	• 광전식(스포트형, 분리형, 공기흡입형) 1종 또는 2종 • 열복합형 • **연기복합형** • 열연기복합형 • 불꽃감지기
8[m] 이상 15[m] 미만	• 차동식 분포형 • 이온화식 1종 또는 2종	• 광전식(스포트형, 분리형, 공기흡입형) 1종 또는 2종 • **연기복합형** • 불꽃감지기
15[m] 이상 20[m] 미만	• 이온화식 1종 • 광전식(스포트형, 분리형, 공기흡입형) 1종	• **연기복합형** • 불꽃감지기
20[m] 이상	• 불꽃감지기	• 광전식(분리형, 공기흡입형) 중 아날로그방식

20[m] 이상의 높이에 설치 가능한 감지기는 불꽃감지기와 광전식(분리형, 공기흡입형) 중 아날로그방식 감지기이다. 따라서 연기복합형 감지기는 설치할 수 없다.

정답 | ④

65 빈출도 ★★

비상조명등의 설치 제외 기준 중 다음 ( ) 안에 알맞은 것은?

> 거실의 각 부분으로부터 하나의 출입구에 이르는 보행거리가 ( )[m] 이내인 부분

① 2　　　　　② 5
③ 15　　　　　④ 25

해설

거실의 각 부분으로부터 하나의 출입구에 이르는 보행거리가 **15[m]** 이내인 부분은 비상조명등을 설치하지 않을 수 있다.

관련개념 비상조명등을 설치하지 않을 수 있는 경우

㉠ 거실의 각 부분으로부터 하나의 출입구에 이르는 보행거리가 15[m] 이내인 부분
㉡ 의원 · 경기장 · 공동주택 · 의료시설 · 학교의 거실

정답 | ③

66 빈출도 ★

각 소방설비별 비상전원의 종류와 비상전원 최소용량의 연결이 틀린 것은? (단, 소방설비 — 비상전원의 종류 — 비상전원 최소용량 순서이다.)

① 자동화재탐지설비 — 축전지설비 — 20분
② 비상조명등설비 — 축전지설비 또는 자가발전설비 — 20분
③ 할로겐화합물 및 불활성기체소화설비 — 축전지설비 또는 자가발전설비 — 20분
④ 유도등 — 축전지 — 20분

해설

자동화재탐지설비에는 그 설비에 대한 감시상태를 60분간 지속한 후 유효하게 10분 이상 경보할 수 있는 비상전원으로서 축전지설비 또는 전기저장장치를 설치해야 한다.

관련개념 비상전원의 종류와 최소 용량

종류	비상전원 종류	비상전원 최소 용량
자동화재탐지설비	축전지설비 전기저장장치	10분 이상
비상조명등설비	자가발전설비 축전지설비 전기저장장치	20분 이상
할로겐화합물 및 불활성기체소화설비		
유도등	축전지	

정답 | ①

67 빈출도 ★★

연기감지기의 설치기준 중 틀린 것은?

① 부착높이 4[m] 이상 20[m] 미만에는 3종 감지기를 설치할 수 없다.
② 복도 및 통로에 있어서 1종 및 2종은 보행거리 30[m]마다 설치한다.
③ 계단 및 경사로에 있어서 3종은 수직거리 10[m]마다 설치한다.
④ 감지기는 벽이나 보로부터 1.5[m] 이상 떨어진 곳에 설치하여야 한다.

해설

연기감지기는 벽이나 보로부터 0.6[m] 이상 떨어진 곳에 설치하여야 한다.

관련개념 연기감지기의 설치기준

㉠ 부착 높이에 따른 설치기준

부착 높이	감지기의 종류[m²]	
	1종 및 2종	3종
4[m] 미만	150	50
4[m] 이상 20[m] 미만	75	—

㉡ 장소에 따른 설치기준

구분	감지기의 종류	
	1종 및 2종	3종
복도 및 통로	보행거리 30[m]마다	보행거리 20[m]마다
계단 및 경사로	수직거리 15[m]마다	수직거리 10[m]마다

㉢ 천장 또는 반자가 낮은 실내 또는 좁은 실내에 있어서는 출입구의 가까운 부분에 설치할 것
㉣ 천장 또는 반자 부근에 배기구가 있는 경우에는 그 부근에 설치할 것
㉤ 감지기는 벽 또는 보로부터 0.6[m] 이상 떨어진 곳에 설치할 것

정답 | ④

68 빈출도 ★★

비상콘센트용의 풀박스 등은 방청도장을 한 것으로서 두께는 최소 몇 [mm] 이상의 철판으로 하여야 하는가?

① 1.0   ② 1.2

③ 1.5   ④ 1.6

해설

비상콘센트용의 풀박스 등은 방청도장을 한 것으로서, 두께 **1.6[mm]** 이상의 철판으로 해야 한다.

정답 | ④

---

69 빈출도 ★★

자동화재속보설비를 설치하여야 하는 특정소방대상물의 기준 중 틀린 것은? (단, 사람이 24시간 상시 근무하고 있는 경우는 제외한다.)

① 판매시설 중 전통시장
② 지하가 중 터널로서 길이가 1,000[m] 이상인 것
③ 수련시설(숙박시설이 있는 것만 해당)로서 바닥면적이 500[m²] 이상인 층이 있는 것
④ 노유자시설로서 바닥면적이 500[m²] 이상인 층이 있는 것

해설

지하가 중 터널로서 길이가 1,000[m] 이상인 것은 자동화재속보설비를 설치하여야 하는 특정소방대상물이 아니다.

관련개념 자동화재속보설비를 설치해야 하는 특정소방대상물

특정소방대상물	구분
노유자생활시설	모든 층
노유자시설	바닥면적 500[m²] 이상인 층이 있는 것
수련시설(숙박시설이 있는 것만 해당)	바닥면적 500[m²] 이상인 층이 있는 것
문화유산	보물 또는 국보로 지정된 목조건축물
근린생활시설	• 의원, 치과의원, 한의원으로서 입원실이 있는 시설 • 조산원 및 산후조리원
의료시설	• 종합병원, 병원, 치과병원, 한방병원 및 요양병원(의료재활시설 제외) • 정신병원 및 의료재활시설로 사용되는 바닥면적의 합계가 500[m²] 이상인 층이 있는 것
판매시설	전통시장

정답 | ②

70 빈출도 ★★

비상방송설비의 배선과 전원에 관한 설치기준 중 옳은 것은?

① 부속회로의 전로와 대지 사이 및 배선 상호 간의 절연저항은 1경계구역마다 직류 110[V]의 절연저항 측정기를 사용하여 측정한 절연저항이 1[MΩ] 이상이 되도록 한다.

② 전원은 전기가 정상적으로 공급되는 축전지 또는 교류 전압의 옥내간선으로 하고, 전원까지의 배선은 전용이 아니어도 무방하다.

③ 비상방송설비에는 그 설비에 대한 감시 상태를 30분간 지속한 후 유효하게 10분 이상 경보할 수 있는 축전지설비를 설치하여야 한다.

④ 비상방송설비의 배선은 다른 전선과 별도의 관·덕트·몰드 또는 풀박스 등에 설치하되 60[V] 미만의 약전류회로에 사용하는 전선으로서 각각의 전압이 같을 때에는 그렇지 않다.

해설

비상방송설비의 배선은 다른 전선과 별도의 관·덕트·몰드 또는 풀박스 등에 설치해야 한다. 다만, 60[V] 미만의 약전류회로에 사용하는 전선으로서 각각의 전압이 같을 때는 그렇지 않다.

선지분석

① 부속회로의 전로와 대지 사이 및 배선 상호 간의 절연저항은 1경계구역마다 직류 250[V]의 절연저항측정기를 사용하여 측정한 절연저항이 0.1[MΩ] 이상이 되도록 한다.

② 전원은 전기가 정상적으로 공급되는 축전지설비, 전기저장장치 또는 교류 전압의 옥내간선으로 하고, 전원까지의 배선은 전용으로 해야 한다.

③ 비상방송설비에는 그 설비에 대한 감시상태를 60분간 지속한 후 유효하게 10분 이상 경보할 수 있는 비상전원으로서 축전지설비 또는 전기저장장치를 설치해야 한다.

정답 | ④

71 빈출도 ★

7층인 의료시설에 적응성을 갖는 피난기구가 아닌 것은?

① 구조대   ② 피난교
③ 피난용트랩   ④ 미끄럼대

해설

설치장소별 피난기구의 적응성

설치장소 \ 층별	3층	4층 이상 10층 이하
의료시설·근린생활 시설 중 입원실이 있는 의원·접골원· 조산원	• 미끄럼대 • 구조대 • 피난교 • 피난용트랩 • 다수인피난장비 • 승강식 피난기	• 구조대 • 피난교 • 피난용트랩 • 다수인피난장비 • 승강식 피난기

정답 | ④

※ 출제기준이 개정되어 피난기구는 시험범위에서 제외되었습니다.

72 빈출도 ★★★

비상방송설비의 음향장치 구조 및 성능기준 중 다음 (   ) 안에 알맞은 것은?

- 정격전압의 (㉠)[%] 전압에서 음향을 발할 수 있는 것으로 할 것
- (㉡)의 작동과 연동하여 작동할 수 있는 것으로 할 것

① ㉠: 65, ㉡: 단독경보형 감지기
② ㉠: 65, ㉡: 자동화재탐지설비
③ ㉠: 80, ㉡: 단독경보형 감지기
④ ㉠: 80, ㉡: 자동화재탐지설비

해설

비상방송설비 음향장치의 구조 및 성능 기준
㉠ 정격전압의 80[%] 전압에서 음향을 발할 수 있는 것으로 해야 한다.
㉡ 자동화재탐지설비의 작동과 연동하여 작동할 수 있는 것으로 해야 한다.

정답 | ④

73 빈출도 ★★

비상방송설비 음향장치의 설치기준 중 다음 (   ) 안에 알맞은 것은?

> – 음량조정기를 설치하는 경우 음량조정기의 배선은 (㉠)선식으로 할 것
> – 확성기는 각 층마다 설치하되, 그 층의 각 부분으로부터 하나의 확성기까지의 수평거리가 (㉡)[m] 이하가 되도록 하고, 해당 층의 각 부분에 유효하게 경보를 발할 수 있도록 설치할 것

① ㉠: 2, ㉡: 15
② ㉠: 2, ㉡: 25
③ ㉠: 3, ㉡: 15
④ ㉠: 3, ㉡: 25

해설

비상방송설비 음향장치의 설치기준
㉠ 음량조정기를 설치하는 경우 음량조정기의 배선은 3선식으로 해야 한다.
㉡ 확성기는 각 층마다 설치하되, 그 층의 각 부분으로부터 하나의 확성기까지의 수평거리가 25[m] 이하가 되도록 하고, 해당 층의 각 부분에 유효하게 경보를 발할 수 있도록 설치해야 한다.

정답 | ④

74 빈출도 ★★

누전경보기 전원의 설치기준 중 다음 (   ) 안에 알맞은 것은?

> 전원은 분전반으로부터 전용회로로 하고, 각 극에 개폐기 및 (㉠)[A] 이하의 과전류차단기(배선용 차단기에 있어서는 (㉡)[A] 이하의 것으로 각 극을 개폐할 수 있는 것)를 설치할 것

① ㉠: 15, ㉡: 30
② ㉠: 15, ㉡: 20
③ ㉠: 10, ㉡: 30
④ ㉠: 10, ㉡: 20

해설

누전경보기의 전원은 분전반으로부터 전용회로로 하고, 각 극에 개폐기 및 15[A] 이하의 과전류차단기(배선용 차단기에 있어서는 20[A] 이하의 것으로 각 극을 개폐할 수 있는 것)를 설치해야 한다.

관련개념 과전류차단기의 규격

「한국전기설비규정」에서 과전류차단기는 16[A]를, 「누전경보기의 화재안전기술기준(NFTC 205)」에서 과전류차단기는 15[A] 규격을 사용한다. 소방설비기사 시험에서는 화재안전기술기준을 우선으로 적용하므로 15[A]를 사용한다.

정답 | ②

75 빈출도 ★★

유도등 예비전원의 종류로 옳은 것은?

① 알칼리계 2차 축전지
② 리튬계 1차 축전지
③ 리튬 이온계 2차 축전지
④ 수은계 1차 축전지

해설

유도등 예비전원의 종류
㉠ 알칼리계
㉡ 리튬계 2차 축전지
㉢ 콘덴서(축전기)

정답 | ①

76 빈출도 ★★

축광방식의 피난유도선 설치기준 중 다음 (   ) 안에 알맞은 것은?

> – 바닥으로부터 높이 (㉠)[cm] 이하의 위치 또는 바닥면에 설치할 것
> – 피난유도 표시부는 (㉡)[cm] 이내의 간격으로 연속되도록 설치할 것

① ㉠: 50, ㉡: 50
② ㉠: 50, ㉡: 100
③ ㉠: 100, ㉡: 50
④ ㉠: 100, ㉡: 100

해설

축광방식의 피난유도선 설치기준
㉠ 바닥으로부터 높이 50[cm] 이하의 위치 또는 바닥면에 설치해야 한다.
㉡ 피난유도 표시부는 50[cm] 이내의 간격으로 연속되도록 설치해야 한다.

정답 | ①

77 빈출도 ★★★

무선통신보조설비의 누설동축케이블 설치기준 중 옳지 않은 것은?

① 누설동축케이블의 끝부분에는 무반사 종단저항을 견고하게 설치할 것
② 누설동축케이블은 고압의 전로에 의해 기능에 장애가 발생되지 않는 위치에 설치할 것
③ 누설동축케이블 또는 동축케이블의 임피던스는 50[Ω]으로 할 것
④ 소방전용주파수대에서 전파의 전송 또는 복사에 적합한 것으로서 소방겸용의 것으로 할 것

해설

무선통신보조설비의 누설동축케이블은 소방전용주파수대에서 전파의 전송 또는 복사에 적합한 것으로서 소방전용의 것으로 해야 한다.

정답 | ④

78 빈출도 ★★

비상콘센트설비의 전원부와 외함 사이의 절연내력 기준 중 다음 (   ) 안에 알맞은 것은?

> 절연내력은 전원부와 외함 사이에 정격전압이 150[V] 이하인 경우에는 (㉠)[V]의 실효전압을, 정격전압이 150[V] 이상인 경우에는 그 정격전압에 (㉡)를 곱하여 1,000을 더한 실효전압을 가하는 시험에서 1분 이상 견디는 것으로 할 것

① ㉠: 500, ㉡: 2
② ㉠: 500, ㉡: 3
③ ㉠: 1,000, ㉡: 2
④ ㉠: 1,000, ㉡: 3

해설

비상콘센트설비의 전원부와 외함 사이의 절연내력은 전원부와 외함 사이에 정격전압이 150[V] 이하인 경우에는 1,000[V]의 실효전압을, 정격전압이 150[V] 이상인 경우에는 그 정격전압에 2를 곱하여 1,000을 더한 실효전압을 가하는 시험에서 1분 이상 견디는 것으로 해야 한다.

관련개념 비상콘센트설비의 전원부와 외함 사이의 절연내력

전압 구분	실효전압
150[V] 이하	1,000[V]
150[V] 이상	정격전압×2＋1,000[V]

※ 법령에는 150[V] 이하, 150[V] 이상으로 중복 구분되어 있지만, 일반적으로 현장에서는 150[V] 이하, 150[V] 초과로 구분한다.

정답 | ③

79 빈출도 ★★★

자동화재탐지설비의 경계구역에 대한 설정기준 중 틀린 것은?

① 지하구의 경우 하나의 경계구역의 길이는 800[m] 이하로 할 것
② 하나의 경계구역이 2개 이상의 층에 미치지 아니하도록 할 것
③ 하나의 경계구역의 면적은 600[m²] 이하로 하고 한 변의 길이는 50[m] 이하로 할 것
④ 하나의 경계구역이 2 이상의 건축물에 미치지 아니하도록 할 것

해설

보기 ①은 자동화재탐지설비 경계구역에 대한 설정기준과 관련 없다.

관련개념 자동화재탐지설비 경계구역의 설정기준
㉠ 하나의 경계구역이 2 이상의 건축물에 미치지 않도록 할 것
㉡ 하나의 경계구역이 2 이상의 층에 미치지 않도록 할 것 (500[m²] 이하의 범위 안에서는 2개의 층을 하나의 경계구역으로 할 수 있음)
㉢ 하나의 경계구역의 면적은 600[m²] 이하로 하고 한 변의 길이는 50[m] 이하로 할 것(해당 특정소방대상물의 주된 출입구에서 그 내부 전체가 보이는 것에 있어서는 한 변의 길이가 50[m]의 범위 내에서 1,000[m²] 이하로 할 수 있음)

정답 | ①

80 빈출도 ★★★

비상경보설비를 설치하여야 하는 특정소방대상물의 기준 중 옳은 것은? (단, 지하구, 모래·석재 등 불연 재료 창고 및 위험물 저장·처리 시설 중 가스시설은 제외한다.)

① 지하층 또는 무창층의 바닥면적이 150[m²] 이상인 것
② 공연장으로서 지하층 또는 무창층의 바닥면적이 200[m²] 이상인 것
③ 지하가 중 터널로서 길이가 400[m] 이상인 것
④ 30명 이상의 근로자가 작업하는 옥내작업장

해설

지하층 또는 무창층의 바닥면적이 150[m²] 이상인 특정소방대상물에는 비상경보설비를 설치해야 한다.

선지분석
② 공연장으로 지하층 또는 무창층의 바닥면적이 100[m²] 이상인 것
③ 지하가 중 터널로서 길이가 500[m] 이상인 것
④ 50명 이상의 근로자가 작업하는 옥내작업장

관련개념 비상경보설비를 설치해야 하는 특정소방대상물

특정소방대상물	구분
건축물	연면적 400[m²] 이상인 것
지하층·무창층	바닥면적이 150[m²](공연장은 100[m²]) 이상인 것
지하가 중 터널	길이 500[m] 이상인 것
옥내작업장	50명 이상의 근로자가 작업하는 곳

정답 | ①

내가 꿈을 이루면
나는 누군가의 꿈이 된다.

– 이도준

2026 에듀윌 소방설비기사 전기 기출문제집

발 행 일	2025년 5월 22일 초판
편 저 자	손익희, 김윤수
펴 낸 이	양형남
개발책임	목진재
개 발	김강민
펴 낸 곳	(주)에듀윌
I S B N	979-11-360-3746-6
등록번호	제25100-2002-000052호
주 소	08378 서울특별시 구로구 디지털로34길 55
	코오롱싸이언스밸리 2차 3층

www.eduwill.net

대표전화 1600-6700

여러분의 작은 소리
에듀윌은 크게 듣겠습니다.

본 교재에 대한 여러분의 목소리를 들려주세요.
공부하시면서 어려웠던 점, 궁금한 점,
칭찬하고 싶은 점, 개선할 점, 어떤 것이라도 좋습니다.

에듀윌은 여러분께서 나누어 주신 의견을
통해 끊임없이 발전하고 있습니다.

에듀윌 도서몰 book.eduwill.net
- 부가학습자료 및 정오표: 에듀윌 도서몰 → 도서자료실
- 교재 문의: 에듀윌 도서몰 → 문의하기 → 교재(내용, 출간) / 주문 및 배송